石油石化职业技能培训教程

U0298446

油气管道保护工

（上册）

中国石油天然气集团有限公司人事部　编

石油工业出版社

内 容 提 要

本书是由中国石油天然气集团有限公司人事部统一组织编写的《石油石化职业技能培训教程》中的一本。本书包括油气管道保护工应掌握的基础知识、初级工操作技能及相关知识，并配套了相应等级的理论知识练习题，以便于员工对知识点的理解和掌握。

本书既可用于职业技能鉴定前培训，也可用于员工岗位技术培训和自学提高。

图书在版编目（CIP）数据

油气管道保护工. 上册／中国石油天然气集团有限公司人事部编. —北京：石油工业出版社，2020.3

石油石化职业技能培训教程

ISBN 978-7-5183-3697-5

Ⅰ.①油… Ⅱ.①中… Ⅲ.①石油管道-保护-技术培训-教材 ②天然气管道-保护-技术培训-教材 Ⅳ.①TE973

中国版本图书馆 CIP 数据核字（2019）第 244848 号

出版发行：石油工业出版社

（北京市安定门外安华里 2 区 1 号楼　100011）

网　　址：www.petropub.com

编辑部：(010)64251613

图书营销中心：(010)64523633

经　　销：全国新华书店

印　　刷：北京晨旭印刷厂

2020 年 3 月第 1 版　2022 年 4 月第 6 次印刷

787×1092 毫米　开本：1/16　印张：31.75

字数：815 千字

定价：98.00 元

（如发现印装质量问题，我社图书营销中心负责调换）

《石油石化职业技能培训教程》

编 委 会

《油气管道保护工》编审组

主　　编：刘志刚

副 主 编：吴志平　陈朋超　张永盛　张　文

参编人员(按姓氏笔画排序)：

王建林　王洪涛　孔繁宇　刘志军　刘玲莉

刘　杨　孙　雷　李佳青　李景昌　何　飞

张立忠　张存生　张俊义　卢启春　张娜娜

张晓春　陈敬和　姜艳华　项小强　崔　蕾

郝鹏亮　高　强　费雪松　滕延平

参审人员(按姓氏笔画排序)：

王小伟　冯　伟　曾刚勇

　　随着企业产业升级、装备技术更新改造步伐不断加快，对从业人员的素质和技能提出了新的更高要求。为适应经济发展方式转变和"四新"技术变化要求，提高石油石化企业员工队伍素质，满足职工鉴定、培训、学习需要，中国石油天然气集团有限公司人事部根据《中华人民共和国职业分类大典（2015年版）》对工种目录的调整情况，修订了石油石化职业技能等级标准。在新标准的指导下，组织对"十五""十一五""十二五"期间编写的职业技能鉴定试题库和职业技能培训教程进行了全面修订，并新开发了炼油、化工专业部分工种的试题库和教程。

　　教程的开发修订坚持以职业活动为导向，以职业技能提升为核心，以统一规范、充实完善为原则，注重内容的先进性与通用性。教程编写紧扣职业技能等级标准和鉴定要素细目表，采取理实一体化编写模式，基础知识统一编写，操作技能及相关知识按等级编写，内容范围与鉴定试题库基本保持一致。特别需要说明的是，本套教程在相应内容处标注了理论知识鉴定点的代码和名称，同时配套了相应等级的理论知识练习题，以便于员工对知识点的理解和掌握，加强了学习的针对性。此外，**为了提高学习效率，检验学习成果，本套教程为员工免费提供学习增值服务，员工通过手机登录注册后即可进行移动练习**。本套教程既可用于职业技能鉴定前培训，也可用于员工岗位技术培训和自学提高。

　　《油气管道保护工》教程分上、下两册，上册为基础知识、初级工操作技能及相关知识，下册为中级工操作技能及相关知识、高级工操作技能及相关知识、技师操作技能及相关知识。

  本工种教程由中国石油管道公司任主编单位，参与审核的单位有大庆油田有限责任公司、中国石油西气东输分公司、西南油气田分公司等。在此表示衷心感谢。

  由于编者水平有限，书中不妥之处在所难免，请广大读者提出宝贵意见。

编　者

CONTENTS 目录

第一部分 基础知识

第二部分　初级工操作技能及相关知识

理论知识练习题

附　录

第一部分

基础知识

模块一　油气储运基本知识

石油、天然气是管道输送的主要介质,学习其组成、性能等基本知识具有重要意义。油气田开采出的石油及天然气,需要经管道输送到城镇、厂矿、企业,以发挥其经济效益和社会效益,油气管道系统组成的主要设施、输送工艺的选择与特点是油气管道输送的基础,也是油气管道保护工应了解的基本知识。

项目一　石油天然气及相关产业链

一、石油和天然气

石油和天然气都是自然界的产物,成分上均是多种碳氢化合物的复杂混合物,属于不可再生能源,由于其生成物质和生成环境基本一致,而且在组成上都属于碳氢化合物,因此也将其统称为石油。

1983 年第 11 届世界石油大会提出的命名推荐方案说,石油是气态、液态和固态的碳氢混合物;原油是石油的基本类型,在常温和常压条件下一般呈液态;天然气也是石油的主要类型,在常温和常压条件下呈气态。凡是有原油的地方,就有天然气;但在有天然气的地方,不一定都有石油。

在管道行业,一般情况下石油指的就是原油。

二、石油天然气相关产业链

石油天然气作为一次能源,从深藏于地下,到转化为可供直接使用的石化产品,中间需要经过勘探、开发、开采、集输、净化、输送、炼化、销售等诸多环节,这些环节就构成了石油天然气的产业链(图 1-1-1)。本书重点讲述石油天然气管道输送工作中的油气管道保护相关知识。

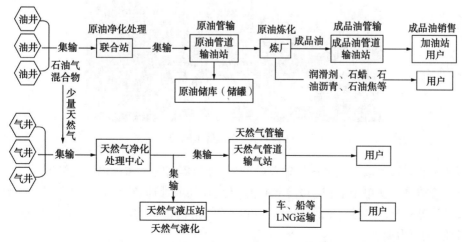

图 1-1-1　石油天然气的产业链示意图

(一)石油开采

石油开采(图1-1-2)是让深埋于地下的石油从油井底部自动喷发到地面,当地层压力不足以把石油挤压到地面时,油井停止自喷。此时,需要采取向井底注气、注水、注化学剂等人工干预措施继续获得石油。

图1-1-2　海上石油开采

CAA001 油气管道输送系统的组成

(二)管道输送

管道输送是用管道作为运输工具输送液体、气体等流体物质的运输方式(图1-1-3)。管道运输不仅运输量大、连续、迅速、经济、高效、安全、可靠以及投资少、占地少,并可实现自动控制,广泛应用于石油、天然气介质的输送。

图1-1-3　石油管道输送

石油天然气管道以油气产地外输首站为界,分为集输管道和长输油气管道。

集输管道是指从单个油(气)井到油(气)处理厂(或处理装置)以及从处理厂到油(气)库或长输管道首站的集油(气)管道。在我国,油气集输管道均由油田管理。集输管道的特点是口径小、压力低。

长输管道是指油气田、炼化企业、储存库等单位之间的油气管道。长输管道的特点是压力高、距离长,跨省、市,穿、跨越江河、道路等,中间有加压泵站。

(三)石油炼化

从地下开采出来的石油一般是不能直接使用的,须进行加工处理才能发挥其作用。石油炼化(图1-1-4)是将原油加工成成品油及其他化工产品的过程,不同的原油经过不同的加工工艺,可以得到丰富的石油产品,如柴油、汽油、润滑油等。

图1-1-4 石油炼化

(四)石油天然气销售

石油天然气销售就是把石油天然气产品销售给终端用户,如我们常见的加油站、加气站,就是石油的销售终端。

项目二 石油的组成、性能及用途

一、石油的化学组成

CAA002 原油的化学组成

世界各地的石油成分各异,即使同一油田生产的原油,由于采油油层的不同,其成分也会有很大差异。但是,石油的主要成分是各种碳氢化合物,因此,碳元素、氢元素含量很大,一般碳约占80%~88%(质量分数),氢约占10%~14%(质量分数)。另外,在石油中还含有少量其他元素,如氧、硫、氮,总含量一般为1%(质量分数)左右,有时可达2%~3%(质量分数)。

石油中的碳和氢不是呈游离元素存在,而是呈各种类型的碳氢化合物。习惯上人们又常将碳氢化合物简称为烃。石油中的烃类按其本身结构不同分为三种基本类型。

(一)烷烃

烷烃的分子式的通式是 C_nH_{2n+2},"n"表示碳原子的个数,C_1~C_4(甲烷、乙烷、丙烷、丁烷)为气态;C_5~C_{16}(从戊烷到十六烷)为液态,是原油的主要成分;C_{17}以上的烷烃是石蜡的主要成分,以固态的形式悬浮在石油中。

烷烃是根据分子里所含的碳原子的数目来命名的,碳原子数在 10 个以下的,从 1 到 10 依次用甲、乙、丙、丁、戊、己、庚、辛、壬、癸来表示。碳原子数在 11 个以上的,就用数字来表示,如 $C_{18}H_{38}$ 称为十八烷。甲烷、乙烷的结构式如图 1-1-5 所示。

图 1-1-5　甲烷、乙烷的结构式

烷烃分子中的碳原子不能再和其他原子结合,属于饱和烃。因此,烷烃的化学性质很不活泼,在一般条件下不易发生反应,加热或在催化剂以及光化学作用下,可发生各种反应。

(二)环烷烃

环烷烃分子式的通式是 C_nH_{2n}。环烷烃是环状的饱和烃,分子中的碳原子以单键互相连接成环状结构,其性质和烷烃相似,也比较稳定。在石油中大量存在的环烷烃是环戊烷和环己烷(图 1-1-6)。

图 1-1-6　环戊烷、环己烷的结构式

(三)芳烃

芳烃是芳香烃的简称,其分子式的通式为 $C_nH_{2n-6}(n \geqslant 6)$。苯($C_6H_6$)是最简单、最基本的芳烃,其结构式如图 1-1-7 所示。

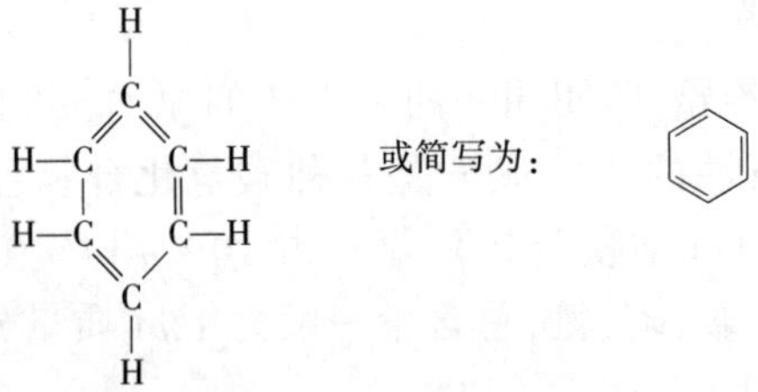

图 1-1-7　苯的结构式及其简写

石油中的芳烃含量较少,主要有甲苯(C_7H_8)、二甲苯(C_8H_{10})和苯等。

(四)其他

石油中还含有少量的非烃类化合物,主要包括含氧、硫、氮的有机物及无机物。石油中的无机物主要是开采过程中混入的泥沙、铁屑、结晶盐等固体机械杂质。它们对石油储运和加工有严重影响,必须设法除去。

二、石油的物理性质

CAA003 原油的物理性质

(一)颜色和气味

石油的颜色是多种多样的,一般为黑色、黄褐色、棕色、淡黄色及绿色等,极少数情况下呈白色、淡红色及无色等。石油的颜色取决于石油的化学成分,一般轻质油色浅,重质油色深。我国石油多为黑色、褐红色、绿色。大多数石油除了有颜色外还具有显著的荧光。石油具有令人不快的气味,且一般因地而异,当含有较多的硫化物和氮化物时气味刺鼻。

(二)密度

石油比水轻,相对密度(油品密度与规定温度下水的密度之比)约为 0.75~1。石油的密度与其组成有关,重质组分含量越多,密度越大。我国石油密度一般偏高,大部分在 $0.86g/cm^3$ 以上。

石油的密度受温度变化的影响较大,随着温度的上升,密度减小。但当温度不变,压力升高时,原油的密度变化却很小。

(三)黏度

黏度是衡量石油流动性能的一种参数,黏度越大,石油越不易流动。石油的黏度随着温度的升高而减小,随着密度的增大而增大。一般含烷烃多的石油黏度较小,含环烷烃和芳香烃的石油黏度较大。不同产地的石油,黏度差异很大。

(四)凝点

凝点是指在规定条件下,油品试样失去流动性的最高温度,以℃表示。而所谓失去流动性也完全是有条件的,即把装有试样的规定试管,在一定条件下冷却到某一温度后,将其倾斜45°,经过一分钟后,肉眼看不出管内油面有移动,则认为该油凝固了,产生这种现象的最高温度称为该油品的凝点。

凝点与石油的化学组成有关,一般含蜡量多的石油,其凝点也较高,即易凝。例如,含蜡较多的石油在20℃就凝固了,而含蜡少的石油在-20℃也不凝固。

我国原油,包括海上油田的原油,大都黏度高、凝点高、含蜡量高,即人们俗称的"三高"原油。

(五)倾点

在规定条件下,油品试样保持流动性的最低温度,以℃表示,通常将凝点加 2.8℃就是倾点。

(六)闪点、燃点、自燃点

CAA004 原油的燃烧性

闪点:将油品放在规定的仪器中,在规定的实验条件下升高温度,逸出的油蒸气与空气的混合气,当与火焰接触时能发生瞬间闪火(闪火时间不少于 5s)时的最低温度。

燃点:油品在规定的条件下加热到一定温度,当火焰接近时即发生燃烧,且着火时间不少于 5s 的最低温度,称为该油品的燃点。

自燃点:在规定的条件下加热油品,外界无火焰,油品在空气中自行开始燃烧的最低温度,称为该油品的自燃点。

油品的闪点、燃点和自燃点可用于判断其易燃程度,闪点、燃点、自燃点越低,越容易燃烧,引起火灾的危险性越大。

CAA005 原油的分类

三、原油的分类

可以根据原油中硫、氮、蜡等含量的多少来分类。

(一)按含硫量分类

低硫原油:硫含量(质量百分数)小于 0.5%;

含硫原油:硫含量(质量百分数)为 0.5%~2.0%;

高硫原油:硫含量(质量百分数)大于 2.0%。

在我国大庆、克拉玛依所产原油属于低硫原油;胜利、江汉所产原油属于含硫原油;孤岛所产原油属于高硫原油。目前,我国含硫原油的产量正在逐渐增长。

(二)按含氮量分类

低氮原油:氮含量(质量百分数)小于 0.25%;

含氮原油:氮含量(质量百分数)为 0.25%~2.0%;

高氮原油:氮含量(质量百分数)大于 2.0%。

一般原油的含氮量比含硫量低。大多数低硫原油,其含氮量也低。

(三)按含蜡量分类

低蜡原油:蜡含量(质量百分数)为 0.5%~2.5%;

含蜡原油:蜡含量(质量百分数)为 2.5%~10%;

高蜡原油:蜡含量(质量百分数)大于 10%。

此外,还可以按原油的含胶量、相对密度的大小以及化学分类法对原油进行分类。

CAA010 石油天然气的用途

四、石油的用途

石油是非常重要的天然资源,是国民经济的重要支柱,主要有以下三个方面的用途。

(一)作为优质的能源

原油经过炼制加工后,可以制得汽油、煤油、柴油等燃料,用作汽车、火车、飞机、轮船、锅炉以及原子弹、导弹、卫星、宇宙飞行器的燃料。

2016 年,我国能源消费总量为 43.6 亿吨标准煤(折合 30.5 亿吨油当量),我国石油表观消费量为 5.56 亿吨,同比增长 2.8%,我国原油产量跌破 2 亿吨,原油对外依存度超过65%。近些年来,随着我国石油天然气产业的迅猛发展,尤其是西气东输一线、西气东输二线、漠大线、中缅管道等一大批油气管道的建成投产,石油天然气在国民经济能源消费中所占的比重越来越大。

(二)作为重要的化工原料

石油是重要的化工原料,是石油化学工业赖以生存的物质基础。人们利用石油作为化工原料,开拓了化肥、合成纤维、塑料、合成橡胶、合成洗涤剂、农药、医药、燃料、炸药等一个又一个新的生产领域,使石油化工行业成为国民经济的支柱产业。例如,一套年产 8 万吨合成橡胶装置生产的产品,相当于 145 万亩橡胶园一年所得的橡胶产量。

(三)作为润滑剂

一切机器无论大小,都要加上润滑油或润滑脂才能减少摩擦和磨损,得以顺利运转。大型发动机、精密的仪器仪表乃至核工业、航天工业所需要的能耐高温、耐高压、耐高真空及抗辐射、抗腐蚀、抗氧化的润滑油,都是从石油中提炼出来的。

此外,石油中还能提炼出石蜡、沥青(柏油)、石油焦等各种产品。石蜡产品在电子、食品、医药和航空航天工业上都有广泛的用途。以石油焦为原料制造的高功率电极,比普通电极优越,每炼 1t 钢可节电 150kW·h,冶炼时间可缩短 60%。

项目三 天然气的组成、性能及用途

一、天然气的化学组成

CAA006 天然气的化学组成

天然气是一种以饱和碳氢化合物为主要成分的混合气体,其组分可分为三大类。

(一)烃类组分

1. 甲烷

天然气中甲烷(CH_4)的含量约为 70%~90%,故通常将天然气作为甲烷来处理,它可用作化工原料及燃料。

2. 乙烷、丙烷、丁烷

乙烷(C_2H_6)、丙烷(C_3H_8)及丁烷(C_4H_{10})常温常压下都是气体,它们在天然气中的含量比甲烷低。丙烷、丁烷可以适当加压或降温而液化,即为通常所说的液化石油气,简称液化气。

3. 其他烷烃

主要指 C_5 以上组分。C_5 以上的烷烃组分常温常压下是液体,是汽油的主要成分。在天然气开采过程中,这些组分凝析为液态而被回收,称为凝析油,是一种天然汽油,可直接做汽车燃料。

4. 不饱和烃

主要指烯烃、炔烃、环烷烃、芳香烃。天然气中不饱和烃的含量很少,小于 1%。不饱和烃常常可以和凝析油一起从天然气中分离出来。

(二)含硫组分

天然气中的含硫组分包括无机硫化物与有机硫化物。无机硫化物是指硫化氢气体,该气体比空气重,可以燃烧,有毒,有臭鸡蛋味。硫化氢溶于水形成氢硫酸,显酸性,对管道具有腐蚀作用。天然气中有机硫化物的含量极少,但同样有毒,有臭味,会污染大气,应在输送之前脱除。

(三)其他组分

天然气中还含有二氧化碳、一氧化碳、氧气、氮气、氢气、水以及氦、氩等稀有气体。

二、天然气的主要性质

CAA007 天然气的主要性质

(一)密度和相对密度

单位体积天然气的质量称为天然气的密度,单位为 kg/m^3。天然气的相对密度是指在同温同压条件下,天然气的密度与空气的密度之比。通常所说的天然气的相对密度,是指压力为 101.325kPa(1 个大气压)、温度为 273.15K(即 0℃)条件下天然气密度与空气密度之比,即天然气在标准状态下的相对密度。

(二)黏度

天然气的黏度大小与压力、温度、组成等因素有关。一般说来,压力不大时(3.0MPa 以下)气体黏度与压力无关;压力较大时,气体黏度随压力增大而增加。

(三)热值

燃烧一定体积或一定质量的天然气所放出的热能,称为天然气的热值(或发热量),单位为 $kcal/m^3$ 或 kJ/m^3。

天然气主要组分烃类是由碳和氢构成的,氢在燃烧时生成水并被汽化,由液态变为气态,于是一部分燃料热能消耗于水的汽化。消耗于水的汽化的热叫汽化热(或蒸汽潜热)。将汽化热计算在内的热值叫高热值(全热值),不计汽化热的热值叫低热值(净热值)。由于天然气燃烧的汽化热无法利用,工程上通常使用低热值即净热值。天然气的热值远高于其他燃料(见表 1-1-1)。

表 1-1-1　常见可燃气体的热值(净热值)

序号	名称	净热值,$kcal/m^3$
1	天然气	11428
2	油田伴生气	8500~16000
3	气田气	8500~10000
4	炼焦煤气	4150
5	城市煤气	3200
6	水煤气	2590

(四)含水量

天然气中水汽的含量与输送温度、压力有关,常以绝对湿度、相对湿度和露点来表示其含量的多少。

单位体积天然气所含水汽的质量,称为天然气的绝对湿度,单位为 g/m^3。

在给定条件下,天然气含水汽量与其饱和时含水汽量之比,称为天然气的相对湿度。

在一定压力下,天然气含水量达到饱和时的温度,称为天然气的露点。

水汽在天然气中的存在具有潜在的危险,当输送温度降低到天然气的露点时,水汽会凝析出来,从而降低输气能力和降低热值,加速 H_2S 和 CO_2 对管道的腐蚀。为此,输气之前必须将天然气中的水汽尽量脱除,使得其露点低于输送温度。

CAA008 天然气的爆炸性

(五)爆炸性

天然气与空气混合,遇到火源时,可以发生燃烧或爆炸。

在敞开系统中,天然气与空气的混合物遇明火可进行稳定燃烧。此时,天然气在混合气体中可燃烧的最低浓度称为可燃下限,最高浓度称为可燃上限。可燃下限与可燃上限之间的浓度范围称为可燃性界限,即可燃性限。

在密闭系统中,天然气与空气的混合物遇明火可以发生剧烈燃烧,即发生爆炸。此时,天然气在混合气体中的最低浓度称为爆炸下限,最高浓度称为爆炸上限,爆炸下限与爆炸上限之间的浓度范围称为爆炸限。在常温常压下,天然气的爆炸限是 4%~16%。

天然气的爆炸是在一瞬间(千分之一或万分之一秒)产生高压、高温(达 2000~3000℃)的燃烧过程,爆炸波速可达 2000~3000m/s,能造成很大的破坏力,破坏力的大小取决于气体混合物的压力。关注天然气的爆炸性,对安全生产具有重大意义。

CAA009 天然气的分类

三、天然气的分类

GB 17820—2012《天然气》按高位发热量、总硫、硫化氢和二氧化碳含量将天然气分为一类、二类和三类,它们的技术指标见表 1-1-2。一类、二类气体主要用作民用燃料,三类气体主要用作工业原料或燃料。

表 1-1-2 天然气的技术指标

项　目		一类	二类	三类
高位发热量[a],MJ/m³	≥	36.0	31.4	31.4
总硫(以硫计)[a],mg/m³	≤	60	200	350
硫化氢[a],mg/m³	≤	6	20	350
二氧化碳含量 y,%(体积分数)		2.0	3.0	—
水露点[b,c],℃		在交接点压力下,水露点应比输送条件下最低环境温度低5℃		

a:本标准中气体体积的标准参比条件是 101.325kPa,20℃。

b:在输送条件下,当管道管顶埋地温度为0℃时,水露点应不高于−5℃。

c:进入输气管道的天然气,水露点的压力应是最高输送压力。

按得到油气的生成法可将天然气分为常规天然气和非常规天然气。

(一)常规天然气

用传统的油气生成法得到的天然气,称为常规天然气。

1. 按油气藏的特点分类

1)气田气

气田气是指开采过程中没有或只有少量汽油凝析出来的天然气,C_5 以上成分很少。

2)凝析气田气

凝析气田气是指开采过程中有较多天然汽油凝析出来的天然气,C_5 以上成分含量较多。但是在开采过程中没有较重组分的原油同时采出,只有凝析油。

3)油田伴生气

油田伴生气是指开采过程中与液体石油一起开采出的天然气。这种情况下液气两相共存,重烃组分较多。

2. 按烃类组分含量分类

1)干气(贫气)

戊烷以上烃类含量低于 100g/m³,甲烷含量一般为 90% 以上,乙烷、丙烷、丁烷的含量不多,戊烷以上组分很少。大部分气田气都是干气。

2）湿气（富气）

戊烷以上烃类含量高于 $100g/m^3$，甲烷含量一般为80%以下，开采过程中可同时回收天然汽油（凝析油）。一般油田气和部分凝析气田气是湿气。

3. 按含硫量差别分类

1）洁气

洁气是指不含硫或含硫量低于 $20mg/m^3$ 的天然气。这种天然气不需脱硫，即可以进行管道输送、供用户使用。

2）酸气（酸性天然气）

酸气是指含硫量高于 $20mg/m^3$ 的天然气。需要在处理厂处理后才能进行输送、供用户使用。

（二）非常规天然气

非传统的油气生成法得到的天然气，称为非常规天然气。

非常规天然气主要包括：致密气（致密砂岩气、火山岩气、碳酸盐岩气）、煤层气（瓦斯）、页（泥）岩气、天然气水合物（可燃冰）、水溶气、无机气以及盆地中心气、浅层生物气等。

（1）页岩气是指储存于富含有机质的泥页岩及其夹层中，以吸附或游离状态存在的非常规天然气，成分以甲烷为主，是一种清洁、高效的能源资源和化工原料。

（2）煤层气俗称"瓦斯"，其主要成分是甲烷，与煤炭伴生、以吸附状态储存于煤层内的非常规天然气，热值是通用煤的2~5倍。

（3）煤制气是煤制天然气的简称，是指通过煤气化生产合成气，合成气经过一氧化碳转换和净化后，通过甲烷化反应生产合成天然气。

CAA010 石油天然气的用途

四、天然气的用途

天然气同原油一样，主要用作能源和化工原料。将天然气用作燃料具有优质、高效、清洁、燃烧性能好、污染小、价格低的特点。例如，$100×10^8 m^3$ 天然气代替煤炭供应民用，可节煤 $3000×10^4 t$，少排放二氧化硫 $36×10^4 t$，烟尘 $30×10^4 t$，其经济效益、环境效益和社会效益都是巨大的。

天然气作为化工原料，与其他固体或液体化工原料相比，具有含水、含灰分极少，含硫化物极微，使用、处理方便等优点。目前国内外大规模生产的天然气化工产品有数十种，包括合成氨、甲醛、乙炔、二氯甲烷、四氯化碳、二硫化碳、硝基甲烷、氢氰酸和炭黑等。利用上述产品，可以进一步加工制造氮肥、有机玻璃、合成纤维、合成橡胶、合成塑料、医药、溶剂、冷冻剂、灭火剂、炸药以及高能燃料等工农业生产和生活不可缺少的产品。

此外，还可以从天然气中提取宝贵的氦气和氩气，用于航天工程。

随着环保要求的日益严格和消费者环保意识的增强，天然气的地位正在日益上升。

项目四　石油管道输送

原油和成品油的管道输送方式可以按油品的物理性质或输油设备的连接方式进行分类。

一、按油品的物理性质分类

ZAA001 油品的管道输送方式分类

(一) 常温输送

管道内输送的介质为低黏、低凝点的油品,沿线不需加热,管内油温一般接近管线埋深处地温,这种管道输送方式称为常温输送。

(二) 加热输送

易凝、高黏油品,在常温时黏度很大,流动性差,有时甚至会凝固,如果不采取降凝、降黏措施,直接在环境温度下用管道输送,一般是非常困难或者很不经济的。目前最常用的方法是加热输送,使易凝油品的温度保持在凝固点以上,使高黏油品因温度升高而黏度变小便于输送。加热输送的方法有直接加热和间接加热两种。

直接加热就是用加热炉直接给油品加热,即油品直接流过加热炉膛内的管道而被加热。长距离管道一般每隔几十公里建一个加热站,每站安装若干台加热炉。直接加热法的特点是热效率高,而且容易在较大的范围内调节温度。

间接加热是用热源先加热载热体,载热体再通过一定的装置去加热油品。例如,用热媒炉先加热一种性质稳定的有机液体(即通常所说的"热媒"),有机液体再通过热交换器把热量传递给油品;又如锅炉使处理过的水变成蒸汽,蒸汽通过伴热管线把热量传递给油品。同直接加热相比间接加热较安全可靠。

ZAA002 "三高"原油的输送方法

(三) 加剂输送

我国原油,包括海上油田的原油,大都是高黏易凝的"三高"原油。对于这种类型的原油除加热输送外还可以采取向原油中添加降凝剂、减阻剂等化学添加剂的方法,以降低其凝点或黏度,再进行输送,这种输送方式称为加剂输送。

ZAA003 成品油的输送方法

(四) 顺序输油

成品油管道为了满足输送不同油品的需要一般采用顺序输送工艺,即同一条管道内按一定的顺序,连续地以直接接触或间接接触的方式输送几种油品,这种输送工艺称为顺序输送,或称交替输送。

炼油厂(或大型油库)的各种石油产品(如汽油、煤油、柴油等),如果每种油品单独敷设一条管道,不仅投资增加,而且由于管径较小以至输油成本上升,很不经济。而采用顺序输送的工艺,把流向相同的几种产品沿一条管道输送到转运油库或用户,则能获得较好的经济效益。

顺序输送的不足之处是在顺序输送的管道中,两种油品交替输送时,在接触面上将形成一段混油。这段混油不符合产品的质量指标,不能直接进入终点站的纯净油品罐内,而需要设置专门的混油罐,以接收管道内形成的混油。这些混油可重新加工,或掺入纯净油罐内调制,或降级使用。

通常总选择性质相近的几种油品进行顺序输送,尤其是把性质最为接近的两种油品相邻输送,以减少混油造成的损失。

ZAA004 输油设备的连接方式

二、按输油设备的连接方式分类

按照输油设备的连接方式将管道输送分为三种,即"通过油罐式"[图1-1-8(a)]、"旁接油罐式"[图1-1-8(b)]、"从泵到泵式"[图1-1-8(c)]。

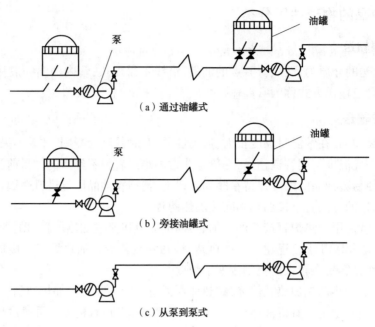

（a）通过油罐式

（b）旁接油罐式

（c）从泵到泵式

图 1-1-8　输油管道输送方式示意图

(一)通过油罐式

来油先进油罐,再由输油泵从罐内抽出加压输往下游。

这种方法的优点是:来油先进油罐,油流携带的杂质、气体进入罐内,可使杂质沉淀、气体排出,避免了堵塞过滤器及泵的振动和抽空;另外,油罐还可以调节上下游输量上的不平衡。

缺点是:由于来油直接进罐,无法利用来油余压,且进罐油品扰动激烈,轻质组分蒸发损耗大。

"通过油罐式"输送方式适用于投产试运阶段。因为这时全线运行尚不协调,各站输量不平衡,灌油可起到缓冲调节作用;同时来油进罐后排出空气及杂质,保证了泵站设备的安全运行。但是由于这种输送方式存在油品蒸发损耗大的缺点,故管线正常投产后必须改为"旁接油罐式"或"从泵到泵式"输送方式。

(二)旁接油罐式

来油同时进入输油泵和油罐。

这种方法的优点是:对上下游输量的不平衡同样起到缓冲调节作用;由于这种输送中每个泵站与下站间的管路单独构成一个水力系统,因而每个泵站运行参数的变化可短期内自行调节,不会影响全线,给全线的调节和事故处理带来方便。

缺点是:当上下游输量均衡时,油罐内液面平衡,虽能使蒸发损耗有所减弱,但依然不能消除损耗。

"旁接油罐式"输送方式是现在较为常用的输送方式。

(三)从泵到泵式

又称为"密闭输送"方式,在这种输油方式中,上站来油全部直接进泵。

这种方法的优点是:输送方式无中间油罐,消除了油品的蒸发损耗。与前两种输送方式比较,泵站的工艺流程简化,设备减少,便于实现泵站的自动化及全线的集中控制。

缺点是:全线所有泵站与全部管路构成一个统一的水力系统,任何一个泵站运行参数的变化,都会使其他泵站的运行参数发生相应的变化,各站的输量必定相等。另外,每个泵站均要具备自动调节和自动保护设施。

项目五　天然气管道输送

天然气管道是陆上输送大量天然气唯一的手段,世界上作为输送能源的管道中,输气管道占总长的一半。

一、天然气管道输送工艺

ZAA005 天然气的管道输送方法

自气井产出的天然气经处理后输向输气管道首站,经增压后进入管道。气体在管道中流动消耗的能量进入压缩机站得到补充,以便继续不断向前流动,其原理与输油管道相同,只是为天然气提供压力能的是压缩机。压缩机站的平均距离为 70~140km。

ZAA006 天然气管道输送的工艺特点

二、天然气管道输送工艺特点

(1)输气管道是一个自始至终连续密闭带压的输送系统,不像输油系统那样油品有时进入常压油罐。

(2)天然气管道更直接地为用户服务,直接供给家庭或工厂。

(3)天然气密度小,输气管道几乎不受坡度的影响。

(4)天然气管道的安全性比输油管道更受重视。

(5)天然气管道与城市煤气管道不同,天然气输送压力比城市煤气高,天然气管道进入城市总站以后要减压到城市管网压力才能向城市供气。

(6)天然气管道运行负荷是很不均匀的。每日用气日夜负荷不同,年度也有夏冬负荷的差异。要保证输气管道的输气能力尽可能稳定,可利用管道的容积和压力以及地面钢制储气罐作为调节日夜负荷的手段。对管道能起季节性调节作用的只能是容纳更大量和耐高压的地下储气库。地下储气库可以利用废弃的气井或溶洞。

项目六　输油管道系统主要设施及作用

一、泵

泵是一种把机械能或其他能量转变为液体的位能、压能的水力机械。在输油管道中,泵的应用十分广泛,它是输油站的心脏,是输油管道系统中最主要的设备之一。

1. 泵的分类

GAA001 泵的分类

泵的种类很多,按其结构和工作原理,可将泵分为以下三类:

(1)叶片式泵。

叶片式泵主要通过叶轮旋转产生离心力,使液体获得能量。常见的有离心泵、轴流泵、旋涡泵等。本项目主要介绍离心泵。

（2）容积泵。

容积泵利用泵内工作室容积的周期性变化，用往复运动的活塞或旋转运动部件来压送液体。主要有往复泵、齿轮泵、水环真空泵等。

（3）其他类型的泵。

2. 离心泵

离心泵是油品输送过程中常用的加压设备，它具有结构简单、操作平稳、易于制造和维修、可与电动机直连运转等优点，应用十分广泛。

1）离心泵的分类

根据不同的分类方法，离心泵可分为不同的类型。如按叶轮级数可分为单级泵和多级泵；按叶轮进液方式分为单吸泵和双吸泵等。

GAA002 离心泵的工作原理

2）离心泵的工作原理

离心泵的种类虽多，但工作原理相同。

离心泵由叶轮、吸入室和排出室等组成（图1-1-9）。吸入室的作用是将液体从吸入管均匀地吸入叶轮。液体在高速旋转的叶轮（叶片）的作用下产生离心力，从而获得很高的动能和部分压能。在液体甩出叶轮的同时，叶轮入口形成低压（真空），且低于泵入口压力。在泵内外压差的作用下液体被源源不断地吸入泵内，泵因而能连续不断地输送液体。

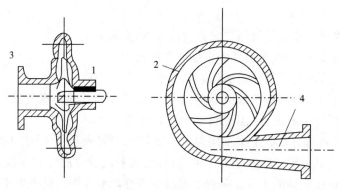

图1-1-9　离心泵工作原理图

1—叶轮；2—泵壳；3—吸入室；4—排出室

二、加热装置

长输原油管道的原油加热方式有直接加热和间接加热两种，直接加热是原油直接经过加热炉吸收燃料燃烧放出的热量，间接加热是原油通过中间介质在换热器中吸收热量，达到升温的目的。

GAA003 加热炉的结构

（一）管式加热炉

管式加热炉（直接加热方式）由于可以连续大量地加热原油（重质油），操作方便，容易实现自动化，运行成本低，所以获得了广泛的应用。它也是我国长输原油管道系统中的主要设备之一。

加热炉一般由四个部分组成，即辐射室（炉膛）、对流室、烟囱和燃烧器（火嘴）。低温原油(被加热的油品)先经过对流室炉管加热,再经辐射室炉管被加热到所需要的温度,这种加热方式称为直接加热(即原油在加热炉炉管内直接被加热),其加热流程如图1-1-10所示。

在辐射室的侧壁、底部或顶部,安装有燃烧器(俗称火嘴),供给燃烧所用的燃料和空气。燃烧产生的高温火焰以辐射换热方式,把热量经辐射室炉管传给管内流动的原油。火焰放出一部分热量后,成为700~900℃的烟气,以对流方式又将一部分热量传给对流室炉管内流动着的原油。最后烟气携带着相当数量的热量,经烟囱排入大气中。

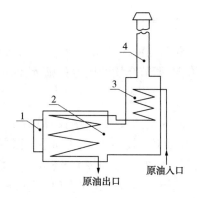

图1-1-10 加热炉直接加热原油流程图
1—燃烧器(火嘴);2—辐射室;3—对流室;4—烟囱

(二)换热器

GAA004 换热器的分类

两种温度不同的介质进行热量交换,使一种介质温度下降,而另一种介质温度上升,从而达到加热或冷却的目的。这样的设备称为换热器。

根据冷热流体是否直接接触可将换热器分为直接接触式换热器(如除氧器)和非直接接触式换热器,后者又进一步分为回热式和间壁式两类。

1. 回热式换热器

回热式换热器的工作原理是:先让热流体流过固体壁面,将热量传递给壁面,然后让冷流体流过固体壁面,壁面将热量传递给冷流体。这种换热器通常只能用于气体介质之间的换热。

2. 间壁式换热器

间壁式换热器的工作原理是:冷热两种流体不直接接触,而是分别在固体壁面的两侧流过。热流体的热量主要以对流方式传递给壁面,经壁面导热,热量再以对流的方式传给冷流体。

浮头式管壳换热器(图1-1-11)就是常用的间壁式换热器,其外形是卧式圆筒体(壳),里面排列着很多管子。冷热两种流体分别在管内和管外流动,热流体通过管壁把热量传给冷流体。

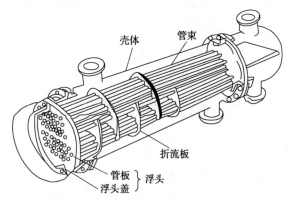

壳体 管束
折流板
管板 浮头
浮头盖

图1-1-11 浮头式管壳换热器

GAA005 阀门
的分类

三、阀门

阀门是流体管路的控制装置,其基本功能是接通或切断管路介质的流通、改变介质的流动方向、调节介质的压力和流量、保护管路设备的正常运行。

(一)闸阀

闸阀是指关闭件(闸板)沿通路中心的垂直方向移动的阀门。其主要优点是:流体阻力小,开闭用力较小,介质流向不受限制,结构长度较短,体形比较简单,铸造工艺性好。其缺点是:所需安装空间较大,密封面易擦伤而且不易加工、研磨和维修。

闸阀的结构形式有多种,根据闸板的构造,可分为平行式闸板和楔式闸板两种;根据阀杆的构造,闸阀又有明杆与暗杆之分。平行式闸板的密封面与垂直中心线平行,主要用于低压、大直径管路和黏度高的油管路、离心泵入口等处。楔式闸板阀又有单闸板、双闸板之分,其密封面与垂直中心线成一定夹角,即两密封面成楔形。

(二)球阀

球阀和旋塞阀是同一个类型阀门,只是球阀的关闭件为一个球体,用球体绕阀体中心线作旋转,来达到通、断的目的。球阀主要用来切断、分配和改变介质的流动方向。优点主要有:流体阻力小、结构简单、密封可靠,使用范围较广。

(三)止回阀

止回阀又称逆止阀或单向阀,用来防止液体的反向流动,它的动作是自动的。根据动作方式可分为升降式、旋启式和排空式三种。它通常安装在泵的出口。

(四)安全阀

安全阀可防止介质压力超过规定值,起安全保护作用。通常,当工作压力超过规定值时,它自动开启,排放多余介质;当压力恢复原来数值时,又自行关闭。

安全阀按结构形式主要分为杠杆式(重锤式)、弹簧式两种。

长输管道除采用上述安全阀外,还可采用橡胶套式泄压阀。

(五)截止阀

截止阀的优点是:操作可靠、密封性好、可以较准确地调节流量、不产生水击,适用于经常开关的场合。但其结构较复杂、流体阻力较大。截止阀的种类较多,根据通道方向可分为直通式、角式和三通式。常用于水、蒸汽、燃气、压缩空气等管道系统,公称直径多在 200mm 以下。

GAA006 管件
的分类

四、管件

工业管道的管件是指管路连接部分的成形零件,其作用是连接管子、改变管道走向和改变管道直径。主要有弯头、异径管、法兰、盲板、三通等。

GAA007 弯头
的用途

(一)弯头

弯头主要用来改变管道走向。按接口方式可分为丝接弯头和焊接弯头;按制造方式可分为冲压无缝弯头、煨制弯头、焊接冲压弯头。

丝接弯头通常用于采暖和供排水管道;工艺管道常采用冲压无缝弯头、煨制弯头、焊接冲压弯头。

GAA008 弯管
的类型

（二）异径管

异径管俗称大小头,用于管道变径处,如泵入口处等管道需要变径的场合。按形状分为同心和偏心两种。异径管尚无统一标准,常用碳钢、合金钢、不锈钢制造。

GAA009 法兰
的结构

（三）法兰与法兰盖

法兰是管道常用的可拆连接件,用于管道与带法兰的阀件、机泵、工业设备的连接,以及管道需要拆卸部位的连接。法兰连接包括上下法兰、垫片、螺栓及螺母三部分,此外还有法兰盖(法兰盲板),专门用来封闭管道的管端和设备的开孔。

法兰按连接方式和结构的不同可分为平焊法兰、对焊法兰、活套法兰、螺纹法兰和大小法兰等。平焊法兰易于制造,成本低,但刚度较差,在温度和压力较高时易发生泄漏。在石油化工管道中一般用于压力不高于 1.6MPa、温度不超过 250℃ 的场合。对焊法兰(或称带颈法兰)刚度较大,可在较高的压力、温度条件下使用。

法兰用紧固件通常包括螺栓、螺母和垫片。法兰螺栓(螺母)的数目和尺寸主要取决于法兰直径和公称压力,可按相应的法兰技术标准选用。法兰垫片充填在两个结合面间所有凹凸不平处,可以阻止介质漏出,达到密封的目的。垫片一般分为软质和硬质两类:软质一般为非金属,常用于温度、压力不高的场合;硬质一般用金属或金属缠绕而成,用于压力较高和有腐蚀性的场合。

（四）盲板

盲板是夹在两个法兰间用以封闭管道的钢制管件。常用的盲板,按使用工艺不同分为盲板和 8 字盲板,按密封面分为光滑面盲板、凸面盲板和梯形盲板等。

（五）三通

三通按口径可分为等径三通和异径三通;按制造方式可分为无缝三通和焊接三通。规格一般为 DN40~DN600mm,PN<10MPa。

（六）其他钢制管件

(1)钢制螺纹活接头:这是一种用于可拆卸管线的连接件,常用规格为 DN8~DN50mm,PN<4MPa,用 20 号钢制作,接头螺母用 25 号钢或 35 号钢制作。

(2)螺纹短接与螺纹接头:螺纹短接分单头、双头两种,用碳钢或合金钢制造,用于管道上温度计、压力表等的开孔接管。螺纹接头是与螺纹法兰相配的一种管件,它的一端为高压螺纹,端面精加工成与透镜垫配合的密封面,而另一端加工成坡口以便与管子焊接。

(3)螺纹管箍:连接低压流体输送用焊接钢管的管件,规格为 DN8~DN50mm,PN≤2.0MPa。

(4)封头:用焊接方法封闭管端的管件。有椭圆形封头和平盖封头两种。前者规格为DN25~DN2400mm,后者规格为 DN15~DN200mm。

(5)管道用膨胀节:又称补偿器,用于管道热胀冷缩影响程度较大的场合,确保管子在使用中不致因热胀冷缩而受破坏。

GAA010 清管
装置的类型

五、清管装置

清管是保证油气管道能够长期在高输量下安全运转的基本措施之一。管道的清管不仅是在输送前清除残留在管内的各种杂物,而且还要在输送过程中清除管内壁上的石蜡、凝聚物及其他各类沉积物。

六、原动机及电气设备

GAA011 原动机的概念

(一)原动机

在长距离输送管道上,使用了各种各样的原动机,它们为泵或压缩机提供动力,即带动泵或压缩机输送动力。这些原动机的常用类型有电动机、燃气轮机和往复式内燃机。

可以根据原动机的使用条件、范围以及管道特点选择原动机,一般应考虑以下因素:

(1)长年运行安全可靠,大修期长,维修方便。

(2)能随管道工况的变化调节负荷与转速。

(3)易于实现自动控制。

(4)能利用当地供应的廉价能源及管道中所输送的介质作为燃料,热效率高,经济效益好。

在几种原动机中,电动机应用最广,它不仅用于驱动输油泵而且也用于驱动压缩机。它的价格较便宜、轻便、体积较小、维护管理方便、工作平稳、便于自动控制、防爆安全性好。不过它必须有庞大的输配电系统。

燃气轮机具有结构简单、质量小、功率大、可用多种廉价油品与天然气作燃料、不用冷却水、便于自控、机组有双重甚至三重保护系统等优点,所以近年来在输送管道上的应用日益增加。

内燃机是利用燃料在气缸内燃烧,形成高温高压燃气,推动活塞运动而做功的热力发动机。往复式内燃机是内燃机中使用最广泛的一种。按照使用燃料的性质不同,可将往复式内燃机分为柴油机、汽油机、煤气(燃气)机。其中柴油机一般适用于缺电而功率不大的中小型管道上。

GAA012 常用电气设备的类型

(二)电气设备

输油气管道所用的电气设备包括变压器、互感器、电力电容器、高压油断路器、继电保护装置等设备。

变压器是把某一频率的交流电压变换为另一电压,以供用电设备需要的一种电气设备。互感器是专供测量仪表使用的变压器。电力电容器在电网中做无功电力补偿,提高用户的功率因数,可以减少输电损失和电网压降,提高设备效率和电网输送能量。

GAA013 测量仪表的用途

七、测量仪表

在输送过程中,为了正确指导生产操作、保证生产安全和实现生产过程自动化,必须用各种仪表来检测生产过程中的有关参数。常用的测量仪表可分为压力测量仪表(压力表)、液位测量仪表、流量测量仪表(流量计)和温度测量仪表(温度计)。

项目七 天然气管输系统及站场设备

GAA014 天然气管输系统的构成

一、天然气管输系统

天然气管输系统是由一个联系天然气生产井与用户间的复杂而庞大的管道及设备组成的采、输、供网络。一般而言,天然气从生产井采出,至输送给用户,其基本输送过程即输送流程为:天然气井→油气田矿场集输管网→净化、加压→输气干线→城镇或工业区配气管网→用户。

天然气管输系统主要有以下几个基本组成部分:集气、配气管道及输气干线;天然气增压及天然气净化装置;集、输、配气场站;清管及阴极保护站等。天然气输送系统的各部分以不同的方式相互连接或联系,组成一个密闭的天然气输送系统,即天然气是在一个密闭的系统中进行连续输送的。具体来说,天然气从油气生产井采出后,经油气田内部的矿场集输气支线及支干线、集气站输往天然气增压站进行增压(天然气压力较高,能保证天然气进行净化处理和继续输送时,可以不经过增压),再输往天然气净化厂进行脱硫、脱水处理(含硫量达到管输气质要求的可以不进行脱硫净化处理),然后通过矿场集输干线输往干线首站及中间站而进入输气干线。根据用户情况和管线距离条件,在输气干线上设有输配气站、阴极保护站及清管站,通过输配气站,将天然气调压后输往城镇配气管网或直接输往用户。由此可见,天然气管道输送系统的各个环节紧密联系,相互配合、相互影响。在天然气管输生产过程中,应该统一调度指挥、环环紧扣,各部门按调度指挥组织生产,以保证天然气管道输送系统的正常安全运行。

二、输气站常用设备

GAA015 输气站常用设备

输气站使用的设备较多,规格不一,用途不同。

(一)压缩机

GAA016 压缩机的类型

压缩机是一种压缩气体以提高气体压力或输送气体的机器,它是输气加压站的主要设备。在油库、泵站里,压缩机(风机)为各种风动机械、控制仪表或为清扫管线提供压缩空气。

工业上所用的压缩机,可以分为速度型和容积型两种。

速度型压缩机靠高速旋转的叶轮使气体得到巨大的动能,随后在扩压器中急剧降速,从而使气体动能转化为压力能。这类压缩机又可以分为离心式和轴流式两种。

容积型压缩机依靠在气缸内作往复或回转运动的活塞,使气体体积缩小,从而提高气体压力。它又可分为回转式和往复式两种。

输气管线上主要是使用容积型的活塞式往复压缩机和速度型的离心式旋转压缩机。由于输气管道的管径和流量日益增大,以及离心式压缩机本身的优点,使得离心式压缩机在输气干线上占有绝对优势。

在离心式压缩机中,气体从轴向进入高速旋转的叶轮,在叶轮中被离心力甩出而进入扩压器。气体在叶轮中获得动能,进入横截面逐渐扩大的扩压器后,部分动能转变为压力能,速度降低、压力提高。接着通过弯道和回流器又被第二级吸入,进一步提高压力。气体每经过一个叶轮,相当于进行一级压缩,这样逐级压缩,直至达到所需压力。

(二)分离器

分离器是分离天然气中液态和固态杂质的设备,它分为重力式分离器和离心式分离器两种类型。

管输天然气中存在一些固体、液体杂质颗粒,会损坏压缩机和计量设备,同时对下游用户的用气造成影响,因此在天然气管道的压气站、分输站都会安装有过滤设备或分离设备,一般分离设备用来去除天然气中较大的固体颗粒,过滤设备用来去除天然气中较小的固体和液体颗粒。

(三)检测仪表

天然气的检测仪表分为一次仪表和二次仪表。一次仪表是现场仪表的一种,安装在现场且直接与工艺介质相接触,是现场测量或直接可以读数的仪表。如压力表、压力变送器、温度表等。

二次仪表就是控制柜中或者其他地方的接收一次表信号,还原显示现场物理量并且可以进行控制的显示仪表等。二次仪表是仪表示值信号不直接来自工艺介质的各类仪表的总称。二次仪表的仪表示值信号通常由变送器变换成标准信号。

输气管道中压力检测仪表主要有就地指示压力表,高低极限压力检测开关和为集中检测所设的,便于指示、记录、运算用的压力变送器。

输气管道系统中温度测量主要有两个方面:一是天然气温度的测量;二是辅助系统的温度测量。天然气温度检测一般设在站场进出口、计量孔板上游或下游。就地指示时一般采用双金属温度计;需要对温度进行远传时,一般采用铂电阻温度计和铜电阻温度计。

(四)调压装备

天然气分输站通过调压装置将干线压力调节到分输压力,调压装置需要根据压力调节工况来进行设计,一般由工作调压阀、监控调压阀、安全切断阀组合构成。

压力调节阀一般包括执行机构和阀门。按照执行机构的动力源来分类有以下几种:气动控制阀、电动控制阀、液动控制阀和混合型控制阀四种。气动控制阀按其执行机构又分为薄膜式控制阀、活塞式控制阀和长行程控制阀。电动控制阀执行机构的运动方式分为直行程和角行程两类。

微压指挥器型自力式压力调节阀是一种无须外加驱动能源,依靠被调介质自身的压力为动力源及其介质压力变化,按设定值进行自动调节的节能型控制装置。集检测、控制、执行诸多功能于一阀,自成一个独立的仪表控制系统。

(五)阀门、管件、清管装置

输气管道沿线及站场所用的阀门、管件、清管装置基本与输油管道相同,在此不再一一叙述。

项目八 数字化管道知识

JAA001 数字化管道基本概念

一、数字化管道基本概念

数字化管道就是信息化的管道,它包括全部管道以及周边地区资料的数字化、网络化、智能化和可视化的过程在内。

数字化的浪潮使得人们能够方便、快捷和高效地获取、存储、处理和显示各种现实世界的信息。利用遥感卫星对地面进行拍照,利用大容量存储设备对海量数据进行存储管理,利用高性能计算机对信息进行分析和处理,利用网络对数据进行传递和共享。数字化、信息化已经涉及社会各个领域。"数字化"是一次新的技术革命,它将改变人们的生产和生活方式,进一步促进科学技术的发展,推动社会经济的进步。

(一)数字化管道名字由来

数字管道(或数字化管道)的概念是随"数字地球(DE,Digital Earth)"而来的。数字地球的核心思想是用数字化手段整体性地解决地球问题并最大限度地利用信息资源。数字地球从数字化、数据构模、系统仿真、决策支持一直到虚拟现实,它是一个开放的复杂的巨系统,是一个全球综合信息的数据系统工程。在"数字地球"概念的深刻影响下,数字城市、数字矿山、数字油田、数字水力、数字管道和数字社区等大批概念都相应提出并予以实施。

与数字化管道相比,数字管道的名称更加专业。有人指出,数字管道可以定义为:"数字管道是管道的虚拟表示,能够汇集管道的自然和人文信息,人们可以对该虚拟体进行探查和互动。"数字管道是应用遥感(RS)、数据收集系统(DCS)或 SCADA 系统、全球定位系统(GPS)、地理信息系统(GIS)、业务管理信息系统、计算机网络和多媒体技术、现代通信等高科技手段,对管道资源、环境、社会、经济等各个复杂系统的数字化、数字整合、仿真等信息集成的应用系统,并在可视化的条件下提供决策支持和服务。

(二)数字管道的功能和特点

(1)数字化管道充分采用国家空间数据基础设施数据,并通过航空摄影测量和卫星遥感影像获得最新的地形、地质、水文、环境数据,与过去传统数据获取方式相比,内容更丰富,更新速度更快,数据描述更加完整,数据表达也更加直观。遥感技术大大缩短了周期,降低了成本,提高了精度。

(2)GIS 系统提供了地理信息服务(Geo-information Service)。集成管道周围一定范围的地理、人口、环境、植被、经济等各类资源数据,利用 GIS 的空间分析功能进行叠加分析、缓冲区分析、最短路径分析等操作,可以进行线路总体规划和评估,为决策和管理提供重要的依据。还可以采用 GIS 技术对管道风险进行管理,指导系统编制维修计划,并采取相应的补救措施,当风险指数达到警戒线时,自动启动相应的应急预案,尽可能地降低管道事故发生率。

(3)数字化管道采用 CAD 技术和网络技术,将管道施工设计图纸、施工数据、人员资料、管理文档等全部实现数字化管理,通过局域网或互联网传送到数据库中,将各个专业各个单位不同数据融为一个整体,有效地消除了"信息孤岛",实现了信息的共享和协同工作。

(4)采用大型数据库对数据进行存储。空间数据中心可以管理、存储在数字管道建设和运营中获取的所有数据。在管道建设的每个环节,都建立相应的数据库,并使得每个阶段的数据成果和系统相互衔接。

(5)SCADA 系统实现了管道的全自动控制。通过以主机和微处理器为基础的远程终端装置 RTU、PCL 或其他输入/输出设备的通信收集数据,实现整个数字管道的监测监控,保证了系统的安全运作和优化控制。

(6)数字化管道实现了整个管道的虚拟现实表达,使得数字化管道能够在真实、可视的三维环境下展示到用户面前,用户通过交互方式对管道的公用信息进行查询和操作,对管道的三维虚拟漫游犹如在真实的三维世界中,充分体现了数字管道的空间特征。

二、数字化管道的应用

(一)数字化管道的意义

对于石油天然气工程领域来说,建立一套完整的数字化管道具有十分重要的意义。

从发展上看,管道运输在世界上已经有130多年的历史。在欧洲和北美,数字化技术在长输管道建设勘查选线、中期建设实施和后期运营管理中已经被广泛应用。相比之下,我国数字技术的应用和发展却比较缓慢。近几十年,我国先后建立起威成线(1966)、两佛线(1977)、北干线(1987)、陕京一线(1997)和西气东输(2003)等一批管道。这些管道的建设都具有里程碑式的意义。但是数字化管道建设是从冀宁联络线工程(2004)才开始实施的。

随着天然气市场的逐步扩大,长输天然气管道具有广阔的市场前景,传统的勘查设计和施工管理方法已经不能满足管道建设和运营的需要。

例如SCADA系统在启用之前,主要的设备控制(如阀门的开、关;输油泵的启、停)都是手动控制,输油(气)工人通过巡视记录主要参数(如温度、压力、流量等)。这种方式已经远远落后于信息化时代的要求。

在没有进行遥感技术选线前,管道传统勘察设计方式是野外作业手段和图纸形式,周期长、成本高、效率低下、数据共享困难。采用遥感、GPS和GIS技术彻底改变了工作方式。

网络技术的应用彻底改变了传统的管理模式,数据、报表、文件的很多工作内容全部通过internet进行传输,大型服务器管理和保存各种数据,实现了基于internet的数据共享和部门协作。

长输油气管道是跨省市的复杂大系统,所涉及的地理信息、环境参数、运行参数、资源等都是庞大的,在没有应用GIS对这些数据进行管理之前,很难做到科学的决策和管理。GIS将RS、GPS、DCS和PS等多个数据源统一集成,建立基础地理信息数据库,保持了数据的完整性和现实性,在数字管道中发挥了核心功能。

综上所述,数字化管道建设将在确定最佳路线走向、资源优化配置、灾害预测预警和运营风险管理中发挥极大的作用,数字化管道必将成为今后长输油气管道建设的目标。数字化管道建设势在必行。

(二)我国首条数字化管道工程

冀宁支线是西气东输工程的续建工程,是我国首条数字化管道工程。它纵贯华北、华东的冀、鲁、苏三省,连通环渤海的陕京二线和长江三角洲的西气东输两大天然气干线,有"现代能源京杭大运河"之称。这条管道共设一干九支,全长1498km,沿线分别向南通、徐州、连云港、临沂、济宁、济南、武城、德州、衡水等地区供应天然气。

西气东输冀宁支线在设计之初就提出了"建设国内首条数字化管道"的设想。勘察设计期间利用卫星遥感与数字摄影测量技术进行选线,获取了管线两侧各200m范围内的沿线四维数据,并应用地理信息系统与全球定位系统,初步建立起了包括管道沿线地形、环境、人口、经济等内容的管道信息管理系统。

管道信息管理系统是冀宁管道建设与管理的数字化平台。该系统具有八大功能,包括设备采购及储运管理、施工进度管理、质量监控管理、总体调度管理、施工进度展示及空间数据管理、系统管理维护、信息发布以及数据输出。其中,施工进度功能较传统方式能够提前8h展示进度日报,完全避免了手工计算日报产生的误差;空间数据管理功能通过采集站场、阀室、标志桩等实物的三维坐标,将它们转变成可视模拟图形,随时进行监控。

(三)数字管道的研究内容

1. 勘查设计阶段

数字管道的主要任务是利用卫星遥感与数字摄影测量技术进行选线,获取了管线两侧各200m范围内的沿线四维数据,并应用GIS与GPS,初步建立起了包括管道沿线地形、环境、人口、经济等内容的管道信息管理系统。数字管道的建设包括:

(1)遥感图像处理系统:该系统能够处理、分析并显示卫星遥感多光谱数据、高光谱数据和雷达数据。通过对卫星遥感数据的解译,获取管线经过区域内可供线路方案比选使用的自然环境、地理、地质等现势资料,在宏观上为管道选线提供科学依据。

(2)数字摄影测量处理系统:数字摄影测量的成果为管道选线工程设计提供了基础资料。与卫星遥感相比,航测数据比例尺大,分辨率高,细部表现明显。在选线中起到了重要作用。

(3)数字管道可研系统:集成遥感图像解译数据和数字摄影测量的成果数据,以及人口数据、环境数据、经济等地理信息,通过对各种数据的叠加和分析估算项目的经济效益,对线路进行总体规划。

(4)地质测量信息系统:为管线选线提供绘制的管道沿线地质、测量和水文等图纸和属性数据。

(5)管道设计CAD系统:选线方案确定后,对管道以及配套设施(如分输站、阀门)等进行施工图纸设计的系统。

(6)通信设计系统:SCADA系统的通信设施铺设进行设计。

2. 工程建设阶段

数字管道可提供多种互联网信息服务,如管道建设者可以通过互联网查看不同比例管道及其沿线周边环境的直观信息,也可查看某一天、某一道工序环节的进度,甚至每道焊口的焊工信息、无损检测影像、焊工档案、焊口的坐标值及埋深等基本信息。数字管道建设包括:

(1)GPS数据采集系统:采集全球定位系统采集施工过程中的管道大地坐标数据。

(2)测量管理信息系统:对施工过程中测量数据的采集、计算、图形绘制和报表输出。

(3)勘查施工管理系统:对施工过程中的施工数据、永久性数据以及资料的采集、生成、审核、上报与管理。

3. 项目运营管理阶段

数字管道的建设包括:

(1)生产运营管理系统:进行企业人力资源管理、业务分析,对客户关系、市场营销、生产调度等进行管理。

(2)SCADA系统:实现对管道运行全自动控制和调度作业。

(3)设备更新维护系统:对故障设置进行记录,并对数据库中数据进行更新。

（4）管道风险管理信息系统：对管道安全进行实时监控、预测和报警，对管道安全风险和腐蚀进行评估。

（5）企业 ERP 系统。

(四)数字化管道的前景

我国建设的各类输送介质的长输管道长度已经达到数万公里，尤其是近年来长输油输气管道的大规模建设，使得长输油气管道的建设和管理提升到较高的水平。传统的勘察设计和施工管理方法已经不能满足管道建设和运营管理的需要，数字管道更具迫切性和必要性。数字化管道的概念将深远地影响管道勘探设计、管道施工建设和管道运营管理的每一个环节，它彻底地改变了工作模式。

模块二　金属腐蚀与防护基本知识

项目一　电化学基本知识

一、物质的构成

CAB001 物质的构成

我们生活在丰富多彩的物质世界里,物质的组成不同,其性质有着很大的差异。科学研究发现,物质是由原子、分子、离子等基本微粒构成的。

(一)原子

原子是化学变化中的最小微粒。也就是说,在化学反应中,不能把原子再进一步分成更小的微粒了。

原子是由居于原子中心的原子核和核外绕核作高速运转的电子构成。原子核由质子和中子构成,1 个质子带 1 个单位的正电荷,中子不带电。1 个电子带 1 个单位的负电荷。由于核内质子数等于核外电子数,因此原子是一种电中性微粒。

(二)分子

分子是保持物质化学性质的一种微粒,在化学反应中可以再分。例如,水分子(H_2O)在一定的条件下可以分成氢气分子(H_2)和氧气分子(O_2)。同种物质的分子性质相同,不同种物质的分子性质不相同。

(三)离子

离子是指带电的原子或原子团。在化学反应中,原子得到或失去电子后就生成离子。原子失去电子后生成的带正电荷的离子叫阳离子,如钠离子(Na^+);原子得到电子后生成的带负电荷的离子叫阴离子,如氯离子(Cl^-)。

二、电解质

CAB002 电解质的概念

电解质是指在水溶液里或溶化状态下能够导电的物质。酸、碱、盐都是电解质,它们的水溶液都能导电。金属导电依靠的是自由电子的定向移动,而电解质溶液导电依靠的是溶液中阴、阳离子的定向移动。

土壤中含有各种的盐类如氯化物、硫酸盐、碳酸盐等,又因土壤中含有水分,使得这些盐类能电离出各种阴、阳离子,因此土壤是电解质。埋地管道处在电解质的环境中。

三、原电池

CAB003 原电池的概念

物质发生化学反应时伴随有发热、发光等现象,且加热、光照可以影响化学反应的发生,这说明化学能跟热能、光能可以相互转化。同样,化学能同电能也可以相互转化。

如图 1-2-1 所示,把一块锌片和一块铜片平行地插入盛有稀硫酸(H_2SO_4)溶液的烧杯里,再用导线把锌片和铜片经过电流计连接起来。实验结果表明,导线接通后,锌片不断地

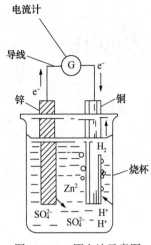

图 1-2-1 原电池示意图

溶解,铜片上有氢气产生,电流计指针发生偏转。这说明当铜片和锌片一起浸入稀硫酸溶液中,并用导线连接时,由于锌比铜活泼,容易失去电子,锌被氧化成 Zn^{2+} 而进入溶液,电子由锌片通过导线流向铜片,溶液中的 H^+ 从铜片上获得电子,被还原成氢原子,氢原子结合成氢分子从铜片上形成气泡放出。变化过程可以表示如下:

$$锌片:Zn-2e^-=Zn^{2+} \qquad (氧化反应)$$
$$铜片:2H^++2e^-=H_2\uparrow \qquad (还原反应)$$

电流计指针发生偏转,充分证明了上述实验中有电流产生,这种把化学能转变为电能的装置叫原电池。原电池中电子流出的电极为负极(如锌片),电极被氧化。电子流入的电极为正极(如铜片),该电极上发生的反应为还原反应。通常,人们将发生氧化反应的电极称为阳极,将发生还原反应的电极称为阴极。因此,在原电池中,阳极即负极,阴极即正极。

应用原电池的原理可以制作多种电池,如干电池、蓄电池以及供人造卫星、宇宙火箭、空间电视转播站使用的高能电池等。电池在生活、工农业生产以及科学技术等方面都有广泛的用途。

CAB004 电解池的概念

四、电解池

如图 1-2-2 所示,在 U 形管里注入氯化铜($CuCl_2$)溶液,插入两根石墨棒作电极。将直流电源与石墨电极接通,不久便可以观察到与电源负极相连的电极上覆盖了一层红色物质,这是析出了铜。与电源正极相连的电极上有气泡生成,经检测可知放出的是氯气。

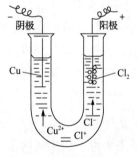

图 1-2-2 电解池示意图

通电时,为什么氯化铜会分解成铜和氯气呢?

氯化铜是强电解质,在水里电离成 Cu^{2+} 和 Cl^-:

$$CuCl_2=Cu^{2+}+2Cl^-$$

通电前,Cu^{2+} 和 Cl^- 在溶液里自由移动,没有一定的方向;通电后,在电场作用下,Cl^- 向阳极移动,Cu^{2+} 向阴极移动。在阳极 Cl^- 失去电子,被氧化成氯原子,然后结合成氯分子,从阳极放出。在阴极,Cu^{2+} 得到电子,被还原成铜原子,覆盖在阴极上。这一过程可以表示如下:

$$阳极:2Cl^--2e^-=Cl_2\uparrow \qquad (氧化反应)$$
$$阴极:Cu^{2+}+2e^-=Cu \qquad (还原反应)$$

以上使电流通过电解质溶液而在阴阳两极引起氧化还原反应的过程叫做电解。借助于电流引起氧化还原反应的装置,也就是把电能转化成化学能的装置,叫做电解池或电解槽。管道的外加电流阴极保护系统就相当于一个大的电解池,其详细内容将在后面部分讲述。

项目二　金属腐蚀的概念及分类

油气管道,特别是长输管道所选用的管材常为碳钢或合金钢,金属腐蚀是管道保护过程中要解决的主要问题,本节主要讲述金属管道的腐蚀。

CAB005 金属腐蚀的概念

一、金属腐蚀的概念

金属腐蚀是指金属在周围介质作用下,由于化学变化、电化学变化等作用而产生的破坏。

可以用下式来表示金属腐蚀:

$$金属材料 + 腐蚀介质 \rightarrow 腐蚀产物$$

金属腐蚀是包括金属材料和环境介质在内的一个具有反应作用的体系。它不包括金属由于机械作用而发生的破坏,例如轴承的磨损。腐蚀和磨损引起的破坏性质不同,前者是化学变化,金属被破坏后成为化合物;后者是物理变化,金属被破坏后物质组成不变。在有些情况下,金属腐蚀和机械磨损可能同时发生,例如输送腐蚀性介质的管道其异型处(弯头、支管等)管道内部的破坏,就可能是腐蚀和磨损共同作用的结果。

CAB006 金属腐蚀的分类

二、金属腐蚀的分类

根据不同的分类方法可以将金属管道的腐蚀分为不同的类型,按照作用原理的不同可以分为化学腐蚀与电化学腐蚀,按照破坏形态的不同可以分为全面腐蚀和局部腐蚀。

(一)按照作用原理分类

1. 化学腐蚀

化学腐蚀是指金属表面与非电解质直接发生纯化学作用而引起的破坏。它又可分为两种。

1)气体腐蚀

气体腐蚀一般是指金属在干燥气体中发生的腐蚀。例如,用氧气切割和焊接管道时在金属表面上产生氧化皮,是金属同氧气发生化学反应所致。

2)在非电解质溶液中的腐蚀

例如金属能同某些有机液体(如苯、汽油)发生化学反应而腐蚀。

化学腐蚀是非电解质中的氧化剂直接与金属表面的原子相互作用,因此,其特点是在腐蚀过程中没有电流产生。

2. 电化学腐蚀

电化学腐蚀是指金属与电解质因发生电化学反应而产生的破坏。其特点是在腐蚀过程中有电流产生。可分为两种:

(1)原电池腐蚀:指金属在电解质溶液中形成原电池而发生的腐蚀。

(2)电解腐蚀:指外界的杂散电流使处在电解质溶液中的金属发生电解而形成的腐蚀。当管道受到外界的交、直流杂散电流的干扰,产生电解池作用时,会形成这种类型的腐蚀。

任何一种按电化学机理进行的腐蚀反应至少包含一个阳极反应和一个阴极反应,并伴随有金属内部的电子流动和介质中离子的定向迁移。阳极反应是金属原子从金属转移到介质中并放出电子的过程,即氧化过程。阴极反应是介质中的氧化剂夺取电子发生还原反应的还原过程。例如,碳钢在酸中腐蚀时,在阳极区 Fe 被氧化为 Fe^{2+},所放出的电子自阳极(Fe)流至钢表面的阴极区(如 Fe_3C)上,与 H^+ 作用而还原成氢气,即:

阳极反应：$Fe \rightarrow Fe^{2+} + 2e^-$

阴极反应：$2H^+ + 2e^- \rightarrow H_2 \uparrow$

总反应：$Fe + 2H^+ \rightarrow Fe^{2+} + H_2 \uparrow$

油气管道在大气、海水、土壤等环境中的腐蚀均属于电化学腐蚀。

（二）按照破坏形态分类

1. 全面腐蚀

腐蚀分布在整个金属表面上，它可以是均匀的，也可以是不均匀的。

2. 局部腐蚀

> CAB007 局部腐蚀的类型
> CAB008 局部腐蚀的特点

腐蚀主要集中于金属表面某一区域，而表面的其他部分则几乎未被破坏。局部腐蚀的类型很多，主要有应力腐蚀、小孔腐蚀（点蚀）、晶间腐蚀、电偶腐蚀、缝隙腐蚀、腐蚀疲劳等。下面选择几种重要腐蚀类型简要介绍：

（1）应力腐蚀破裂：它因破坏的严重性而在局部腐蚀中位于首位，根据腐蚀介质性质和应力状态的不同，裂纹特征会有所不同。

（2）小孔腐蚀：这种破坏主要集中在某些活性点上，并向金属内部深处发展。通常小孔腐蚀的腐蚀深度大于其孔径，严重时可使管道穿孔。

（3）晶间腐蚀：这种腐蚀首先在晶粒边界上发生，并沿晶界向纵深处发展。这时，虽然从金属外观看不出有明显的变化，但其力学性能已大为降低了。

（4）电偶腐蚀：具有不同电极电位的金属在一定的电解质中互相接触，电极电位较负的金属所发生的电化学腐蚀即属于电偶腐蚀。

（5）缝隙腐蚀：这类腐蚀发生在存有腐蚀介质的缝隙内，主要是由于缝隙内外腐蚀介质浓度和供氧浓度差异导致的浓差腐蚀，严重的可穿透金属板。

另外，对金属管道的电化学腐蚀，还可按其周围介质的不同而区分为大气腐蚀、土壤腐蚀及海水腐蚀等。

项目三　金属电化学腐蚀的基本原理

前面提到，在电化学腐蚀过程中形成了原电池，电化学腐蚀是原电池中的电极反应的结果。为此必须学习电极电位、腐蚀原电池等有关知识。

一、双电层和电极电位

> CAB009 双电层的概念

（一）双电层

金属晶格是由整齐排列的金属正离子以及在其间流动着的电子所组成。在通常条件下，金属离子不会离开金属表面而逸出，同样金属中的自由电子要想逸出金属范围也必须给予一定的能量才行，即必须消耗能量以克服金属离子与电子间的结合力。

但是，一旦把金属置于电解质溶液中时，处在金属表面上的金属离子，只在一面承受着离表面较远的金属离子及电子的作用（如图1-2-3所示），而与电解质溶液相邻的这一面，由于水的极性分子的作用将发生水化。如果水化时所产生的水化能足以克服金属晶格中金属离子与电子的结合力,则一些金属离子将脱离金属进入与金属表面相接触的液层中,形成水化离子。金属本来呈电中性,现因金属离子进入溶液而把电子留在金属上,使金属带负电。同样,金属离子进入溶液也破坏了溶液的电中性,使溶液带正电。

金属上的负电荷吸引着溶液中过剩的阳离子,使之尽可能靠近金属表面,在金属/溶液界面上形成了双电层,如图1-2-4(a)所示。

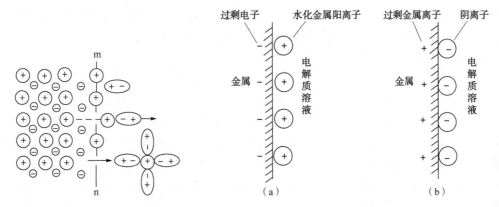

图1-2-3　金属表面的金属离子进行水化示意图　　　　图1-2-4　双电层示意图
　　　　　(注:mn—固相与液相界面)

如果金属离子的水化能不足以克服金属晶格中金属离子与电子之间的结合力,即晶格上的键能超过离子水化能时,则金属表面可能从溶液中吸附一部分正离子沉积在金属的表面上。此时金属表面带正电荷,而与金属表面相接触的液层,由于负离子过剩而带负电。即建立起一个与第一种情况相反的双电层,如图1-2-4(b)所示。

(二)电极电位

CAB010 电极电位的概念

所谓电极就是浸在某一电解质溶液中并在界面进行电化学反应的导体。金属/溶液界面上双电层的建立,使得金属与溶液之间产生电位差,这个电位差就叫做该金属在这种溶液中的电极电位,简称电位。

金属电极电位的大小,是由双电层上金属表面的电荷密度(单位面积上的电荷数)决定的。在图1-2-4(a)的情况下,双电层的电荷密度越大,则金属电极电位越负。在图1-2-4(b)的情况下,双电层的电荷密度越大,则金属电极电位越正。在管道保护过程中所测的管道电位(包括管道保护电位、管道自然电位)即管道在土壤中的电极电位。

电极电位是衡量金属溶解变成金属离子转入溶液的趋势,负电性越强的金属,它的离子转入溶液的趋势越大。

(三)平衡电位和非平衡电位

CAB011 平衡电位的概念

1. 平衡电位

当金属电极上只有一个确定的电极反应,并且该反应处于动态平衡,即金属的溶解速度等于金属离子的沉积速度时,动态平衡的表达式为:

$$Mn^+ \cdot ne + nH_2O \Longrightarrow Mn^+ \cdot nH_2O + ne^+$$

在此平衡态电极反应过程中,电极获得一个不变的电位值,该电位值通常称为平衡电极电位。一般地,金属在含本金属离子的溶液中产生的电位属于平衡电位。

平衡电极电位是可逆电极电位,即该过程的物质交换和电荷交换都是可逆的。平衡电极电位的大小可以通过能斯特方程进行计算。

2. 非平衡电位

实际金属腐蚀时,电极上可能同时存在两个或两个以上不同物质参与的电化学反应,电极上不可能出现物质交换和电荷交换均达到平衡的情况,这种情况下的电极电位称为非平衡电位或不可逆电极电位。例如,铁在氯化钠(NaCl)溶液中,电极反应为:

$$Fe \longrightarrow Fe^{2+}+2e^-$$
$$O_2+2H_2O+4e^- \longrightarrow 4OH^-$$

两个电极反应各自朝一定的方向进行,表征这种不可逆电极反应的电极电位称为非平衡电位。一般地,金属在含非本金属离子的溶液中产生的电位属于非平衡电位。

非平衡电位可以是稳定的,其条件是电荷从金属迁移到溶液和自溶液迁移到金属的速度必须相等。就上例而言,单位时间内铁失去的电子,必全部为氧所得到。即这时候已建立起一个稳定的状态——金属表面所带的电荷数量不变,故与之相对应的电极电位值也不变。此时的电极电位称为稳定电位。

管道自然腐蚀及进行阴极保护时的电位都属于非平衡电极电位,非平衡电极电位不服从能斯特公式。

CAB012 金属的腐蚀电位

(四)金属的腐蚀电位

金属与电解质溶液接触,经过一定的时间之后,可以获得一个稳定的电位值,这个电位值通常称之为腐蚀电位,又叫做自然电位。金属的腐蚀电位与很多因素有关,如溶液的成分、浓度、温度、搅拌情况以及金属的表面状态。因此,在研究具体的金属腐蚀过程时,必须进行金属腐蚀电位的测定。

CAB013 电化学腐蚀的概念
CAB014 电化学腐蚀的原因

二、电化学腐蚀原理

(一)电化学腐蚀的原因

金属在电解质溶液中由于电化学作用而发生的腐蚀称为电化学腐蚀,它是金属腐蚀形式中最普遍的一种。尤其对埋地金属管道而言,电化学腐蚀是其主要的腐蚀原因。电化学腐蚀的特点是腐蚀过程中有电流的流动。

电化学腐蚀的起因归根结底是由于金属表面产生原电池(腐蚀电池)作用或外界电流影响(如杂散电流)使金属表面产生电解作用而引起的。如图1-2-1所示,由于双电层的形成,锌、铜各自在溶液中建立电极电位,但锌的电极电位较负,所以不断失去电子,形成锌离子溶解到电解质溶液中。锌板上多余的电子则沿导线由锌板流到铜板,铜板上不断有来自锌板上的电子和溶液中的氢离子相结合。在原电池外部,电子由锌板流到铜板,即电流的流向为铜板到锌板。在原电池内部,电流方向是从锌板流入溶液,再由溶液流入铜板。电极电位比较负的锌板称为阳极,电极电位比较正的铜板称为阴极。

在电解质溶液中,金属表面上的各部分电位是不完全相同的,电位较高的部分形成阴极区,电位较低的部分形成阳极区,这便构成了局部腐蚀电池。

腐蚀电池可以理解为金属腐蚀表面上短路的多电极原电池。

(二)电化学腐蚀过程

金属在阳极区发生腐蚀现象,但这并不说明腐蚀的过程只是阳极发生反应的结果,腐蚀电池本身是由阳极和阴极构成的整体,所以电化学腐蚀必须是阳极和阴极同时作用的结果。具体地说,金属的电化学腐蚀都由下面三个环节组成,缺一不可。

1. 阳极过程

电极电位较低的金属(以 Me 表示)溶解为金属离子进入溶液,把电子留在阳极上。

$$M \longrightarrow M^+ + e^-$$

式中　M——某种金属原子;

　　　M^+——金属正离子;

　　　e——电子。

阳极过程就是阳极金属失去电子而不断溶解的过程,也叫氧化过程。

2. 电子转移过程

由于阳极金属的正离子不断溶入电解质溶液中,阳极金属上就有大量的电子堆积起来,在电极电位差的作用下阳极过剩的电子从阳极流入阴极。与此同时,电解质溶液中的负离子向阳极转移。

3. 阴极过程

由阳极流来的电子被溶液中能吸收电子的物质(以 D 表示)所接受。

$$e^- + D \longrightarrow [De]$$

溶液中能与电子结合的物质大都是 H^+ 和 O_2,以及部分盐类的离子。对于埋地管道,其腐蚀电池的反应大都是:

阳极过程:　　　　　　　　$Fe \longrightarrow Fe^{2+} + 2e^-$

阴极过程(当土壤是中性,且地下水溶有氧时):

$$O_2 + 4e^- + 2H_2O \longrightarrow 4OH^-$$

总反应:　　　　　　$2Fe + O_2 + 2H_2O \longrightarrow 2Fe(OH)_2$

由于亚铁离子的不稳定,它将和阳极区的氧继续作用生成 $Fe(OH)_3$ 的沉淀物。$Fe(OH)_2$ 和 $Fe(OH)_3$ 及土粘结在一起,遮盖了阳极区的管表面,将有利于降低腐蚀速度。当土壤是酸性时,阴极反应常为:

$$2H^+ + 2e^- \longrightarrow H_2$$

上述三个过程是相互独立又彼此紧密联系的。只要其中的一个过程受阻不能进行,整个腐蚀电池的工作就会停止,金属的腐蚀过程也就中断了。

这种阳极上放出电子的氧化反应和阴极上吸收电子的还原反应相对独立地进行,并且又是同时完成的。

(三)金属发生电化学腐蚀的本质原因

虽然在电化学腐蚀过程中形成了腐蚀原电池,在腐蚀原电池的工作过程中,金属离子不断溶解导致金属的破坏,但是腐蚀原电池的存在不是金属发生电化学腐蚀的本质原因。金属发生电化学腐蚀的本质原因是——溶液中存在着可以使金属氧化的物质。如果溶液中没有合适的氧化性物质的存在,那么金属就会失去形成导致腐蚀的原电池的条件,金属就不会腐蚀。

项目四　控制金属腐蚀的基本方法

腐蚀破坏的形式很多,在不同的情况下引起金属腐蚀的原因各不相同,而且影响因素也非常复杂,因此,根据不同情况采用的防腐蚀方法也是多种多样的。在油气管道保护过程中应用最为广泛的控制金属腐蚀的方法分为以下五类。

一、选择耐蚀材料

应根据管道的运行条件(压力、温度和介质的腐蚀性等),经济合理地选择耐蚀管材。尤其是输气管道应选择抗氢致开裂和抗硫化物应力开裂的材料。

一般地,选择管材时应注意以下问题:

(1)明确环境因素和腐蚀因素,业主与设计部门应密切配合,详细列出环境参数。

(2)参考已有的腐蚀数据及资料,如 NACE(美国腐蚀工程师协会)标准等。

(3)从事故调查的分析记录中吸取教训。

(4)进行腐蚀试验。实际情况往往千变万化,必须进行接近现场条件的浸泡试验。

(5)经济与耐久性。

二、控制腐蚀环境

天然气输送前,应进行净化处理,脱出硫化氢、水及二氧化碳等腐蚀性物质,一般应达到 GB 17820—2018《天然气》规定的二类气质标准。原油在长距离输送之前也应经过脱水处理,达到 SY 7513—1988《出矿原油技术条件》规定的技术要求(表 1-2-1)。

表 1-2-1　技术要求

项目	原油类别			试验方法
	石蜡基 石蜡-混合基	混合基 混合-石蜡基 混合-环烷基	环烷基 环烷-混合基	附录 A(参考件) 附录 B(参考件)
水含量,(重)%不大于	0.5	1.0	2.0	GB/T 260—2016《石油产品水含量的测定 蒸馏法》
含盐量,mg/L	实测			GB/T 6532—2012《原油中盐含量的测定 电位滴定法》
饱和蒸气压,kPa	在储存温度下低于油田当地大气压			附录 C(参考件)

三、选择有效的防腐层

用耐蚀性较强的金属或非金属材料来覆盖耐蚀性较弱的金属,将主体金属与腐蚀性介质隔离开来以达到防腐蚀的目的,称为防腐层或防腐涂层,可用于金属管道和储罐的内表面或外表面,分别称之为内防腐层和外防腐层。管道常用的防腐层材料主要为非金属有机材料。

四、电化学保护

根据电化学腐蚀原理,依靠外部电流的流入改变金属的电位,从而降低金属腐蚀速度的一种材料保护技术。电化学保护可分为阳极保护和阴极保护,其中只有阴极保护适用于埋地油气管道的防腐保护。因此,油气管道的电化学保护即指阴极保护。

五、添加缓蚀剂

缓蚀剂以适当的浓度和形式存在于环境(介质)中时,可以防止或减缓材料腐蚀的化学物质,因此缓蚀剂也可以称为腐蚀抑制剂,其用量很小(0.1%~1%),但效果显著,这种保护金属的方法称为缓蚀剂保护。通过在管道中定期注入缓蚀剂,也可以减缓管道腐蚀。

项目五　腐蚀原电池

ZAB001 电化学腐蚀的定义

电化学腐蚀是指金属与电解质因发生电化学反应而产生的破坏,它是油气管道在所处环境中的腐蚀的主要形式。

电化学腐蚀的机理,实际是短路了的原电池的电极反应的结果,这种原电池称为腐蚀原电池,简称腐蚀电池。

ZAB002 腐蚀原电池的形成条件

一、腐蚀原电池的形成条件

不论哪一种腐蚀电池,其形成的条件都是:

(1)有电解质溶液与金属相接触。

(2)金属的不同部位或两种金属间存在电极电位差。

(3)两极之间互相连通。

二、腐蚀原电池的类型

根据腐蚀电池电极大小的不同,可将其分为微电池和宏电池两种。

ZAB003 腐蚀微电池的概念

(一)微电池

由金属表面上许多微小的电极所组成的腐蚀电池称为微电池。其形成的原因是多方面的:

(1)金属化学成分不均匀。一般工业纯的金属中常含有杂质,如碳钢中的 Fe_3C、铸铁中的石墨、锌中的铁等,杂质的电位比本体金属高,因此就成为许多微阴极,与电解质溶液接触形成许多短路的微电池。

(2)金属组织不均匀。有的合金的晶粒及晶界的电位不同。如工业纯铝,其晶粒及晶界间的平均电位差为 0.091V,晶粒是阴极,晶界为阳极。

(3)金属物理状态不均匀。机械加工和施工过程会使金属各部分的变形和应力不均匀,变形和应力大的部位,其负电性增强,常成为腐蚀电池的阳极而受腐蚀。图 1-2-5 所示为钢管在冷弯后发生的腐蚀现象。

(4)金属表面膜不完整。金属表面膜有孔隙,孔隙处的金属表面电位较低。例如,防腐层缺陷处暴露的金属铁即为阳极区。

(5)土壤结构的差异。这种情况的腐蚀类似于同一金属放在不同电解质溶液中而形成的微电池。

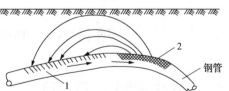

图 1-2-5　钢管在受冷弯的部位被腐蚀
1—阴极区;2—阳极区

ZAB004 腐蚀宏电池的概念
ZAB011 氧浓差电池的概念

(二)宏电池

用肉眼能明显看到的由不同电极所组成的腐蚀电池称为宏电池。常见的有三种情况:

(1)不同的金属与同一电解质溶液相接触。如轮船的船体是钢,推进器是青铜制成的,铜的电位比钢高,所以在海水中船体受腐蚀。钢管的本体金属和焊缝金属由于成分和组织不同,两者的电位差有的可达 0.275V,埋入地下后电位低的部分遭受腐蚀。

(2)同一种金属接触不同的电解质溶液,或电解质溶液的浓度、温度、气体压力、流速等条件不同。地下管道最常见的腐蚀现象就是氧浓度不同而形成的氧浓差电池带来的腐蚀。由于在管道的不同部位氧的含量不同,氧浓度大的部位金属的电极电位高,是腐蚀电池的阴极;氧浓度小的部位,金属的电极电位低,是腐蚀电池的阳极,遭受腐蚀。据调查,某输油管道曾发生过 186 次腐蚀穿孔,有 164 次发生在下部,而且穿孔主要集中在黏土段(该管道穿过地区 40% 为黏土段,60% 为卵石层或疏松碎石),这个例子正好说明了由氧浓差电池所造成的腐蚀。如图 1-2-6 所示,由于土壤埋深不同,氧的浓度不同,管道上部接近地面,而且回填土不如原土结实,故氧气充足,氧的浓度大;管道下部则氧浓度小。因此,管道上下两部位的电极电位不同,底部的电极电位低,是腐蚀电池的阳极区,遭受腐蚀。

图 1-2-7 表示管道在通过不同性质土壤交界处的腐蚀,黏土段氧浓度小,卵石或疏松的碎石层氧浓度大,因此黏土段管道发生腐蚀穿孔,特别在两种土壤的交界处腐蚀最严重。

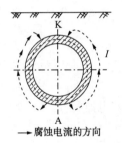

——腐蚀电流的方向

图 1-2-6 管道下部腐蚀穿孔图

K—阴极区;A—阳极区

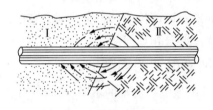

——腐蚀电流的方向

图 1-2-7 管道通过砂土、碎石层和黏土段交接处的腐蚀

I—砂土、碎石层;II—黏土段

(3)不同的金属接触不同的电解质溶液。在管道经过有一定坡度的河滩地时,处于不同含水量和含氧量的土壤中,可能发生较剧烈的腐蚀。

综上所述,对于地下管道,两种腐蚀电池的作用是同时存在的。由腐蚀的表面形式看,微电池作用时具有腐蚀坑点较浅、分布均匀的特征,而在宏腐蚀电池作用下引起的腐蚀则具有较深的局部穿孔的特征,其危害性更大。

项目六　电化学腐蚀速度与极化

ZAB005 电化学腐蚀速度

一、金属的电化学腐蚀速度

在生产实践中,不仅要了解是否会发生腐蚀,更重要的是要知道金属的腐蚀速度,以便采取相应的防腐措施。

$$W=\frac{QA}{Fn}=\frac{ItA}{Fn} \tag{1-2-1}$$

式中　W——金属腐蚀量,g;

　　　Q——流过的电量(在 t 时间内),C;

　　　F——法拉第常数,其值为 96500;

　　　n——金属的价数;

　　　A——金属的相对原子质量;

　　　I——电流强度,A。

腐蚀速度 $\bar{v}$ 是指单位时间内单位面积上损失的质量,单位为 g/(m² · h)。

$$\bar{v}=\frac{W}{St}=\frac{3600It}{SFn} \tag{1-2-2}$$

式中　S——阳极的金属面积,m²。

上式表明,对于某一金属,A、F 和 n 都是定值,故可以用电流密度 $i=I/S$ 的大小来衡量腐蚀速度的大小。凡是能降低腐蚀电流 I 的因素,都能减缓腐蚀。

金属管道腐蚀速度也常以深度指标来表示,以便于判断孔蚀的严重程度。

$$v_L=\frac{\bar{v}\times24\times365}{(100)^2\times\rho}\times10=\frac{\bar{v}\times8.76}{\rho} \tag{1-2-3}$$

式中　v_L——腐蚀的深度指标,mm/a。

　　　ρ——金属的密度,g/cm³。

二、极化

(一)极化作用

对于腐蚀原电池,由两极的初始电极电位及电极的总电阻,按欧姆定律计算出电流,再换算成腐蚀速度,往往要比实际情况大数十倍。显然,这是因为两极接通后由于电极电位偏移,使电位差明显减小的缘故。人们将腐蚀电池有电流通过后引起电极电位偏移的现象称为极化作用。

例如,将铜片和锌片浸入 3% 的 NaCl 溶液中构成原电池,用导线将电流表串接入电路中。可以发现:在接通电路的瞬间,电流表所指示的电流很大(约 33mA),然后电流逐渐减小,最后达到一个稳定值(约 0.84mA)。锌电极电位逐渐变正(由其初始电位 -1.053V 变为 -1.047V),铜电极电位逐渐变负(由其初始电位 -0.184V 变为 -1.025V),结果使阴极、阳极之间的电位差减小,原电池的电流强度减小。

由此可以看出,极化作用大大阻滞了腐蚀原电池的工作,使腐蚀电流降低,从而减缓了电化学腐蚀速度。如果没有极化作用,电化学腐蚀速度将会增加几十倍或几百倍。

腐蚀原电池在电路接通以后,电流流过电极时电位偏离初始电位的现象称为极化。阳极电位往正方向偏移,称为阳极极化;阴极电位往负方向偏移,称为阴极极化。极化值表示在相应的电流密度下的电位 E_i 对其平衡电位 E_e 平衡体系或稳定电位 $E_i=0$(非平衡体系)之差。

$$\Delta E=E_i-E_e \quad 或 \quad \Delta E=E_i-E_i=0$$

ZAB007 产生
阳极极化的
原因

(二)产生极化的原因

研究表明,极化现象的实质是电极反应过程发生了某些阻滞。根据受阻滞的反应步骤不同,可将电极极化的原因分为三种情况:电化学极化(活化极化)、浓度极化、电阻极化。无论阳极极化还是阴极极化都是这三种情况中的一种或共同引起的。

1. 产生阳极极化的原因

(1)在腐蚀电池中,阳极过程是金属失去电子而溶解成为水化离子的过程,如果金属离子进入溶液的速度比电子跑到阴极的速度慢,就会破坏双电层的平衡,阳极表面就会积累正电荷,所以,原来电极电位较负的阳极电位就会向正的方向移动。这一过程是由于电极上电化学反应速度的缓慢引起的,称为电化学极化或活化极化。

(2)阳极表面溶解下来的金属离子,聚集在阳极的附近,不易扩散到阴极附近。由于正离子的浓度的增加,阳极的电位必然往正的方向移动。这一过程是由于物质传递太慢引起的极化,称为浓度极化。

(3)金属表面生成的保护膜会阻滞阳极过程的溶解,结果使阳极的电位向正的方向移动。这一过程是由于电池系统的电阻增加而引起的,称为电阻极化。

综上所述,导致阳极极化的原因有三种。但对于具体腐蚀体系,这三种原因不一定同时出现,或者虽然同时出现但程度有所不同。

ZAB008 产生
阴极极化的
原因

2. 产生阴极极化的原因

(1)腐蚀电池的阴极过程是得到电子的过程,如果从阳极传递过来的电子不能及时与阴极附近能接受电子的物质结合,就会使得阴极上有负电荷积累,结果使阴极电位向负的方向移动(电化学极化)。

(2)由于阴极附近反应物或反应生成物扩散较慢而引起。如氧或氢离子(反应物)到达阴极不够迅速,或阴极的反应产物 OH^-、H_2 等扩散速度缓慢阻止了阴极过程的进行,而使阴极电位向负的方向移动(浓度极化)。

ZAB009 去极
化的概念

3. 去极化作用

消除或减弱引起电极极化的因素,促使电极反应过程加速进行,习惯上称为去极化作用。例如上述浓度极化的情况下搅拌溶液,以加速反应物或生成物的运移;加入某种溶剂从阳极表面除去氧化膜,以加速金属溶解。显然,去极化作用会导致金属腐蚀速度的增加。

能消除或减弱极化作用的物质称为去极化剂。最常见的去极化剂是 H^+ 和 O_2。金属腐蚀过程中,H^+ 和 O_2 参与阴极反应,得到电子而生成 H_2 和 OH^-。

阴极反应分别为:

$$2H^+ + 2e^- \rightarrow H_2 \uparrow$$

$$O_2 + 4e^- + 2H_2O \rightarrow 4OH^-$$

一般 H^+ 和 O_2 浓度的增加会使腐蚀速度上升,起到了去极化作用。由 H^+ 和 O_2 参加的腐蚀过程常被称为氢去极化腐蚀或氧去极化腐蚀。

ZAB010 极化
曲线的概念

4. 极化曲线

电极电位与极化电流或极化电流密度的关系曲线称为极化曲线。图1-2-8所示为典型的极化曲线。

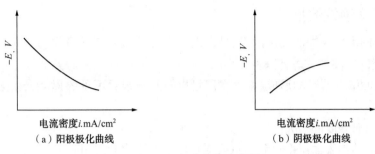

图 1-2-8　极化曲线示意图

从极化曲线的形状可以看出电极极化的程度,从而判断电极反应过程的难易。曲线越平缓,电极极化程度越小;曲线越陡,电极极化程度越大。

项目七　管道在大气中的腐蚀

GAB001 干的大气腐蚀表征
GAB002 潮的大气腐蚀表征
GAB003 湿的大气腐蚀表征
GAB004 大气腐蚀的原因

地上油气管道的腐蚀均属于大气腐蚀。了解大气的腐蚀规律,寻找有效的防腐途径具有重要的实际意义。

一、大气腐蚀相关定义

大气腐蚀性:大气环境(包括局部环境、微环境)引起给定基材(碳钢构件)腐蚀的能力。

腐蚀负荷:促进基材腐蚀的大气环境因素的总和。

腐蚀体系:由给定基材和影响腐蚀的全部环境(即腐蚀负荷)组成的体系。

大气:一种包围着给定基材的气体混合物(空气),通常也包括气溶胶和悬浮的固体微粒。

大气类型:以适宜的大气分类规范对各种大气进行的表征。

乡村大气:指内陆乡村地区和没有明显腐蚀剂污染的小城镇的环境大气。

城市大气:指没有聚集工业的人口稠密区、存在少量污染的环境大气。

工业大气:由局部或地区性的工业污染物污染的环境大气,即工业聚集区的环境大气。

海洋大气:指近海和海滨地区以及海面上的大气(不包括飞溅区)。即依赖于地貌和主要气流方向,被海盐气溶胶(主要是氯化物)污染的环境大气。

局部环境:指围绕钢结构的主要环境。这类环境包括局部范围内的特殊气象和污染参数,决定着局部范围内钢结构的腐蚀速率及腐蚀类型。

微环境:指钢结构与环境之间交接处可观察到的微小环境。微环境概念是为了评定特殊环境的腐蚀负荷而建立的。

按湿度分类的大气环境包括以下三种:

(1)潮湿型环境:指年平均相对湿度 RH>75% 的大气环境(包括局部环境和微环境在内)。

(2)普通型环境:指年平均相对湿度 RH 为 60%~75% 的大气环境。

(3)干燥型环境:指年平均相对湿度 RH<60% 的大气环境。

二、大气腐蚀性的描述

影响钢结构大气腐蚀的关键因素,是在钢结构表面形成潮气薄膜的时间和大气中腐蚀性物质的含量。

钢结构表面潮气薄膜的形成(潮气薄膜可以薄到肉眼看不见的程度),由下列几种因素作用所致。

(1)大气相对湿度的增大。

(2)由于钢结构表面温度达到露点或露点以下产生冷凝作用。

(3)大气的污染、钢结构表面沉积吸潮性污染物,如二氧化硫、氯化物及因工业操作带来的电解质等。

(4)结露、降雨、融雪等直接润湿结构表面。

大气中腐蚀性物质的存在加快了钢结构的腐蚀速率,在相同湿度条件下,腐蚀性物质含量越高,腐蚀速度越快。腐蚀性物质的腐蚀性与大气的湿度有关,在较高的湿度(潮湿型)环境中腐蚀性大,在较低的湿度(干燥型)环境中腐蚀性大大降低,如果有吸湿性沉积物(如氯化物等)存在时,即使环境大气的湿度很低(RH<60%)也会发生腐蚀。

三、大气环境腐蚀分类

(一)大气相对湿度(RH)类型

大气(包括局部环境、微环境)相对湿度分为下述三类:

(1)干燥型:RH<60%。

(2)普通型:RH 为 60%~75%。

(3)潮湿型:RH>75%。

(二)大气中腐蚀性物质含量的分类——环境气体类型

按照影响钢结构腐蚀气体的主要成分及其含量,环境气体分为 A、B、C、D 四种类型(见表1-2-2)。

表 1-2-2　环境气体类型

气体类别	腐蚀性物质名称	腐蚀性物质含量,mg/m^3
A	二氧化碳	<2.000
	二氧化硫	<0.5
	氟化氢	<0.05
	硫化氢	<0.01
	氮的氧化物	<0.1
	氯	<0.1
	氯化氢	<0.05
B	二氧化碳	>2.000
	二氧化硫	0.5~10
	氟化氢	0.05~5
	硫化氢	0.01~5
	氮的氧化物	0.1~5

气体类别	腐蚀性物质名称	腐蚀性物质含量,mg/m³
B	氯	0.1~1
	氯化氢	0.05~5
C	二氧化硫	10~200
	氟化氢	5~10
	硫化氢	5~100
	氮的氧化物	5~25
	氯	1~5
	氯化氢	5~10
D	二氧化硫	200~1000
	氟化氢	10~100
	硫化氢	>100
	氮的氧化物	25~100
	氯	5~10
	氯化氢	10~100

注:当大气中同时含有多种腐蚀性气体,则腐蚀级别应取最高的一种或几种为基准。

(三)腐蚀环境类型

主要根据碳钢在不同大气环境下暴露第一年的腐蚀速率(mm/a),腐蚀环境类型分为六大类。

腐蚀环境类型的技术指标应符合表1-2-3的要求。

表 1-2-3　腐蚀环境类型

腐蚀类型		腐蚀速率	腐蚀环境		
等级	名称	mm/a	环境气体类型	相对湿度(年平均),%	大气环境
I	无腐蚀	<0.001	A	<60	乡村大气
II	弱腐蚀	0.001~0.025	A	60~75	乡村大气,城市大气
			B	<60	
III	轻腐蚀	0.025~0.050	A	>75	乡村大气,城市大气和工业大气
			B	60~75	
			C	<60	
IV	中腐蚀	0.05~0.20	B	>75	城市大气、工业大气和海洋大气
			C	60~75	
			D	<60	
V	较强腐蚀	0.20~1.00	C	>75	工业大气
			D	60~75	
VI	强腐蚀	1~5	D	>75	工业大气

注:在特殊场合与额外腐蚀负荷作用下,应将腐蚀类型提高等级,如:

(1)机械负荷:

①风沙大的地区,因风携带颗粒(砂子等)使钢结构发生腐蚀的情况。

②钢结构上用于(人或车辆)通行或有机械重载并定期移动的表面。

(2)经常有吸湿性物质沉积于钢结构表面的情况。

项目八　土壤腐蚀

ZAB012 土壤
腐蚀的原因

油气管道大多埋设在各种类型的土壤中,了解土壤的腐蚀规律,寻找有效的防腐途径具有重要的实际意义。

GAB005 土壤
腐蚀的原因

一、土壤腐蚀的原因

(1)土壤是固态、液态、气态三相物质所组成的混合物,由土壤颗粒组成的固体骨架中充满着空气、水和不同的盐类。土壤中有水分和能进行离子导电的盐类存在,使土壤具有电解质溶液的特征,因而金属在土壤中将发生电化学腐蚀。

(2)由于工业和民用用电有意或无意地排入或漏泄至大地,土壤中有杂散电流通过地下金属构筑物,因而发生电解作用,电解电池的阳极是遭受腐蚀的部位。

GAB006 土壤
含盐量对腐
蚀过程的影响

(3)土壤中细菌作用而引起的腐蚀称为细菌腐蚀(或称微生物腐蚀)。

二、土壤性质对腐蚀过程的影响

GAB007 土壤
的物理性质
对腐蚀过程
的影响
GAB008 土壤
含氧量对腐
蚀过程的影响

土壤中含有多种矿物盐,其可溶盐的含量与成分是形成电解质溶液的主要因素。可溶盐的含量一般都在 2% 以内,个别情况下超过 5%~6%;土壤中分布最广的矿物盐是镁、钾、钠和钙的硫酸盐、氯化物盐、碳酸盐和碳酸氢盐。氯离子和硫酸根离子的含量越大(高于 1% 时),土壤腐蚀性就越强,因为含氯离子和硫酸根离子的铁盐大都是可溶盐。

土壤结构不同将直接影响土壤的含水量和透气性等物理性质,进而影响金属构筑物的腐蚀过程。粗颗粒土壤(如沙土)由于空隙大,水的渗透能力强,土壤中不易沉积水分;而小颗粒土壤(如黏土)则渗透能力差。与一般电化学腐蚀规律一样,随着土壤含水量的增加,电解质溶液增多,腐蚀原电池回路电阻减小,腐蚀速度增大。但含水量增加到一定程度后,土壤中的可溶盐已全部溶解,随着含水量的增加,不再有新的盐分溶解,因而腐蚀速度也就变化不大了。

土壤中含氧量的多少对腐蚀过程的影响也很大。由于土壤结构的差异,其含氧量差别很大。不同结构的土壤交接时,土壤含盐量、湿度及氧透气性的差异,为形成宏观氧浓差电池准备了条件。

一般来说,土壤的含盐量、含水量越大,土壤电阻率越小,土壤的腐蚀性也越强。但土壤的上述物理化学性质对金属腐蚀程度的影响是综合作用的。国外对此采用综合的评价方法,即在上述理化性质进行单项测定的基础上,对每个指标给出一个评价指数,然后再根据所有指标的评价指数的代数和来判断土壤的腐蚀性。

GAB009 土壤
腐蚀的特点

三、土壤腐蚀的特点

(1)由于土壤性质及其结构的不均匀性,不仅在小块土壤内可形成腐蚀原电池,而且因不同土壤交接在埋地管道上形成的长线电流,其宏观腐蚀原电池可能达数十公里。

(2)除酸性土壤外,大多数土壤中裸钢腐蚀的主要形式是氧浓差电池。

(3)土壤中的腐蚀速度受土壤电阻率的影响较大,有时成为腐蚀速度的主要控制因素,一般情况下比在水溶液中慢。

四、土壤中的细菌腐蚀

通常,在土壤腐蚀中氧是阴极过程的去极化剂,含氧量的增加会使得金属腐蚀速度加剧。但是在某些缺氧的土壤中仍发现了严重的腐蚀,这是因为有细菌参加了腐蚀过程。

细菌腐蚀主要可以分为两大类,一类是厌氧菌引起的腐蚀,硫酸盐还原菌是这类细菌腐蚀中最具代表性的一种。这种细菌易在 pH 值为 6~8、透气性差的土壤中和污染海域的海底污泥中繁殖。它之所以能够促进腐蚀是因为在它们的生活中,需要氧或某些还原物质将硫酸盐还原成硫化物,而细菌本身正好利用这个反应释放能量来繁殖。埋地管道表面,往往由于腐蚀而在阴极产生氢(原子态氢)。如果管道周围有硫酸盐还原菌存在,恰好利用管道表面的氢把 SO_4^{2-} 还原。这样,从而加速氢去极化,促进阴极反应。

$$SO_4^{2-} + 8H^+ \rightarrow S^{2-} + 4H_2O$$

上述还原反应中生成的 S^{2-} 可与土壤中的 Fe^{2+} 反应,生成 FeS,从而促进阳极反应的进行。

$$Fe^{2+} + S^{2-} \rightarrow FeS \downarrow$$

所以当有硫酸盐还原菌活动时,在铁表面的腐蚀产物是黑色的,并发出臭味。

还有一类由好氧菌引起的腐蚀。好氧菌的典型代表是硫杆菌和铁杆菌。当土壤中有硫代硫酸盐存在时,对生成好氧菌有利,好氧菌与硫代硫酸盐反应生成硫酸,从而腐蚀金属。

细菌的腐蚀过程是很复杂的,除了因上述细菌的存在而加速金属腐蚀外,还有一些细菌可以依靠管道防腐层——石油沥青中的石蜡作为它的养料,将石油沥青慢慢吃掉,从而造成管道防腐层的破坏,使其丧失防腐功能。

细菌参加阴极反应过程加速了金属的腐蚀。当土壤的 pH 值在 5~9、温度在 25~30℃时最有利于细菌的繁殖。pH 值在 6.2~7.6 的沼泽地带和洼地中,细菌活动最激烈。当 pH 值在 9 以上时,硫酸盐还原菌的活动受到抑制。

项目九　杂散电流腐蚀

杂散电流是指在非指定回路中流动的电流,如交、直流高压输电线路、电气化铁路、多种用电设备接地等散布的电流都可视为杂散电流。这种电流可对埋地管道产生腐蚀作用,引起管道的破坏,称为杂散电流腐蚀或干扰腐蚀,也可称为电蚀。

一、直流杂散电流腐蚀

直流电气化铁道、直流有轨电车铁轨、直流电解设备接地极、直流焊机接地极、阴极保护系统中的阳极地床、高压直流输电系统换流站接地极等,是大地中直流杂散电流的主要来源。

大地中存在着的直流杂散电流造成的地电位差可达几伏甚至几十伏。对埋地管道具有干扰范围广、腐蚀速度快的特点。是管道管理中需要密切注意的问题。

(一)直流杂散电流腐蚀机理

杂散电流在流入土壤以后产生地电场,土壤中不同地电位间便有电流流动。两个不同区域间电位差越大,电流就越大。当土壤全部都是均质的时候,电流分布也将是均匀的;如

果土壤为非均质的或在土壤中有导电率很高的夹杂体时,电流密度在这些夹杂体内与土壤的导电率成比例关系,见式(1-2-4):

$$i_o/i = R/R_o = 4T\rho/D\rho_o \qquad (1\text{-}2\text{-}4)$$

式中　i——土壤的电流密度,mA/m^2;

　　　i_o——管道中的电流密度,mA/m^2;

　　　R——土壤电阻,Ω;

　　　R_o——管道金属电阻,Ω;

　　　ρ——土壤电阻率,$\Omega \cdot m$;

　　　ρ_o——管道金属电阻率,$\Omega \cdot m$;

　　　D——管道外径,m;

　　　T——管壁厚度,m。

因为 ρ 远大于 ρ_o,所以管道中的电流密度远大于土壤中的电流密度,这时,大部分电流已不在土壤里流动,而是进入管道沿管道流动。图1-2-9 和图1-2-10 为地下管道埋设前后的电位分布情况。

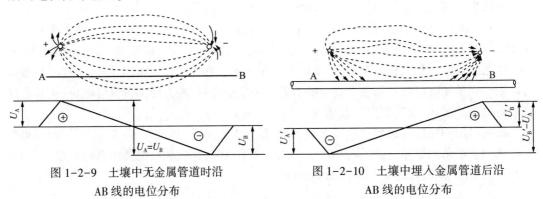

图 1-2-9　土壤中无金属管道时沿　　　　图 1-2-10　土壤中埋入金属管道后沿
　　　　　AB 线的电位分布　　　　　　　　　　　　AB 线的电位分布

从图 1-2-10 中看出,埋设金属管道以后,地电场的结构发生了变化。AB 两点的极性与电场极性相反,数值上等于 A、B 两点间电位差。即:

$$U_A + U_B = -(U'_A - U'_B) \qquad (1\text{-}2\text{-}5)$$

式中　U_A——土壤中无金属管道时 A 点的电位,V;

　　　U_B——土壤中无金属管道时 B 点的电位,V;

　　　U'_A——土壤中埋入金属管道后 A 点的电位,V;

　　　U'_B——土壤中埋入金属管道后 B 点的电位,V。

大地中杂散电流从管道的 A 点流入,经管壁至 B 点,返回杂散电流源。杂散电流流入处(A 点)管道为阴极区;流出处(B 点)管道是阳极区。在阳极区管道产生剧烈的腐蚀。

(二)电解腐蚀原理

为什么在阳极区会产生腐蚀呢?因为在杂散电流流出的 B 点,管道实质上与土壤介质进行着电解反应。管道成为以杂散电流源为电源的电解池的阳极而遭受腐蚀。

(三)直流干扰防护

GB 50991—2014《埋地钢质管道直流干扰防护技术标准》做出了如下基本规定:

（1）管道与高压直流输电系统、直流牵引系统等干扰源宜保持防护间距。

（2）在系统设计阶段，应充分考虑干扰源对外部埋地金属构筑物的直流干扰，以及管道可能受到的直流干扰影响，并应对管道可能受到的直流干扰影响进行分析和评价。

（3）对管道造成直流干扰的干扰源方，应根据国家相关法规及标准采取减少杂散电流的措施，并应为管道直流干扰的调查测试和防护工作提供支持。

（4）在干扰区域，宜由管道方、干扰源方及其他有关各方的代表组成防干扰协调机构，对干扰进行统一测试和评价，且宜协调设计干扰防护措施并宜分别实施和管理。

（5）处于高压直流输电系统、直流牵引系统等干扰源附近的管道，应进行干扰源侧和管道侧两方面的调查和测试。

（6）当发现管/地电位存在异常偏移或波动时，应进行直流杂散电流干扰调查和测试。

（7）应根据对干扰的调查和测试结果，对干扰状况进行分析评价，确定是否需要采取干扰防护措施。

（8）当确认管道受直流干扰影响和危害时，必须采取防护措施。

（9）应选择与干扰程度相适应的干扰防护措施，对于干扰严重或干扰状况复杂的场合可采取多种防护方式进行综合治理。

（10）在采取防护措施时，应限制防护措施对与其邻近的其他埋地金属构筑物的消极影响。当采取限制措施后仍不能消除这种消极影响时，可将受到影响的其他埋地金属构筑物纳入拟定的干扰防护系统，实施共同防护。

（11）受直流干扰影响的管道宜设置测试探头或检查片。

（12）受直流干扰的管道同时存在交流干扰时，应防止交流干扰对直流干扰测试和防护的影响。

有关直流调查与测试、直流干扰的识别和评价、直流干扰防护措施、干扰防护效果的评定、干扰防护的调整、干扰防护系统的管理等具体内容见 GB 50991—2014《埋地钢质管道直流干扰防护技术标准》。

干扰防护效果评定指标见表 1-2-4。

表 1-2-4　干扰防护效果评定指标

干扰防护方式	干扰时管地电位，V	电位正向偏移平均值比 η_v，%
直接向干扰源排流的直接、极性和强制排流方式	>+10	>95
	+10~+5	>90
	<+5	>85
通过排流接地体排流的接地、极性和强制排流方式及阴极保护等其他防护方式	>+10	>90
	+10~+5	>85
	<+5	>80

二、交流杂散电流腐蚀

（一）交流干扰电压的成因

油气管道与高压输电线、交流电气化铁道（以下两者简称为强电线）平行、接近的段落上，存在着感应电压。形成这种被称为交流干扰电压的原因有以下几个方面：

(1)电场影响:强电线路与金属管道由于静电场的作用,通过分布电容耦合,引起管道对地电位升高。但这种影响只在地面或正在施工的管道上才会出现。

对地下管道,由于大地有静电屏蔽作用,管道与强电线之间无电力线的交连。因此,静电场对于地下管道的影响可忽略不计。这个结论曾在10kV和400kV试验线路上得到了验证。

(2)地电场影响:管道处于电位梯度变化剧烈的土壤中,所引起的管/地电位升高,叫地电场影响。这主要是指地中电流引起的耦合现象。强电线正常运行时,接地回路一般不载流,即零序电流可忽略。但在故障时,强大的短路电流流入地中,使管道电位上升引起防腐层击穿,击穿后产生的转移电位还会对人身、设备造成危害。高压输电线故障时,短路电流造成的地电场影响,与两相一地或电气化铁道的地中电流造成的地电场影响,原理上是一致的。只是作用在地下管道上的干扰电压大小、时间长短不同,因而引起的危害也有差异。

(3)磁感应耦合:磁感应耦合又称磁干扰,是由载流导线辐射的交变电磁场切割金属管道而引起的物理现象。这好像变压器一样,强电线是变压器的初级,空气、土壤和防腐层是电磁波传播的介质,管道是变压器的次级。在与磁力线平面相垂直的轴上产生纵向感应电势,管道与磁力线的交连不因土壤、防腐绝缘层的存在而消失。

管道上感应电压和电流是许多变量的函数,如强电线的电流、频率、运行方式(单相、三相对称或不对称)及与强电线平行的管道长度、间距、防腐层电阻、沿线土壤电阻率等,通过一定的物理模型,可以计算出感应电压、电流的值。

(二)交流干扰的危害

交流干扰的电压作用于地下金属管道上,对人身和设备产生危害。按照干扰电压作用的时间,可以分为瞬间干扰、间歇干扰和持续干扰。

(1)瞬间干扰:强电线路故障时产生的干扰电压可达几千伏以上,由于电力系统切断很快,干扰电压作用持续时间在1s以下,故称瞬间干扰电压,此电压很高,对人身安全构成严重威胁,同时高压电也会引起管道防腐绝缘层被击穿。当管道与电力系统接地距离不当时,还会产生电弧通道,烧穿管壁,引起事故。

(2)间歇干扰:在电气化铁路附近的管道上,感应电压随列车负荷曲线变动,由几伏到几千伏。其特点是作用时间时断时续,伴有尖峰电压出现,因为它的作用时间较瞬间电压长,只要电气铁道馈电网内有电流流动,管道上就有干扰电压,故称间歇干扰。在这种情况下,除应考虑对人身的危害外,同样也应注意它对管道设备的有害影响。

(3)持续干扰:高压输电线正常运行时,感应在管道上的交流电压值随电力负荷而增减,可由几伏、几十伏到上百伏。因为它的作用时间长,只要高压输电线上有电流,管道上就有感应电压,故称持续干扰电压。在过高的交流干扰电压长期作用下,埋地金属管道会产生交流腐蚀——防腐绝缘层剥离和管道可能氢破裂;对有阴极保护的管道,其保护度下降,严重时使阴极保护设备不能正常工作或造成损坏;管道牺牲阳极性能变坏,甚至极性逆转,从而加速管道腐蚀。同样,过高的持续干扰电压对人身安全也会造成威胁,在交流干扰严重管段上,工作人员受到过轻度电击。

(三)交流腐蚀机理

关于交流电对金属腐蚀的研究已有近百年的历史,但由于其行为的复杂性,使许多问题尚不清晰。

国外有人认为:交流腐蚀是由于通电后产生的附加直流分量所引起的。还有人认为在交流电正半时,金属离子逸出数多于负半波的返回数,这就引起了交流腐蚀。而氧和氢离子的去极化速度将决定交流腐蚀的大小。

国内有人认为:需用电场理论和电化学理论相结合的方法来研究交流腐蚀。因为在外界工频电场作用下,金属电化学腐蚀过程与自然腐蚀有很大不同。一是迭加在金属腐蚀电化学原电池上的外施电场强度比自然腐蚀极化的内电场强度大很多倍;二是变化周期快,只有0.02s,比一般自然腐蚀的电化学反应时间小几个数量级,具有瞬时性。金属在变化迅速而强度又相当高的电场作用下,电化学腐蚀过程发生了变化。同时,由于土壤和金属表面的不均匀性,引起的电场不均匀性,造成点电流密度局部增大,形成交流电的集中腐蚀性。

对交流腐蚀效率的研究认为,铁的工频交流腐蚀量仅在直流腐蚀量的2%以内,可以不考虑交流腐蚀危害。也有人指出,这个论点只有在交直流电压相同的条件下才可以比较。在实际情况中,管道上的交流感应电压往往是直流感应电压的几十、几百倍。

(四)交流干扰防护

GB/T 50698—2011《埋地钢质管道交流干扰防护技术标准》做出了如下基本规定:

(1)管道与高压交流输电线路、交流电气化铁路宜保持最大间距。

(2)在路径受限区域,相关建设单位在系统设计中应充分考虑管道可能受到的交流干扰,并对管道上可能产生的交流腐蚀和对腐蚀控制系统的影响程度进行分析和评估。

(3)对管道造成交流干扰的干扰源,应根据国家现行有关标准采取减轻交流干扰措施。

(4)当确认管道受交流干扰影响和危害时,必须采取与干扰程度相适应的防护措施。

(5)当管道上的交流干扰电压不高于4V时,可不采取交流干扰防护措施;高于4V时,应采用交流电流密度进行评估,交流电流密度可按式(1-2-6)计算:

$$J_{AC} = \frac{8V}{\rho \pi d} \tag{1-2-6}$$

式中 J_{AC}——评估的交流电流密度,A/m^2;

V——交流干扰电压有效值的平均值,V;

ρ——土壤电阻率,$\Omega \cdot m$;

d——破损点直径,m。

注:①ρ值应取交流干扰电压测试时,测试点处与管道埋深相同的土壤电阻率实测值;

②d值按发生交流腐蚀最严重考虑,取0.0113。

(6)管道受交流干扰的程度可按表1-2-5交流干扰程度的判断指标的规定判定。

表1-2-5 交流干扰程度的判断指标

交流干扰程度	弱	中	强
交流电流密度,A/m^2	<30	30~100	>100

(7)当交流干扰程度判定为"强"时,应采取交流干扰防护措施;判定为"中"时,宜采取交流干扰防护措施;判定为"弱"时,可不采取交流干扰防护措施。

(8)在交流干扰区域的管道上宜安装腐蚀检查片,以测量交流电流密度和对交流腐蚀及防护效果进行评价。检查片的裸露面积宜为$100mm^2$。

(9)从事交流干扰和雷电影响防护设施安装、调试、测试、维修的人员应受过电气安全培训,并掌握相关电气安全知识。

有关交流干扰的调查与测试、交流干扰防护措施、防护系统的调整及效果评定、管道安装中的干扰防护、运行与管理、交流腐蚀评估的测量方法、交流腐蚀的识别等具体内容见GB/T 50698—2011《埋地钢质管道交流干扰防护技术标准》。

项目十　常见的局部腐蚀类型

JAB001 局部腐蚀的分类

金属腐蚀按其破坏的形态不同可分为两大类:全面腐蚀和局部腐蚀。在自然界的腐蚀环境中,很可能几种腐蚀形态同时存在,但局部腐蚀的危害要比均匀腐蚀的危害大得多。下面介绍几种常见的局部腐蚀。

一、孔蚀

JAB002 孔蚀的特征

孔蚀是一种腐蚀高度集中在局部小孔并向深处发展的腐蚀形态。蚀孔有大有小,多数情况下比较小,一般蚀孔的直径不大于它的深度,也有些情况为碟形浅孔。小而深的孔可能使金属板穿透,引起物料流失、火灾、爆炸等事故。它是破坏性和隐患性最大的腐蚀形态之一。

孔蚀通常发生于表面有钝化膜或有保护层的金属上,暴露在钝化膜或保护层的局部破坏点的金属成为阳极,电流高度集中,破口周围广大面积的膜成为阴极,因此腐蚀迅速向内发展,形成孔蚀。孔蚀形成不久,孔内的氧很快耗尽,因此只有阳极反应在孔内进行,很快就积累了带正电的金属离子。为了保持电中性,带负电的 Cl^- 从外部溶液扩散到孔内,在孔内形成高浓度的氯化物,如 $FeCl_2$、$CrCl_3$ 等,这些金属氯化物在蚀孔内发生水解,其反应式为:

$$M^+Cl^-+H_2O=MOH\downarrow+H^++Cl^-$$

水解反应所产生的 H^+ 和 Cl^- 都会进一步加速金属的溶解,形成自催化加速的反应。邻近孔蚀的表面由于发生阴极还原反应而不腐蚀,即获得了阴极保护。

蚀孔形成以后,是否继续深入发展直至穿孔,其影响因素比较复杂,目前还不能做到精确预测。一般地说,如孔少,腐蚀电流就比较集中,深入发展的可能就越大;如孔多,腐蚀电流就相对分散,蚀孔就较浅,危险性也就越小。

二、缝隙腐蚀

JAB003 缝隙腐蚀的特征

这类腐蚀发生在存有腐蚀介质的缝隙内,因此称为缝隙腐蚀。它的破坏形态为沟缝状,严重的可穿透金属板。它是孔蚀的一种特殊形态。它的发生和发展机理与孔蚀类似,缝隙内是缺氧区成为阳极,其后也产生自催化加速作用。缝隙腐蚀与孔蚀一样,在含有氯离子的溶液中最易发生。而且在发生腐蚀之前,有一个较长的孕育期,一旦发生就迅速进展。

防止缝隙腐蚀的最有效方法是消除缝隙。因此,在设计和施工过程中应尽量避免产生缝隙,如采用较好的焊接方式、缝隙中填充一层吸湿的填充物、选择优良的设备连接方式、涂塞缓蚀脂膏等措施。

三、应力腐蚀破裂

JAB004 应力腐蚀的特征

金属和合金在特定腐蚀介质与拉应力的同时作用下产生的破裂,称为应力腐蚀破裂。这是一种危险的腐蚀形态,它只发生于一些特定的"材料—环境"体系。应力腐蚀破裂的机理目前还没有完全搞清楚。一般可将裂缝的发生和发展区分为三个阶段：

第一阶段：金属表面生成钝化膜或保护膜；

第二阶段：膜局部破裂，形成蚀孔或裂缝源；

第三阶段：裂缝向纵深发展。

前两个阶段与孔蚀和缝隙腐蚀相同，腐蚀都是在一个对流不通畅、闭塞的微小区域内进行，统称为闭塞电池腐蚀。在第三阶段，由于金属内部存在一条狭窄的活性通路，在拉应力的作用下，活性通路前端的膜反复地、间歇地破裂，腐蚀沿着与拉应力垂直方向的通路前进。在闭塞区(裂缝尖端)会产生氢，一部分氢可能扩散到尖端金属内部，引起脆化，在拉应力作用下发生脆性断裂。裂缝在腐蚀和脆断的反复作用下迅速前进。

根据三阶段理论，介质在应力腐蚀中的作用显然可分为三种：一是促进全面钝化；二是破坏局部钝化；三是进入缝内(主要是阴离子)促进腐蚀或放氢。

裂缝形态有两种：一种是沿晶界发展，称为晶间破裂；另一种是穿过晶粒，称为穿晶破裂。也有混合型，如主缝为晶间型，支缝则为穿晶型。

防止应力腐蚀的方法主要有：通过热处理消除或减小应力；设计中选用低于临界应力腐蚀破裂强度的应力值；改进设计结构，避免应力集中；表面施加压应力；采用电化学保护、涂料或缓蚀剂等。

四、腐蚀疲劳

JAB005 腐蚀疲劳的特征

腐蚀疲劳是在交变应力和腐蚀介质的共同作用下引起的材料或构件的破坏。当铁基合金所承受的交变应力低于一定数值时，可经过无限周期而不产生疲劳破坏，这个临界应力值称为疲劳极限。对于其他合金，疲劳极限为在一定数量周期下不破裂的最大交变应力，但在腐蚀环境中，该疲劳极限值大大下降，因而在不高的交变应力下就会发生腐蚀疲劳。

腐蚀疲劳的外形特征是：有许多深的蚀孔，裂缝通过蚀孔可以有若干条，方向和应力垂直，是典型的穿晶型(在低频率周期应力下，也有晶间型)腐蚀，没有分支裂缝，缝边呈现锯齿形。振动部件如泵轴和杆、螺旋桨轴、油气井管、吊索以及由于温度变化产生周期热应力的换热管和锅炉管等，都容易产生腐蚀疲劳。

防止腐蚀疲劳的主要方法有：改进设计或进行热处理以减小或消除应力；表面喷丸引入压应力；采用缓蚀剂或电镀锌、铬、镍等。

五、磨损腐蚀

JAB006 磨损腐蚀的特征

流体对金属表面同时产生磨损和腐蚀的破坏形态称为磨损腐蚀。一般是在高速流体的冲击下，金属表面的保护膜被破坏，破口处的金属被加速腐蚀。磨损腐蚀的外表特征是：局部性的沟槽、波纹、圆孔和山谷形，通常显示方向性。较软的、容易遭受机械磨损的金属，如铜和铅，也更容易遭受腐蚀。

高流速和湍流状态的流体，如果其中含有空气泡和固体离子，可使金属的磨损腐蚀十分严重。凡是暴露在运动的流体中的设备，如管、三通、阀、鼓风机、离心机、叶轮、换热器、排风筒等，都可能产生磨损腐蚀。

防止磨损腐蚀的方法有：选用耐磨损腐蚀较好的材料、改进设计、改变环境、施加涂层和阴极保护等。

六、电偶腐蚀或双金属腐蚀

当两种不同的金属处于电解质中时,两种金属之间通常存在着电位差。如果这些金属相互接触(或用导线连通),该电位差使电子在它们之间流动。与不接触时比较,耐蚀性较差的金属在接触后腐蚀速度通常增加,而较耐蚀的金属腐蚀速度则下降。耐蚀性较差的金属成为腐蚀电池的阳极,耐蚀性较高的金属成为腐蚀电池的阴极。在这类偶接形式中,阴极或阴极性金属的腐蚀往往很小或完全不腐蚀。该腐蚀形态因为涉及不同的金属,所以称为电偶腐蚀或双金属腐蚀。阴极保护中的牺牲阳极保护方式就是利用电偶腐蚀原理。

模块三 管道阴极保护知识

项目一 阴极保护原理

一、管道阴极保护技术的发展

人类对阴极保护技术的最早研究始于 1823 年,当时英国学者汉·戴维先生接受了英国海军军部对木制舰船铜护套的腐蚀研究,1824 年,他首次报告了铁或锌与铜相连,铜本身被保护的研究成果。

我国地下油气管道采用阴极保护技术始于 1958 年,当时仅限于实验性小规模的应用。20 世纪 60 年代初,阴极保护技术先后在新疆、四川、大庆等地的油气管道上推广应用。20 世纪 70 年代以来,我国铺设的长输油气管道已普遍采用了阴极保护,为油气管道的安全运行提供了保障。

我国第一部关于管道阴极保护的技术标准是 SYJ 7—1984《钢质管道及储罐防腐蚀工程设计规范》。第一部法规是国务院 1989 年颁布的《石油、天然气管道管理条例》,该条例首次将管道阴极保护列入了管理的内容。目前有关管道阴极保护设计、施工及管理的有关标准、规范已基本健全。

二、阴极保护原理

CAC001 阴极保护的原理

在腐蚀原电池的阳极区,金属不断失去电子,以离子的形式进入电解质溶液,即位于阳极区的金属在不断地腐蚀。管道的阴极保护就是利用外加电流对管道进行阴极极化,使管道成为阴极区,从而受到保护,其原理如图 1-3-1 所示。

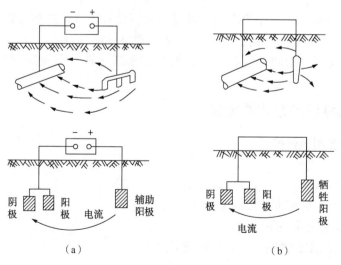

图 1-3-1 阴极保护原理示意图

如图 1-3-1(a)所示,将被保护的金属管道与电源的负极相连,把辅助阳极接到电源的正极,使管道成为阴极,这种阴极保护的方法称为强制电流法阴极保护。

如图 1-3-1(b)所示,在待保护的金属管道上联接一种电位更负的金属或合金(如锌合金、镁合金),形成一个新的腐蚀原电池,由于管道上原来的腐蚀原电池阴极的电极电位比外加上的牺牲阳极的电位要正,整个管道就成为阴极,这种阴极保护的方法称为牺牲阳极法阴极保护。

三、阴极保护的极化图解

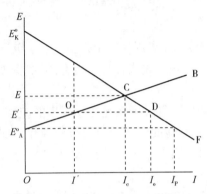

图 1-3-2　阴极保护的极化图解

E_K^0—阴极开路电位;E_A^0—阳极开路电位;

E—自然腐蚀电位;I_c—自然腐蚀电流;

I'—对应电位 E'—腐蚀电流;

I_P—保护电流

也可以用图 1-3-2 的极化图解来解释阴极保护的工作原理。图中 $E_A^0 B$、$E_K^0 F$ 分别为金属在介质中腐蚀形成的微电池的阳极、阴极极化曲线(电流与电位的关系曲线),E_A^0、E_K^0 分别为阳极、阴极的初始电极电位。在未通保护电流以前,腐蚀原电池的腐蚀电位为 E_c,相应的腐蚀电流为 I_c。用强制电流法阴极保护或牺牲阳极法阴极保护,使管道阴极极化,则腐蚀原电池的电极电位将降低。当其电位降至 E' 时,腐蚀电池的阳极电流由 I_c 降至 I',即阳极腐蚀速度降低。当腐蚀电池的电极电位降至 E_A^0 时,其阳极电流降至 0。显然要使管道达到完全保护,至少应将金属的电极电位降至(通过阴极极化)阳极的初始电位(E_A^0),此时外加的保护电流值为 I_P。从图中可以看出,要达到完全保护,外加的保护电流要比原来的腐蚀电流大得多。

CAC002 阴极保护方法的分类

项目二　阴极保护方法

由图 1-3-1 可知,实现阴极保护的方法通常有牺牲阳极法和强制电流法。由于杂散电流排除过程中也使管道得到了阴极保护,所以也可以认为排流保护是一种限定条件的阴极保护方法。通常人们所指的油气管道阴极保护方法是指牺牲阳极法和强制电流法两种形式。

一、两种阴极保护方法的比较

CAC003 强制电流阴极保护的特点

(一)强制电流阴极保护

1. 优点

(1)驱动电压高,能够灵活控制阴极保护电流输出量。

(2)适用于恶劣的腐蚀条件及高电阻率环境。

(3)使用不溶性阳极材料可作长期阴极保护。

(4)保护范围大。

(5)工程越大越经济。

2. 缺点

(1)需要外部电源。

(2)易于对邻近的地下金属构筑物产生干扰。

(3)维护管理工作量大。

(4)一次投资费用高。

(二)牺牲阳极阴极保护

CAC004 牺牲阳极阴极保护的特点

1. 优点

(1)不需要外部电源。

(2)对邻近构筑物无干扰或干扰很小。

(3)投产调试后可不需管理。

(4)工程越小越经济。

(5)保护电流利用率高。

2. 缺点

(1)驱动电位低,保护电流调节困难。

(2)使用范围上受土壤电阻率的限制。

(3)对于大口径裸露或防腐层质量差的管道实施困难。

(4)阴极保护时间受牺牲阳极寿命的限制。

二、两种阴极保护方法的适用范围

CAC005 阴极保护方法的适用范围

强制电流阴极保护和牺牲阳极阴极保护都是行之有效的埋地管道防腐方法。在具体工程中应根据被保护体所处环境和经济指标来选择。表1-3-1提出了两种保护方式的选择方法。

表1-3-1　阴极保护方式的选择方法

环境及管道条件	适用方法
管径较大并有连续的防腐层,土壤电阻率较高	强制电流
杂散电流使管/地电位变化过大	强制电流
大部分管段防腐层绝缘质量良好,腐蚀轻微,土壤电阻率低	牺牲阳极
短而孤立的管段	牺牲阳极
单独用户的支线	牺牲阳极
附近有较多金属构筑物	牺牲阳极

三、管道实施阴极保护的基本条件

CAC006 实施阴极保护的基本条件

(1)管道必须处于有电解质的环境中,以便能建立起连续的电路。如土壤、海水、河流等介质中都可以进行阴极保护。

(2)管道必须电绝缘。首先,管道必须要采用良好的防腐层尽可能将管道与电解质绝缘,否则会需要较大的保护电流密度。其次,要将管道与非保护金属构筑物电绝缘,否则电流将流失到其他金属构筑物上,影响管道阴极保护效果。

（3）管道必须保持纵向电连续性。对于非焊接的管道连接头,应焊接跨接导线来保证管道纵向的电连续性,确保保护系统电流的畅通。

项目三　阴极保护参数

金属材料在不同的介质条件下,具有不同的腐蚀电位,需要不同的保护电位和保护电流密度。正确选择和控制这些参数是决定保护效果的关键。

CAC007 自然腐蚀电位的概念

一、自然腐蚀电位

管道自然腐蚀电位就是金属管道在未通电保护之前的对地电位,简称自然电位。自然腐蚀电位随着管道表面状况(防腐层质量、管道腐蚀情况等)和土壤条件的不同而异。此外,季节的变化对管道自然腐蚀电位的影响也很大。

CAC008 最小保护电位的概念

二、最小保护电位

为使腐蚀过程停止,金属经阴极极化后所必须达到的电位称为最小保护电位。显然最小保护电位等于腐蚀原电池阳极的起始电位。埋地油气管道的最小保护电位与管材种类、土壤情况有关。

CAC009 最大保护电位的概念

三、最大保护电位

管道通入阴极电流后,管道电位变负,当其负电位达到一定程度时,H^+ 在阴极表面还原,使得管道表面会析出氢气,表面析氢不但会破坏防腐层的附着力,还会导致氢脆,所以最大保护电位需要通过试验确定,特别是对高强钢。因此,必须对最负管/地保护电位进行控制,这个电位称为最大保护电位。

CAC010 保护电流密度的概念

四、保护电流密度

保护电流密度是指被保护金属上单位面积所需的保护电流。保护电流密度是保证管道阴极保护电位的重要参数,也是阴极保护设计的最重要的设计参数,主要根据管道防腐层绝缘状况确定,如果电流密度不足,则电位将达不到保护标准。

阴极保护时,使管道停止腐蚀或达到允许程度时所需的电流密度值称为最小保护电流密度。

因为保护电流密度不是固定不变的数值,一般不用它作为阴极保护的控制参数,只作为相对比较用的参数。

对于保护电流的计算,GB/T 21448—2017《埋地钢质管道阴极保护技术规范》给出阴极保护电流按式(1-3-1)计算:

$$2I_0 = 2\pi D_p J_s L_p \tag{1-3-1}$$

式中　I_0——单侧管道保护电流,A;

D_p——管道外径,m;

J_s——保护电流密度,A/m^2;

L_p——单侧保护管道长度,m。

最小保护电流密度,通常情况下很难进行理论计算,因为可以影响管道最小保护电流密度的因素有很多,例如,被保护管道本身的防腐涂层的质量及周围环境中土壤电阻率的大小等。对于沿途土壤电阻率和防腐层质量变化较大的长距离管道,则往往偏差较大。故对于管道的阴极保护,常以最小保护电位和最大保护电位作为衡量标准。

五、阴极保护准则

CAC011 阴极保护准则

(一)埋地钢质管道阴极保护准则

GB/T 21448—2017《埋地钢质管道阴极保护技术规范》提出的阴极保护准则有以下内容:

(1)管道阴极保护电位(即管/地界面极化电位,下同)应为-850mV(CSE)或更负。

(2)阴极保护状态下管道的极限保护电位不能比-1200mV(CSE)更负。

(3)对高强度钢(最小屈服强度大于550MPa)和耐蚀合金钢,如马氏体不锈钢、双相不锈钢等,极限保护电位则要根据实际析氢电位来确定。其保护电位应比-850mV(CSE)稍正,但在-650mV至-750mV的电位范围内,管道处高pH值SCC的敏感区,应予注意。

(4)在厌氧菌或SRB及其他有害菌土壤环境中,管道阴极保护电位应为-950mV(CSE)或更负。

(5)在土壤电阻率100Ω·m至1000Ω·m环境中的管道,阴极保护电位宜负于-750mV(CSE);在土壤电阻率ρ大于1000Ω·m环境中的管道,阴极保护电位宜负于-650mV(CSE)。

(二)特殊条件的考虑

(1)当上述准则难以达到时,可采用100mV阴极电位偏移的判据。

在高温条件下、SRB的土壤中存在杂散电流干扰及异种金属材料耦合的管道中不能采用100mV极化准则。

(2)交流干扰下的阴极保护准则。

在可能存在交流干扰的地方,应进行交流电压或电流密度的测试,以便评估干扰程度。交流干扰的防护准则满足GB/T 50698—2011《埋地钢制管道交流干扰防护技术标准》的要求。

项目四 强制电流阴极保护系统的主要设施

ZAC001 强制电流阴极保护系统的组成

强制电流阴极保护是长输油气管道最常用的阴极保护方式。强制电流阴极保护系统主要由五部分组成:电源、恒电位仪(整流器)、辅助阳极、被保护管道、附属设施。图1-3-3是埋地钢质管道强制电流阴极保护系统结构示意图。

一、电源

稳定可靠的电源是强制电流阴极保护系统有效运行的先决条件。

ZAC002 阴极保护电源设备的基本要求
ZAC003 常用电源设备的类型
ZAC004 其他供电系统的特点

(一)电源的类型及特点

1. 市电电源

电力系统的基本要求是保证安全可靠地向用户供应质量合格、价格便宜的电能。市电作为阴极保护电源具有安全、清洁、经济、高效的特点。

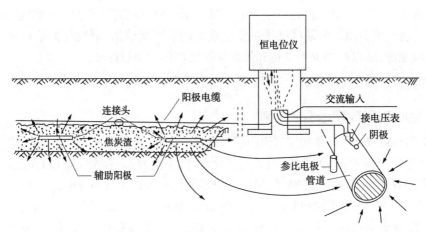

图 1-3-3 管道强制电流阴极保护系统结构示意图

2. 太阳能电池电源

太阳能电池是利用半导体材料的光生伏打效应,将光能直接转换成电能的一种半导体器件。采用太阳能电池作为阴极保护电源不需要燃料,无污染,自动供电,无人管理,安全可靠,寿命长。

3. 热电发生器电源

热电发生器(TEG)又称温差发电机,它是利用两种不同金属在连接点上加热,产生温差电势并输出电流的电源装置。热电发生器可以用丙烷、丁烷、天然气或柴油作燃料。它的特点是:可靠性高、维护要求低、噪声小、污染小、寿命长、年度保养费用低、燃料来源广泛。

4. 风力发电电源

利用风力发电,不污染环境,价格较低。但是,风力发电的不足之处是可靠性差,风力大时易造成机械损坏。

5. 蓄电池电源

蓄电池是原电池的特殊形式,它将化学能转变为电能,且可重复使用。蓄电池经常作为强制电流阴极保护系统电源的补充形式,应用广泛。

(二)电源的选择

由以上内容可知,强制电流阴极保护可采用的电源形式很多。到底采用哪一种形式好,应根据现场情况和实际条件综合考虑,做到经济、合理、简单,以便于管理。选择原则为:

(1)对于有交流市电并能满足长期可靠稳定供电的地方应优先选择市电电源。

(2)对于无交流市电地区可选择太阳能电池、风力发电系统等电源。

(3)在许多条件下,可选择几种电源综合利用以达到可靠性、经济性的最佳效果。

(三)电源设备的选择

ZAC005 电源
设备的选择
方法

阴极保护系统电源设备要求具有低电压、大电流的特点。不管采用什么形式的电源设备,其基本要求是:可靠性高、维护保养简便、寿命长、对环境适应性强、输出电流/电压可调,应具有过载、防雷、故障保护功能。

二、恒电位仪（整流器）及其特点

ZAC006 恒电位仪的特点

（一）整流器

整流器是一种将交流电转变成直流电的装置。它结构简单,易于安装,工作稳定,适应性强,可实现自动控制和遥控。

（二）恒电位仪

恒电位仪可以在无人值守的情况下,自动调节输出电流和电压,使管道阴极保护通电点电位恒定在控制电位范围内,达到最佳保护效果。

三、辅助阳极

辅助阳极是外加电流阴极保护系统中,将保护电流从电源引入土壤中的导电体。

（一）辅助阳极地床

1. 辅助阳极地床设计原则

（1）在最大的预期保护电流需要量时,辅助阳极地床的接地电阻上的电压降应小于额定输出电压的70%。

（2）避免对邻近埋地构筑物造成干扰影响。

2. 辅助阳极地床的选择

（1）辅助阳极地床有深井型和浅埋型,在选择时应考虑以下因素:

①岩土地质特征和土壤电阻率随深度的变化。

②地下水位。

③不同季节土壤条件极端变化。

④地形地貌特征。

⑤屏蔽作用。

⑥第三方破坏的可能性。

（2）存在下面一种或多种情况时,应考虑采用深井辅助阳极地床:

①深层土壤电阻率比地表的低。

②存在邻近管道或其他埋地构筑物的屏蔽。

③浅埋型地床应用受到空间限制。

④对其他设施或系统可能产生干扰。

（3）与深井辅助阳极地床条件相反时应采用浅埋型地床。

（二）辅助阳极材料的选择

ZAC008 阳极材料的选择方法

适合作辅助阳极的材料,应具备以下条件:

（1）有良好的导电性。辅助阳极表面在高电流密度下使用时极化要小。

（2）耐蚀性能高。辅助阳极本身的消耗率应较低,避免由于辅助阳极材料不耐腐蚀需要经常更换,影响管道通电保护的连续性。

（3）排流量大。在一定的电压下,单位面积的辅助阳极能通过较大的电流,可减少辅助阳极数量。

(4)机械性能好。辅助阳极应具有足够的机械强度,便于加工安装。

(5)材料易得,价格低廉。

ZAC009 辅助阳极材料的性能

(三)辅助阳极材料的性能

目前长输油气管道常用的强制电流阴极保护系统的辅助阳极材料有高硅铸铁、石墨、钢铁、线性阳极、金属氧化物阳极等。

1. 高硅铸铁阳极

ZAC010 高硅铸铁阳极的性能

高硅铸铁阳极是一种不溶性阳极,在参与阳极反应的过程中,高硅铸铁阳极表面上可形成一层很薄的 SiO_2 保护膜,保护阳极基体不受侵蚀。高硅铸铁阳极一般有普通型和加铬型两种,其化学成分应符合表1-3-2规定。

表1-3-2 高硅铸铁阳极的化学成分

序号	类型	主要化学成分,%					杂质含量,%	
		Si	Mn	C	Cr	Fe	P	S
1	普通型	14. 25~15. 25	0. 5~0. 8	0. 8~1. 05		余量	≤0. 25	≤0. 1
2	加铬型	14. 25~15. 25	0. 5~0. 8	0. 8~1. 4	4~5	余量	≤0. 25	≤0. 1

高硅铸铁阳极的化学成分对阳极的性能起关键作用,特别是硅的含量直接影响阳极的耐蚀性能。硅含量增加,耐蚀性提高,但脆性也增加。

高硅铸铁阳极的允许电流密度为 $5\sim80A/m^2$,消耗率应小于 $0.5kg/(A\cdot a)$,阳极引出线与阳极的接触电阻应小于 0.01Ω,拉脱力数值应大于阳极自身质量的1.5倍,接头密封可靠。阳极引线长度不应小于1.5m,阳极表面应无明显缺陷。

高硅铸铁阳极一般为圆柱形,可使阳极的腐蚀均匀。又有空心与实心区分,空心阳极的利用率比较高。常用高硅铸铁阳极规格见表1-3-3。

表1-3-3 常用高硅铸铁阳极规格

序号	阳极规格		阳极引出导线规格	
	直径,mm	长度,mm	截面积,mm²	长度,mm
1	50	1500	10	≥1500
2	75	1500	10	≥1500
3	100	1500	10	≥1500

高硅铸铁阳极的主要缺点是熔炼工艺较难,质硬而脆,加工和焊接性能差,易断裂。因此,铸造时应嵌入钢条,以便与引出电缆相连接。

高硅铸铁阳极适用于高电阻率的场合,从价格上看,比石墨阳极贵。但是,高硅铸铁阳极在土壤电解液中的导电性与石墨阳极相似,它可以用在不便于填加填料的地区。

2. 石墨阳极

ZAC011 石墨阳极的性能

石墨阳极是由各种碳素材料通过高温焙烧,除去碳氢化合物和水分,再将煤焦油或沥青粉碎与其混合,随后焙烧而成的。

石墨阳极有以下特点:

(1)使用寿命长,消耗率低。

（2）质量轻，便于搬运和安装。

（3）经济效益明显。由于石墨阳极比碳钢阳极使用寿命长，更换维修费用大为降低。

（4）适应性强，石墨阳极不仅适用于土壤，而且在海水和淡水中也可应用。

（5）脆性大，强度低，易断裂，在搬运和安装时应特别谨慎。

石墨阳极在较高电流密度下工作时，阳极表面放出大量的氧（$4OH^- -4e^- \rightarrow 2H_2O+O_2\uparrow$），致使石墨阳极与氧发生反应而消耗（$C+O_2 \rightarrow CO_2\uparrow$）。因此，它的使用寿命取决于阳极上析出氧的量。为了延长石墨阳极使用寿命，宜用亚麻油或石蜡浸泡。浸泡后的石墨阳极表面电化学性能降低，孔隙中发生反应的可能性减少，从而使石墨阳极的使用寿命延长约50%。石墨阳极的石墨化程度不应小于81%，灰分应不大于0.5%，阳极宜经亚麻油或石蜡浸渍处理，石墨阳极的性能应符合表1-3-4的规定。常用石墨阳极的规格见表1-3-5。阳极引出电缆与阳极的接触电阻应小于0.01Ω，拉脱力数值应大于阳极自身质量的1.5倍，接头密封可靠。阳极电缆长度不应小于1.5m，阳极表面应无明显缺陷。

表1-3-4 石墨阳极的主要性能

密度，g/cm^3	电阻率，$\Omega \cdot mm^2/m$	气孔率，%	消耗率，$kg/(A \cdot a)$	允许电流密度，A/m^2
1.7~2.2	9.5~11.0	25~30	<0.6	5~10

表1-3-5 常用石墨阳极的规格

序号	阳极规格		阳极引出导线规格	
	直径，mm	长度，mm	截面积，mm^2	长度，mm
1	75	1000	10	≥1500
2	100	1450	10	≥1500
3	150	1450	10	≥1500

3. 钢铁阳极

ZAC012 钢铁阳极的性能

钢铁阳极是指角钢、扁钢、槽钢、钢管制作的阳极或其他用作阳极的废弃钢铁构筑物，钢铁阳极的优点是材料来源广、施工方便、价格低廉，通过的电流几乎不受限制，但是钢铁阳极耐蚀性较差，为8~10kg/（$A \cdot a$），需经常更换和维修。

目前，钢铁阳极的用量日渐降低，只在高电阻率或小电流、短时间的情况下应用。

ZAC013 贵金属氧化物阳极的性能

4. 混合金属氧化物线性阳极（MMO）

混合金属氧化物阳极（MMO）是在钛基材上覆盖一层具有电催化活性的金属氧化物而构成，因为采用钛作为材料，做出的成品阳极重量轻，方便运输与安装，阳极更加可以被加工成任意所需要的形状。因为表面包有一层氧化物，这种混合金属氧化物阳极具有很多优异的物理、化学性能，而且消耗率非常低。只需要按要求调整阳极表面的氧化物成分，就可以做到适应于各种工业环境中。混合金属氧化物阳极基体材料采用工业纯钛，作为阳极的金属离子溶解得越多，它失去的越多，腐蚀就越厉害。金属的腐蚀量可以根据法拉第定律计算。

低于GB/T 3620.1—2016《钛及钛合金牌号和化学成分》中对TA2的要求，在土壤环境中（带有填料）金属氧化物阳极的工作电流密度为100A/m^2，阳极与电缆接头的接触电阻应小于0.01Ω。

1)技术要求

(1)阳极主体应是一个线性的、连续的钛基混合铱/钽金属氧化物阳极。

(2)阳极主体应外覆焦炭粉并预包装于连续的柔性的织物覆盖层中。

(3)组装好的线性阳极所允许的最小弯曲半径应不大于150mm。

(4)最低施工温度-18℃。

(5)在额定最大线电流密度下使用寿命应不小于25年。

2)构成

(1)MMO/Ti阳极线。

(2)内部电缆。

(3)阳极线和内部电缆的连接及密封接头。

(4)焦炭粉。

(5)织物覆盖层及耐磨编织网。

阳极结构如图1-3-4所示。

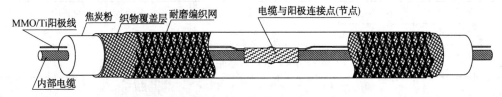

图1-3-4　MMO/Ti线性阳极结构示意图

3)主体要求

(1)基体材料:一级钛。

(2)氧化膜:IrO/TaO(氧化铱/氧化钽)。

(3)混合物涂层与基体材料应有良好的粘结性能,能适应高热环境、晶体结构稳定、具有催化性,以及良好导电性能。

(4)最大工作电流密度(有填充料、土壤环境)为100A/m²。

(5)阳极主体在氯化物环境条件下性能应呈现惰性。

(6)阳极主体的性能指标见表1-3-6。

表1-3-6　阳极主体性能指标

项目	性能指标	试验方法
基材	一级钛	ASTM B863-2010
涂层厚度	≥6g/m²	ASTM B568-2009
强化寿命	≥25年	NACE TM108-2008

4)内部电缆(阳极引线)要求

在织物包覆管内应有一根连续的多芯铜芯电缆,此电缆应与线性阳极的电流量和长度相匹配,标称截面积≥10mm²,电缆的绝缘材料应耐阳极运行的高氯、高氧化环境,绝缘层厚度满足阳极寿命要求。用于一般土壤环境应采用高密度聚乙烯绝缘电缆,用于含氯化物或化学污染环境的应采用含氟聚合物绝缘高密度聚乙烯护套电缆或聚乙烯交联电缆。

5）阳极主体与内部电缆连接要求

阳极主体应在工厂以每 3m±10% 间隔同电缆进行一次连接。这些连接点（节点）应保证低电阻连接及连接的牢固性，应采用机械压接与焊接连接方式或其他更为可靠的连接方式，阳极与电缆接头的接触电阻应不大于 0.01Ω。

为保证连接点密封绝缘质量的稳定性和一致性，宜采用机械化生产且自动化控制参数的注模技术工艺。当采用人工操作工艺时，应采用多级绝缘和密封防水保护。

无论何种生产工艺，节点处的防腐密封应满足：密封层与两端电缆绝缘层的搭接长度均不应小于 35mm；电缆芯线部位处胶层或 PVDF 树脂厚度不应小于电缆绝缘层厚度；粘结紧密，端部及搭接段结合面应无空隙。

6）织物覆盖层（护套）要求

（1）应是连续的并有明显标识（商标、规格和型号）。

（2）应采用耐化学介质侵蚀的纺织材料制作；在施工安装过程和阳极服役期内，能为包覆在其内部的焦炭粉的整体性提供保证，埋设在土壤环境中不发生腐烂。

（3）应具有良好的透气和透水性，并防止炭素填充料泄漏，保证阳极体具有良好的导电性。

（4）可抗压、抗施工现场的机械损伤，能满足现场搬运和安装操作的需要，且不会出现断裂、刺扎而使炭素填充料泄漏。

（5）织物覆盖层材料性能指标见表 1-3-7。

表 1-3-7　织物覆盖层材料性能指标

项目	性能指标	试验方法
织物单位面积质量	≥150g/m²	GB/T 4669—2008《纺织品 机织物 单位长度质量和单位面积质量的测定》
顶破强力（幅宽≤140mm）	≥500N	ISO 3303—1990《橡胶或塑料涂覆织物 撕裂强度的测定》
耐磨性能（0.600 水砂纸）	≥100 次	GB/T 21196.2—2007《纺织品马丁代尔法织物耐磨性的测定 第 2 部分：试样破损的测定》
抗穿刺性能	≥28kg	ASTM D4833—2007

7）耐磨编织网要求

线性阳极的护套外应有一外层机织编织网，外层编织网应满足以下要求：

（1）应采用坚韧、耐磨、高强度、耐酸、耐氧化的化学纤维拉丝制作，可有效保护施工和搬运过程中的拉脱，并提供良好机械保护。

（2）具有良好的绝缘、耐磨损和拉伸强度。

8）焦炭粉填充料要求

焦炭粉应采用机械方式紧密地填充进织物包覆物内，类型应为煅烧石油焦炭，性能指标见表 1-3-8。

表 1-3-8　焦炭粉填充料性能指标

项目	性能指标	试验方法
碳含量	≥98%	GB/T 2001—2013《焦炭工业分析测定方法》
颗粒大小	0.1～1.0mm	YS/T 587.12—2006《炭阳极用煅后石油焦检测方法 第 12 部分：粒度分布的测定》
体积电阻率	≤0.05Ω·m	GB/T 24521—2018《炭素原料和焦炭电阻率测定方法》

9)规格及尺寸

供货商应根据设计需要,有最大输出线电流密度为 52mA/m、160mA/m 型等常用规格供选用。

组装好的阳极:标称外径为 $\phi38mm\pm2mm$;质量为 $1.4\sim1.6kg/m$。

ZAC014 柔性阳极的性能

5. 导电聚合物线性阳极

线性阳极由导电聚合物包覆在铜芯上构成,它敷设在靠近管线的焦炭回填物地床中,可以产生均匀的电场和均匀的电流分布,既保护了管道,又避免了屏蔽和干扰。导电聚合物线性阳极特别适用于高电阻率环境、管道防腐层质量差的情况下的管道阴极保护系统。

导电聚合物线性阳极性能应符合表表 1-3-9 的规定,阳极铜芯截面积为 $16mm^2$,阳极外径为 13mm。

表 1-3-9　导电聚合物线性阳极主要性能

最大输出线电流密度,mA/m		最低施工温度,℃	最小弯曲半径,mm
无填充料	有填充料		
52	82	−18	150

1)技术要求

(1)最大输出线电流密度为 52mA/m。

(2)最低施工温度为−18℃。

(3)最小弯曲半径应不大于 150mm。

(4)导电聚合物应耐热老化、化学老化以及塑料中导电媒介消耗对阳极性能影响。

(5)在额定最大线电流密度下使用寿命应不小于 25 年。

2)结构

导电聚合物型线性阳极应由以下部分构成:

(1)连续的阳极铜导线。

(2)连续的导电聚合物包覆层。

(3)机械化填充在织物覆盖层内的焦炭粉。

(4)织物覆盖层。

(5)耐磨编织网。

阳极结构如图 1-3-5 所示。

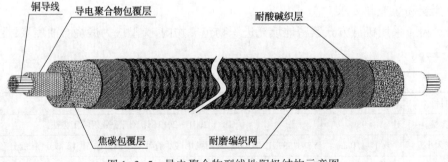

图 1-3-5　导电聚合物型线性阳极结构示意图

3）阳极铜导线

阳极铜导线的铜芯截面积应不小于 10mm²，电阻应不大于 1.55×10^{-3} Ω/m（GB/T 3048.4—2007《电线电缆电性能试验方法 第 4 部分：导体直流电阻试验》）。

4）导电聚合物

阳极芯外应包裹导电聚合物，导电聚合物阳极直径（内含铜导线）不小于 13mm，性能指标见表 1-3-10。

表 1-3-10 导电聚合物性能指标

项目	性能指标		试验方法
体积电阻率（23℃）	1.1~1.9Ω·cm		GB/T 3048.3—2007《电线电缆电性能试验方法 第 3 部分：半导电橡塑材料体积电阻率试验》
耐化学试剂浸泡（7d,23℃，质量变化率）	3%NaCl	<1%	GB/T 11547—2008《塑料 耐液体化学试剂性能的测定》
	3%Na₂SO₄	<1%	
	3%NaOH	<1%	

5）焦炭填充料

焦炭填充料技术要求与"MMO/Ti 型线性阳极"的第"8）"条的规定相同。

6）耐酸碱织物覆盖层

导电聚合物型线性阳极耐酸碱织物覆盖层技术要求与"MMO/Ti 型线性阳极"的第"6）"条的规定相同。

7）耐磨编织网

导电聚合物型线性阳极外层耐磨编织网技术要求与"MMO/Ti 型线性阳极"的第"7）"条的规定相同。

8）尺寸

组装好的阳极：标称外径为 φ38mm±2mm；质量为 1.4~1.6kg/m。

9）线性阳极的设计要求

（1）线性阳极与被保护构筑物间距应大于 300mm。

（2）当线性阳极与管道、接地极或其他线性阳极交叉时，应采用隔离网套予以隔离保护。

（3）采用线性阳极对多条站内并行埋设管道进行保护时，宜在管带两侧各埋设一根线性阳极进行保护。

（4）采用线性阳极时，如果有参比电极，应注意与阳极的相对位置关系，以免影响测试数据或电源设备采集信号的准确性。

10）线性阳极地床的施工

（1）线性辅助阳极与被保护体之间的距离应不小于 300mm。

（2）施工前应对线性辅助阳极的外观、尺寸、导通性进行检查，不合格的阳极应拒绝安装。

（3）线性辅助阳极安装时应在管沟内留有一定的裕量，以防土壤下沉应力对阳极可能的破坏。

（4）安装过程中严禁阳极与相邻或交叉的管道、接地网等金属构筑物搭接。

ZAC015 阳极数量的确定

(四)阳极数量的确定

阳极数量一般由计算而定,阳极数量与接地电阻成反比关系。在一定范围内增加阳极支数会起到降低接地电阻的作用。但是,由于阳极间的屏蔽,有些场合虽然增加了较多的阳极,而接地电阻降低却较少,所以阳极数量的选择也是一个经济问题。在确定阳极数量时需要考虑的主要因素为:

(1)要使阳极输出的电流在阳极材料允许的电流密度内,以保证阳极地床的使用寿命。

(2)在经济合理的前提下,阳极接地电阻尽量做到最小,以降低电能消耗。

(五)辅助阳极地床的形式

辅助阳极地床通常有两种形式,即浅埋地床和深井地床。

ZAC016 浅埋式阳极地床的特点

1. 浅埋式阳极地床

将辅助阳极埋入距地表约 1~5m 的地层中,这种形式是管道阴极保护通常选用的辅助阳极埋设形式。浅埋式阳极又可分为立式、水平式两种;但对于钢铁阳极也有立式与水平式联合组成的结构,称为联合式辅助阳极。

1)立式阳极地床(垂直式)

由一根或多根垂直埋入地中的阳极构成。阳极间用电缆或其他导体连接。立式阳极地床与水平式相比有下列优点:

(1)全年接地电阻变化不大。

(2)当尺寸相同时,立式阳极地床较水平式的接地电阻小。立式阳极地床的结构形式如图 1-3-6 所示。

2)水平式阳极地床

即将阳极以水平方式埋入一定深度的地层中。水平式阳极地床有以下优点:

(1)安装土石方量较小,易于施工。

(2)容易检查地床各部分的工作情况。

水平式阳极地床的结构如图 1-3-7 所示。

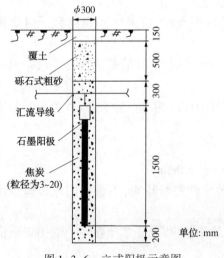

图 1-3-6 立式阳极示意图

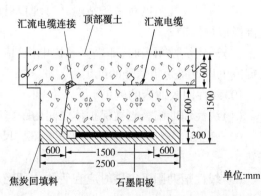

图 1-3-7 水平式阳极示意图

ZAC017 深井式阳极地床的特点

2. 深井式阳极地床

当阳极地床周围存在干扰、屏蔽,地床位置受到限制,或者在地下管网密集区进行区域性阴极保护时,使用深井式阳极地床,可获得浅埋式阳极地床所不能得到的保护效果。深井式阳极地床根据埋设深度不同可分为次深(20～40m),中深(50～100m)和深(超过100m)三种。

深井式阳极地床的特点是接地电阻小、对周围干扰小、消耗功率低、电流分布比较理想。它的缺点是施工复杂、技术要求高、单井造价贵。尤其是深度超过 100m 的深辅助阳极,施工时需要大的钻机,这就限制了它的应用。深井式阳极地床的结构如图 1-3-8 所示。深井式阳极的材料一般采用石墨阳极,也可采用高硅铸铁。

四、附属设施

ZAC018 测试桩的类型

(一)测试桩

为了定期检测管道阴极保护参数,应根据需要沿管道设置测试桩。

1. 测试桩的类型

目前在石油行业通常使用的测试桩有两类:一类是钢管测试桩,图 1-3-9 为位于套管处具有电流电位测试功能的钢管测试桩;另一类是钢筋混凝土预制桩,其结构与接线如图 1-3-10所示。

ZAC019 测试桩的结构

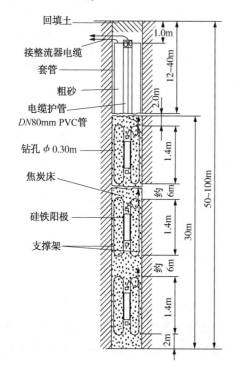

图 1-3-8 深井式阳极地床结构图

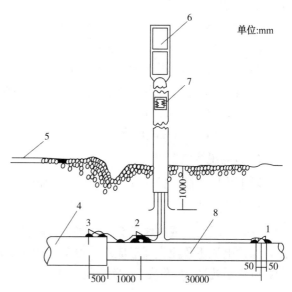

图 1-3-9 钢管测试桩示意图

1,2—管线电流测试头;2—电位测试头;3—套管测试头;

1,2,3—每端两处铝热焊接;4—套管;

5—公路;6—标牌;7—接线端子;8—管道

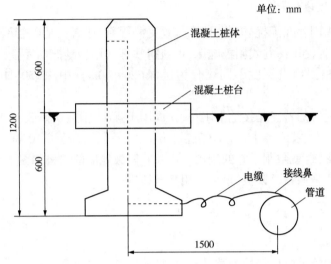

图 1-3-10　钢筋混凝土测试桩示意图

2.测试桩的标记

长输油气管道的测试桩宜在管道正上方设置。测试桩的标志要醒目,埋设要牢固。用于测量管内电流的测试桩,应将其测量段电阻值标在桩的铭牌上,特殊功能的测试桩应标上特殊的标记或说明。

ZAC020 测试桩的埋设方法

3.测试桩的设置原则

为了定期检测油气管道强制电流阴极保护参数,应根据需要设置测试桩。各类测试桩的一般设置原则为:

(1)电位测试桩在汇流点处或每千米设置一个。

(2)电流测试桩根据设计要求设置。

(3)在套管处设置一个电位测试桩。

(4)在绝缘法兰/绝缘接头处设置一个电位测试桩。

(5)在与其他管道、电缆等构筑物相交处设置一个电位测试桩。

(6)站内需要设置的地方。

(二)电绝缘装置

对于采用阴极保护的管道,应在适当的位置安装电绝缘装置。

ZAC021 电绝缘装置的作用

1.作用

安装绝缘法兰或绝缘接头可以将进行阴极保护的管段和不进行阴极保护的管道绝缘,使得保护电流不致流失而造成对其他金属构筑物的干扰及电源输出功率的增加。另外,在杂散电流干扰区,绝缘法兰、绝缘接头还可用来分割干扰区和非干扰区,减少杂散电流的危害。

ZAC023 电绝缘装置的安装位置

2.安装位置

(1)管道与站、库的连接处。

(2)管道所有权改变的分界处。

（3）干线管道与支线管道的连接处。

（4）杂散电流干扰区。

（5）异种金属、新旧管道连接处。

（6）裸管和涂敷管道的连接处。

（7）采用电气接地的位置处。

3. 绝缘装置类型

1）绝缘法兰

绝缘法兰与普通法兰的结构基本相同，不同的是绝缘法兰中间采用绝缘垫片，每个螺栓都加绝缘垫圈和绝缘套管，使两片法兰完全绝缘。

绝缘法兰通常采用工厂预组装式，经检测合格后在现场将管节与干线管道焊接在一起。对于旧的管道，可采用原有法兰改造或现场组装式法兰。

2）整体型绝缘接头

整体型绝缘接头是一种新型的电绝缘装置，其特点是：

（1）在工厂里预组装，可避免现场组装因潮湿、风沙带来的对绝缘值的影响。

（2）内涂环氧聚合物，可以防止因水、污物的积留而产生绝缘装置短路现象。

（3）直接埋地。

（4）在工厂里已进行了严格的机械、电性能和压力参数测试。

（5）整体型结构不能拆开。

（6）具有很高的耦合电阻。

（7）寿命长。

3）其他电绝缘装置

（1）套管中的电绝缘装置。

对于采用套管方式穿越公路、铁路或河流的管道，应用电绝缘装置将管道与套管电绝缘。通常的做法是：在套管中采用塑料的绝缘支撑，对管道固定和定位，两端采用绝缘密封，严禁地下水的浸入。

（2）管桥上的电绝缘装置。

对于采用架空式跨越河流的管段，为防止阴极保护电流的流失，通常可采用在管道与管支撑架之间采用绝缘垫。应注意绝缘材料在大气中的老化及管道在管桥上的机械移动引起的绝缘垫的破坏等。

4）高电压防护

为防止雷电和供电系统的故障电流对绝缘装置的破坏，通常应在绝缘装置上安装高电压防护装置，如避雷器、电解接地电池、极化电池及二极管保护器等。

（三）埋地型参比电极

在油气管道阴极保护过程中，需将参比电极埋地与恒电位仪组成自控信号源。

1. 性能要求

埋地型参比电极的基本要求是极化小、稳定性好、寿命长；土壤中锌参比电极的稳定性不超出±30mV，硫酸铜参比电极的稳定性不超出±10mV；工作电流不大于 $5\mu A/cm^2$。

ZAC022 电绝缘装置的类型
ZAC024 绝缘法兰的特点

ZAC025 整体型绝缘接头的特点

ZAC026 其他电绝缘装置的选择方法

ZAC027 埋地型参比电极的基本要求

2. 类型

1）普通硫酸铜参比电极

主要用于测量管/地电位,将其埋地使用时由于密封性处理不好,经常会造成渗漏过度。另外,这类参比电极还需要经常添加硫酸铜溶液,且一到冬季又容易冻结,影响恒电位仪的正常工作。目前,普通饱和硫酸铜参比电极已很少埋地使用。

ZAC028 埋地型饱和硫酸铜参比电极的技术要求

2）长效埋地型硫酸铜参比电极

（1）电极结构。

电极由素烧陶瓷罐、管状或弹簧铜电极和硫酸铜晶体所构成。使用前,应在水中浸泡24h,形成饱和硫酸铜溶液。

（2）电极地床结构。

若将素烧陶瓷罐直接埋地,由于瓷罐的多孔性会导致罐内晶体流失和土壤中离子对罐内溶液的污染,尤其是氯离子的污染,会大大降低电极寿命。为此,应在参比电极四周填塞5~10cm厚的填包料。填包料的主要成分为石膏粉、硫酸钠、膨润土,比例为75：5：20,它们的作用如下：

石膏粉:微溶性可塑性材料,可在潮湿条件下长期保证SO_4^{2-}的浓度,改善土壤环境的离子污染程度。

硫酸钠:改善填料的导电能力,降低电阻率。

膨润土:遇湿膨胀,并能长期保持湿度,使电极在工作中长期和土壤结合紧密,永久性地维持湿润。

我国研制的双罐结构的参比电极,内罐结构和单罐一样,外罐和内罐之间填塞导电性填料,这种电极稳定性强、电极寿命长,已经在阴极保护领域得到了广泛的应用。

恒电位仪的控制参比电极宜采用长效饱和硫酸铜参比电极。固态长效饱和硫酸铜参比电极应埋入冻土层以下,参比电极周围应填充填包料,旱季应在所在地定期浇水湿润。常用填包料配方见表1-3-11。

表1-3-11　固态长效饱和硫酸铜参比电极填包料配方成分

成分及型号	石膏粉	圆明粉	膨润土	Ⅰ型	Ⅱ型
比例及重量	75%	5%	20%	7kg	8kg

饱和硫酸铜参比电极不适用于氯化物类土壤中,因为氯化物会对饱和硫酸铜参比电极造成污染,影响其性能的稳定性。对不宜使用硫酸铜电极的环境,可采用高纯锌参比电极（纯度不小于99.995%）替代,高纯锌参比电极使用温度范围为0~45℃。相对硫酸铜电极的-850mV电位的换算关系如下（25℃）:采用75%石膏、20%膨润土、5%硫酸钠回填料包覆的高纯锌参比电极为+250mV（GB/T 21246—2007《埋地钢质管道阴极保护参数测量方法》）。

ZAC029 埋地型锌参比电极的技术要求

3）埋地型锌参比电极

用锌作参比电极使用,主要应用在氯化物类土壤中。埋地型锌参比电极结构如图1-3-11所示。

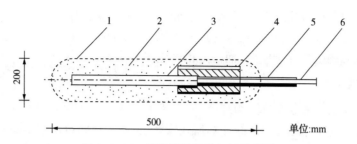

图 1-3-11 埋地型锌参比电极示意图

1—棉布袋;2—填包料;3—锌电极;4—接头密封护管;5—电缆护管;6—电缆

(1)电极材料。

电极材料应为纯度不小于 99.995%、杂质含量小于 0.005% 的高纯锌。锌的纯度越高,在土壤环境中的腐蚀速率越低,更适合做参比电极使用。

(2)电极地床。

锌参比电极周围应添加化学填包料,填料成分为石膏粉、硫酸钠、膨润土,根据 GB/T 21448—2017《埋地钢质管道阴极保护技术规范》,三种成分的比例为 50:5:45 或 75:5:20。

(3)电极电位。

土壤中,管道的保护电位相对于饱和硫酸铜参比电极为−850mV 时,相对于高纯锌参比电极电位应为+250mV。

(四)检查片

检查片是采用与被调查管道相同材质用于腐蚀速率或阴极保护电位测定的金属试片。用于评价土壤腐蚀性和阴极保护效果。根据测试目的,可分别或同时使用失重检查片和阴极保护电位检查片。

1. 失重检查片

通过测定裸露部位质量损失来确定腐蚀速率的检查片,分未施加阴极保护的自然腐蚀失重检查片(简称自腐片)和施加了阴极保护的失重检查片。

SY/T 0029—2012《埋地钢质检查片应用技术规范》中给出了下列情况宜采用失重检查片:

(1)土壤腐蚀性调查。

(2)阴极保护效果评价。

2. 阴极保护电位检查片

用于模拟被调查管道阴极极化后电位的检查片,评价所设位置管道阴极保护电位。

SY/T 0029—2012《埋地钢质检查片应用技术规范》中给出了下列情况应采用阴极保护电位检查片:

(1)不能同步中断系统内多个电源提供的阴极保护电流时。

(2)存在外部阴极保护系统影响,难以中断该保护系统电源,导致断电电位不能代表阴极保护电位。

(3)存在直接连接的、不能中断的牺牲阳极,导致无法测量断电电位。

(4)存在杂散电流影响,导致断电电位不能代表阴极保护电位。

ZAC030 阴极保护系统其他附属设施的要求

(5)采用管道阴极极化衰减或极化形成判断管道阴极保护有效性。

(6)同一通道内存在多条管道,彼此造成干扰影响,妨碍对任意一条管道的准确测量。

(7)存在未知的阴极保护问题,而需要得到更多的信息。

(五)均压线

为避免干扰腐蚀,用电缆将同沟敷设、近距离平行或交叉的管道连接起来,以消除管道之间的电位差,此电缆称之为均压线。均压线安装后,两管道间电位差不超过50mV。

通常,均压线的施工在已运行的管道上进行,为保证不停输带压施工,必须做到快速安全。为避免动火,可以采用导电胶粘接技术。

ZAC031 阴极保护系统连接导线的要求

(六)导线

强制电流阴极保护系统中,所有连接导线宜采用电缆直接埋地敷设,也可采用架空线方式。电缆、架空线和测试桩引线宜采用下列型号:

电缆:VV—1kV。

架空线:LGJ 型。

测试桩引线:BVV、BVR 型。

架空线的安装应符合现行国家标准 GB 50054—2011《低压配电设计规范》和 GB 50254—2014《电气装置安装工程 低压电器施工及验收规范》的规定。对于年平均雷暴日超过 30d 的地区,架空线路应装设避雷装置。埋地电缆应符合 12D101—5《110kV 及以下电缆敷设》的规定。

电缆与管道的连接应采用铝热焊,确保机械牢固可靠、导电性能良好。焊接处裸露的管壁及导线均应采用与管道防腐层相适应的材料防腐绝缘。

阳极保护直流电源正极与阳极地床之间的电缆采用架空敷设时,电线杆路的架设应按照电气装置国家图集的要求。

阳极线杆一般采用水泥电杆,包括阳极引出线杆、直线杆、转角杆、终端杆。终端杆与阳极地床应保持 0.5m 以上距离。线杆应安装适当的避雷装置。

电缆埋地敷设的基本要求:

(1)直接埋在地下的电缆,一般适用铠装电缆。

(2)挖掘的沟底必须是松软的土层,没有石块或其他硬质杂物,否则,应铺以 100mm 厚的软土或砂层。电缆周围的泥土不应含有腐蚀电缆金属包皮的物质(酸碱液体、石灰、炉渣、腐植质和有害物渣滓等),否则,应予以清除和换土。埋深不应小于 0.7m(在严寒地区,电缆应敷设在冰冻层以下)。

(3)电缆敷设完毕,上面应铺以 100mm 厚的软土或细砂,然后盖上混凝土保护板,覆盖宽度应超过电缆直径两侧以外各 50mm。在一般情况下,也可用砖代替混凝土保护板。

(4)电缆中间接头盒外面应有生铁或混凝土保护盒。若周围介质对电缆有腐蚀作用,或地下经常有水并在冬季可能冰冻,在保护盒内应柱满沥青。

(5)电缆接头下面必须垫以混凝土基础板,其长度应伸出保护盒两端约 600~700mm。电缆自土沟引进隧道、入孔和建筑物时,应穿在管中、管口应予以堵塞,以防漏水。

(6)电缆相互交叉,与非热力管道和沟道交叉,以及穿越公路和墙壁时,都应穿在保护管中。保护管长度应超出交叉点前后 1m,交叉净距不得小于 250mm,保护管内径不得小于电缆外径的 1.5 倍。

（7）电缆与建筑物平行距离应大于 0.6m,与电缆应保持 0.6m 距离,与排水明沟距离应大于 1m,与热力管道平行距离为 2m(非热力管道为 1m),与树木的距离为 1.5m。

（8）无铠装电缆从地下引出地面时,高度 1.8m 及以下部分,应采用金属管或保护罩保护,以防机械力损伤(电气专用间除外)。

（9）铠装电缆的金属外皮两端应可靠接地,接地电阻不应大于 10Ω。

（10）在电缆通过的无永久性建筑物的地点,应埋设标桩,接头与转弯处也应埋设电缆标桩。

项目五　牺牲阳极系统

牺牲阳极阴极保护是管道阴极保护两种方式中的一种,它在长输油气管道、站场、储罐等设施的腐蚀控制方面,与强制电流阴极保护相比具有独特的优点。本节主要介绍牺牲阳极阴极保护基本知识。

一、牺牲阳极的材料及选择

（一）对牺牲阳极材料的要求

GAC001 牺牲阳极材料的要求

1. 牺牲阳极材料应具备的条件

（1）有足够的负电位,且很稳定。足够的负电位可以保证阳极与被保护金属之间有一定的电位差,产生充分的电流使被保护金属阴极极化,但也不宜过负,以免在阴极上析出氢。

（2）使用过程中,阳极极化小,电位及输出电流稳定。

（3）阳极溶解均匀,腐蚀产物易脱落。

（4）阳极自身腐蚀要小,电流效率要高,即实际电容量与理论电容量的百分比要大。

（5）腐蚀产物应无毒,不污染环境。

（6）价格低廉,材料来源充足。

（7）加工容易。

按上述要求,工程中常用的牺牲阳极材料有镁和镁合金、锌和锌合金、铝和铝合金。

2. 牺牲阳极保护适用范围

（1）无合适的可利用电源。

（2）电气设备不便实施维护保养的地方。

（3）临时性保护。

（4）强制电流系统保护的补充。

（5）永久冻土层内管道周围土壤融化带。

（6）保温管道的保温层下。

3. 牺牲阳极应用的条件

（1）土壤电阻率或阳极填包料电阻率足够低。

(2)所选阳极类型和规格应能连续提供最大电流需要量。

(3)阳极材料的总质量能够满足阳极提供所需电流的设计寿命。

(二)牺牲阳极材料

> GAC002 镁及镁合金的特点

1. 镁及镁合金阳极

1)特点

镁是活泼的金属元素,25℃的标准电极位值为−2.37V。镁阳极的特点是密度小、电位负、极化率低、单位质量发生的电量大,是牺牲阳极的理想材料;不足之处是电流效率低,一般只有50%左右。

> GAC003 镁及镁合金的性能

2)化学成分及电化学性能

(1)棒状镁阳极。

镁合金牺牲阳极的性能测试应当按照 SY/T 0095—2000《埋地镁牺牲阳极试样实验室评价的试验方法》进行,镁合金牺牲阳极的化学成分及电化学性能分别见表 1-3-12 和表 1-3-13。

表 1-3-12　镁合金牺牲阳极的化学成分

元素	标准型主要化学成分的质量分数,%	镁锰型主要化学成分的质量分数,%
Al	5.3~6.7	≤0.010
Zn	2.5~3.5	—
Mn	0.15~0.60	0.50~1.30
Fe	≤0.005	≤0.03
Ni	≤0.003	≤0.001
Cu	≤0.020	≤0.020
Si	≤0.10	—
Mg	余量	余量

表 1-3-13　镁合金牺牲阳极的电化学性能

性能	标准型	镁锰型	备注
密度,g/cm^3	1.77	1.74	
开路电位,V	−1.48	−1.56	
理论电容量,$A \cdot h/kg$	2210	2200	
电流效率,%	55	50	在海水中,$3mA/cm^2$ 条件下
发生电容量,$A \cdot h/kg$	1220	1100	
消耗率,$kg/(A \cdot a)$	7.2	8.0	
电流效率,%	≥50	40	在土壤中,$0.03mA/cm^2$ 条件下
发生电容量,$A \cdot h/kg$	1110	880	
消耗率,$kg/(A \cdot a)$	≤7.92	10.0	

注:如果在相似土壤环境中的阳极性能能够被证明可靠且有证据支持时,其他成分的镁合金牺牲阳极也可以使用。

（2）带状镁阳极。

镁锰合金挤压制造的带状镁合金牺牲阳极规格及性能见表 1-3-14。

表 1-3-14　带状镁合金牺牲阳极规格及性能

	截面，mm		9.5×19
	钢芯直径，mm		3.2
	阳极带线质量，kg/m		0.37
	输出电流线密度，mA/m	海水	2400
		土壤	10
		淡水	3

注：土壤条件为电阻率 50Ω·m，淡水条件为 150Ω·m。

3）规格

国内阳极大部分为棒型，中心铸有导电的钢芯，钢芯表面应镀锌，与阳极基体有良好的结合力，接触电阻应小于 0.001Ω。

根据牺牲阳极使用环境的不同，还可以把它做成块状、带状、线状或板状。

4）适用环境

镁及镁合金阳极主要用于电阻率高的土壤和淡水等介质中。

2. 锌及锌合金阳极

GAC004 锌及锌合金的特点

1）特点

锌阳极具有电流效率高、自腐蚀小、使用寿命长和自动调节的特点。此外，锌阳极同镁阳极和铝阳极相比，同其他钢制构筑物碰撞时，不会诱发火花，而且不会"过保护"。纯锌阳极对杂质含量很敏感，即使有少量杂质，也会使表面生成一层不溶性的腐蚀产物，从而使阳极钝化，输出电流减小。因此，普遍应用的锌阳极材料由锌合金构成，但其本身的电位不够负。

2）化学成分及电化学性能

GAC004 锌及锌合金的性能

（1）棒状锌阳极。

锌合金牺牲阳极的化学成分及电化学性能见表 1-3-15 和表 1-3-16。

表 1-3-15　锌合金牺牲阳极的化学成分

元素	锌合金主要化学成分的质量分数，%	高纯锌主要化学成分的质量分数，%
Al	0.1~0.5	≤0.005
Cd	0.025~0.07	≤0.003
Fe	≤0.005	≤0.0014
Pb	≤0.006	≤0.003
Cu	≤0.005	≤0.002
其他杂质	总含量≤0.1	—
Zn	余量	余量

表 1-3-16　棒状锌合金牺牲阳极的电化学性能

性　能	锌合金、高纯锌	备注
密度,g/cm³	7.14	
开路电位,V	−1.03	相对 SCE
理论电容量,A·h/kg	820	
电流效率,%	95	海水中, 3mA/cm²条件下
发生电容量,A·h/kg	780	
消耗率,kg/(A·a)	11.88	
电流效率,%	≥65	土壤中, 0.03mA/cm²条件下
发生电容量,A·h/kg	530	
消耗率,kg/(A·a)	≤17.25	

注:如果在相似土壤环境中的阳极性能能够被证明可靠且有证据支持时,其他成分的锌合金牺牲阳极也可以使用。

GAC006 带状
牺牲阳极的
特点
GAC007 带状
牺牲阳极的
类型

(2)带状锌阳极。

带状锌合金牺牲阳极的电化学性能见表 1-3-17。带状锌合金牺牲阳极的规格及尺寸见表 1-3-18,截面图例见图 1-3-12。

表 1-3-17　带状锌合金牺牲阳极的电化学性能

型号	开路电位,V		理论电容量 A·h/kg	实际电容量 A·h/kg	电流效率,%
	相对 SCE	相对 SCE			
锌合金	≤−1.05	≤−0.98	820	≥780	≥95
高纯锌	≤−1.10	≤−1.03	820	≥740	≥90

注:试验介质为人造海水。

表 1-3-18　带状锌合金牺牲阳极的规格及尺寸

阳极规格	ZR-1	ZR-2	ZR-3	ZR-4
截面尺寸 $D_1 \times D_2$/mm	25.40×31.75	15.88×22.22	12.70×14.28	8.73×10.32
阳极带线质量,kg/m	3.57	1.785	0.893	0.372
钢芯直径 ϕ,mm	4.70	3.43	3.30	2.92
标准卷长,m	30.5	61	152	305
标准卷内径,mm	900	600	300	300
钢芯的中心度偏差,mm	−2~+2	—	—	—

注:阳极规格中 Z 代表锌,R 代表带状,后面数字为系列号。

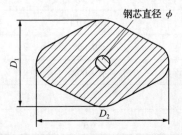

图 1-3-12　带状锌阳极的截面示意图

3)规格

锌阳极一般都会铸造成梯形截面,其规格按净重(不包括钢芯质量)分为 6.3kg、9kg、12.5kg、18kg、25kg、35.5kg、50kg 七种,长度有 600mm、800mm、1000mm 三种。

同镁阳极一样,锌阳极的钢芯也用直径不小于 6mm 的钢筋制成,钢芯接线外露长度为 100mm。阳极基体和钢芯必须结合良好,接触电阻应小于 0.0001Ω。

4）适用环境

锌阳极可用于低电阻率的土壤及海洋中。但是，由于锌阳极相对于钢铁的有效电位差小，只有 $0.20 \sim 0.25V$，用于土壤环境时，土壤电阻率应小于 $15\Omega \cdot m$，最大不宜超过 $30\Omega \cdot m$。

3. 铝合金阳极

GAC008 铝合金阳极的特点

铝具有足够负的电位，在溶解时，由于表面生成的保护性氧化膜引起钝化，使电位升高，因此，未合金化的铝不可用作牺牲阳极材料。

铝合金阳极单位质量发生的有效电量大、密度小、施工搬运方便、来源广泛、价格低廉。但是，到目前为止还没有铝合金阳极在土壤中应用成功的例子，其主要原因是阳极的腐蚀产物氢氧化铝在土壤中无法疏散，使阳极钝化而失效。因此，铝合金阳极主要应用于海洋环境中金属构筑物的阴极保护。国内外研究实践证明，在原油储罐运行中，随着时间的延长，罐底会沉积出一层污水，铝合金牺牲阳极处于污水中，此时铝合金牺牲阳极才有发生溶解、发挥阴极保护作用的可能，因此，铝合金牺牲阳极普遍用于原油储罐底板内壁的保护。

4. 镁、锌复合式阳极

GAC009 镁、锌复合式阳极的特点

复合式牺牲阳极由镁和锌两部分组成，锌在芯部，镁在外部。

复合式阳极锌芯的规格与锌合金阳极相同，镁包覆层的厚度以制造工艺的最低厚度为准。

复合式阳极结合了锌阳极、镁阳极的优点。将镁阳极包覆在锌阳极上面，可以发挥阳极的高激励电压，减少锌阳极的数量，满足高极化电流的需要。当镁阳极消耗完之后，锌阳极再继续维持极化，发挥锌阳极的高效率、长寿命的特点。

GAC010 常见牺牲阳极性能的比较

（三）镁合金阳极、锌合金阳极、铝合金阳极性能比较

镁合金阳极、锌合金阳极、铝合金阳极基本性能对照见表 1-3-19，优缺点比较见表 1-3-20。

表 1-3-19　镁合金阳极、锌合金阳极、铝合金阳极性能比较表

特　性	镁合金阳极	锌合金阳极	铝合金阳极
密度，g/cm^3	1.74	7.13	2.77
理论电化学当量，$g/(A \cdot h)$	0.45	1.225	0.347
理论发生电量，$A \cdot h/g$	2.21	0.82	2.88
阳极开路电位，$V(SCE)$	$-1.55 \sim -1.60$	$-1.05 \sim -1.11$	$-0.95 \sim -1.10$
电流效率，%	$40 \sim 50$	$65 \sim 90$	$40 \sim 85$
对钢铁的有效电压，V	$0.65 \sim 0.75$	0.2	$0.15 \sim 0.25$

表 1-3-20　镁合金阳极、锌合金阳极、铝合金阳极优缺点比较表

性能	镁合金阳极	锌合金阳极	铝合金阳极
优点	1. 有效电压高； 2. 发生电量大； 3. 阳极极化率小，溶解比较均匀； 4. 能用于电阻率较高的土壤和水中	1. 性能稳定，自腐蚀小，寿命长； 2. 电流效率高； 3. 碰撞时没有诱发火花的危险； 4. 不用担心过保护	1. 发生电量最大，单位输出成本低； 2. 在海洋环境中使用性能优良； 3. 材料容易获得，制造工艺简单，冶炼及安装条件好

性能	镁合金阳极	锌合金阳极	铝合金阳极
缺点	1. 电流效率低; 2. 自腐蚀大; 3. 材料来源和冶炼不易; 4. 若使用不当,会产生过保护; 5. 不能用于易燃、易爆场所	1. 有效电压低; 2. 单位面积发生电量少; 3. 不适宜高温淡水或土壤电阻率过高的环境	1. 在污染海水中和高电阻率环境中性能下降; 2. 电流效率比锌阳极低,溶解性差; 3. 目前土壤中使用的铝阳极性能尚不稳定

GAC011 牺牲阳极的选择方法

(四)牺牲阳极种类的选择

通常根据土壤电阻率选取牺牲阳极的种类,参见表1-3-21。

表1-3-21 土壤中牺牲阳极种类的应用选择

阳极种类	土壤电阻率,$\Omega \cdot m$	阳极种类	土壤电阻率,$\Omega \cdot m$
镁合金牺牲阳极	15~150	锌合金牺牲阳极	<15

注:①对于锌合金牺牲阳极,当电阻率大于15$\Omega \cdot m$时,应现场试验确认其有效性。

②对于镁合金牺牲阳极,当电阻率大于150$\Omega \cdot m$时,应现场试验确认其有效性。

③对于高电阻率土壤环境及专门用途,可选择带状牺牲阳极。

二、牺牲阳极地床

为保证牺牲阳极在土壤中性能稳定,阳极四周要填充适当的化学填包料。

GAC012 牺牲阳极填包料的作用

(一)填包料的作用

(1)变阳极与土壤相邻为阳极与填包料相邻,改善了阳极的工作环境。

(2)降低阳极接地电阻,增加阳极输出电流。

(3)填料的化学成分有利于阳极产物的溶解,不结痂,减少不必要的阳极极化。

(4)维持阳极地床长期湿润。

GAC013 牺牲阳极填包料的性能要求

(二)填包料的性能要求及配方

对化学填包料的基本要求有:电阻率低、渗透性好、不易流失、保湿性好。目前常用的牺牲阳极填包料的化学配方见表1-3-22。

表1-3-22 牺牲阳极填包料的配方

阳极类型	质量分数,%			适用土壤电阻率 $\Omega \cdot m$
	石膏粉	膨润土	工业硫酸钠	
镁合金牺牲阳极	50	50	—	≤20
	75	20	5	>20
锌合金牺牲阳极	50	45	5	≤20
	75	20	5	>20

注:所选用石膏粉的分子式为$CaSO_4 \cdot 2H_2O$。

GAC014 填装填包料的方法

(三)填装填包料的方法

有牺牲阳极填包料袋装和在现场钻孔填装两种方法。注意袋装所使用的袋子必须是天然纤维织品,禁止使用化纤织物。现场钻孔填装效果虽好,但填料用量大,稍不注意容易把土粒带入填料中,影响填包质量。填包料的厚度应在各个方向均保持 5~10cm。

GAC015 牺牲阳极的分布要求

三、牺牲阳极的分布

(1)牺牲阳极在管道上的分布宜采用单支或集中成组两种方式,同一组阳极宜采用同一批号或开路电位相近的阳极。

(2)牺牲阳极埋设有立式和卧式两种,埋设位置分轴向和径向。

(3)阳极与管道的距离。一般情况下阳极埋设位置应距管道 3~5m,最小不宜小于 0.5m。成组埋设时,阳极间距以 2~3m 为宜。应注意的是在有些情况下,牺牲阳极不应距管道过近。例如,利用锌阳极对热油管道进行牺牲阳极保护时,温度的升高会引起阳极的极性逆转(锌成为阴极,管道成为阳极)。此外,同外加电流阴极保护系统一样,阳极与管道之间不应有金属构筑物。

(4)阳极埋深。牺牲阳极埋设深度以阳极顶部距离地面不小于 1m 为宜。在寒冷地区阳极必须埋设在冰冻线以下。在地下水位低于 3m 的干燥地带,阳极应加深埋设。在河流中阳极应埋设在河床的安全部位,以防洪水冲刷和挖泥清淤时被损坏。

GAC016 牺牲阳极测试系统

四、牺牲阳极测试系统

通常在相邻两牺牲阳极管段的中间部位放置测试桩,用来测试管道的自然电位及保护电位。必要时在测试桩处应设置检查试片及长效参比电极,以测试自然电位,检查试片应与被保护管道材质相同。

牺牲阳极通过测试桩与管道相连,连接电缆通常使用铜芯电缆,GB/T 21448—2017《埋地钢质管道阴极保护技术规范》规定牺牲阳极连接电缆选用截面不宜小于 4mm² 的多股连接导线,每股导线的截面不宜小于 2.5mm²。

GAC017 牺牲阳极系统施工的注意事项

五、牺牲阳极系统施工注意事项

牺牲阳极系统的施工过程中,应注意以下几个方面:

(一)阳极表面准备

阳极表面应无氧化皮、无油污、无尘土,施工前应用钢丝刷或砂纸打磨,清理干净后严禁用手直接拿放。

(二)填包料的施工

一般,填包料的施工可在室内准备,按质量调配好之后,根据用量干调、湿调均可。湿调的阳极装袋后应在当天埋入地下。无论干调还是湿调均要保证填包料的用量足够,并保证回填密实。

(三)电缆的施工

阳极电缆应通过测试桩与管道连接。电缆和管道采用铝热焊接方式连接,也可以采用铜焊方式连接。连接处应采用和管道防腐层相容的材料防腐绝缘。电缆要留有一定的余量,以适应回填松土的下沉。

(四)回填

阳极就位后,先回填部分细土,然后往阳极坑中浇一定量的水,再大量回填土壤。

项目六　站场区域性阴极保护

长输油气管道站场一般由工艺装置区、设备区、排污区、生活区以及放空区(输气管道)等功能区块组成。由于站场内空间有限,设备、管道、管件和其他各种金属构筑物的分布形态错纵复杂。与站外长输油气管道相比,在外腐蚀程度的检测和管道的维护、更换方面,都更为困难,加之站内埋地管道、设备和异型件的防腐层需现场制作,质量难以达到在工厂预制的线路管道防腐层质量,使得站内埋地管道、管道设施防腐层的缺陷点发生率可能比线路管道要大。随着越来越多的石油和天然气管道工程的建设,人们对长输油气管道线路部分的腐蚀控制已经得到了足够的重视,站外管道腐蚀泄漏事故越来越少;然而,由于缺乏对站场内地下管道腐蚀防护的关注,输油气站场内配管系统腐蚀的事例却不断地发生,已经影响到管道的正常运行,人们逐渐认识到区域阴极保护的意义越来越重要。本节主要介绍站场区域阴极保护基本知识。

一、站场区域性阴极保护的特点

GAC018 站场区域性阴极保护的特点

通常来说,区域阴极保护具有如下特点:

(1)保护对象复杂性。站场区域性阴极保护的对象是复杂的系统,通常包括站场埋地工艺管网、站内消防管线、排污管线、放空管线、热力管网、生活管道等,这与站外单一干线管道的保护完全不同,相互制约和影响的因素很多,需要系统地统筹考虑。

(2)影响因素差异性。站场工艺管网本身具有防腐层差异、管径差异、敷设方式差异、介质温度差异,与消防管线、放空管线、排污管线、热力管网间存在材质、管径、防腐层、敷设方式、邻近或交叉分布差异及地质环境差异等,这些差异反应在阴极保护电场分布方面,直接影响着阴极保护电位的分布。区域性阴极保护设计中,需要根据这些不同客观条件,采取适当调节措施,有效地均衡各区段不同管道的保护电位,根据需要调节不同区域需要的保护电流的合理分配,才能保证整体系统处于预期的保护状况,达到防腐保护的理想效果。

(3)外界条件限制多样性。外界影响最严重、最直接的就是站场各种接地系统,在常规站场电力接地系统的设计中,往往采用整体联合接地网形式,将防雷击接地、工作接地、安全接地和防静电接地做成一个整体,使得需要保护的管段与不需要保护的设施连为一体,会造成保护电流的大量流失,限制着保护电流的合理流动,严重影响着防腐保护应有的保护效果,是区域性阴极保护设计和施工安装中需要特殊关注的问题。

(4)必要绝缘设施的安装限制。站场区域性阴极保护设计中,应当根据需要设置必要的绝缘隔离设施,但在装置区内安装绝缘接头因数量较多、安装空间有限等原因显得很不现实,而且与电力专业的安全接地要求产生冲突。

(5)调试难度大。由于站场区域性阴极保护的实施受到许多制约因素影响,需要根据实际情况调节并合理分配保护电流,实际操作中保护电流的调配及保护电位的均衡并不是十分容易,有时会顾此失彼;例如,由于电流地下传导特性,当阳极(地床)发出的保护电流,在向被保护管道传播路途中,遇到较低电阻回路时,会产生抄近道、走捷径的现象,此时保护电流无法流到预期的保护体中,造成被保护管道的效果不理想。为了提升这些欠保护点处的电位使之达到要求,有时会造成另外一处或几处保护电位的过负,这一现象在区域性阴极保护中非常容易发生也是最难解决的问题。

(6)安全防爆要求高。由于站内区域性阴极保护的工作场合多为有防爆安全要求的危险区,因此,其安全防爆要求高。

二、站场区域性阴极保护的设计要求

GAC019 站场区域性阴极保护的设计要求

(1)长输油气管道的站场区域性阴极保护系统应与干线管道阴极保护系统相互独立。应在干线管道进、出站位置安装绝缘设施,电绝缘应符合 SY/T 0086—2012《阴极保护管道的电绝缘标准》的要求。

(2)站场区域性阴极保护系统应优先采用强制电流方式;对于站内埋地管道较少、地质条件适宜的站场,也可采用牺牲阳极阴极保护方式。

(3)站场内被保护的埋地钢质管道穿越站内路面时,宜采用混凝土套管、箱涵或增加管道壁厚来确保管道机械安全,不宜采用金属套管。

(4)应保证被保护体的电连续性。

(5)宜采用多回路保护系统;每一保护回路应设置一个采样控制点。

(6)站场区域性阴极保护系统的设计应与电力、自控仪表、通信等接地系统的设计相协调。站场内的接地应采用锌棒、镀锌扁钢、锌包钢等接地体,不宜采用比钢电位更正的材料,如铜、石墨、低电阻模块等,如果采用,应采取适当措施予以隔离。

(7)对已建站场,应对剥离或老化严重的防腐层进行处理。

(8)站场区域性阴极保护应考虑安全因素和经济因素。

三、站场区域性阴极保护电流计算

(1)站场区域性阴极保护电流计算方法按式(1-3-2)计算:

$$I = \sum_{i-1}^{n} S_i J_i \qquad (1-3-2)$$

式中　I——站场区域性阴极保护总电流,A;

　　　　S_i——被保护体的表面积,m^2;

　　　　J_i——被保护体设计所需保护电流密度,A/m^2。

(2)SY/T 6964—2013《石油天然气站场阴极保护技术规范》规定,保护电流密度按表1-3-23的规定选取。设计时应考虑土壤电阻率、含氧量以及阳极地床形式对电流密度的影响。

表1-3-23　站内金属构筑物保护电流密度

金属构筑物	保护电流密度,mA/m^2	金属构筑物	保护电流密度,mA/m^2
裸钢接地极	10~100	带防腐层的管道	0.005~0.8

(3)站场区域性阴极保护电流计算时,应考虑接地系统泄漏电流的影响。站场区域性阴极保护电流需求量可通过馈电试验确定。

四、区域阴极保护辅助阳极

GAC020 站场区域性阴极保护辅助阳极地床的形式

(1)区域阴极保护辅助阳极的设计原则:能够使被保护体获得足够保护电流,避免阳极与被保护体之间产生电屏蔽,且避免对干线管道和其他系统外构筑物产生有害干扰。应根据具体工程情况结合阳极的性能特点确定,综合考虑的因素至少应包括:

①被保护体的规模与分布及电流需求量。

②区域地质、土壤电阻率随深度的变化情况。

③进、出站管道位置与阳极的相对位置关系。

④达到预期效果的前提下的经济性、施工与维护的方便性。

（2）辅助阳极形式主要有:深井阳极、浅埋分布式阳极、线性阳极等。其设计寿命应与被保护体的寿命匹配。

辅助阳极相关知识已经在本模块的项目四和将在本书第四部分模块二介绍,这里就不做赘述。

项目七 管道阴极保护系统常见故障判断及处理

本节主要讲述管道阴极保护运行管理过程中可能出现的问题及应采取的措施。

一、阴极保护管道异常漏电问题

阴极保护建成投运一段时间后,有时在规定的通电点电位下,会出现电源输出电流增大,管道保护距离缩短的现象;或者牺牲阳极保护中,出现各牺牲阳极组输出电流较大,其总和已超过管道所需的保护电流,但管/地电位仍达不到规定指标的现象。阴极保护管道异常漏电,最直观的可从运行中的恒电位仪上看出,输出电流短时间内大幅度增加,严重的可造成恒电位仪超载告警。

（一）阴极保护管道漏电的危害

> JAC001 阴极保护系统漏电的危害

1. 阴极保护电流增大

阴极保护管道有漏电故障时,要把通电点电位控制在规定数值,就必须增大阴极保护电源的输出电流,因为此时受阴极保护的对象,除了原保护管道外,还增加了由漏点接入的其他金属管道和构筑物,即被保护面积增加,当然所需的保护电流也相应增加。阴极保护电流增大后造成以下四种危害:

1）保护电源设备超负荷

电源设备容量是按原保护系统要求设计的,虽留有余量,但有限度。当漏电点接入的地下管道系统较少时,电源设备尚可承受增加的电流;当接入管道系统较多或负荷电阻很小时,所需电流大大超过电源设备额定输出,就可能使设备损坏或不能正常运行。例如,在生产实践中曾发现,由于漏电故障引起的保护电流增加到了正常所需阴极保护电流的 200 倍。

2）增加阴极干扰的强度和范围

阴极保护电流对被保护管道是有利的,但对其他地下金属构筑物是有害的,会造成干扰腐蚀,而干扰腐蚀的强度和范围与流失的电流成正比。在正常时,由于阴极保护电流小,对邻近的地下金属构筑物的干扰影响在容许范围内;但当漏电电流增大时,对邻近的地下金属构筑物的干扰强度和范围增加,以致达到不能容许的程度。

3）缩短阳极地床寿命

用钢铁材料制成的地床，保护电流越大，寿命就越短。接入外部金属结构后，将会加快阳极材料消耗。

对于石墨、高硅铸铁等阳极地床，保护电流超过材料允许的电流密度值时，也会造成地床损坏。

4）浪费电力

由于将电流送到了不需要阴极保护的管道或其他地下金属构筑物上，造成电能的浪费。

2. 缩短阴极保护站的有效保护范围

大量的阴极保护电流从漏电点流失，在规定的通电点电位下，必然使原保护管道的保护范围缩短。在漏电故障情况下，阴极保护站有效保护范围是漏电点到通电点的距离、漏电点处接入的管道对地电阻的函数。若漏电点处在通电点附近，对保护范围的影响较大；若漏电点处在保护管道末端，则影响较小。

长输油气管道由于漏电故障引起保护范围减少后，使管道上原有的阴极保护站不能达到预定保护范围。有时为了使全线达到保护，只能增加阴极保护站的数目，不仅使投资增加，也会造成人力的浪费。

（二）阴极保护管道漏电的原因

JAC002 阴极保护系统漏电的原因

在阴极保护运行中发现，漏电故障主要是由于阴极保护管道与非保护地下金属构筑物异常搭接、绝缘接头绝缘性能丧失及套管与保护管搭接等异常漏电造成的。

1. 阴极保护管道与非保护地下金属构筑物异常搭接

这主要指保护管道与非保护管道交叉时，由于施工不当，两条管道的间距不符合要求。埋设一段时间后，回填土层变动，两条管压接在一起，挤破防腐层，两条管道的金属相接触，形成漏电点。

2. 绝缘法兰/绝缘接头漏电

为了管理方便，国内阴极保护站大多与站场建在一起。在保护管道进站、出站时，均装有绝缘法兰/绝缘接头。如果绝缘法兰/绝缘接头存在质量问题，或者在使用过程中绝缘零件损坏后，阴极保护管道和非保护的地下金属构筑物相当于电气相连，形成漏电故障。

3. 套管与保护管搭接

由于管道穿越公路铁路需要加装套管，套管中的绝缘支撑失效等原因，也会形成漏电故障。

从上述造成管道漏电故障的原因来看，故障点出现的随意性很强，可以在阴极保护站通电点附近出现，也可以在距通电点较远或管道保护末端发生。

（三）阴极保护管道漏电点查找方法

JAC003 阴极保护管道漏电点的查找方法

阴极保护管道出现漏电点，最明显的现象是管道阴极保护电流增加、沿线保护电位下降，或者与之相邻的非管道保护系统对地电位向负偏移。

漏电点只可能出现在保护管道和非保护金属构筑物的交叉点上，或保护管道装有绝缘法兰/绝缘接头处，据此可查找漏电点。

1. 保护管道和非保护管道电气连接点的查找

（1）根据管道平面位置和站场平面图，向有关人员了解与本保护管道接近、交叉的其他地下金属管道或构筑物，可查找出交叉点所在的大致位置。

（2）通过管道上的测试桩等装置，利用 PCM+，给管道施加信号电流，对于存在破损点的管线，信号电流会经破损点流入大地，并在破损点的上方形成近似球状的电场分布，A 型架的两个支脚实际上是两个电极，用于测量支脚所在地面的电位，当我们将 A 型架插入管线上方的地面时，仪器测量的就是这两个支脚所在地面间的电位差，同时在仪器上会有直观的箭头指示，而且箭头始终指向破损点，这样，按照箭头的指示，我们能轻易找到漏电点所在的位置。

（3）若与保护管道交叉的非保护管道上有测试装置，通过测定发现非保护管道上对地电位明显地向负偏移，或者与其邻近的金属构筑物对地电位向负偏移，则可利用 PCM+检测技术找出漏电点。

（4）在情况不明时可采用测定管内电流大小的方法寻找漏电点。因为无分支的阴极保护管道，管内电流由远端流向通电点，当非保护管道接入后就会形成分支电路，保护电流经过漏电点时就会减少，因此可采用测定阴极保护管道内电流的大小来测定漏电点。

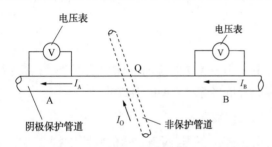

图 1-3-13　测管内电流判定漏电点示意图
A、B—测试点（位置）；I_A—A 点管内电流；I_B—B 点管内电流；I_0—非保护管道内的电流；Q—管道交叉点

如图 1-3-13 所示，在阴极保护管道上发生了漏电故障，在被怀疑的管段上选择 A、B 两测试点，用压降法或补偿法测定管内电流。若测出 $I_A>I_B$，则说明 A、B 间有漏电点，可用 PCM+检测技术测定两管道的交叉点。或者根据压降法计算出漏电点与电流检测点的距离，确定交叉点，开挖排除。

若测出结果表明 I_A 和 I_B 十分相近，说明漏电点在 A、B 之外，需要再前后测量各段管内电流，直到明显判定为止。

通常 A、B 点可选在两个测试桩处，然后视测量情况开挖检测。有时，可疑漏电管段上无测试桩，开挖检测也比较困难，则可用测定管道纵向电位梯度的方法来查找漏电点，其原理与上述方法基本相同。

2. 绝缘法兰/绝缘接头漏电的判定

（1）在绝缘法兰/绝缘接头两侧管段上，分别测量管/地电位。若保护侧为保护电位，非保护侧为自然电位（即阴极保护站未通电前该点的管/地电位），且阴极保护电流与设计值相近时，可认为该绝缘法兰/绝缘接头不漏电。

（2）测定绝缘法兰/绝缘接头非保护侧绝缘法兰/绝缘接头端部的对地电位，若此电位比由非保护端接入的管道或其他金属构筑物对地电位负，则此绝缘法兰/绝缘接头漏电。

（3）在保护侧绝缘法兰/绝缘接头端部，用检漏仪的发射机送入电磁信号，若在非保护侧能收到信号，则此绝缘法兰/绝缘接头漏电。

（4）测定流过绝缘法兰/绝缘接头的电流。如图 1-3-14 所示，在绝缘法兰/绝缘接头非保护端，用压降法测定管内电流，若能测出电流，则绝缘法兰/绝缘接头漏电；若测不出电流，则绝缘法兰/绝缘接头不漏电。

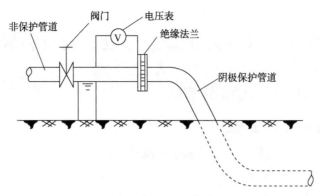

图 1-3-14　测定绝缘法兰/绝缘接头漏电示意图

另外,还可以用测出的绝缘法兰/绝缘接头两端之间的电位差,再除以流入非保护管道的电流,计算出该绝缘法兰/绝缘接头的电阻。

3. 套管与保护管搭接

由于被保护管道和非保护管道或构筑物的接入地点和方式较多,尤其是在绝缘法兰/绝缘接头附近管段,保护管道与多条管道交叉时,会出现复杂的情况,使漏电点不易查找,因此,上述方法不是绝对的模式,应根据现场具体情况分析研究,用多种方法综合判断才能奏效。同时,随着测量仪器的更新和认识的不断深化,将会总结出更准确、更简单的寻找阴极保护漏电点的新方法。

JAC004 阴极保护系常见故障的排除方法

二、阴极保护系统常见故障的判断及处理

阴极保护系统常见故障分两大类,一类是阴极保护系统的电源即恒电位仪出现故障,这类故障产生的原因比较复杂,现象也比较复杂;另一类是恒电位仪以外部分的故障,这类常见的故障及处理方法见表 1-3-24。

表 1-3-24　阴极保护系统常见故障及处理

故障现象	可能发生的部位及原因	建议处理方法
电源无直流输出电流、电压指标	检查交、直流熔断器,熔断丝是否烧断	若烧断,更换新熔断丝
正常工作时,直流电流突然无指示	直流输出熔断器或阳极线路短路	换熔断丝或检查阳极线路
有输出电压,无输出电流,声光报警20s 后转入恒电流状态,恒电流也无法工作,仪器"自检"正常。	一般是现场阳极电缆开路,不排除阴极线被人为破坏。	重新接线
直流输出电流慢慢下降,电压上升	阳极地床腐蚀严重或回路电阻增加	更换或检修阳极地床,减小回路电阻
输出电流、输出电压突然变小,仪器本身"自检"正常	参比电极失效或参比井土壤干燥;零位接阴线断。	更换参比电极、浇水润湿参比电极井;接好零位接阴线
阴极保护电流短时间内增大较大,保护距离缩短	管线上绝缘法兰/绝缘接头漏电或接入非保护管道	处理绝缘法兰/绝缘接头漏电问题,查明非保护管道的漏电点加以排除
修理整机后送电时,管/地电位反号	输出正负极接错,正极与管道相连	更正接线
直流输出电流逐年增大,保护距离逐年缩短	防腐绝缘层老化	进行防腐绝缘层电阻测量并进行大修

项目八　腐蚀防护重点管段的确定和管理

JAC006 腐蚀防护重点管段的确定方法

一、腐蚀防护重点管段的确定原则

(一)根据管道所处的位置确定

管道所处的下列位置应确定为腐蚀防护重点管段：

(1)热煨弯管、冷弯弯头处。

(2)管道固定墩处。

(3)管道穿越、跨越处。

(4)隧道内的管道。

(5)加套管的管段。

(二)根据管理实践确定

以下管段也应确定为腐蚀防护重点管理对象：

(1)电位达不到标准的管段。

(2)防腐层损坏严重的管段。

(3)存在交、直流干扰的管段。

(4)发生过腐蚀穿孔、漏油(气)的管段。

(5)腐蚀坑深度超过 2mm 的管段。

(三)根据测量结果确定

(1)平均阴极保护电流密度：石油沥青及其他类 $>200\mu A/m^2$、三层 PE $>40\mu A/m^2$ 的管段。

此参数不适用于存在杂散电流干扰或与外部存在搭接的管道,保护电流密度的计算见本模块项目三。

(2)绝缘电阻小于 $1000\Omega \cdot m^2$ 的管段。

(3)根据管道腐蚀和防护势态图判定为危险或非常危险的管段。

(4)其他测量结果表明非常危险或危险的管段等。

JAC007 腐蚀防护重点管段的管理方法

二、腐蚀防护重点管段的管理

建立腐蚀防护重点管段的目的在于开展腐蚀防护重点管理,也就是要做好两个倾斜。

(一)管理上的倾斜

(1)各级管道管理部门在各自的管辖范围内都应确定腐蚀防护重点管段,并建立档案。档案内容应包括：自然状况、防护状况、历年来检查及维修、大修记录等。

(2)加强监测。对于腐蚀防护重点管段,检测工作的周期应比正常检测周期缩短,并且每次检测后,都应对测量数据进行认真分析,写出测试报告,供上级管理部门决策。

(3)定期评定。腐蚀防护重点管段如果细分可分为两类：一类是永久型的,一类是变化型的。

①永久型的腐蚀防护重点管段通过加强管理,可以延长使用寿命,改变管道面貌。

②变化型的腐蚀防护重点管段通过加强管理,可以改变管道面貌,提高管道的管理等级,从而使它脱离腐蚀防护重点管段的行列。对这类管段,应进行定期评定,经过评定,认为不符合腐蚀防护重点管段的应及时撤销"腐蚀防护重点管段"。评定工作宜每年进行一次。

(二)投资上的倾斜

管道管理的特点是:点多、线长、费用少。如果把有限的费用按管理长度平均投资,就像撒芝麻盐,无法起到明显的作用,管理上只能处于十分被动的局面。因此,必须把这笔有限的资金集中起来,充分地向腐蚀防护重点管段倾斜,才能换来较高的投资效益。

模块四　管道防腐层知识

项目一　防腐层基本知识

一、防腐层的概念及发展过程

防腐层是为使金属表面与周围环境隔离以达到抑制腐蚀的目的,而覆盖在金属表面的保护层。

埋地长输管道的防腐层一般采用耐蚀的非金属材料涂覆或粘贴在基体金属表面上。

在国外,最初的防腐层材料是煤焦油沥青及改性的煤焦油瓷漆,这种材料在管道运行温度上升的条件下,会发生氧化反应并挥发一部分馏分,导致脆变和剥离,使管道阴极保护电流增大。这种材料统治了防腐层市场一直到20世纪70年代。20世纪40~70年代,各种防腐层材料竞相发展,石蜡、石油沥青、胶带、聚乙烯(PE)陆续被开发出来。到了20世纪70年代,美国阿拉斯加管道建设标志着熔结环氧粉末(FBE)时代的开始,通过对组分和施工程序的改进,使得FBE成为80年代最成功的防腐层,美中不足的是机械强度不太理想。在改进机械强度方面的最新发展是双层FBE系统(DPS),也称耐磨外防腐层(ARO)。20世纪90年代,FBE和由PE发展而来的三层聚乙烯(3LPE)渐渐取代了煤焦油瓷漆,成了管道防腐层的主导材料。目前,国外管道外防腐层发展趋势是在改进3LPE和在DPS上下功夫。和国外一样,国内的管道外防腐层也是从沥青类材料开始的,从20世纪50年代的第一条长输管道克独线到70年代的东北输油管道都使用石油沥青防腐层,70年代后期至80年代,国外防腐层新技术影响到国内,胶带、夹克、环氧粉末等相继在国内亮相,到了20世纪90年代后期,FBE和3LPE两种防腐层逐渐站住了脚,形成主流,世界最新防腐材料DPS也开始有少量应用。

目前,国内管道外防腐层应用较多的材料为三层聚乙烯(3LPE)、熔结环氧粉末(FBE)、无溶剂液态环氧、石油沥青、聚乙烯胶黏带、辐射交联聚乙烯热收缩带(套)和黏弹体防腐材料。部分管道还采用保温材料与防腐层结合使用形成防腐保温层。

长输油气管道分为线路和站场两部分,线路管道防腐层一般采用性能优异、工厂预制的防腐涂层,例如,三层聚乙烯(3LPE)、熔结环氧粉末(FBE)等。站场管道的管径大小不一、弯头众多,其防腐层无法全部工厂预制,一般选择易于现场施工的防腐涂层,例如,无溶剂液态环氧、聚乙烯胶黏带等。

部分运行时间较长的管道仍在使用沥青防腐层,新建管道目前大多使用三层PE防腐层。

管道补口防腐处理一般采用现场施工方式,补口防腐一般选择与主管道防腐层相似或性能相近且易于现场施工的材料,例如,辐射交联聚乙烯热收缩带、无溶剂液态环氧等。

CAD001 防腐
层的防腐原理

二、防腐层的防腐原理

油气管道腐蚀是电化学作用的结果,也就是说腐蚀电池的形成是导致管道腐蚀破坏的主要原因。分析腐蚀电池可知,其形成条件如下:

（1）必须有电极电位不同的两个电极,电位低的将成为腐蚀电池的阳极,电位高的将成为腐蚀电池的阴极。

（2）阳极和阴极之间有电连续性。一般管道上形成的腐蚀电池,阴极和阳极直接通过管材导通,就如同短路一样。

（3）阴极和阳极必须存在于电解质环境中。土壤中含有各种盐类及水分,是天然的电解质。

管道防腐层技术就是把存在着许多不同电极区域的管道同电解质隔离,即消除形成腐蚀电池的第三个条件。可以说,防腐层是埋地管道防腐的第一道屏障。

此外,管道防腐层除具有以上作用以外,还具有机械保护作用,可以保护管道在运输、储存及施工过程中不受到破坏。

三、防腐层的一般规定

（1）埋地管道的外防腐层一般分为普通、加强等级别。在确定防腐层种类和等级时,应根据管道途经的环境因素而定,同时应考虑阴极保护的因素。场、站、库内埋地管道及穿越铁路、公路、江河、湖泊等管段,均采用加强级防腐。

（2）防腐层的补口、补伤材料应与主体防腐材料有良好的黏接性。补口、补伤后应达到主体防腐层的各项性能指标。

（3）在管道防腐层涂敷之前,应对被保护管道进行相应的表面处理,并达到规定要求。

四、防腐层与阴极保护之间的关系

对油气管道进行阴极保护而不加防腐层或防腐层质量较差是不行的,因为这样做会使耗电量巨大而不经济。那么只采用防腐层保护不加阴极保护是否可行呢？回答也是否定的。因为防腐层不可能绝对完好无损,一旦防腐层上有针孔或漏点,就会形成大阴极、小阳极（针孔或漏点部分）的腐蚀电池,腐蚀将会集中在漏点或针孔处,其腐蚀速度比裸露管道的腐蚀速度还要大,从而导致管道在较短的时间内穿孔。所以,只采用防腐层保护而不施加阴极保护显然是不行的。

阴极保护与防腐层技术的结合,被称为管道的"联合保护",是当今世界上公认的管道防腐措施。

五、防腐层材料的基本要求

（1）与金属有良好的黏接性。

（2）电绝缘性能好,有足够的电气强度（击穿电压）和电阻率。

（3）有良好的防水性及化学稳定性,即防腐层长期浸入电解质溶液中,不发生化学分解而失效或产生导致腐蚀管道的物质。

（4）具有足够的机械强度及韧性,即防腐层不会因施工过程中的碰撞或敷设后受到不均衡的土壤压力而损坏。

（5）具有耐热和抗低温脆性,即防腐层在管道运行温度范围内和施工过程中不因温度过高而软化,也不因温度过低而脆裂。

（6）耐阴极剥离性能好。

（7）抗微生物腐蚀。

(8)破坏后易修复。

(9)材料价格合理,便于施工。

项目二 典型防腐层介绍

一、三层结构聚乙烯防腐层

(一)防腐层的特点

三层结构聚乙烯防腐层是指底层为 FBE(熔结环氧粉末),中间层为聚合物胶黏剂,外层为 PE(聚乙烯)的复合式防腐层,简称为 3LPE。由于底层 FBE 提供了涂层系统对管道基体的良好黏结,而聚乙烯则有着优良的绝缘性能和抗机械损伤性能,使得三层结构聚乙烯成为世界上公认的先进涂层,很快得到广泛应用。我国自 20 世纪 90 年代中期开始应用以来,已有数万公里管道采用了三层 PE 防腐层。

聚乙烯防腐层的制作工艺为挤压包覆或挤压缠绕,挤压聚乙烯防腐管的最高使用温度为 70℃。聚乙烯防腐层绝缘电阻高,机械性能好,能承受长距离运输、敷设过程以及岩石区堆放时的物理损伤,耐冲击性强。但是聚乙烯防腐层对现场补口质量要求高,失去黏结性能的聚乙烯壳层对阴极保护电流会起到屏蔽作用。

对于复杂地域、多石区及苛刻的环境,选用三层结构聚乙烯具有重要意义。这种防腐层虽然一次投资较高,但其绝缘电阻值极高,管道的阴极保护电流密度只有 $3\sim5\mu A/m^2$,1 座阴极保护站可保护上百公里的管道,可大幅度降低安装和维修费用。因此,从防腐蚀工程总体来说可能是经济的。

(二)防腐层的结构及等级

三层结构聚乙烯防腐层的底层通常为环氧粉末涂层,主要起到与钢管表面的黏结作用;中间层为胶黏剂层,其作用是将外层聚乙烯与底层环氧涂层黏结在一起;外层为聚乙烯层,主要作用是起机械保护作用,各层主要功能见表 1-4-1,各层的厚度要求见表 1-4-2。

表 1-4-1 三层结构聚乙烯防腐层各层的作用

性能	主要功能层	性能	主要功能层
耐化学性	底层	柔韧性	底层、中间层、外层
耐应力开裂	外层	机械性能	中间层、外层
绝缘性	底层、中间层	耐候性	外层
抗剥离	底层、中间层、外层	耐紫外线	外层
耐磨性	外层	抗阴极剥离	底层

表 1-4-2 三层结构中各层厚度的要求

钢管公称直径 DN	环氧涂层,μm	胶黏剂层,μm	防腐层最小厚度,mm	
			普通级(G)	加强级(S)
DN≤100	120	≥170	1.8	2.5
100<DN≤250			2.0	2.7

续表

钢管公称直径 DN	环氧涂层,μm	胶黏剂层,μm	防腐层最小厚度,mm	
			普通级(G)	加强级(S)
250<DN<500			2.2	2.9
500≤DN<800	120	≥170	2.5	3.2
DN≥800			3.0	3.7

(三)防腐层的性能要求

GAD001 三层结构聚乙烯防腐层的性能要求

三层结构聚乙烯防腐层性能测试,应在防腐管上截取试件,进行必要的项目试验。试验结果应符合表1-4-3中的要求。

表1-4-3　防腐层的性能指标

项　　目		性能指标	试验方法
剥离强度,N/cm	(20℃±10℃)	≥100(内聚破坏)	GB/T 23257—2017 附录 J
	(50℃±5℃)	≥70(内聚破坏)	
阴极剥离(65℃,48h),mm		≤6	GB/T 23257—2017 附录 D
阴极剥离(最高使用温度,30d),mm		≤15	GB/T 23257—2017 附录 D
环氧粉末固化度:固化百分率,%		≥95	GB/T 23257—2017 附录 B
环氧粉末固化度:玻璃化温度变化值│ΔT_g│,℃		≤5	
冲击强度,J/mm		≥8	GB/T 23257—2017 附录 K
抗弯曲(-30℃,2.5°)		聚乙烯无开裂	GB/T 23257—2017 附录 E

(四)防腐层材料的性能要求

1. 环氧粉末涂料

环氧粉末涂料及其涂层的性能应符合表1-4-4和表1-4-5的规定。

表1-4-4　环氧粉末涂料的性能指标

项　　目	性能指标	试验方法
粒径分布,%	150μm 筛上粉末≤3.0 250μm 筛上粉末≤0.2	GB/T 6554—2003
挥发分,%	≤0.6	GB/T 6554—2003
密度,g/cm³	1.30~1.50	GB/T 4472—2011
胶化时间,s	≥12 且符合厂家给定值±20%	GB/T 6554—2003
固化时间,min	≤3	GB/T 23257—2017 附录 A
热特性:ΔH,J/g	≥45	GB/T 23257—2017 附录 B
热特性:T_{g2},℃	≥95	

表1-4-5　熔结环氧涂层的性能指标

项　　目	性能指标	试验方法
附着力级	≤2	GB/T 23257—2017 附录 C

续表

项 目	性能指标	试验方法
阴极剥离(65℃,48h),mm	≤8	GB/T 23257—2017 附录 D
阴极剥离(65℃,30d),mm	≤15	GB/T 23257—2017 附录 D
抗弯曲(−20℃,2.5°)	无裂纹	GB/T 23257—2017 附录 E

注:实验室喷涂试件的涂层厚度应为300~400μm。

2. 胶黏剂

胶黏剂的作用是连接底层(FBE)与外层(PE)。常用的胶黏剂属于共聚物,它同时具有极性基团和非极性基团,与底层和外层都有很强的结合能力。胶黏剂的性能应符合表1-4-6的规定。

表 1-4-6　胶黏剂的性能指标

项 目	性能指标	试验方法
密度,g/cm³	0.920~0.950	GB/T 4472—2011
熔体流动速率(190℃,2.16kg),g/10min	≥0.7	GB/T 3682.1—2018
维卡软化点,℃	≥90	GB/T 1633—2000
脆化温度,℃	≤−50	GB/T 5470—2008
氧化诱导期(200℃),min	≥10	GB/T 23257—2017 附录 F
含水率,%	≤0.1	HG/T 2751—1996
拉伸强度,MPa	≥17	GB/T 1040.2—2006
断裂伸长率,%	≥600	GB/T 1040.2—2006

GAD002 三层结构聚乙烯防腐层材料的性能要求

3. 聚乙烯

聚乙烯是热塑性高分子材料,有高密度、中密度、低密度之分,由于密度不同,其性能也不相同。聚乙烯专用料的性能应符合表1-4-7的规定。

表 1-4-7　聚乙烯专用料的性能指标

项 目	性能指标	试验方法
密度,g/cm³	0.940~0.960	GB/T 4472—2011
熔体流动速率(190℃,2.16kg),g/10min	≥0.15	GB/T 3682
碳黑含量,%	≥2.0	GB/T 13021—1991
含水率,%	≤0.1	HG/T 2751—1996
氧化诱导期(220℃),min	≥30	GB/T 23257—2017 附录 F
耐热老化(100℃,2400h 或 100℃,4800h),%[a]	≤35	GB/T 3682.1—2018

a:耐热老化指标为试验前与试验后的熔体流动速率偏差。

常温型:试验条件为100℃、2400h;高温型:试验条件为100℃、4800h。

二、熔结环氧粉末防腐层

(一)防腐层的特点

CAD006 熔结环氧粉末防腐层的特点

熔结环氧粉末(Fusion Bonded Epoxy,简写为FBE)是一种热固性材料,由环氧树脂和各种助剂制成,它通过加热熔化、胶化、固化,附着在金属基材的表面。在埋地管道的条件下,熔结环氧粉末防腐层较为突出的几个性能有:优异的黏结力、防腐层坚牢、耐腐蚀和耐溶剂性,防腐层损伤修复较容易,抗土壤应力,适用于大多数土壤环境,包括砾石地段;和阴极保护配套性好,对保护电流几乎无任何屏蔽作用。

熔结环氧粉末防腐层硬而薄,与钢管的黏结力强,具有优异的耐蚀性能,其使用温度可达$-30\sim80℃$,适用于温差较大的地段,特别是耐土壤应力和阴极剥离性能最好。在一些环境气候和施工条件恶劣的地区,如在沙漠、海洋、潮湿地带使用有其明显的优势。但它也存在一些自身的缺点:如不耐尖锐硬物的冲击碰撞;施工运输过程中,很难保证涂层不被破坏;且涂敷工艺严格。

(二)防腐层的结构及等级

ZAD002 熔结环氧粉末防腐层的等级

单层环氧粉末外涂层为一次成膜结构。双层环氧粉末外涂层由内、外两种环氧粉末涂料分别喷涂一次成膜而构成。单层环氧粉末外涂层的最小厚度应符合表1-4-8的规定,双层环氧粉末外涂层的最小厚度应符合表1-4-9的规定。

表1-4-8 单层环氧粉末外涂层厚度

序号	涂层等级	最小厚度,μm
1	普通级	300
2	加强级	400

表1-4-9 双层环氧粉末外涂层厚度

序号	涂层等级	最小厚度,μm		
		内层	外层	总厚度
1	普通级	250	350	600
2	加强级	300	500	800

(三)防腐层的性能要求

GAD003 熔结环氧粉末防腐层的性能要求

环氧粉末涂层的各项指标应符合1-4-10的要求。

表1-4-10 实验室涂敷试件的涂层质量指标

序号	试验项目		质量指标		试验方法
			单层涂层	双层涂层	
1	外观		平整、色泽均匀、无气泡、无开裂与缩孔,允许有轻度橘皮状花纹	平整、色泽均匀、无气泡、无开裂与缩孔,允许有轻度橘皮状花纹	目测
2	热特性	$\lvert\Delta T_g\rvert$,℃	≤5	≤5(内层、外层)	SY/T 0315—2013 附录B
		固化百分率,%	≥95	≥95(内层、外层)	

续表

序号	试验项目	质量指标		试验方法
		单层涂层	双层涂层	
3	阴极剥离(65℃,48h) mm	≤6.5	≤6.5	SY/T 0315—2013 附录 C
4	阴极剥离(65℃,28d) mm	≤15	≤15	SY/T 0315—2013 附录 C
5	抗弯曲(订货规定的最低试验温度±3℃)	3°弯曲,无裂纹	2°弯曲,无裂纹	SY/T 0315—2013 附录 D
6	抗冲击,J	1.5(-30℃),无漏点	10(23℃),无漏点	SY/T 0315—2013 附录 E
7	断面孔隙率,级	1~4	1~4	SY/T 0315—2013 附录 F
8	黏结面孔隙率,级	1~4	1~4	—
9	附着力(24h),级	1~3	1~3	SY/T 0315—2013 附录 G
10	附着力(28d),级	1~3	1~3	SY/T 0315—2013 附录 G
11	耐划伤(30kg),μm	—	≤350,无漏点	SY/T 4113
12	耐磨性(落砂法) L/μm	≥3	—	SY/T 0315—2013 附录 H
13	电气强度,MV/m	≥30	≥30	GB/T 1408.1—2016
14	体积电阻率,Ω·m	≥1×10^{13}	≥1×10^{13}	GB/T 1410—2006
15	弯曲后涂层耐阴极剥离(28d)	2.5°,无裂纹	1.5°,无裂纹	SY/T 0315—2013 附录 I
16	耐化学腐蚀	合格	合格	SY/T 0315—2013 附录 J

GAD004 熔结环氧粉末防腐层材料的性能要求

(四)防腐层材料的性能要求

环氧粉末涂料的各项指标应符合表1-4-11的要求。

表1-4-11 环氧粉末涂料的性能指标

序号	项目		性能指标			试验方法
			单层环氧粉末涂料	双层环氧粉末涂料		
				内层	外层	
1	外观		色泽均匀,无结块	色泽均匀,无结块		目测
2	固化时间(230℃±3℃)^a,min		≤2,且符合粉末生产商给定范围	≤2,且符合粉末生产商给定范围	≤1.5,且符合粉末生产商给定范围	SY/T 0315—2013 附录 A
3	胶化时间(230℃±3℃)^a,s		≤30,且符合粉末生产商给定范围	≤30,且符合粉末生产商给定范围	≤20,且符合粉末生产商给定范围	GB/T 6554—2003
4	热特性	ΔH,J/g	≥45,且符合粉末生产商给定范围	≥45,且符合粉末生产商给定范围		SY/T 0315—2013 附录 B
		T_{g2},℃	≥最高使用温度+40	≥最高使用温度+40		

续表

序号	项目	性能指标			试验方法
		单层环氧粉末涂料	双层环氧粉末涂料		
			内层	外层	
5	不挥发物含量,%	≥99.4	≥99.4		GB/T 6554—2003
6	粒度分布,%	150μm 筛上粉末 ≤3.0 250μm 筛上粉末 ≤0.2	150μm 筛上粉末≤3.0 250μm 筛上粉末≤0.2		GB/T 6554—2003
7	密度,g/cm³	1.3～1.5,且符合粉末生产商给定值±0.05	1.3～1.5,且符合粉末生产商给定值±0.05	1.4～1.8,且符合粉末生产商给定值±0.05	GB/T 4472—2011
8	磁性物含量,%	≤0.002	≤0.002		JB/T 6570—2007

a:对于低温固化环氧粉末涂料,试验温度应根据产品特性确定。

三、无溶剂液态环氧防腐层

CAD007 无溶剂液态环氧防腐层的特点

(一)防腐层的特点

液态环氧涂料分为溶剂型和无溶剂型两种,主要区别在于无溶剂环氧涂料在涂料制造及施工应用过程中不需要采用挥发性有机溶剂作为分散介质。

无溶剂环氧涂料是采用低黏度环氧树脂、颜填料、助剂等经高速分散和研磨而制成漆料,以低黏度改性胺作为固化剂而组成的双组分反应固化型防腐涂料。与溶剂型环氧涂料相比,突出优点在于能够减少有机溶剂挥发对空气的污染和施工作业人员的损害。另外,无溶剂环氧涂料挥发少,在密闭系统中施工时可以大大减少通风量,反应固化过程中收缩率极低,具有一次性成膜较厚、边缘覆盖性好、内应力较小、不易产生裂纹等特点。

无溶剂液态环氧防腐涂层具有优异的物理机械性能,在交联固化后能够形成类似瓷釉一样的光洁涂层。由于交联密度高和分子链中的苯环结构,使涂层坚硬且柔韧性好、耐磨性优、抗划伤性好、耐冲击性优。具有优异的耐化学品性,能耐海水,中度的酸、碱、盐,各种油品,脂肪烃等化学品的长期浸泡。由于不含挥发性有机溶剂,在干燥成膜过程中不会形成因溶剂挥发留下的孔隙,且成膜厚,涂膜致密性极佳,能有效抵挡水、氧等腐蚀性介质透过涂层而腐蚀钢材。

ZAD003 无溶剂液态环氧防腐层的等级

(二)防腐层的等级

钢质管道液态环氧防腐层可分为普通级、加强级两个等级,各等级的厚度要求见表1-4-12。

表1-4-12 钢质管道液态环氧防腐层等级与厚度要求

序号	防腐层等级	干膜厚度,μm
1	普通级	≥400
2	加强级	≥600

外防腐层设计应根据土壤腐蚀性、土壤地质环境以及管道运行工况选择防腐层等级和厚度,在山区和石方地段应采取适当措施保护管道液体环氧防腐层。

地下管道出地面端500mm范围内的防腐层应至少增加一道耐候面层,要求耐候面层和底层防腐层结合牢固。

GAD005 无溶剂液态环氧防腐层材料的性能要求

(三)防腐层的性能要求

无溶剂液体环氧防腐层的整体性能应符合表1-4-13的规定。

表1-4-13　无溶剂液体环氧外防腐层技术指标

序号	项目		性能指标	试验方法
1	黏结强度(拉开法),MPa		≥10	SY/T 6854—2012 附录 A
2	吸水率,%		≤0.6	SY/T 6854—2012 附录 B
3	附着力,级	a) 95℃±3℃,24h	≤2	SY/T 0315—2013 附录 G
		b) 最高运行温度以上10℃±3℃,30d	≤2,无鼓泡	
4	耐阴极剥离[a],mm	a) 1.5V,65℃±3℃,48h	≤8	SY/T 0315—2013 附录 C
		b) 1.5V,65℃±3℃,30d	≤15	
5	抗1°弯曲(23℃±1℃)		无裂纹	SY/T 6854—2012 附录 C
6	抗冲击强度(25℃),J		≥6	SY/T 0442 —2018 附录 F
7	体积电阻率,Ω·m		≥1×10^{13}	GB/T 1410—2006
8	电气强度,MV/m		≥25	GB/T 1408.1—2016
9	耐化学试剂性能(90d)	pH 值 2.5~3.0 的 10%氯化钠加稀硫酸溶液	合格	SY/T 0315—2013 附录 I
		pH 值 2.5~3.0 的稀盐酸溶液		
		10%氯化钠溶液		
		5%氢氧化钠的溶液		

a 最高运行温度处在65~80℃之间时,应按照实际最高运行温度设置长期阴极剥离试验温度。

(四)防腐层材料的性能要求

无溶剂液体环氧涂料应不含挥发性溶剂,是一种双组分、化学反应固化的环氧涂料。其性能指标应符合表1-4-14的规定。

表1-4-14　无溶剂液体环氧涂料技术指标

序号	项目		性能指标	试验方法
1	细度,μm		≤100	GB/T 1724—1979
2	固体含量,%		≥98	SY/T 0457—2010 附录 A
3	干燥时间,h	表干	≤2	GB 1728—1979
		实干	≤6	

四、石油沥青防腐层

(一)防腐层的特点

CAD008 石油沥青防腐层的特点

石油沥青防腐层是以石油沥青为主要材料的防腐层。石油沥青属于热塑性涂料,是原油分馏出汽油、煤油、柴油及润滑油后得到的副产物,主要物质为脂肪族直链烷烃。矿物油、树脂和沥青质是石油沥青的三大组分,油分和树脂赋予沥青流动性和塑性。

石油沥青防腐层有较好的电绝缘性、耐水性、抗化学药品性和防腐性,但吸水率较高,黏结力低,易受机械力破坏,土壤中某些细菌嗜食沥青,植物根可以穿透沥青层,此外在有干湿度变化的黏性土中易受土壤应力破坏,在温度和重力作用下,防腐层可能产生蠕变或冷流。

石油沥青防腐层不宜在沼泽、水下和盐碱土壤等强腐蚀环境以及黏性土等土壤应力较大的环境中使用;还应注意土壤微生物丰富、植物根繁茂地区石油沥青防腐层的失效监控。应严格限定石油沥青防腐层的运行温度,不要超过规定使用温度上限,否则,短期内防腐层处于黏流态,管子上半部的涂料将往下流,长时间之后防腐层中的轻组分将不断迁移出去,导致防腐层龟裂。

(二)防腐层的结构及等级

ZAD004 石油沥青防腐层的等级

石油沥青防腐层结构应符合表 1-4-15 的规定。

表 1-4-15　石油沥青防腐层结构

防腐等级		普通级	加强级	特加强级
防腐层总厚度,mm		≥4	≥5.5	≥7
防腐层结构		三油三布	四油四布	五油五布
防腐层数	1	底漆一层	底漆一层	底漆一层
	2	石油沥青厚≥1.5mm	石油沥青厚≥1.5mm	石油沥青厚1.0~1.5mm
	3	玻璃布一层	玻璃布一层	玻璃布一层
	4	石油沥青厚1.0~1.5mm	石油沥青厚≥1.5mm	石油沥青厚1.0~1.5mm
	5	玻璃布一层	玻璃布一层	玻璃布一层
	6	石油沥青厚1.0~1.5mm	石油沥青厚1.0~1.5mm	石油沥青厚1.0~1.5mm
	7	外包保护层	玻璃布一层	玻璃布一层
	8	—	石油沥青厚1.0~1.5mm	石油沥青厚1.0~1.5mm
	9	—	外包保护层	玻璃布一层
	10	—	—	石油沥青厚1.0~1.5mm
	11	—	—	外包保护层

(三)防腐层的性能要求

石油沥青防腐层的性能可在已开挖的防腐管进行,性能指标见表 1-4-16。

表 1-4-16 防腐层的性能指标

项目	性能指标	试验方法
外观检查	防腐层表面应平整，无明显气泡、麻面、皱纹、凸痕等缺陷，外包保护层应压边均匀、无褶皱	目测法
厚度检查	厚度符合表 1-4-15 要求	SY/T 0420—1997
粘接力检查	防腐层应不易撕开，撕开后粘附在钢管表面上的第一层石油沥青或底漆占撕开面积的 100% 为合格	SY/T 0420—1997
连续完整性检查	100% 进行电火花检测应无漏点	SY/T 0420—1997 GB/T 21448—2017

GAD006 石油沥青防腐层材料的性能要求

（四）防腐层材料的性能要求

石油沥青防腐层由石油沥青、玻璃布、塑料膜、底漆组成。

1. 石油沥青

作为防腐层使用的石油沥青，应根据管道输送介质的温度来确定。当管道输送介质的温度不超过 80℃ 时，可采用管道防腐石油沥青，管道防腐石油沥青的质量指标应符合表 1-4-17 的规定。当管道输送介质的温度低于 51℃ 时，可采用 10 号建筑石油沥青，其质量指标应符合 GB/T 494—2010《建筑石油沥青》的规定。

表 1-4-17 管道防腐石油沥青标准

项 目	质量指标	试验方法
针入度（25℃，100g），0.1mm	5~20	GB/T 4509—4509
延度（25℃），cm	≥1	GB/T 4508—4508
软化点（环球法），℃	≥125	GB/T 4507—2014
溶解度（苯），%	≥99	GB/T 11148—2008
闪点（开口），℃	≥260	GB 267—1988
水分	痕迹	GB/T 260—2016
含蜡量，%	≤7	—

石油沥青的性质主要由针入度、延度、软化点三个指标来决定。

针入度——表示沥青的机械强度。针入度小，强度大；反之，针入度大，则强度小。

延度——表示沥青在一定温度下外力作用时的变形能力。

软化点——指在一定条件下，沥青加热软化，由固态变成液态时的温度。

2. 玻璃布

为了提高防腐层的强度和热稳定性，沥青中间包扎一层或多层玻璃布作为加强材料。按性能要求应使用无碱或低碱的玻璃布，但由于经济上的原因，多用中碱玻璃布，含碱量≤12%，其性能及规格见表 1-4-18。玻璃布两边宜为独边，否则难以保证施工质量。玻璃布经纬密度应均匀，宽度应一致，不应有局部断裂和破洞，经纬密度的大小应根据施工气温选取。另外，施工时玻璃布的宽度应根据钢管的管径选取。

表 1-4-18 中碱玻璃布的性能及规格

项目	含碱量,%	原纱号数×股数 (公制支数/股数)		单纤维公称直径,μm		厚度,μm	密度,根/cm		长度,m
		经纱	纬纱	经纱	纬纱		经纱	纬纱	
性能及规格	不大于12	22×8 (45.4/8)	22×2 (45.4/2)	7.5	7.5	0.100±0.010	8±1 (9±1)	8±1 (9±1)	200~250(带轴芯φ40mm,轴芯壁厚3mm)
试验方法	按 JC176—1980《玻璃纤维制品试验方法》的规定进行								

注:玻璃布的包装均应有防潮措施。

3. 塑料膜

石油沥青防腐层外层用塑料膜包覆,一方面,可以提高防腐层的强度和热稳定性,减缓防腐层的机械损伤和热变形;另一方面,塑料膜本身也是绝缘材料,它和沥青黏结在一起可以提高防腐层的防腐性能和抗老化性能,并且还能防止植物根茎穿透防腐层以及防止碱土使防腐层龟裂。

塑料膜多采用聚氯乙烯工业膜或聚乙烯膜。聚氯乙烯工业膜一般分为耐寒(黄色)和不耐寒(白色)两种。塑料膜不得有局部断裂、起皱和破洞,边缘应整齐,幅宽宜与玻璃布相同,其性能指标见表 1-4-19。

表 1-4-19 聚氯乙烯工业膜的性能指标

项 目	性能指标	试验方法
拉伸强度(纵、横向),MPa	≥14.7	GB/T 1040.1—2006
断裂伸长率(纵、横向),%	≥200	GB/T 1040.1—2006
耐寒性,℃	≤-30	见 SY/T 0420—1997 附录 B
耐热性,℃	≥70	见 SY/T 0420—1997 附录 C
厚度,mm	0.2±0.03	千分尺(千分表)测量
长度,m	200~250(带轴芯φ40mm,轴芯壁厚3mm)	—

注:(1)耐热试验要求:101℃±1℃,7d 伸长率保留 75%。

(2)施工期间月平均气温高于-10℃时,无耐寒性要求。

4. 底漆

为了增强沥青与钢管表面的黏结作用,要在热浇沥青前涂刷一道底漆。底漆采用同类沥青及不加铅的车用汽油或工业溶剂汽油调制,调制前应沉淀脱水,按石油沥青与汽油的体积比(汽油相对密度为 0.80~0.82)1∶(2~3)配成。

五、聚乙烯胶黏带防腐层

(一)防腐层的特点

聚乙烯胶黏带具有极好的耐水性及抗氧化性能,吸水率低,绝缘性好,抗阴极剥离,耐温范围广,在不超过 70℃温度范围内使用性能稳定。聚乙烯胶黏带的防腐质量主要取决于胶黏剂与被保护物表面的黏结力。

CAD009 聚乙烯胶黏带防腐层的特点

聚乙烯胶黏带一般使用机械工具在现场自然温度下缠绕到管道上形成防腐层。由于是冷缠施工,防腐层下存在气孔的可能性及数量增大;胶带压边位置的防腐层不是一个整体,而压边黏结的紧密程度对防止水汽的渗透至关重要;胶带防腐层较软、较薄,抗外力损伤的能力小,此外高温下抗土壤应力的能力不好,因黏结力差和致密性好而产生阴极屏蔽。

聚乙烯胶黏带防腐层在国内主要应用于管道防腐层的修复。新建管道工程线路防腐很少采用胶黏带类防腐层,在站场防腐层现场施工时或油田寿命较短的局部管道,采用这类防腐层作为外护带。

ZAD005 聚乙烯胶黏带防腐层的结构

(二)防腐层的结构及等级

防腐层结构分为:

(1)由底漆、防腐胶黏带(内带)和保护胶黏带(外带)组成的复合结构。

(2)由底漆和防腐胶黏带组成的防腐层结构。

根据管径、环境、防腐要求、施工条件的不同,防腐层结构和厚度,包括底漆、防腐胶黏带、保护胶黏带和防腐层总厚度是可以改变的,但防腐层的总厚度不应低于表 1-4-20 的规定。埋地管道的聚乙烯胶黏带防腐层宜采用加强级和特加强级。

表 1-4-20 防腐层等级和厚度

防腐层等级	总厚度,mm	防腐层等级	总厚度,mm
普通级	≥0.7	特加强级	≥1.4
加强级	≥1.0	—	—

(三)防腐层的性能要求

防腐层的整体性能应符合表 1-4-21 的规定。

表 1-4-21 防腐层的性能

序号	项目名称		性能指标	测试方法
1	厚度		符合设计规定	SY/T 0066—1999
2	抗冲击(23℃),J	普通级	≥1.5	SY/T 0414—2007 附录 C
		加强级	≥3	
		特加强级	≥5	
3	阴极剥离(23℃,28d),mm		≤20	SY/T 0315—2013 附录 C
4	剥离强度(层间),N/cm	23℃	≥20(带隔离纸)	SY/T 0414—2007 7.5 节
			≥5(不带隔离纸)	
		70℃	≥2	
5	剥离强度(对底漆钢),N/cm	23℃	≥20	SY/T 0414—2007 7.5 节
		70℃	≥3	

GAD007 聚乙烯胶黏带防腐层材料的性能要求

(四)防腐层材料的性能要求

聚乙烯胶黏带按用途可分为防腐胶黏带、保护胶黏带和补口带。聚乙烯胶黏带的性能应符合表 1-4-22 的规定,补口带的性能也应符合表 1-4-22 规定的性能要求。

表 1-4-22　聚乙烯胶黏带性能要求

序号	项目			性能指标	测试方法
1	厚度[a]，mm			符合厂家规定，厚度偏差≤±5%	GB/T 6672—2001
2	基膜拉伸强度，MPa			≥18	GB/T 1040.3—2006
3	基膜断裂伸长率，%			≥200	GB/T 1040.3—2006
4	剥离强度，N/cm	对底漆钢[b]		≥20	GB/T 2792—2014
		对背材	无隔离纸	≥5	GB/T 2792—2014
			有隔离纸	≥20	
5	电气强度，MV/m			≥30	GB/T 1408.1—2016
6	体积电阻率，$\Omega \cdot m$			≥1×10^{12}	GB/T 1410—2016
7	耐热老化[c]，%			≥75	SY/T 0414—2017 附录 A
8	吸水率，%			≤0.2	SY/T 0414—2017 附录 B
9	水蒸汽渗透率，mg/(24h·cm^2)			≤0.45	GB 1037—1988
10	耐紫外光老化(600h)[d]，%			≥80	GB/T 23257—2017

a：厚度可由设计根据防腐层结构选定。

b：对于保护胶黏带，不要求对底漆钢的剥离强度性能。

c：耐热老化指标是指试样在100℃，2400h老化后，基膜拉伸强度、基膜断裂伸长率以及胶带剥离强度的保持率。

d：耐紫外光老化指标是指光老化后，基膜拉伸强度与基膜断裂伸长率的保持率。与保护胶黏带配合使用的防腐胶黏带可以不考虑这项指标。

底漆应由聚乙烯胶黏带制造商配套提供。底漆应具有良好的施工性能，并盛在易于搅拌的容器中。其性能应符合表 1-4-23 的规定。

表 1-4-23　底漆性能

序号	项目	性能指标	测试方法
1	固体含量，%	≥15	GB 1725—2007
2	表干时间，min	≤5	GB 1728—1979
3	黏度(涂-4杯)，s	10~30	GB/T 1723—1993

六、热熔胶型热收缩带(套)

(一)防腐层的特点

CAD010 热熔胶型热收缩带(套)的特点

辐射交联聚乙烯热收缩带(套)是由辐射交联聚乙烯基材和热熔胶复合而成的。基材是经高能粒子辐射的交联聚乙烯材料，与普通聚乙烯相比，具有较高的机械强度和耐热老化、耐化学介质腐蚀、耐环境应力开裂、耐紫外线辐射等特点，并且有较长的使用寿命。热熔胶具有较高的黏接强度及良好的耐高、低温性能。

可以把袖套形状的热收缩防腐材料称为热收缩套，而把以香烟式成型或螺旋缠绕到钢管上的热收缩带状材料称为热收缩带，热收缩套和热收缩带实质上完全一样。热收缩套主要用于管道防腐层补口，也有特殊形状的热收缩套，如保温管端头用的防水帽、三通甚至法兰等防腐专用热收缩套；热收缩带更多地用于弯头防腐、小型管道防腐和管道防腐层更新，虽也可以用于补口,但不如热收缩套实用和经济。

热收缩带(套)用于3LPE防腐层管道的环焊缝防腐补口时,通常与无溶剂环氧底漆配套使用。热熔胶与聚乙烯基材、钢管表面及固体环氧涂层可形成良好的黏接。加热时,热收缩带(套)基层收缩、胶层熔化,紧密的收缩包覆在补口处,与原管道防腐层形成一个牢固、连续的防腐体。

采用热收缩带(套)补口时有两种施工工艺:(1)底漆干膜施工,即在底漆实干以后进行热收缩带(套)施工,底漆的最小干膜厚度为200μm,部分管道工程采用了最小400μm的干膜厚度;(2)底漆湿膜施工,即在底漆表干状态下进行热收缩带(套)施工。

ZAD006 热熔胶型热收缩带(套)的结构

(二)防腐层的结构

热收缩带(套)补口防腐层结构:中密度/高密度辐射交联聚乙烯热收缩带(套)及配套底漆。图1-4-1为热收缩带(套)应用在3LPE防腐层管道上的补口结构示意图,图1-4-2为应用在FBE防腐层上的补口结构示意图。补口底漆均匀地涂敷在裸钢表面,并与管体防腐层有一定的搭接,环氧底漆厚度不小于30μm,呈极性,与钢质管体有很强的黏结力。热收缩带(套)经加热收缩后,通过强黏性的热熔胶层与管道主体防腐层表面和补口底漆紧紧地黏结在一起,热收缩带(套)的补口层厚度约为3mm。

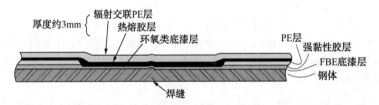

图1-4-1 热收缩带(套)应用在3LPE防腐层管道上的补口结构示意图

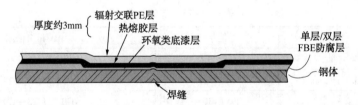

图1-4-2 热收缩带(套)应用在FBE防腐层管道上的补口结构示意图

GAD008 热熔胶型热收缩带(套)的性能要求

(三)防腐层的性能要求

辐射交联聚乙烯热收缩带(套)应按管径选用配套的规格,产品的基材边缘应平直,表面应平整、清洁、无气泡、裂口及分解变色。热收缩带(套)产品的厚度应符合表1-4-24的规定。热收缩带的周向收缩率应不小于15%;热收缩套的周向收缩率不小于50%。其性能应符合表1-4-25和表1-4-26的规定。

表1-4-24 热收缩带(套)的厚度   单位:mm

适用管径	基材	胶层
≤400	≥1.2	≥1.0
>400	≥1.5	

表 1-4-25 热收缩带(套)的性能指标

项 目		性能指标	试验方法
基材性能[a]			
拉伸强度,MPa		≥17	GB/T 1040.2—2006
断裂伸长率,%		≥400	GB/T 1040.2—2006
维卡软化点,℃		≥90	GB/T 1633—2000
脆化温度,℃		≤-65	GB/T 5470—2008
电气强度,MV/m		≥25	GB/T 1408.1—2016
体积电阻率,Ω·m		≥1×10^{13}	GB/T 1410—2006
耐环境应力开裂(F50),h		≥1000	GB/T 1842—2008
耐化学介质腐蚀 (浸泡7d),%[b]	10%HCl	≥85	GB/T 23257—2017 附录 H
	10%NaOH	≥85	
	10%NaCl	≥85	
耐热老化(150℃,21d)	拉伸强度,MPa	≥14	GB/T 1040.2—2000
	断裂伸长率,%	≥300	
热冲击(225℃,4h)		无裂纹、无流淌、无垂滴	GB/T 23257—2017 附录 L
胶层性能			
胶软化点(环球法),℃	最高设计温度为50℃时	≥90	GB/T 4507—2014
	最高设计温度为70℃时	≥110	
搭接剪切强度(23℃),MPa		≥1.0	GB/T 7124[d]—2008
搭接剪切强度(50℃或70℃)[c],MPa		≥0.05	GB/T 7124[d]—2008
剥离强度,N/cm	收缩带(套)/钢(23℃)	内聚破坏≥70	GB/T 2792—2014
	(50℃或70℃)[c]	≥10	
	收缩带(套)/环氧底漆钢(23℃)	≥70	
	(50℃或70℃)[c]	≥10	
	收缩带/聚乙烯层(23℃)	≥70	
	(50℃或70℃)[c]	≥10	
脆化温度,℃		≤-15	GB/T 23257—2017 附录 M
底漆性能			
剪切强度,MPa		≥5.0	GB/T 7124[e]—2008
阴极剥离(65℃,48h),mm		≤10	GB/T 23257—2017 附录 D

a:除热冲击外,基材性能需经过200℃±5℃,5min,自由收缩后进行测定。

b:耐化学介质腐蚀指标为试验后的拉伸强度和断裂伸长率的保持率。

c:最高设计温度为50℃时,试验条件为50℃;最高设计温度为70℃时,试验条件为70℃。

d:拉伸速度为10mm/min。

e:拉伸速度为2mm/min。

热收缩带(套)安装系统性能指标见表 1-4-26。

表 1-4-26   热收缩带(套)安装系统性能指标

项　目	性能指标	试验方法
抗冲击强度,J	≥15	GB/T 23257—2017 附录 K
阴极剥离(最高使用温度,30d),mm	≤20	GB/T 23257—2017 附录 D
耐热水浸泡(最高使用温度,120d)	无鼓泡、无剥离,膜下无水	GB/T 23257—2017 附录 N

七、黏弹体防腐胶带

CAD011 黏弹体防腐胶带的特点

(一)防腐层的特点

黏弹体防腐材料是一种聚烯烃类单分子聚合物,是一种永不固化的黏弹性聚合物,具有独特的冷流特性,因此,在防腐及修复的过程中可以实现自修复功能,达到完全保护的效果。黏弹体防腐材料具有施工简单方便、对表面处理要求较低、完全环保等优势,可保持 30 年以上使用寿命,长期密封性能极好,可彻底阻断水分侵入被保护结构,进而达到防止腐蚀的目的。根据防腐构件的不同形状,黏弹体防腐材料有防腐胶带和防腐膏两种。

黏弹体防腐材料适用温度范围为-45~80℃,现场施工简单方便,表面处理要求较低,无须喷砂处理;无须底漆,可直接黏结于 3PE、PP、环氧、FBE、沥青等各种涂层上,黏结覆盖率大于 95%;无须现场烘烤,人工缠绕简单方便,受环境、人员技术水平影响小;轻微机械损伤可自我修复,特别适用于异型管件的防水密封。

黏弹体防腐材料可用于管道防腐补口、站场埋地管道、阀门、法兰、弯头、三通等构件的防腐。国内管道工程,如中俄原油管道、西气东输管道、陕京三线管道,近年开始采用这种材料作为管道防腐补口及站场非直埋管道的防腐。国外管道工程已开始应用这种防腐材料作为管道防腐补口及修复。

ZAD007 黏弹体防腐胶带的结构

(二)防腐层的结构

由于黏弹体材料长期不固化,其抗机械性能较差,且剥离强度小,不能单独用作埋地管道的防腐。一般情况下,黏弹体防腐材料与其他具有较好抗冲击性能的外保护带联用。

配套外保护带包括聚乙烯(PE)、网状纤维聚丙烯(PP)胶黏带、热收缩带等,外保护带与黏弹体防腐带背材之间应有优良的相容性和黏接性。

GAD009 黏弹体防腐胶带的性能要求

(三)防腐层的性能要求

黏弹体防腐的性能要求应符合表 1-4-27 的规定。

表 1-4-27   黏弹体胶带性能要求

序号	项　目		性能指标	试验方法
1	最小厚度,mm		≥1.8	—
2	密度,g/cm³		1.4~1.6	GB 4472—2011
3	剥离强度(23℃±2℃) N/cm	带/钢	≥5	GB/T 2792—2014
		带/原涂层	≥5	
4	覆盖率[a](23℃±2℃),%	带/钢	≥95	实测
		带/原涂层	≥95	

续表

序号	项　目		性能指标	试验方法
5	耐阴极剥离(65℃),mm		48h:0 30d:5	GB/T 23257—2017 附录 D
6	剪切强度(23℃±2℃, 10mm/min),MPa	带/钢	≥0.05	SY/T 0041—2012
		带/原涂层	≥0.05	
7	断裂伸长率,%		≥100	—
8	吸水率,%		≤0.03	SY/T 0414—2017 附录 B
9	体积电阻率,Ω·m		≥1.0×10¹²	GB/T 1410—2006
10	水蒸气渗透率(24h),mg/cm²		<0.04	GB/T 1037—1988
11	抗冲击强度(有外带),J		≥15	GB/T 23257-2009—2017 附录 K
12	耐压痕(有外带) (23℃,10N/mm²)		无漏点	BS EN 12068:1999 附录 G
13	热水浸泡(70℃,120d)		膜下无水,无剥离	GB/T 1733—1993
14	耐化学介质浸泡 (23℃±3℃,90d) 检查外观、剥离强度	10%H₂SO₄	涂层无起泡、无脱落, 剥离强度≥5N/cm	SY/T 0315—2013 附录 J GB/T 2792—2014
		10%HCl		
		5%NaOH		
		10%NaCl		

a:参照 GB/T 2792—2014 进行剥离试验,以撕开胶带后基底大于95%为胶层所覆盖为合格。

项目三　防腐保温层

保温是指为减少保温对象的内部热源向外部传递热量而采取的一种工艺措施。对管道进行保温的主要目的是减少热损失、节约燃料、防止管道内液体凝结、延长管道的运行期限。石油管道采用的防腐保温层以硬质聚氨酯泡沫塑料防腐保温层为主,这种结构包括钢管表面的防腐层、防腐层上面的聚氨酯泡沫层以及最外层的 PE 塑料层。

一、防腐保温层组成及结构

ZAD008 防腐保温层的结构

当埋地钢质管道的输送介质温度不超过100℃时,其采用的聚氨酯泡沫塑料防腐保温层应由防腐层-保温层-防护层-端面防水帽组成,其结构如图 1-4-3 所示,防水帽与防护层、防水帽与防腐层的搭接长度应不小于 50mm;当埋地钢质管道的输送介质温度不超过120℃时,其采用的聚氨酯泡沫塑料防腐保温层宜采用图 1-4-4 所示的结构,经设计选定也可采用图 1-4-3 所示的结构,但宜增加报警预警系统。

二、防腐保温层材料

(一)防腐层材料

防腐层可选用液体环氧类涂料、聚乙烯胶黏带、聚乙烯防腐层或环氧粉末防腐层,由设计选定。选用防腐层后,其结构及厚度应符合国家现行有关技术标准、规范的规定。

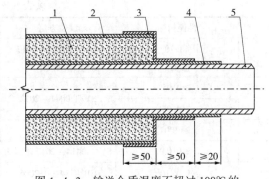

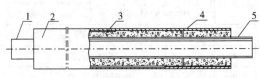

图 1-4-3　输送介质温度不超过 100℃ 的
保温管道结构图

1—保温层;2—防护层;3—防水帽;4—防腐层;5—管道

图 1-4-4　输送介质温度不超过 120℃ 的
保温管道结构图

1—保温层;2—防护层;3—防水帽;4—防腐层;5—管道

(二)保温层材料

保温层材料为聚氨酯泡沫塑料,其厚度应根据输送工艺要求及经济厚度计算法确定,其最小厚度不应小于 25mm。

用于输送介质温度不超过 100℃ 的埋地钢质管道的泡沫塑料由多异氰酸酯、组合聚醚组成,其中发泡剂应为无氟发泡剂。

用于输送介质温度在 100~120℃ 之间的埋地管道保温层的泡沫塑料由多异氰酸酯、耐高温组合聚醚组成,其中发泡剂应采用无氟发泡剂。

(三)防护层材料

防护层可选用聚乙烯专用料或玻璃钢层,防护层厚度应根据管径及施工工艺确定,其厚度应不小于 1.4mm,并应符合相应技术标准、规范的规定。

用于"一步法"工艺的聚乙烯专用料是以聚乙烯为主料,加入一定量的染料、抗氧剂、紫外线稳定剂等加工而成的。用于"管中管"工艺的聚乙烯专用料应为 PE80 及以上级,是以聚乙烯为主料,加入一定量的抗氧剂、紫外线稳定剂、炭黑(黑色母料)等助剂加工而成的。

(四)防水帽

防水帽为辐射交联热缩材料,其性能与补口用热熔胶型热收缩带基本一致。

防水帽由基材和底胶两部分组成。基材为辐射交联聚乙烯材料,底胶为热熔胶。防水帽的热缩比(收缩后:收缩前)应小于 0.45。

ZAD009 防腐保温层的补口、补伤

三、防腐保温管预制及补口、补伤

(一)防腐保温管预制

防腐保温管的预制主要包括以下内容:准备工作、钢管表面处理、防腐层涂覆、"一次成型"工艺、"管中管"成型工艺、防腐保温管端头处理及防水帽安装。具体步骤严格按照《埋地钢质管道硬质聚氨酯泡沫塑料防腐保温层技术标准》规范执行。

(二)防腐保温管补口、补伤

(1)补口及补伤处的防腐保温层等级及质量应不低于成品管的防腐保温等级及质量。

防腐保温层补口结构宜采用图1-4-5的结构形式。当采用其他结构形式时,其防腐保温等级及质量不应低于成品管的防腐保温层指标要求。

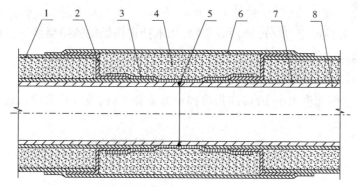

图1-4-5 防腐保温层补口结构图

1—防护层;2—防水帽;3—补口带;4—补口保温层;5—管道焊缝;6—补口防护层;7—防腐层;8—钢管

(2)补口前,必须对补口部位的钢管表面进行处理,表面处理质量应达到《涂装前钢材表面锈蚀等级和除锈等级》(GB/T 8923)中规定的Sa2级以上或St3级,并应符合国家现行有关标准中的补口材料要求。

(3)防腐保温层补口程序:防腐层补口—保温层补口—防护层补口。

(4)防腐层补口应符合下述要求:

当介质温度低于70℃时,补口防腐层宜采用辐射交联聚乙烯热收缩带或聚乙烯胶黏带。

①补口带的规格必须与管径相配套。

②钢管与防水帽必须干燥,无油污、泥土、铁锈等杂物。

③除去防水帽的飞边,用木锉将防水帽打毛。

④补口带与防水帽搭接长度应不小于40mm。

⑤补口带周向搭接必须在管道顶部。

当介质温度高于70℃时,补口防腐层宜采用防腐涂料。补口防腐层应覆盖管道原预留的防腐层。

(5)保温层补口可采用模具现场发泡、预制保温瓦块捆扎或黏接方式。当采用模具现场发泡方式时应符合下述要求:

①应使用内径与防水帽外径相同尺寸的补口模具。

②模具必须紧固在端部防水帽处,其搭接长度不应小于100mm,浇口向上,保证搭接处严密。

③环境温度低于5℃时,模具、管道和泡沫塑料原料应预热后再进行发泡。

(6)保温层补口可采用模具现场发泡、预制保温瓦块捆扎或黏接方式。当采用模具现场发泡方式时应符合下述要求:

防护层补口应采用辐射交联热收缩补口套(带),补口套(带)的规格应与防护层外径相配套,补口套(带)与防护层搭接长度应不小于100mm。"管中管"工艺生产的保温管补口可采用电热熔套袖,并用电熔焊技术加热安装。

(7)当防护层有损伤,且损伤深度大于十分之一但小于三分之一壁厚时,可采用热熔修补棒修补。防护层有破口、漏点或深度大于防护层厚度三分之一的划伤等缺陷时,按下列要求补伤:

①除去补伤处的泥土、水分、油污等杂物,用木挫将伤处的防护层修平,打毛。

②补口带剪成需要长度,并大于补口或划伤处100mm。

③补伤后,接口周围应用少量胶均匀溢出。

(8)保温层损伤深度大于10mm时,将损伤处修整平齐,按补口要求修补好保温层。

项目四　防腐层管理知识

一、防腐层管理的目的

防腐层是埋地管道防腐的第一道屏障。当防腐层形成后,会由于先天缺陷(涂覆质量差)或后天多种因素(外力破坏、自身老化、环境影响等)发生局部或全局性失效,从而影响其对管道的防腐保护作用。防腐层管理的目的就是要及时发现防腐层失效的所在并加以修复,确保防腐层正常发挥防腐保护作用。

二、防腐层管理的内容和方法

JAD001 防腐层管理的内容

(一)查找防腐层缺陷

油气管道防腐层的质量不仅直接影响防腐层的防腐效果,同时也制约着阴极保护的效果。查找防腐层缺陷是通过各种检测技术手段发现管道防腐层存在的各类缺陷和失效之处。一般分为日常检漏和专项检测两种方式。其中日常检漏是根据管道管理单位相关规范要求,按一定周期对一定比例的管道每年进行的防腐层缺陷检测工作,这项工作一般由站队管道防腐管理人员自行完成;专项检测是对管道防腐层缺陷进行的专项调查和测试,包括在管道外检测时进行的防腐层检测、开展管体缺陷修复和管道动火作业等需要对防腐层清除的管道施工时进行的防腐层检测、对阀室内管道和热煨弯头等处进行开挖调查时进行的防腐层检测。

防腐层缺陷检测有多种方法,常用的检测方法包括:

(1)交流电流衰减法(ACAS)。

(2)直流电位梯度法(DCVG)。

(3)交流电位梯度法(ACVG)。

(4)皮尔逊法(Pearson)。

(5)密间隔电位法(CIPS)。

(二)监测与评价防腐层性能

这项工作是通过测试和计算,判断和评价管道防腐层的绝缘性能。可以通过测量防腐层电导率(或绝缘电阻率)或采用ACAS(常用PCM设备)测量电流衰减情况进行评价,也可通过测量阴极保护电流密度进行评价。

(三)防腐层修复

这项工作是对防腐层缺陷点进行缺陷修复,对防腐层失效管段进行防腐层大修。

三、防腐层管理的规定和要求

JAD002 防腐层管理的要求

(一)防腐层检测

(1)已建管道投运后应定期检查防腐层及补口情况。石油沥青、胶带防腐管段宜每两年进行一次开挖测试,其他防腐材料管段可适当延长开挖测试的周期。

(2)对于断电电位负于−1200mV 的管段、冷热油交替输送管段、高温管段、干湿交替管段宜每年开挖 1~2 个探坑,检查防腐层黏接性能和绝缘性能变化情况。

(3)管道管理单位应根据规定周期对所辖输油气管线进行防腐层日常检漏,并及时处理漏点。

(4)开展管道防腐层管理,应至少配备表 1-4-28 的设备及工具。相关设备及工具应安排专人管理,按期检定,及时检修,并做好检修记录。

表 1-4-28 防腐层检测的设备及工具

序号	名　称	数量	单位
1	管道防腐层检漏设备	1	套
2	电火花检漏仪	1	套
3	涂层测厚仪器	1	台
4	超声波壁厚测试仪	1	台
5	管形测力计(弹簧秤)	1	套
6	钢板尺	2	支
7	裁刀	1	把
8	管体表面温度测试仪	1	台
9	数码相机	1	台
10	防腐层清除工具	1	套

(5)以下管段在管道防腐层管理中应作为重点:管道补口处、热煨弯管、冷弯弯头、管道固定墩处、管道跨越处、管道穿越处、隧道内的管道、输送介质温度超过 40℃的管道。

(6)每年应对跨越管道或者隧道内的外防腐保护情况进行一次检查,包括外防腐涂层、防腐保温层和阴极保护跨接电缆的完好情况,并根据检查情况提出下一步维护和修理建议。

(7)当管道运行工况与环境发生重大变化,特别是管道输送温度、管道敷设形式(大的埋深变化、埋地改露空)阴极保护参数或周围土壤理化性质等因素发生重大变化时,应对防腐层的服役性能重新进行检测与评价,确保外防腐管理的有效性。

(8)下列情况下需要开展管道防腐层检漏工作:

① 当怀疑管道存在打孔盗油点时,应结合管道周围地貌情况,采用防腐层地面检漏设备对管道进行检测。

② 每次对阴极保护系统测试结束后,如发现某区域管地电位明显降低,应对该区域的管道防腐层进行检漏。

③ 当进行水工保护施工、地质灾害治理、管道线路工程或者其他第三方交叉工程导致管道的埋深增加或者开挖困难时，应对施工区域管道的防腐层缺陷点进行全面检测并进行修补，必要时，对管道进行全面开挖修复。

(二) 防腐层修复

(1) 对于位于高后果区、交直流杂散电流干扰区以及低阴极保护水平的管道防腐层缺陷点，应立即开展修复。其他防腐层缺陷点应制定修复计划并在 3 年内完成修复。

(2) 经检测确认，埋地管道外防腐层发生龟裂、剥离、残缺破损，有明显的腐蚀和防腐层老化迹象，不能满足业主运行管理的安全质量要求时，应进行防腐层修复；经地面检漏发现的防腐层缺陷点应进行防腐层修复；管道维抢修完成之后，应进行防腐层修复。

(3) 检测确认需修复管段的缺陷点分布零散时，应进行局部修复；需修复管段的缺陷点集中且连续时，应对整段管道进行大修。

(4) 防腐层的修复应在金属管体缺陷修复后进行，采用复合材料进行缺陷修复的管段，应注意防腐材料与复合材料的匹配性。

(5) 管道防腐层修复应由具有相关资质的单位及人员进行施工。

(6) 所选用的防腐材料应互相匹配，并宜由同一生产厂家配套供应。

(7) 防腐材料的外包装上，应有明显的标识，并注明生产厂家的名称、厂址、产品名称、型号、批号、生产日期、保存期、保存条件等。

(8) 防腐材料均应有产品使用说明书、合格证、检测报告等，并宜进行抽样复验。

(9) 防腐材料在使用前和使用期间不应受到污染或损坏，应分类存放，并在保质期内使用。

(三) 防腐层管理资料

防腐层管理资料包括以下内容：

(1) 防腐层设计、施工与验收规范以及设计文件、竣工资料。

(2) 防腐层的检测、修复记录。

模块五 管道杂散电流干扰与防护知识

项目一 杂散电流和干扰基本概念

一、杂散电流和干扰的定义

带电粒子的定向移动形成电流。在自然界中,人们熟知的电流是沿着人为规定的回路流动的,例如,家中照明电路内流动的电流、电气化铁路馈电线内流动的电流、高压输电线路内流动的电流等,除此以外,还有一类电流并未按规定的回路流动,例如,经电气化铁路铁轨泄漏到大地中的电流、高压输电线路故障时泄漏到大地中的电流、沿高压输电线敷设的地下管道中感应的电流等,这一类在非规定回路上流动的电流就称为杂散电流。

杂散电流存在于土壤和水等电解质环境中,在这一环境中的金属构筑物会由于杂散电流的存在而产生电扰动,即其对地电位(电压)或电流发生了变化。这种由杂散电流在金属构筑物上引起的、任何可测得的电扰动称为干扰。产生杂散电流的设施,称杂散电流源,也称为干扰源。

二、杂散电流和干扰的分类

根据干扰源的性质可将杂散电流分为直流杂散电流、交流杂散电流和地电流,相应地,干扰也分为直流干扰、交流干扰和地电流干扰。

对于直流杂散电流,可根据其大小和方向变化情况分为静态杂散电流和动态杂散电流。

静态杂散电流的方向维持不变,大小维持相对稳定。例如,阴极保护系统或高压直流输电线路接地极产生的杂散电流。

动态杂散电流的大小和(或)方向经常发生改变。例如,直流电气化铁路产生的杂散电流。直流杂散电流主要来源于高压直流输电系统、直流牵引系统、直流电解系统、直流电焊系统、其他管道外加的阴极保护系统等。

直流干扰从干扰形态划分可分为静态干扰和动态干扰两类,若从影响来源划分还可分为阴极干扰和阳极干扰。

静态干扰是由静态杂散电流引起的干扰,其特点是干扰程度和受干扰的位置随时间没有变化或变化很小。

动态干扰是由动态杂散电流引起的干扰,其特点是干扰程度和受干扰的位置随时间不断变化。

阴极干扰是受到阴极性地电场作用产生的干扰。

阳极干扰是受到阳极性地电场作用产生的干扰。

对于交流杂散电流,可根据其作用时间的不同分为瞬时、间歇和持续三种类型,相应地交流干扰可分为瞬时干扰、间歇干扰和持续干扰。

交流杂散电流主要来源于交流电气化铁路,高压交流输电线路等。

地电流是指在土壤中及地上金属结构物中由地磁感应产生的电流,他是太阳粒子在地磁场中相互作用的结果。由于地磁场的变化作用,导致土壤场强电特性发生变化,这与地质条件和土壤电阻率有关。这种地磁场的扰动将会影响埋地金属管道上的电压和电流。一般来说,地磁场变化引起的杂散电流对埋地管道是有害的,但持续时间非常有限,因此,不会因为地电流的影响而发生重大腐蚀问题。

三、杂散电流的识别

(一)直流杂散电流的识别

1. 动态杂散电流的识别

通过管地电位波动及在管道上通过管道电流变化可以证明动态杂散电流的存在。如发现管地电位存在这种波动,则应怀疑存在杂散电流。需要通过另外的检测来确定波动的程度和干扰源。

2. 静态杂散电流的识别

用以下几种方法可以识别静态杂散电流:
(1)管地电位变化。
(2)管道上的电流变化。
(3)管道在邻近外部构筑物的局部区域发生点蚀。
(4)管道在靠近阳极床的局部区域防腐层遭受破坏。

如果在做日常检测时发现,有的地区数据明显不同于先前的测试结果,就应该怀疑有可能存在静态杂散电流。

(二)交流杂散电流的识别

如发现管道上存在明显的管地交流电位,则应怀疑存在交流杂散电流。需要通过另外的检测来确定交流杂散电流的程度和干扰源。

(三)地电流的识别

如发现管道上存在比较缓慢的管地电位无规律连续变化,持续时间较短,且又无直流干扰因素存在,则需考虑地电流影响的可能性。

项目二　直流干扰及防护

CAE003 直流干扰

一、直流干扰的定义

因直流杂散电流导致的金属构筑物内的直流电扰动称为直流干扰。

JAE001 直流干扰腐蚀的原理

二、直流干扰腐蚀原理

直流杂散电流进入金属管道的地方为阴极区,一般不会遭受腐蚀,若阴极区的电位值过大时,管道表面会析出氢,而造成防腐层脱落。当直流杂散电流离开金属管道回流至干扰源负极时,金属管道成为阳极区,金属以离子的形式溶于周围介质中而造成金属本体的电化学腐蚀。因此,直流杂散电流的危害主要是对金属管道、混凝土管道的结构钢筋、电缆等产生电化学腐蚀,其电化学腐蚀过程发生如下反应。

(一)析氢腐蚀

阳极反应:$2Fe \longrightarrow 2Fe^{2+}+4e^-$

在无氧酸性环境中的阴极反应:$4H^++4e^- \longrightarrow 2H_2 \uparrow$

在无氧中性、碱性环境中的阴极反应:$4H_2O+4e^- \longrightarrow 4OH^-+2H_2 \uparrow$

(二)吸氧腐蚀

阳极反应:$2Fe \longrightarrow 2Fe^{2+}+4e^-$

在有氧酸性环境中的阴极反应:$O_2+4H^++4e^- \longrightarrow 2H_2O$

在有氧中性、碱性环境中的阴极反应:$O_2+2H_2O+4e^- \longrightarrow 4OH^-$

当油气管道受到杂散电流电化学腐蚀时,金属腐蚀量和电量之间符合法拉第定律,见式(1-5-1):

$$m=KIt \qquad\qquad (1-5-1)$$

式中　　m——金属腐蚀量,g;

$\quad\quad\ \ K$——金属的电化学当量,g/(A.h),铁取1.047g/(A.h);

$\quad\quad\ \ I$——杂散电流,A;

$\quad\quad\ \ t$——时间,h。

利用上式可以对杂散电流的危害作出大概的估计。经计算,1A的杂散电流可以在1年内腐蚀掉9.13kg的钢铁。

三、直流腐蚀的特点

GAE001 直流杂散电流腐蚀

概括地说,直流腐蚀有如下特点:

(1)腐蚀剧烈。

(2)腐蚀集中于局部位置。

(3)有防腐层时,往往集中于防腐层的缺陷部位。

(4)防腐层的缺陷点越小,相应的电流密度越大,直流腐蚀的局部集中效应越突出,腐蚀速度越快。

直流腐蚀与自然腐蚀相比,有以下区别:

(1)直流腐蚀是一种外部电源作用的结果,而自然腐蚀是金属固有的特性。

(2)直流腐蚀实质上是金属的电解过程,作为阳极金属的腐蚀量与流经的电流量和时间长短成正比,可用法拉第定律进行计算。

(3)直流腐蚀其阴极区可能发生析氢破坏,而自然腐蚀的阴极区不会受影响。

四、直流干扰的分类

ZAE002 直流干扰的分类

按照管道干扰程度和受干扰位置随时间变化的情况,分为静态干扰和动态干扰。干扰程度和受干扰的位置随时间没有变化或变化很小为静态干扰。干扰程度和受干扰的位置随时间不断变化为动态干扰。

五、直流干扰的分区

杂散电流一旦流入埋地管道,再从埋地管道流出,进入大地或水中,则在流出部位会发生腐蚀,如图 1-5-1 所示。通常把由直流杂散电流引起的腐蚀称为直流杂散电流腐蚀。

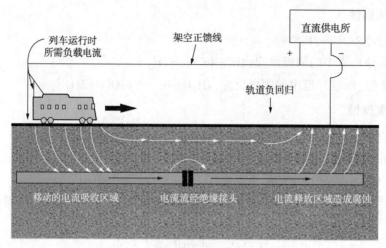

图 1-5-1　杂散电流引起埋地管道的腐蚀

杂散电流从土壤流向管道的区域称为管道阴极区;杂散电流从管道流向土壤的区域称为管道阳极区;杂散电流流入或流出管道的方向不断变化的区域称为管道交变区,在这个区域,杂散电流有时从管道流向土壤,有时从土壤流向管道。

六、直流干扰源

ZAE001 直流
干扰源

干扰源是指产生杂散电流的设施,也称杂散电流源。常见的直流干扰源主要有:

(1)高压直流输电系统(HVDC)。

(2)直流牵引系统:主要包括直流电气化铁路系统和矿山用直流运输系统。

(3)其他构筑物的阴极保护系统。

(4)其他直流用电设施。

(5)地电流。

七、直流干扰的危害

CAE004 直流
干扰的危害

直流杂散电流对腐蚀具有十分明显的影响,因为其电流量通常较大。另一方面,即使是不大的直流杂散电流,如果在一个小的表面区域放电,也会导致巨大的破坏。在东北抚顺地区,直流杂散电流达到 500A,管道埋地半年就腐蚀穿孔,腐蚀速率大于 10~15mm/a。

根据法拉第定律,金属的腐蚀量正比于金属流入电解液中的电量。由于直流杂散电流往往涉及很大的电流量,因此带来的腐蚀风险也非常大。对于几种常用的工程材料,例如铁、铜和铅,在 1A 电流的作用下,每年的金属腐蚀量为:铁 9.1kg,铜 10.4kg,铅 33.85kg。

当发现管地电位存在异常偏移或异常波动时,应进行直流杂散电流干扰调查和测试。并根据调查和测试结果,对干扰状况进行分析评价,确定是否需要采取干扰防护措施。当确认管道受直流干扰影响和危害时,必须采取防护措施。

八、直流腐蚀的识别

直流腐蚀的孔蚀倾向大,创面光滑,有时有金属光泽,边缘较整齐,腐蚀产物似炭黑色细粉状,有水分存在时,可明显观察到电解过程迹象,如图 1-5-2 所示。

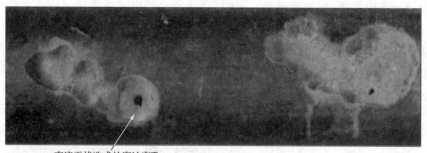

直流干扰造成的腐蚀穿孔

图 1-5-2 直流腐蚀案例图

项目三 交流干扰及防护

一、交流干扰的定义

由交流输电系统和交流牵引系统在管道上耦合产生交流电压和电流的现象称为交流干扰。由交流干扰产生的管道对地交流电压称为管道交流干扰电压,也称为管地交流电位。交流电流在防腐层漏点处单位面积的泄漏量称为交流电流密度。

二、交流干扰的原理

(一)电容耦合

任何两个彼此绝缘且相隔很近的导体(包括导线)间都构成一个电容器。管道本身带有防腐绝缘层,因而使得管道无论在施工期间的地面上,还是埋入地下以后,都存在一个电容。在管道施工期间,当管道架放在与土壤良好绝缘的垫块上,若管道与强电线路平行,就可能产生电容耦合电压,如图 1-5-3 所示。如果已焊接好的管段埋地或放在地上及管沟里,这一电容耦合影响就可忽略不计了。

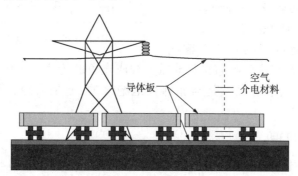

导体板

空气
介电材料

图 1-5-3 管道电容耦合示意图

(二)电阻耦合

当输电线故障或相线对地短路时,可能发生电阻耦合现象。在故障状态下,离开输电线的电流将通过所有可能的电流通道回流到输电线源头上,这些通道包括输电线屏蔽线、大地、大地中的金属构筑物(例如管道等)。转移到管道上的电流量取决于所有并联通道之间的相对阻抗大小。

故障电流通过管道防腐层转移到管道上。防腐层质量越好(例如缺陷越少)、电绝缘强度越高(例如击穿电压),则转移到管道上的电流越低。因为故障电流(瞬间状态)比稳态输电线路的电流要大得多,所以电阻耦合会导致很高的管道电压。然而,电力系统的保护装置会限制这些电压的持续时间,因此管道上持续出现高电压的时间不到1s(通常高压输电线上不超过0.1s)。尽管时间短暂,仍有大量能量转移到管道上,会导致涂层损失,甚至会造成管壁熔化或开裂。

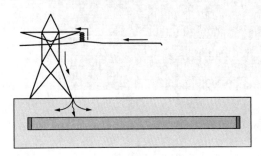

图1-5-4 管道电阻耦合示意图

(三)电磁耦合

闭合回路的导体和磁场之间发生相对运动时,便会产生电磁感应现象。这个相对运动的方式可以是导体在静止磁场中的实际物理运动,也可以是磁场在静止导体中的运动。在第一种方式中,最常见的例子是发电机;在第二种方式中,当导体和磁场来源都静止不变时,要在导体中产生感应电流,则磁场自身必须处于运动(变化)状态。

当管道和高压交流输电线长距离平行接近或斜接近时,高压交流输电线中的交流电流将在周围空间上产生一个交变的磁场,这个交变的磁场将作用在管道上产生二次交流电压或电流,称为磁干扰或磁感应,如图1-5-5所示。

电磁耦合的原理就是,当电流在一条相导线中流动时,就会在导线的周围产生一种磁场,这个磁场同时存在于空气和邻近的大地中,对于导线中的交流电流来说,它产生的磁场并不是静止的。这个磁场会首先在导线的周围变动,然后会通过一定的速度从导线的横向向外扩展。

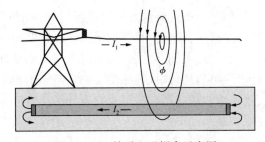

图1-5-5 管道电磁耦合示意图

如果带有防腐绝缘层的管道与输电线路相邻时,它将处在与这些收缩膨胀的磁力线成直角的传播路径中。这些磁力线会不断地"切割"钢质管道,管道虽然是与相邻大地绝缘的,但是大地也是一种电力系统的大地。

GAE002 交流腐蚀

三、交流腐蚀机理

关于交流电的腐蚀作用,国内外已有数十年的研究历史,提出的基本观点是:

(1)交流电流将加速金属阳极溶解过程。

(2)对于钢铁交流腐蚀效率,一般认为相当于直流腐蚀的1%左右。

(3)阴极保护可以抑制交流腐蚀。

交流腐蚀的机理,至今还未有解决,从理论上讲,有成膜理论、整流理论及电化学理论,但这些理论都有待于今后的研究工作中加以证实和完善。

交流腐蚀的实质问题应是电化学问题,因此,交流腐蚀归根为交流电流影响下的腐蚀原电池作用的结果。举例来说,铂在直流电解时,即使处在阳极电位上,也不溶解于稀硫酸;在交流电解下也不溶解于稀硫酸,但是在阳极电位上叠加交流后,铂便溶于稀硫酸了。这里的交流起到了去极化剂的作用。

四、交流干扰的分类

ZAE003 交流干扰的分类

交流干扰根据交流电压的作用时间,可分为瞬间干扰、间歇干扰和持续干扰。这三种形式的干扰特点如下:

(一)瞬间干扰

表现干扰持续时间特别短暂,一般不会超过几秒钟。大都在强电线路故障时产生,电流很大,干扰电压甚高,有达到千伏以上的可能。但因作用时间短暂,事故出现的概率较低。这种干扰下,不考虑交流腐蚀导致氢损伤、防腐层剥离和牺牲阳极极性逆转等。

(二)间歇干扰

表现出干扰电压随干扰源和负荷变化,或随时间的变化。如电气化铁路的干扰,间歇性表现的就很明显。当电气化列车处在某一位置或区段时,对邻近管道形成短时干扰,列车未到或已远离后,干扰由减弱到消失。其间歇时间长短,与铁路的利用率,即列车运行次数有关,单线铁路间歇时间长,复线铁路间歇时间短。间歇干扰的另一种特点是干扰电压幅值变化快和变化大,而交流腐蚀、防腐层剥离、镁阳极极性逆转等过程缓慢,同时具有时间积累效应,所以应予以适当考虑,其临界安全电压应比照持续干扰。

(三)持续干扰

持续干扰主要表现在干扰的持续性,即在大部分时间内都存在干扰。如输电线路的干扰就是持续干扰的明显例证。几乎在全天内每时每刻都会测出干扰。当然输电线路亦有负荷大小的变化,因此,持续干扰亦随电力负荷的变化而变化。对持续干扰而言,应考虑对人身安全的影响和对管道腐蚀等不利的影响。

在过高的交流干扰电压长期作用下,埋地金属管道会产生交流腐蚀,防腐层可能会剥离。管道金属也可能会出现氢破坏。对有阴极保护的管道,其保护度下降,严重时使阴极保护设备不能正常工作甚至破坏。对于管道牺牲阳极保护来讲,过高的交流电压会使镁阳极性能下降,甚至极性逆转,从而加速管道腐蚀。

五、交流干扰源

常见的交流干扰源主要有:
(1)高压交流输电系统(HVAC)。
(2)交流电气化铁路。

六、交流干扰的危害

CAE002 交流干扰的危害

(一)安全风险

交流干扰带来的首要风险便是人身和设备的安全风险。当人员接近测试线或管道其他附属设施时,交流干扰电压可能会对他们构成安全威胁。当人接触带电构筑物或仅仅站在与大地短路的带电构筑物附近时,都会发生触电。

在国外的各种文件和标准中规定,人所能接触的最大允许感应交流电压是 15V。这是在假设人体平均电阻 1000Ω,且长时间内所能承受的最大电流是 15mA 的基础上得到的结果。15mA 的电流可能会令人疼痛,可造成肌肉收缩,这会妨碍人松开带电构筑物,但不会导致呼吸困难。当身体内产生的电流接近 50mA 时,人有痛感,肌肉失控;当身体电流超过 50mA 时,可能发生心室纤维颤动;而当身体电流超过 100mA 时,心室纤维颤动肯定发生。

在操作人员与管道辅助设施(如阀门、阴极保护检测装置)接触区域内可能存在危险的接触电压和跨步电压时,可采用接地垫,避免接触电压和跨步电压对操作人员的危害,如图 1-5-6所示。接地垫的选用和安装还有以下几条原则:

(1)接地垫面积应足够大,并尽量靠近地面安装。

(2)接地垫与受影响的构筑物连接点应不少于两处,可通过去耦隔直装置连接,以减轻阴极保护屏蔽、电偶腐蚀,以及对阴极保护同步瞬间断电测量的不利影响。

(3)接地垫上方宜铺一层干净的、排水良好的砾石层,砾石层的厚度不应小于 8cm,砾石粒径不小于 1.3cm。

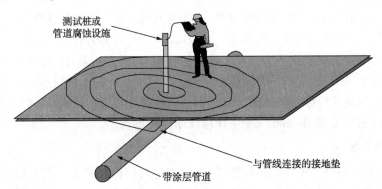

图 1-5-6 用于保护人员免遭电击的典型接地垫

(二)腐蚀风险

由于交流电流(市电 50Hz)方向每秒钟变换 100 次,而且传统理论认为交流电流只在正半周产生阳极性腐蚀,所以业界普遍认为交流干扰引起的腐蚀强度要比直流干扰小得多(大约为直流干扰的 1%或更小),大多只关注安全风险。

但是随着国内外对交流干扰研究的不断深入,随着越来越多交流腐蚀案例的出现,业界也逐渐认识到交流腐蚀的风险了。当交流干扰和直流干扰同时存在时,交流干扰的存在可以引起金属构筑物表面的去极化作用,造成腐蚀加剧,形成穿孔。同时交流干扰还会加速管道防腐层的老化,特别是在防腐层的漏点处,易引起防腐层的剥离。交流干扰还会使阴极保护无法在控制电位的范围内正常进行,使牺牲阳极发生极性逆转,电流效率降低。因此,交流腐蚀的风险也应给与足够的重视。

七、交流腐蚀识别

GAE002 交流腐蚀

(1)在对评估为存在交流腐蚀可能性高的管段或预埋的腐蚀检查片进行开挖检测中,现场开挖后宜采用 pH 试纸及时测量缺陷与土壤界面的 pH 值,并测量附近土壤电阻率。

(2)根据现场检测的情况,交流腐蚀评估按表 1-5-1 规定的评估项目对腐蚀类型进行评价,当大多数评估项目结论为肯定时,可以判定为交流腐蚀。现场不能识别的,应做好记录,提交相应的专业技术人员处理。

表 1-5-1 交流腐蚀评估表

序号	评估内容	是	否
1	管道上存在大于 4V 的持续交流干扰电压		
2	防腐层单个面积为 1~6cm² 的漏点		
3	管壁存在腐蚀		
4	测得的管道保护电位值在阴极保护准则允许的范围内		
5	pH 值非常高(典型情况大于 10)		
6	腐蚀形态呈凹陷的半球圆坑状		
7	腐蚀坑比防腐层漏点面积更大		
8	腐蚀产物容易一片片地清除		
9	腐蚀产物清除后,钢铁表面有明显的硬而黑的层状痕迹		
10	管道周围土壤电阻率低或者非常低		
11	防腐层下存在大面积的剥离(在腐蚀坑周围有明显的晕轮痕迹)		
12	在腐蚀区域的远处,出现分层或腐蚀产物中含有大量碳酸钙		
13	腐蚀产物里存在四氧化三铁		
14	管道附近土壤存在硬石状形成物		

JAB008 输气管道内腐蚀主要原因

模块六　管道内腐蚀控制基本知识

管道内腐蚀是管体内表面在管输介质的作用下发生的腐蚀。管道内腐蚀控制的目的是消除或减缓腐蚀，使腐蚀速度控制在可接受的水平，延长管道的使用寿命。传统认知中，管道内腐蚀只发生在油田的集输管道；由于输送介质（原油、成品油和天然气）在进入长输油气管道之前需要进行脱水、脱硫、脱盐等处理，所含水、硫化氢等腐蚀性杂质很少（例如原油含水量一般不超过 0.5%），一般不发生内腐蚀。但是近年来的生产实践中，在原油和成品油的长输管道中也发现了内腐蚀的存在，且某些管段的腐蚀情况还比较严重。

CAF001 管道内腐蚀的环境介质特点
JAB009 输气管道内腐蚀主要原因

项目一　管道内腐蚀的环境介质特点

管道内腐蚀的介质环境有两个显著特点：气、水、烃、固共存的多相流腐蚀介质；H_2S、CO_2、O_2、Cl^- 和水等是主要腐蚀性介质。

一、多相流

气相、固相和液相多相共存且能够流动的流体简称多相流。管道输送的介质大多属于多相流，例如，原油管道输送的介质一般有液体（原油及少量水等）和气体（少量空气等）。

与单相腐蚀介质相比，多相流介质的腐蚀情况比较复杂，以水、烃两相存在的情况为例，当油水比大于 70% 时，输送介质是以油包水的形态为主，腐蚀速度较慢；当油水比小于 30% 时，输送介质以水包油为主，腐蚀速度较快。

二、主要腐蚀性介质

H_2S、CO_2、O_2、Cl^- 和水等是油气管道内腐蚀的主要腐蚀性介质。水是管道产生内腐蚀的必要条件，O_2 的存在使得管道内腐蚀持续进行，而 H_2S、CO_2、Cl^-、SO_4^{2-} 等腐蚀性介质作为阴极去极化剂，含量越高，腐蚀性就越强。

CAF002 管道内腐蚀的分类

项目二　管道内腐蚀的分类

油气管道内腐蚀主要涉及溶解氧腐蚀、H_2S 腐蚀、CO_2 腐蚀和硫酸盐还原菌（SRB）腐蚀等。

一、溶解氧腐蚀

管道输送介质本身含有氧气或在输送过程中混入输送介质，成为溶解氧。溶解氧在相当低的含量（小于 1mg/L）下便可以引起严重腐蚀，当输送介质中同时含有溶解的 H_2S 和 CO_2 时，即使含有微量的溶解氧也会使腐蚀性急剧增加，从而造成管道内腐蚀。

二、硫化氢腐蚀

油气生产过程中造成硫化氢腐蚀的 H_2S 主要来自地层中的气体或伴生气，但是油气开采过程中滋生的硫酸盐还原菌(SRB)和某些化学添加剂也会释放出 H_2S。H_2S 在水中的溶解度很高,从而使介质显示弱酸性。在水中溶解的 H_2S 所造成的腐蚀被称为酸性腐蚀,通常的腐蚀以点蚀为主。腐蚀反应为:

$$Fe^{2+}+H_2S+H_2O \Longrightarrow FeS+H_2+H_2O$$

硫化亚铁的溶解度非常低,通常黏附于金属表面成为产物膜。当生成的硫化亚铁在管体表面形成致密的保护膜时,对腐蚀有一定的抑制作用;但当生成的硫化亚铁不致密时,对钢铁而言,硫化亚铁为阴极,它在钢铁表面沉积,反而促使钢铁表面继续腐蚀,造成很深的点蚀。H_2S 作为阴极去极化剂,不仅因为电化学腐蚀造成点蚀,还常因氢原子进入金属而导致硫化物应力腐蚀开裂(SCC)和氢致开裂(HIC)。

三、二氧化碳腐蚀

油气生产过程中造成二氧化碳腐蚀的 CO_2 主要来自于地层中的气体或伴生气,注入 CO_2 采油技术的应用也是 CO_2 的主要来源。当二氧化碳溶于水时形成碳酸,可降低溶液的 pH 值和增加溶液的腐蚀性。二氧化碳腐蚀性没氧那么强,通常会造成点蚀。

四、硫酸盐还原菌腐蚀

SRB 是一种以有机物为营养的厌氧细菌,仅在缺乏游离氧或几乎不含游离氧的环境中生存,而在含氧环境中反而不能生存。SRB 能使硫酸盐还原成硫化物,硫化物与介质中的碳酸等作用生成 H_2S,进而与铁反应生成硫化铁,加速管道腐蚀。

项目三　管道内腐蚀检测

CAF003 管道
内腐蚀的检测

一、腐蚀性杂质的测量

腐蚀性杂质的测量应根据腐蚀性杂质含量和气体或液体组分及工况条件,预测可能造成的有害影响,必要时可对其腐蚀性进行评价,一般需要测定的腐蚀性杂质包括:

(1)细菌。

(2)二氧化碳。

(3)氯化物。

(4)硫化氢。

(5)有机酸。

(6)氧。

(7)固体或沉淀物。

(8)其他含硫的化合物。

(9)水等。

二、腐蚀性评价指标

输送介质的腐蚀性评价指标按照表 1-6-1 确定(见 GB/T 23258—2009《钢质管道内腐蚀控制规范》)。

表1-6-1　管道及容器内介质腐蚀评价指标

项目	级　　别			
	低	中	较重	严重
平均腐蚀率,mm/a	<0.025	0.025~0.12	0.13~0.25	>0.25
点蚀率,mm/a	<0.13	0.13~0.20	0.21~0.38	>0.38

注:以两项中的最严重结果为准。

三、管道内腐蚀检测技术

管道内腐蚀的监测及检测技术有以下三种。

(一)电阻探针法

通过在管道内部安装电阻探针监测探头,检测管道及附属设备发生的腐蚀(或磨蚀)速率大小的方法。

(二)腐蚀挂片法

通过测量管道内挂片的腐蚀速度,来判断管道腐蚀速率大小的方法。

(三)管道内检测

通过管道内检测的方法,检测出管道内腐蚀的数量、位置、形状、大小、深度等信息。

CAF004 管道
内腐蚀的控制

项目四　管道内腐蚀控制技术

管道内腐蚀的控制技术主要有:选用耐蚀金属材料或非金属材料、加注缓蚀剂、使用内涂层或衬里、改变环境介质成分等。其中对于已经投入运行的管道,加注缓蚀剂是最常用的腐蚀控制措施。

一、选用耐蚀金属材料

在管道建设前应根据管道输送介质的特点,选用针对性的金属材料作为管道的制作材料,能够从根本上控制管道内腐蚀问题。

二、加注缓蚀剂

CAF005 缓蚀
剂的特点
CAF006 缓蚀
剂的分类

加注缓蚀剂是运行管道最常用、最有效的内腐蚀控制措施。

(一)缓蚀剂分类及工作原理

1. 按化学成分分类

1)无机缓蚀剂

无机缓蚀剂是通过氧化反应,使金属表面产生一层钝化膜,从而抑制腐蚀。这类物质有聚磷酸盐、铬酸盐、亚硝酸盐、硼酸盐和亚砷酸盐等。

2)有机缓蚀剂

有机缓蚀剂是在金属表面上进行物理或化学的吸附,从而阻止腐蚀物质接近金属的表面。其典型物质有含氧有机化合物、含氮有机化合物、含硫有机化合物和炔类化合物等。

2. 按作用机理分类

1）阳极型缓蚀剂

阳极型缓蚀剂是一种阻滞阳极过程化学反应的作用剂。其作用机理是缓蚀剂的阴离子向金属表面阳极部位迁移并使其表面钝化，从而阻滞阳极金属离子的进一步离解，使金属得到保护。例如，在中性介质中使用的铬酸盐、亚硝酸盐等。阳极型缓蚀剂的缺点是当其用量不足时，不能充分覆盖阳极表面，易形成小阳极、大阴极的局部孔蚀，比较危险。

2）阴极型缓蚀剂

阴极型缓蚀剂能使电化学反应的阴极过程受到阻滞，从而减缓腐蚀反应的进行。例如，聚磷酸盐、酸式碳酸盐等阴极缓蚀剂的阳离子能够向金属表面微阴极部位迁移，与阴极反应中产生的氢氧根离子反应，生成微溶的碳酸钙等沉淀膜，从而抑制阴极反应的进一步发生。阴极型缓蚀剂是比较安全的缓蚀剂。

3）混合型缓蚀剂

混合型缓蚀剂是指既可阻滞阳极反应，又可阻滞阴极反应过程的缓蚀剂。

3. 按缓蚀剂所形成的保护膜特征划分

1）氧化膜型缓蚀剂

氧化膜型缓蚀剂能使金属形成完整的保护膜或表面不完整的氧化膜得到修复，故又称为"钝化剂"。在中性介质水中金属的保护常常使用氧化型缓蚀剂。如铬酸盐和钼酸盐等，可使铁的表面氧化成保护膜，从而使铁的腐蚀受到抑制。

2）沉淀膜型缓蚀剂

沉淀膜型缓蚀剂能与金属的缓蚀产物（Fe^{2+}、Fe^{3+}）或阴极反应产物（OH^-）进一步发生化学反应，并在金属表面形成防腐蚀的沉淀膜。沉淀膜的厚度一般都比较厚（约为几百至1000Å），致密性和附着力也比钝化膜差。常用的有硅酸盐、锌盐、磷酸盐类等。

3）吸附膜型缓蚀剂

吸附膜型缓蚀剂能吸附在金属的表面，改变金属的表面状态和性质，从而抑制腐蚀反应的发生。例如在酸性介质中，氧化物不能稳定存在，这需要在金属表面有能强烈吸附的物质，这类物质的分子中常含有氮、硫和氧的基团，或含有不饱和的有机化合物（如硫脲、喹啉、炔醇等类衍生物）。

4. 按物理状态分类

1）油溶性缓蚀剂

油溶性缓蚀剂一般作为防锈油的添加剂，基本上是由有机缓蚀剂组成的。其作用机理一般认为是：由于存在着极性基，这类缓蚀剂分子被吸附于金属表面，从而在金属和油的界面上隔绝了腐蚀介质。

2）气相缓蚀剂

气相缓蚀剂是在常温下能挥发气体的缓蚀剂。因此，如果它是固体，就必须有升华性；如果是液体，必须具有大于一定值的蒸气分压。

3）水溶性缓蚀剂

水溶性缓蚀剂常被用来作为冷却剂。要求它们能防止铸铁、钢、铜合金、铝合金及其表面处理材料的腐蚀。该缓蚀剂有无机和有机两大类。

5. 按使用介质的 pH 值分类

按使用介质的 pH 值缓蚀剂又可分为酸性缓蚀剂、中性缓蚀剂、碱性缓蚀剂。

缓蚀剂的分类方法很多,有许多分类方法是互相交叉的。

(二)缓蚀剂的选用和评价方法

1. 缓蚀剂的选用原则

在选用缓蚀剂时,要从腐蚀介质、被保护金属的种类及缓蚀剂本身的特性来考虑。

1)腐蚀介质

不同介质中,金属的腐蚀机理可以是不同的,因此缓蚀剂的选用也有所不同。使用缓蚀剂时必须考虑它在腐蚀介质中的溶解度。溶解度太低,将影响缓蚀剂的缓蚀效果。例如,煤焦油中的吡啶及喹啉类物质在钢铁表面能强烈吸附,但在水中溶解度很小,通过苄基化可以增加它们在水介质中的溶解度。

此外,介质的流速、温度、压力等环境因素也会影响缓蚀剂的功效。

2)金属的种类

不同金属原子的电子排布不同,因此它们的化学、电化学和腐蚀特性不同,在不同介质中的吸附和钝化特性也不同。例如,Fe 的最外层电子排布是 $3d^6 4s^2$,其 d 轨道有空位,较易接受电子,易吸附许多带孤对电子的基团。而 Cu 的最外层电子排布是 $3d^{10} 4s^1$,它的 d 轨道已布满电子,与 Fe 截然不同,故许多对钢铁很有效的缓蚀剂对铜不是很有效。

3)缓蚀剂的用量和协同效应

缓蚀剂的缓蚀效果与缓蚀剂用量的关系并不是线性关系。缓蚀剂用量太少时作用不大,当达到一定"临界浓度"时,缓蚀作用很快增加,当进一步加大缓蚀剂用量时,作用增加有限。临界浓度随体系的性质而异,在选用缓蚀剂时必须预先进行测量,以判断合适的用量。

多种缓蚀物质一起使用时往往比单独使用时总的效果要高出许多,这就是缓蚀剂的协同效应。现代的缓蚀剂很少只采用单种缓蚀物质。产生协同效应的机理随体系而异,许多还不清楚,一般应考虑阴极型和阳极型缓蚀剂的复配、不同吸附基团的复配、增加溶解性能的复配、考虑不同金属的复配等。

4)缓蚀剂使用时的环境保护

许多高效缓蚀剂往往具有毒性,这使它们的使用范围受到了很大的限制,例如,铬酸盐是中性水介质的高效氧化型缓蚀剂,它适用的 pH 等于 6~11。除钢铁外,对大多数金属均能产生有效的保护,有"通用缓蚀剂"之称,曾是中性水介质缓蚀剂的重要复配组分。但是由于铬酸盐的毒性,环境保护规定对铬的排放要求越来越严,在许多场合不得不考虑改用有效的无毒物质。考虑环境保护也是当前缓蚀剂研究和选用的重要因素之一。

5)药剂的配伍性

由于在油井和油气集输系统中,缓蚀剂与破乳剂等药剂一起使用,而在水处理系统中,缓蚀剂与阻垢剂、杀菌剂、净水剂等多种药剂同时投入使用,因此应当十分注意药剂相互之间的配伍性问题。使之既不产生沉淀,又不影响各自的使用效果。此外,为充分发挥各类药剂效果,应定期对系统进行清洗,清洗设备表面的沉积物和污垢,使缓蚀剂与腐蚀点充分接触,保证缓蚀效果。

2. 缓蚀效率

缓蚀效率用式(1-6-1)计算：

$$\eta = \frac{v_0 - v}{v_0} \times 100\% = \frac{I_{corr}^0 - I_{corr}}{I_{corr}^0} \times 100\% \qquad (1-6-1)$$

式中　　v_0——未加缓蚀剂时金属的腐蚀速率，$g/(m^2 \cdot h)$ 或 mm/a；

　　　　v——加有缓蚀剂后金属的腐蚀速率，$g/(m^2 \cdot h)$ 或 mm/a；

　　　　η——缓蚀剂的缓蚀效率；

　　　　I_{corr}^0——用电化学测得未加缓蚀剂时的腐蚀电流，A；

　　　　I_{corr}——用电化学测得加缓蚀剂时的腐蚀电流，A。

3. 评价方法

缓蚀剂缓蚀效果的评价、缓蚀剂的筛选和复配等均可采用经典的失重法、电化学法、光谱法、表面谱法来评估。

1）失重法

失重法是最常用的、最简单的测定缓蚀剂效果的方法。它可以通过实验室模拟缓蚀介质环境和现场试验来进行。分别测取金属在空白条件下（未加缓蚀剂）和加入缓蚀剂后的腐蚀介质中的腐蚀失重，从而确定其腐蚀速率，再比较缓蚀剂的缓蚀效果。也可进行缓蚀剂配方的筛选，缓蚀剂浓度的选用，用量、失效期的测定及复配物的选择。

2）电化学法

采用电化学法评价缓蚀剂的缓蚀效果具有快速、方便的特点。

电化学法采用电化学极化手段，利用电化学动力学理论和测试手段，通过测定加入缓蚀剂前后在腐蚀介质中金属的极化曲线，来评价金属在缓蚀剂中的缓蚀性的优劣。

3）光谱法和表面谱法

为了弄清添加缓蚀剂后金属表面被膜的性质，除通过上述失重法和电化学法进行间接推测外，还可以通过光谱法和表面谱法，对膜的微观结构进行测试，从微观结构上判断缓蚀剂的缓蚀效果。光谱法中常用的有可见光区、紫外光区和红外光区的吸收光谱以及拉曼散射光谱等；表面谱法中最常见的有 X 线光电子能谱和俄歇电子能谱（AES）。

（三）缓蚀剂的加注

1. 缓蚀剂加注工艺流程

一般缓蚀剂的加注设备包括：缓蚀剂存储罐、缓蚀剂注入泵、计量泵及相关阀门。流程如图 1-6-1 所示。

一般缓蚀剂加注应按照以下流程进行操作：

1）缓蚀剂育膜

发送两个清管器，在两个清管器之间注入一段缓蚀剂溶液随清管器流经整个管道，在管道内壁形成一层连续性的保护膜。

2）缓蚀剂加注

缓蚀剂在出站线路上加注，其加注工艺如图 1-6-1 所示。加注方式是通过压力泵将缓蚀剂注入出站管道，通过调节计量泵可以实现缓蚀剂的流量控制，以方便控制缓蚀剂的加注浓度。

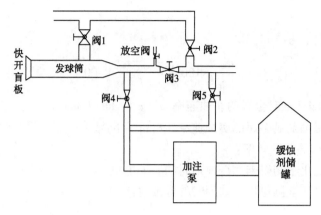

图 1-6-1　缓蚀剂加注工艺示意图

2. 加注缓蚀剂的安全注意事项

(1)缓蚀剂加注人员必须熟悉现场流程,严格按照缓蚀剂加注作业指导书,规范做好每个加注步骤。

(2)穿戴好劳保防护用品,防止缓蚀剂与皮肤、呼吸道等人体器官接触,一旦发生接触应按照相关预案及时处置,确保加注人员安全。

(3)加注期间须做好操作记录。

(4)向罐内加注缓蚀剂前,将加注系统清理干净确保试剂不受污染。

(5)及时检查缓蚀剂罐的液位、计量泵等系统运行情况,严防滴漏、倒流等事件。

(6)及时进行设备维护,确保使用期间加注平稳连续。

(7)加注量正常后不许随意调节,以免影响使用效果。

(8)若计量泵其中一台出现故障,及时检修,并将另一台计量调到最大。

(9)在使用产品期间若发现异常情况,经处理不能解决时,应及时停止加注,避免造成更大的损失。

三、其他控制措施

(一)流速控制

管输介质的流速应满足工艺设计要求,并应控制在使腐蚀降为最小的范围内。流速范围的下限值应使腐蚀性杂质悬浮在管输介质中,使管道内积存的腐蚀性杂质降至最少。流速范围的上限应使磨损腐蚀、空泡腐蚀等降至最小,使用缓蚀剂时应不影响缓蚀剂膜的稳定性。

(二)清管

如果预计水、沉淀物或其他腐蚀产物会沉积在管道中时,可采用清管的方式尽可能清除管道内的腐蚀介质,并破坏稳定的腐蚀环境。

(三)脱水处理

水是管道内腐蚀的根源,所以应尽可能清除管道内输送介质中的水分,例如,应尽可能的将储罐内积水排放掉,防止其进入管道。

项目五 油气管道缓蚀剂应用技术

CAF007 缓蚀剂的作用

缓蚀剂可用于防止油气管道的内部腐蚀,尤其是天然气中含有 H_2S、CO_2、H_2O 等有害成分,对管道内壁造成的腐蚀比较严重。

一、输气管道缓蚀剂

(一)CT2-2 型缓蚀剂

最初使用的是粗吡啶(加甲醛)、页氮(加甲醛)、1901(4-甲基吡啶釜残)和7251(4-甲基吡啶釜残的季铵盐)等4种缓蚀剂。经运行证明,这4种缓蚀剂都具有缓蚀效果,但加注条件恶劣:前3种缓蚀剂恶臭难闻,污染环境,后一种虽无恶臭但仍有臭味,且存在坑蚀的危险。为解决上述问题,1978 年研制成功 C12-1、CT2-2 型含氮的酰胺型缓蚀剂。

CT2-2 型缓蚀剂属阴极成膜型有机缓蚀剂,棕褐色黏稠状液体,有微胺味,溶于烃类,并能分散于水和盐水中。实验室测定,CT2-2 能对含有 H_2S、CO_2、氯化物和乙醇胺的潮湿天然气和积水管道的内壁腐蚀达到 90% 的缓蚀效果。经过现场试验表明,CT2-2 的缓蚀效率在 90% 以上,管道内壁的缓蚀速率由 0.78mm/a 降到 0.069mm/a 以下。

CT2-2 不仅适用于输气干线,还适用于天然气井、压气站等;对 H_2S、CO_2 等酸性气体的腐蚀有显著缓蚀功能。

(二)GP-1 型缓蚀剂

GP-1 型缓蚀剂是用于输气管道的酰胺型缓蚀剂,是一种同时阻滞阳极、阴极过程的混合型缓蚀剂。挂片失重和线性极化法试验均证明了 GP-1 型缓蚀剂在 $NaCl-H_2S-H_2O$ 介质中对管道钢材具有较高的缓蚀功能,其缓蚀效率可达 90% 以上。现场试验证明,它对管道钢材具有较高的缓蚀功能,其缓蚀效率可达 90% 以上。同时,现场试验证明,它对点蚀和氢渗透的抑制能力较强,广泛适用于含硫油气井及含硫天然气集输管线。

二、输油管道缓蚀剂

当输油管道中存在 H_2S、CO_2、Cl^- 及水等腐蚀性介质时,会引起管道内部的腐蚀,在低洼有沉积水地段尤为严重。例如,我国南海西部石油公司一条海洋集输油管线,内壁的腐蚀介质中含有 H_2S 1700mg/L、CO_2 2.5%、Cl^- 16600mg/L;输送温度为 60℃,输送压力为 1.3～1.5MPa。为抑制内腐蚀,CT2-4 缓蚀剂经试验证明只需 25mg/L 以上即可达到保护。

国外也有向输油管道注入亚硝酸钠作为缓蚀剂的。

模块七 电工学基本知识

项目一 概述

一、电的基本概念

物理学研究发现,原子是由质子或者质子和中子组成的原子核及围绕原子核旋转的电子构成的。原子核是相对稳定的,而电子是不停地运动的。并规定原子核所带的电为正电(+),电子所带的电为负电(−)。由于在原子里质子和电子的数目是相等的,正负电处于平衡状态,所以原子不显出带电的性质,所组成的物质也不带电。由于某种原因,原子可能失去部分电子,或者得到部分电子,这种平衡就被破坏,使原子带电,物质也就带电了。

习惯上称带电的微粒叫电荷,物体带电就是说物体带上了电荷;其中最小的电荷就是电子和质子。电荷的多少可用电量来表示,它是衡量物体带电多少的标志,用字母 Q 表示,其单位是库仑,简称库(C)。

二、静电和动电

一些电荷堆积在一起,不产生持续流动的带电现象称为静电。

静电一般具有较高的电压,释放出来的时候产生强大的瞬时功率,控制不好时会产生破坏作用。自然界的雷电灾害就是静电危害的一种。在有易燃、易爆物质的场所,要十分小心避免产生静电。

电荷有持续流动的带电现象称为动电。动电根据电压的高低具有不同的强度,人们根据生产和生活的需要想出了很多控制动电的方法。

当然,静电和动电只是个相对的概念,它们也是互相联系、互相依存的。静电在释放的瞬间是动电,切断动电流动的路径就产生了静电。

三、电场、电压和电流

(一)电场

电荷与电荷之间具有力的作用。实验证明,带有相同极性电的电荷互相排斥,带有不同极性电的电荷互相吸引。这就是平常所说的"同性相斥、异性相吸"。

但是,电荷之间力的作用并不需要它们接触、碰撞才发生,它是靠着一种被称为电场的物质传递的。电荷之间的作用力叫作电场力。电场是无形的,与自然界里的绝大多数物质不同,它不是由原子和分子组成的,但它是客观存在的,能够传递力的作用。

(二)电压

电荷在电场中处于不同的位置会具有不同的能量,电荷在电场中能量大小的标志称为电位。对一个特定的电场来说,为了衡量电荷电位的高低,都规定一个参考点,正如规定海平面作为空间高度的参考点一样,这个电位的参考点就是零电位点。在一般应用中,认为大地是理想的零电位点,所以习惯上把电路中的零电位参考点也称为"地"。在直流电源中,比如电池或直流稳压电源,通常将电源的负极作为零电位点。

电荷就以它在电场中相对于零电位点具有的能量大小确定它的电位的高低。电位用字母 U 表示。电位的单位是伏特,简称伏,用字母 V 表示。在计量单位里,电量的单位是库仑,能量的单位是焦耳(J),电位的单位就是伏特。即:

$$1 \text{伏特(V)} = 1 \text{焦耳(J)}/1 \text{库仑(C)}$$

电荷在电场中的一个位置相对于另一个位置的电位差叫作这两点的电压。电压用大写字母 U 表示,单位也是伏特。例如,我们平时所用的交流电中,其火线与地之间的电压为 220V;一节普通干电池的正负极之间的电压为 1.5V。

实际应用中,经常要用到比伏特大或小的单位,常用的比伏特大的单位是千伏特,简称为千伏,用符号 kV 表示,比伏特小的单位有毫伏和微伏,用符号 mV 和 μV 表示。

$$1V = 10^3 mV = 10^6 \mu V$$

$$1mV = 10^3 \mu V$$

电位和电压都是能量的概念,它表示电荷能够做功的能力,正是由于电位和电压的存在,电荷才会发生运动和变化。

(三)电流

> CAG003 电流的概念

电荷的定向移动形成电流。产生电流要有电位差和电的通路,这就是电压和电路。

电流的大小用电流强度来衡量。它是以单位时间内通过导体横截面电量的多少来确定的。通常用字母 I 表示电流强度,即:

$$I = Q/t \qquad\qquad (1-7-1)$$

在国际单位制中,电流强度的单位是安培,简称安,用字母 A 表示,也就是说,如果每秒钟通过导体横截面的电量是 1C,那么这时的电流强度就是 1A。

常用的电流强度单位还有毫安(mA)和微安(μA),它们的关系是:

$$1A = 10^3 mA = 10^6 \mu A$$

$$1mA = 10^3 \mu A$$

四、导体、绝缘体和半导体

> CAG004 导电材料的概念

自然界的物质能够通过电流的能力是不同的,按照物质允许电流通过的难易程度,可以分为导体、绝缘体和半导体三大类。

导体是指那些容易让电流通过的物质。大多数的金属,酸、碱、盐的水溶液,碳素类材料等,都是电的优良导体。

绝缘体是指那些不容易让电流通过的物质。大多数非金属物质、有机材料、纯水以及空气等,都是电的绝缘体。应该指出,绝缘体并不是绝对不导电的,当绝缘体受到强大的电场作用,或在过高的温度下,都可能发生击穿,使绝缘体丧失绝缘性能而变成导体。

半导体是导电能力介于导体和绝缘体之间的一类物质,半导体有许多奇妙的性质,使它们成为现代电子技术领域中的主角。

五、电阻和电阻率

> CAG005 电阻的概念

在一般情况下,任何物质在电流通过的时候,对电流都具有阻碍作用。这种阻碍电流通过的性质叫作电阻，用 R 表示，在国际单位制中，电阻的单位是欧姆，简称为欧，符号为 Ω。

通常用电阻率表示材料电阻大小的性质。用一种材料做成长 1m、截面积为 $1mm^2$ 的导体的电阻值，称为这种材料的电阻率，用字母 ρ 表示，其单位是 $\Omega \cdot mm^2/m$。金属导体的电阻率很小，如铜的电阻率为 $0.0175\Omega \cdot mm^2/m$；而绝缘体的电阻率相当大。

根据电阻率的概念可以知道，长度为 L、横截面积为 S 的某种材料的电阻为：

$$R=\rho L/S \tag{1-7-2}$$

对于不同的材料来说，其电阻率也各不相同。

项目二　电路和电路的工作状态

CAG006 电路的概念

一、电路

电路就是用导线把电源、用电器（负载）和电键（开关）连接起来组成的电流通路，如图 1-7-1 所示。其作用主要体现在两个方面：一是实现电能的传输和转换，如电力系统；另一个是传递和处理信号，如扩音机，把语言或音乐等声音信号转换为相应的电压和电流等电信号，通过放大器传递到扬声器，再把电信号还原为声音信号。

一个电路必须具备以下要素：

（1）电源：把非电能转换为电能的装置，如电池、发电机。

（2）负载：电流通过后产生能量转换，得到需要效应的装置，或者叫用电器具，如电炉、电动机、电视机等。

（3）连接导线：把电源与负载连起来形成通路的材料。

（4）开关：控制电路通断的装置。

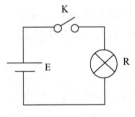

图 1-7-1　电路示意图

R—灯泡；E—电源；K—开关

在实际电路中，电源、负载、开关等，既可能是一个器件，也可能是一个系统，即本身又成为一个电路。因此，对于开关来说，它可以是一个具体的执行通断功能的器件，也可以是执行通断功能的电路系统，后者即所谓的自动开关。

CAG007 电路的工作状态

二、电路的工作状态

当电路中的开关合上时，即把电源与负载接通，电路中就产生一定的电流，此时称为电路的有载工作状态；当开关断开时，电路处于开路（空载）状态，此时电路中的电流为零。

当电源两端由于某种原因而连在一起时，电源被短路，此时电流很大，可能使电源烧毁或损坏。短路也可发生在负载端或线路的其他任何地方。短路通常是一种严重事故，应该尽力避免和预防。产生短路的原因往往是由于绝缘损坏或接线不慎，因此经常检查电气设备和线路的绝缘情况是一项很重要的安全措施。

此外，为了防止短路事故所引起的后果，通常在电路中接入熔断器或自动断路器，以便在发生短路时能迅速将故障电路自动切除。

CAG008 欧姆定律

三、欧姆定律

在一个电路中，电流的大小一方面由电源的电压高低决定，另一方面受电路负载的电阻（图 1-7-2）大小的限制。在一个电路中，电流的大小同电源的电压成正比，同电路的电阻

成反比,这就是欧姆定律,可用公式表示为:

$$I = U/R \qquad\qquad (1\text{-}7\text{-}3)$$

但是,任何实际应用的电源都不仅供给电压和输出电流,它本身也有一定的电阻,这称为内阻。工作时在内阻上也要产生一定的电压降,因此,电源输出的电压是随着电流的大小而变化的。这样,就规定当一个电源在不工作时的最大电压(即开路电压)叫作电源的电动势,用 E 表示。与此相联系,把欧姆定律也分为部分电路欧姆定律和全电路欧姆定律。

所谓部分电路欧姆定律,就是不包括电源,或者虽然包括电源但是认为电源的内阻为零的情况下的欧姆定律。它的表达公式即 $I = U/R$。

所谓全电路(图1-7-3)欧姆定律,就是包括电源内阻在内的欧姆定律。它的表达公式是:

$$I = E/(R+r)$$

式中　E——电源电动势;

　　　r——电源内阻。

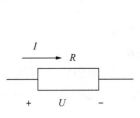

图1-7-2　电阻示意图

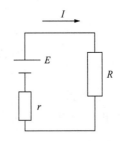

图1-7-3　全电路示意图

在一般情况下,电源的内阻很小,或者电路的负载电阻较大的时候,用部分电路欧姆定律计算电路就能够得到足够准确的结果。而当电源的内阻较大或者负载电阻较小的时候,则必须应用全电路欧姆定律进行计算才行。

CAG009 电路的计算

四、串联和并联

在电路中,构成电路的各元件首尾顺次连接的方式叫作串联,如图1-7-4(a)(c)所示,此时流过每个元件的电流相同。在电路中,构成电路的各元件首首连接、尾尾连接的连接方式叫作并联,如图1-7-4(b)所示,此时每个元件的电压都相同。

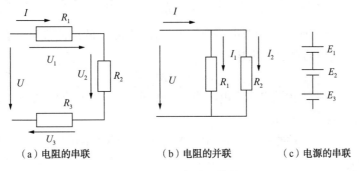

（a）电阻的串联　　　　（b）电阻的并联　　　　（c）电源的串联

图1-7-4　串联和并联

电阻串联的计算:

$$R = R_1 + R_2 + \cdots + R_n \qquad (1-7-4)$$
$$U = U_1 + U_2 + \cdots + U_n \qquad (1-7-5)$$

当两个电阻串联时,有:

$$I = U/(R_1 + R_2) \qquad (1-7-6)$$
$$U_1 = UR_1/(R_1 + R_2) \qquad (1-7-7)$$
$$U_2 = UR_2/(R_1 + R_2) \qquad (1-7-8)$$

可见,串联电阻上电压的分配与电阻的值成正比,电阻大的得到的电压高。例如,当25W 的电灯与 60W 的电灯串联使用时,由于前者的电阻比后者大,得到的电压高,使得前者反而比后者亮。

电阻并联的计算:

$$1/R = 1/R_1 + 1/R_2 + \cdots + 1/R_n \qquad (1-7-9)$$

当两个电阻并联时,有:

$$R = R_1 R_2/(R_1 + R_2) \qquad (1-7-10)$$
$$I = I_1 + I_2 \qquad (1-7-11)$$
$$I = U/R_1 = IR_2/(R_1 + R_2) \qquad (1-7-12)$$
$$I_2 = U/R_2 = IR_1/(R_1 + R_2) \qquad (1-7-13)$$

可见,并联电阻上电流的分配与电阻的值成反比,电阻大的得到的电流小。例如,当25W 的电灯与 60W 的电灯并联使用时,由于前者的电阻比后者大,得到的电流小,使得前者不如后者亮。

电源串联的计算:

$$E = E_1 + E_2 + \cdots + E_n \qquad (1-7-14)$$

上述公式是在所有电源的极性都相同时使用;如果某个电源的极性相反,则用负号。

五、电功和电功率

CAG010 电功的概念

(一)电功

电流在电路中通过,总要消耗电能而转化成其他形式的能,这就是电流的做功过程。电流的做功过程实际上是电场力移动电荷的做功过程。电流所做的功叫电功(或电能),用 W 表示,则:

$$W = UIt$$

电流在一段电路上所做的功跟电路两端的电压、电路中的电流强度、通电时间成正比。在国际单位之中,电功的单位是焦耳(J)。

$$1J = 1V \times 1A \times 1s$$

实际生活中,我们常用"度"作为电功或电能的单位,一个 1 千瓦(kW)的电器在 1 小时(h)里所消耗的电能为 1 度,即:

$$1 度 = 1kW \cdot h = 1000VA \times 3600s = 3.6 \times 10^6 J$$

(二)电功率

电流在单位时间内所做的功叫作电功率,用 P 表示,在直流电路中:

$$P = W/t = UI \tag{1-7-15}$$

在交流电路中：

$$P = W/t = UI\cos\varPhi \tag{1-7-16}$$

其中 $\varPhi$ 为电压与电流的相位差角，$\cos\varPhi$ 称为负载的功率因数。纯电阻性负载的功率因数为 1，如白炽灯、电炉等；电感性负载的功率因数小于 1，如日光灯为 0.5，电动机为 0.8 左右。

上述公式表明：电路上电流的电功跟电路两端的电压和电流强度成正比。在国际单位制中，电功率的单位是瓦特，简称瓦，符号是 W。

$$1W = 1J/s$$

在实际工作中经常用到另一个概念是效率，电的效率就是消耗的电能中有多少转化为有用功，或者说有用功占总功之比，用百分数表示，有时也可以用小数表示。

效率用字母 η 代表，其公式是：

$$\eta = W_1/W \tag{1-7-17}$$

式中　W_1——有用功，J；

　　　η——电的效率，%；

　　　W——总功，J。

六、电气设备的额定值

各种电气设备的电压、电流及功率等都有一个额定值，例如一盏电灯的电压是 220V，功率是 60W，这就是它的额定值。额定值是制造厂为了使产品能在给定的工作条件下正常运行而规定的容许值。当电气设备中的电流或所加电压超过额定值过多时，将使设备过热，有可能烧毁或减少其寿命；反之，如果电压和电流远低于额定值，不仅得不到正常合理的工作情况，而且也不能充分利用设备的能力。例如，上面提到的电灯，在 220V 电压下，正常发光；而在 110V 电压下，非常黯淡；如接到 380V 的电源上，则立刻烧毁。

电气设备或元件的额定值常标在铭牌上或写在其说明中，在使用时应充分考虑额定数据。预定电压、额定电流和额定功率分别用 U_N、I_N 和 P_N 表示。

某些设备的实际值不一定等于它的额定值，例如，一台直流发电机的铭牌上标有 40kW、230V、174A，这是它的额定值。在实际使用时，这台发电机在一定电压下，并不总是发出 40kW 的功率和 174A 的电流；它发出多大的功率和电流，完全取决于负载的需要，但一般不应超过它的额定值。电动机也是这样，它的实际功率和电流也取决于它所带的机械负载。

项目三　直流电和交流电

CAG011 直流电与交流电的区别

一、直流电和交流电

所谓直流电，就是电流的方向不变的电流；所谓交流电，就是电流的方向和大小都随时间作周期性变化的电流。

同样道理，把产生直流电流的电压称为直流电压，把产生交流电流的电压称为交流电压。

在直流中,电流的方向不变但大小变化的直流称为脉动直流;而电流的方向和大小都不变化的电流称为恒定直流,也叫恒稳直流。

在电路计算中,如果不作特别说明,电路中的电源都是指能供给恒定直流的电源。

交流电流的大小和方向的变化,有的是有规律的,也有的是没有规律的。但是在研究和应用中所指的交流电一般都是指有规律变化的交流电。

在有规律变化的交流电中,又分为按正弦规律变化的正弦交流电和不按正弦规律变化的非正弦交流电两种。在工业和技术中,应用最普遍、最广泛的是每秒钟变化 50 周或者 60 周的正弦交流电,这就是人们习惯所称的工频交流电。

二、正弦交流电

在正弦交流电路中,有以下几个概念应当正确理解并掌握。

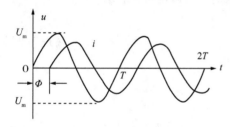

图 1-7-5　正弦交流电的波形图
u—瞬时电压;U_m—幅值;t—时间;
i—瞬时电流;Φ—相位角;T—1 个周期

(一)频率与周期

图 1-7-5 为正弦交流电的波形图,正弦交流电变化一次所用的时间(s)称为周期,用 T 表示;每秒中变化的次数称为频率,用 f 表示,其单位是赫兹(Hz)。频率是周期的倒数,即 $f=1/T$。在我们所用的交流电中,其频率为 50Hz,周期为 0.02s;声音的频率为 20~20000Hz;无线电工程上所用信号的频率高达 $1\times10^4 \sim 3\times10^{10}$Hz。

(二)幅值与有效值

正弦交流电在变化时的最大值称为幅值;表示交流电的大小往往不是它们的幅值,而是有效值。有效值是根据电流的热效应来规定的,因为在电工技术中,电流常表示出其热效应。不论是交流电还是直流电,只要它们在相等的时间内通过同一电阻的热效应相等,就把它们的电压值或电流值看作是相等的。也就是说,某个交流电通过电阻在一个周期内产生的热量,和另一个直流电通过同样大小的电阻在相等的时间内产生的热量相等,那么这个交流电的有效值在数值上就等于这个直流电的大小。例如,我们平时所用的 220V 交流电,是指电压的有效值为 220V,不是最大值,其最大值为 311V。

交流电的最大值约是有效值的 1.414 倍。

(三)相位角和相位差

由于正弦量是随时间而变化的,要确定一个正弦量还必须规定一个计时起点,所取的计时起点不同,达到幅值或某一特定值所需的时间也就不同。这个计时起点用相位角来表示,即 ωt 或($\omega t+\Phi$)。两个同频率正弦量的相位角之差称为相位差角或相位差,用 Φ 表示。例如某线路中,正弦电压为 $100\sin(\omega t+\Phi_1)$V,电流为 $10\sin(\omega t+\Phi_2)$A,则电压与电流之间的相位差为:$\Phi=\Phi_1-\Phi_2$。

(四)三相电路

三相电路在生产上应用得最为广泛,发电、输电和配电一般都采用三相制。在用电方面最主要的负载是三相交流电动机。

如图 1-7-6 所示,通常情况下,从三相交流发电机或三相变压器输出三根相线(也称火线,用 A、B、C 表示)和一根中线(也称零线,用 O 或 N 表示)。任何两相火线之间的相位差为 120°,火线与火线之间的电压称为线电压,火线与零线之间的电压称为相电压。我们平时所用的 220V 交流电指的是相电压为 220V,即火线与零线之间的电压,而三相交流电动机所用的电压为 380V,指的是线电压为 380V,即火线与火线间的电压。

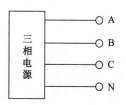

图 1-7-6 三相交流电示意图

A、B、C—相线;N—中线

线电压约为相电压的 1.73 倍。

项目四 磁场、磁性材料与变压器

CAG012 电磁场的概念

在自然界中存在着一种比较特殊的带有磁性的物质,如磁铁,在它们的周围存在着磁场,而且显示出两种极性,称为 N 极和 S 极。磁场与电场非常类似,也是无形的,同时两极之间存在着作用力,并且具有"同性相斥、异性相吸"的性质。

在自然界中还存在着一些像铁、钴、镍等容易被磁化的物质,这些物质称为磁性物质,较弱的磁场通过这些物质时大大地加强了。这一性质被广泛应用于电工设备中,如电动机、变压器及各种电工仪表中的铁芯;另外,这些物质还可以做成磁头、磁带、磁盘、磁心等应用在计算机和家电设备中。

后来人们又发现通电的导体的周围也存在着磁场,并且变化着的磁场可以产生电。利用这些性质制造出了电动机、发电机和变压器等常用的电工设备。其中,电动机是将电能转化为机械能的设备,发电机是将机械能转化为电能的设备,而变压器可以用来输送电能和传递信号。

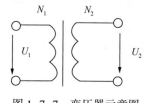

图 1-7-7 变压器示意图

U_1—输入电压;U_2—输出电压;

N_1—原绕组匝数;N_2—副绕组匝数

变压器一般由铁芯、高压和低压绕组等几个主要部分组成,其符号如图 1-7-7 所示,与电源相连的一侧称为原绕组或初级绕组,与负载相连的一侧为副绕组或次级绕组,原绕组、副绕组的匝数分别为 N_1 和 N_2。当原绕组接上交流电压 U_1 时,原绕组中便有电流 I_1,在副绕组中产生电压 U_2 和电流 I_2。原绕组、副绕组的电压之比为:

$$U_1/U_2 = N_1/N_2 = K \qquad (1\text{-}7\text{-}18)$$

式中 K——变压器的变比,即原绕组、副绕组的匝数比。

可见,当电源电压一定时,只要改变匝数比,就可得到不同的输出电压。

原绕组、副绕组中的电流之比为:

$$I_1/I_2 = N_2/N_1 = 1/K \qquad (1\text{-}7\text{-}19)$$

模块八　电子技术基本知识

随着科学技术的发展,电子技术成为各种电器设备及工业自动化的基础,同时也与我们的油气管道保护工作建立起了密不可分的关系,本章主要介绍电子技术的基础知识及较实用的电子电路知识。

项目一　半导体

ZAF001 半导体的基本概念

一、半导体的基本概念

半导体是指导电能力介于导体和绝缘体之间的一类物质,如硅和锗等元素,它们的原子的最外层有 4 个电子,构成比较稳定的结构,其导电能力介于导体和绝缘体之间,故属于半导体。

纯净的不含任何杂质的半导体材料称为本征半导体。本征半导体在常温下基本不导电,主要用作原料。真正具有实际应用意义的是掺进微量的其他元素的半导体,这种半导体叫作掺杂半导体。

ZAF002 半导体的分类

二、半导体的分类

(一)N 型半导体

在本征半导体中掺入微量的原子外层有 5 个电子的元素,如磷、砷、锑等,这些杂质的原子同原来的半导体的原子组成原子团结构,得到的是有多余电子的掺杂半导体,这些多余的电子能够成为自由电子,参加导电,称为电子载流子,这种半导体叫作 N 型半导体。所以,N 型半导体就是电子导电型的半导体。

(二)P 型半导体

在本征半导体中掺入微量的原子外层有 3 个电子的元素,如硼、铝等,形成原子团中缺少一个电子的结构,缺少电子的位置称为空穴。空穴有从其他原子"掠夺"电子来补充自己的能力,使其他原子成为空穴,当别的空穴也顺次地进行"掠夺"的时候,产生了空穴移动的效果,能够导电,所以把空穴叫作空穴载流子,这种半导体就叫作 P 型半导体。所以,P 型半导体就是空穴导电型的半导体。

应该说明的是,在 N 型半导体中也有空穴存在,在 P 型半导体中也有自由电子存在,只不过非常少而已。为了明确区分,就有了多数载流子和少数载流子的概念:N 型半导体中,多数载流子是电子,少数载流子是空穴;P 型半导体中,多数载流子是空穴,少数载流子是电子。

经过掺杂以后,N 型半导体和 P 型半导体都能够导电,而且它们的导电性质是不相同的。人们正是利用 N 型半导体和 P 型半导体不同的导电性质,研制出了各种半导体电子器件,达到各种使用目的。这里面最基本最重要的就是 PN 结。

三、PN 结及其性质

ZAF003 PN 结的特性

如图 1-8-1 所示,把一块 P 型半导体和一块 N 型半导体结合在一起,在它们的交界面处,由于两边多数载流子的不同将导致互相扩散,N 型区里的多数载流子电子扩散到 P 型区,留下不能移动的带正电的离子,使 N 区带正电;P 型区的多数载流子空穴扩散到 N 型区,留下带负电的离子,使 P 区带负电。这些不能移动的带电离子在交界面两侧形成一个空间电荷区,构成了由 N 区指向 P 区的内电场。扩散继续增加,内电场逐渐增强,而内电场的存在正好阻止两边多数载流子的扩散。当这种阻止和扩散的作用达到互相平衡的时候,扩散不再增加,空间电荷区也不再加强,从而保持相对稳定,我们把这个空间电荷区叫作 PN 结。

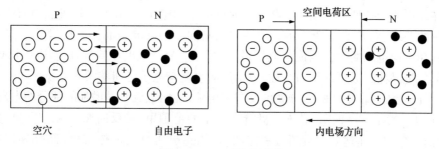

图 1-8-1 PN 结的形成

PN 结中空间电荷区两端的电压又被叫作门坎电压,它是由半导体材料的性质决定的。一般硅材料在 0.5~0.7V 之间,锗材料在 0.2~0.3V 左右。

PN 结具有许多重要的性质,人们正是利用 PN 结的性质,研究制造出性能优异的各种半导体器件。而在 PN 结的性质中,最重要最基本的就是它的单向导电性。

把 PN 结接在电路里(图 1-8-2),由于电源方向的不同。PN 结导电的情况也不同。当 P 区接电源的正极,N 区接电源的负极时,电路中的电流较大,此时叫作 PN 结正向偏置,简称为正偏;当 N 区接电源的正极,P 区接电源的负极时,电路中的电流很小,几乎为零,此时叫作反向偏置,简称反偏。PN 结在正偏时,内电场与外电场方向相反,外电场削弱内电场的阻挡作用,有利于多数载流子的扩散,从而在电路中形成较大的电流,PN 结的电阻相对较小;PN 结在反偏时,内电场与外电场方向相同,阻挡了多数载流子的扩散,电阻很大,电路中不容易有电流通过。PN 结的这种性质叫作单向导电性。

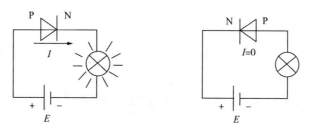

图 1-8-2 PN 结的单项导电性

当 PN 结正向接法时的电流称为正向电流,它主要由电路的参数决定;当 PN 结反向接法时的电流称为反向电流,主要由 PN 结的反向电阻决定。所以又把反向电流称作反向漏电流,它是标志 PN 结特性的一个参数。

项目二　晶体二极管

由一个 PN 结制成的双端电子器件是晶体二极管。

晶体二极管是以 PN 结的单向导电性为基础制造的,由于其单向导电性以及此性质与外界条件的种种关系,而使晶体二极管有多种多样的用途,如在整流、检波、检测等领域发挥着优异的作用。在油气管道保护中,二极管的应用是一个重要方面。

一、晶体二极管的特性

ZAF004 晶体二极管的特性

晶体二极管的特性即其接在电路中的时候电流和电压之间的关系,可以用曲线表示,叫作伏安特性曲线,如图 1-8-3 所示。曲线中向右向上的部分是晶体二极管的正向特性,表示二极管在正向电压的时候电流与电压的关系。U_{on} 为门坎电压或导通电压。曲线中向左向下的部分是晶体二极管的反向特性,表示反向电流与电压之间的关系。从图 1-8-3 中可以看到,反向电流基本不变的部分表示反向漏电流,反向电流明显增加的部分的电压叫作击穿电压,用 U_{BR} 表示。这说明,晶体二极管在一定的范围里,其反向漏电流与反向电压的大小无关,而当反向电压达到并且超过一定数值(击穿电压)时,晶体二极管的单向导电性就被破坏了,这叫作击穿。晶体二极管不允许工作在这个范围。

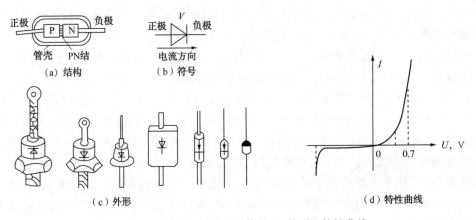

图 1-8-3　晶体二极管的结构符号、外形和特性曲线

二、晶体二极管的主要参数

I_{max}(最大正向电流):晶体二极管在工作时不允许超过的最大电流值。如果超过这一数值并且持续一段时间,晶体二极管就要被烧坏。

U_{max}(最高反向电压):晶体二极管在使用中规定的最高反向工作电压,一般为击穿电压的二分之一左右。

另外,晶体二极管还有正向电压降、反向漏电流、最高工作频率等参数,在不同的工作环境中应该予以考虑。

三、晶体二极管的分类

晶体二极管的分类方法很多,但是最常用最有实际意义的是按结构分类和按用途分类两种。

(一)按结构分类

(1)点接触型晶体二极管:是用一块 P 型半导体同细金属丝制成,接触面积很小,允许通过的电流很小,但是工作的频率可以很高。

(2)面接触型晶体二极管:是用一块 P 型半导体和一块 N 型半导体相接触制成,接触的面积较大,而且可以任意控制,因而适用于工作要求电流大的场合。

(二)按用途分类

(1)整流二极管:用在把交流电流变为直流电流的电路里,一般是面接触型二极管。

(2)检波二极管:检波的本质也是整流,不同的是检波的工作频率一般较高,检波的目的是经过整流后还原出原来加载在高频率电流上的较低频率的信号。

(3)发光二极管:由镓(Ga)、砷(As)、磷(P)等的化合物制成。由这些材料构成的 PN 结加上正偏电压(1.8~2.1V)时,PN 结便发光。

(4)稳压二极管:是指具有稳定电压作用的晶体二极管。从图 1-8-3 中可以看到,晶体二极管在导通以后,在一定范围内,电流变化很大,但是电压变化却很小,这实际上就是稳压的性能。而在反向特性里更可以看到,反向击穿后的特性十分陡直,反向电流急剧增加,在一个很大范围里,反向电压几乎不变。稳压二极管正是利用这一特点,从管芯结构上采取措施,使其能工作在反向击穿状态下而不损坏,达到稳定电压的目的。

对于一般的二极管来说,击穿是不允许的,它会导致二极管的永久性损坏。稳压二极管采用特殊工艺制造,使二极管击穿后只要电流不超过额定范围,并不损坏,这样就非常适合稳压的要求了。

稳压二极管在使用中,要根据其稳压数值进行选择,并且不能超过最大的稳定电流和最大耗散功率的数值。

四、晶体二极管的检查和测量

ZAF005 晶体二极管的检测方法

准确地检查和测量晶体二极管要用专门的仪器,在此不作介绍。下面介绍平时工作中常用的应用普通万用表检查和测量晶体二极管的方法。

(一)用指针万用表检查和测量

检查极性:万用表置电阻挡,量程用 X1k 挡。用表笔测量二极管的两极,测过一次之后把表笔颠倒再测一次,在显示较小电阻值时,与负表笔接触的一极是正极(阳极),与正表笔接触的一极是负极(阴极)。

判断好坏:一般地说,只要在测量中能明显地区分出正反向电阻的晶体二极管就是好的二极管。正反向电阻的差别越大,管子的质量越好。

(二)用万用表检查和测量

万用表都备有专门测量晶体二极管的挡位,它是以测二极管的导通电压来判断管子好坏的。测量时,把万用表的选择开关置于此挡位,用表笔测量待测二极管的两极,并交换一次。如果表头显示一次为 0.2V 左右(锗管)或 0.5~0.7V(硅管),另一次显示为 1V 以上或者在表屏的最左端显示 1,说明管子是好的。在显示小电压值时红表笔所接触的为正极(阳极),黑表笔接触的为负极(阴极)。

项目三　实用电子电路

如前所述,晶体二极管具有单向导电性,由此可将其用在一些实用的电子电路上,如油气管道保护设备中的整流电路等。

一、整流电路

整流,就是利用电子元件和电路把交流电转变成直流电的过程。现在的整流电路中使用的电子元件绝大多数是晶体二极管,利用的就是它的单向导电性。

ZAF006 半波整流电路的特性常用的整流电路有半波整流、全波整流、全波桥式整流三种。

(一)半波整流电路

在交流电的一个周期中,有半个周期变成为直流电输出,另半个周期被晶体二极管阻隔不能输出,这样的整流电路就叫作半波整流电路。

根据晶体二极管的接法不同,半波整流可以得到正的直流电压,如图1-8-4,如果将二极管反接,则可以得到负的直流电压。

半波整流的工作过程:当电源变化为正半周时,晶体二极管导通,负载上有电流流过;当电源变化为负半周时,晶体二极管为反向偏置,不能导通,输出端的负载上没有电流流过。这样就完成了一个周期的整流过程。

半波整流电路简单,元件节省,但电源利用率低,输出直流稳定性差,适用在要求不高的地方。

ZAF007 全波整流电路的特性

(二)全波整流电路

为了克服半波整流电路的缺点,充分利用电源效率,改善输出的稳定性,在大多数应用场合使用全波整流电路。全波整流就是把交流电的正负半周都转变为直流的过程,相当于两个半波整流,其电路如图1-8-5所示。

电路的工作过程是:当电源(交流电)为正半周,即变压器的输出端是上正(+)下负(−)时,二极管 D_1 导通, D_2 截止,电流由(+)→D_1→R_L→(−),在 R_L 上得到一个半波的直流输出;当电源为负半周即变压器输出端上负(−)下正(+)时, D_2 导通, D_1 截止,电流由(+)→D_2→R_L→(−),得到又一个半波的直流输出。也就是说,不管电源极性是正还是负,在负载电阻 R_L 上得到的都是相同的直流电压。这样,交流电源的正负半周全部得到利用,实现全波整流的目的。

如果把电路中的二极管反过来连接,则得到负电压的直流输出。可见,全波整流电路对电源的利用率高,输出的直流比较稳定,是普遍应用的整流电路。

ZAF008 桥式全波整流电路的特性

(三)桥式全波整流电路

全波整流电路虽然优点很多,但它在应用中必须有带中心抽头的变压器才能正常工作,这就不够节省并限制了它的应用范围,比如对于要从电源直接得到直流的情况,它就不能实现。所以又设计出了桥式全波整流电路,简称桥式整流。

桥式整流的电路如图1-8-6所示,它需要有4只晶体二极管,其工作过程是:当交流电源是正半周,即上正下负时,二极管 D_1、D_3 导通, D_2、D_4 截止,电流从(+)→D_1→R_L→D_3→

(-),输出到R_L上是上正下负;当交流电源是负半周,即上负下正时,D_2、D_4导通,D_1、D_3截止,电流经(+)→D_2→R_L→D_4→(-),输出到R_L上也是上正下负,这样不管电源极性如何,负载上得到的都是极性一样的直流。由于这种电路的形式很像电桥电路的形式,就给它起名为桥式整流。

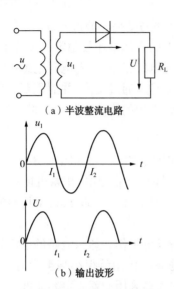

（a）半波整流电路

（b）输出波形

图1-8-4 半波整流电路

u—输入电压;u_1—变压器输出电压;

U—负载上的电压;R_L—负载电阻

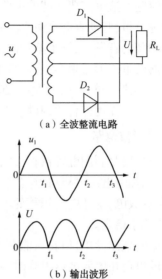

（a）全波整流电路

（b）输出波形

图1-8-5 全波整流电路

u—输入电压;u_1—变压器输出电压;

U—负载上的电压;D_1、D_2—二极管;R_L—负载电阻

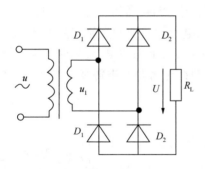

（a）桥式整流电路

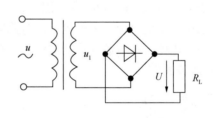

（b）桥式整流电路的简化形式

图1-8-6 桥式整流电路

u—输入电压;u_1—变压器输出电压;U—负载上的电压;R_L—负载电阻;$D_1 \sim D_4$—二极管

同前面介绍的电路一样,把每只二极管的极性都反过来,得到的就是负极性的电流。

桥式整流可以省掉变压器的中心抽头,在不需要变换电压的地方,可以直接从交流电源获得直流电,比较方便。但是它要多用一倍的二极管,电路相对地复杂一些,从制作成本上说不一定能节省,所以在应用选择时还是要根据实际情况权衡决定。

上面介绍的三种整流电路是我们油气管道保护仪器设备电源常用的整流电路形式,应该很好地掌握和理解。电源电路虽然简单,却是一台仪器设备最主要最根本的工作部分,电源不正常的仪器是不能工作的。

ZAF009 滤波电路的特性

二、滤波电路

从整流电路的工作过程和波形关系可知:负载上的电压电流虽然已经是直流了,但是大小却是变化的,这样的直流称为脉动直流,脉动直流一般是不能使仪器正常工作的。怎样得到稳定的直流呢? 这就需要用滤波电路。

根据理论分析,脉动直流是由直流和交流成分叠加的结果。滤波电路,顾名思义,就是把交流成分滤掉的意思,去掉叠加的交流成分,剩下的当然是比较稳定的直流了。

常用的滤波电路形式很多,有电容电阻滤波、电容电感滤波、电容电阻电感滤波等,在电路的接法上也形式各异,但是,其原理都是利用电容器易于通过交流、并能积蓄电荷的作用,再同电阻或电感的作用配合实现的。在此只介绍几种常用的滤波电路。

ZAF010 电容滤波电路的特性

(一)电容滤波电路

电容滤波电路是利用电容器积蓄电荷的作用实现的,它的电路如图 1-8-7(a)所示,其工作过程是:当加上电源(脉动的电流),电压处于上升时,电容充电,积蓄电能;当电压下降时,电容向负载放电,这样电容积蓄的电能就补充了电源下降的一部分,使电压有所提升,脉动减弱,电压趋于稳定。

电容滤波的电路简单,但它只能在电流较小的情况下工作。如果电路的电流较大,充电过程中积蓄的电荷在电源电压下降时很快就放光,滤波的作用就很小甚至没有了。所以电容滤波只能用在负载较轻的地方,如各种仪器仪表中大多采用的就是电容滤波。

ZAF011 电感滤波电路的特性

(二)电感滤波电路

电感滤波是利用大电感(平常称作扼流圈)对于交流电的阻抗较大、对于直流电的阻抗(电阻)较小的特点完成的。如图 1-8-7(b)所示,当电源接通后,电感 L 与负载 R_L 呈串联关系;由于 L 的直流电阻较小,交流阻抗很大,所以电源脉动中的直流成分大部分降在负载 R_L 上;脉动电流中的交流成分的绝大部分降落在 L 上,R_L 上的却很小,从而得到比较稳定的直流。另外,电感 L 在电源变化的时候,还有产生自感电势阻止电源变化的作用,这更加加强了电感滤波的效果。

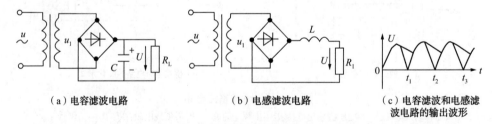

(a)电容滤波电路　　　　(b)电感滤波电路　　　　(c)电容滤波和电感滤波电路的输出波形

图 1-8-7　电容滤波和电感滤波电路

u—输入电压;u_1—变压器输出电压;U—负载上的电压;R_L—负载电阻;C—电容器;L—电感

电感滤波克服了电容滤波只能工作在小电流的缺点,可以用在较大负载的场合;而且,电感 L 越大,滤波的效果也越好。

ZAF012 稳压电路的特性

三、稳压电路

经过变压、整流、滤波以后,得到了需要的直流电压,就可以供给各种电路工作了。但是对于一些要求高的电路,这样的电源还是不能满足要求,因为电源波动负载的变化等原因都可能引起电源电压的不稳定,进而影响电路的工作。对于这些要求电压稳定性较高或很高的场合,就要采用稳压电路来满足它们。

所谓稳压,就是通过电子元件的功能或者通过电路设计的措施,实现电源电压不受外界波动的影响而保持稳定的电路。常见的稳压电路有二极管稳压电路、三极管稳压电路、串联式稳压电路,并联式稳压电路等。现在由于技术的发展,许多稳压电路制成一个电路块的形式,使用非常方便,这就是集成稳压电路。

(一)稳压二极管稳压电路

由稳压二极管构成的稳压电路如图 1-8-8(a)所示。它在电路中是反向连接的。其工作过程是:当电源接通以后,由于电源电压高于稳压二极管的击穿电压,稳压二极管击穿导通,电路中有电流建立,负载电阻 R_L 两端的电压即为稳压二极管的击穿电压。此后,不管电源电压波动还是负载发生变化,稳压二极管的电压都是稳定的。例如,由于某种原因使电压上升,则稳压二极管电流增大,电阻 R 上的电压降增大,抵消了电压的波动,使电压得以保持稳定。如果由于某种原因使输出电压下降,稳压二极管电流立即下降,电阻 R 上的电压降下降,又抵消了电压下降的波动,使输出电压得以稳定。可见稳压二极管是能够稳定电压的。

从以上过程可知,要使稳压二极管正常地实现稳压工作,必须保证:

(1)电源电压高于输出电压,使稳压管工作在反向击穿状态。

(2)流过稳压二极管的电流要在稳压管的额定允许范围。

这里的"条件(2)"是由电路中的电阻 R 来实现的。R 在电路中叫作限流电阻,限制电流不能超过稳压管的允许值要求。R 的选择原则有两点:

(1)在电源电压最高、负载电流最小时,保证流过稳压二极管的电流不超过允许范围。

(2)当电源电压最低、负载电流最大的时候,保证稳压二极管还工作在击穿状态。

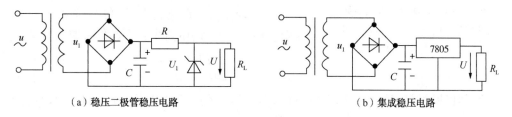

(a)稳压二极管稳压电路　　　　　　　　　　(b)集成稳压电路

图 1-8-8　稳压电路

u—输入电压;u_1—变压器输出电压;C—电容;R—电阻;R_L—负载电阻;U_z—二极管稳压值;

U—负载上的电压;7805—集成电路

(二)集成稳压电路介绍

由于科学技术发展的需要,现在有许多稳压电路做成集成电路的形式,在电路中只相当于一个元件,用起来非常方便。尤其在微机和数字电路方面,应用得更为普遍。常用的稳压集成电路有:

78XX 系列,输出正电压;如 XX 为 05 时,输出+5V 电压。7805 集成稳压电路如图 1-8-8(b)所示。

79XX 系列,输出负电压;如 XX 为 12 时,输出 -12V 电压。

LM XI7 系列,输出可调电压。

另外,还有其他型号系列产品,选用时注意电路说明即可。

项目四　晶体三极管放大电路

晶体三极管是一种能量控制、转换器件,它可以通过从电源取得能量,把电压、功率较微弱的信号变为电压、功率较强大的信号,人们把这种转变的功能称为放大。放大是电子技术中最重要的手段之一,是电子电路最重要的功能之一,也是油气管道保护设备中较常用的电子元件。

将微弱的电信号变为较强的电信号的功能称为放大;能实现放大作用的电子电路叫放大电路,简称为放大器。晶体三极管放大电路是最常用最普遍的放大电路。

GAF001 晶体三极管放大电路的概念

一、晶体三极管放大电路的基本形式

晶体三极管放大电路的基本形式为共发射极放大电路。图 1-8-9 是 NPN 型晶体三极管的基本放大电路。

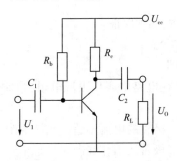

图 1-8-9　共发射极放大电路

U_1—输入电压;U_0—输出电压;U_{cc}—电源;

R_b、R_c、R_L—电阻;C_1、C_2—电容

在此电路中,发射极是其他两部分的公共回路,所以此电路又称为共发射极放大电路。以发射极为界,左边称为输入回路,右边称为输出回路。

二、晶体三极管放大器的工作原理

(1)当基极回路里没有信号电压输入时,电源 U_{cc} 通过 R_b 建立基极电流 I_b,集电极回路产生集电极电流 I_c,这是晶体三极管放大器的静态,I_b、I_c 确定了放大器的静态工作点,也叫直流工作点。放大器处于静态时,基极电压约为 0.7V,电路中其余各量有如下的关系:

$$I_c = \beta I_b \tag{1-8-1}$$

$$U_c = U_{cc} - I_c R_c \tag{1-8-2}$$

(2)基极回路里有信号电压 U_1 加入时,加在基极的电压是 0.7V 与 U_1 的迭加,所以 I_b 也要产生一个迭加的成分,I_c 也产生一个迭加的成分,具体地说:

①当 U_1 为正半周上升状态时,基极电压增大,I_b 增大,I_c 增大,$I_c R_c$ 增大,U_c 下降,这一变化的成分,经 C_2 输出给 R_L。

②当 U_1 为负半周下降状态时,基极电压减小,I_b 减小,I_c 减小,U_c 上升,这一变化也经过 C_2 输出给 R_L。

由此得到结论:只要基极回路有交流信号电压输入,在集电极回路就有同信号电压对应变化的电压输出,只要在电路参数上选择合适,使这输出电压大于输入信号电压,放大器的放大作用就实现了。

三、分压式偏置放大电路

在实际的应用电路中,一两级放大电路往往是不能满足需要的,这一方面是因为单级放大电路的放大倍数不能做得很大,太大了会影响电路的稳定性;另一方面是不能让每一只元件都具有很大的额定输出功率,那样将造成很大浪费。这样就产生了多级放大器电路间的连接问题,把前级电路的信号送到下一级电路去的电路就叫作耦合电路。

常见放大器的耦合电路有以下三种。

(一)容耦合电路

在图1-8-10所示的两级放大电路中,两级之间通过耦合电容C_2及下级输入电阻连接起来,所以称为阻容耦合;C_2的作用不但是把信号传输过去,而且还有阻隔直流的作用。凡是阻容耦合的放大电路,级与级之间在直流上是互相独立的,这是这种电路的特点和优点。使用阻容耦合电路的放大电路就叫阻容耦合放大器。

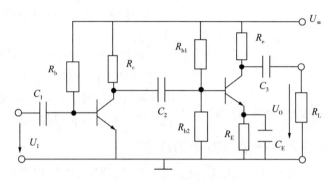

图1-8-10 阻容耦合放大器

U_{cc}—电源;U_1、U_0—电压;C_1—输入隔直电容;C_2—耦合电容;C_3—输出隔直电容;

C_E—发射极旁路电容;R_b、R_{b1}、R_{b2}—分压偏置电阻;R_c—集电极负载电阻;R_E—发射极电阻;R_L—输出负载

(二)变压器耦合电路

如果前级的信号是通过变压器馈送到下一级的,这样的耦合方式就是变压器耦合。变压器耦合电路除具有馈送信号和隔直作用外,还有阻抗变换的作用,这种电路在高频电路和功率放大电路中用的比较多,如收音机电路中,各级中放之间采用的就是变压器耦合方式。

(三)直接耦合

如果把阻容耦合电路中的隔直电容去掉,也不用其他耦合方式,而是让前后级直接连在一起,这样的耦合方式就是直接耦合。采用这种方式耦合的放大电路就叫作直接耦合放大器或直耦放大器。

一般来说,前两种耦合方式的放大器级间直流电路分开,互不影响,分析处理和调整都比较容易;直接耦合的放大电路级间电路互相牵制,工作点互相影响,情况要复杂很多,分析处理和调整等也困难得多。在分立元件的电路中,前两种电路用得较多,直接耦合在集成电路中却是最普遍的耦合方式,许多性能优异的放大器电路都是直接耦合的电路。

在油气管道保护中使用的仪器电路中,以上三种耦合方式的电路都有应用,而以直接耦合电路用得较多。

项目五　集成运算放大器

集成运算放大器是具有很高放大倍数并带有深度负反馈的多级直接耦合放大电路。它首先应用在计算机上,作为基本运算单元,可以完成加减乘除、微积分等数学运算。后来它在信号运算、信号处理、信号测量及波形产生等方面获得了广泛应用,也是油气管道保护设备中较常用的电子元件。

GAF002 集成运算放大器的概念

一、集成运算放大器的特点和符号

在分析集成运算放大器时,一般可以将它看成是一个理想的运算放大器,即具有很高的开环电压放大倍数、很大的输入电阻和较小的输出电阻等特点。

集成运算放大器的符号如图 1-8-11 所示,它有两个信号输入端和一个输出端,另外,还有正负电源两个输入端和调零端。常用的集成运算放大器有 μA741、LM324 等。

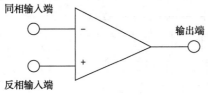

图 1-8-11　集成运算放大器的符号

二、集成运算放大器在信号方面的应用

集成运算放大器能完成比例、加减、积分与微分、对数与反对数以及乘除等运算,这里只简单介绍前几种。

(一)比例运算

比例运算也称为比例放大器,有同相和反相两种。如果输入信号从同相输入端引入的运算,便是同相运算,如图 1-8-12 所示;反之,如果输入信号从反相输入端引入的运算,便是反相运算,如图 1-8-13 所示。

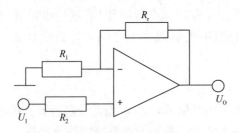

图 1-8-12　同相比例放大器
R_F—反馈电阻;U_1—输入电压;
U_O—输出电压;R_1、R_2—电阻

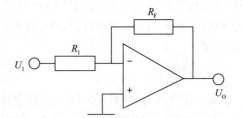

图 1-8-13　反相比例放大器
R_F—反馈电阻;U_1—输入电压;
U_O—输出电压;R_1、R_2—电阻

在同相比例放大器中,电压的放大倍数为:

$$A_u = U_O / U_1 = 1 + R_F / R_1 \qquad (1-8-3)$$

式中　A_u——电压放大倍数。

例如:当 $R_1 = 2k\Omega$,$R_F = 10k\Omega$ 时,$A_u = 1 + R_F / R_1 = 1 + 10/2 = 6$。如果 R_1 断开或 $R_F = 0$ 则,$A_u = 1$,$U_O = U_1$,此时该电路称为电压跟随器,可用于阻抗变换和电流放大。

在反相比例放大器中,电压的放大倍数为:

$$A_u = U_0/U_1 = -R_F/R_1 \qquad (1-8-4)$$

例如:当 $R_1 = 2k\Omega$, $R_F = 10k\Omega$ 时, $A_u = -R_F/R_1$
$= -5$。

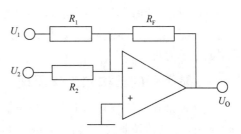

图 1-8-14　反相加法器
U_1、U_2—输入电压;U_0—输出电压;
R_1、R_2—电阻;R_F—反馈电阻

(二)加法运算电路

由反相放大器组成的加法运算电路如图 1-8-14 所示,在输入端还可以增加输入信号,实现更多信号相加。在此电路中,输出为:

$$U_0 = -(R_F/R_1)U_1 - (R_F/R_2)U_2 \qquad (1-8-5)$$

当 $R_1 = R_2$ 时, $U_0 = -(R_F/R_1)(U_1 + U_2)$。

三、集成运算放大器在信号方面的应用

在自动控制系统中,在信号处理方面常用到的有信号滤波、信号采样保持、信号比较及波形发生等。下面只对比较简单的信号比较器作一介绍。

信号比较器分为电压比较器和电流比较器,其中电流比较时可以转化为电压比较。一种简单的电压比较器如图 1-8-15 所示,图中 U_R 是参考电压,加在反相输入端,输入电压 U_1 加在同相输入端。由于放大器的电压放大倍数很高,即使输入端有一个非常微小的差值信号,也会使输出电压饱和。

当 $U_1 > U_R$ 时,输出为正向饱和电压,接近于正电源;当 $U_1 < U_R$ 时,输出为反向饱和电压,接近于负电源。我们可以利用输出电压控制电子开关或继电器来实现自动控制,如低压保护、过压断电等。

当 $U_R = 0$ 时,即输入电压和零电平比较,称为过零比较器。例如,当输入电压为正弦波时,输出为矩形波电压,如图 1-8-16 所示;过零比较器起到了波形转换的作用。

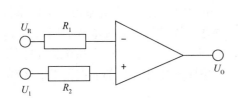

图 1-8-15　信号比较器
U_R—参考电压;U_1—输入电压;R_1、R_2—电阻;U_0—输出电压

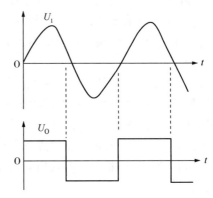

图 1-8-16　比较器输出图形
U_1—输入电压;U_0—输出电压;t—时间

项目六　晶闸管

晶闸管(俗称可控硅,如图 1-8-18 所示)是晶体闸流管的简称,它是一种大功率半导体

器件,既具有二极管那样的单向导电性和控制开关的作用,同时又有弱电控制强电的特点,使它在整流、逆变、变频、调压及开关等方面获得了广泛的应用,也是油气管道保护设备中较常用的电子元件。

一、晶闸管的结构和工作原理

GAF003 可控硅的概念

晶闸管是在晶体管基础上发展起来的一种三端四层器件,具有三个级:阳极(A)、阴极(K)和门极(又称控制级)(G)。它的内部由四层半导体形成了三个PN结,如图1-8-17所示,阳极A接P_1层,阴极K接N_2层,门极G接P_2层;因此,晶闸管可以看作由PNP型($P_1N_1P_2$)和NPN型($N_1P_2N_2$)两个晶体管互连而成,理解晶闸管工作原理的关键是了解门极的作用。

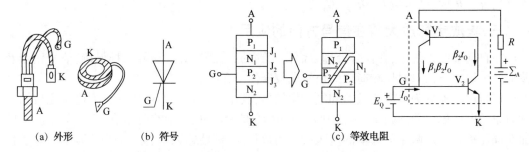

(a) 外形　　　　(b) 符号　　　　(c) 等效电阻

图 1-8-17　晶闸管的外形、符号和等效电路

P_1、P_2—P型材料;N_1、N_2—N型材料;J_1,J_2,J_3—PN结;A—阳极;K—阴极;G—门极

V_1、V_2—三极管;E_G、E_A—电源;I_G—门极电流;β_1,β_2—V_1、V_2的放大倍数

(1)晶闸管门极不加电压:若在晶闸管的阳极与阴极之间加上正向电压,J_1和J_3将处于正向偏置状态,而J_2处于反向偏置状态,在晶闸管中几乎没有电流流过,这种状态称为晶闸管的正向阻断状态。若在晶闸管的阳极与阴极之间加上反向电压,J_1和J_3处于反向偏置状态,而J_2处于正向偏置状态,在晶闸管中同样没有电流流过,这种状态称为晶闸管的反向阻断状态。由此可见,当晶闸管门极不加电压时,晶闸管具有正、反向阻断能力,此时,我们称晶闸管处于截止状态。

(2)门极加正向电压:此时,若在晶闸管的阳极与阴极之间加上正向电压,J_3对门极与阴极而言处于正向偏置状态,应有门极电流I_G流过门极进入$N_1P_2N_2$管的基极。$N_1P_2N_2$管导通后,其集电极电流流入$P_1N_1P_2$管的基极,并使其导通。该管的集电极电流又流入$N_1P_2N_2$管的基极,这样循环下去,形成了强烈的正反馈过程,使两个晶体管很快饱和导通,晶闸管迅速由阻断状态转为导通状态。导通后其管压降很小,电源电压几乎全部加在负载上,使负载正常工作。

晶闸管导通之后,它的导通状态完全依靠管子本身的正反馈来维持,即使门极电压消失,晶闸管仍处于导通状态。所以,门极的作用仅仅是触发晶闸管,使其导通;导通之后,门极就失去作用了。若要关断晶闸管,须将阳极电流减小到使之不能维持正反馈,为此,可将阳极电源断开,或在阳极与阴极之间加上反向电压。

由此可知,晶闸管是一个可控单向导电开关,欲使晶闸管导通,除了要在阳极与阴极之间加上正向电压,还要在门极与阴极之间也加上正向电压。晶闸管一旦导通,门极就失去控制作用,也就是说晶闸管是一种半控型器件。

二、单相半波可控整流电路

晶闸管的整流作用是晶闸管的主要应用之一,其中单相半波可控整流电路是各种可控整流电路的基础,其典型电路如图 1-8-18 所示。输入端为标准的正弦交流电压 U_1,在正弦交流电压的正半周时,晶闸管承受正向电压,但只有当 t_1 时刻给门极加上触发脉冲后,晶闸管才被触发导通。由于晶闸管导通后其管压降很小,使得负载上的电压 U_0 与输入基本相等。当交流电压下降到接近于零时,晶闸管因正向电流过小而自然关断,负载上的电压 U_0 变为零。在正弦交流电压的负半周时,晶闸管承受反向电压,不能导通,负载上的电压 U_0 始终为零,直到输入电压下一个正半周的 t_2 时刻再加上触发脉冲,使晶闸管导通。

通过以上分析可知,在晶闸管承受正向电压的时间里,改变门极触发脉冲的输入时刻,负载上的电压波形就会随之改变,由此就可以控制负载上输出电压的大小。家庭中用的调光台灯就是根据这个原理制成的。

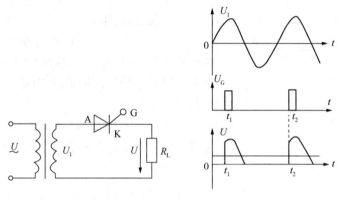

图 1-8-18　可控整流电路

U—变压器输入电压;U_1—变压器输出电压;U—负载电压;R_L—负载电阻;
U_G—门极电压;t_1、t_2—触发时间;A—三极管的阳极;K—三极管的阴极;G—三极管的门极

项目七　晶体管振荡电路

在晶体管放大电路里讲到,如果一个放大器引入了正反馈,放大器的放大倍数就要提高,但工作稳定性要变坏;如果正反馈大到一定程度,放大器的工作就会发生质变——没有输入信号,也有输出信号,这种情况叫做自激。自激对于放大器来说是有害的,绝对不能允许的。但是对于另一种电路来说却是正常的,必须的,这就是振荡电路。

一、振荡器的基本概念

能够自动产生并输出某种频率信号的电路叫作振荡电路。以振荡电路为主体做成的电子装置叫振荡器。晶体管振荡器电路的方框图如图 1-8-19 所示。

对于应用者来说,振荡器实际上是一个电源,供给需要频率信号的电源,一般说来是由振荡电路和放大电路组

JAF001 晶体管振荡电路知识

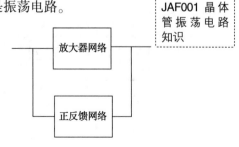

图 1-8-19　振荡电路方框图

合而成的。一个振荡电路需要具备的条件是：

（1）一个放大倍数足够的放大器。

（2）能对频率进行选择的选频网络。

（3）符合条件的正反馈信号。

通常把上面的三条概括为"相位条件"和"振幅条件"。所谓相位条件，就是反馈信号要与原输入信号相同，即正反馈；所谓振幅条件，是指反馈信号要足够补充电路的衰减和损耗。满足了这两个条件，一个电路肯定就会振荡起来了。

二、常用振荡电路介绍

(一)LC 振荡电路

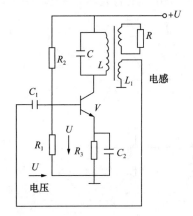

图 1-8-20　变压器耦合振荡器电路图
+U—电源；U—电压；R、R_1、R_2、R_3—电阻；
C、C_1、C_2—电容；L、L_1—电感

1. 变压器耦合振荡器

图 1-8-20 是变压器耦合振荡器的电路。图中 LC 选频回路是晶体管 V 的集电极负载；L_1 是反馈线圈。电路的工作过程是 L_1 通过变压器耦合把能量反馈给输入端，反馈信号的相位与输入信号同相，并且大小足以补充损失的能量，振荡器就不间断地产生所需频率的信号。

图 1-8-20 中，L_1 和 L 有圆点的叫做同名端，只有按这样的接法才能保证电路工作在正反馈状态。

2. 三点式振荡电路

LC 振荡电路的常用形式是三点式振荡电路。三点式振荡电路分为电感三点式电路和电容三点式电路两种。典型电路如图 1-8-21 所示。

电感三点式电路起振容易，电路谐波丰富，频率调整方便；电容三点式电路的波形好，振荡稳定，只是振荡和调整不如电感三点式电路，一般用在要求较高的电路里。

(二)RC 振荡电路

当需要得到较低的振荡频率时，若用 LC 振荡器，体积要做得很大，电路的稳定性也变得不好，这时就要用 RC 振荡电路了。

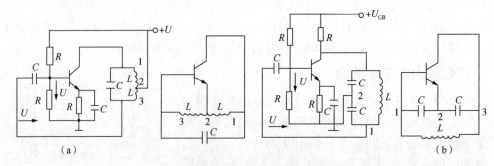

图 1-8-21　三点式振荡电路
+U，+U_{GB}—电源；U—电压；C—电容；R—电阻；L—电感；1、2、3—节点

1. RC 桥式振荡电路

电路由两级放大电路组成,从而得到要求的相移(正反馈),这种电路的稳定性和波形都比较好,在电路中又加有提高稳定性的负反馈,所以电路的品质较高,在音频信号电路里用得较多。

RC 桥式振荡电路如图 1-8-22 所示。

其工作过程是:

V_1、V_2 为两级放大器,V_2 为集电极输出端。R_{x1}、C_{x1} 串联和 R_{x2}、C_{x2} 并联组成电桥的一臂,把电路选频频率的信号加到 V_1 基极,为正反馈。R_3 与 R_{e1} 组成电桥的另一臂,把信号加到 V_1 的发射极,是负反馈起到稳定电路振荡振幅的作用。电源接通的时候,由于瞬时骚动的原因,放大器有信号加到输入端,经过自激过程,振荡建立起来后就持续进行下去。

为了便于调整,在使用中一般选择 $R_{x1} = R_{x2} = R$,$C_{x1} = C_{x2} = C$。

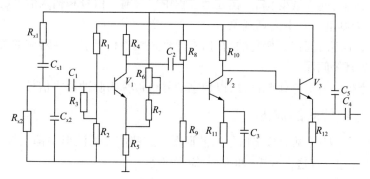

图 1-8-22　RC 桥式振荡电路

R、$R_1 \sim R_{12}$—电阻;C_x、$C_1 \sim C_5$—电容;$V_1 \sim V_3$—三极管

2. 双 T 桥式振荡电路

双 T 桥式振荡电路如图 1-8-23 所示。电路有两个 T 型电路并联而成,并且规定,如果平臂上的电阻电容为 R、C,则直臂上的电阻电容为 $1/2R$ 和 $2C$,这时频率呈现出最大的阻抗,在理论上为无穷大,信号的传输为 0。其工作原理是双 T 桥在电路中接成负反馈回路,由于它的滞阻特性,其频率为:

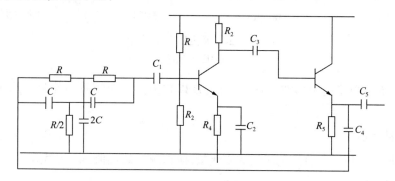

图 1-8-23　双 T 桥式振荡电路

R、$R_2 \sim R_5$—电阻;$R/2$—阻值为 R 的 $\dfrac{1}{2}$;C、$C_1 \sim C_5$—电容;$2C$—电容量为电容 C 的 2 倍的电容

$$f=1/2\pi RC \qquad\qquad (1-8-6)$$

这时的信号反馈最小(理论上为0),而其他频率的信号都因负反馈受到抑制,从而对 $f=1/2\pi RC$ 的信号放大量最大而自激振荡。

双 T 桥式振荡电路的电路简单,信号波形和工作稳定性较好,缺点是频率调整不便。因此在要求固定频率的电路中使用方便。在 FJJ-2 型地下管道防腐层检漏仪的发射机中,使用了双 T 桥式振荡电路。

项目八　脉冲电路

JAF002 脉冲
电路知识

一、模拟信号和数字信号

模拟信号是随时间连续变化的,在处理过程中要求输出信号和输入信号的波形、频率和相位严格一致,否则就会发生失真现象。

数字信号是不随时间连续变化的,在信号处理过程中只要求一些对应的关系一致即可,不存在上述的失真等问题。

单个的数字信号波形称作脉冲,所以数字信号也被称为脉冲数字信号。

二、常见数字信号的波形

图 1-8-24 是一些常见的数字信号的波形图。这些信号的波形图都是按理想情况画出的,实际中的波形远没有这么规矩,如方形、矩形波等。

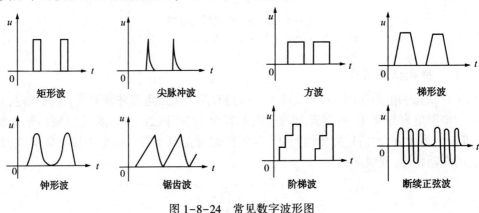

图 1-8-24　常见数字波形图

u—电压;t—时间

图 1-8-25 是典型的矩形波的信号波形,现以它为例来介绍脉冲信号波形中的各部分名称。

(一)脉冲幅值

脉冲从起始上升到它的最大值间的变化量,叫作脉冲的幅值,用 U_m 表示。

(二)脉冲前沿

规定一个脉冲从起始的 $0.1U_m$ 上升到它的 $0.9U_m$ 的部分,叫脉冲前沿。脉冲前沿所占用的时间叫脉冲上升时间,用 T_r 表示。

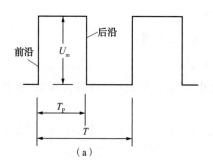 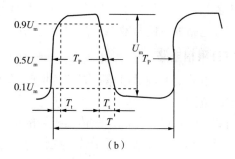

图 1-8-25 脉冲信号的各部名称

U_m—脉冲幅值;T_r—脉冲上升时间;T_f—脉冲下降时间;T_P—脉冲宽度;T—脉冲周期;T_g—脉冲间隔

(三)脉冲后沿

一个脉冲从它的 $0.9U_m$ 下降到它的 $0.1U_m$ 的部分,叫脉冲后沿。脉冲后沿所占用的时间叫脉冲下降时间,用 T_f 表示。

(四)脉冲宽度

规定脉冲前沿的 $0.5U_m$ 到脉冲后沿的 $0.5U_m$ 称为脉冲的宽度。它所占用的时间用 T_P 表示。

(五)脉冲周期

两个脉冲相同位置间的间隔时间,称为脉冲的周期,用 T 表示。

(六)脉冲间隔

相邻的两个脉冲的前沿和后沿对应位置的间隔时间,叫脉冲的间隔。一般规定取 $0.5U_m$ 位置处的间隔,用 T_g 表示。

三、常用脉冲处理电路

在实用技术中,经常要对脉冲信号进行处理,使其幅度、波形、宽度等符合电路的需要。一般由电阻、电容、晶体二极管、晶体三极管等构成脉冲处理电路。

(一)微分电路

微分电路是利用电容两端电压不能突变的性质,把脉冲宽度较大脉冲变为宽度很窄、上升迅速的尖脉冲。

在微分电路中,把电路中的电阻与电容的乘积叫作电路的时间常数,用 τ 表示即:

$$\tau = RC \tag{1-8-7}$$

这时,如果 R 的单位是欧姆,C 的单位是法拉,τ 的单位就是秒。电路的时间常数决定脉冲的宽度,τ 越小,脉冲越窄。为了使微分电路有较好的波形,一般电路的参数要取:

$$\tau \leqslant T/5$$

(二)积分电路

改变微分电路中的 RC 的位置。就构成了积分电路。积分电路也是利用电容上电压不能跳变的特性,功用却是同微分电路相反,它是把较窄的脉冲变为较宽的脉冲,它可以使脉冲的前后沿变化变缓甚至相互连接起来。晶体二极管整流电路中的 RC 滤波电路、晶闸管电路中的张弛振荡器充电电路都是积分电路的典型应用形式。

积分电路的时间常数意义同微分电路的一样,τ 越大,脉冲越宽。

(三)限幅电路

限幅电路又叫削波电路或者箝位电路,是对脉冲型号的波形的幅度进行限制,使其不超过要求的范围。

简单的限幅电路是利用晶体二极管的单向导电性实现的,比较复杂的限幅电路要利用晶体三极管和其他类型的管子的一些性质。这里只介绍一些基本电路形式。

1. 二极管串联限幅

二极管与输出电路串联如图 1-8-26(a)所示,限幅范围为 0 值以下,既保留正脉冲,又削掉负脉冲。如图 1-8-26(b)所示,保留负脉冲,削掉正脉冲。

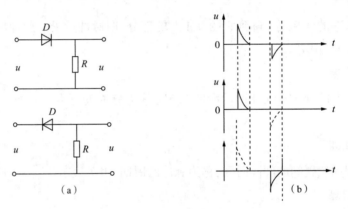

图 1-8-26 二极管串联限幅电路

D—二极管;R—电阻;u—电压;t—时间

2. 二极管并联限幅

二极管与输出电路并联,得到结果与串联限幅相同,图 1-8-27(a)保留正脉冲,图 1-8-27(b)保留负脉冲。

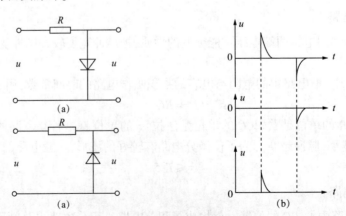

图 1-8-27 二极管并联限幅电路

R—电阻;u—电压;t—时间

3. 双向限幅

在实际应用中,要求信号的正负脉冲都予以保留,幅度不超过规定大小,这时就要用到双向限幅,其典型电路如图 1-8-28 所示。双向限幅一般采用并联形式,GB_1、GB_2 为晶体二极管 V_1、V_2 的偏置电源,V_1、V_2 和 GB_1、GB_2 的接法极性一正一反,大小或者相等,或者不等,由电路要求决定。从电路可知,当输入脉冲大于 GB_2 时 V_2 导通,当输入脉冲大于 GB_1 时 V_1 导通,这样,输出脉冲的幅度就被限制在 GB_1、GB_2 的范围内了。

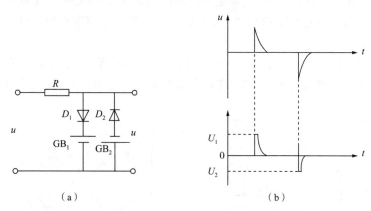

（a） （b）

图 1-8-28 二极管双向限幅电路

GB_1、GB_2—电源;U_1—≈GB_1 的电压;U_2—≈GB_2 的电压;R—电阻;D_1、D_2—二极管

四、晶体二极管和晶体三极管的开关特性

在脉冲电路中,主要应用晶体二极管和晶体三极管的开关特性。

（1）晶体二极管具有单向导电的性质,当晶体二极管正向连接在电路里时,二极管导通,而且正向电阻很小,相当于电路中的开关接通状态;当晶体二极管反向连接在电路里时,二极管截止,反向电阻很大,相当于电路中的开关断开的情况。如果电路中送来的是脉冲信号,当正向脉冲到来时,二极管导通,开关接通;当负向脉冲到来时,二极管截止,开关断开,这就是晶体二极管的开关特性,在脉冲信号电路中利用的就是这一特性。

（2）晶体三极管的导通和截止是受基极偏流控制的,当基极对发射极的电压 $U_{be} = 0.5 \sim 0.7V$（锗管为 $0.2 \sim 0.3V$）的门坎电压时,晶体三极管没有偏流,处于截止状态,相当于开关断开的情况。而 U_{be} 是控制（或操作）开关通断的手段,这就是晶体三极管的开关特性。

晶体三极管的开关特性与晶体二极管的开关特性的不同之处是晶体三极管开关有饱和开关和不饱和开关之分。

晶体三极管从截止状态向饱和状态转变时所表现出的开关性质叫饱和开关;从截止状态向放大状态转变时所表现出的开关性质叫不饱和开关。这两种开关的不同点是晶体三极管在放大状态工作时,集电极电流 I_c 是随 U_{be} 变化而变化;晶体三极管工作在饱和状态时,则无论 U_{be} 怎么变化,I_c 是不变的。在脉冲数字电路中应用的晶体三极管开关绝大多数都是饱和开关。

五、常用脉冲形成电路

在脉冲电路中,产生或处理非正弦波信号的电路,称之为脉冲形成电路。下面介绍最基本的一些类型。

(一)多谐振荡器

所谓多谐振荡器,就是产生非正弦波信号的振荡器。它特指生成近似矩形波信号的振荡器电路。基本的多谐振荡器电路如图1-8-29所示。

(二)双稳态触发器

触发器是常用的脉冲形成电路,也是用途最广的脉冲数字电路,许多数字逻辑电路部件都是由触发器作基本单元电路构成的。常用的数字触发器电路有单稳态触发器和双稳态触发器两种。

双稳态触发器(图1-8-30)是另一种产生波的多谐振荡器,与多谐振荡器不同的是双稳态电路是他激式多谐振荡器,即双稳态电路需要外来信号的作用,这就是触发。

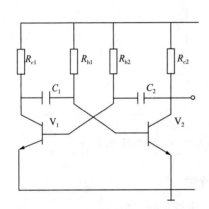

图1-8-29 基本多谐振荡器

R_{c1}、R_{c2}、R_{b1}、R_{b2}—电阻;

C_1、C_2—电容;V_1、V_2—三极管

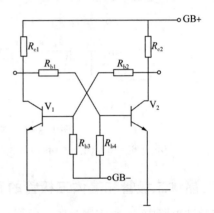

图1-8-30 双稳态触发器

GB+—正电源;CB-—负电源;$R_{b1} \sim R_{b4}$—电阻;

R_{c1}、R_{c2}—电阻;V_1、V_2—三极管

电路在一个稳态以后,要改变这一状态,必须有外来信号进行作用,这就是触发。电路从一个稳定状态变到另一个稳定状态的过程,叫电路的翻转。

一般说来,要双稳态电路翻转,可以在导通管的基极加负脉冲,也可以在截止管的基极加正脉冲,但因为电路的稳态是不固定的,所以加触发信号的方法有时不能做到,在电路中实际是在两管同时加一样极性的脉冲,这样的信号能使该翻转的管子动作,而对不要翻转的管子无效,这样才能可靠地达到目的。

在数字电路中,像双稳态触发器这样的单元电路的输入端和输出端都用特定的符号代表,输入端用R表示,置位端用S表示,输出端用Q表示。

(三)单稳态触发器

顾名思义,单稳态触发器是只有一个稳定状态的触发器,当它受到触发信号作用翻转的时候,只有一个稳定状态是能够保持的,另一个稳态是暂时的;当触发信号消失以后,它还要自行回到原来的稳态。

单稳态触发器电路一般用作信号整形、延时等方面,而且也可以用作记忆元件。

(四)反相器

反相器,顺名思义,就是输出信号和输出信号相位相反的电路,主要作用是改善波形和加快电路转变速度等。

反相器电路在脉冲数字电路中的作用是:

(1)它本身就是三种基本逻辑门电路之一——非门电路。

(2)它几乎可以构成任何一种触发器和振荡器的电路。

(3)在数字脉冲电路中,隔离、输出、带动负载的电路也是反相器的任务。

模块九　管道保卫知识

项目一　管道巡护

一、管道巡护的意义

输油气管道是五大交通运输方式之一，是国家能源运输的大动脉，有利于促进经济发展、改善人民生活和维护社会稳定。

管道巡护是指第一时间发现、阻止威胁管道安全的各类事件而进行的油气管道巡查活动。管道巡护是管道运营企业安排或委托相关人员对管道设施进行巡查、保护，并按规定对管道本身状况和管道附近影响或可能影响管道安全的人为活动及自然因素，及时发现、制止、纠正、记录、报告处理的全过程。

输油气管道系统站场内的管道有专门的管理部门和人员，而且一般情况下 24h 有人在岗值守、巡检、管理与维护，管道事故隐患易于发现和处理，而站场外公共区域的管道是管理的薄弱点，公众易于接近，事故多发，且一旦发生事故影响面较大。

在国内，2004 年 10 月 6 日，陕西省神木县，一台施工挖掘机挖裂陕京输气管道，4000 余人被紧急疏散，造成 $50×10^4m^3$ 天然气泄漏，管道停止供气 24h；2013 年 11 月 22 日，山东青岛经济技术开发区中石化管道公司输油管道破裂，造成原油泄漏，原油进入雨水管道，输油管道抢修作业现场和雨水涵道相继发生爆燃，造成 62 人死亡，166 人受伤，直接经济损失 70000 多万元。在国外，2006 年 5 月 12 日，尼日利亚拉各斯附近一石油管道，因打孔盗油发生爆炸，导致 200 人丧生；2000 年 8 月 19 日，美国新墨西哥州卡尔斯巴德附近的一段天然气管道发生剧烈爆炸，致使附近露营的一个 12 人家庭全部丧生；1989 年 6 月 4 日，前苏联 1985 年建成的一条输气管道发生泄漏，因两列火车开进泄漏区，火车摩擦产生的火花，引燃可燃气体发生爆炸，造成 600 多人死亡，烧毁百公顷森林，成为 1989 年震惊世界的灾难性事故。

管道巡护对保障管道安全具有重要意义，管道外部环境是不断变化的，这项工作任重而道远，需要采取不同的方式和方法，加强管道巡护，对油气管道的安全运行提供有力的保障。

二、管道巡护的内容

CAH001 管道巡护的内容

油气管道巡护包括线路巡护、光缆巡护、阀室巡护、隧道巡护、跨越巡护、其他巡护等。

（一）线路巡护

1. 线路巡护的基本内容

线路巡护主要检查油气泄漏现象（枯死的植物、烟气、响声、气泡、油气味道等）。检查管道沿线地形地貌变化、管道附属设施（管道标识、水工等）的完好情况、沿线管道占压、安全保护范围内的第三方施工等，检查埋地管道沿线有无露管现象，并关注周边社会活动，及时制止危害管道及其附属设施的行为。

2. 管道安全距离范围内巡护重点

在管道线路中心线两侧各 5m 地域范围内重点巡查并禁止事项：

(1)种植乔木、灌木、藤类、芦苇、竹子或其他根系深达管道埋设部位可能损坏管道防腐层的深根植物。

(2)取土、采石、用火、堆放重物、排放腐蚀性物质、使用机械工具进行挖掘施工。

(3)挖塘、修渠、修晒场、修建水产养殖场、建温室、建家畜棚圈、建房及修建其他建筑物、构筑物。

在其他管道安全距离范围内巡护时应该注意的事项：

(1)在管道线路中心线两侧各 5m 以外重点关注定向钻、顶管作业、公路交叉、铁路交叉、电力线路交叉、光缆交叉、其他管道交叉、河道沟渠作业、挖砂取土作业、侵占、城建、爆破等施工活动。

(2)在穿越河流处管道线路中心线两侧各 500m 地域范围内重点巡查事项：抛锚、拖锚、挖砂、挖泥、采石、水下爆破等。

3. 线路巡护要求

(1)管道保护人员应定期与巡线员联合巡线，查看管道巡护工作的开展情况，全面掌握管道沿线的基本情况。

(2)管道运营企业应明确日常重点巡查部位，加强巡护频次。如滑坡、嵝岘、隧道、采空区、高陡边坡、河流穿跨越、大型水工保护、高后果区、环境敏感区、自然灾害频发区、第三方施工及打孔盗油(气)频发段等管段。

(3)输油管道巡护重点应以防止打孔盗油、管道泄漏造成环境污染等风险为主；输气管道巡护重点应以预防人口密集区的第三方违章施工等风险为主。

(4)巡查管道、光缆、管道地面标识及水工保护等附属设施的完好情况，管道所经区域的地形地貌有无明显变化。

(5)巡查管道上方及周边有无可疑人员或车辆出现、有无水毁、占压、违章动土、违章施工、重车碾压以及其他影响管道安全的行为。

(6)地震、强降雨过后检查管道有无露管、泄漏，管道上方土体有无位移、沉降、裂缝。

(7)沙漠风蚀地区应注意春季和秋季大风对管道的威胁，大风过后应检查管道、光缆埋深，确保管道上部覆盖层厚度满足设计要求。

(8)黄土地区应注意暴雨径流和灌溉水对台田和梯田产生的洞穴侵蚀。春灌、冬灌以及暴雨过后，应对管沟下沉段进行观测，检查是否存在由于灌溉水或暴雨径流使管道悬空失去支撑。灌溉或暴雨过后，应进行专项检查，并采取相应措施。

(9)高寒地区应定期对管道沿线冻土带进行巡护，对处于不稳定型冻土的管段、边坡管段、穿跨越等部位进行重点巡查或实时监测。

(10)巡查其他有无违反管道保护法律法规、危及管道安全运行的行为。

(二)光缆巡护

管道巡线工根据光缆走向、埋深和相关设施信息等竣工资料或检测数据进行巡护。管道巡线工发现危及光缆安全的情况后，立即制止并上报。

光缆是由一定数量的光纤按照一定方式构成的缆芯和加强构件、外护层一起组成，用以实现光信号传输,光缆结构如图 1-9-1 所示。光缆是长输油气管道系统的重要组成部分,是油气管道安全、可靠、经济、优化运行的重要保障,是油气管道输送的中枢神经系统。光缆巡护与管道线路的巡护同等重要。

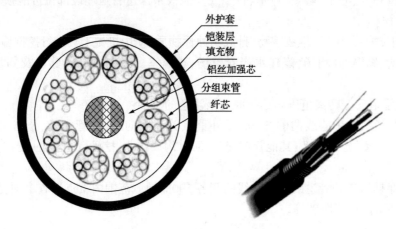

外护套
铠装层
填充物
铝丝加强芯
分组束管
纤芯

图 1-9-1　光缆结构示意图

1. 光缆一般敷设方式及要求

1)同沟敷设光缆位置及埋深

(1)光缆敷设位置应结合输油(气)管道敷设和附属设施的安装要求选择敷设在管沟一侧,位于管道油流前进方向右侧。光缆应埋设在冻土层以下,光缆在沟内应平整、顺直,沟坎及转角处应平缓过渡。光缆敷设位置可根据工程实际情况选择,宜敷设在与输油(气)管道管顶平行位置至管底平行位置的埋深范围内,光缆埋深深度见表 1-9-1。无特殊要求时,光缆与输油(气)管道间最小净距(指两断面垂直投影的净距)不应小于 0.3m;在与加热输送管道同沟敷设时,应考虑温度场对光缆线路的影响,适当增加间距。光缆在通过断裂带处时宜弹性敷设而过或局部小 S 弯。

穿越允许开挖路面的公路时埋深应距路边排水沟沟底不小于 1.2m;穿越有疏浚和拓宽规划或清淤可能性的小沟渠、水塘时,埋深应在疏浚或清淤计划深度以下 1.2m;穿越溪流等易受冲刷的地段埋深应在冲刷线下 1.2m。

表 1-9-1　光缆埋深深度

敷设地段及土质		埋深,m
普通土、硬土		≥1.2
砂砾土、半石质、风化石		≥1.0
全石质、流砂		≥0.8
市郊、村镇		≥1.2
市区人行道		≥1.0
公路边沟	石质(坚石、软石)	边沟设计深度以下 0.4
	其他土质	边沟设计深度以下 0.8
公路路肩		≥0.8

续表

敷设地段及土质	埋深,m
穿越铁路(距路基面)、公路(距路面基底)	≥1.2
沟渠、水塘	≥1.2
河流	按水底光缆要求

注:①边沟设计深度为公路或城建管理部门要求的深度。

　　②石质、半石质地段应在沟底和光缆上方各铺100mm厚的细土或沙土。此时光缆的埋深相应减小。

　　③本表中不包括冻土地带的埋深要求,其埋深在工程设计中应另行分析取定。

(2)在一般岩石地段当管道采用细土回填保护时,光缆下方应采用细土保护,细土厚度不小于100mm。当管道采用原土袋包裹或连续石方段且取土困难地段,光缆采用原土袋包裹敷设于沟底。

(3)光缆穿越挡土墙、护岸等水工保护设施时,光缆应穿 ϕ75mm 高密度聚乙烯管保护并放置于沟底。

2)单独直埋光缆埋深

单独直埋光缆应埋设在冻土层以下,并且敷设深度还应满足距自然地面不小于1.2m(石质、半石质地段应在沟底和光缆上方各铺100mm厚的细土或沙土。此时可将沟深视为光缆的埋深);穿越开挖路面的公路时埋深应距路边排水沟沟底不小于1.2m;穿越有疏浚和拓宽规划或清淤可能性的小沟渠、水塘时,埋深应在疏浚或清淤计划深度以下1.2m;穿越溪流等易受冲刷的地段埋深应在冲刷线下1.2m;光缆敷设在坡度大于20度,坡长大于30m 的斜坡地段宜采用"S"形敷设。

3)光缆与其他建筑设施间距要求

光缆与其他建筑设施间的最小净距应满足表 1-9-2(《通信线路工程设计规范》YD 5102—2010)的要求。

表 1-9-2　光缆与其他建筑设施间的最小净距

名称		光缆	
		平行时,m	交越时,m
通信管道边线(不包括人手孔)		0.75	0.25
非同沟的直埋通信电缆		0.5	0.25
埋式电力电缆	35kV 以下	0.5	0.5
	35kV 以上	2.0	
给水管	管径≤300mm	0.5	0.5
	管径 300~500mm	1.0	
	管径≥500mm	1.5	
高压油管、天然气管		10.0	0.5
热力管、排水管		1.0	0.5
燃气管	压力小于 300kPa	1.0	0.5
	压力 300~1600kPa	2.0	
通信管道		0.75	0.25

名称		光缆	
		平行时,m	交越时,m
其他通信线路		0.5	—
排水沟		0.8	0.5
房屋建筑红线或基础		1.0	—
树木	市内、村镇大树、果树、行道树	0.75	—
	市外大树	2.0	—
水井、坟墓		3.0	—
粪坑、积肥池、沼气池、氨水池等		3.0	—
架空杆路及拉线		1.5	—

注:①直埋光缆采用钢管保护时,与水管、燃气管、其他石油管道交越时的净距可降低为 0.15m。

②对于杆路、拉线、孤立大树和高耸建筑,还应考虑防雷要求。

③大树指直径 300mm 及以上的树木。

④穿越埋深与光缆相近的各种地下管道时,光缆宜在管道下方通过。

⑤隔距达不到上表要求时,应采取保护措施。

2. 光缆线路的防护

1)石质地段

在一般石方地段直埋光缆与管道同沟敷设时,光缆应直接敷设在管沟沟底,与管道管底平齐,在管道采用原土袋包裹保护或连续石方段且取土困难地段,光缆采用原土袋上、下连续码放的方式进行保护,并敷设在管沟沟底。原土袋布放间距为 4 个/m,每袋重 25kg。光缆单独敷设在石质地带时,沟底需要整平并清除尖刺石块,光缆上下各铺垫 100mm 细土。

2)防强电

将各单盘光缆间的金属护层、加强芯等金属构件在接头处电气断开。

3)光缆线路防雷

为了降低雷电可能带来的危害,在雷暴区光缆直埋线路将采用光缆接头处金属构件断开和站内光缆金属构件接防雷地线等措施进行防雷。

4)防水

光缆敷设完成后,所有利用钢管和塑料管保护光缆的地方,都要求用端头堵料、膨胀塞及护缆塞对端口进行严密有效封堵。

(三)阀室巡护

输油气管道沿线阀室是管道的重要设施之一,对保证正常输油气和管道抢修起着重要作用,因此必须做好重点巡查。

输油气站要定期对所管辖的阀室进行巡查并做好记录(对需要专人看护的阀室,看护人员要定期进行检查),检查内容包括:阀室的门窗、围墙是否完好无损、设施有无损坏或丢失、室内有无漏水、渗水、管道阀门有无泄漏、管道有无锈蚀、供电、仪器仪表显示是否正常、无杂草、无易燃物、阀室内应保持清洁,如发现上述情况应及时记录、维修并以电话和书面形式上报上级管理部门。

阀室的流程操作与切换应统一指挥,未经许可不得随意开关阀门,所有操作必须严格按照操作工艺流程执行。当全线紧急停输需要手动关断线路截断阀时,输油气站要派工艺操作人员到达现场,在统一指挥下进行操作,并将情况及时上报。

在进行检修动火时,要严格执行输油气管道动火管理规范。严禁机动车辆进入阀室,如确因工作需要进入阀室的机动车排气管应安装防火罩。进入阀室的生产、维修以及施工人员,应穿戴防静电服装和使用防爆工具,严禁携带火种进入阀室,禁止在阀室内吸烟等。阀室内配备灭火器要按照规定每月进行检查,并按要求填写检查卡片。根据关键生产装置锁定管理规定要求对阀室阀门进行锁定管理。

(四)隧道巡护

1. 隧道

输油气管道隧道是输油气管道贯穿山岭或丘陵、河流,埋置于地层内的一种地下建筑物。

2. 隧道的检查

隧道的检查可分为日常检查,定期检查和灾后检查,隧道的保养维修主要涉及日常检查和定期检查。灾后检查是在发生突发事件后进行的技术检查,包括地震灾害、地质灾害、洪水、泥石流等,以及除上述自然灾害以外的其他自然灾害和人为因素造成的破坏性事件。

1)隧道口部区域及管道附属设施检查

(1)水工保护有无损坏迹象。

(2)观察山体有无崩塌迹象、滑坡迹象、山体护坡损坏迹象。

(3)洞口外河流、沟渠护坡有无塌方迹象。

(4)口部排洪沟是否通畅;洞口上方岩石有无崩塌迹象。

(5)对于未封闭的隧道应进入内部进行检查。

2)隧道内部检查

(1)对于全衬砌的隧道,检查衬砌层是否有裂缝,裂缝有无渗水,隧道底部是否积水。

(2)对于锚喷支护的隧道,检查喷射混凝土层是否出现裂缝,喷射混凝土层是否掉落,连接钢构件有无锈蚀、断裂,有无钢筋裸露,锚杆松动现象。

(3)对于未衬砌的隧道,检查隧道洞室围岩是否有改变原状的情况发生,隧道底部是否有岩石掉块,小量塌方,洞顶局部有无松动岩块,洞室围岩有无可能造成隧道受损的活动裂缝出现。

3)管道本体及光缆检查

(1)管道支墩、支架、补偿器、固定墩等有无损坏。

(2)管道水平或纵向位移有无改变。

(3)管道连接件有无损坏。

(4)管道防腐、补口有无损坏。

(5)管道阴极保护系统是否正常。

(6)管道光缆有无外露、破损。

3. 隧道的检查内容

(1)检查隧道内外有无油气泄漏。

（2）关注隧道中心线两侧各 1000m 范围内是否存在采石、采矿、爆破作业等活动。

（3）检查隧道进出口是否有杂物堆放，伴行路及进出道路是否畅通，两侧山体岩石是否发生滑坡、裂缝等。

（4）进行隧道定期检查时，应检查：管道挡墙是否坍塌，排水沟是否被堵塞，墙体是否发生坍塌、漏水，是否有裂缝、脱落等。

（5）检查隧道宣传标语、标识是否完好，附属设施是否完好。

4. 隧道检查的注意事项

（1）一般情况下隧道不允许人员、牲畜通行，禁止机动车辆通行，在非检修期间，洞口应封闭。

（2）进入隧道检查（巡查）的人员必须佩戴安全帽，携带防爆照明手电等器具；灾后检查，必须待灾情稳定后，有可行的安全措施保障下方可进入。

（3）进入封闭隧道检查之前，应先期开启洞门通风或强制通风，并保持足够的通风时间，对凡是可能存在缺氧、易燃易爆气体、有毒有害气体等，进入隧道前应进行气体检测，进入隧道后气体监测应优先采用连续监测，若采用间断性监测，间隔不应超过 2h。在隧道维护期间应保持隧道通风。

（五）跨越巡护

1. 跨越方式

（1）管桥：管桥是用来支撑管道跨越河流的各种结构，主要形式有单跨或多跨连续梁式、八字钢架式、轻型托架式、桁架式、悬索式、悬垂式、斜拉索式以及各种混合式等。

（2）拱跨：利用管道自身的刚性增加跨距，用单管或组合管做成拱式结构。

（3）直跨：利用管道自身的刚性增加跨距，做成直管结构跨过河。

（4）管道架空：管道除了采取穿跨越方式外，在一些特殊的地段（地势低洼，地下常年水位较高）不利于敷设地下和日常检查维修，另外管道在穿越铁路、公路及其他设施时，从地下穿越的条件不具备，就需要采取架空的方式跨越。

2. 跨越外观检查

外观检查采用资料调研和现场检查相结合的方式进行。资料调研要求调研并掌握跨越修建和修复的设计资料、竣工图纸。现场检查包括目测检查和仪器检测，需要卷尺、钢板尺、游标卡尺、放大镜、数码相机、智能裂缝测宽仪、超声波探测仪、涂层厚度检测仪和激光测距仪等小型检测工具和工业仪器。

1）锚固墩

锚固墩外观检查包括锚固墩基础有无滑动、倾斜、下沉；混凝土墩台和帽梁有无风化、蜂窝、麻面、孔洞、磨损、表面腐蚀、碳化、开裂、剥落、钢筋外露锈蚀等，是否存在非正常的变位；锚固墩是否发生沉降、滑移或转动，锚固墩周围的回填土是否有沉降或挤压隆起等现象；基础下是否发生不许可的冲刷或淘空现象，扩大基础的地基有无侵蚀。

2）管桥结构

管桥结构外观检查包括一级焊接表面和二级焊接表面是否有裂纹、气孔、夹渣、焊瘤、烧穿、弧坑等缺陷，一级焊接是否有咬边、未焊满等缺陷；防腐材料涂刷是否均匀，有无明显皱皮、流坠、气泡，附着是否完好；各节点高强度螺栓是否漏装、断裂、缺失、欠拧、漏拧或松动；支座组件是否完好、清洁，有无断裂、错位、脱空、生锈等；滚动支座是否灵活，位移是否正常；构件是否有扭曲、局部损伤、锈蚀和腐蚀，是否存在过大的振动；组件是否完整。

3）索结构

索结构外观检查以目测为主，主要检查主缆保护层是否损坏、有无雨水进入；主缆有无断丝、锈蚀；吊索防腐层是否破损、老化、开裂；索夹有无相对滑动和锈蚀现象，螺栓有无松动，是否需要补拧；抗风缆是否牢固可靠，锚固区是否松动，钢丝有无破断；鞍座焊缝是否有裂缝，锚栓是否完好；锚头、锚板、连接是否破损；塔架局部是否歪斜而出现失稳现象。

4）防雷设施

防雷设施检查是指对暴露在大气中的防雷装置及其下引线进行检查，确认其避雷效果。具体方法是检查避雷系统的接地电阻值，该值越小越好，最大值不得超过 10Ω。

5）管道

管道外观检查包括防腐材料涂刷是否均匀、色彩是否一致，有无漏涂现象；保温结构是否黏结可靠；已实施防腐保温的管段和构件有无局部损坏现象；管道是否有偏离和振动的迹象。检测方法以目测为主，并测量局部损坏的尺寸，详细记录。

6）跨越结构的几何尺寸

跨越结构几何尺寸的检测首先采用全站仪和水准仪，测量三维坐标和高程，然后将检测结果与设计值进行对比，为将来分析几何形态的变化原因提供依据。

（六）其他巡护

1. 市政管网交叉/并行处巡护

（1）对管道与市政管网交叉/并行处实施加密巡检，定期检测管道与市政管网交叉/并行处的可燃气体浓度。

（2）巡护中重点排查有无可能危及管道安全的第三方施工工程，如市政管网工程施工、水平定向钻施工等。

2. 高后果区高风险段巡护

（1）对高后果区高风险管段应进行加密巡检，定期检测可燃气体浓度。

（2）重点加强对学校、集市、寺庙等特定场所人员的宣传，特别针对管道沿线大型机具（挖掘机、打桩机、收割机）户主、农田所有者、高后果区单元开展管道保护宣传及教育。

（3）对高后果区内的企事业单位及相关人员重点普及油气泄漏的紧急疏散、撤离知识、自我防范常识和油气特性知识。

3. 汛期巡护

（1）管道建设和运行阶段应对易发生险情的部位重点分析，明确重点防汛部位，在汛前落实管道线路重点巡护部位的各级巡护管理责任人，制定巡护管理方案或应急预案，定期开展应急预案演练。

（2）巡护人员应在强降雨或洪水过后对黄土塬、山区、河流穿跨越、高陡边坡、横坡敷设、采空区、高填方部位、地质灾害监测点等重点管段和列入重点巡护部位的管段及时进行现场检查，做好记录。

(3)管道运营企业应在主汛期前完成管道水土保持工程的维修维护。如存在实际困难无法完成的,应采取临时措施并编制现场处置预案,在确保安全、质量的前提下,缩短施工周期;在河道或山区泄洪沟内实施汛期线路维护工程时,应分段施工,避免管道裸露失稳,防止发生漂移或折断管道等事故。在此期间,应加密管道巡护。

项目二　第三方施工

CAH002 第三方施工的基本概念

一、第三方施工基本概念

第三方是指管道运营企业及与管道运营企业有合同关系的承包商以外的组织或个人。第三方施工是指第三方在管道周边,从事维护管道以外的有潜在危及管道安全的作业活动。

(一)第三方施工的种类及特点

1. 第三方施工种类

第三方施工包括定向钻、顶管作业、公路交叉、铁路交叉、电力线路交叉、光缆交叉、其他管道交叉、河道沟渠作业、挖砂取土作业、侵占、城建、爆破等。

2. 第三方施工的特点

第三方施工的特点主要表现在危害性大、不确定性大、施工进度较快和隐蔽性强。

(1)第三方施工的危害性主要表现在:

①可能导致管道破裂,引起介质泄漏、着火、爆炸事故。

②在一定程度上破坏了防腐层或给管道造成划痕、凹坑,继而引起管道腐蚀、疲劳或应力集中最终导致管道破坏。

③造成光缆中断,影响管道数据传输等正常生产活动。

④干扰管道阴极保护系统的正常工作,导致管道腐蚀失效。

(2)第三方施工的不确定性大,且大多数第三方对管道基本情况不了解,对破坏管道的危害性认识不足。

(3)一般情况下,第三方施工的进度比较快,往往在巡线人员到达前施工就已经完成了。

(4)有些第三方施工具有较高的隐蔽性,比如定向钻施工,一般定向钻施工的出入土点都在管道交叉点百米之外,有些甚至更远,较难及时发现。

(二)第三方施工巡护

针对第三方施工的特点,要切实做好巡护工作。

(1)管道运营企业应按国家法律法规履行第三方施工相关手续、编制管道保护方案、签订施工安全协议、与施工方在现场进行技术交底、落实现场安全防护措施。

(2)管道运营企业应定期对第三方施工现场进行巡护,对危及管道安全的第三方施工现场实行 24h 监护。

(3)巡线人员应将第三方施工巡护纳入重点巡检范围。重点检查内容:监护情况、管道安全保护措施落实等情况。

(4)施工前应探明油气管道、伴行光缆及与市政管网交叉/并行处的准确位置,划定施工警戒区域,设置警示标识、警戒线或围栏。

(5)开挖作业坑验证管道和光缆位置时应做好安全防护措施。

(三)第三方施工常见机械

第三方施工的机械包括定向钻、顶管机、打桩机、旋耕机、挖掘机、钻孔机、开沟机等。

定向钻是在非开挖条件下,铺设多种地下公用设施(管道、电缆等)的一种施工机具,由钻机系统、动力系统、控向系统、泥浆系统、钻具及辅助机具组成。定向钻施工具有隐蔽性强、危害性大的特点。定向钻的出入土点较远,有时难以及时发现。

顶管机是借助于主顶油缸及管道间、中继间等推力,把工具管或掘进机从工作坑内穿过土层一直推进到接收坑内,同时把紧随工具管或掘进机后的管道埋设在两井之间,以期实现非开挖敷设地下管道的一种施工机具。顶管施工的危害性大、隐蔽性强。

打桩机利用冲击力将桩贯入地层的桩工机械,由桩锤、桩架及附属设备等组成。打桩机施工易损伤管道。

旋耕机是与拖拉机配套完成耕、耙作业的耕耘机械。一般耕深:旱耕12~16cm,水耕14~18cm,重型横轴式旋耕机的耕深可达20~25cm。旋耕机施工速度快,对光缆的威胁较大。

挖掘机是用铲斗挖掘高于或低于承机面的物料,并装入运输车辆或卸至堆料场的土方机械。挖掘机施工速度快,易挖断光缆、损伤管道。

钻孔机是指利用比目标物更坚硬、更锐利的工具通过旋转切削或旋转挤压的方式,在目标物上留下圆柱形孔或洞的机械和设备的统称。钻孔机施工易造成光缆中断、损伤管道。

开沟机是一种开沟装置,其主要由动力系统、减速系统、链条传动系统和分土系统组成,分为链式开沟机和轮盘式开沟机。开沟机施工速度快,易挖断光缆、损伤管道。

二、第三方施工安全距离

> CAH003 第三方施工的安全距离

(一)《管道保护法》中的相关要求

第三十条 在管道线路中心线两侧各五米地域范围内,禁止下列危害管道安全的行为:

(1)种植乔木、灌木、藤类、芦苇、竹子或者其他根系深达管道埋设部位可能损坏管道防腐层的深根植物。

(2)取土、采石、用火、堆放重物、排放腐蚀性物质、使用机械工具进行挖掘施工。

(3)挖塘、修渠、修晒场、修建水产养殖场、建温室、建家畜棚圈、建房以及修建其他建筑物、构筑物。

第三十一条 在管道线路中心线两侧和本法第五十八条第一项所列管道附属设施周边修建下列建筑物、构筑物的,建筑物、构筑物与管道线路和管道附属设施的距离应当符合国家技术规范的强制性要求:

(1)居民小区、学校、医院、娱乐场所、车站、商场等人口密集的建筑物。

(2)变电站、加油站、加气站、储油罐、储气罐等易燃易爆物品的生产、经营、存储场所。

前款规定的国家技术规范的强制性要求,应当按照保障管道及建筑物、构筑物安全和节约用地的原则确定。

第三十二条 在穿越河流的管道线路中心线两侧各五百米地域范围内,禁止抛锚、拖锚、挖砂、挖泥、采石、水下爆破。但是,在保障管道安全的条件下,为防洪和航道通畅而进行的养护疏浚作业除外。

第三十三条 在管道专用隧道中心线两侧各一千米地域范围内,除本条第二款规定的情形外,禁止采石、采矿、爆破。

在前款规定的地域范围内,因修建铁路、公路、水利工程等公共工程,确需实施采石、爆破作业的,应当经管道所在地县级人民政府主管管道保护工作的部门批准,并采取必要的安全防护措施,方可实施。

第三十四条 未经管道运营企业同意,其他单位不得使用管道专用伴行道路、管道水工防护设施、管道专用隧道等管道附属设施。

(二)公路桥梁与管道交叉的处理原则

(1)新建或改建油气管道需要穿(跨)越既有公路的,宜选择在非桥梁结构的公路路基地段,采用埋设方式从路基下方穿越通过,或采用架设方式从公路上方跨越通过。受地理条件影响或客观条件限制,必须与公路桥梁交叉的,可采用埋设方式从桥梁自然地面以下空间通过。禁止利用自然地面以上的公路桥下空间铺(架)设油气管道。

(2)油气管道从公路桥梁自然地面以下空间穿越时,必须严格遵循 JTG B01—2014《公路工程技术标准》、JTG D20—2017《公路路线设计规范》、JTG D60—2015《公路桥涵设计通用规范》、GB 50423—2013《油气输送管道穿越工程设计规范》等有关标准规范,并同时满足下列条件:

①不能影响桥下空间的正常使用功能。

②油气管道与两侧桥墩(台)的水平净距不应小于 5m。

③交叉角度以垂直为宜。必须斜交时,应不小于 30°。

④油气管道采用开挖埋设方式从公路桥下穿越时,管顶距桥下自然地面不应小于 1m,管顶上方应铺设宽度大于管径的钢筋混凝土保护盖板,盖板长度不应小于规划公路用地范围宽度以外 3m,并设置管道标识标明管道位置;采用定向钻穿越方式的,钻孔轴线应距桥梁墩台不小于 5m,桥梁(投影)下方穿越的最小深度应大于最后一级扩孔直径的 4~6 倍。

(3)新建或改建公路与既有油气管道交叉时,应选择在管道埋地敷设地段,采用涵洞方式跨越管道通过;受地理条件影响或客观条件限制时,可采用桥梁方式跨越管道通过。采用涵洞跨越既有管道时,交叉角度不应小于 30°;采用桥梁跨越既有管道时,交叉角度不应小于 15°。桥梁下墩台离开管道的净距、对埋地管道的保护措施(钢筋混凝土盖板、管道标识)依照上述(2)条规定执行。

(4)油气管道穿(跨)越公路和公路桥梁自然地面以下空间、以及公路跨越油气管道前,各地公路管理机构或油气管道管理机构,应按照有关规定,委托具有相应资质的单位,开展安全技术评价,出具评价报告。

(三)铁路与管道交叉的处理原则

(1)管道与铁路交叉位置选择应符合下列规定:

①管道不应在既有铁路的无砟轨道路基地段穿越,特殊条件下穿越时应进行专项设计,满足路基沉降的限制指标。

②管道和铁路不应在旅客车站、编组站两端咽喉区范围内交叉,不应在牵引变电所、动车段(所)、机务段(所)、车辆段(所)围墙内交叉。

③管道和铁路不宜在其他铁路站场、道口等建筑物和设备处交叉,不宜在设计时速200km及以上铁路及动车组走行线的有砟轨道路基地段、各类过渡段、铁路桥跨越河流主河道区段交叉。确需交叉时,管道和铁路设备应采取必要的防护措施。

④管道宜选择在铁路桥梁、预留管道涵洞等既有设施处穿越,尽量减少在路基地段直接穿越。

(2)管道与铁路交叉宜采用垂直交叉或大角度斜交,交叉角度不宜小于30°。当铁路桥梁与管道交叉条件受限时,在采取安全措施的情况下交叉角度可小于30°。当管道采用顶进套管、顶进防护涵穿越既有铁路路基时,交叉角度不宜小于45°。

(3)当管道穿越铁路有砟轨道路基地段时,可采用顶进套管、顶进防护涵、定向钻、隧道等方式。

管道不应在设计时速200km及以上铁路有砟轨道路基地段采用定向钻方式穿越。

(4)管道采用顶进套管穿越既有铁路路基时应符合下列规定:

①套管边缘距电气化铁路接触网立柱、信号机等支柱基础边缘的水平距离不得小于3m。

②套管顶部外缘距自然地面的垂直距离不应小于2m。套管不宜在铁路路基基床厚度内穿越;困难条件下套管穿越铁路路基基床时,套管顶部外缘距路肩不应小于2m。

③套管伸出路堤坡脚护道不应小于2m,伸出路堑堑顶不应小于5m,并距离路堤排水沟、路堑堑顶天沟和线路防护栅栏外侧不应小于1m。

④套管宜采用Ⅲ级管,并满足铁路桥涵相关设计规范的要求。

⑤顶进套管穿越铁路施工时,套管外空间不允许超挖,穿越完成后应对套管外部低压注水泥浆加固,保持铁路路基的稳定状态。

⑥顶进套管穿越铁路应采用填充套管方式,填充物可采用砂或泥浆等材料,不需设置两侧封堵和检测管。

⑦顶管穿越工程不得影响铁路排水设施的正常使用。

(5)管道采用顶进防护涵穿越铁路路基时应符合下列规定:

①防护涵孔径应根据输送管道直径、数量及布置方式确定。涵洞内宜保留宽度不小于1m的验收通道,管道与管道间、管道与边墙间、管顶与涵洞顶板间的间距不宜小于0.5m,涵洞内净空高度不宜小于1.8m。特殊条件下,涵洞尺寸可由双方协商确定。

②主体结构应伸出铁路路基边坡与涵洞顶交线外不小于2m,并不得影响铁路排水设施的正常使用。

③结构应满足强度、稳定性、耐久性及埋置深度要求,应符合铁路相关设计规范的规定。

④防护涵宜采用填充方式,填充后不设检查井。涵洞内空间未填充时应在涵洞两端设检查井,检查井应有封闭设施。

(6)管道采用定向钻穿越铁路时应考虑管径、地质条件、埋深等因素,经验算满足铁路线路设施稳定时方可采用,并应符合下列规定:

①当定向钻穿越路基时,入土点和出土点应位于铁路线路安全保护区以外不小于5m,路肩处管顶距原自然地面的距离不应小于10m,且应在路基加固处理层以下。

②当定向钻穿越铁路桥梁陆地段时,管道外缘距桥梁墩台基础外缘的水平净距不应小于5m,最小埋深不应小于5m,且不影响桥梁结构使用安全。

③对废弃后的定向钻穿越铁路管道,管道运营企业应及时采用混凝土、砂浆等材料填充密实。

(7)铁路不宜跨越既有管道定向钻穿越段,必须跨越时,应探明管道的位置与深度。当采用桥梁跨越时,桥梁墩台基础外缘与管道外缘的水平净距不应小于5m,且不影响管道安全。

(8)管道不应跨越设计时速200km及以上的铁路、动车走行线及城际铁路。管道不宜在其他铁路上方跨越,确需跨越时,管道应采取可靠的防护措施,并应满足下列要求:

①管道跨越结构底面至铁路轨顶面距离不应小于12.5m,且距离接触网带电体的距离不应小于4.0m,其支承结构的耐火等级应为一级。

②跨越段管道壁厚应按GB/T 50459—2017《油气输送管道跨越工程设计规范》的规定选取。

③跨距不应小于铁路的用地界。跨越范围内不应设置法兰、阀门等管道部件。

(9)管道穿越既有铁路桥梁或铁路桥梁跨越既有管道时,铁路桥梁(非跨主河道区段)下方管道可直接埋设通过,并应满足下列要求:

①管顶在桥梁下方埋深不宜小于1.2m,管道上方应埋设钢筋混凝土板。钢筋混凝土板的宽度应大于管道外径1.0m,板厚不得小于100mm,板底面距管顶间距不宜小于0.5m,板的埋设长度不应小于铁路线路安全保护区范围。钢筋混凝土板上方应埋设聚乙烯警示带;穿越段的起始点以及中间每隔10m处应设置地面穿越标识。

②铁路桥梁底面至自然地面的净空高度不应小于2.0m。

③管道与铁路桥梁墩台基础边缘的水平净距不宜小于3m。施工过程中应对既有桥梁墩台或管道设施采取防护措施,确保管道与桥梁的安全。

(10)管道和铁路隧道不应在隧道洞门及洞口截水天沟范围内交叉。当埋地管道或管道隧道与铁路隧道洞身交叉时应符合下列规定:

①新建管道可在既有铁路隧道洞身上方挖沟敷设。当采取非爆破方式开挖管沟时,管沟底部与铁路隧道结构顶部外缘的垂直间距不应小于10m,输油管道在铁路隧道洞身及其两侧各不小于20m范围应采取可靠的防渗措施。当采取控制爆破手段开挖管沟时,管底与铁路隧道顶部的垂直净距不应小于20m,同时应考虑围岩条件、挖沟爆破规模及隧道结构的安全性等因素。

②管道除采用隧道结构以外,不宜在铁路隧道下方穿越。

③管道隧道与铁路隧道交叉时,两隧道垂直净距不应小于30m,且满足不小于3~4倍铁路隧道开挖洞径要求;两隧道净距小于50m地段,后建隧道的衬砌结构应加强。

④新建铁路隧道在埋地管道下方采用控制爆破开挖时,隧道顶部与埋地管道底部的垂直高度不应小于20m,同时应考虑铁路隧道断面大小、围岩条件、地面沉降变形及管道结构安全性等因素。

⑤新建设施进行爆破作业时应采取保持围岩稳定的措施。既有设施的允许爆破振动速

率,应根据既有隧道结构类型、结构状态、爆破环境条件及既有铁路或管道运输性质、轨道或钢管类型等综合因素评估确定,爆破方案应征得既有设施企业的同意。

⑥特殊地形情况下,采取工程措施并经既有设施企业审批通过后,可将交叉净距适当减小。

(11)埋地管道和铁路在软土等特殊土质、斜坡等特殊地段交叉时,应采取保证既有设施安全和稳定性的特殊设计。

(12)管道穿越既有铁路时,铁路方应对穿越处铁路设施进行检测评价。铁路两侧线路安全保护区外3m范围内为穿越段,管道方在穿越段应按GB 50423—2013《油气输送管道穿越工程设计规范》要求进行壁厚设计,采用加强级防腐涂层,对管道环向焊口采取100%超声波和100%射线探伤检测。管道方在施工期间应遵守铁路营业线施工安全管理规定,保持铁路线下基础工程的稳定,并采取保护措施。当交叉处管道上存在铁路杂散电流干扰时应对管道采取排流措施。

(13)铁路跨越既有管道时,管道方应对跨越管段进行完整性评价。铁路跨越段应设置保护涵或桥梁,并应对施工区域内的管道采取防护措施。铁路方在施工期间应保持管道原有的受力状态及管道周围土体和边坡的稳定。铁路施工便道及维修通道跨越既有管道时,应对管道采取保护措施。当交叉处管道上存在铁路杂散电流干扰时应对管道采取排流措施。

注:"铁路"包括高速铁路、客货共线铁路(Ⅰ、Ⅱ、Ⅲ、Ⅳ级)、重载铁路、城际铁路、工业企业专用线等,不包括城市轨道交通。

(四)铁路与管道并行的处理原则

(1)管道与铁路并行布置时,应同时满足下列要求:

①管道距铁路用地界的净距不应小于3m。

②埋地管道距邻近铁路线路轨道中心线的净距不应小于25m。

③地上管道与邻近铁路线路轨道中心线的水平净距不应小于50m。

(2)电气化铁路与管道并行间距在100m以内、并行长度在1000m以上时,在建设期间应预设必要的排流措施,铁路运行初期应按GB/T 50698—2011《埋地钢质管道交流干扰防护技术标准》对排流效果进行检测、复核。

(3)管道穿(跨)越河流段与上下游铁路桥梁之间的距离应符合GB 50423—2013《油气输送管道穿越工程设计规范》和GB 50495—2017《油气输送管道跨越工程设计规范》的规定。

(4)管道专用隧道与铁路隧道并行时,两相邻隧道的净距应符合表1-9-3规定。

表 1-9-3　两隧道间的最小净距

围岩等级	Ⅰ	Ⅱ—Ⅲ	Ⅳ	Ⅴ	Ⅵ
净距,m	(1.5-2.0)B	(2.0-2.5)B	(2.5-3.0)B	(3.0-5.0)B	>5.0B

注:B为管道隧道或铁路隧道开挖宽度中的较大值(m)。

(5)铁路与管道站场设施的最小距离,应按GB 50183—2015《石油天然气工程防火设计规范》执行。

油气管道阀室围墙距铁路用地界不应小于3m。阀室设置放空立管时,放空管管口应高出周围25m范围内的铁路设施及建(构)筑物2m以上。

石油天然气站场设置放空立管时,其区域布置防火间距宜通过计算可燃气体扩散范围确定,扩散区边界空气中可燃气体浓度不应超过其爆炸下限的50%,且放空管应高出10m范围内的铁路设施或建筑物顶2m以上。

注:"铁路"包括高速铁路、客货共线铁路(Ⅰ、Ⅱ、Ⅲ、Ⅳ级)、重载铁路、城际铁路、工业企业专用线等,不包括城市轨道交通。

(五)管道与电力、通信线路相互关系的处理原则

1)埋地电力、通信线路与管道相互关系的处理原则

(1)埋地电力电缆、通信电缆、通信光缆(同沟敷设光缆除外)与管道平行敷设时的间距,在开阔地带不宜小于10m;受地形条件限制时,其间距应满足下列公式的要求;

$$L = (\,|\,H-h\,|\,) \times \alpha + \frac{B}{2} + \eta \qquad (1-9-1)$$

式中　L——其他设施与管道的安全距离,m;

　　　H——管道埋深,m;

　　　h——其他设施埋深,m;

　　　α——土质放坡系数;

　　　B——沟底开挖宽度,m;(一般为管径+2.0m)

　　　η——富裕余量,一般取1.0m。

(2)埋地电力电缆、通信电缆、通信光缆与管道交叉时,宜从管道下方通过,净间距不应小于0.5m,其间应有坚固的绝缘隔离物,确保绝缘良好;产权单位应对交叉处的埋地电力电缆、通信电缆、通信光缆增加刚性保护套管,其长度不应小于管沟开挖影响区域内的长度;针对石油沥青防腐层和聚乙烯、聚丙烯缠带防腐层的管道在交叉点两侧各10m范围内的管道和电缆应做特加强级防腐。

(3)埋地电力电缆应采用铠装屏蔽电缆。

(4)水下电缆(光缆)与管道的水平距离不宜小于50m,受条件限制时不得小于15m。

2)架空电力、通信线路与管道相互关系的处理原则

(1)输电线路边导线与管道最小水平间距在开阔地区不宜小于1倍最高杆塔高度,在路径受限制地区考虑最大风偏情况下最小水平间距不宜小于8m;

(2)Ⅰ、Ⅱ级通信线路与管道最小水平间距不宜小于15m。

(3)管道及阴极保护的辅助阳极与塔杆接地极的距离应大于20m。

(4)架空电力线路、通信线路与管道交叉时,杆塔基础与管道允许最小间距不宜小于1倍最高杆塔高度。

(5)管道与110kV及以上高压交流输电线路的交叉角度不宜小于55°。在不能满足要求时,宜根据工程实际情况进行管道安全评估,结合防护措施,交叉角度可适当减小。

(6)电力系统接地体应背离管道方向埋设,与管道的最小水平安全间距应符合表1-9-4的要求。

表1-9-4　埋地管道与电力系统接地体间的最小水平安全距离

电压等级,kV	≤220	330	500
铁塔或电杆接地,m	5.0	6.0	7.5

(六)其他管道与油气管道相互关系的处理原则

(1)两管道平行敷设间距不宜小于 10m,特殊地段平行敷设间距不应小于 5m,输油管道与已建管道并行敷设时,土方地区管道间距不宜小于 6m,如受地形或其他条件限制不能保持 6m 间距时,应对已建管道采取保护措施。石方地区与已建管道并行间距小于 20m 时不宜进行爆破施工。

(2)两管道交叉时,后建管道应从原管道下方通过,且夹角不宜小于 60°,交叉处垂直净间距不应小于 0.6m;埋深大于 4m 的管道经过安全评估后,后建管道可从管道上方通过,交叉处垂直净间距不应小于 1m。其间应有坚固的绝缘隔离物,确保绝缘良好,同时确保两管道防腐层完好。

(3)采用不同施工方法施工的管道,应考虑规范允许的施工偏差对在役管道的安全影响。

(4)对已有管道穿越段埋深无法准确掌握时,禁止任何施工方法的管道穿越在役管道。

(5)地质灾害易发区应评价新建管道工程对在役管道的影响,根据评价结果采取防治措施,确保在役管道的安全。

(七)定向钻施工与管道相互关系的处理原则

(1)在在役管道附近采用定向钻方法施工,施工单位应主动向管道主管单位了解管道的位置、埋深、走向等情况,并将施工安全防护措施报管道主管单位,经审批同意后方可实施。

(2)定向钻穿越管道时宜与管道垂直交叉,受条件限制不能垂直交叉的,交角不应小于 60°。

(3)与在役管道平行铺设时,净间距不得小于 15m,与在役管道交叉时,垂直净间距应大于 6m,出、入土端距离在役管道的最小距离不应小于 100m。

(4)在管道附近采用定向钻施工时,施工单位应与管道的主管单位签订安全协议,管道主管单位应派人对其施工进行现场监护,发现有违反安全协议的行为时,应制止其继续施工。

(5)施工单位应提前告知管道运营企业其定向钻施工作业的具体时间,在定向钻施工作业期间,管道主管单位要 24h 密切监控管道运行状态,做好事故应急处理准备,一旦发生事故,应能立即响应。

(八)管道与河渠相互关系的处理原则

(1)在穿越河流的管道线路中心线两侧各 500m 地域范围内,禁止抛锚、拖锚、挖砂、控泥、采石、水下爆破。但是在保障管道安全的条件下,为防洪和航道的通畅而进行的养护疏浚作业除外。

(2)经规划部门审批或与管道部门协商同意的新挖河渠和河渠变迁整治对管道构成影响时,应对管道采取相应的加固防护措施。

(3)经规划部门审批或与管道部门协商同意的新开河道或河渠整治宜与管道正交通过,如需斜交时,交角不应小于 60°。

(4)河渠整治应保证管道埋设深度不低于河道设计冲刷线下 1.0m、不满足时应采取保护措施,当河床设计有铺砌层时,应保证管道埋设深度不低于铺砌层底面下 1.0m。

(5)水域穿越段管道上下游各500m范围内严禁挖砂取土;对于通航的水域,管道上下游各500m范围内为禁止抛锚区。

(九)市政管网与管道相互关系的处理原则

(1)管道不宜与市政管网平行敷设,受条件限制需要平行敷设的,管道与市政管网平行敷设间距不宜小于10m;特殊地段平行敷设间距不应小于5m。

(2)后建市政管网应从管道下方通过,且夹角不宜小于60°,交叉处垂直净间距不应小于1m,因特殊原因无法满足上述要求的,应组织修订设计方案,经安全评估后实施。

(3)管道应避免与市政管网的密闭空间交叉,对于已经存在的交叉,应采取措施对管道与市政管网的密闭空间进行物理隔离。

(4)管道与市政管网交叉处应设置警示牌,标注警示用语,并在巡检过程中监测油气浓度。

(十)其他规范中对油气管道与建(构)筑物的最小间距要求

针对管道与建(构)筑物之间的距离,GB 50253—2014《输油管道工程设计规范》对原油、成品油管道的安全距离进行了规定。对于城镇居民点,安全距离是由边缘建筑物的外墙算起;对于单独的工厂、机场、码头、港口、仓库等,安全距离应由划定的区域边界线算起。

对于输气管道,GB 50251—2015《输气管道工程设计规范》没有对地面建筑物的安全距离进行规定,仅规定了与其他埋地电缆和管道相交的间距;按照居民数和(或)建筑物的密度程度,划分为四个地区等级,并依据地区等级做出相应的管道设计。

三、管道占压

(一)管道占压的定义

管道占压是指在管道安全保护范围内,违反《中华人民共和国石油天然气管道保护法》等法律法规和标准规范等要求,进行建设、设置建筑物、构筑物及堆放其他物体等行为。如果没有及时发现、有效制止在管道安全保护范围内的建设、设置建筑物、构筑物及堆放其他物体的第三方施工,就会形成管道占压。

CAH004 管道
占压的危害

(二)管道占压危害

(1)可能造成管道破坏,引发重大伤亡事故,占压物施加给管道的外力超出了管道的设计承载力,长时间会造成管道损坏,进而引发次生灾害,造成严重的人员伤亡、财产损失和环境灾难。

(2)给不法分子可乘之机,一些占压在输油气管道上的违章建筑,极易被犯罪分子利用,成为打孔盗油(气)作案场所。近年来,已发生过多起犯罪分子利用违章建筑做掩护,直接在管道上打孔盗油的案件。

(3)给管道管理和抢修带来不便,管道被占压,可能导致无法正常进行地面检测,不能及时发现、修复管道缺陷,耽误抢修的宝贵时间,引发次生灾害。

模块十 管材知识

我国的油气长输管道自 20 世纪 70 年代初开始大规模建设,历经 40 余年的发展,已经成为国民经济的重要命脉。管材作为管道建设的重要组成,随着新材料、新技术的不断出现,强度更高、更加经济的管材得到广泛应用,现役长输油气管道材质的规格种类呈现出多样化特点。作为管道保护工在工作中应该了解和掌握的管材知识,本模块将进行详细介绍。

项目一 管线钢基础知识

一、管线钢分类

CAI001 管线钢的类型

广义而言,管线钢是指用于制造油气输送管道以及其他流体输送管道用钢管的工程结构钢。这种材料是近几十年来在低合金高强度钢基础上发展起来的。为了满足油气输送要求,在成分设计和冶炼、加工成型工艺上采取了许多措施。管线钢已经成为低合金高强度钢和微合金钢领域最富活力、研究成果最为丰富的一个钢种。管线钢分类方法为按照显微组织分类和按质量分级分类。

(一)按显微组织分类

管线钢较为普遍的分类方法是按照显微组织来分,包括四类:铁素体—珠光体(F-P)管线钢、针状铁素体(AF)管线钢、贝氏体—马氏体(B-M)管线钢和回火素氏体(S)管线钢,前三类采用控轧控冷技术,是当前油气输送管道用钢的主流品种,主要产品形式为板卷(钢带)和钢板。板卷(钢带)主要用来制造电阻焊管和螺旋埋弧焊管,宽厚钢板主要用来制造直缝埋弧焊管。多数情况下所说的管线钢是狭义的概念,即仅指用于生产焊接钢管的板卷(钢带)和钢板。第四类管线钢为淬火、回火状态管线钢,这类管线钢难以进行大规模生产,使用受限制。此外,按照使用环境管线钢可分为陆地地区、高寒地区、高硫地区、酸性环境、海底环境等用钢,按照合金化设计方法可分为 Mn 合金化管线钢和高 Nb 合金化管线钢。

(二)按质量分级分类

管线钢按照质量分级可分为 PSL1 和 PSL2 两类,PSL 是材料产品等级的简称。其中 PSL2 等级管线钢质量要求较高,其氮、硫、磷的含量低于 PSL1。一般而言,钢材的碳含量越低,焊接性能越好。目前长输油气管道采用较普遍的是 PSL1 钢质,但管道发展趋势是 PSL2 钢质。见表 1-10-1。

表 1-10-1 管线钢的分类

质量等级	交货状态	牌号	质量等级	交货状态	牌号
PSL1	轧制、正火轧制、正火或正火成型	L175/A25	PSL2	轧制	L245R/BR
					L290R/X42R

质量等级	交货状态	牌号	质量等级	交货状态	牌号
PSL1	轧制、正火轧制、正火或正火成型	L175P/A25P	PSL2	正火轧制、正火成型、正火或正火加回火	L245N/BN
					L290N/X42N
		L210/A			L320N/X46N
					L360N/X52N
					L390N/X56N
					L415N/X60N
	轧制、正火轧制、热机械轧制、热机械成型、正火、正火加回火;或如协议,仅适用于 SMLS 钢管的淬火加回火	L245/B		淬火加回火	L245Q/BQ
					L290Q/X42Q
					L320Q/X46Q
					L360Q/X52Q
					L390Q/X56Q
					L415Q/X60Q
					L450Q/65Q
	轧制、正火轧制、热机械轧制、热机械成型、正火、正火加回火活淬火加回火	L290/X42			L485Q/X70Q
					L555Q/80Q
				热机械轧制或热机械成型	L625M/X90M
					L290M/X42M
		L320/X46			L320M/X46M
					L360M/X52M
					L390M/X56M
		L360/X52			L415M/X60M
					L450M/65M
					L485M/X70M
					L555M/X80M
		L390/X56		热机械轧制	L625M/X90M
					L690M/X100M
		L415/X60			
		L450/X65			L830M/X120M
		L485/X70			
		L555/X80			

二、国外管线钢发展历史

1926 年,美国石油学会(API)发布 API 5L 标准,最初只包括 A25、A、B 三种钢级。随着管道工程建设对管线钢要求的提高,管线钢开始采用低合金高强度钢(HSLA)代替普通碳素钢,即在普通碳素钢的基础上加入少量合金元素,以获得一定的强度、韧性、焊接性、耐腐蚀性等综合性能,在满足相同强度级别条件下,可以节省钢材 1/3~2/3。20 世纪 40 年代末,美国、苏联、日本等国家管道用钢一直采用 C、Mn、Si 型的普通碳素钢。20 世纪 60 年代开始,管道输送压力和钢管口径不断增大,管线钢突破传统的 C-Mn 合金化加正火的生产过程,通过在钢中加入微量的 Nb、V、Ti 等合金元素,并采用控制轧制工艺,使管线钢的综合力学性能得到明显改善,这种钢称为微合金化高强度低合金钢。20 世纪 70 年代末至 80 年代初,建立在微合金化原理与控制轧制和控制冷却技术原理基础上的新型管线钢的研究达到高潮,推动了管线钢生产技术的发展。典型的钢种是 1967 年到 1970 年发布的 API 5LX 和 API 5LS 中的 X56、X60 和 X65 三个钢级的管线钢。

1973 年,API 标准中又增加了 X70 钢,这是一种 Mn-Mo-Nb 型的微合金化高强度钢,显微组织为针状铁素体。随后 X80 钢于 1985 年 5 月正式列入 API 5L 标准中,1994 年德国开始在天然气管道上使用 X80 钢,1995 年加拿大开始使用 X80 钢级。

随着管道建设向高压力、大口径发展,管线钢也向高钢级、高强度方向发展。以微合金化和控轧、控冷技术为基础开发的 X100 管线钢出现在 20 世纪 80 年代末。1988 年日本住友金属(SMI)首次公布了 X100 钢管的研究结果。

20 世纪 90 年代是 X100 管线钢研究的活跃时期。1995 年至 21 世纪初,欧洲 Europipe 公司先后进行了 6 次 X100 钢的研究开发;意大利 CSM 研究院进行了 4 次 X100 钢管的爆破试验;1998 年加拿大 TransCanada 公司着手 X100 钢的开发与应用。

21 世纪初,X100、X120 管线钢开始进入工程试用,如 2002 年加拿大 TransCanada 公司在 Westpath 铺设了长 1km、管径 1219mm 的 X100 试验段,2004 年在 Gordin Lake 铺设了长 2km、管径 914mm 的 X100 试验段,2006 年在 Stittsville 铺设了长 7km、管径 1066mm 的 X100 试验段等。2004 年 2 月,ExxonMobil 石油公司采用与新日铁合作研制的 X120 焊管在加拿大建成一条管径 914mm、壁厚 16mm、长 1.6km 的试验段。

三、国内管线钢发展历史

我国管线钢的生产和应用起步较晚,1985 年以前还没有真正的管线钢生产,当时我国管道的代用钢材主要为国产 A3.16Mn 和从日本进口的 TS52K。然而,近 20 多年来,我国管线钢的研制、开发和应用得到快速发展。

20 世纪 60~70 年代,我国管线钢管使用的板材主要采用鞍钢等厂家生产的 A3.16Mn。随着管道管径和输送压力的增大,钢板强度不能满足需求。80 年代以后各石油焊管厂开始使用按美国 API 标准生产的管线钢板,由于当时国内管线钢板生产厂技术不成熟,主要采用进口板材。90 年代初,以宝钢为代表的国内钢铁企业开始对管线钢技术进行攻关。通过陕京管道、西气东输一线和二线管道等重大管道工程的推动,宝钢、武钢、鞍钢、本钢、攀钢等企业相继开发生产了高钢级的 X 系列管线钢,先后完成了 X60、X70、X80 管线钢的生产和应用。

四、管线钢牌号的表示方法

> CAI002 管线钢牌号表示方法

管线钢牌号由三部分组成:L 代表输送管线的"Line"的首位英文字母、数字代表钢管规定的屈服强度最小值、数字后字母代表交货状态。

(一)L415M

L——代表输送管线"Line"的首位英文字母。

415——代表管线钢所规定的屈服强度最小值,单位是兆帕(MPa)。

M——代表交货状态为热机械轧制状态(TMCP)。

(二)X60M

X——代表管线钢。

60——代表钢管所规定屈服强度的最小值,单位 ksi。

M——代表交货状态为热机械轧制状态(TMCP)。

(1ksi=6.89MPa,ksi 单位:千磅/平方英寸)

屈服强度定义:大于此极限的外力作用,将会使零件永久失效、无法恢复,这个压强叫做屈服强度。如低碳钢的屈服极限为 207MPa,当大于此极限的外力作用时,零件将会产生永久变形;当小于此极限的外力作用时,零件还会恢复原样。

五、管线钢常见缺陷

CAI003 管线
钢缺陷的类型

管线钢的缺陷主要是边部缺陷、分层、起皮、夹杂物和偏析等。

(一)边部缺陷

管线钢边部缺陷主要为两类:一类是呈舌状或鱼鳞片状缺陷,可张开也可闭合,但根部与带钢本体相连,生产中习惯称之为"边裂"缺陷;另一类呈线状,称之为"细线"缺陷。两种缺陷一般分布在距钢板边缘 5~35mm 区域,钢板上、下表面均可产生,上表面较为严重。"边裂"缺陷形态不规则,在钢板面上随机出现,而"细线"缺陷形态规则,呈通卷断续分布。

(二)分层

分层是钢板中常见的缺陷,是钢板中明显的分离层,属于危害性缺陷。分层缺陷的成因是板坯(钢锭)中的缩孔、夹渣等在轧制过程中未压合而形成的。分层对管线的安全可靠性有一定的影响,应严加控制,对钢板的分层缺陷应进行 100%面积的超声波探伤检查。

一般规定,超过 80mm^2 的分层应切除,一张钢板分层总面积大于 6000mm^2 应报废。不论输气或输油管线,钢板边缘 500mm 内不允许存在分层缺陷。

(三)起皮

管线钢焊缝两侧和管体存在起皮缺陷主要是由于钢中存在夹杂物,起皮过程是由于铸坯中的夹杂物空洞或夹杂物本身破裂生成了裂纹,基体与夹杂物的界面脱开所致。

(四)夹杂物

夹杂物可分为非金属夹杂物和金属夹杂物两类。非金属夹杂物是由钢在冶炼、浇铸过程中的理化反应和炉渣,耐火材料侵蚀剥落进入钢中形成的。非金属夹杂物破坏金属的连续性,对钢板的力学性能有极大的影响。而金属夹杂物与非金属夹杂物不同,它本身仍是金属,有金属光泽,只是与钢的成分、组织不同而已。一般金属夹杂物是由于出钢槽、钢包中有残钢,钢瘤落入模中,其他合金偶然进入钢中等冶炼操作不当造成的。它多出现在钢板的尾部,为面积型缺陷,沿轧制方向拉长,纵向断口上呈现条状组织。

(五)偏析

偏析是在钢锭中某一区域偏重凝固析出某些物质所造成的化学成分不均匀的现象。其产生原因是钢锭(坯)在由外到里冷却时,由于各元素的熔点不一,熔点高的物质首先在钢液中凝固出来,熔点低的物质则随温度的下降而逐渐凝固造成的。

(六)疏松

疏松是钢锭中除集中的缩孔外,还存在着分散孔隙。其产生的原因是:当钢水在模内凝固时,钢水中的夹杂物和气体逐步逸出,到达钢锭上部时,有部分气体来不及逸出,存在于钢锭头部成为疏松。

项目二　钢管基础知识

一、钢管的发展历程

最原始的"管道"可追溯到 1600 多年前,我国四川省的居民将竹筒连接,用于输送天然气和卤水,称之为"笕";1806 年,英国伦敦建成了第一条铅制管道;1843 年铸铁管开始用于天然气管道;世界上第一条真正意义上的"输油气管道"是建成于 1879 年 5 月的"潮水"管道,它从宾州的格里维尔到威廉港,全长 90mile,管径 6in,日输油能力达 10000bbl(约 50×10^4t/a)。1925 年美国建成了第一条焊接钢质天然气管道,从此管道工业快速发展,从而也推动了管线钢、钢管技术的发展。

1959 年在美国 GREAT LAKE 管道系统中首次应用了 X52 级钢管;1967 年第一条 X65 钢级的伊朗—阿塞拜疆管道建成;1970 年北美 X70 钢级开始用于天然气输送,有代表性的是 TransCanada 公司的管道建设;1991 年,TransCanada 公司开始小规模试用 X80 钢管,1994 年德国建成第一条 X80 钢级标志性天然气管道(Ruhrgas);2002 年,TCPL 公司在加拿大建成一条长 1km、管径 1219mm、壁厚 14.3mm、X100 钢级的试验段,同年 X100(Grade 690)列入加拿大国家标准(CSZ245-1—2002);2004 年,ExxonMobil 在加拿大建成长度为 1.6km 的 X120 钢级试验段;2007 年,API Spec 5L 44—2008 版和 ISO 3183 将 L690(X100)和 L830(X120)列入输送管产品标准。

我国现代意义上的输油气管道建设起步较晚。1958 年,我国修建了第一条原油管道——克拉玛依至独山子输油管道;标志性的管道建设是 1970 年开展的"八三会战",1971—1975 年,先后建成投产了庆铁线、庆铁复线、铁秦线和铁大线等输油管线。20 世纪 70 年代,我国油、气输送钢管大部分采用 A3.16Mn 钢制造;20 世纪 70 年代以后,采用从日本进口的 TS/52K(相当于 API 5L 标准中的 X52 钢级)钢材制造钢管;从 80 年代开始,我国开始按 API 标准要求开展了专用管线钢的开发和研制;到 90 年代,X60、X65 级管线钢和焊管已大量应用于管道工程;21 世纪初,X70 钢级针状铁素体管线钢及焊管在国内首次应用于西气东输管道工程,实现了我国高强度、高韧性管线钢的国产化,是我国管道建设事业的里程碑。西气东输二线使用了 X80 级管线钢,使我国的管线钢和焊接钢管生产技术和质量居世界先进水平。

二、钢管的分类和特点

管线钢管按生产工艺不同分为多种,但油气输送管道主要使用的有无缝钢管、电阻焊钢管(HFW)、直缝埋弧焊钢管(SAWL)、螺旋缝埋弧焊钢管(SAWH)等 4 种,如图 1-10-1 所示。

(一)无缝钢管

无缝钢管是通过冷拔(轧)或热轧制成的不带焊缝的钢管,冷拔(轧)管管径为 5~200mm,壁厚为 0.25~14mm;热轧管管径为 32~630mm,壁厚为 2.5~75mm。管道工程中,管径超过 57mm 的管道常选用热轧无缝钢管。无缝钢管相比螺旋缝钢管和直缝电阻焊钢管来说，具有椭圆度大、壁厚偏差大、生产成本高和单根管长度短等缺点；优点是内壁光滑、承压高、耐蚀性好，外防腐层质量易于保证。

（1）无缝钢管　　（2）螺旋缝埋弧焊钢管　　（3）直缝埋弧焊钢管　　（4）电阻焊钢管

图 1-10-1　钢管类型

（二）电阻焊钢管

直缝电阻焊钢管是通过电阻焊接或感应焊接形成的钢管，焊缝一般较窄，余高小。具有焊缝平滑、外形尺寸精度高、防腐层质量容易保证等优点；缺点是因焊接的特殊性，焊缝处易产生灰斑、沟状腐蚀等缺陷，且焊缝处韧性差。

（三）螺旋缝埋弧焊钢管

螺旋缝埋弧焊钢管具有受力条件好、止裂能力强、刚度大、价格便宜等优点；缺点是焊缝较长、出现缺陷的概率要高于直缝管，焊后不扩径，管材内部存在残余应力，另外，焊缝处防腐层容易减薄，防腐质量不易控制。

（四）直缝埋弧焊钢管

直缝埋弧焊钢管优点是焊缝长度短、缺陷少、焊缝质量有所保证、外形尺寸规整、残余应力小；缺点是价格高。

ZAG001 管道钢管的类型
ZAG002 管道常用光管的特点
ZAG003 管件的类型

项目三　管件类型及连接

管件是管道结构元件的简称。作为管道的重要组成构件，是管道中承受载荷比较复杂的原件，质量优劣直接影响管道安全运行。管件的主要品种有弯头（弯管）、异径管、三通、四通、管帽等。管件在管道系统中起着改变走向、改变标高或改变直径、封闭管端以及由主管上引出支管的作用。

一、常用管件类型

（1）弯头（弯管）：用于改变管道方向。

（2）三通、四通：用于管道介质的分流。

（3）大小头：用来连接异径管。

（4）绝缘接头：安装在两管段之间用于隔断电连续的电绝缘组件，如整体型绝缘接头、绝缘法兰、绝缘管接头。

（5）管帽：用于进行管端封堵。

（6）收发球筒：用于收发清管器。

（7）汇气管：用于天然气的汇集和分配输送。

（8）波纹管：用于预防由于热胀冷缩而对管道造成的拉压力破坏。

二、连接方式

管道建设时，根据设计图纸，管道及附属设施主要通过三种方式进行连接。

（一）焊接连接

焊接连接是管道工程中对较大壁厚管道连接应用最广泛的方式，具有接口牢固耐久，不易渗漏，接头强度和严密性高，连接后不需要经常管理的特点。常见钢管的焊接方式有手工电弧焊、手工氩弧焊、埋弧自动焊、埋弧半自动焊、接触焊和气焊。

（二）承插连接

接头一个为插口管件，另一个为承口管件，中间采用填充材料与管壁紧贴形成密封。主要用于不易焊接的铸铁管和非金属管，铸铁管的承插连接方式分为机械式接口和非机械式接口，非金属管采用热熔或黏接的方式。

（三）法兰连接

法兰连接是将垫片放入一对固定在两个管口上的法兰的中间，用螺栓拉紧使其紧密结合起来的一种可拆卸的接头。常用于不宜焊接或需要可拆卸的场合。

法兰种类：按法兰与管子的固定方式分为螺纹法兰、焊接法兰、松套法兰；按密封面形式可分为光滑式、凹凸式、榫槽式、透镜式和梯形槽式。

模块十一　焊接

焊接是利用加热使被焊金属局部熔化,或加压使被焊金属产生共同塑性变形,将两个分离的工件结合成不可拆卸的连接件的工艺过程。

CAJ001 焊接的方法

项目一　焊接方法与方式

油气长输管道具有承压高、管径大的特点。为适应管道建设需要,针对不同材质等级的管线出现了多种焊接方法和焊接技术。

一、焊接方法

管道焊接施工从焊接方法上分主要有焊条电弧焊、熔化极气保护电弧焊(含自保护药芯焊丝电弧焊)和埋弧焊等。在制定焊接工艺时,经常将两种或两种以上方法进行组合。

按照焊接时的行进方向,管道焊接施工还可以分为下向焊和上向焊两种(图1-11-1)。下向焊方法是20世纪80年代从国外引进的焊接技术,其特点为管口组对间隙小,采用大电流、多层、快速焊的操作方法来完成,适合于大机组流水作业,焊接效率较高。同时,通过后面焊层对前面焊层的热处理作用可提高环焊接头的韧性。上向焊方法是传统的焊接方法,也是我国以往管道施工中的主要焊接方法,其特点为管口组对间隙较大,焊接过程中采用息弧操作法完成,每层焊层厚度较大,焊接效率低,适合于单机组作业。

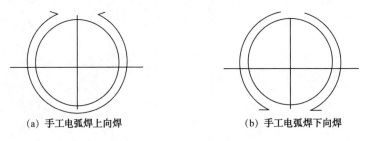

(a) 手工电弧焊上向焊　　　　　(b) 手工电弧焊下向焊

图1-11-1　手工焊接示意图

二、焊接方式

焊接施工方式按自动化程度划分,有手工焊、半自动焊和自动焊三种。

(一)手工焊

手工焊主要指焊条电弧焊和手工钨极氩弧焊。电弧焊具有灵活简便、适应性强等特点,同时由于焊条工艺性能的不断改进,其熔敷效率、力学性能仍能满足当今管道建设的需要。焊条电弧焊使用的纤维素型焊条和低氢型焊条,其下向焊和上向焊两种方法的有机结合及纤维素焊条良好的根焊适应性,在很多场合下仍是其他焊接方法所不能代替的。大多数返修焊、连头焊、站场安装焊接和一些特殊地段、特殊焊缝的焊接,采用纤维素型焊条根焊和低氢型焊条填充、盖面上向焊组合的方法。

手工钨极氩弧焊焊接质量好,背部无焊渣,一般用于站场压缩机进出口、球阀等设备以及管径较小、壁厚较薄的工艺管道安放式角焊缝的安装焊接。钨极氩弧焊方法要求焊前严格进行坡口清理,焊接过程中须有防风措施。

(二)半自动焊

目前使用的半自动焊有两种方法,即自保护药芯焊丝半自动焊和 CO_2 气保护半自动焊,它们都是采用下向焊的方法。

自保护药芯焊丝半自动焊技术操作灵活,环境适应能力强,焊接熔敷效率高,焊接质量好,焊工易于掌握,焊接合格率高,是目前国内管道工程中重要的填充、盖面焊方法。

随着焊接电源特性的改进,通过控制熔滴和电弧形态,CO_2 气保护焊的飞溅问题已基本解决,并开始在管道焊接中扮演重要角色,如 STT 型 CO_2 逆变焊机的应用等。这种焊接方法操作灵活,焊接质量好,焊接效率高,焊工易于掌握,但焊接过程受环境风速的影响较大,在采取防风措施的条件下主要用于根焊的焊接。

(三)自动焊

20 世纪 60 年代,国际上就开始在管道工程中应用管道全位置自动焊技术,它适用于大口径、厚壁管、大机组流水作业,焊接质量稳定,操作简便,焊缝成型美观。我国虽然从 70 年代就开始了管道自动焊技术的研究工作,但直到 90 年代才开始在管道建设中应用。自动焊技术适用于地形平坦地段的管道线路焊接施工,尤其是在自然环境条件比较恶劣的地区,如戈壁、沙漠、无人区等,自动焊技术具有不可替代的应用空间和优势。但自动焊技术对施工过程中的各种变化适应性较差,因此保持管口椭圆度和坡口参数的一致性,对自动焊技术的质量稳定起着关键的作用。另外,施工前必须做好焊接工艺评定工作,组织好人员培训,施工过程中需配备内对口器、管端坡口整形机和防风棚等相关的机具设备。根据根焊方法的不同,自动焊方法又可分为三类:

(1)自动内焊机根焊,自动外焊机热焊、填充、盖面。

(2)自动外焊机单面焊双面成型根焊,自动外焊机热焊、填充、盖面。

(3)CO_2 气保护半自动焊根焊,自动外焊机热焊、填充、盖面。

在实际应用中,一般结合不同的工程特点和施工环境因素,合理分配不同焊接方法的任务量,以使焊接效率、焊接质量、劳动强度和施工成本之间的关系达到最合理的效果。

项目二　典型焊接缺陷

ZAH001 焊接典型缺陷

焊接结构在焊制过程中因焊接工艺与设备条件的偏差,残余应力状态和冶金因素变化的影响以及结构材料与尺寸的差异等,往往会在焊缝中产生不同程度与数量的气孔、未熔合、夹渣、未焊透和裂纹等缺陷。缺陷产生的概率与焊接的方法、熔池大小、工件形状和施工场地等有关。

在制管焊接和现场施工焊接中,常见焊接缺陷有气孔、夹渣、未熔合、裂纹和未焊透等,按其形状不同可分为平面型缺陷和体积型缺陷,其中裂纹、未熔合和未焊透属于平面型缺陷,对焊缝质量危害很大,气孔和夹渣属于体积型缺陷。焊接缺陷产生的主要原因如下。

一、焊接裂纹

裂纹按其产生的温度和时间的不同可分为冷裂纹、热裂纹和再热裂纹;按其产生的部位不同可分为纵裂纹、横裂纹、焊根裂纹、弧坑裂纹、熔合线裂纹及热影响区裂纹等。裂纹是焊接结构中最危险的一种缺陷,不但会使产品报废,甚至可能引起严重的事故。

(一)热裂纹

焊接过程中,焊缝和热影响区金属冷却到固相线附近的高温区间所产生的焊接裂纹称为热裂纹。它是一种不允许存在的危险焊接缺陷。根据热裂纹产生的机理、温度区间和形态,热裂纹又可分成结晶裂纹、高温裂纹和高温低塑性裂纹。

(二)冷裂纹

焊接接头冷却到较低温度下(对于钢来说在 Ms 温度以下)产生的裂纹称为冷裂纹。冷裂纹可在焊后立即出现,也有可能经过一段时间(几小时、几天甚至更长时间)才出现,这种裂纹又称延迟裂纹,它是冷裂纹中比较普遍的一种形态,具有更大的危险性。

(三)再热裂纹

焊后焊件在一定温度范围内再次加热(消除应力热处理或其他加热过程)而产生的裂纹叫作再热裂纹。

二、未熔合

未熔合是由于电弧未能直接在母材上燃烧,焊丝熔化的铁水只是堆积在上一层焊道或坡口表面上而形成的,是一种几乎没有厚度的面状缺陷,其直接危害是减少截面,增大应力,对承受疲劳、经受冲击、应力腐蚀或低温下工作都非常不利。未熔合有多种形式,主要形式有层间未熔合和单侧点状未熔合,并出现在平、立焊位置,长度不一。未熔合和未焊透等缺陷的端部和缺口是应力集中的地方,在交变载荷作用下很可能生成裂纹。

三、气孔

焊接时,熔池中的气体在凝固时未能逸出而残留下来所形成的空穴称为气孔。气孔是一种常见的焊接缺陷,分为焊缝内部气孔和外部气孔。气孔有圆形、椭圆形、虫形、针状形和密集形等多种。气孔的存在不但会影响焊缝的致密性,而且将减小焊缝的有效面积,降低焊缝的力学性能。

四、咬边

咬边属焊缝成型缺陷之一,是由母材金属损耗引起的、沿焊缝焊趾产生的沟槽或凹缝,是电弧冲刷或熔化了近缝区母材金属后,又未能填充的结果。咬边严重影响焊接接头质量及外观成型,使得该焊缝处的截面减小,容易形成尖角,造成应力集中,从而形成应力腐蚀裂纹和应力集中裂纹。因此,对咬边有严格的限制。

五、未焊透

未焊透是指焊接时接头根部未完全焊透的现象。可能产生在单面或双面焊的根部、坡口表面、多层焊焊道之间或重新引弧处。它相当于一条裂纹,当构件受到外力作用时能扩展成更大的裂纹,使构件破坏。

六、焊缝尺寸不符合要求

焊缝尺寸不符合要求主要指焊缝余高及余高差、焊缝宽度及宽度差、错边量、焊后变形量等不符合标准规定的尺寸,焊缝高低不平,宽窄不齐,变形较大等。焊缝宽度不一致,除了造成焊缝成型不美观外,还影响焊缝与母材的结合强度;焊缝余高过大,造成应力集中,而焊缝低于母材,则得不到足够的接头强度;错边和变形过大,则会使传力扭曲及产生应力集中,造成强度下降。

七、弧坑未填满

焊缝收尾处产生的下陷部分叫做弧坑未填满也叫凹坑。弧坑不仅使该处焊缝的强度严重削弱,而且由于杂质的集中,会产生弧坑裂纹。弧坑未填满产生的原因有熄弧停留时间过短,薄板焊接时电流过大。

八、夹渣

夹渣是残留在焊缝中的熔渣。夹渣可分为点状夹渣和条状夹渣两种。夹渣削弱了焊缝的有效断面,从而降低了焊缝的力学性能。夹渣还会引起应力集中,容易使焊接结构在承载时遭受破坏。造成夹渣产生的原因很多,主要有焊件表面焊接前清理不良(如油、锈等)、焊层间清理不彻底(如残留熔渣)、焊接电流太小或熔化金属凝固太快及焊速太快使熔渣没有充足的时间上浮、操作不当、焊条药皮受潮及焊接材料选择不合适等。

九、噘嘴

在螺旋埋弧焊管的生产过程中,钢带经过成型器两个边咬合后,成型缝往往表现为一边(递送边)或两边向外翘起,这种现象称其为“噘嘴”。成型缝“噘嘴”导致焊缝向外鼓出及焊缝周围一定范围内的母材向管体内凹陷,影响了钢管的圆度。“噘嘴”主要对钢管的外观质量会造成以下影响:

(1)钢管圆度局部超差。

(2)外焊缝高度超差。

(3)内焊缝修磨困难,容易伤及母材。

(4)平头钝边局部不合。

(5)内焊道焊趾过渡差,影响钢管防腐质量。

(6)影响现场施工对接。

十、错边

错边,也叫搭焊,指的是管坯两边缘在焊接时错位。错边的主要危害是使钢质输油气管道管材及焊接技术管的有效壁厚减小。另外,错边也会影响钢管超声波和 X 光检验。在钢管的使用过程中,错边还会成为钢管化学腐蚀的起点部位。

项目三 焊接设备及材料

一、焊接设备

焊接设备是实现焊接工艺所需要的装备。焊接设备包括焊机、焊接工艺装备和焊接辅助器具。

CAJ002 电弧焊电源的类型

(一)电弧焊电源类型

1. 直流弧焊发电机

根据采用原动机的情况,直流弧焊发电机可分为电动机—直流弧焊发电机组;单一直流弧焊发电机(无原动机,根据具体情况配置原动机驱动);其他原动机(汽油机或柴油机)—直流弧焊发电机组。后两种适用于无电源地区的野外作业。

直流弧焊机有单工位的,也有多工位的,多工位的可同时供几个焊位工作。

2. 弧焊整流器

弧焊整流器是将交流电变为直流电的静止式直流弧焊电源。其电源一般为三相供电。在靠近工业电网时,可采用弧焊整流器,其效率比发电机高,而且并联简单。

直流弧焊发电机和弧焊整流器都是直流电源。焊件接电源正极、焊条接电源负极时称为正接,反之称为反接。正接时焊件温度高,反接时焊条温度高。

3. 弧焊变压器

弧焊变压器是一种交流弧焊电源。弧焊变压器结构简单,不会引起磁偏吹现象,但电弧稳定性较差。

(二)埋弧电焊机类型

埋弧焊分为自动埋弧焊和半自动埋弧焊:自动埋弧焊从引弧到焊缝收尾,所有主要动作均为自动操作。半自动埋弧焊除焊枪沿焊缝移动是手工操作外,其他均是自动操作。

埋弧焊机主要由焊接电源、控制箱、焊丝送进机构、焊机行走机构或焊枪以及焊剂输送器等构成。

电源可以是交流电源,也可以是直流弧焊电源或交直流两用电源。若焊剂稳弧性差或对焊接工艺要求较高时,宜用直流电源。

CAJ003 焊接材料的类型

二、焊接材料类型

在焊接时所消耗的材料,如焊条、焊丝、焊剂、气体等。在焊接材料的选择上,要满足焊缝金属的强韧性要求和使用环境要求。为了保证管道运行的经济、可靠,要求焊缝金属具有足够的强度和韧性。焊接材料可分为两大类,一类是焊条电弧焊用的电焊条,另一类是自动焊、半自动焊用的焊丝、焊剂、保护气体等。

(一)焊条

气焊或电焊时熔化填充在焊接工件的接合处的金属条。焊条的材料通常跟工件的材料相同。

1. 焊条的构成

焊条就是涂有药皮的供焊条电弧焊使用的熔化电极,焊条由焊芯和药皮构成。

焊条中的金属丝叫焊芯,用钢丝切制而成。常用的钢种类有碳素结构钢、合金结构钢和不锈钢。焊芯用钢和普通钢材不同,主要是含碳量低,硫、磷等有害元素含量也很低。

焊芯表面涂有一定厚度的料层,叫药皮。药皮可提高电弧的稳定性,在焊接过程中产生熔渣和保护气层,改善焊缝成形和结晶。此外,药皮在焊接冶金过程中发生化学反应,起脱氧、脱硫、脱磷、去氢、渗合金等作用,使焊接过程稳定,焊缝质量提高。

2. 焊条的选用

焊缝金属中 50%～70% 是焊条金属,因此焊接时必须选择适当的焊条才能保证焊缝金属的性能。

焊芯的成分和强度应与焊件接近。一般情况下,应选择抗拉强度等于或略高于焊件钢材抗拉强度的焊条。

对塑性、抗裂性、冲击韧性要求较高的重要结构部位的焊接,应选择碱性焊条(即药皮含有多量碱性氧化物的焊条)。

3. 焊条的牌号及型号

1)焊条的牌号

以结构钢为例:牌号,编制法。结×××,结为结构钢焊条;第一、二位数字,代表焊缝金属抗拉强度;第三位数字,代表药皮类型,焊接电流要求。

2)焊条的型号

焊条的型号是按国家有关标准与国际标准确定的。E×××,以国际标准结构钢为例,型号编制法为字母"E"表示焊条,第一、二位数字表示熔敷金属最小抗拉强度,第三位数字表示焊条的焊接位置,第三、四位数字组合时表示焊接电流种类及药皮类型。

(二)焊丝

焊接时作为填充金属或同时作为导电用的金属丝焊接材料。在气焊和钨极气体保护电弧焊时,焊丝用作填充金属;在埋弧焊、电渣焊和其他熔化极气体保护电弧焊时,焊丝既是填充金属,同时也是导电电极。焊丝可分为 3 类。焊丝的表面不涂防氧化作用的焊剂。

(三)焊剂

焊接时,能够熔化形成熔渣和气体,对熔化金属起保护和冶金处理作用的一种物质。用于埋弧焊的为埋弧焊剂。用于钎焊时有:硬钎焊钎剂和软钎焊钎剂。

焊剂也叫钎剂,包括熔盐、有机物、活性气体、金属蒸汽等,即除去母材和钎料外,泛指用来降低母材和钎料界面张力的所有物质。

钎料与母材的湿润能力与钎料本性固然有很大关系,但与钎剂的作用相比则次要多了。

项目四 焊接工艺

一、焊条电弧焊工艺

ZAH002 焊条
电弧焊工艺

(一)运条

运条是指焊接时焊条在三个基本方向的运动:送焊条、沿焊接方向移动,以及横向摆动。通过摆动焊条使焊缝达到所必须的宽度及熔深。摆动焊条还可搅拌熔池,防止产生气孔和夹渣。

(二)选择焊接规范

焊条电弧焊规范主要是选择焊条直径和焊接电流。

一般根据焊件尺寸、焊缝位置等条件选择焊条直径。选用大直径焊条可以提高生产率。

但直径过大会造成未焊透或焊缝成形不好。

增大焊接电流能提高生产率。但如果焊接电流过大,则易烧穿焊件或产生未焊透。同时焊条末端会过早发红,导致药皮脱落。反之,焊接电流过小,则引弧困难,电弧不稳定,容易出现未焊透和夹渣。一般在焊条不过早发红、焊件不烧穿的原则下,允许选用最大电流。

由于电弧电压(取决于电弧长度)以及焊接速度都和手工操作有关,所以在规范中不做规定。

二、埋弧焊工艺

ZAH003 埋弧
焊工艺

(一)埋弧焊焊缝的基本形状和尺寸

表征焊缝形状的基本尺寸有熔宽 b、熔深 h、加强高 e(即焊缝堆敷高度)。熔宽和熔深的比值称为焊缝形状系数 ψ,焊缝中基本金属熔化的横截面积与焊缝横截面积之比值称为焊缝的熔合比 γ(即焊缝中基本金属所占比例)。焊缝形状系数 Ψ 和熔合比 γ,对焊缝质量、焊缝的化学成分、焊缝的机械性能影响很大。ψ 和 γ 数值的大小主要取决于焊接规范。

(二)焊接规范的主要参数及选用

埋弧焊规范的主要参数有:焊接电流、电弧电压、焊丝直径、焊接速度和工艺因素等。

选择规范的主要原则是在保证焊缝质量的前提下尽可能选用强规范(大电流、快速度),以达到最高生产率。同时应尽量减少电能和材料的消耗。

一般通过试验或凭经验初步确定规范,然后在生产过程中进行调整、修正。

(三)焊接应力与变形

熔化焊接时,热源沿焊缝方向移动。由于不均匀加热和冷却,以及焊件刚性的影响,焊件内部会产生焊接应力,导致焊件变形甚至产生裂纹。所以,在焊接过程中必须采取一定措施,以减小焊接应力和防止变形。

采取合理的结构、合理的施焊方法和焊接规范,正确安排焊接顺序是减小焊接应力、防止结构变形的主要方法。

项目五　焊接质量检验

焊接质量主要是指焊缝的健全性和可靠性。必须通过各种检测、检查来确认焊缝的质量,检查其质量是否符合规定的预期要求。主要包括破坏性试验和无损检测两种方式。本节重点对无损检测相关知识进行介绍。

无损检测是不损坏结构性和完成性,就能评判焊缝质量是否符合设计要求及有关技术条件的检测方式。

一、焊缝的目视检验

(一)目视检验方法

(1)直接目视检验。也称为近距离目视检验,用于眼睛能充分接近被见物体,直接观察和分辨缺陷形貌的场合。一般情况下,目视距离约为 60mm,眼睛与被检工件表面所成的视角不小于 30°。在检验过程中,采用适当照明,利用反光镜调节照射角度和观察角度,或借助于低倍放大镜观察,以提高眼睛发现缺陷和分辨缺陷的能力。

(2)间接目视检验。用于眼睛不能接近被检物体而必须借助于望远镜、内孔管道镜、照相机等进行观察的场合。这些设备系统至少应具备相当于直接目视观察所获得的检验效果的能力。

(二)目视检验程序

目视检验工作较简单、直观、方便、效率高。因此,应对焊接结构的所有可见焊缝进行目视检验。对于结构庞大、焊缝种类或形式较多的焊接结构,为避免目视检验时的遗漏,可按焊缝的种类或形式分为区、块、段逐次检验。

(三)目视检验的项目

焊接工作结束后,要及时清理熔渣和飞溅,然后按表 1-11-1 的项目进行检验。

表 1-11-1 焊缝目视检验的项目

序号	检验项目	检验部位	质量要求	备注
1	清理质量	所有焊缝及其边缘	无熔渣、飞溅及阻碍外观检查的附着物	—
2	几何形状	焊缝与母材连接处	焊缝完整不得有漏焊,连接处应圆滑过渡	可用尺测量
		焊缝形状和尺寸急剧变化的部位	焊缝高低、宽窄及结晶鱼鳞波应均匀变化	
3	焊接缺陷	整条焊缝和热影响区附近	无裂纹、夹渣、焊瘤、烧穿等缺陷	接头部位易产生焊瘤、咬边等缺陷
		重点检查焊缝的接头部位、收弧部位及形状和尺寸突变部位	气孔、咬边应符合有关标准规定	收弧部位易产生弧坑、裂纹、夹渣、气孔等缺陷
4	伤痕补焊	装配拉肋板拆除部位	无缺肉及遗留焊疤	—
		母材引弧部位	无表面气孔、裂纹、夹渣、疏松等缺陷	—
		母材机械划伤部位	划伤部位不应有明显棱角和沟槽,伤痕深度不超过有关标准规定	—

目视检验若发现裂纹、夹渣、焊瘤等不允许存在的缺陷,应清除、补焊、修磨,使焊缝表面质量符合要求。

二、焊缝尺寸的检验

对接焊缝尺寸的检验是按图样标注尺寸或技术标准规定的尺寸对实物进行测量检查。通常,在目视检验的基础上,选择焊缝尺寸正常部位、尺寸异常变化的部位进行测量检查,然后相互比较,找出焊缝尺寸变化的规律,与标准规定的尺寸对比,从而判断焊缝的几何尺寸是否符合要求。检查对接焊缝的尺寸主要就是检查焊缝的余高和焊缝宽度,其中又以测量焊缝余高为主,因为现行的一般标准只对焊缝余高以及焊缝宽度有明确定量的规定和限制,不同的验收标准规定的具体数据不同。

三、无损探伤

无损探伤主要有射线探伤法和超声波探伤法。

射线探伤(俗称"拍片")是利用 X 射线或 γ 射线照射焊接接头检查内部缺陷的无损检测方法。X 射线、γ 射线是波长较短的电磁波,当穿越物体时被部分吸收,使能量发生衰减。如果透过金属材料厚度不同或密度不同,产生的衰减也不同,透过较厚或密度较大的物体时,衰减大,因此,射到胶片上的射线强度就较弱,胶片的感光度较小,经过显影后得到的黑度较弱,胶片的感光度就较浅;反之,黑度就深。根据胶片上的黑度深浅不同的影像,就能将缺陷清楚地显示出来。射线探伤是环焊缝检测常用的一种手段,不损伤被检物,方便实用,可达到其他检测手段无法达到的独特检测效果,底片长期存档备查,便于分析事故,可以直观地显示缺陷图像等。但因需要使用放射源,对人体有副作用甚至一定伤害,对其他敏感物体有不良作用,对环境有辐射污染;显影定影液回收困难,直接排放会造成环境污染。

超声波探伤也是目前应用广泛的无损探伤方法之一。超声波探伤的物理基础是机械波和波动,实质上超声波就是一种机械波。超声波探伤中,主要涉及几何声学和物理声学中的一些基本定律和概念。超声波的检测特点主要有:平面型缺陷检出率较高;适宜检测厚度较大的工件;检测成本低、速度快,检测仪器体积小、重量轻,适合现场作业;无法得到缺陷的直观图像,定性困难;检测结果无直接见证记录。超声波探伤优点是检测厚度大、灵敏度高、速度快、成本低、对人体无害,能对缺陷进行定位和定量。超声波探伤对缺陷的显示不直观,探伤技术难度大,容易受到主客观因素影响,以及探伤结果不便于保存,超声波检测对工作表面要求平滑,要求富有经验的检验人员才能辨别缺陷种类、适合于厚度较大的零件检验,使超声波探伤也具有其局限性。

随着管道焊接检测技术的发展,超声波相控阵技术已经开始应用于海底管道和陆地管道施工焊接检测。相控阵,就是由许多辐射单元排成阵列形式构成的走向天线,各单元之间的辐射能量和相位关系是可以控制的。典型的相控阵是利用电子计算机控制移相器改变天线孔径上的相位分布来实现波束在空间扫描,即电子扫描,简称电扫。相位控制可采用相位法、实时法、频率法和电子馈电开关法。在一维上排列若干辐射单元即为线阵,在两维上排列若干辐射单元称为平面阵。辐射单元也可以排列在曲线上或曲面上,这种天线称为共形阵天线。共形阵天线可以克服线阵和平面阵扫描角小的缺点,能以一部天线实现全空域电扫。通常的共形阵天线有环形阵、圆面阵、圆锥面阵、圆柱面阵、半球面阵等。

模块十二　管体缺陷及修复

随着国内外管道内检测技术的不断发展,油气长输管道可通过内检测准确、有效地发现管道本体存在的制造、施工、腐蚀等缺陷。对发现的不同类型缺陷,管道运营企业通过采取相应的措施(如补板、焊接套筒、换管等)可以有针对性地开展修复和维护管道,避免因管道缺陷部位的进一步发展引发油气泄漏事故的发生。本模块重点介绍了管体缺陷及修复相关知识。

项目一　管体缺陷修复基础知识

管体非泄漏类缺陷主要包括金属损失、焊缝缺陷、裂纹、变形等。

> CAK001 管道缺陷的主要类型
> CAK002 管道缺陷修复的基本原则

一、管体缺陷修复原则

在对缺陷点修复过程中,应遵循以下四项基本原则:

(1)输油气管道缺陷应依据管道完整性评价结果进行修复。

(2)管体缺陷修复技术中涉及需要在管道进行焊接作业时,应制定相应的焊接工艺评定和操作规程,管道工艺运行压力要满足相关要求。

(3)当管道缺陷较多时,应优先安排缺陷程度大、出站压力高,穿越铁路、公路、河流、水源地、人口密集区等高后果区地段处缺陷修复。

(4)当不停输修复管道管材等级在 X60 及以上时,不宜采用补焊和补板进行缺陷修复。

二、管体缺陷修复方式

> CAK003 管道缺陷主要修复方式

目前,国内油气管道企业管体缺陷常用修复技术包括:换管、打磨、补焊、补板、套筒修复、复合材料修复等。

(一)换管

换管可修复任何类型的管道缺陷。油品管道换管前应进行封堵,并排空输送介质;气体管道换管前应进行放空、置换,以保证换管安全。

(二)打磨

(1)打磨修复适用于焊缝缺陷、浅裂纹、电弧烧伤、沟槽、应力集中凹陷等非泄漏缺陷,不适用于修复腐蚀缺陷、深裂纹和电阻焊焊缝上的缺陷。

(2)打磨修复前,应对缺陷区域进行彻底清理,并分别采用机械和超声检测的方法测量缺陷处的纵向长度和剩余壁厚。

(3)如果打磨深度不超过公称壁厚的10%,则打磨长度不受限制;如果打磨深度超过公称壁厚的10%,若满足以下两个条件之一,则打磨深度的最大值可以到公称壁厚的40%。

①打磨长度不超过下式计算的纵向可接受长度:

$$L = 28.45 \sqrt{Dt\left[\left(\frac{d/t}{1.1d/t - 0.11}\right)^2 - 1\right]}$$

式中　L——打磨区域的纵向可接受长度,mm;

　　　　D——管道公称直径,mm;

　　　　d——打磨区域的最大测量深度,mm;

　　　　t——管道公称壁厚,mm。

②管道的最大允许工作压力(MOP)不大于按 GB/T 30582—2014《基于风险的埋地钢质管道外损伤检验与评价》计算的管道失效压力与设计系数的乘积。即:

$$MOP \leqslant Kp_F$$

式中　p_F——含缺陷管道的失效压力,MPa;

　　　　K——设计系数,应根据管道内的介质、缺陷所在处的地区级别等,参照 GB 50251—2015《输气管道工程设计规范》或 GB 50253—2014《输油管道工程设计规范》确定。

(4)打磨宜使用角向磨光机和翼片砂轮,打磨角度宜不大于45°,打磨时应防止管体过热。

(5)对于电弧烧伤的打磨修复,应采用10%的过硫酸铵或5%的硝酸酒精对打磨表面进行蚀刻,以确认异常金相组织已完全消除;对于沟槽和裂纹的打磨修复,应按要求对打磨表面进行渗透检测或磁粉检测,以确认缺陷已完全消除。

(6)如果打磨修复后打磨区域的深度和长度不能完全消除缺陷,则应继续采用其他方法进行修复。

(三)堆焊

堆焊适用于管道外部金属损失的修复,尤其是弯头和三通上的腐蚀缺陷,不适用于修复凹陷、焊缝缺陷和内部缺陷。

(1)规定最小屈服强度不小于415MPa 的管材,不宜采用堆焊的方法进行缺陷修复。

(2)采用堆焊进行管体缺陷修复时,应同时满足以下条件:

①缺陷处的最小剩余壁厚不小于 3.2mm,输气管道不小于 4.8mm。

②缺陷不位于凹陷、沟槽或电阻焊焊缝上。

③堆焊修复的焊接长度不小于 50mm(平行于焊接方向)。

(3)在役管道的堆焊修复作业宜采用回火焊道焊接技术。

(四)补板

ZAI001 补板修复的使用范围

(1)补板适用于小面积腐蚀或直径小于 8mm 的腐蚀孔、长度小于管道周长 1/6 的裂纹的修复,不适用于高压管线上的泄漏修复和高应力管线上的缺陷修复。

(2)规定最小屈服强度大于 276MPa 的管材,不宜采用补板的方法进行缺陷修复。

(3)采用补板进行管体缺陷修复时,应同时满足以下条件:

①修复压力不高于管道运行压力的 80%。

②对于输气管道应停气泄压后再进行施工。

③补板的材料等级和设计强度应不低于待修复管道。

(4)补板修复的方法存在焊穿、氢致开裂和爆管等风险,且易产生应力集中,应谨慎采用。

(五)套筒修复

套筒能承受内压和提高管线轴向的承压能力,可用于修复泄漏缺陷或最终发展为泄漏的缺陷。套筒可用于永久修复管道缺陷、损伤或泄漏。对于制管焊缝上的缺陷,使用套筒只能作为临时修复方法。

修复用钢质套筒分为 A 型套筒和 B 型套筒,套筒示意图如图 1-12-1 所示。A 型套筒是利用两个由钢板制成的半圆柱外壳覆盖在管体缺陷外,通过侧焊缝连接在一起;B 型套筒是利用两个由钢板制成的半圆柱外壳覆盖在管体缺陷外,通过侧焊缝连接在一起,套筒的末端采用角焊的方式固定在输油气管道上。

1. A 型套筒安装

ZAI002 A 型套筒的安装

(1)A 型套筒安装前,套筒覆盖的管体表面应清理至近白级,若使用填充材料,填充材料应用于所有缺口、深坑和空隙,套筒应紧密地贴近管体。

(2)套筒安装时,使用链条套在套筒下半部上,每间隔 0.91m 套筒长度应至少安装一个链条,链条有一定的松弛度。

(3)在套筒下半部与链条之间垫上木块,木块放置在套筒下半部的中心位置,通过液压千斤顶拉紧链条,使套筒与管道尽可能地紧密配合。

2. B 型套筒安装

ZAI003 B 型套筒的安装

(1)首先进行单 V 形带垫板对接侧缝焊接,焊接时应保证有足够的壁厚,以防止管道焊穿,焊接中保持通风,直至焊接完成。

(2)套筒末端与管道的填角焊接应遵照相应的焊接工艺规程,角焊缝的焊接工艺应当严格地与材料和焊接情况相匹配。

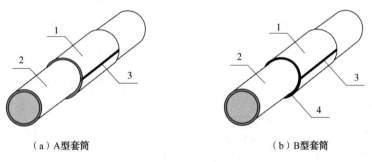

（a）A型套筒 （b）B型套筒

图 1-12-1 套筒示意图

1—套筒;2—管道管体;3—纵向对接焊缝;4—环向角焊缝

(六)复合材料修复

利用复合材料修复层的高强度和高模量,通过涂覆在缺陷部位的高强度填料,以及管体和纤维材料层间的强力胶,将作用于管道损伤部位的应力均匀地传递到复合材料修复层上。

复合材料可用于永久修复管道未泄漏缺陷,也可用于临时修复管道未泄漏的内腐蚀缺陷。当管道最小剩余壁厚小于 0.2 倍管道壁厚时,不应使用复合材料进行缺陷的修复。

三、管体缺陷套筒焊接要求

（一）纵向对接焊缝焊接

纵向对接焊缝的焊接应满足以下条件：

（1）管道在役焊接应使用评定合格的焊接工艺规程，焊工应取得相应的资质并通过资格考试。

（2）焊接套筒时，应先同时焊接两侧纵向对接焊缝，再焊接环向角焊缝，且两道环向角焊缝不应同时焊接。

（3）纵向对接焊缝的焊接应满足以下条件：

①焊接套筒的纵向对接焊缝时，宜在对接焊缝下装配低碳钢垫板，以防止焊接到管道上，垫板长度应与套筒长度相同或略长，宽度为对接焊缝宽度的 2~3 倍。

②套筒的纵向对接焊缝应 100% 焊透，根部间隙（对接面的间隙）宜为 3~6mm。

③焊道应主要位于套筒上，位于垫板上的焊道不应超过 2mm 宽，否则易烧穿垫板。

④套筒长度大于 750mm 时，两道纵向对接焊缝应由至少 2 名焊工同时施焊，焊接顺序如图 1-12-2 所示。

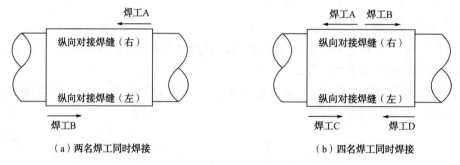

（a）两名焊工同时焊接　　　　　　（b）四名焊工同时焊接

图 1-12-2　纵向对接焊缝焊接顺序

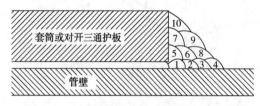

图 1-12-3　环向角焊缝对焊焊接示意图
（数字代表焊接顺序）

（二）环向焊缝焊接

环向角焊缝的焊接应满足以下条件：

（1）B 型套筒与管道的环向角焊缝宜采用多道堆焊，一般的堆焊形式如图 1-12-3 所示。

（2）第一条焊道与 B 型套筒距离应小于 2mm，但不应与护板连接。

（3）在公称直径不小于 325mm 的管道上进行 B 型套筒的环向角焊缝的焊接时，每道焊缝应由至少 2 名焊工同时施焊，且两电弧间应至少相距 50mm，焊接顺序如图 1-12-4 所示。

（4）B 型套筒的护板厚度不大于管道公称壁厚的 1.4 倍时，角焊缝的焊脚高度和宽度应等于护板厚度，如图 1-12-5 所示。

（5）B 型套筒的护板厚度大于管道公称壁厚的 1.4 倍时，应把 B 型套筒的外表面磨成坡度为 1:1 的斜面，且角焊缝的焊脚高度和宽度应等于管道公称壁厚的 1.4 倍，以减少应力集中，如图 1-12-5 所示。

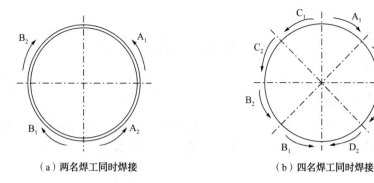

（a）两名焊工同时焊接　　　　（b）四名焊工同时焊接

图 1-12-4　环向角焊缝焊接顺序

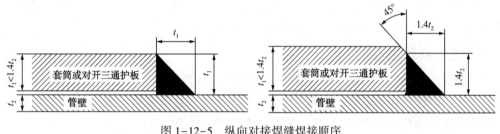

图 1-12-5　纵向对接焊缝焊接顺序

t_1—护板厚度；t_2—管壁厚度

（三）焊接质量检验

（1）焊接质量的检验、缺陷的清除和返修应按 GB/T 31032—2014《钢质管道焊接及验收》的相关规定执行。

（2）与管道相连的焊缝易产生焊道下裂纹或延迟裂纹，应分别按 NB/T 47013.3—2015《承压设备无损检测 第 3 部分：超声检测》、NB/T 47013.4—2015《承压设备无损检测 第 4 部分：磁粉检测》和 NB/T 47013.5—2015《承压设备无损检测 第 5 部分：渗透检测》的要求对焊缝进行渗透检测、磁粉检测、超声检测或两种方法的组合。

（3）若套筒较厚，其纵向对接焊缝和环向角焊缝采用磁粉检测时，宜采用分层检测的方式。

四、修复作业流程

油气管道管体缺陷修复时，应遵守管道维修的 HSE 管理规定。管体缺陷修复作业流程如图 1-12-6 所示。

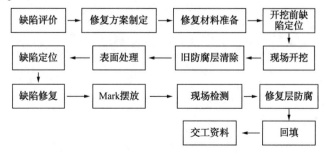

图 1-12-6　管体缺陷修复作业流程

项目二　管体缺陷点定位

GAH001 缺陷
点定位方法

一、管道内检测数据

缺陷点定位及开挖信息主要来源于内检测单位提供的缺陷数据信息,主要包括开挖工单和模拟信号数据,通过专用软件可以分析内检测模拟信号数据,为开挖缺陷点提供详实的数据信息。

二、缺陷点位置信息

内检测可以给出缺陷点距上游站场发球装置的绝对距离,可以通过计算,确定缺陷位置与地面标记点之间的相对位置,为开挖修复提供准确依据。

三、缺陷点现场开挖

(1)地面测量、确定开挖位置。根据参考环焊缝与地面标记点的距离,通过地面测量(钢卷尺、测距仪等),确定参考环焊缝位置,进行开挖。如果参考环焊缝位置坐标数据已知,可以通过手持 GPS 设备进行定位,确定参考环焊缝开挖位置。

(2)参考环焊缝开挖确认。参考环焊缝是指缺陷点所处管段两侧的环向焊缝,是用来确定缺陷点相对位置、校核缺陷点开挖是否准确的参照物。参考环焊缝开挖后,查看环焊缝与上下游螺旋焊缝交点的时钟位置,并与开挖单标记内容比较,判断开挖位置是否正确。

(3)缺陷位置开挖确认。参考环焊缝确认无误后,根据缺陷与参考环焊缝的位置关系实施缺陷修复作业坑开挖。

(4)缺陷位置确认。根据缺陷与参考环焊缝的相对距离,确认缺陷位置。对外部腐蚀、凹坑、机械划伤等缺陷,可直接查看管体表面,根据缺陷深度、面积、时钟来确认。对于焊缝缺陷、内部腐蚀等,只根据外部特征无法确认,需采用超声波检测仪器进行缺陷位置确认。

模块十三　水工保护

项目一　常用建筑材料

输油气管道水工保护常用的建筑材料主要有:砂、石料、水泥、钢筋、混凝土等。

CAL001 砂、石的类型

一、砂

砂是指粒径为 0.1~3.0mm 而未经胶结的矿物和岩石颗粒,主要由石英、长石、岩石碎屑和少量重矿物组成。

(一)按砂的产源分类

按砂的产源不同可分为河砂、海砂和山砂三类。河砂长期经受流水冲洗,颗粒形状较圆,介于海砂和山砂之间,较洁净,一般工程中大都采用河砂。但有的地区离河砂产地较远及受交通的制约,也采用山砂作为建筑材料。由于山砂中一般都含泥、软弱颗粒和杂质,所以要严格控制山砂的质量,一般山砂的含泥量不超过 3%~5%。山砂使用前必须提交检验报告单,符合要求后方可使用。

(二)按砂的细度模数分类

砂的粗细程度可用砂的细度模数来划分,见表 1-13-1。

表 1-13-1　砂的细度模数分类

类　别	粗　砂	中　砂	细　砂	特　细　砂
细度模数	3.7~3.1	3.0~2.3	2.2~1.6	1.5~0.7

过粗的砂易使混凝土拌和物产生分层、离析、泌水现象;过细的砂会使水泥用量增加,经济性不好,且干缩较大。因此,砂不宜过粗,也不宜过细。在水工保护工程中,使用较多的为粗砂和中砂。

二、石

石是构成地壳的坚硬物质,是由矿物集合而成的。石的分类:

(1)按形状分为毛石、块石、片石、料石、碎石、卵石等。

(2)按用途分为砌筑石、混凝土石。

管道水工保护设施砌筑用石多采用块石、片石、料石。块石形状大致方正,无锋棱凸角,顶面及底面较为平整,其厚度不小于 200mm,长及宽不小于其厚度。片石形状不受限制,但其厚度应不小于 150mm。

砌筑所用的石料应为石质一致、不易风化,且未风化、无裂纹的硬石。如有水锈应尽量清除,能黏紧砂浆时方可使用。

石料的抗压极限强度应符合设计规定,当设计未规定时,各种石料的抗压极限应不低于下列数值:

(1)片石、块石应不低于300kgf/cm²,用于附属工程的片石应不低于200kgf/cm²。

(2)粗料石应不低于400kgf/cm²。

(3)破冰体镶面石应不低于300kgf/cm²。

石料的抗压极限强度由抗压试验确定,试验时应以立方体试件(抗压极限强度在500kgf/cm²以下时,边长为100mm;抗压极限强度为500~1000kgf/cm²时,边长为70mm;抗压极限强度为1000kgf/cm²以上时,边长为50mm),浸水至饱和状态下进行。试件如有明显的纹理(或层理)时,其受压方向应与纹理方向平行。

(4)严寒或寒冷地区使用的石料,应经抗冻试验合格后才能使用。直接冻融试验,在严寒地区循环25次,在寒冷地区循环15次。经抗冻试验后的试件,不应在表面上有任何破坏迹象。

三、水泥

水泥是一种水硬性胶凝材料,加入适量水后,成为塑性浆体,即能在空气中硬化,又能在水中硬化,并能把砂、石等材料牢固地胶结在一起。

(一)水泥的分类

CAL002 水泥的类型

1. 按用途及性能分类

1)通用水泥

通用水泥主要有硅酸盐水泥、普通硅酸盐水泥、矿渣硅酸盐水泥、火山灰质硅酸盐水泥、粉煤灰硅酸盐水泥和复合硅酸盐水泥六大品种,上述水泥可用于一般土木建筑工程。

2)专用水泥

专用水泥主要有砌筑水泥、道路水泥、油井水泥等,用于某种专项工程。

3)特性水泥

特性水泥主要有快硬硅酸盐水泥、水工水泥、抗硫酸盐水泥、膨胀水泥、自应力水泥,用于对混凝土某些性能有特殊要求的工程。

2. 按矿物组成分类

水泥按矿物组成分类主要有硅酸盐水泥、铝酸盐水泥、硫铝酸盐水泥、氟铝酸盐水泥等。

(二)常用的几种水泥的特性和适用范围

在管道水工保护工程中常用的水泥是通用水泥,其中应用最广泛的是硅酸盐水泥、普通硅酸盐水泥、矿渣硅酸盐水泥、火山灰质硅酸盐水泥。选用什么样的水泥要根据工程的特点或所处的环境条件来确定。

1. 硅酸盐水泥

特点:早期(后期)强度高、耐腐蚀性差、水化热大、抗碳化性好、抗冻性好、耐磨性好、耐热性差。

适用范围:硅酸盐水泥优先使用于高强度混凝土、早期强度要求高的混凝土、有耐磨要求的混凝土、严寒地区反复遭受冻融作用的混凝土、抗碳化性要求高的混凝土、掺混合材料的混凝土等。

2. 普通硅酸盐水泥

特点:与硅酸盐水泥相比早期强度稍低,后期强度高,抗冻性、耐磨性稍有下降,低温凝结时间有所延长,抗硫酸盐侵蚀能力有所增强。

适用范围:适应性很强,无特殊要求的工程都可以使用。

3. 矿渣硅酸盐水泥

特点:水化热低,抗硫酸盐侵蚀性好,蒸汽养护效果较好,耐热性较普通硅酸盐水泥高。

适用范围:地面、地下、水中各种混凝土工程;高温车间建筑。不适用于干湿交替的工程。

4. 火山灰质硅酸盐水泥

特点:保水性好、水化热低、抗硫酸盐侵蚀能力强。

适用范围:地下、水下工程,大体积混凝土工程,一般工业与民用建筑。不宜用于长期处于干燥环境中的混凝土工程。

(三)水泥强度等级

水泥强度等级按在标准养护条件下养护至规定龄期的抗压强度和抗折强度来划分,通用水泥的强度等级见表 1-13-2。

表 1-13-2　水泥名称及强度等级

水泥名称	强度等级
硅酸盐水泥	42.5,42.5R,52.5,52.5R,62.5,62.5R
普通硅酸盐水泥	42.5,42.5R,52.5,52.5R
矿渣硅酸盐水泥	32.5,32.5R,42.5,42.5R,52.5,52.5R
火山灰质硅酸盐水泥	32.5,32.5R,42.5,42.5R,52.5,52.5R
粉煤灰硅酸盐水泥	32.5,32.5R,42.5,42.5R,52.5,52.5R
复合硅酸盐水泥	32.5,32.5R,42.5,42.5R,52.5,52.5R

注:R 表示早强型。

四、砂浆

(一)按用途分类

分为砌筑砂浆和抹灰砂浆两种。

> CAL003 砂浆的类型

1. 砌筑砂浆

砌筑砂浆又分为水泥砂浆、混合砂浆和非水泥砂浆。

(1)水泥砂浆即水泥与砂子加水拌制成的砂浆。

(2)混合砂浆即由水泥、石灰或黏土按比例与砂子加水拌和在一起的砂浆。

(3)非水泥砂浆即用石灰或石灰加黏土与砂子加水拌制成的砂浆,称为石灰砂浆或石灰黏土砂浆。

管道水工保护设施中用的砌筑砂浆通常为水泥砂浆。

2. 抹灰砂浆

抹灰砂浆也分为水泥砂浆、混合砂浆和非水泥砂浆,其用途如下:

(1)水泥砂浆:根据设计要求,主要对砌筑的构筑物的表面进行水泥砂浆抹面或勾缝。

(2)混合砂浆:根据设计要求,主要用于房屋墙面的抹灰。

(3)非水泥浆:即用石灰加麻刀等纤维材料拌制而成,适用于房屋的墙面或顶棚的抹面。

(二)按伴制过程分类

1. 预拌砂浆

专业生产厂生产的湿拌砂浆或干混砂浆。砌体结构工程施工中,所用砌筑砂浆宜选用预拌砂浆,当采用现场伴制时,应按照砌筑砂浆设计配合比配置。

2. 现场伴制砂浆

由水泥、细骨料和水,以及根据需要加入的石灰、活性掺合料或外加剂在现场配制成的砂浆,分为水泥砂浆和水泥混合砂浆。现场伴制砂浆应根据设计要求和砌筑材料的性能,对工程中所用砌筑砂浆进行配合比设计,当原材料的品种、规格、批次或组成材料有变更时,其配合比应重新确定。

现场伴制砌筑砂浆时,应采用机械搅拌,搅拌时间自投料完起算,应符合下列规定:

(1)水泥砂浆和水泥混合砂浆不应少于120s。

(2)水泥粉煤灰砂浆和掺外加剂砂浆不应少于180s。

(3)掺液体增塑剂的砂浆,应先将水泥、砂和增塑剂干拌混合均匀后,将拌和水倒入其中继续搅拌。从加水开始,搅拌时间不应少于210s。

(三)水泥砂浆的强度等级及配比要求

(1)砌石工程所用水泥砂浆的强度等级应达到设计规定。如设计未做规定时,主要结构不得低于M10,次要结构不得低于M5。砂浆抗压强度以7.07cm边长的正立方体试件,在标准条件下养护28d的抗压强度表示。砂浆必须具有适度的和易性和流动性,以保证砌石灰缝充分填满和压实。零星次要工程所用的砂浆可用手捏成小团,松手后不松散,但也以不能从灰刀上流下为好。重大工程砂浆成分配合比应通过试验确定。

(2)配置砌筑砂浆时,各组分材料应采用质量计量。在配合比计量过程中,水泥及各种外加剂配料的允许偏差为2%;砂、粉煤灰、石灰膏配料的允许偏差为5%。砂子计量时,应考虑含水量对配料的影响。

(3)一般情况下,每立方米水泥砂浆材料用量见表1-13-3(引用JGJ/T 98—2011《砌筑砂浆配合比设计规程》)。

表1-13-3 每立方米水泥砂浆材料用量(kg/m³)

强度等级	水泥	砂	用水量
M5	200~230		
M7.5	230~260		
M10	260~290		
M15	290~330	砂的堆积密度值	270~330
M20	340~400		
M25	360~410		
M30	430~480		

注:①M15及M15以下强度等级水泥砂浆,水泥强度等级为32.5级;M15以上强度等级水泥砂浆,水泥强度等级为42.5级。

②当采用细砂或粗砂时,用水量分别取上限或下限。

③稠度小于70mm时,用水量可小于下限。

④施工现场气候炎热或干燥季节,可酌量增加用水量。

(四)砂浆石块制作及养护

(1)砂浆石块应在现场取样制作。

(2)砌筑砂浆的验收批,同一类型、强度等级的砂浆试块不应少于3组。

(3)砂浆试块制作应符合下列规定:

①制作试块的稠度应与实际使用的稠度一致。

②湿拌砂浆应在卸料过程中的中间部位随机取样。

③现场伴制砂浆,制作每组试块时应在同一搅拌盘内取样。同一搅拌盘内砂浆不得制作一组以上的砂浆试块。

五、钢筋

> CAL004 钢筋的类型

钢筋主要用于钢筋混凝土结构中,目前普遍使用的有热轧钢筋、冷拉钢筋、热处理钢筋等品种。

(一)热轧钢筋

用普通碳素钢或低合金钢加热钢坯轧成的条形钢材,是土木工程中使用量最大的钢材品种之一。热轧钢筋按强度等级分为Ⅰ~Ⅳ四个级别。

一般,Ⅰ级钢筋用镇静钢、半镇静钢或沸腾的A3普通碳素钢乙类钢轧成,具有塑韧性好、便于弯折成型、容易焊接等特性,强度代号为R1235。Ⅱ~Ⅳ级钢筋用低合金的镇静钢或半镇静钢(仅用于Ⅱ级钢筋)轧成,钢筋表面一律带有两条纵肋和沿长度方向均匀分布的横肋,以加强与混凝土之间的黏结性能,强度代号为RL335、RL400、RL540。热轧钢筋的技术性能应符合GB 1499.1—2017《钢筋混凝土用钢 第1部分:热轧光圆钢筋》和GB 1499.2—2018《钢筋混凝土用钢 第2部分:热轧带肋钢筋》的规定。

(二)冷拉钢筋

将Ⅰ~Ⅳ级热轧钢筋,在常温下,拉伸至超过屈服点但不超过抗拉强度的某一应力,然后卸荷,即制成了冷拉钢筋。冷拉可使钢筋的屈服点提高17%~27%,伸长率降低,钢筋变得硬脆,冷拉时效后强度仍有提高。实际操作中,可将冷拉、除锈、调直、切断合并为一道工序,即简化了程序,提高了劳动效率,既可以节约钢材,又可制作预应力钢筋。冷拉设备简单,易于操作,是钢筋冷加工的常用方法之一。冷拉钢筋的技术性能应符合GB 50204—2015《混凝土结构工程施工质量验收规范》的要求。

(三)热处理钢筋

热处理钢筋是钢厂将热轧的中碳低合金螺纹钢筋经淬火高温回火调质处理而成的。其特点是塑性降低不大,但强度提高很多,综合性比较理想。热处理钢筋有40 Si_2Mn、48 Si_2Mn 和45 Si_2Cr 三个牌号,公称直径分别为6mm、8mm和10mm,f_{02}(产生残余应变为0.2%时的应力值)不小于1325MPa,抗拉强度达1470MPa以上,伸长率大于6%。

热处理钢筋主要用于预应力钢筋混凝土轨枕,代替碳素钢丝。由于其具有制作方便、质量稳定、锚固性好、节约钢材等优点,已开始应用于普通预应力混凝土工程。

六、混凝土

混凝土是由胶凝材料(水泥、石灰、石膏及沥青等)与粗、细骨料及水按适当比例拌制成拌和物,经硬化所得的人造石材。一般所称的混凝土是指水泥混凝土,它由水泥、水、砂、石组成,其中,水泥和水是具有活性的组成部分,起胶凝作用;砂、石只起骨架填充作用。

管道水工保护设施通常用的混凝土属于水工混凝土,主要用于管桥、隧、涵、过水路面、挡土(水)墙等。水工混凝土及其他几种常见的混凝土类型如下。

(一)水工混凝土

1. 定义

凡经常或周期性地受环境水作用的水工建筑物(或其一部分)所用的混凝土,称为水工混凝土。

2. 分类

水工混凝土的分类见表1-13-4。

表 1-13-4　水工混凝土的分类

序号	分 类 原 则	水工混凝土的类别
1	按水工建筑物和水位的关系分类	(1)经常处于水中的水下混凝土。 (2)水位变动区域的混凝土。 (3)水位变动区域以上的水上混凝土
2	按建筑物或结构的体积大小分类	(1)大体积混凝土。 (2)非大体积混凝土
3	按受水压情况分类	(1)受水压力作用的结构或构筑物的混凝土。 (2)不受水压力作用的结构或构筑物的混凝土
4	按受水流冲刷的情况分类	(1)受冲刷部分混凝土。 (2)不受冲刷部分混凝土
5	按在整体建筑物中的位置分类	(1)外部区域的混凝土。 (2)内部区域的混凝土

3. 适用范围

主要用于较大型的水堤、闸坝工程。

(二)防水混凝土

1. 定义

防水混凝土是以调整混凝土配合比、掺外加剂或使用新品种水泥等方法提高混凝土自身的密实性、憎水性和抗渗性,使其抗渗等级不低于 P6,又称为抗渗混凝土。

2. 分类

防水混凝土一般分为普通防水混凝土、外加剂防水混凝土和膨胀水泥防水混凝土。

3. 适用范围

防水混凝土的适用范围很广,主要用于工业、民用与公共建筑的地下防水工程,储水构筑物和江心、河心的构筑物,以及处于干湿交替作用或冻融交替作用的工程。

4. 配制原则

减少混凝土的孔隙率,特别是开口孔隙率;阻塞或切断连通的毛细孔,改善孔结构;使毛细孔表面具有憎水性。

5. 配制方法

常用的防水混凝土的配制方法有:富水泥浆法、骨料级配法、掺外加剂法等。

例如,富水泥浆法即为采用较小的水灰比、较高的水泥用量和砂率,提高水泥浆的质量和数量,以降低孔隙率,使混凝土更密实。

(三)道路混凝土

1. 定义

道路混凝土即指水泥混凝土路面。

2. 分类

道路混凝土主要分为素混凝土、钢筋混凝土和沥青混凝土等。

3. 适用范围

主要用于道路的路面工程和管道过水路面工程。

(四)纤维混凝土

1. 定义

纤维混凝土是以水泥净浆、砂浆或以混凝土作基体,以非连续的短纤维或连续不断的长纤维作增强材料所组成的水泥复合材料的总称,简称为"纤维混凝土"。

2. 分类

目前,在实际工程中已使用的纤维混凝土主要有钢纤维混凝土、玻璃纤维混凝土和聚丙烯纤维混凝土。

3. 适用范围

适用于隧道衬砌、护坡加固、水渠及某些构筑物或建筑物的修复等。

(五)耐火混凝土

1. 定义

耐火混凝土是由耐火材料(包括粉料)和胶结料(或加入外加剂)加水或其他液体配制而成的耐高温的特种混凝土。

2. 分类

耐火混凝土分为致密耐火混凝土和隔热耐火混凝土。致密耐火混凝土又称为重质或普通耐火混凝土,通常称为耐火混凝土。隔热耐火混凝土通常称为轻质耐火混凝土。

耐火混凝土按其采用的结合剂(胶结料)主要分为:黏土结合耐火混凝土;水泥结合耐火混凝土;化学结合耐火混凝土。

3. 适用范围

适用于石油、化工等工业部门的窑炉及热工窑炉的基础、烟道、烟囱等部位。

项目二　地基土

土与管道水工保护工程有着密切的联系,归纳起来土发挥了其两大用途:一类是在土层上修筑阀室,建各类水工设施等,由土承载上述构筑物的荷载;二是用土作材料,修筑各种防护堤、管堤。

一、地基土的组成、特性及分类

ZAJ001 土的概念

(一)土的概念

土是岩石风化后的产物。经过风化作用所形成的矿物颗粒(有时还有有机物质)堆积在一起,中间贯穿着孔隙,孔隙间存在水和空气,这种碎散的固体颗粒、水和气体的集合体就称为土。大致分为四种类型:

(1)由物理风化作用而形成的土,颗粒松散,无黏性,称为非黏性土。

(2)由化学风化作用而形成的土,颗粒细微,有黏性,称为黏性土。

(3)没有经过搬运而自然形成的土叫残积土。

(4)经过各种自然力(例如重力、水流、风力、冰川)的作用搬运后而沉积下来的土叫沉积土。

(二)土的三相组成

土是由固体颗粒、水和气体三相所组成的集合体。土中的固体颗粒构成土的骨架,骨架间贯穿着孔隙,孔隙间有水和气体,如图 1-13-1 所示。

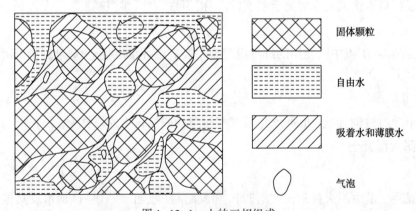

固体颗粒

自由水

吸着水和薄膜水

气泡

图 1-13-1　土的三相组成

在一个单位体积的土中,这三相所占的比例(按质量或体积计算)不是固定不变的,而是随着四周的环境,如压力、空气的温度、地下水位的高低等条件变化而变化。例如,土所受的压力增加,土就要变密,单位体积内固体颗粒的数量就增加,水和气体数量就会相应减少。显然,土中孔隙体积大,土就松,土中水多,土就软。就是说,土的松密程度和软硬程度主要决定于组成土的三种成分—固体颗粒、水和气体在数量上所占的比例。

(三)土的物理特性

土与建筑材料不同,土壤的特性有:

（1）较大的压缩性。因为土的固体颗粒之间存在着空隙,当受外力时,土的孔隙缩小,产生土的压缩特性,这是引起建筑物沉降的原因。

（2）土颗粒之间具有相对移动性。土颗粒之间的这种相对移动性是引起建筑物滑动破坏的原因。

（3）较大的透水性。由于土的固体矿物颗粒之间存在着孔隙,水可以在孔隙中流动而透水。

（四）地基土的工程分类

ZAI002 地基土的工程分类

地基内通常不是均一的一种土,而往往有若干层次;各层土的组成、状态不一样,因而工程性质,如强度、压缩性、透水性等也会有很大差别。在工程上可以把土按其组成、生成年代和生成条件进行分类,以便于设计施工中应用(见 GB 50007—2011《建筑地基基础设计规范》)。

按照地基土组成的不同,可以把土划分为岩石、碎石土、砂土、粉土、黏性土及人工填土等。

1. 岩石

岩石是指尚未变成碎散颗粒集合体的微风化、中等风化或强风化的岩石。根据坚固性可分为硬质岩石和软质岩石。

微风化的岩石为最优良的地基,强风化的软质岩石工程性质较差。

2. 碎石土

碎石土是指土中粒径大于 2mm 的颗粒含量超过全重 50% 以上的土,颗粒间未经胶结的粗粒土都属于这一类。这类土没有黏性和塑性,其状态都是以密度表示,根据土的粒径级配颗粒含量及颗粒形状不同,可以分成六类,见表 1-13-5。

表 1-13-5　碎石土的分类

土的名称	颗粒形状	粒组含量
漂石	圆形和亚圆形为主	粒径大于 200mm 的颗粒超过全重 50%
块石	棱角形为主	
卵石	圆形和亚圆形为主	粒径大于 20mm 的颗粒超过全重 50%
碎石	棱角形为主	
圆砾	圆形和亚圆形为主	粒径大于 2mm 的颗粒超过全重 50%
角砾	棱角形为主	

注:分类时应根据粒组含量由大到小最先符合者确定。

从工程性质角度,碎石土还根据骨架颗粒含量占总质量的百分比、颗粒的排列、可挖性与可钻性,分为密实、中密和稍密三等。常见的碎石土强度大、压缩性小、渗透性大,为良好的地基。

3. 砂土

砂土是指粒径大于 2mm 的颗粒不超过全重的 50%,而粒径大于 0.075mm 的颗粒超过全重 50% 的土。这类土基本没有黏性和塑性(当细颗粒含量较多时稍有一点黏性或塑性)。影响这类土工程性质的主要因素是土的组成和密度。砂土根据粒组含量可以分成五类,见表 1-13-6。

表 1-13-6　砂土的分类

土的名称	粒组含量
砾砂	粒径大于 2mm 的颗粒占全重 25%~50%
粗砂	粒径大于 0.5mm 的颗粒超过全重 50%
中砂	粒径大于 0.25mm 的颗粒超过全重 50%
细砂	粒径大于 0.075mm 的颗粒超过全重 85%
粉砂	粒径大于 0.075mm 的颗粒超过全重 50%

注:分类时应根据粒组含量由大到小以最先符合者确定。

这类土如果处在密实状态,具有很好的力学性能,即有较高的强度和较低的压缩性,透水能力也较强。在这类土中要注意疏松的粉砂和细砂,当它们在饱和状态下,受外力作用或受振动时很容易发生结构破坏,其结果为:土的强度可能大幅度下降,压缩量大为增加,甚至造成地基或建筑物的破坏(工程上称为砂的液化)。

常见的砾砂、粗砂、中砂为良好的地基;粉细砂要具体分析,如为饱和疏松状态,则为不良地基。

4. 粉土

粉土是指粒径大于 0.075mm 的颗粒含量不超过全重 50%,且塑性指数 I_p 不大于 10 的土。它的性质介于黏性土与砂土之间。在自然界的土体中,一般是砂粒、粉粒与黏粒三种土粒的混合体。

根据天然孔隙比 e 的大小,粉土的密实度可分为密实、中密和稍密三等。密实粉土性质好,饱和稍密的粉土地震时易产生液化,为不良地基。

5. 黏性土

塑性指数 $I_p>10$ 的土称为黏性土。黏性土的工程性质差异很大,与土的组成、状态和生成条件有关。按工程地质特征可以将黏性土分为:一般黏性土、淤泥、淤泥质土、红黏土和次生红黏土等。按塑性指数可以将黏性土分为:黏土与粉质黏土,分类标准见表 1-13-7。

表 1-13-7　黏性土按塑性指数分类

塑性指数 I_p	土的名称
$I_p>17$	黏土
$10<I_p\leqslant 17$	粉质黏土

注:塑性指数由相应于 76g 圆锥体沉入土样中深度为 10mm 时测定的液限计算而得。

黏性土随其含水量的大小处于不同的状态。按液性指数 I_L 可以分为坚硬、硬塑、可塑、软塑和流塑五种状态。坚硬、硬塑状态的黏性土为良好地基,软塑、流塑状态的黏性土为软弱地基。

6. 人工填土

人工填土是指人类各种活动所堆积的人工填土、建筑垃圾、工业废料和生活垃圾等。这类土堆积的年代比较短,成分比较复杂,均匀性差,堆积时间不同,工程性质比较差。同时,因为它不是在水中沉积的,受水浸湿后常会产生附加下沉,即具有湿陷性。以前很少用这类土作为房屋建筑的天然地基。

近年来,由于基本建设事业的迅速发展,我国在利用表层杂填土作为天然地基方面取得了很多经验。在许多城市及其近郊,不少建筑物建造在杂填土上。利用这种土时要注意它的组成、密度和堆积的年代。

人工填土按其组成和成因可以分为素填土、杂填土与冲填土。

二、地基土的野外鉴别与描述

正确地鉴别地基土是选择判断构筑物能否建在理想地基上的前提,对构筑物的整体质量起着关键的作用。

(一)碎石土和砂土的野外鉴别

ZAJ003 碎石土和砂土的野外鉴别

碎石土和砂土的野外鉴别方法见表1-13-8。

表 1-13-8　碎石土和砂类土的野外鉴别

类	土名	观察土的颗粒粗细	干时土的状态	湿时土的黏着程度	润湿时用手拍击
碎石土	卵石(碎石)	一半以上(指质量,下同)颗粒接近或超过蚕豆大小(约10mm)。颗粒形状带棱角时称为碎石	颗粒完全分散	无黏着感	表面无变化
	圆砾(角砾)	一半以上颗粒接近或超过绿豆大小(约2mm)。颗粒形状带棱角时称角砾	颗粒完全分散	无黏着感	表面无变化
砂土	砾砂	四分之一以上颗粒接近或超过绿豆大小	颗粒完全分散	无黏着感	表面无变化
	粗砂	约有一半以上颗粒接近或超过小米粒(约0.5mm)大小	颗粒完全分散	无黏着感	表面无变化
	中砂	约有一半以上的颗粒接近或超过鸡冠花籽(约0.25mm)大小	颗粒基本分散,可能有局部胶结(一碰即散)	无黏着感	表面偶有水印
	细砂	颗粒粗细程度类似于粗玉米面	颗粒基本分散,可能有局部胶结(稍加碰撞即散)	偶有轻微黏着感	接近饱和时表面有水印(翻浆)
	粉砂	颗粒粗细程度类似于细白糖	颗粒小部分分散,大部分胶结(稍加压力即散)	有轻微黏着感觉	接近饱和时表面有明显翻浆现象

(二)黏性土与粉土的野外鉴别

ZAJ004 黏性土和粉土的野外鉴别

黏性土与粉土的野外鉴别方法见表1-13-9,新近沉积黏性土与粉土的野外鉴别方法见表1-13-10。

表 1-13-9　黏性土的野外鉴别

土名	干时土的状况	用手搓时的感觉	湿时土的状态	湿时用手搓的情况	湿时用小刀切削的情况
黏土	坚硬、用锤击才能打碎	极细的均质土块	可塑，滑腻，黏着性大	很容易搓成直径小于0.5mm的长条，易滚成小土球	切面光滑，不见砂粒
粉质黏土	手压土块可碎散	无均质感，有砂粒感	可塑，滑腻感弱，有黏着性	能搓成直径约1mm的土条，能滚成小土球	切面平整，感到有砂粒
粉土	土块容易散开，用手压土块即散成粉末	土质不均匀，能清楚地看到砂粒	稍可塑，无滑腻感，黏着性弱	较难于搓成直径小于2mm的细条，滚成的土球容易裂开和散落	切面粗糙

表 1-13-10　新近沉积黏性土的野外鉴别

沉积环境	颜色	结构性	含有物
河滩及部分山前洪冲积扇（锥）的表层，古河道及已填塞的湖塘沟谷及河道泛滥区	颜色较深而暗，呈褐栗、暗黄或灰色，含有机物较多时呈灰黑色	结构性差，用手扰动原状土样时极易显著变软，塑性较低的土还有振动液化现象	在完整的剖面中找不到淋滤或蒸发作用形成的粒状结核体，但可含有一定磨圆度的外来钙质结核体（如姜结石）及贝壳等。在城镇附近可能含有少量碎砖、瓦片、陶瓷及铜币、朽木等人类活动的遗物

三、土的野外描述

钻探取出的土样，除了要鉴别它属于哪种土，确定出它的名称外，还要在钻探过程中随时注意土层的潮湿程度、密实程度、黏性土的稠度、气味、颜色、含有物等的变化，并且加以记录。上述因素对土的性质有重要的影响，有助于认识土的好坏，因此，在钻探过程中要认真做好土的野外描述。

（一）土的潮湿程度

土的潮湿程度可分为干的、稍湿的、湿的、饱和的几种，鉴别方法见表 1-13-11。

表 1-13-11　土的潮湿程度的野外鉴别

土的潮湿程度	鉴别方法
稍湿的	经过扰动的土不易捏成团，易碎成粉末。放在手中不湿手，但感觉凉，而且觉得是湿土
湿的	经过扰动的土能捏成各种形状。放在手中会湿手，在土面上滴水能慢慢渗入土中
饱和的	滴水不能渗入土中，可以看出孔隙中的水发亮

（二）土的密实程度

土的密实程度（简称密度）是指土粒排列的松紧程度。土层在天然形成过程中，由于所受压力的大小、自然环境和其他条件不同，密实程度也很不一样。按密度土可以分为松散、稍密、中密和密实四种。

在现场，土的密度是根据钻进的难易程度、钻头提起后在侧面剖出一新鲜剖开面进行观察和用手加压时的感觉综合确定的。

碎石土可以按勘探过程中挖坑或钻井时所观察到和感觉到的情况，根据表 1-13-12 判断其密实程度。

表 1-13-12 碎石土密实程度的野外鉴别

密实度	骨架颗粒及填充物状态	开挖情况	钻探情况
密实	骨架颗粒含量大于总质量的70%、呈交错排列、连续接触	锹镐挖掘困难,用撬棍方能松动,井壁一般较稳定	钻进极困难,冲击钻探时钻杆、吊锤跳动激烈,孔壁较稳定
中密	骨架颗粒含量等于总质量的60%～70%、骨架颗粒交错排列,大部分连续接触	锹镐可挖掘,井壁有掉块现象,从井壁取出大颗粒后,保持凹面形状	钻进较难,冲击钻探时,钻杆吊锤跳动不剧烈,孔壁有坍塌现象
稍密	骨架颗粒含量小于总质量的60%,排列混乱,大部分不接触	锹可以挖掘,井壁易坍塌,从井壁取出大颗粒后,砂性土立即塌落	钻进较容易,冲击钻探时,钻杆稍有跳动,孔壁易坍塌

(三)黏性土的稠度

稠度是确定黏性土的重要指标之一。稠度一般分为坚硬、硬塑、可塑、软塑及流塑五种。描述方法见表 1-13-13。

表 1-13-13 黏性土稠度的野外鉴别

土的稠度状态	鉴 别 特 征
坚硬	人工小钻钻探时很费力,几乎钻不进去,钻头取出的土样用手捏不动,加力不能使土变形,只能使土碎裂
硬塑	人工小钻钻探时较费力,钻头取出的土样用手捏时,要用较大的力土才略有变形并碎散
可塑	钻头取出的土样,手指用力不大就能按入土中。土可捏成各种形状
软塑	可以把土捏成各种形状,手指按入土中毫不费力,钻头取出的土样还能成形
流塑	钻进很容易,钻头不易取出土样,取出的土已不能成形,放在手中也不易成块

对于黏性土,密度往往与稠度状态相适应。一般说,紧密的土多为可塑、硬塑和坚硬的。中密的土多为软塑或可塑的。因此在描述黏性土时可用很硬、硬、中硬、软、很软等来概括表示黏性土密度和稠度两种状态。

(四)土的颜色和气味

土的颜色取决于存在土中的以下三类化学物质:

腐殖质——它使土具有黑色及灰色。

氧化铁——它使土呈红色、棕色或黄色。

二氧化硅、碳酸钙、高岭土以及氢氧化铝——它们使土呈白色。

在同一种土中,同时含有上述两种或三种物质时,土就具有各种不同的颜色。同时土的颜色还随土的湿度而变化,湿度大则颜色深,湿度小则颜色浅。

描述土的颜色时,主色写在后,从色写在前;例如褐黄色,即以黄色为主、褐色次之。

(五)含有物

凡土中含有、但不属于土的基本组成部分的一切物质和物体,称为含有物。例如土中往往含有一些姜石、氧化铁、云母、砖瓦片、贝壳、植物根等。含有物也是说明土的成分的一个重要特征,因此也要详细描述。

(六)断面状态

将土掰出一个新鲜面,观察断面的形态,如孔的大小和疏密、断面的粗糙程度和是否具有层理等。

对于砂类土还应该描述级配情况:如果土中颗粒的粗细相差较大,且各种粗细的颗粒都有相当的数量,称为级配良好。如果土的颗粒粗细都差不多或只有粗颗粒和细颗粒而没有中间直径的颗粒称为级配不良。

四、地基及地基容许承载力

ZAJ005 地基
与基础的概念

(一)地基

在土层上修建工业厂房、民用住宅、道路、桥梁、堤坝等建筑物时,土承受上述建筑物的荷载,承受建筑物荷载的地层称为地基。

(二)基础

由于土的压缩性大,强度小,因而上部结构的荷载通过墙柱不能直接传给地基,必须在墙、柱和地基接触处适当扩大尺寸,把荷载扩散后再传给地基。这个扩大的部分,即建筑物最下面的部分,叫作基础,如图 1-13-2 所示。

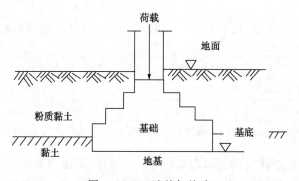

图 1-13-2　地基与基础

建筑物的上部结构和地基、基础是共同作用、相互影响的,在设计建筑时,必须把这三部分统一起来全面考虑,才能得出最佳的方案。

地基和基础是建筑物的根基,又属于地下隐蔽工程,它的连接、设计和施工质量,直接关系到建筑物的安危。实践证明,建筑物的事故很多与地基、基础问题有关,而且,一旦发生事故补救起来非常困难。

为保证建筑物的安全和正常使用,地基、基础设计必须满足以下技术条件:

1.地基的变形条件

地基的变形条件包括建筑物沉降量、沉降差、倾斜和局部倾斜都不能大于地基容许变形值。例如,中压缩性黏土地基上 60m 高的烟囱基础的沉降量不得超过 20cm,基础倾斜不得超过 $0.005L$;高压缩性黏土地基上的框架结构相邻柱基的沉降不得超过 $0.003L$(L 为相邻柱基的中心距,单位为 cm)。

2.地基的强度条件

为了保证地基的稳定性,不发生剪切或滑动破坏,要求有一定的地基强度安全系数。

3.地基允许承载力

各种水工保护工程,如护岸的挡土墙、截水墙、挡砂墙以及管桥支墩等,它们的全部荷载都是通过基础压在地基上。地基的承载力有一定的限度,超过这个限度,可能引起地基变形过大,使构筑工程出现裂缝、倾斜或地基剪损发生滑动破坏。在地基基础设计时允许地基在单位面积能承受的最大荷载称为地基设计值,以 f 表示,单位为 kPa。f 的大小,决定于地基土的物理力学性质,同时与地基各土层的分布、基础大小和埋深以及上部分结构的特点有关。在确定地基承载力设计值时,应符合下列规定:

(1)当基础宽度大于 3m 或埋置深度大于 0.5m 时,除岩石地基以外,其地基承载力设计值应按式(1-13-1)确定:

$$f=f_k+\eta_b\gamma(b-3)+\eta_d\gamma_0(d-0.5) \qquad (1-13-1)$$

式中 f——地基承载力设计值,MPa;

f_k——地基承载力标准值,MPa;

η_b——基础宽度修正系数;

η_d——基础埋置深度修正系数;

γ——土的重度,MPa/m;

γ_0——基础底面以上土的加权平均重度,MPa/m;

b——基础宽度,m;

d——基础埋置深度,m。

当计算所得设计值 $f<1.1f_k$ 时,可取 $f=1.1f_k$。

(2)当不符合公式(1-13-1)的计算条件时,可按 $f=1.1f_k$ 直接确定地基承载力设计值。对于砂土地基承载力标准值 f_k 可以根据标准贯入试验锤击数 N,按表 1-13-14 选定。

表 1-13-14　砂土地基承载力标准值(f_k)　　　　　　　　　　kPa

土类	10(N)	15(N)	30(N)	50(N)
中、粗砂	180	250	340	500
粉、细砂	140	180	250	340

对于粉土、黏性土、沿海地区淤泥和淤泥土,可以按照表 1-13-15、表 1-13-16、表 1-13-17 确定其基本值 f_0,在基本值 f_0 的基础上乘以回归修正系数确定标准值 f_k。

表 1-13-15　粉土承载力基本值(f_0)　　　　　　　　　　kPa

ω,%	10(e)	15(e)	20(e)	25(e)	30(e)	35(e)	40(e)
0.5	410	390	(365)	—	—	—	—
0.6	310	300	280	(270)	—	—	—
0.7	250	240	225	215	(205)	—	—
0.8	200	190	180	170	(165)	—	—
0.9	160	150	145	140	130	(125)	—
1.0	130	125	120	115	110	105	(100)

注:①有括号者仅供内插用。

②含水量 ω 为第二指标,孔隙比 e 为第一指标。

表 1-13-16　黏土地基承载力基本值(f_0)　　　　　　　　　kPa

e	$0(I_L)$	$0.25(I_L)$	$0.50(I_L)$	$0.75(I_L)$	$1.00(I_L)$	$1.20(I_L)$
0.5	475	430	390	(360)	—	—
0.6	400	360	325	295	(265)	—
0.7	325	295	265	240	210	170
0.8	275	240	220	200	170	135
0.9	230	210	190	170	135	105
1.0	200	180	160	135	115	—
1.1	—	160	135	115	105	—

注:①液性指数 I_L 为第二指标,孔隙比 e 为第一指标。
　　②有括号者仅供内插用。

表 1-13-17　沿海地区淤泥和淤泥质土地基允许承载力基本值

天然含水量(ω),%	36	40	45	50	55	65	75
f_0,kPa	100	90	80	70	60	50	40

注:对于内陆淤泥和淤泥质土,可参照使用。摘自 GB 50007—2011《建筑地基基础设计规范》。

项目三　水文知识

河流是自然地理环境重要的组成部分,对人类的生活和生产有着非常重要的意义。我们对河流综合开发利用的前提就是要认识河流水系特征和河流水文特征。

GAG003 河流
水文的特征

一、河流的水文特征

河流水文特征有河流水位、径流量大小、径流量季节变化、含沙量、汛期、有无结冰期、水能资源蕴藏量和河流航运价值、凌汛有无及长短、污染程度。

(一)水位和流量大小及其季节变化取决于河流补给类型

以雨水补给为主的河流水位和流量季节变化由降水特点决定,例如,热带雨林气候和温带海洋性气候区的河流径流量大,水位和径流量时间变化很小;热带草原气候、地中海气候区的河流水位和径流量时间变化较大,分别形成夏汛和冬汛;热带季风气候、亚热带季风气候、温带季风气候区的河流均为夏汛,汛期长短取决与雨季长短(注意温带季风气候区较高纬度地区的河流除雨水补给外,还有春季积雪融水的河流形成春汛,一年有两个汛期,河流汛期会较长)。但是由于夏季风势力不稳定,降水季节变化和年际变化大,河流水位和径流量的季节变化和年际变化均较大,以冰川融水补给和季节性冰雪融水补给为主的河流,水位变化由气温变化特点决定,例如:我国西北地区的河流夏季流量大,冬季断流,我国东北地区的河流在春季由于气温回升导致冬季积雪融化,形成春汛。

另外,径流量大小还与流域面积大小以及流域内水系情况有关。

(二)汛期及长短

外流河汛期出现的时间和长短,直接由流域内降水量的多少、雨季出现的时间和长短决定;冰雪融水补给为主的内流河则主要受气温高低的影响,汛期出现在气温最高的时候。我国东部季风气候区河流都有夏汛,东北的河流除有夏汛外,还有春汛;西北河流有夏汛。另外有些河流有凌汛现象。流域内雨季开始早结束晚,河流汛期长;雨季开始晚,结束早,河流汛期短。我国南方地区河流的汛期长,北方地区比较短。

(三)含沙量大小

由植被覆盖情况、土质状况、地形、降水特征和人类活动决定。植被覆盖差,土质疏松,地势起伏大,降水强度大的区域河流含沙量大;反之,含沙量小。

人类活动主要是通过影响地表植被盖情况而影响河流含沙量大小。总之,我国南方地区河流含沙量较小;黄土高原地区河流含沙量较大;东北(除辽河流域外)河流含沙量都较小。

(四)有无结冰期

由流域内气温高低决定,月均温在0℃以下河流有结冰期,0℃以上无结冰期。我国秦岭——淮河以北的河流有结冰期;秦岭——淮河以南河流没有结冰期。有结冰期的河流才可能有凌汛出现。

(五)水能蕴藏量

由流域内的河流落差(地形)和水量(气候和流域面积)决定。地形起伏越大落差越大,水能越丰富;降水越多、流域面积越大河流水量越大,水能越丰富,因此,河流中上游一般以开发河水能为主。

(六)河流航运价值

由地形和水量决定,地形平坦,水量丰富河流航运价值大,因此,河流中下游一般以开发河流航运为主。(同时需考虑河流有无结冰期,水位季节变化大小能否保证四季通航;天然河网密度大小,有无运河沟通,能否四通八达;内河航运与其他运输方式的连接情况——联运;区域经济状况对运输的需求)

(七)河流污染程度

生活污水,工农业污水。

(八)河流凌汛

条件:河流必须有结冰现象,由较低纬度流向较高纬度。时间:秋末春初。

二、水文勘测

水文勘测的主要任务就是到现场去对一些河流的水情及积水情况进行调查研究,并尽可能地取得全面可靠的第一手资料,实质上就是要设法认识自然的客观规律与人类活动的相互关系与彼此影响,为正确选择一个经济合理的管道水工设施提供确切的依据。

(一)水情调查

在设计管道水工保护设施之前,需要对即将修建的管道水工保护设施周围的水情进行调查,测量区域性水向一个方向的流量,并进行地形测量。

(二)测量、调查管堤历年积水高度

一是进行实地的测量调查(即有水的情况下);二是走访当地人民群众,调查了解历次

大暴雨时管堤周围的积水情况;三是调查大暴雨后管堤附近留下的痕迹(树干、房屋等)。

(三)河流的水文资料

河流的水文资料应包括如下内容:

(1)洪水水位宽度。

(2)洪水水位深度。

(3)涸水水位宽度。

(4)涸水水位深度。

(5)洪水流量1/20。

(6)冲刷深度。

(7)最高流速。

(8)是否通航。

(9)上游有无水库及水库容量。

(10)有无疏浚工程。

三、河床的概念

GAG002 河床
的概念

谷底部分河水经常流动的地方称为河床。被河流占有或从前被河流占有的沟槽。河床按形态可分为顺直河床、弯曲河床、汊河型河床、游荡型河床。其中汊河型河床河身有宽窄变化,窄处为单一河槽,宽段河槽中发育沙洲、心滩,水流被洲、滩分成两支或多支。汊河与沙洲的发展与消亡不断更替,洲岸时分时合。随主流线移动和冲刷,常伴生规模不等的岸崩,会危及河堤安全和造成重大灾害。

管道所穿越跨越的河流一般分为长年积水河流和季节性河流两种。长年积水河流一般地质条件比较好,河床比较稳定,多年来变化不大。比较危险的是季节性河流,平时河流干涸,洪水季节河水泛滥,河床上大都是砂土,容易被冲刷,河床不稳定,变化较大。季节性河流在输油气管道穿跨越上占有一定的比例。河床断面各个组成部分如图1-13-3所示。

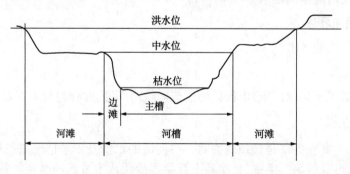

图1-13-3 河床断面各组成部分示意图

项目四 建筑制图基础知识

管道的水工设施修建及维修必须由有关部门提供施工图纸,作为编制预算及施工的依据,因此能正确地识图和熟悉施工图及相关技术要求,对于参与施工管理和指导施工有重要作用。

一、施工图的分类及常用表示方法

工程的施工图是依据正投影原理和国家或部委规定的统一制图标准绘制出来的,它是设计文件的组成部分之一,是工程技术部门特有的语言,它是用平面尺寸很小的图幅,正确表达出用语言无法表达详尽的工程项目的技术文件。

(一)施工图的组成

一个管道水工工程施工图包括目录和说明、总平面图、剖面图、立面图、横断面图、纵断面图等。施工图又分基本图和详图两部分:基本图表示该图的全面内容;详图表示某一局部尺寸和材料的具体内容及要求。

(二)施工图制图的标准

1.图幅与图标

图纸幅面的规格分为 A0、A1、A2、A3、A4 五种,一套施工图一般以一到二种规格为主,图标设在图纸的右下角,当需要查阅某张图时,先在图纸目录中查到该图的图号,然后根据图号查对图标,找到要查阅的图纸。

2.比例尺

图纸上所表示的构筑物的尺寸大小与实际构筑物尺寸大小的相比关系称为比例尺。比例尺是用来缩小或放大线段长度的尺子。

比例尺的作用是可以把实际尺寸很大的实物缩小绘制在图幅很小的各种规格的图纸上。在一套图纸中,一般不可能采用一种比例,各种图纸的比例尺根据需要表示的工程内容和图幅的大小来选择,并把所用的比例尺标注在该图的一定位置上:一般标注在图标栏内。

3.尺寸和单位

施工图均注有详细尺寸,作为施工的依据,图上注明的尺寸单位,除标高和总平面图以米为单位外,其余一律以毫米为单位。为了简明图纸内容,在尺寸后面一般不标注单位。

4.图例

构筑物按比例缩小画在图纸上时,构筑物所用的材料不能如实画出,所以用一些符号画出来表示,这些符号称为图例。

几种建筑材料剖面图的表示方法如图 1-13-4 所示。

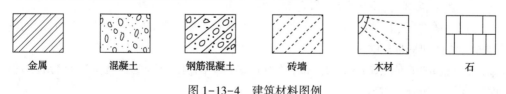

金属　　混凝土　　钢筋混凝土　　砖墙　　木材　　石

图 1-13-4　建筑材料图例

二、总平面图

总平面图是表示工程总体布局的图,它表示新建(改建)构筑物的位置、标高、地形、地貌、工程地点的道路等内容,它是工程定位、施工放线、土方施工、施工平面布置的依据。

GAG001 施工
图的表示方法

三、施工图

施工图表明设计的内容和分部、分项工程对设计的要求,它包括平面图、立面图、纵断面图、剖面图等。

(一)平面图

平面图主要表示构筑物的平面形状、各部分平面尺寸、结构形式、采用的主要建筑材料、施工要求、砂浆标号等内容。

(二)立面图(包括侧立面图)

立面图表示构筑物的外貌、标高、采用的材料等。

(三)基础剖面图

基础剖面图表示基础埋置深度、基础的各部尺寸、标高、基础的形状、基础的做法及所需材料、材料及砂浆的标号(混凝土基础标号)等。

(四)钢筋混凝土梁(包括圈梁)剖面图

钢筋混凝土梁剖面图主要包括模板尺寸、配筋、钢筋表、混凝土强度等级及说明等。配筋要表明主筋(受力筋)、架立筋、箍筋的设置和保护层厚度;钢筋表明钢筋编号、形状尺寸、规格、根数等。

四、识图的一般顺序和步骤

(1)先看图纸目录,后看图纸。

(2)先看施工图,后看结构图。

(3)先看总图和平面图、立面图,后看剖面或详图。

(4)先看图纸,后看文字说明。

(5)先看整体外形图,后看局部构造图。

(6)先看粗实线,后看细线,虚线。

五、识图的方法

(1)牢记常用图例。

(2)掌握识图原理,熟悉构筑物所用各种构件形状和所在位置。

(3)联系实际,对照实物识图。

(4)注意结合图纸说明、附注、附表等内容识图。

(5)把有关图纸、有关部分联系起来识读,掌握同一构筑物的平面图、立面图、剖面图之间的关系,整体和局部的关系。

总之,熟悉图纸是按图施工的前提,必须弄懂施工图,把图纸变成现实的符合各项技术标准和要求的实际构筑物。

模块十四　管道应急抢修知识

项目一　应急知识

一、应急基础知识

(一)相关定义

CAM001 应急的定义

应急:需要立即采取某些超出正常工作程序的行动,以避免事故发生或减轻事故后果的状态,有时也称为紧急状态;同时也泛指立即采取超出正常工作程序的行动。

应急预案:为有效预防和控制可能发生的事故,最大程度减少事故及其造成损害而预先制定的工作方案。

应急准备:针对可能发生的事故,为迅速、科学、有序地开展应急行动而预先进行的思想准备、组织准备和物资准备。

应急响应:在突发事故或事件状况下,为控制或减轻事故或事件的后果而采取的紧急行动。

应急救援:在应急响应过程中,为最大限度地降低事故造成的损失或危害,防止事故扩大而采取的紧急措施或行动。

应急演练:针对可能发生的事故情景,依据应急预案而模拟开展的应急活动。

(二)应急工作原则

CAM002 应急工作的原则

1.以人为本,减少危害

履行企业主体责任,保障员工和群众健康、生命财产安全,努力减少突发事件造成的人员伤亡和危害。

2.居安思危,预防为主

重视公共安全,对重大隐患进行评估、治理,坚持预防与应急相结合,做好应对突发事件的准备工作。

3.统一领导,分级负责

在应急领导小组指导下,完善分类管理、分级负责、条块结合、属地为主的应急管理体制,落实领导责任制。

4.依法规范,加强管理

依据有关法规和制度,使应急工作程序化、制度化、规范化。

5.协调有序,运转高效

建立国家、地方政府与企业的应急联动机制,实现应急资源共享,有效处置突发事件。

6.依靠科技、提高素质

加强应急技术和管理研究,采用先进的应急技术及设施,避免次生、衍生事件发生。加强对员工、相关方、社区群众应急知识宣传和员工技能培训教育,提高自救、互救和应对突发事件的能力。

7.归口管理,信息及时

及时坦诚面向公众、媒体和各利益相关方,提供突发事件信息,统一归口发布,依靠社会各方资源共同应对。

(三)预防和监测

1.预防

针对可能发生的重特大突发事件,要开展风险分析,完善预防与预警系统,做到早发现、早防范、早报告、早处置。应急领导小组确认可能导致重大突发事件的信息后,要及时研究确定应对方案,通知有关部门、单位采取相应措施预防事故发生。对本区域内容易引发重大突发事件的危险源、危险区域进行调查、登记、风险评估,组织进行检查、监控及隐患治理,采取防范措施,对突发事件进行预防。

2.应急准备

根据相关企业特点,建立并完善突发事件应急预案体系和应急工作的规章制度。定期组织开展应急宣传教育,提高员工的应急意识,掌握有关应急知识。各相关部门应做好突发事件预防、监测、预警、应急处置、救援的新技术、新设备的研发和推广工作。

3.监测

建立并健全突发事件监测制度,根据自然灾害、事故灾难、公共卫生、社会安全事件的特点,完善监测网络,划分监测区域,配备专兼职监测人员,对可能发生的突发事件进行监测。

(四)突发事件的危害种类

中国石油集团公司突发事件主要分为自然灾害事件、事故灾难事件、公共卫生事件、社会安全事件四种类型。

1.突发自然灾害事件

突发自然灾害事件主要包括洪汛灾害、破坏性地震灾害、地质灾害、气象灾害、海洋灾害等。

2.突发事故灾难事件

突发事故灾难事件主要包括井喷突发事件、油气站库及炼化装置爆炸着火突发事件、危险化学品严重泄漏失控和中毒突发事件、油气长输管道突发事件、海洋石油开发突发事件、剧毒化学品道路运输突发事件、环境突发事件等。

3.突发公共卫生事件

突发公共卫生事件主要包括突发急性职业中毒事件、重大传染病疫情事件、重大食物中毒事件和群体性不明原因疾病,以及严重影响公众健康和生命安全的事件等。

4.突发社会安全事件

突发社会安全事件主要包括群体性突发事件、火工品被盗丢失突发事件、网络与信息安全突发事件、公共文化场所和文化活动突发事件、恐怖袭击突发事件、涉外恐怖袭击突发事件、涉外突发事件、资本市场突发事件、新闻媒体突发事件等。

(五)事故灾难突发事件等级

可以预警的自然灾害、事故灾难和公共卫生事件的预警级别,按照突发事件发生的紧急程度、发展趋势和可能造成的危害程度分为Ⅰ级、Ⅱ级、Ⅲ级和Ⅳ级,分别用红色、橙色、黄色和蓝色标示,Ⅰ级为最高级别。

按照突发事件性质、严重程度、可控性和影响范围等因素,集团公司突发事件分为四级。

1.Ⅰ级突发事件(集团公司级)

Ⅰ级突发事件(集团公司级)是指突然发生,事态非常严重,对员工、相关方和人民群众的生命安全、设备财产、生产经营和工作秩序带来十分严重危害或威胁,已经或可能造成特大人员伤亡、财产损失或环境污染和生态破坏,造成重大社会影响和对集团公司声誉产生重大影响,集团公司必须统一组织协调、调度各方面的资源和力量进行应急处置的突发事件。

凡符合下列情形之一的,为Ⅰ级突发事件:

(1)造成或可能造成10人以上死亡(含失踪),或50人以上重伤(含中毒)。

(2)造成或可能造成5000万元以上直接经济损失。

(3)造成或可能造成大气、土壤、水环境重大及以上污染。

(4)引起国家领导人关注,或国务院、相关部委领导做出批示。

(5)引起人民日报、新华社、中央电视台、中央人民广播电台等国内主流媒体,或法新社、路透社、美联社、合众社等境外重要媒体负面影响报道或评论。

2.Ⅱ级突发事件(企业级)

Ⅱ级突发事件(企业级)是指突然发生,事态严重,对员工、相关方和人民群众的生命安全、设备财产、生产经营和工作秩序造成严重危害或威胁,已经或可能造成重大人员伤亡、财产损失或环境污染和生态破坏,造成较大社会影响和对企业声誉产生重大影响,企业必须调度多个部门和单位力量、资源应急处置的突发事件。

凡符合下列情形之一的,为Ⅱ级突发事件:

(1)造成或可能造成3人以上10人以下死亡(含失踪),或10人以上50人以下重伤(含中毒)。

(2)造成或可能造成1000万元以上5000万元以下直接经济损失。

(3)造成或可能造成大气、土壤、水环境较大污染。

(4)引起省部级或集团公司领导关注,或省级政府部门领导做出批示。

(5)引起省级主流媒体负面影响报道或评论。

3.Ⅲ级突发事件(企业下属厂矿、公司级)

Ⅲ级突发事件(企业下属厂矿、公司级)是指突然发生,事态较为严重,对员工、相关方和人民群众的生命安全、设备财产、生产经营和工作秩序造成较为严重的危害或威胁,已经或可能造成较大人员伤亡、财产损失或环境污染和生态破坏,造成社会影响和对企业声誉产生较大影响,企业所属单位需要调度力量和资源进行应急处置的事件。

凡符合下列情形之一的,为Ⅲ级突发事件:

(1)造成或可能造成3人以下死亡(含失踪),或3人以上10人以下重伤(含中毒)。

(2)造成或可能造成500万元以上1000万元以下直接经济损失。

(3)造成或可能造成大气、土壤、水环境一般污染。

(4)引起地(市)级领导关注,或地(市)级政府部门领导做出批示。

(5)引起地(市)级主流媒体负面影响报道或评论。

4.Ⅳ级突发事件(企业基层站队级)

Ⅳ级突发事件(企业基层站队级)是指突然发生,对员工、相关方和人民群众的生命安全、设备财产、生产经营和工作秩序造成一定危害或威胁,可能造成人员伤害、财产损失或环境污染和生态破坏,企业所属基层站队需要调度力量和资源进行应急处置的事件。

低于Ⅲ级突发事件指标的为Ⅳ级突发事件。

二、应急预案及演练

(一)应急预案

CAM004 应急预案的构成

1.应急预案的构成

应急预案体系主要由综合应急预案、专项应急预案和现场处置方案构成。

1)综合应急预案

综合应急预案是生产经营单位应急预案体系的总纲,主要从总体上阐述事故的应急工作原则,包括生产经营单位的应急组织机构及职责、应急预案体系、事故风险描述、预警及信息报告、应急响应、保障措施、应急预案管理等内容。

2)专项应急预案

专项应急预案是生产经营单位为应对某一类型或某几种类型事故,或者针对重要生产设施、重大危险源、重大活动等内容而定制的应急预案。专项应急预案主要包括事故风险分析、应急指挥机构及职责、处置程序和措施等内容。

3)现场处置方案

现场处置方案是生产经营单位根据不同事故类型,针对具体的场所、装置或设施所制定的应急处置措施,主要包括事故风险分析、应急工作职责、应急处置和注意事项等内容。生产经营单位应根据风险评估、岗位操作规程以及危险性控制措施,组织本单位现场作业人员及安全管理等专业人员共同编制现场处置方案。

2.应急预案的编制和报备

1)应急预案的编制流程如下:

(1)成立编制工作组,明确人员、任务分工。

(2)收集相关法律法规、标准、同行业事故案例及预案等。

(3)进行风险源和风险分析,确定本单位危险源、可能发生事故的类型和后果。

(4)开展应急能力评估,对本单位应急装备、队伍等能力评估,结合实际加强建设。

(5)按照《应急预案编制导则》编制应急预案。

(6)对编制的预案进行内部评审,根据评审意见进一步完善,参加应急预案评审的人员应当包括应急预案涉及部门工作人员和有关安全生产及应急管理方面的专家。

(7)由单位领导签发,以正式文件对内发布。

2)应急预案报备

(1)填写备案申请表,递交政府相关管理部门。

(2)由政府相关部门对预案进行评审,根据评审意见进一步完善,参加应急预案评审的人员应当包括应急预案涉及的政府部门工作人员和有关安全生产及应急管理方面的专家。

(3)向政府相关部门报备预案文本和电子版。

3.应急预案的修订

应急预案应该及时修订,出现如下类似情况之一时,应急预案应立即修订:

(1)生产经营单位因兼并、重组、转制等导致隶属关系、经营方式、法定代表人发生变化的。

(2)生产经营单位生产工艺和技术发生变化的。

(3)周围环境发生变化,形成新的重大危险源的。

(4)应急组织指挥体系或者职责已经调整的。

(5)依据的法律、法规、规章和标准发生变化的。

(6)应急预案演练评估报告要求修订的。

(7)应急预案管理部门要求修订的。

(二)应急演练

1.应急演练目的

(1)评估应急准备状态,验证应急预案应对可能出现的各种紧急情况的适应性,找出应急准备工作中可能需要改善的地方,发现并及时修改应急预案中的缺陷和不足。

(2)评估重大事故应急能力,明确并改善不同机构、组织和人员之间的协调问题。

(3)检验应急响应人员对应急预案的了解程度和实际操作技能,评估应急培训效果,分析培训需求。

(4)确保应急预案中应急人员及其通汛渠道的准确性,检验应急响应社会依托资源(维抢修设备、医疗保障等)信息的可靠性,确保所有应急组织都熟悉并能够履行他们的职责。

2.应急演练原则

(1)符合相关规定。按照国家相关法律、法规、标准及有关规定组织开展演练。

(2)切合企业实际。结合企业生产安全事故特点和可能发生的事故类型组织开展演练。

(3)注重能力提高。以提高指挥协调能力、应急处置能力为主要出发点组织开展演练。

(4)确保安全有序。在保证参演人员及设备设施的安全的条件下组织开展演练。

3.应急演练类型

CAM005 应急
演练类型

应急演练按照演练内容分为综合演练和单项演练,按照演练形式分为现场演练和桌面演练,不同类型的演练可相互组合。

综合演练是针对应急预案中多项或全部应急响应功能开展的演练活动。

单项演练是针对应急预案中某项应急响应功能开展的演练活动;现场演练是选择(或模拟)生产经营活动中的设备、设施、装置或场所,设定事故情景,依据应急预案而模拟开展的演练活动。

桌面演练是针对事故情景,利用图纸、沙盘、流程图、计算机、视频等辅助手段,依据应急预案而进行交互式讨论或模拟应急状态下应急行动的演练活动。

CAM006 应急
演练的程序

4.应急演练程序

应急演练过程可划分为演练准备、演练实施和演练总结三个阶段:

1)演练准备

(1)应急演练之前要做好前期准备工作,应建立演练领导机构,即成立应急演练策划小组,或应急演练领导小组。确定演练日期、演练目标和演练范围,根据相关应急预案并结合实际情况编写演练方案。还要编制演练现场规程,明确演练参加人数并安排相应演练工作,指定相关评价人员,做好后勤安排工作。

(2)准备应急演练所需的设备、器材等。

(3)编制应急预案方案后,还要组织应急演练培训,讲解演练方案与演练活动,确保应急演练参加人员明确其岗位职责,演练过程中各司其职。

2)演练实施

应急演练参与人员分为五类人员:演练人员、控制人员、模拟人员、评价人员和观摩人员。

(1)演练人员。演练人员是指在应急组织中承担具体任务,并在演练过程中尽可能对演练情景或模拟事件做出其在真实情景下可能采取的响应行动的人员。救助伤员或被困人员;保护财产或公众健康;接收并分配各类应急资源;与其他应急响应人员协同应对重大事故或紧急事件。

(2)控制人员。根据演练情景,控制应急演练进展的人员。他们在演练过程中的任务包括:确保演练的进度;解答演练人员的疑问,解决演练过程中出现的问题;保障演练过程的安全。

(3)模拟人员。模拟人员是指演练过程中扮演、代替某些应急响应机构和服务部门,或模拟紧急事件、事态发展的人员。扮演、替代正常情况或响应实际紧急事件时应与应急指挥中心、现场应急指挥部相互作用的机构或服务部门,由于各方面的原因,这些机构或服务部门并不参与此次演练;模拟事故的发生过程,如释放烟雾、模拟气象条件、模拟泄漏等。

(4)评价人员。评价人员是指负责观察演练进展情况并予以记录的人员,主要任务包括:观察演练人员的应急行动,并记录其观察结果;在不干扰演练人员工作的情况下,协助控制人员确保演练按计划进行。

(5)观摩人员。观摩人员是指旁观演练过程的人员。来自相关社区或邻近社区的观众;来自相关上级部门的领导;来自具有同类演练需求的部门;来自媒体或宣传部门的记者等。

3)应急演练注意事项

为确保演练安全而制定的对有关演练和演练控制、参与人员职责、实际紧急事件、法规符合性、演练结束程序等事项的规定或要求。

(1)参与演练的所有人员不得采取降低保证本人或公众安全条件的行动,不得进入禁止进入的区域,不得接触不必要的危险,也不得使他人遭受危险,无安全管理人员陪同时不得穿越高速公路、铁道或其他危险区域。

(2)演练过程中不应使用真实的危险,不应要求承受极端的气候条件、高辐射或污染水平,不应为了演练需要的技巧而污染大气或造成类似危险。

(3)演练的所有人员应当遵守相关法律法规,按照应急演练方案指令按规定操作。

4)演练总结

演练结束后,进行总结与讲评是全面评价演练是否达到演练目标、应急准备水平以及是否需要改进的一个重要步骤,也是演练人员进行自我评价的机会。根据应急演练任务相关要求,演练总结与讲评可以通过访谈、汇报、协商、自我评价、公开会议和通报等形式完成。

演练总结中应包括如下内容:

(1)本次演练的背景信息,含演练地点、时间、气象条件等。

(2)参与演练的应急组织。

(3)演练情景与演练方案。

(4)演练目标、演练范围和签订的演练协议。

(5)应急情况的全面评价,含对前次演练不足项在本次演练中表现的描述。

(6)演练发现与纠正措施建议。

(7)对应急预案和有关执行程序的改进建议。

(8)对应急没施、设备维护与更新方面的建议。

(9)对应急组织、应急响应人员能力与培训方面的建议。

5.演练结果的后评价

应急演练结束后应对演练的效果做出评价,提交演练报告,并详细说明演练过程中发现的问题。按照对应急救援工作及时有效性的影响程度,将演练过程中发现的问题分为不足项、整改项和改进项。

1)不足项

不足项是指演练过程中观察或识别出的应急准备缺陷,可能导致在紧急事件发生时,不能确保应急组织或应急救援体系有能力采取合理应对措施,保护公众的安全与健康。不足项应在规定的时间内予以纠正。演练过程中发现的问题确定为不足项时,策划小组负责人应对该不足项进行详细说明,并给出应采取的纠正措施和完成时限。最有可能导致不足项的应急预案编制要素包括:职责分配,应急资源,警报、通报方法与程序,通讯,事态评估,公众教育与公共信息,保护措施,应急人员安全和紧急医疗服务等。

2)整改项

整改项是指演练过程中观察或识别出的,单独不可能在应急救援中对公众的安全与健康造成不良影响的应急准备缺陷。整改项应在下次演练前予以纠正。在以下两种情况下,整改项可列为不足项:

一是某个应急组织中存在 2 个以上整改项,共同作用可影响保护公众安全与健康能力的。

二是某个应急组织在多次演练过程中,反复出现前次演练发现的整改项问题的。

3)改进项

改进项是指应急准备过程中应予改善的问题。改进项不同于不足项和整改项,它不会对人员安全与健康产生严重的影响,视情况予以改进,不必一定要求予以纠正。

三、应急响应

(一)应急响应过程

各种应急预案的响应过程不尽相同,以集团公司应急响应的过程为例,如图 1-14-1 所示,可分为接警、判断响应级别、应急启动、控制及救援行动、扩大应急、应急状态解除等步骤。应针对应急响应分步骤制定应急程序,并按事先制定程序指导各类突发事件应急响应。

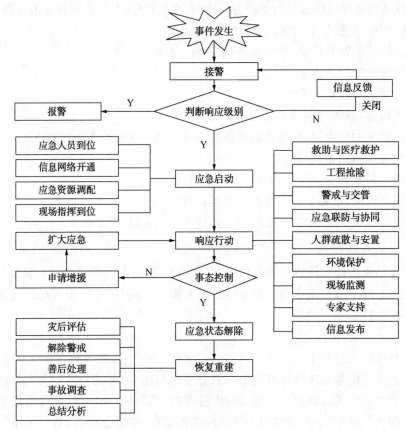

图 1-14-1　集团公司应急响应过程流程图

根据现场情况判断突发事件类型和等级,不同类型的突发事件(自然灾害事件、事故灾难事件、公共卫生事件、社会安全事件)启动各自对应预案,Ⅰ级突发事件启动集团公司级应急预案,Ⅱ级突发事件启动企业级应急预案,Ⅲ级突发事件启动企业下属厂矿、公司级应急预案,Ⅳ级突发事件启动企业基层站队级应急预案。

(二)恢复与重建

突发事件应急处置结束后,应开展恢复与重建工作。应对受伤人员积极安排救治,组织进行灾难评估,要根据评估损失情况,编制恢复和重建计划;现场应急指挥部编写突发事件应急总结报告;受灾企业负责对现场应急指挥部的应急总结、值班记录等资料进行汇总、归档;在应急状态解除后,应说明有关突发事件处理完毕后的调查结果、采取的措施、善后处理的安排及预防改进措施等。

项目二　常用管道抢修机具

长输管道抢修机具是指用于管道事故抢修和工艺改造的特种施工设备,主要包括:夹具类、切割类、开孔类、封堵类、水上收油类等机具。

CAM008 常用堵漏夹具的用途

一、夹具类机具

夹具类机具的主要作用是通过注胶、焊接等方式,在泄漏部位建立新的密封结构,达到堵漏的目的。

(一)对开式夹具

对开式夹具主要用于管道腐蚀、穿孔造成介质泄漏时的临时及永久性抢修,适用于管线规格 $\phi50 \sim 1219$mm。

工作原理:通过紧固螺栓将夹具体紧密地与管线卡紧,并利用夹具顶部设有的引流孔,将管线泄漏的介质排出。

对开式夹具通常有焊接和注胶两种使用方式。焊接式是在密封与引流的配合下将夹具与管道焊接为一体,如图 1-14-2 所示。

(a) 螺栓紧固式　　　　　　　　　　　　(b) 凸轮快装式

图 1-14-2　对开式夹焊接抢修夹具

注胶式是利用夹具内层密封胶条将管道泄漏处(包括直焊缝、环焊缝、螺旋焊缝、漏点等缺陷)密封,然后用随机携带注胶装置将密封胶剂注入到夹具内的专用承胶槽内,通过内外两层密封,彻底将管道泄漏介质与外界隔离开来,完成堵漏作业。适用于在易燃、易爆的液态和气态介质管线上进行堵漏作业。注胶式夹具如图 1-14-3、图 1-14-4 所示。

(二)链条式管帽夹具

链条式管帽夹具主要用于打孔盗油阀门的带压封堵,也可用于微孔泄漏的引流封堵,适用于管线规格 $\phi168 \sim 1219$mm。

工作原理:通过旋转丝杠链条组合上的丝杠,使滑块向上运动,通过链条将卡具体压在管线上,利用密封圈阻断泄漏介质达到抢修目的。

链条式管帽夹具使用时要求管线正常工作压力不大于 15MPa,修复时的压力不大于2.5MPa,最高工作温度不高于 120℃,如图 1-14-5 所示。

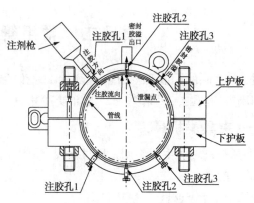

图 1-14-3 对开式注胶抢修夹具实物图　　　　图 1-14-4 对开式注胶抢修夹具原理图

图 1-14-5 链条式管帽夹具

(三)顶针式抢修夹具

顶针式抢修夹具主要用于对管道点蚀造成穿孔的短时间快速抢修,具有简单、灵活,安装方便的特点,适用于管线规格 $\phi159\sim1016mm$。

工作原理:利用导针(直径 1.5mm,不锈钢丝)通过加力螺栓和锥体的中心向下走,以确定漏点位置,将锥尖引到漏点处,利用导针引导锥尖进入泄漏的凹洞中,再用扳手拧动加力螺栓,由它将锥尖压入漏孔中,附加的扳手压力将锥体压成平盘形,将漏点堵死,如图 1-14-6 所示。

二、切割类机具

切割类机具是管道打开作业常用工具的一部分,所谓管道打开是指采取任何方式改变管道密封性的行为,包括但不限于火焰加热、打磨、切割或钻孔等方式。管道切割机具分为机械切割、火焰切割、手动切割和水射流切割等机具。

(一)机械切割机具

机械切割机具是利用刀具机械转动,水平、垂直、倾斜切割的一种切割设备,其优点是机械化程度高、切割安全、节省人力,缺点是经济成本较高、切割效率较低、设备使用便捷性较

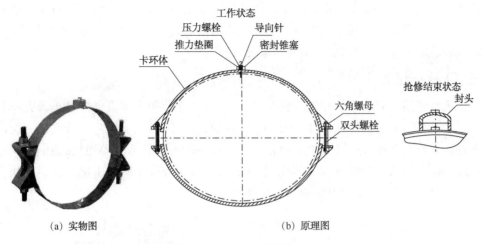

(a) 实物图　　　　　　　　　　(b) 原理图

图 1-14-6　顶针式抢修夹具

差,适用于易燃、易爆场所管道的切割。

机械切割机具可分为电动切割机和液压切割机。电动切割机如图 1-14-7 所示,电动机是提供刀具转动切割的动力源,液压切割机如图 1-14-8 所示,液压系统是提供刀具转动切割的动力源。

图 1-14-7　电动切割机

图 1-14-8　液压切割机

(二)火焰切割机具

火焰切割机具是利用可燃气体燃烧过程中产生的高温来切割的一种切割机具,其优点是成本低、切割速度快、设备简单、操作方便,缺点是热影响区较大、热变形较大,适用于非易燃、易爆场所管道的切割。

(三)手动切割机具

手动切割机具是采用人力,通过控制刀具在管线上圆周运动的一种切割机具,其优点是成本低、设备简单、操作方便、切割安全,缺点是切割效率较低,适用于小口径管道的切割作业。

(四)水射流切割机具

水射流切割机具是利用超高压水射流发生器将水流的压力提升到足够高(200MPa 以

上),使水流具有极大的动能,在高速水流中混合一定比例的磨料,实现穿透待切割材料的一种切割机具。其优点是切割安全、切口光滑、切割精度高,缺点是成本高、设备使用便捷性差、现场适用性差,适用于易燃、易爆场所管道的切割。

CAM009 管道打开作业常用机具的作用

三、开孔类机具

开孔机是管道抢修时用于开孔的装置,是管道打开作业的主要设备。管道开孔机按驱动方式可分为:手动开孔机(图1-14-9)、液压开孔机(图1-14-10)和电动开孔机三类。

电动开孔机与液压开孔机主要由动力部分、传动系统、刀具部分等组成,他们共同组装在一块底座板上构成一个整体,主要应用于管道较大口径开孔作业。手动开孔机采用手动进给开孔,主要应用于管道较小口径开孔作业。

图1-14-9 手动开孔机

图1-14-10 液压开孔机

四、封堵类机具

管道封堵就是从开孔处用液压缸将封堵头送入管道并密封管道,从而阻止管道内介质流动的一种作业。管道封堵类机具主要有塞式封堵器和囊式封堵器。塞式封堵应用于管道静压比较大的施工作业,囊式封堵属低压封堵,主要应用于管道停输和管道抢修封堵,具有开小孔封堵大口径管道特点。塞式封堵器主要由开孔机、封堵器、夹板阀、三通(封堵三通、旁通三通)、液压站构成。囊式封堵器主要由法兰短接、夹板阀、液动挡板装置、液动送取囊装置、开孔机、堵孔器、液压站构成。

CAM010 水上泄漏油品回收机具的用途

五、水上收油机具

收油机是常见的水上收油机具,一般可分为堰式、带式、刷式、真空式和盘式等。

收油机主要由撇油头、传输系统和动力站三部分组成。撇油头的作用是回收油品;传输系统包括泵和真空装置、软管和连接件,其作用是传送动力;动力站给撇油头和泵提供动力。目前国内外使用的收油机主要有堰式、带式、刷式、真空式、盘式及其他类型。

(一)堰式收油机

堰式收油机是最常用的收油机之一,它是借助重力使油从水面流入集油器并将集油器内的油泵入储油容器的装置,它适用于在波高小于 0.3m 的平静水域回收中、低黏度的油品。

(二)带式收油机

带式收油机是利用转动的亲油吸附带吸附水面溢油,通过刮片或辊轮将吸附的溢油收入集油器内。带式收油机主要由吸附带、刮片(或压辊)、传动装置和集油器组成。

(三)刷式收油机

刷式收油机是指利用刷子回收溢油的机械装置,主要由几组或几排刷子、刮片、集油器组成,其工作原理:溢油黏附在旋转的刷子上并被刮下来导入集油器内,通过泵将溢油泵入储油装置。

(四)真空式收油机

真空式收油机又叫真空式撇油器是指利用吸入泵或真空泵,在真空储油罐内建立真空,通过撇油头处的压力差回收油水混合物的装置。

(五)盘式收油机

盘式收油机是指利用亲油材料制作的盘片在油水混合物中旋转,盘片旋出时,吸附的溢油被刮片刮入集油器,并泵送到储油容器。

为配合收油机水上收油、消除水上溢油存在的安全环保风险,一般水上收油时还要使用围油栏、吸油托栏、吸油毡、凝油剂等。

项目三 输油气管道常见事故抢修方式

管道系统发生事故的情况下,需要开展抢修作业,将损失和影响降到最小,使管道系统恢复到安全运行状态。

一、管道泄漏抢修方式

CAM011 管道泄漏抢修的方式

由于自然灾害、第三方损伤、管道腐蚀、施工缺陷等因素造成管道泄漏,严重时发生管道断裂,影响输油气管道的正常运行。管道事故发生后,为恢复管道正常运行,应及时对事故进行抢修,常见的管道泄漏抢修方式有如下几种。

(一)补板

使用与管道曲率半径相同的弧板,将耐油胶皮压在穿孔处,并使用堵漏器紧固链条紧固后焊接。补板适用于静压较低情况下管道发生的小孔泄漏且表面无附件的抢修。如图 1-14-11 所示。

(二)夹具堵漏

(1)对于管道上没有盗油阀、短管等附件的原油管道可采用对开式夹具,将泄漏原油通过引出管引至集油坑或油罐车内,将对开式夹具焊接在管道外壁上;对于成品油和天然气管线可采用注胶式夹具,通过向夹具内注胶起到密封作用,达到抢修目的。

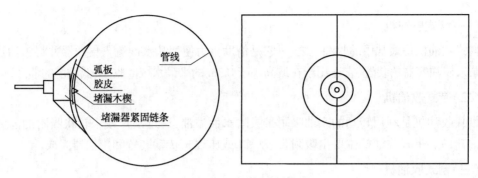

图 1-14-11　补板法示意图

(2)对于针孔式大小的点腐蚀泄漏可使用顶针式夹具对泄漏处进行机械封堵。

(三)扣管帽

(1)使用与泄漏管道管径匹配的短接,一端焊接完盲头后,扣在泄漏点处焊接,适用于小孔泄漏且表面有附件但不需要引流时的抢修。如图 1-14-12 所示。

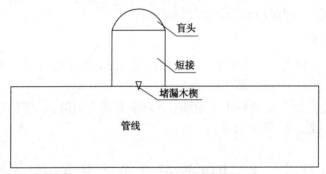

图 1-14-12　扣管帽法示意图

(2)如管道上有较大附着物,泄漏处需要进行引流,可采用专用带油带压堵漏器进行堵漏操作。带油带压堵漏器如图 1-14-13 所示。

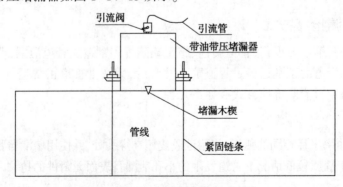

图 1-14-13　堵漏器操作示意图

(四)换管

当管道缺陷不宜采用以上三种方法进行修复或发生管道断裂时,可采用换管方法进行永久性修复。

二、管道悬空抢修方式

管道悬空是因河流冲刷、滑坡、挖沙等自然灾害、人为影响,造成的管道下方土体流失。当悬空长度超过管道允许悬空长度时,管道会发生断裂,形成较大事故。

(一)悬索类处置方式

以桥梁建设的悬索桥为原理进行管道悬空事故处置,其主要组成部分分为:塔架、主索、悬索及锚固体,适用于抢修车辆及机具无法进入管道下方的抢修。悬索类处置方式可分为双塔架悬索(图1-14-14)、单塔架悬索(图1-14-15)、无塔架悬索(图1-14-16)。

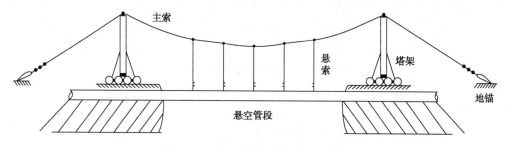

图1-14-14 双塔架悬索处置示意图

1.双塔架悬索处置方式

(1)使用预置支撑塔架,对称分布在悬空管道两侧稳固地面。

(2)塔架底座增大受力面积,防止受力后塔架整体沉降,并保持与地面的水平全接触。

(3)在塔架外侧埋设地锚作为主索紧固依靠。

(4)视现场条件选择牵引方式,将主索通过塔架上方限位槽进行拉设,并与地锚有效连接(可采用卷扬机、倒链、滑轮组、汽车牵引或几种方式结合)。

(5)主索可选用单根对中敷设或双根平行敷设,单根对中敷设即只采用一根主索,主索拉设位于悬空管道上方;双根平行敷设即采用二根主索,主索位于悬空管道两侧水平布置。

(6)根据悬空管道现场情况合理选择悬索的分布,组织有效的提拉悬空管道,完成悬空管道的临时提固。

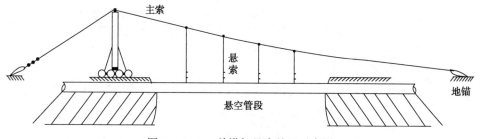

图1-14-15 单塔架悬索处置示意图

2.单塔架悬索处置方式

(1)在可进入大型抢险设备和车辆的现场的一侧搭设塔架,必要时固定卷扬机。

(2)在无法进入现场的一侧只安装地锚并做引出绳。

(3)牵引主索至无法进入现场的一侧地锚引出绳并连接紧固。

（4）将主索吊至塔架限位槽。

（5）使用卷扬机或手动倒链等收紧主索。

（6）根据悬空管道现场情况合理选择悬索的分布,组织有效的提拉悬空管道,完成悬空管道的临时提固。

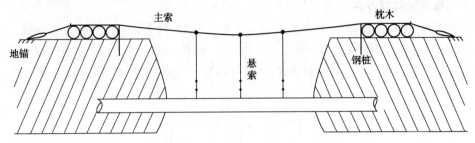

图1-14-16　无塔架悬索处置示意图

3.无塔架悬索处置方式

（1）分别在两侧埋设地锚并向外做引出绳。

（2）在地锚引出绳前沿主索预计受力方向均匀布置枕木或钢管。

（3）利用钢桩对枕木或光管进行限位。

（4）在一侧固定主索与地锚引出绳。

（5）人工牵引钢丝绳主索到另一侧。

（6）利用手动倒链收紧主索并紧固。

（7）将吊篮利用滑轮组进行主索上安装,通过两侧牵引完成吊篮移位工作,通过滑轮组收紧控制吊篮高低,从而完成悬索紧固工作。

(二)支撑类处置方式

悬空管道下方可进入施工抢险设备、车辆以及大型抢险机械,消除了再次洪水冲刷等危害的情况下可采用支撑类处置方式。支撑类处置方式可分为立柱支撑和草袋素土支撑。立柱支撑如图1-14-17所示,草袋素土支撑如图1-14-18所示。

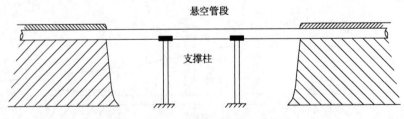

图1-14-17　立柱支撑处置示意图

1.立柱支撑

（1）选用适宜的钢管或枕木自悬空管道下竖直支撑。

（2）支撑柱下方硬化或夯实或铺垫枕木钢板,使其受力后不沉降。

（3）支撑柱与管道接触点采用适宜的弧形瓦片连接,瓦片与管道接触面还应当黏贴防滑胶皮等,增大受力面积防止管道受力变形。

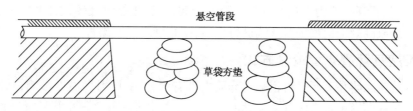

图 1-14-18　草袋素土支撑处置示意图

2.草袋素土支撑

（1）在现场条件允许的情况下,使用草袋素土封口回填管道下方,形成堆砌立柱,起到临时支持管道作用。

（2）本方法适用于管体悬空高度小于 1.5m 的长距离的管道悬空事件的临时处置。

（3）现场可组织大量人工、机械设备进行多点工作。

> CAM013 管道漂管抢修的方式

三、管道漂管抢修方式

当管道长期浸泡在水中或者含水量大的土壤中,管道自身浮力大于管道上方覆土压力时,会造成管道漂管。常见的有洪水引发河道内管道漂管和沼泽、湿地、岸滩内地下水浸泡引发管道漂管(多见于输气管道)。

（一）洪水引发河道内管道漂管处理方式

1.油品排空

根据漂管长度、河水流速及漂管段河流两岸截断阀室设置情况,采取不同措施。

（1）两岸设有截断阀室,在关闭两岸截断阀门后,对漂管段管采取开孔排油措施,将漂管段油品排空。

（2）没有截断阀室,首先在两侧河岸选择适宜位置,然后采取高压封堵,最后在管道上开孔排空漂浮管段内的油品。

2.稳管

（1）对于小型河流,在紧邻漂管管段两侧采用大型施工机具抛投毛石方式,修筑贯通河面石质围堰。挖掘机通过围堰进入河道在管线两侧每间隔 3m 夯制 φ159mm 钢管 1 组,每组钢管桩之间采用槽钢或钢管焊接,对防护桩稳定性进行加固。

（2）对于大、中型河流,采用冲锋舟在漂管段上游每间隔 5m 对管线设置固定拖锚 1 处,消减漂管段横向水流受力。

（二）沼泽、湿地、岸滩内地下水浸泡引发管道漂管处理方式

（1）委托设计单位根据漂管段原施工图纸中管线埋深进行漂管段应力模型计算,分析漂管段在运行允许最低压力时每道焊口应力情况。

（2）如应力模型计算漂管段未发生塑化变形情况,可采取开挖管沟释放应力方式将管线恢复到原设计图纸规定埋设深度。

（3）管沟开挖过程中,应同步做好开挖作业带围堰和地表及地下水排水措施,确保管线回放至管沟时,处于无水状态。

（4）管沟应自漂管管段一端向另一侧顺序开挖。

(5)漂管管段通过应力释放全部恢复至管沟底部后,根据设计单位计算的配重重量,采取专用配重袋或混凝土配重块对管线进行压覆,防止管线再度漂管。

CAM014 天然气管道冰堵的抢修方式

四、天然气管道冰堵抢修方式

天然气管道冰堵是天然气管道输送介质内含有水分,受压力和温度影响在管道内形成雪花状聚合物从而影响管道内气体流动的现象。主要出现在阀室内小管径阀门和转弯弯头下游端,或者冻土层以内埋设深度较浅、弯头角度较大的干线。主要解堵法分为三种:注入防冻剂解堵法、放空降压解堵法、加热解堵法。

(一)注入防冻剂解堵法

从冰堵点上游站场引压管或放空管向干线注入甲醇(乙醇或乙二醇)等防冻剂,以大量吸收管线内水分,消除水合物并让气流带走而解除堵塞。

(二)放空降压解堵法

利用冰堵点上下游站场放空管网将堵塞管段部分天然气放空,降低该管段压力,使水合物迅速分解,并从管壁脱落下来。然后利用高压气流将其带走,从而解除堵塞。

(三)加热解堵法

确定冰堵点后,取冰堵点及其上游一定距离管段,去掉部分埋深,通过加热地面,提高管线及天然气温度,使水合物分解,被气流带走而解除堵塞。

解堵的三种方法中,注入防冻剂最彻底,放空降压解堵最快,多种方法同时使用效果更好。根据冰堵程度、冰堵点地形地貌、上下游管线内气量及其他条件,确定解除冰堵的方案。

项目四　输油气管道动火安全知识

一、动火相关定义

(一)动火作业

动火是指在油气管道、油气输送、储存设备上以及输油气站场易燃易爆危险区域内进行直接或间接产生明火的施工作业。

(二)置换

置换是指采用清水、蒸汽、氮气或其他惰性气体替换动火作业管道、设备内可燃介质的作业。

(三)管道打开

管道打开是指采取将输油气管道割开、断开和输油气管道上开孔(包括但不限于)方式,改变密闭管道完整性的作业。

CAM015 动火分级

二、动火分级

根据动火场所、部位的危险程度,动火分为三级,根据风险评估结果可对动火进行升级管理。

(一)一级动火

(1)在输油气管道(不包括燃料油、燃料气、放空和排污管道)及其设施上进行管道打开的动火。

(2)在输油气站场可产生油、气的封闭空间内对输油气管道及其设施的动火。

输油气站场可产生油、气的封闭空间,例如,天然气压缩机厂房、输油泵房、计量间、阀室及储罐内等场所;若对场所内全部设备管网采取隔离、置换或清洗等措施并经检测合格后,不视为可产生油、气的封闭空间。

(二)二级动火

(1)在输油气管道及其设施上不进行管道打开的动火。

(2)在输油气站场对动火部位相连的管道和设备进行油气置换,并采取可靠隔离(不包括黄油墙)后进行管道打开的动火。

(3)在输油气站场可产生油气的封闭空间对非油气管道、设施的动火。

(4)在燃料油、燃料气、放空和排污管道进行管道打开的动火。

(5)对运行管道的密闭开孔作业。

(三)三级动火

除一、二级动火外在生产区域的其他动火。

三、动火作业前准备

(一)危害因素辨识与风险评估

申请动火作业前,作业单位应针对动火作业内容、作业环境、作业人员资质等方面进行危害因素辨识和风险评估,根据风险评估的结果制定相应控制措施。

(二)特种作业许可证的办理

在动火作业期间,需要进行高处作业、临时用电、挖掘作业、吊装作业、管道打开作业或进入有限空间时,应按照作业许可的相关规定办理相应作业许可证。

(三)场地布置和设备就位

(1)动火现场应设置风向标,并根据现场风向对动火作业地带进行分区,具体分为:作业区、机具摆放区、车辆停放区、休息区(医疗点、厕所)等。

(2)动火施工区域应设置警戒,严禁与动火作业无关人员或车辆进入动火区域。

(3)机具摆放区、车辆停放区、休息区等应设置在上风口处;休息区宜搭设简易凉棚或帐篷,便于对暂无作业任务的人员进行集中管理。

(4)车辆、设备要按指定区域摆放。

(5)动火施工区域应设立安全警示标志、安全围栏和风向标,摆放安全警示牌、区域提示标牌、制作标志杆、工程展示牌,现场应列出施工工序大表。

四、动火现场安全要求

(1)现场作业、监护和监督工作人员应穿戴符合安全要求的劳动防护用品。

(2)动火作业过程中应严格按照动火方案要求进行作业。

> CAM016 动火现场的安全要求

(3)动火施工现场应根据动火级别、应急预案和动火措施的要求,配备相应的消防设施、器材。

(4)使用便携式可燃气体报警仪进行检测时,被测的可燃气体浓度应小于其与空气混合爆炸下限10%(LEL)。

(5)在动火作业过程中,应根据安全工作方案中规定的可燃气体检测位置、时间和频次进行检测,填写检测记录,注明检测的时间和检测结果。

(6)用于检测可燃气体的检测仪应在校验有效期内,并在每次使用前与其他同类型检测仪进行比对检查,以确定其处于正常工作状态。在进行可燃气体检测时至少同时使用两台检测仪进行检测和复检,保证检测结果的可靠和有效。检测点应有代表性,容积较大的受限空间,应对多点的上、中、下各部位进行可燃气体的检测分析,并佩戴空气呼吸器。

(7)阀室内动火属于受限空间作业,应保持空气流通良好,作业过程中应进行含氧量和可燃气体测试。

①打开与大气相通的设施进行自然通风,对受限空间进行置换。

②必要时,应采用风机强制通风;缺氧或有毒的受限空间经置换仍达不到要求的,应佩戴隔离式呼吸器,必要时应拴带救生绳。

③作业过程中应随时监测空气中的含氧量,确保人员安全。

模块十五 管道完整性知识

项目一 管道完整性管理知识

一、管道完整性管理的概念

CAN001 管道完整性管理的概念

管道完整性管理(Pipeline Integrity Management,PIM)是指对管道面临的风险因素不断进行识别和评价,持续消除识别到的不利影响因素,采取各种风险消减措施,将风险控制在合理、可接受的范围内,最终实现管道安全、可靠、经济的运行。

二、管道完整性管理的原则

CAN002 管道完整性管理的原则

(1)完整性管理应贯穿管道全生命周期,包括设计、采购、施工、投产、运行和废弃等各阶段,并应符合国家法律法规的规定。

(2)新建管道的设计、施工和投产应满足完整性管理的要求。

(3)必须持续不断地对管道进行完整性管理。

(4)应当不断在管道完整性管理过程中采用各种新技术。

(5)管道运营企业应明确管道完整性管理的负责部门及职责要求,并对完整性管理从业人员进行培训。

管道完整性管理是一个持续改进过程,管道的失效通常是一种与时间相关的模式。腐蚀、老化、疲劳、自然灾害、机械损伤等能够引起管道失效的多种过程,随着岁月的流逝不断地侵蚀着管道,必须持续不断地对管道进行风险评价、检测、完整性评价、维修等。

CAN003 管道完整性管理的目标

三、管道完整性管理的目标

实施管道完整性管理的目标是,采用合理、可行原则,将管道风险控制在可接受的范围内,保证管道系统运行的安全、平稳,不对员工、公众、用户或环境产生不利影响。

管道完整性管理目标的设定宜本着动态管理、风险可控、持续改进的原则,目标应明确、量化、可接受、可达到,具体体现在以下几个方面:

(1)建立职责清晰、内容全面、可操作性强的管道系统完整性管理体系并持续改进。

(2)不断识别和控制管道风险,使其保持在可接受的范围内。

(3)不断采用科学技术手段维护管道,延长管道寿命。

(4)持续改进管道系统运行的安全性、可靠性。

CAN004 管道完整性管理的要求

四、管道完整性管理的要求

管道运营企业应建立基线风险评价的流程,依据设计、施工和材料等信息进行基线评价。基线评价宜在管道投产前进行。基线评价包括初始数据收集、高后果区识别、风险评价和基线检测等。基线检测包括内检测和其他相关的检测。具体检测应根据已识别的风险和管道特性来选择一种或多种。

管道运营企业应建立管道运行和历史数据的系统，并对系统进行持续维护。管道运营企业应从管道设计、施工、运行、维护、巡线以及失效中收集、分析和整合相关信息。

完整性管理过程中应优先进行高后果区管段识别分析。高后果区分析工作应定期进行，并随管道路由或者周边情况的变化进行更新。对高后果区管段应提升管理要求，并制定专门的管理方案和应急预案。

管道运营企业应定期开展管道风险评价，在管道和周边情况发生较大变化时应及时进行风险评价。

管道运营企业应根据风险评价的结果选择合适的完整性评价方法进行管道评价。完整性评价方法包括内检测、外检测、压力测试等方法。

管道运营企业应通过维修维护措施确保管道的完整性。维修维护措施包括了管道巡护、维修、监测和其他措施。管道上不同管段实施维修维护措施的优先级应通过完整性评价和风险评价的结果确定。

管道运营企业应收集与管道相关的信息，定期对完整性评价、风险控制措施等的效能进行评价。效能评价还包括对完整性管理体系和支持完整性管理决策的过程的评价。通过效能评价和系统审核提升完整性管理体系的有效性。

项目二　管道完整性管理体系

CAN005 管道完整性管理的环节

一、管道完整性管理环节

管道完整性管理应由几个固定的关键环节组成，国内管道运营企业借鉴国外管道完整性管理经验，结合国内管道管理的实际情况与特点，将管道完整性管理分为六个环节：数据收集、高后果区识别、风险评价、完整性评价、维修维护和效能评价（图1-15-1）。

图1-15-1仅提供了不同管道运营企业开发管道完整性管理系统的通用框架。为保证六个环节的正常实施，还需要有相关的技术支持、体系文件及标准规范、数据库及基于数据库搭建的系统平台。管道运营企业可根据自身的完整性管理目标和任务，运用已有的或开发新的方法来实现和完善完整性管理。完整性管理应是一个高度综合、循环的过程。

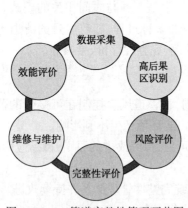

图1-15-1　管道完整性管理环节图

CAN006 管道完整性管理的框架

二、管道完整性管理框架

（一）数据采集

对管道属性数据、管理数据和管道周边环境数据等反映和影响管道完整性管理情况的数据进行采集，是管道完整性管理的第一步。数据来源包括设计、采购、施工、投产、运行、废弃等过程中产生的数据，还包括管道测绘数据、环境数据、社会资源数据、失效分析数据、应急预案等。

(二)高后果区识别

根据油气管道泄漏后的影响范围,在管道沿线或者管道走向图上识别管道泄漏后可能对公众和环境造成较大不良影响的区域。高后果区(HCAs)内的管段为实施风险评价和完整性评价的重点管段。

(三)风险评价

利用收集的数据进行管道风险评价。识别影响管道完整性的危害因素,分析管道失效的可能性及后果,判定风险水平。风险评价的结果包括管道上最重要的风险因素和高风险位置。通过对各管段进行风险排序,确定完整性评价和实施风险消减措施的优先顺序。

(四)完整性评价

利用外检测、内检测、压力试验等方法进一步识别和确认对系统完整性构成威胁的缺陷,并对缺陷的承压能力和危险程度进行评价,确定管道的安全运行压力和缺陷修复计划。

(五)维修与维护

通过评价确认管道风险情况后,对能够导致管道失效的缺陷进行修复和通过风险减缓措施减小管道的风险。

(六)效能评价

对管道管理及维护、维修实施效能评价,选择最优方式实施管理。

完整性管理不是一次就可以完成的,如图 1-15-1 所示为循环过程,循环中有不断的数据更新、综合、分析、重新评估风险、修改维护维修计划,完整性管理是一个监视管道状态、识别和评估风险、采取措施将最主要风险降低到最小程度的连续循环过程。应对风险管理进行周期性的更新和修改以反映管道当前的运行状态。这样管道运营企业就可以用有限的资源来实现无误操作、无泄漏运行的目标。

三、管道完整性管理进展

管道完整性管理技术起源于 20 世纪 70 年代,当时欧美等工业发达国家在二战以后兴建的大量油气长输管道已进入老龄期,各种事故频繁发生,造成了巨大的经济损失和人员伤亡,大大降低了各管道运营企业的盈利水平,同时也严重影响和制约了上游油(气)田的正常生产。为此,美国首先开始借鉴经济学和其他工业领域中的风险分析技术来评价油气管道的风险性,以期最大限度地减少油气管道的事故发生率和尽可能地延长重要干线管道的使用寿命,合理地分配有限的管道维护费用。经过几十年的发展和应用,许多国家已经逐步建立起管道安全评价与完整性管理体系和各种有效的评价方法。

世界各国管道运营企业均形成了本企业的完整性管理体系,大都采用参考国际标准,如ASME、API、NACE、DIN 标准,编制本企业的二级或多级操作规程,细化完整性管理的每个环节,把国际标准作为指导大纲。

国内在 2000 年以后开始进行管道完整性管理研究和试点,开始引进国外完整性管理相关理念和标准。2009 年,中国石油发布了 Q/SY 1180 系列管道完整性管理企业标准,并在集团公司内部全面推广应用完整性管理。2010 年,《中华人民共和国石油天然气管道保护法》正式实施,将管道完整性相关的检测评价和管道保护等内容纳入法律。2015 年 10 月 13

日,GB 32167—2015《油气输送管道完整性管理规范》标准的发布,标志着管道完整性管理在全国油气长输管道全面推广。

项目三　管道完整性数据采集及管理

CAN007 管道完整性数据的来源

一、数据来源

采集数据的第一步是识别管道完整性管理所需的数据来源。数据来源可分为以下三类。

(一)设计、材料、施工记录

设计信息用来确定设计压力与其他载荷、管道公称直径和设计壁厚。材料信息包括钢材等级、焊接类型、焊接程序类型、涂层类型、管材制造商和有效的材料认证记录。重要的施工记录包括竣工图、管道敷设程序、现场弯曲和焊接程序、回填土类型、覆土深度等。

(二)管道周边环境记录

管道周边环境记录用来确定管道周边的社会环境、自然环境信息,这个信息对于确定管道高后果区、建立巡检程序以及防止第三方损伤非常重要。

(三)运行、维护、检测、失效及修复记录

运行记录和控制程序用来确定最大运行压力、压力波动、运输介质、运行温度、操作者资质和培训等。维护记录用来确定腐蚀控制及其他管道保护措施的效果。内检测和其他检测记录用来确定腐蚀、凹陷、裂纹和其他缺陷的位置和严重程度。失效记录是用来记录失效事故发生的时间、位置、原因、抢修及恢复情况。修复记录用来确定管道维修情况。

二、数据采集流程

管道完整性数据采集流程如图 1-15-2 所示。

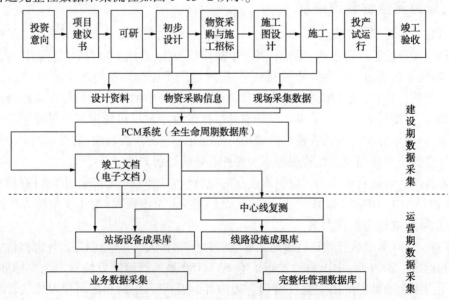

图 1-15-2　管道完整性数据采集流程图

CAN008 管道完整性数据对齐的要求

三、数据对齐要求

管道附属设施数据和周边环境数据应基于环焊缝信息、参考桩或其他拥有唯一地理空间坐标的实体信息进行对齐,对齐的基准应以精度较高的数据为准。

(一)常用记录位置信息的方式

(1)GPS 坐标(如经度、纬度)。

(2)里程表读数(如 110.36m)。

(3)千米数(如 10.5km)。

(4)工程位置(如 k135#+60m)。

(5)地表参照物(如 FM12 以北 300m)。

(二)施工阶段和运行阶段的管道中心线对齐宜遵循的要求

(1)管道中心线对齐应以测绘数据或内检测提供的环焊缝信息为基准。若进行了内检测,中心线对齐以内检测环焊缝编号为基准。若没有进行过内检测,中心线对齐应基于测绘数据。测绘数据精度不能满足要求时,宜根据外检测和补充测绘结果更新中心线坐标。

(2)当测绘数据与内检测数据均出现偏差时,应进行开挖测量校准。

四、数据采集

CAN009 管道完整性数据采集的要求

(一)数据采集基本要求

在管道运行阶段,应根据管理要求和规定,维护和更新测绘数据。通过卫星定位系统和埋地管道探测确定管道坐标,也可采用管道内检测技术结合惯性测绘获得管道中心线坐标。对采用管线探测仪或探地雷达不能确定位置的管段,应采用开挖确认、走访调查、资料分析或其他有效方法确定其中心线位置。管道改线时,应测量新的中心线,并及时进行数据更新。管道中心线测量坐标精度应达到亚米级精度。

管道设施数据可从设计资料、施工记录和评估报告中进行采集,并在管道测绘同时采集基础地理数据及管道周边人口、行政等数据。

通过现场调查或影像数字化来开展管道沿线属性数据采集工作。

数据采集包括建设和运行阶段产生的施工记录和专项检测评价报告等。这些记录应至少包括:施工记录、质量检验记录、运行记录、维修和检测记录等。

通常所收集的数据可分为以下几类,见表 1-15-1。

表 1-15-1　完整性管理数据采集类目

序号	分类	数据子类名称	数据采集源头阶段
1	中心线	测量控制点	建设期
		中心线控制点	建设期,运行期
		标段	建设期
		埋深	建设期,运行期
2	阴极保护	阴极保护记录	运行期
		牺牲阳极	建设期,运行期
		阳极地床	建设期,运行期

序号	分类	数据子类名称	数据采集源头阶段
2	阴极保护	阴极保护电源	建设期,运行期
		排流装置	建设期,运行期
3	管道设施	站场边界	建设期
		标桩	建设期,运行期
		埋地标识	建设期,运行期
		附属物	建设期,运行期
		套管	建设期,运行期
		防腐层	建设期,运行期
		穿跨越	建设期,运行期
		弯管	建设期,运行期
		收发球筒	建设期,运行期
		非焊缝连接方式	建设期,运行期
		钢管	建设期,运行期
		开孔	建设期,运行期
		阀门	建设期,运行期
		环焊缝	建设期,运行期
		三通	建设期,运行期
		水工保护	建设期,运行期
		隧道	建设期,运行期
4	第三方设施	第三方管道	建设期
		公共设施	建设期,运行期
		地下障碍物	建设期,运行期
5	检测维护	内检测记录	运行期
		外检测记录	运行期
		适用性评价	运行期
		管体开挖单	运行期
		焊缝检测结果	建设期
		试压	建设期
		管道维修	运行期
6	基础地理	建构筑物	建设期,运行期
		河流	建设期
		土地利用	建设期
		行政区划	建设期
		铁路	建设期
		公路	建设期
		土壤	建设期

续表

序号	分类	数据子类名称	数据采集源头阶段
6	基础地理	地质灾害	建设期,运行期
		面状水域	建设期
7	运行	输送介质	运行期
		运行压力	运行期
		失效记录	运行期
		巡线记录	运行期
		泄漏监测系统	建设期、运行期
		清管	建设期、运行期
8	管道风险	高后果区识别结果	建设期、运行期
		管道风险评价结果	建设期、运行期
		地质灾害评价结果	建设期、运行期
9	应急管理	单位联系人	建设期、运行期
		应急组织机构	建设期、运行期
		应急组织人员	建设期、运行期
		应急抢修设备	建设期、运行期
		应急预案	建设期、运行期
		应急抢修记录	建设期、运行期
		储备物资	建设期、运行期

表1-15-1中列出的是不同管道运营企业在管道完整性管理中使用的数据。特定的管道运营企业不一定需要表中的所有数据。但是管道运营企业也可能需要表中没有列出的数据。实际使用时根据完整性系统的需求来决定收集什么类型的数据。

(二)管道属性数据采集

管道事故后果分析、维抢修以及日常维护等工作需要搜集管道周围详细的地理信息,这些信息变更频繁,需要经常更新。

1.范围

属性调查、数据采集的范围示意如图1-15-3所示,对于高敏感性河流,采集范围可不限于以下范围。

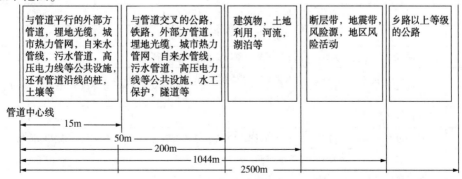

图1-15-3 属性调查示意图

2.属性调查的要素

属性调查的要素见表1-15-2。

表1-15-2　属性调查要素表

序号	数据表名称	要素类型	备　注	采集范围(管道两侧各m)
1	测量控制点	点	国家及管道运营企业建立的永久基准点	阀室、站场内
2	穿跨越	线	指管道的三穿,需要采集为何种穿跨越,以及穿跨越长度、方式等信息	按实际情况
3	紧急服务	点	需采集紧急服务的类型和位置信息	按管道实际需要
4	断层	线	需采集断层方向、类型、频度、等级等信息	1000m
5	地震带	线	需采集发生频率、走向等信息	1000m
6	洪水区域	多边形	需采集洪水的频率、等级、高风险月份	1000m
7	面状水工保护	多边形	小的挡水墙按线记录,大的护坡、过水路按多边形记录,需采集构筑物尺寸、水工保护材料、类型等信息	按实际情况
8	第三方管道	线	本公司以外的其他公司管道,需采集管道的直径、类型、介质、是否相交、联系人、联系方式等信息	15m 平行 50m 相交
9	风险源	多边形	管道周边潜在的自然灾害,需要采集风险类型等信息	1000m
10	地区风险活动	点	记录管道沿线的活动形成的风险	1000m
11	河流	线	需采集河流类型、流向、年平均流速、冲刷深度等信息	200m
12	土地利用	多边形	需采集管道沿线土地利用类型,以及管道对周边环境是否敏感	200m
13	行政边界	多边形	如果从专题图中无法获取,乡、村界,需要在管道在当地范围内标明边界范围	按实际情况
14	地表高程	点	采集地势起伏变化明显的管道周边地表高程信息	200m 山区 15m 平原
15	桩	点	主要采集桩的类型和桩号信息	按实际情况
16	铁路	线	主要采集是否是电气化铁路	200m
17	路权	线	主要采集是临时征地还是永久征地	按实际情况
18	公路	线	主要采集公路等级、是否限速、是否是单行路	乡路以下 200m,乡路以上 250m
19	管道沿线气候	线		按实际情况
20	站场边界	多边形	采集站场围墙边界及站场类型	按实际情况
21	边坡	多边形	采集坡角、坡向等信息	1000m
22	管道沿线土壤	多边形	采集土壤类型、pH 值等信息	15m

续表

序号	数据表名称	要素类型	备 注	采集范围(管道两侧各 m)
23	建筑物和构筑物(公用设施)	多边形	建筑物层数、单元数、是否有人居住、人口数量、是否易于疏散等信息。油井、变压器、高压线的属性信息	建筑物为 200m 范围,公用设施为 15m 平行,50m 交叉
24	面状水域	多边形	采集相关双线河、池塘、水库等相关信息	200m
25	隧道	线	—	50m
26	光缆人(手)孔	点	—	15m
27	地下障碍物	点	—	50m
28	地质灾害	点	—	1000m
29	看护点	点	—	按实际情况

3.收集方法

属性信息采集应充分、清晰说明要调查的内容,具体要求如下。

1)道路

(1)公路。

①乡道以上等级公路调查范围为管道左右距离 2500m,乡道以下等级公路调查范围为管道左右距离 200m,按属性分成段调查,注明分界点,有新增道路时需要补充调查信息。

②名称:调查国家政府部门的正式命名或普遍称呼,没有名称的道路可根据其起始点自行命名。

③类别:分为主要街道、次要街道、高速公路、国道、收费国道、省道、收费省道、普通公路、收费的普通公路、简易路、大车路、乡村路、小路、时令路、伴行路、过境公路、隧道、桥梁、渡口以及其他能够通行的设施。

④是否为单行线:非单行线/单行线。

⑤通过速度:根据路面的宽度和车辆通行情况分段估算车辆的通行速度,并标注在调查点上。

⑥状态:使用中、建设中、废弃,其他。

⑦转弯点:是指限制左右转弯的道路交叉点,包括立交桥、限制左转的路口等。调查限制转弯的方向并记录坐标。

(2)铁路。

①调查范围为管道左右距离 200m,按属性分成段调查,标明分界点,并对有效范围内的新增铁路进行补充调查。

②铁路用地所有人及联系方式:调查铁路用地的所有单位或所有人,以及所有单位负责人、所有人的电话,并标出有效范围内的界线,此项只在适用时调查。

③铁路运营商及联系方式:调查有效范围内的铁路的管理单位及单位负责人的电话(车站名称及负责人的电话,或值勤点的名称及负责人的电话)。

④铁路类型:单线铁路、复线铁路、是否电气化铁路。

⑤状态:使用中、建设中、废弃、其他。

⑥是否为客运铁路:非客运铁路/客运铁路。

2)构筑物(公用设施)和第三方管道

(1)构筑物(公共设施)和第三方管道是指地下电力电缆、污水管道、自来水管道、地下电话电缆/光纤、有线电视电缆、高压电线、高架电话线/光纤、索道、实体墙、栅栏、城市热力管网、土坝以及其他。点状公用设施指油井、气井、电力变压器。

(2)与管道平行的构筑物(公用设施)和第三方管道的调查范围为15m,与管道相交的构筑物(公用设施)和第三方管道的调查范围为50m,点状公用设施的调查范围为50m。

(3)调查线路或管道的地址、所有者、主要联系人和联系方式、公称直径。

3)水文

(1)调查范围为管道左右200m的区域。调查要重点依靠相关部门提供数据。

(2)水系的主要类别有:河流、水渠、排洪沟、运河、湖泊、池塘、水库、时令河、干河床、地下暗河以及其他。

(3)调查的主要内容有:名称、年平均流速、最大流速、最小流速、流向、是否是季节性河流、是否是饮用水源、长度、最大流量、管道埋深、建造方法。

4)建筑物

(1)调查范围为管道左右200m的区域,在原图上标明每一类型建筑物范围。

(2)类型:省政府/直辖市驻地街区、市(地级市)政府驻地街区、县(县级市)政府驻地街区、乡政府驻地街区、公安局/派出所、消防队、军队驻地、油(气)库(罐)、加油站、村庄、学校(分500人以上和500人以下)、医院、幼儿园、工矿企业、维抢修中心、仓库/仓储建筑物、科研院所/事业单位/办公楼、小型商店、杂货店/小卖部、温室大棚、大型商店/商业广场、农贸市场/集市、餐馆/酒吧、监狱、旅馆、公寓楼(居民楼)、多家庭住宅/居民(平房)、单一家庭住宅/居民(平房)、无人居住设施(车库/工棚/谷仓)、公园、户外运动场(足球场/棒球场/篮球场等)、电影院/音乐厅、名胜古迹、寺庙/教堂、疗养院、停车场、体育馆、厂房以及其他。

(3)省政府/直辖市驻地街区、市(地级市)政府驻地街区、县级政府、乡级政府为管道通过位置的所属政府。调查省、市、县、乡政府的名称、上一级政府、主要联系人、办公场所地址、联系电话。

(4)村庄:为管道通过位置所属的或有效范围内的村、小区。调查内容:村名/小区名称、上一级行政区、有效范围内的村界/小区的范围、人口数量、联系人、联系电话。

①固定电话是指有效范围内村/小区内的固定电话的所有人、电话号码、类型(公用或私人)、电话所在位置的坐标。

②村庄自然名与行政名并存时,同时标注。自然村的人口数量和行政村的人口数要分别调查。村界只调查行政村之间的分界线,特别有效范围内居民地的分界。

(5)学校/幼儿园按学生人数大于500人与学生人数小于500人分别命名。调查内容:学校/幼儿园的名称、联系人姓名、联系电话、学生人数、教师人数。

(6)公寓楼调查内容:所属单位、所在地址、住户数、负责人姓名、联系电话。

(7)多家庭住宅/单一家庭住宅是指有效范围内的独立院落。调查内容:户主姓名、住户人数、联系电话。

(8)医院:管道所经过的乡镇以上的医院全部调查。调查内容:名称、值班室电话、床位数、日均病人数、医护人员数。

（9）工矿企业调查内容：名称、负责人姓名及联系电话、值班室电话、职工人数、产品名称。

（10）仓库/仓储建筑物调查内容：名称、负责人姓名及联系电话、值班室电话、职工人数、存储货物类型。

（11）可研院所/事业单位/办公楼调查内容：名称、负责人姓名及联系电话、值班室电话、职工人数。

（12）大型商店/商业广场调查内容：名称、负责人姓名及联系电话、值班室电话、职工人数。

（13）农贸市场/集市调查内容：所在位置、负责人姓名及联系电话、值班电话、开市时间、摊位数。

（14）餐馆/酒吧调查内容：所在位置、名称。

（15）监狱调查内容：所在位置、名称、负责人姓名及联系电话、值班电话。

（16）旅馆调查内容：所在位置、名称、负责人姓名及联系电话、值班电话、床位数。

（17）无人居住设施包括车库、工棚等。调查内容：所在位置、名称、负责人姓名及联系电话、值班电话。

（18）公园应在地图上调查出边界。调查内容：所在位置、名称、负责人姓名及联系电话、值班电话。

（19）户外运动场调查内容：所在位置、名称、负责人姓名及联系电话、值班电话、用途（篮球场、足球场等）。

（20）电影院/音乐厅/体育馆调查内容：所在位置、名称、负责人姓名及联系电话、值班电话、最大容纳人数。

（21）名胜古迹/寺庙/教堂调查内容：所在位置、名称、负责人姓名及联系电话、值班电话、平均客流量、开放时间。

5）水工保护

（1）调查范围为管道左右50m的区域，主要调查水工保护名称、标段名称、所属管理处、长度、构筑物尺寸、施工单位。

（2）类型主要为围堰、堤坝、挡墙、排洪沟、护坡、过水涵洞、截水沟、河流配重、过水路面、沟渠硬化以及其他。

（3）材料：块石、砂袋、混凝土、砖砌土、黏土、沙砾石、草袋、毛石砂浆、灰土、浆砌毛石、浆砌片石、浆砌石、制构件以及其他。

（4）状态：在用、已废弃、计划的、建设中、修复中、损坏以及其他。

6）其他信息

（1）第三方损坏，如开挖施工破坏、打孔盗油（气）等。

（2）自然与地质灾害，如滑坡、崩塌和水毁等。

（3）误操作。

4.评价方法中失效后果应考的虑影响因素

（1）人员伤亡影响。

（2）环境污染影响。

（3）停输影响。

（4）财产损失。

五、数据管理

管道运营企业应建立数据库保存完整性管理相关数据,并采用线性参考系统对管道属性等数据进行组织和维护,对无法纳入线性系统的数据基于坐标进行保存。采用结构化的实体数据模型,可实现全生命周期数据的管理和有效维护。文档、图片、视频等非结构化数据的存储应建立文件清单。非结构数据应保证提交数据与文件清单相一致。

（1）管道属性或者周边信息发生变化时,应进行数据更新。数据更新应符合下述要求；

①存储的数据宜进行例行性检查,确保其一致性和完整性。

②设施信息更新:例如防腐层或管段更换都应采集并存储。

③更新应标识版本详细信息,并能通过历史数据和当前数据的比较反映管道及周边环境的变化。

④管道数据的更新应按照数据变更管理流程进行,并做好相应记录。

⑤进行数据更新仍要保留历史数据。

（2）使用数据管理系统的优点有以下几个方面。

①能够存储大量的数据信息。

②更易进行数据更新。

③来自于不同工具的数据可以相互参考。

④更易合并内检测信息和其他检测、评估信息。

⑤可以存储、筛选、检索信息。

⑥易采集和识别风险评价所需的数据。

⑦更可以为数据库增加文件、照片、视频文件、图纸等,可以明确显示异常点的位置。

⑧可在信息综合的基础上对风险进行排序。

⑨完整性数据与其他数据管理系统兼容。

⑩完整性数据可用于教育和培训。

项目四　管道风险评价知识

一、基本概念

风险是事故发生的可能性与其后果的综合,管道风险评价是指识别对管道安全运行有不利影响的危害因素,评价事故发生的可能性和后果大小,综合得到管道风险大小,并提出相应风险控制措施的分析过程。

管道风险评价针对的主要对象是管道系统的线路部分,对油气站场一般只是将它看做一个具有截断功能的阀门,在失效后果分析中予以考虑。即不考虑站场的失效事故。

二、一般原则

（1）应系统全面识别管道运行历史上已导致管道失效的危害因素,并参考类似管道的失效因素,应对识别出的每一种危害因素造成失效的可能性和后果进行评价。

（2）风险评价方法的选取应充分考虑管道系统特点、危害因素识别结果及所需数据的完整性和数据质量。

（3）风险评价过程中评价人员应与管道运行管理人员进行充分讨论和结合。

（4）风险评价应定期开展,当管道运行状态、管道周边环境发生较大变化时,应及时开展再次评价。

CAN013 管道风险评价的分类

三、评价分类

按风险评价结果的量化程度可以将风险评价方法分为定性风险评价、半定量风险评价及定量风险评价。管道运营企业应根据评价目的、管道数据情况、评价投入等因素选择合适的方法。

(一)评价方法中失效可能性应考虑的影响因素

（1）腐蚀,如外腐蚀、内腐蚀和应力腐蚀开裂等。

（2）管体制造与施工缺陷。

（3）第三方损坏,如开挖施工破坏、打孔盗油(气)等。

（4）自然与地质灾害,如滑坡、崩塌和水毁等。

（5）误操作。

(二)评价方法中失效后果应考虑的影响因素

（1）人员伤亡影响。

（2）环境污染影响。

（3）停输影响。

（4）财产损失。

四、评价流程

管道风险评价的流程如图1-15-4所示。

五、风险评价方法

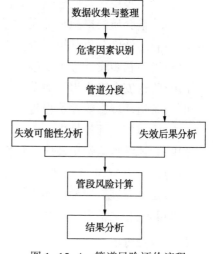

图1-15-4 管道风险评价流程

CAN014 风险评价的方法

(一)数据收集与整理

根据评价方法所需数据进行风险评价属性数据收集,格式见表1-15-3和表1-15-4。

表1-15-3 管段数据格式示例

属性编号	属性名称	起始里程,km	终止里程,km	属性值	备注
1	设计系数	20.0	35.0	0.5	三级地区

表1-15-4 管道单点属性数据格式示例

属性编号	属性名称	里程,km	属性值	备注
1	截断阀	31.5	RTU	刘家河阀室

收集数据的方式有踏勘、与管道管理人员访谈和查阅资料等。一般需要收集以下资料:

（1）管道基本参数,如管道的运行年限、管径、壁厚、管材等级及执行标准、输送介质、设计压力、防腐层类型、补口形式、管段敷设方式、里程桩及管道里程等。

(2)管道穿跨越、阀室等设施。

(3)管道通行带的遥感或航拍影像图和线路竣工图。

(4)施工情况,如施工单位、监理单位、施工季节、工期等。

(5)管道内外检测报告,内容应包括内、外检测工作及结果情况。

(6)管道泄漏事故历史,含打孔盗油。

(7)管道高后果区、关键段统计,管道周围人口分布。

(8)管道输量、管道运行压力报表。

(9)阴极保护电位报表以及每年的通/断电电位测试结果。

(10)管道更新改造工程资料,含管道改线、管体缺陷修复、防腐层大修、站场大的改造等。

(11)第三方交叉施工信息表及相关规章制度,如开挖响应制度。

(12)管道地质灾害调查/识别,及危险性评估报告。

(13)管输介质的来源和性质、油品/气质分析报告。

(14)管道清管杂质分析报告。

(15)管道初步设计报告及竣工资料。

(16)管道安全隐患识别清单。

(17)管道环境影响评价报告。

(18)管道安全评价报告。

(19)管道维抢修情况及应急预案。

(20)站场 HAZOP 分析及其他危害分析报告。

(21)是否安装有泄漏监测系统、安全预警系统及运行等情况。

(22)其他相关信息。

(二)管道分段

管道风险计算以管段为单元进行,可采用关键属性分段或全部属性分段两种方式。半定量风险评价方法宜采用全属性分段方式,风险矩阵法宜采用关键属性分段方式。

1.关键属性分段方式

考虑高后果区、地区等级、管材、管径、压力、壁厚、防腐层类型、地形地貌、站场位置等管道的关键属性数据,比较一致时划分为一个管段。以各管段为单元收集整理管道属性数据,进行风险计算。

2.全部属性分段方式

收集所有管道属性数据后,当任何一个管道属性沿管道里程发生变化时,插入一个分段点,将管道划分为多个管段,针对每个管段进行风险计算。

(三)风险计算

采用半定量风险评价方法,对每个管段综合其失效可能性和失效后果得到风险。评价时应注意以下内容:

(1)应采用最坏假设,一些未知的情况应给予较差的评价。

(2)应保持评价的一致性,类似情况给予相同评分。

(3)进行失效可能性分析时,除考虑外部因素引起管道意外泄漏的可能性外,还应考虑已经采取控制措施的预防效果。

(4)进行失效后果分析时,应只考虑即时影响。

(5)宜对评价过程中的各因素的取值进行备注说明,增加评价结果的可追溯性。

(6)完成各管段评分及风险计算后,进行结果汇总。

(四)结果分析

按照各个管段的风险值进行排序,必要时也可按各个管段的失效可能性和失效后果进行排序,并分析引起高风险的原因,分轻重缓急针对性地提出风险减缓建议措施。应考虑各种风险减缓措施的成本和效益。

针对失效可能性可用的主要措施见表1-15-5。

表1-15-5　针对失效可能性风险控制措施一览表

序号	风险类型	可选择的风险控制措施
1	第三方损坏	加强巡线;加强管道保护宣传;增加管道标识;安装安全预警系统;增加套管、盖板等管道保护设施;增加埋深;改线
2	腐蚀	开展管道内外检测、完整性评价及修复;增设排流措施;输送介质腐蚀控制;降压运行
3	自然与地质灾害	水工保护工程;灾害体治理;灾害点监测;增加河流穿越埋深;管道防护措施;更改穿越方式;改线
4	制造与施工缺陷	内外检测、压力试验及修复;降压运行
5	误操作	员工培训;规范操作流程;超压保护;防误操作设计、防护

针对失效后果导致风险的控制措施包括以下几项:

(1)安装泄漏监控系统。

(2)手动阀室变更为RTU阀室。

(3)增设截断阀室。

(4)改线。

(5)应急准备。

六、半定量评价指标

(一)失效可能性指标(500分)分值越高越安全

1.第三方损坏(100分)

1)埋深(15分)

埋深评分=(单位为m的该段埋深)×13.1(此项最大得分为15分)

在钢管外加设钢筋混凝土层或加钢套管及其他保护措施,均对减少第三方破坏有利,可视同增加埋深考虑,保护措施相当埋深增加值见表1-15-6。

CAN015 半定量评价指标的分类

表1-15-6　措施增加埋深值对应表

类型	警戒带	50mm 厚水泥保护层	100mm 厚水泥保护层	加强水泥盖板	钢套管
相当于增加埋深,m	0.15	0.2	0.3	0.6	0.6

2)巡线(15分)

巡线得分为巡线频率得分与巡线效果得分之积。巡线评分按表1-15-7规定。

表1-15-7　巡线得分对应表

类型	每日巡查	每周4次巡查	每周3次巡查	每周2次巡查	每周1次巡查	每月少于4次,而多于1次巡查	每月少于1次巡查	从不巡查
分值	15	12	10	8	6	4	2	0

巡线效果根据巡线工的培训与考核综合考虑,巡线效果优1分,良0.8分,中0.5分,差0分。

3)公众宣传(5分)

根据实施效果进行评分,无效果不得分,最大分值为5分,为以下各分值之和:定期公众宣传2分,与地方沟通2分,走访附近居民2分,无宣传0分。

4)管道通行带与标识(5分)

根据标识是否清楚,使第三方能明确知道管道的具体位置,使之注意,防止破坏管道,同时使巡线或检查人员能有效检查,评分规则为:优5分,良3分,中2分,差0分。

5)打孔盗油(气)(15分)

根据发生历史、当地社会治安状况和周边环境等因素,按以下标准评分:可能性低15分,可能性中等8分,可能性高0分。

6)管道上方活动水平(15分)

根据管道周围或上方,开挖施工活动的频繁程度,按以下标准评分:基本无活动15分,低活动水平12分,中等活动水平8分,高活动水平0分。

7)管道定位与开挖响应(12分)

评分为各项分数之和,最大12分,按表1-15-8评分。

表1-15-8　管道定位与开挖响应

管道定位与开挖响应措施	安装了安全预警系统	管道准确定位	开挖响应	有地图和信息系统	有经证实的有效记录
分值	2	3	5	4	2

8)管道地面设施(8分)

按以下标准评分:无8分,有效防护5分,直接暴露0分。

9)公众保护态度(5分)

根据管道沿线的公众对管道的保护态度,按以下标准评分:积极保护5分,一般2分,不积极0分。

10)政府态度(5分)

根据沿线政府机关积极配合打孔盗油(气)工作的积极性,按以下标准评分:积极保护5分,无所谓2分,抵触0分。

2.腐蚀(100分)

1)介质腐蚀性(12分)

介质腐蚀性按表1-15-9评分。

表1-15-9 介质腐蚀性评分

腐蚀可能性	无腐蚀性(输送产品对管壁无腐蚀可能性)	中等腐蚀性(输送产品腐蚀性不明)	强腐蚀性(输送产品含有大量杂质,对管道造成严重腐蚀)	特定情况下具有腐蚀性(产品无腐蚀性,但可能掺杂如腐蚀组分)
分值	12	5	0	8

2)内腐蚀防护(8分)

多选,最大分值为8,为表1-15-10各项评分之和。

表1-15-10 内腐蚀防护评分

类型	本质安全	处理措施	内涂层	内腐蚀监测	清管	注入缓蚀剂	无防护
分值	8	4	4	3	2.5	2	0

3)土壤腐蚀性(12分)

土壤腐蚀性按表1-15-11评分。

表1-15-11 土壤腐蚀性评分

土壤电阻率 Ω·m	>50(低腐蚀性)	50>土壤电阻率>20(中等腐蚀性)	<20(高腐蚀性、需考虑pH值、含水率、微生物等指标
分值	12	8	0

4)阴极保护电位(8分)

阴极保护电位按表1-15-12评分。

表1-15-12 阴极保护电位评分

保护电位值	0.85~1.2V	1.2~1.5V	不在规定范围	无
分值	8	6	2	0

5)阴极保护电位检测(6分)

阴极保护电位检测按表1-15-13评分。

表1-15-13 阴极电位检测评分

阴极保护电位检测	定期通电电位检测	定期断电电位检测
分值	4	3

6)恒电位仪(5分)

运行正常5分,不正常0分。

7)杂散电流干扰(10分)

杂散电流干扰按表1-15-14评分。

表1-15-14 杂散电流干扰评分

类型	无干扰	交流干扰已防护	直流干扰已防护	屏蔽	交流干扰未防护	直流干扰未防护
分值	10	10	8	1	4	0

8)防腐层质量(15分)

防腐层质量是指钢管防腐层及补口处防腐层的质量,根据经验进行判定,按表以下标准评分:好15分,一般10分,差5分,无防腐层0分。

9)防腐层检漏(4分)

按期进行检漏4分,没有按期进行2分,没有进行0分。

10)保护工-人员(3分)

人员充足3分,人员严重不足0分。

11)保护工-培训(2分)

每年1次2分,每两年1次1.5分,每三年1次1分,无培训0分。

12)外检测(10分)

根据系统的外检测与直接评价情况,按以下标准评分:距今少于5年10分,距今5~8年6分,距今多于8年2分,未进行0分。

13)阴极保护电流(5分)

阴极保护电流根据防腐层类型和电流密度进行评分。按表1-15-15评分。

表1-15-15　保护电流评分

防腐层种类	三层PE防腐层			石油沥青及其他类防腐层		
电流密度,$\mu A/m^2$	<10	10~40	>40	<40	40~200	>200
分值	5	3	0	5	3	0

14)管道内检测修正系数(100%)

管道内检测修正系数根据内检测精度和最近一次内检测距今时间来评分。按表1-15-16评分。

表1-15-16　管道内检测修正系数评分

分类	高清				标清			
距今时间	未进行	>8年	3~8年	<3年	未进行	>8年	3~8年	<3年
得分	100%	100%	75%	50%	100%	100%	85%	70%

3.制造与施工缺陷(100分)

1)运行安全裕量(15分)

运行安全裕量按照此公式计算:运行安全裕量评分=(设计压力/最大正常运行压力-1)×30

2)设计系数(10分)

根据与地区等级对应管道的设计系数,评分见表1-15-17。

表1-15-17　设计系数评分

设计系数	0.4	0.5	0.6	0.72	0.8
分值	10	9	8	7	1

3)疲劳(10分)

根据比较大的压力波动次数,如泵/压缩机的启停,评分见表1-15-18。

表 1-15-18 疲劳评分

泵/压缩机的启停频率(次/周)	<1	1~12	13~26	26~52	>52
分值	10	8	6	4	0

4)水击危害(10)

水击危害仅针对于输油管道,根据保护装置、防水击规程、员工熟练操作程度,按以下评分:不可能 10 分,可能性小 5 分,可能性大 0 分。

5)压力试验系数(5 分)

压力试验系数是指水压试验/打压的压力与设计压力的比值,评分见表 1-15-19。

表 1-15-19 压力试验评分

试压时压力系数	>1.4	>1.25 且≤1.4	>1.11 且≤1.25	≤1.11	未进行压力试验
分值	5	3	2	1	0

6)轴向焊缝缺陷(20 分)

轴向焊缝缺陷是指钢管在制管厂产生的缺陷,根据运营历史经验和内检测结果,按以下标准评分:无 20 分,轴向焊缝缺陷 15 分,严重轴向焊缝缺陷 0 分。

7)环向焊缝缺陷

根据运营历史经验和内检测结果,按以下标准评分:无 20 分,环向焊缝缺陷 15 分,严重环向焊缝缺陷 0 分。

8)管体缺陷修复(10 分)

评分为:及时修复 10 分,不需要修复 10 分,未及时修复 0 分。

9)管道内检测修复系数(100%)

评分为:及时修复 10 分,不需要修复 10 分,未及时修复 0 分。

4.误操作(100 分)

1)危害识别(6 分)

根据站队的危险源辨识、风险评价、风险控制等风险管理情况,按以下评分:全面 6 分,一般 3 分,无 0 分。

2)达到 MAOP 的可能性(15 分)

根据管道运行过程中运行压力达到 MAOP 的可能性情况,按以下标准评分:不可能 15 分,极小可能 12 分,可能性小 5 分,可能性大 0 分。

3)安全保护系统(10 分)

本质安全 10 分,两级或两级以上就地保护 8 分,远程监控 7 分,仅有单极就地保护 6 分,远程监控或超压报警 5 分,他方拥有(证明有效)3 分,他方拥有(无联系)1 分,无 0 分。

4)规程与作业指导(15 分)

根据操作规程、作业指导书及执行情况,评分为:受控(工艺规程操作最新,执行良好)15 分,未受控(有工艺规程,但没有及时更新,或多版本共存,或没有认真执行)6 分,无相关记录 0 分。

5)SCADA 通信与控制(5 分)

根据现场与调控中心间的沟通核对工作方式,评分:有沟通核对 5 分,无沟通核对 0 分。

6）健康检查（2分）

有2分，无0分。

7）员工培训（10分）

多选，最大分值为10分，为以下各项评分之和：通用科目-产品特性3分，通用科目-维修维护1分，岗位操作规程2分，应急演练1分，通用科目-控制和操作1分，通用科目-管道腐蚀1分，通用科目-管材应力1分，定期再培训1分，测验考核2分，无0分。

8）数据与资料管理（12分）

根据保存管道和设备设施的资料数据管理系统情况，评分：完善12分，有6分，无0分。

9）维护计划执行（10分）

好10分，一般5分，差0分。

10）机械失误的防护（15分）

多选，最大分值为15分，为以下各项评分之和：关键操作的计算机远程控制10分，连锁旁通阀6分，锁定装置5分，关键操作的硬件逻辑控制5分，关键设备操作的醒目标志4分，无0分。

5.地质灾害（200分）

1）已识别灾害点（100分）

评分分为三项，取值时用三项的乘积，三项得分见表1-15-20。

表1-15-20　评分表

分类	易发性					管道失效可能性				
可能性	低	较低	中	较高	高	低	较低	中	较高	高
得分	10	9	8	7	6	10	9	8	7	6
分类	治理情况									
可能性	没有必要	防治工程合理有效	防止工程有轻微损坏	已有工程受损，但仍有效	已有工程不能满足管道保护要求	无防治工程
得分	100%	95%	90%	80%	60%	50%

2）地形地貌（25分）

平原25分，沙漠20分，中低山、丘陵15分，黄土区、台田地15分，高山10分。

3）降雨敏感性（10分）

根据降水导致地质灾害的可能性，评分为：中6分，低10分，高2分。

4）土体类型（20分）

完整基岩20分，薄覆盖层（土层厚度大于等于2m）18分，薄覆盖层（土层厚度小于2m）12分，破碎基岩10分。

5）管道敷设方式（25分）

无特殊敷设25分，沿山脊敷设22分，爬坡纵坡敷设18分，在山前倾斜平原敷设18分，在台田地敷设18分，在湿陷性黄土区敷设15分，切破敷设，与伴行路平行15分，穿越或短距离在季节性河床内敷设15分，在季节性河流河床内敷设10分。

6）人类作业（15分）

根据人类作业活动对地质灾害的诱发性，评分为：无15分，堆渣12分，农垦12分，水利工程、挖砂活动 8 分,取土采矿 8 分,线路工程建设 8 分。

7)管道保护状况(5 分)

有硬覆盖、稳管等保护措施 5 分,无额外保护措施 0 分。

(二)后果指标

1.介质危害性(10 分)

介质危害性为介质危害与介质危害修正评分之和,最大分值 10 分。

1)介质危害

天然气 9 分,汽油 9 分,原油 8 分,煤油 8 分,柴油 7 分。

2)介质危害修正

输气管道:内压大于 13MPa 得 2 分,内压大于 3.5MPa 小于 13MPa 得 1 分,内压大于 0MPa 小于 3.5MPa 得 0 分。

输油管道:内压大于 7MPa 得 1 分,内压大于 0 小于 7MPa 得 0 分。

2.影响对象(10 分)

按输气管道和输油管道 2 种类型进行评分,最大分值为 10 分。

1)输气管道

输气管道的影响对象为人口密度与其他影响之和。

人口密度:城市 7 分,特定场所 6 分,城镇 5 分,村屯 4 分,零星住户 3 分,其他 2 分,荒无人烟 1 分。

其他影响:码头、机场 2 分,易燃易爆仓库 2 分,铁路、高速公路 2 分,军事设施 1.5 分,省道、国道 1.5 分,国家文物 1 分,其他油气管道 1 分,其他 1 分,保护区 0.5 分,无 0 分。

2)输油管道

输油管道得分为人口密度、环境污染、其他影响三项评分之和。

人口密度:城市 5 分,特定场所 4.5 分,城镇 4 分,村屯 3 分,零星住户 2 分,农田等其他零星活动区域 1.5 分,荒无人烟 1 分。

环境污染:引用水源 5 分,常年有水河流 4 分,湖泊、水库、自然环境保护区 4 分,湿地 3 分,季节性河流 3 分,池塘、水渠 2.5 分,无 1 分。

其他影响:易燃易爆仓库 2 分,码头、机场 2 分,铁路、高速公路 2 分,军事设施 1.5 分,国家文物保护单位 1 分,其他 1 分,无 0 分。

3.泄漏扩散影响系数(6 分)

泄漏扩散影响系数评分可根据泄漏值评分进行插值计算获得,计算方法软件已集成,不再详细说明。

七、风险矩阵法

CAN016 风险矩阵分级的标准

按照表 1-15-21 确定失效可能性等级。后果严重程度的等级分为五级,根据运营阶段的泄漏后果主要考虑财产损失、人员伤亡、环境影响、停输影响、声誉影响五个方面,见表 1-15-22,取等级最高者为最终后果等级。根据事故发生的可能性和严重程度等级,将风险等级分为三级:低、中、高,见表 1-15-23,风险等级与安全对策措施要求见表 1-15-24。

表 1-15-21　失效可能性等级标准

失效可能性		可能性等级
可能性	可能性描述	
很可能	本段管道曾发生(极可能)或本处本年内就可能发生	5
可能	公司内曾发生(很有可能)或本处 3 年内可能发生	4
偶然	国内曾发生(有可能)或本处 5 年内可能发生	3
不可能	行业内曾发生(很少可能)或本处 10 年内可能发生	2
很不可能	行业内未发生(极不可能)或本处 10 年内不发生	1

表 1-15-22　失效后果等级标准

后果类型	后果严重程度等级				
	轻微的	较大的	严重的	很严重的	灾难性的
	1	2	3	4	5
人员伤亡	无人员伤亡或轻伤	重伤	1~2 人死亡	3~9 人死亡	10 以上死亡
财产损失	无破坏或经济损失 10 万元以下	经济损失 10 ~ 100 万元	直接经济损失 100~300 万元	直接经济损失 300~1000 万元	直接经济损失 1000 万元以上
环境影响	无影响或轻微影响	较小影响	局部影响	重大影响	特大影响
停输影响	在允许停输时间范围内;轻微影响生产	可能超过允许停输时间;严重影响生产	超过了允许停输时间;关联影响上下游	严重影响上下游;造成重大国内影响	造成国际事务影响
声誉影响	无影响或轻微影响	县级范围内影响	省级范围内影响	全国性影响	国际性影响

表 1-15-23　风险等级标准

后果严重程度		后果可能性				
		很不可能	不可能	偶然	可能	很可能
		1	2	3	4	5
轻微的	1	I	I	I	II	II
较大的	2	I	I	I	II	III
严重的	3	I	I	II	II	III
很严重的	4	I	II	II	III	III
灾难性的	5	II	II	III	III	III

表 1-15-24　风险等级划分

风险等级	要　　求
低(等级 I)	风险水平可以接受,当前应对措施有效,不必采取额外技术、管理方面的预防措施
中(等级 II)	风险水平有条件接受,有进一步实施预防措施以提升安全性的必要
高(等级 III)	风险水平不可接受,必须采取有效应对措施将风险等级降低到 II 级及以下水平

项目五 完整性评价的响应

CAN017 完整性评价响应的规定

一、完整性评价响应内容

在完整性管理程序中,应针对每个管段选择和安排适当的检查、评价和减缓措施,以降低风险。

(一)对管道内检测结果的响应

1.检测响应分类

管道运营企业应按照风险评价和管道内检测结果,对发现的风险按照严重程度确定响应时间顺序。响应计划应从发现风险时开始,响应分为三类。

(1)立即响应——风险表明缺陷处于失效临界点。

(2)计划响应——风险表明缺陷很严重,但不处于失效临界点。

(3)进行监测——风险表明在下次检测之前,缺陷不会造成事故。

根据内检测结果,管道运营企业应马上对立即响应类风险的检测结果进行维修维护。对其他风险,应在 6 个月内进行检查,并制定相应的响应计划。

2.对响应时间的限制

在对内腐蚀、外腐蚀、应力腐蚀等与时间有关的缺陷进行评价时,可采用合理的假设条件对其扩展速度进行预测,以确保在按计划维修或下一次检测之前,这类缺陷不会发展到临界尺寸。

在确定维修的时间间隔时,对存在加快失效扩展速度的特殊管道或管段(如输送介质腐蚀性较强、管道运行压力波动较大等情况),管道运营企业应适当缩短检测或维修周期。

如果分析表明,事故可能发生在维修计划实施之前,在进行维修之前,管道运营企业应立即采取临时措施,如降低压力。

(二)对外腐蚀直接评价(ECDA)结果的响应

对在大于管材最低屈服强度 30%条件下运行的管道,如果管道运营企业要对检测发现的所有缺陷进行检查和评价,并对 10 年内可能会发展成事故的所有缺陷进行维修,则再检测的时间间隔应为 10 年。如果管道运营企业要对部分缺陷进行检查、评价和维修,则再检测的时间间隔应为 5 年,但要进行分析,确保其他缺陷在 10 年内不会发展成事故。确定危险和检测之间的时间间隔,应与图 1-15-5 的要求一致。

对在小于管材最低屈服强度 30%条件下运行的管道,如果管道运营企业要对检测发现的所有缺陷进行检查和评价,并对在 20 年内可能会发展成事故的所有缺陷进行维修,则再检测的时间间隔应为 20 年。如果管道运营企业要对部分缺陷进行检查、评价和维修,则再检测的时间间隔应为 10 年,但要进行分析,确保其他缺陷在 20 年内不会发展成事故。确定危险和检测之间的时间间隔,应与图 1-15-5 的要求一致。

二、预防措施

管道运营企业的完整性管理,应包括防止、最大限度减小意外泄漏后果的措施。预防措

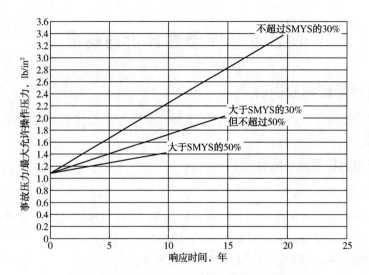

图1-15-5 危险与检测之间的时间间隔

施的效果不需要单独进行检测确认,在管道正常运行、检测、风险评价和维修过程中就可以确定预防措施的有效性。

有针对性的预防措施包括但不限于以下内容:

(1)预防第三方损坏。

(2)腐蚀控制。

(3)泄漏监控。

(4)最大限度地减轻意外泄漏的后果。

(5)降低操作压力。

模块十六　安全保护知识

项目一　防火知识

长输油气管道输送的介质具有易燃、易爆、有毒的特性,具有复燃、复爆性。一旦发生泄漏,容易引起火灾或爆炸,有毒气体和爆炸产生的冲击波对周边人和物造成伤亡和损害。物的不安全状态,人的不安全行为,不良的工作环境以及管理上的缺陷是造成事故的主要原因。对石油、化工企业员工而言,掌握一定的预防和处理火灾知识是必备的安全常识之一。

一、油气火灾的类型

CAO001 油气火灾的类型

(一)油气火灾的危险性

原油具有易燃、易爆、有毒的特点,着火现场附近原油受到高热时,体积会有较大增长,溢出或顶破容器,酿成更大事故,着火时具有沸溢、扩散、流淌的特点。

成品油具有易燃、易爆、有毒性,遇火即发生爆炸、燃烧;易积聚静电,静电放电易引起油罐、罐车火灾事故;发生泄漏易扩散、渗透,污染土壤和环境;具有受热膨胀性,容器易胀裂,油品装置应保持 5%~7% 的空间。

天然气同样具有易燃、易爆、有毒性,当空气中甲烷含量达到 25%~30% 时,使人发生缺氧症状,天然气具有极强的压缩性,超过设备负荷,会发生物理爆炸,引发事故。

(二)火灾发展规律的五个阶段

1.初起阶段

在起火后十几分钟内,燃烧面积不大,用较少人力和应急灭火器材就能控制。

2.发展阶段

燃烧强度、面积增大,需较多人力和灭火器材才能控制。

3.猛烈阶段

周围物品几乎全部卷入,是最难扑救阶段。

4.下降阶段

可燃物减少、氧气耗尽,火势减小。

5.熄灭阶段

火势被控制,燃烧条件耗尽,火势减弱至熄灭。

(三)按燃烧物的性质划分

火灾有五种类型,各类火灾所适用的灭火器如下:

(1)A类,指含碳固体物质的火灾,如纸张、木柴等。可选用清水灭火器,泡沫灭火器,磷酸铵干粉灭火器(ABC 干粉灭火器)。

(2)B类,指可燃液体或可熔化的固体物质的火灾。如汽油、植物油等。可选用干粉灭火器(ABC 干粉灭火器),二氧化碳灭火器,泡沫灭火器只适用于油类火灾,而不适用于极性溶剂火灾。

(3)C类,指可燃气体的火灾,如天然气,煤气等。可选用干粉灭火器(ABC 干粉灭火器),二氧化碳灭火器。

(4)D类,指金属火灾,如钾、钠等 D 类火灾是一种比较特殊非常见性的金属类物质燃烧火灾,该类火灾扑灭难度相当大,一般采用干沙覆盖方法灭火和专用灭火机。

(5)E类,指带电燃烧的火灾。可选用干粉灭火器(ABC 干粉灭火器),二氧化碳灭火器。

二、初起火灾的扑救方法

CAO002 初起火灾灭火的基本方法

任何物质发生燃烧必须具备三个条件,即可燃物、助燃物和着火源,三者缺一不可。

灭火的基本方法主要是通过破坏燃烧过程中维持物质燃烧的条件来实现的。

(1)隔离法:使燃烧物与其周围的可燃物质加以隔离或移开,以免火势蔓延,燃烧也会因缺少可燃物而停止。

(2)窒息法:用不燃烧的物质包括气体、干粉、泡沫等包围燃烧物,阻止空气流入燃烧区,使助燃气体(如氧气)与燃烧物分开,或用惰性气体稀释空气中氧气的含量。燃烧物就会因得不到足够的氧气而窒息。

(3)冷却法:将灭火剂如水喷射到燃烧区,吸收或带走热量,以降低燃烧物的温度和对周围其他可燃物的热辐射强度,达到停止燃烧的目的。

(4)抑制灭火法:利用可参与物质燃烧化学反应的灭火剂,终止物质燃烧的持续进行,达到灭火的目的。

三、常用的消防器材

CAO003 常用的消防器材

(一)常用的各种灭火器

常用灭火器按所充装的灭火剂不同分为水基、泡沫、干粉和二氧化碳四类,按驱动灭火剂的动力源可分为储气瓶式和储压式。

1.水基型灭火器

1)清水灭火器

清水灭火器通过冷却作用灭火,主要用于扑灭 A 类固体火灾。

2)泡沫灭火器

泡沫灭火器充装的是水和泡沫灭火剂。可分为化学泡沫和空气泡沫灭火器。主要用于扑救 B 类火灾,也可用于固体 A 类火灾,抗溶泡沫灭火器还可以扑救水溶性火灾、可燃液体火灾。

2.干粉灭火器

干粉灭火器主要用于扑救易燃液体、可燃气体和电气设备的初起火灾,分为扑救金属的专用干粉、BC 干粉灭火机和 ABC 干粉灭火机。

3.二氧化碳灭火器

二氧化碳灭火器充装的是二氧化碳灭火剂。平时以液态形式储存于灭火器中,其主要依靠窒息作用和部分冷却作用灭火。

4.洁净气体灭火器

洁净气体灭火器适用于灭 A 类、B 类、C 类、E 类火灾,以及精密电子设备机房设备等初起火灾的扑救。

1)七氟丙烷灭火剂

七氟丙烷灭火剂的灭火机理是在高温下通过灭火剂的热分解产生含氟的自由基,与燃烧反应过程中产生的活性自由基发生气相作用,从而抑制燃烧过程中化学反应来实施灭火。是卤代烷灭火器的替代品。

2)IG541 灭火剂

IG541 灭火剂是氮气、氩气和二氧化碳以 52∶40∶8 的体积比例混合而成的一种灭火剂,无色、无味、不导电、无腐蚀,灭火过程中无分解物,对人体安全。

(二)灭火器的维修与报废

酸碱型灭火器、化学泡沫型灭火器、倒置使用型灭火器、氯溴甲烷、四氯化碳灭火器及国家政策明令淘汰的其他类型灭火器,均系技术落后,产品过时。酸碱型灭火器、化学泡沫灭火器的灭火剂对灭火器筒体腐蚀性强,使用时要倒置,容易产生爆炸危险。氯溴甲烷灭火器、四氯化碳灭火器的灭火剂毒性大,已经淘汰。这些灭火器类型列入了国家颁布的淘汰目录,产品标准也已经废止。

表1-16-1 灭火器的维修期限

灭火器类型		维修期限	报废期限,年
水基型灭火器	手提式水基型灭火器	出厂期满 3 年;首次维修以后每满 1 年	6
	推车式水基型灭火器		
干粉灭火器	手提式(储气瓶式)干粉灭火器	出厂期满 5 年;首次维修以后每满 2 年	10
	手提式(贮压式)干粉灭火器		
	推车式(储气瓶式)干粉灭火器		
	推车式(贮压式)干粉灭火器		
洁净气体灭火器	手提式洁净气体灭火器		
	推车式洁净气体灭火器		
二氧化碳灭火器	手提式二氧化碳灭火器		12
	推车式二氧化碳灭火器		

项目二 防毒知识

输油气生产中常有一些有毒物质,当设备严密性不够或保护不当时就会对职工健康产生有害影响。这种因工业毒物所引起的中毒的因素很多,例如,毒物的物理化学性质、侵入人体的数量、作用时间长短等,而且又因人的年龄、体质和习惯不同而对毒物的反应也不同。

一、常见的中毒现象

(一)硫化氢中毒

天然气中含有硫化氢,空气中硫化氢的浓度达到 $20mg/m^3$ 时,就会引起中毒,出现恶心、头痛、胸部压迫感和疲倦等现象,在此浓度下作用 $5\sim8min$ 时,眼鼻及咽喉的黏膜部分感到剧痛,口腔出现金属味。硫化氢浓度为 $70mg/m^3$ 时,引起剧烈中毒,表现为抽筋、丧失知觉,甚至呼吸器官麻痹而死亡。

通常,当长期吸入低浓度的硫化氢,受到轻度而反复的中毒作用和短期迅速地吸入高浓度硫化氢,都将产生重度中毒现象。

在工作区,硫化氢的最高允许浓度是空气中其含量不超过 $10mg/m^3$。

在我国,环保部门要求用浓度单位表示污染物的含量,单位为 ppm,1ppm 表示为百万分之一。

表 1-16-2　不同浓度硫化氢对人体的危害

H_2S ppm	危害程度
$0.13\sim4.6$	可嗅到臭鸡蛋味,一般对人体不产生危害
$4.6\sim10$	刚接触有刺热感,但会很快消失
$10\sim20$	我国临界浓度规定为20ppm,超过此浓度必须戴防护用具
50	允许直接接触10min
100	刺激咽喉,3~10min 会损伤嗅觉和眼睛,轻微头痛,接触 4h 以上导致死亡
200	立即破坏嗅觉系统,时间稍长咽、喉将灼伤,导致死亡
500	失去理智和平衡,2~15min 内出现呼吸停止,如不及时抢救,将导致死亡
700	很快失去知觉,停止呼吸,若不立即抢救将导致死亡
1000	很快失去知觉,造成死亡,或永久性脑损,智力残损
2000	吸上一口,将立即死亡,难于抢救

(二)天然气窒息

不含硫化氢的天然气能引起窒息。天然气的主要成分是甲烷,不属于毒性气体。在空气中,含氧量19%时是人们工作的最低要求,16%是安全工作的最低要求,含氧量只有7%时人就会呼吸紧迫,面色发青。当空气中的甲烷含量增加到10%以上时,则氧的含量相对减少,就会使人感到氧气不足,此时中毒现象是虚弱眩晕,进而可能失去知觉,直至死亡。

(三)甲醇中毒

在输气站和管道上经常使用甲醇来防止水化物堵塞,甲醇是易燃和极毒的物质。甲醇沸点为64.6℃,它的蒸气强烈刺激人体器官黏膜,当吸入甲醇蒸气或甲醇侵入皮肤时,均会引起中毒,刺激眼睛以至失明,特别是喝入甲醇会使人失明或死亡。引起慢性中毒的表现是神经衰弱、视力减退、皮炎湿疹。

甲醇在工作场所空气中的最大允许浓度为 $50mg/m^3$。

(四)缓蚀剂中毒

在输气管道上使用的粗吡啶、液氮等缓蚀剂,它们都是具有恶臭气味的有毒物质,刺激神经、眼睛,有较强的毒性。

二、防毒措施及现场急救

(一)防毒措施

CAO005 防毒措施

有毒物质的存在是构成职业病的基本原因,根本办法是以预防为主。主要防护用品有过滤式防毒面具和压缩空气呼吸器。

过滤式防毒面具是通过滤毒罐、盒内的滤毒药剂滤除空气中的有毒气体再供人呼吸,主要用于收发球、逃生用。适用空气含氧量不低于 19.5%(V/V),温度为 $-30\sim45℃$ 的非密闭环境下。进入染毒区作业之前需使用专业仪器探测毒气种类、浓度及前述的其他参数,若使用环境有任何一项参数数值不符合前述规定,必须改用其他防护装备,例如正压式空气呼吸器或其他隔绝式呼吸防护装备。

过滤式防毒面具佩戴方法见表 1-16-3。

表 1-16-3 过滤式防毒面具佩戴方法

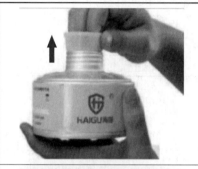	撕开过滤件封口处的封条,将过滤件的顶部与底部密封盖去掉
	将过滤件接口垂直对准面具上的过滤件接口,拧紧后稍微回转以避免因旋拧过紧而导致脱扣,并由安全工程师或安全负责人检查安装是否合格
	将连接好的面罩挂于胸前,把面罩头套的调节带放至最大限度
	戴上面具,双手抓住面具头套调节带同时向两侧拉紧,直至完全罩住面部并有硅胶反折边与面部完全贴合的感觉后即可,根据舒适性和密封性选择适当的松紧度

续表

	全面罩防毒面具简易气密测试：带好面罩后用手掌堵住滤毒罐进气口，然后用力吸气，面罩会因气压关系向内挤压往面部紧贴，则表明面罩已经佩戴气密，不会产生漏气
	深呼吸测试通气是否顺畅。待防护设备佩戴完整检查无误后，方可进入符合使用条件的污染区作业

（二）中毒的现场急救

CA0006 中毒的现场急救

1.硫化氢中毒的急救

（1）立即将患者移离中毒现场，施救者应戴空气呼吸机，否则进入现场，常造成连续多人中毒的事故，患者移至空气新鲜处后，保持其呼吸道的通畅，有条件的还应给予氧气吸入，不可轻易放弃抢救，呼吸、心搏均已停止者应及时正确地施行人工心肺复苏术。

（2）有眼部损伤者，应尽快用清水反复冲洗，并给以抗生素眼膏或眼药水点眼，或用醋酸可的松眼药水滴眼，每日数次，直至炎症好转。

（3）对休克者应让其取平卧位，头稍低；对昏迷者应及时清除口腔内异物，保持呼吸道通畅。

2.心肺复苏术

日常溺水、触电、外伤、异物吸入、疾病发作、煤气中毒、过敏等意外均可导致心脏骤停或窒息，并发生猝死。心脏跳动停止者，如在 4min 内实施初步的 CPR（心肺复苏），在 8min 内由专业人员进一步心脏救生，死而复生的可能性最大，如身边人会急救措施可在几分钟内直接挽救生命。

心肺复苏=（清理呼吸道）+人工呼吸+胸外按压+后续的专业用药。

在发现伤员后应先检查现场是否安全。若安全，可当场进行急救；若不安全，须将伤员转移后进行急救。

在安全的场地，应先检查伤员是否丧失意识、自主呼吸、心跳。

（1）检查意识的方法：轻拍重呼，轻拍伤员肩膀，大声呼喊伤员。

（2）检查呼吸方法：一听二看三感觉，将一只耳朵放在伤员口鼻附近，听伤员是否有呼吸声音，看伤员胸廓有无起伏，感觉脸颊附近是否有空气流动。

（3）检查心跳方法：检查颈动脉的搏动，颈动脉在喉结下两公分处。

1）保持呼吸顺畅

昏迷的病人常因舌后移而堵塞气道，所以心肺复苏的首要步骤是畅通气道。急救者以一手置于患者额部使头部后仰，并以另一手抬起后颈部或托起下颌，保持呼吸道通畅。对怀疑有颈部损伤者只能托举下颌而不能使头部后仰；若疑有气道异物，应从患者背部双手环抱于患者上腹部，用力、突击性挤压。

2）口对口人工呼吸

在保持患者仰头抬颌前提下，施救者用一手捏闭的鼻孔（或口唇），然后深吸一大口气，迅速用力向患者口（或鼻）内吹气，然后放松鼻孔（或口唇），照此每5s反复一次，直到恢复自主呼吸。

每次吹气间隔1.5s，在这个时间抢救者应自己深呼吸一次，以便继续口对口呼吸，直至专业抢救人员的到来。

在口对口人工呼吸时要用呼吸膜防止患者体内细菌传播，在没有呼吸膜保护的情况下急救员可以不进行人工呼吸。

若伤员口中有异物，将伤员面朝一侧（左右皆可），将异物取出。若异物过多，可进行口对鼻人工呼吸。即用口包住伤员鼻子，进行人工呼吸。

3）建立有效的人工循环

检查心脏是否跳动，最简易、最可靠的是颈动脉。抢救者用2~3个手指放在患者气管与颈部肌肉间轻轻按压，时间不少于10s。

如果患者停止心跳，抢救者应按压伤员胸骨下1/2处。如心脏不能复跳，就要通过胸外按压，使心脏和大血管血液产生流动。以维持心、脑等主要器官最低血液需要量。

急救员应跪在伤员躯干的一侧，两腿稍微分开，重心前移，之后选择胸外心脏按压。按压部位：先以左手的中指、食指定出肋骨下缘，而后将右手掌掌根放在胸骨下1/2，再将左手放在右手上，十指交错，握紧右手。按压时不可屈肘。按压力量经手根而向下，手指应抬离胸部。胸外心脏按压方法：急救者两臂位于病人胸骨下1/2处，双肘关节伸直，利用上身重量垂直下压，对中等体重的成人下压深度应大于5cm，而后迅速放松，解除压力，让胸廓自行复位。如此有节奏地反复进行，按压与放松时间大致相等，频率为每分钟不低于100次。

一人心肺复苏方法：当只有一个急救者给病人进行心肺复苏术时，应是每做30次胸心脏按压，交替进行2次人工呼吸。

二人心肺复苏方法：当有两个急救者给病人进行心肺复苏术时，首先两个人应呈对称位置，以便于互相交换。此时，一个人做胸外心脏按压，另一个人做人工呼吸。两人可以数着1、2、3进行配合，每按压心脏30次，口对口或口对鼻人工呼吸2次。

此外在进行心肺复苏前应先将伤员恢复仰卧姿势，恢复时应注意保护伤员的脊柱。先将伤员的两腿按仰卧姿势放好，再用一手托住伤员颈部，另一只手翻动伤员躯干。

若伤员患有心脏疾病（非心血管疾病），不可进行胸外心脏按压。

4）注意事项

（1）口对口吹气量不宜过大，一般不超过1200mL，胸廓稍起伏即可，吹气时间不宜过长，过长会引起急性胃扩张、胃胀气和呕吐，吹气过程要注意观察患（伤）者气道是否通畅，胸廓是否被吹起。

（2）胸外心脏按压术只能在患(伤)者心脏停止跳动下才能施行。

（3）口对口吹气和胸外心脏按压应同时进行,严格按吹气和按压的比例操作,吹气和按压的次数过多和过少均会影响复苏的成败。

（4）胸外心脏按压的位置必须准确,不准确容易损伤其他脏器,按压的力度要适宜,过大过猛容易使胸骨骨折,引起气胸血胸;按压的力度过轻,胸腔压力小,不足以推动血液循环。

（5）施行心肺复苏术时应将患(伤)者的衣扣及裤带解松,以免引起内脏损伤。

项目三　安全用电常识

一、低压配电常识

CAO007 低压配电的常识

我国规定,交流电的额定频率为 50Hz。交流电的额定电压标准分为三类:第一类为 100V 及以下的电压,主要用于安全照明、蓄电池、开关设备的直流操作电源等;第二类为 100~1000V 以内的电压,主要用于动力及照明设备等;第三类为 1000V 以上的电压,主要用于发电、输电及变电设备等。

目前,我国低压交流配电系统一般采用三相三线制和三相四线制两种配电方式。

三相三线制:即由三相火线组成的配电系统,它适用三相对称负载,如图 1-16-1(a)所示。

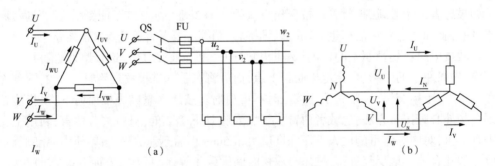

图 1-16-1　三相电源供电方式

U、V、W—三根火线;U_U、U_V、U_W—三相相电压;I_U、I_V、I_W—三相线电流;

I_N—中线电流;N—中点;QS—开关;FU—保险

三相四线制:即由三相火线与中线组成的配电系统,如 1-16-1(b)所示。电压一般为 380/220V,可提供两种不同电压,供给三相、两相和单相负载同时使用。我国一般中小型工厂企业都采用 380/220V 三相四线制配电系统。

二、触电及防护

CAO008 触电防护

触电是指人体触及带电体而造成的人身伤害事故。按电流对人体伤害部位的不同,触电又分为"电击"和"电伤"两大类。"电击"是电流通过人体内部,造成内部器官、内部组织及神经系统的破坏,甚至造成伤亡事故;"电伤"是电流的热效应、化学效应、电磁效应及机械效应对人体外部造成的局部伤害。

(一)常见的触电方式

按照人体触及带电体的方式不同,触电可分为单相触电、两相触电和跨步电压触电三种。

(1)单相触电:指人站在地面或其他接地上,触及一相带电体而造成的触电事故。

(2)两相触电:指人体同时触及两相带电体而造成的触电事故。

(3)跨步电压触电:所谓跨步电压,是指人走入电气设备接地短路点附近时,在两脚之间形成的电压。由跨步电压而造成的触电事故,称为跨步电压触电。这类触电事故,人越接近电气设备接地短路点,跨步越大,则电压越高,越危险。如遇此情况时,切不可惊惶失措,应立即将两脚并拢,然后用单脚跳出短路点,但应防止跌倒而造成二次触电事故。

(二)发生触电事故的主要原因

发生触电事故的原因很多,主要有以下几方面:

(1)缺乏安全用电常识,乱拉乱接电气设备。

(2)不遵守电业规程,违章操作。

(3)使用不合格的电器设备。

(4)安装和检修质量不合格,发生短路或漏电。

(5)偶然触及带电体。

(6)触及漏电设备外壳造成间接触电。

(7)走近电气设备接地短路点附近造成跨步电压触电。

(三)触电防护措施

对触电事故,应贯彻以"防"为主的方针。预防触电事故应采取如下主要措施:

(1)普及安全用电常识。

(2)严格遵守电业规程,严禁违章操作。

(3)使用合格的电气产品,不断提高电气设备的安装和检修质量。

(4)不断完善各种组织措施和技术措施。

(5)根据不同情况,分别采用36V、24V、12V等安全电压。

(6)采用各种保护装置。

(7)采取保护接地或保护接零的技术措施等。

(四)接地和接零

接地是指将电气设备的某一部分与大地做可靠的连接。常见的接地有工作接地、保护接地、重复接地、防雷接地等。

接零是指将电气设备的某一部分与电源零线做可靠的连接。常见的接零是保护接零。

保护接地是指将电器设备的金属外壳通过接地装置同大地做可靠的连接。其主要作用是:防止电气设备因绝缘损坏而漏电时,造成触电事故。同时还兼有防雷作用。

保护接零(或保护接中线)是指将电气设备的金属外壳与电源的零线做可靠的连接。其主要作用与保护接地作用相同。

在采用保护接零的系统中,应特别注意如下事项:

(1)零线的连接必须可靠,若电源零线断裂将失去保护作用,可能造成触电事故。因此,在电源的零线上不允许装设闸刀或熔断器。同时,对电源零线必须采取重复接地措施。

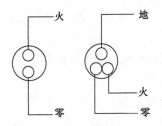

图1-16-2 单相两孔及单相
三孔插座接线图

（2）接线必须正确。对于日常生活中的单相用电设备用的单相两孔和单相三孔插座,其接线如图1-16-2所示。

（3）学习防雷常识。常用的电气设备及建筑物一般都装有专用防雷装置,如避雷针、避雷线、避雷网、避雷器等,用以对雷电的危害进行防护。以下介绍雷雨时应具备的防雷常识:

①如非工作必需,应尽可能少在户外逗留或走动,且应关好门窗。

②应尽量离开高大树木、杆塔、烟囱等场所,且应远离山顶和高地。

③在室内远离六种线,即电灯线、电话线、广播线、收音机电源线、收音机的天线和电视机的天线,最好离开1.5m以上。

④收音机、电视机的室外天线应可靠接地。

⑤如遇球形雷(滚动的火球)时,切记不要跑动,以免球形雷顺气流而来。

⑥所用的金属工具应尽量放低,不要扛在肩上或高举着,最好不要用带金属把的雨伞。

（五）触电急救常识

触电急救的要点是动作迅速,救护得法,切记不可惊慌失措,束手无策。

触电急救的具体方法步骤如下:

（1）使触电者迅速脱离电源。电流通过人体的持续时间越长越危险,因此,当人触电以后,应该采取一切措施,使触电者迅速脱离电源。对于常见的低压系统的触电事故,可采用如下措施:

①若触电地点附近有电源开关或插销,应立即拉开开关或拔掉插销,断开电源;若附近没有电源开关,则应采取安全措施切断电线,或用绝缘物插入触电者身下,断开电源。严禁不采取任何安全措施而直接用手去拉触电者。

②若电线落在触电者身上或被压在身下,可用绝缘工具挑开电线,但千万不能把电线挑到他人身上。

上述方法,以安全为前提,以快为原则,视具体情况,灵活运用。

（2）现场急救。当触电者脱离电源后,应立即实行现场急救,遵循先救后搬、连续救治的原则。

①对症救治:触电者可分为如下三种情况。

a.触电者伤势较轻,神志清醒,但感到心慌,全身无力,四肢麻木,或在触电过程中曾一度昏迷,但已清醒,应使触电者静卧休息,严密观察病变情况,并请医生诊治。

b.触电者伤势较重,已失去知觉,但仍有心跳和呼吸,则也应使触电者静卧平地,且使空气流通。同时解开触电者的衣服,以利呼吸。若天气寒冷,还需注意保温,并请医生诊治。严密观察病变情况,准备进一步抢救。

c.触电者伤势严重,心跳和呼吸停止,则应立即进行人工呼吸,并请医生或送医院救治。

②人工呼吸法。人工呼吸法是触电急救的行之有效的科学方法。人工呼吸法有多种,常用的有口对口人工呼吸法、胸外心脏挤压法。其中以口对口(或口对鼻)人工呼吸法效果

最好,简单易学,容易掌握。

(六)电气防火防爆常识

1.预防电器火灾和爆炸的主要措施

(1)选用适当型号的电气设备。

(2)合理选择电气设备的容量和安装位置,保持必要的安全距离。

(3)使电器设备保持正常运行,不能过载或发生短路事故。

(4)保持接触良好,通风良好,防止产生过热现象。

(5)采取必要的保护措施。

(6)加强安全教育,严格遵守操作规程,严禁违章操作。

2.电气灭火常识

(1)断电灭火的安全要求:在没有断电之前,严禁用导电的灭火剂灭火,如水枪、泡沫灭火机等;在没有断电之前,严禁触及电气设备或走入火区;采用安全措施,断开电源,并防止断电时造成短路或触电事故。

(2)带电灭火的安全要求:选择适当的灭火器灭火;使人体和带电体之间保持必要的安全距离;划出距离;划出警戒区,以防跨步电压触电;对架空线路等空中设备灭火时,人体位置与带电体之间的仰角不超过45°,以防导线断落危及灭火人员的安全;用喷雾水枪灭火时,必须采取安全措施,如戴绝缘手套、穿绝缘鞋或均压服操作等,并将水枪喷嘴可靠接地。

项目四　防爆知识

一、爆炸的概念

CAO009 爆炸的概念

爆炸可分为化学性爆炸和物理性爆炸。工业中化学性爆炸是指由化学变化引起的爆炸,如可燃气体爆炸;蒸气及粉尘与空气混合,在一定浓度时遇火种爆炸也属于化学性爆炸。爆炸与燃烧并无显著区别,都是物质与氧的化合,是化学变化,只是爆炸反应速度快。燃烧时产生的热量以不超过几厘米/秒的速度缓慢散布在大气中,而爆炸是以数百米/秒至数千米/秒的速度进行的,形成冲击波,造成极大的破坏。若在爆炸火焰扩展的路程上(如室内、管道和容器内)有遮挡物,则由于气体温度上升及引起的压力急剧增加,破坏性更大。物理性爆炸是由于设备内部的压力超过了设备的允许工作压力,内部介质急剧冲出而引起的,属于物理变化过程,如输气管道内腐蚀作用使管壁减薄而引起的爆炸即属于物理性爆炸。

输气工作经常与高压天然气输气管道及气焊设备等易燃易爆设备、物品相接触,发生爆炸现象的概率更高。

二、常见的爆炸现象及原因

(1)容器和管道因为受腐蚀作用,壁厚减薄,承压能力降低而引起爆炸。

(2)违反操作规程,设备超压而引起爆炸。

(3)天然气与空气的混合物(在爆炸范围内)在室内或容器内遇火爆炸。

(4)氧气瓶受高热作用爆炸;氧气与油类接触而引起爆炸,因油类遇氧气更易进行氧化作用,发生燃烧爆炸的可能性更大。

(5)气焊时乙炔发生器回火引起爆炸。

(6)补焊油桶、油罐时,引起油品蒸发,与空气混合后遇火源爆炸。

CAO010 输气管道的防爆措施

三、输气管道防爆措施

(1)天然气容器和管道在制造和安装时,要严格进行质量检查,投产前要整体试压合格。输气站设备的强度试压,应按工作压力的1.5倍进行水压试验,然后用气进行严密性试压,试验压力等于工作压力。输气管道的试压应按要求进行。

(2)已投产的输气管道应定期检查管道内外腐蚀状况,摸清腐蚀规律。对于输气站设备及距离站200m内的输气管道、经过城镇居民区及低洼积水处的管道,至少每年测厚调查一次,发现腐蚀严重管段应立即检修或更换,以防止爆炸。

(3)输气站设备、输气管道严禁超压工作,若因生产需要提高压力时,要经过鉴定和试验合格方能进行。

(4)安全阀与压力表要定期校验检查,保证准确、灵敏。安全阀的开启压力一般定为工作压力的105%~110%,并有足够的排放能力。

(5)线路阀室、仪表间及安有输气设备的其他工作间,应特别注意防止设备漏气,经常检查室内天然气浓度,室内要通风良好,防止可能漏失的天然气聚集;严禁烟火,防止发生天然气和空气混合物爆炸燃烧。

(6)在有天然气聚集的场所,电气设备由于短路、碰壳接地、触头分离而引起的弧光和电火花,都可能引起天然气与空气混合物爆炸,因此,输气站与工作间都要使用防爆电气设备,以防止发生天然气与空气混合物的爆炸燃烧。

(7)天然气管道设备检修进行气割与点焊时的安全措施。

在天然气的管道或设备上动火切割或焊接时,要有安全措施才能动工,以防止天然气与空气的混合物爆炸产生的爆燃火球喷出伤人。常用的安全操作方法有下列几种:

①带气操作。为了防止空气进入天然气管道内,管道割口修理中可以保持管内有少量的天然气,割口时天然气外逸燃烧,空气不能进入管道,但是也不能造成割口处天然气猛烈燃烧,以免烧烤操作者。为此,管内天然气压力应控制在0.2~0.8kPa为宜,火苗高度在1m以下。

②放置隔离球。更换一段管道或在管道下部开口时,可在更换段两侧外3~5m远处放置隔离球,以隔断两端管道的天然气,保证操作安全。

③以天然气置换管内空气。当在输气站的汇管或容器上焊接时,由于站内阀门关闭不严,漏关的天然气可能窜入焊接管段内发生爆燃。此时,可在焊接前先用天然气置换管内进入的空气,使焊接点始终燃烧,并根据火焰高度调节阀门,控制换气量。

④引走余气。当焊接管道时漏气很大,焊接点火焰较高难以操作时,可开启放空阀,使焊接点火苗不高于1m。

⑤增加排气量。在可能条件下,当割、焊管段时,尽可能多开一些通向大气的阀门或盲板,在其出口上应该用湿石棉布或棉絮遮盖,以防空气进入。这样,当发生天然气爆炸时,爆炸波易排泄,不至于形成集中爆炸,以免火球喷出伤人。

⑥操作人员在气割或电焊时,应站在切割或焊接点两侧,身体不能正对着操作点。

⑦用惰性气体(如氮气、二氧化碳、水蒸气等)置换管道或容器内的天然气。惰性气体本身不燃烧,当空气中氮的含量增加到86.6%时,天然气与空气的混合物即失去爆炸力。

⑧当割开的管段内积存有黑色硫化铁腐蚀产物时,应注水清洗干净,以防其自燃和燃烧时产生烟气毒害。

(8)输气管道割开的两端未放置隔离球时,空气会大量进入管内,管内沉积的硫化铁粉末可能自燃形成火源。因此,在管段组装焊接完成,恢复输气时,应首先用清管球隔离天然气并置换管内空气,有条件的可在球前推入一段水,或者充入一段惰性气体,将自燃的硫化铁粉末熄灭。这样做是防止管内形成的天然气与空气的混合物遇到自燃的硫化铁粉末而爆炸。

不论管内是否存有硫化铁粉末,在断开的管道内,都可能进入大量的空气,所以,必须先置换空气,才能恢复输气工作。

(9)气焊设备的防爆措施。

①氧气是焊接中必需的气体,它无色无味,不燃烧,但能帮助其他可燃物质燃烧,如在高压下遇油脂就会剧烈燃烧甚至爆炸,因此氧气瓶的瓶嘴、氧气表及导管、焊枪、割枪等不许与油脂接触;氧气瓶不许放置在油料附近,也不得靠近火源;夏季不应受日光暴晒;氧气瓶与明火距离不能小于10m;装卸时要戴防振圈和安全帽,禁止采用抛、滑或其他引起碰击的方法装卸。

②乙炔(电石气)是气焊工作中应用的一种可燃气体,当空气中乙炔含量为2.3%~82%时,遇到火种就有爆炸危险,由于爆炸范围大,下限值很小,因此爆炸危险性大。而且,乙炔在高温或0.2MPa以上压力下及在低压受振动、加热、撞击时都有爆炸的危险。因此,使用乙炔时,不要因为焊枪或割枪的吸力不够,火焰不大,任意增大发生器中乙炔的压力。在工作过程中,乙炔发生器的压力不能过高,水温应低于50℃,特别是使用小碎块电石要经常换水,以免发生器的水成为糨糊状,致使乙炔发生器中产生的热量不能及时散出而发生危险。乙炔发生器必须有防止回火的安全装置(如水封安全器)。乙炔发生器装水时,一定要把水封安全器的水同时装上,并装到要求的水位。

进行气焊、气割时,不准使用有问题的气焊工具,要仔细检查氧气瓶、减压阀是否可靠;焊枪、割枪的乙炔、氧气通道和阀门是否畅通无阻,是否关闭严密,开关灵活。点火前要一一检查,然后用乙炔气吹洗水封和导管,以排除乙炔与空气的混合物。要遵守操作规程,严防回火爆炸或氧气跑入乙炔发生器内,使压力过高而产生乙炔自燃爆炸。乙炔发生器要放在空气流通和没有火花的地方,焊、割的工作地点要距乙炔发生器10m以外。电石保管要密封,放在干燥的地方,严防潮湿。打开电石桶时不要碰击出现火花,因电石桶里可能存有爆炸性的乙炔与空气的混合物。

(10)当输气管道内及输气站上的汇管、容器中积存有凝析油时,在动火割焊前要用蒸汽或碱水清洗干净,排除残存的凝析油,防止油蒸气与空气混合物爆炸。也可以采取不断向管内和容器内注入氮气的方法来防止油蒸气发生爆炸。油罐、油桶割焊时亦可采用这一措施,并把罐上的盖和盲板全部打开。

项目五　HSE 基本知识

HSE 管理体系是将健康、安全、环境三种密切相关的管理体系科学地结合在一起的管理体系。HSE 管理体系是一种事前进行风险分析,从而采取有效的防范手段和控制措施防止事故发生,以减少可能带来的损失的有效管理方法。企业的最高管理者是 HSE 的第一责任人,通过建立 HSE 保障体系,提供强有力的领导、资源和自上而下的承诺,采用考核和审核等手段,不断改善企业的 HSE 业绩。

CAO011 HSE 基本知识

(一)中国石油天然气集团有限公司 HSE 管理九项原则

(1)任何决策必须优先考虑健康安全环境。

(2)安全是聘用的必要条件。

(3)企业必须对员工进行健康安全环境培训。

(4)各级管理者对业务范围内的健康安全环境工作负责。

(5)各级管理者必须亲自参加健康安全环境审核。

(6)员工必须参与岗位危害识别及风险控制。

(7)事故隐患必须及时整改。

(8)所有事故事件必须及时报告、分析和处理。

(9)承包商管理执行统一的健康安全环境标准。

(二)中国石油天然气集团有限公司六条禁令

(1)严禁特种作业无有效操作证人员上岗操作。

(2)严禁违反操作规程操作。

(3)严禁无票证从事危险作业。

(4)严禁脱岗、睡岗和酒后上岗。

(5)严禁违反规定运输民爆物品、放射源和危险化学品。

(6)严禁违章指挥、强令他人违章作业。

(三)中国石油天然气集团有限公司 HSE 方针

以人为本、预防为主,全员参与、持续改进。

(四)中国石油天然气集团有限公司 HSE 战略目标

零事故、零伤害、零污染,努力向国际健康、安全与环境管理的先进水平迈进。

(五)中国石油天然气集团有限公司强化安全生产应急处置五项规定

(1)所有员工必须接受岗位应急培训,并取得上岗资格。

(2)重点岗位必须持应急处置卡上岗作业,并定期开展应急演练。

(3)危险作业必须同时落实应急措施,应急准备进入临战状态。

(4)现场应急物资装备及设施配备必须齐全、管用。

(5)紧急逃生通道必须保持畅通,严禁盲目组织抢险。

► 第二部分

初级工操作技能及相关知识

模块一 阴极保护及防腐层

项目一 恒电位仪的开机、关机

CBA001 恒电位仪的应用知识
CBA002 恒电位仪的类型

一、相关知识

恒电位仪是在无人值守的条件下,自动调节输出电流和电压,使被保护管道汇流点电位稳定在控制电位内,达到最佳保护效果的自控整流器。目前,长输油气管道阴极保护常用的恒电位仪有 PS-1 型、KSW-D 型、HDV-4D 系列硅整流恒电位仪及 IHF 数控高频开关恒电位仪。

CBA003 恒电位仪的组成

(一)恒电位仪的恒电位自动调节部分及工作原理

恒电位仪的恒电位自动调节部分主要由直流稳压电源、比较器和调整器等组成,如图 2-1-1所示。

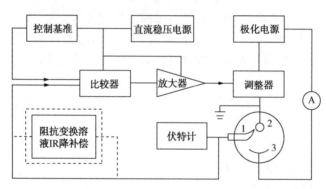

图 2-1-1 恒电位仪方框原理图
1—参比电极;2—研究电极;3—辅助电极

工作原理:当外界条件发生变化(如气候变化、交流电压变化等)使管道汇流点电位偏离给定的最佳电位时,它的变化将反映到比较放大器的输入端,比较级平衡被破坏,经差动放大后,输出不平衡信号去控制移项触发器,脉冲移项调节器的可控硅在移项脉冲作用下,改变导通角,调整输出电流,将管道汇流点恢复到原始的最佳保护电位,从而达到恒定电位的目的。

CBA004 恒电位仪的操作方法

(二)恒电位仪的安装与投运方法

1.准备工作

(1)仪器已经按要求检查完毕,符合投运条件,附件配件齐全,并已正确就位。

(2)各部接线,如阳极线、参比电极线等均按规范做好并引至现场。

(3)参比电极已经安装就位。

(4)常用工具,如测试用万用电表、硫酸铜参比电极及仪器说明书等。

（5）仪器运行记录本、仪器档案卡。

2. 操作内容

1）仪器安装、对接和连接接线

正确连接对接线，锁好插头；接好"+、-"对接线，拧紧端子；接电源（220V）线和机箱接地线。

"输出阳极"端子接辅助阳极，"输出阴极"端子接管道汇流点，"参比电极"端子接参比电极，"零位接阴"端子接管道汇流点，各接线端子应旋紧。

2）开机操作

（1）确认所有接线正确无误。

（2）电源开关遵循送电从总开关逐级下送，断电逐级从下往上关闭。合上恒电位仪市电断路器。恒电位仪市电指示灯亮。

（3）合上控制柜后部配电盘上的"总开关"，电源指示灯亮。

（4）合上控制柜操作面板上的电源开关，电压表和电流表有显示，运行指示灯亮。

（5）调节输出电流、电压。

（6）测量汇流点保护电位。

（7）复核恒电位仪的输出及现场的参比电位是否与欲控值相符，如不符，继续调整恒电位仪的输出和复测汇流点电位，直至调整到与欲控值相符为止。

（8）调试欲设定"恒电流"方式运行时，要重新设定恒电位仪的预置（给定）输出电流值，避免因恒电位仪的出厂或上次停机前设置的输出电流值过大或过小，造成阴极保护的过保护或欠保护。

（9）把有关仪器状况、主要参数和投运过程填入仪器档案；开机时间和各项数据填入仪器运行记录，开机投运完毕。

3）关机操作

（1）关闭恒电位仪操作面板上的"停止"开关/键。

（2）断开恒电位仪仪器电源开关。

（3）断开配电盘上的电源开关。

（4）检查关机后的仪器状态。

（5）填写关机记录。

4）调试

（1）将调试好的恒电位仪按"3）关机操作"步骤关机作为备用。

（2）按"2）开机操作"步骤调试其他安装好的恒电位仪至具备运行条件。

3. 技术要求

（1）开机前应认真检查仪器、设备及线路接线，确保仪器完好，线路正确，接触良好。

（2）严格按操作步骤的顺序，一步接一步地操作，不可违反或错乱。

（3）硫酸铜参比电极应经过定期校核，并保持良好工作状态，发现问题应及时调整和更换。

（4）各种开/关应按照操作规程操作，不可拨错开关/键。

（5）欲设定"恒电流"方式运行时，要重新设定恒电位仪的预置（给定）输出电流值，避免因恒电位仪的出厂或上次停机前设置的输出电流值过大或过小,造成阴极保护的过保护或欠保护。

(6)各操作项目的内容不可遗漏。

(7)关机后应认真检查仪器及相关设备和线路,发现问题及时处理,保证下次顺利开机操作。

(8)及时、准确地做好开/关机记录。

> CBA005 恒电位仪现场安装错误的分析方法

4.恒电位仪接线错误分析

电缆接线的正确是保证恒电位仪正常工作的基本条件。除电源输入、计算机接口外,恒电位仪的主要接线柱还包括:阳极、阴极、零位、参比。它们应分别与辅助阳极地床、管道、参比电极相连,其连接导线常称为阳极线、阴极线、零位接阴线、参比电极线。以上4条导线的正确连接方法如图2-1-2所示。阴极线、零位接阴线应分别与管道相连接,其正确接线方式如图2-1-2所示,错误接线方式如图2-1-3、图2-1-4所示。

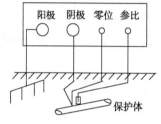 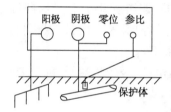 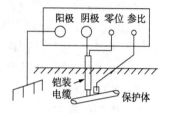

图 2-1-2　零位接阴线　　图 2-1-3　恒电位仪零位接阴线　图 2-1-4　恒电位仪零位接阴线
正确接法　　　　　　　错误接法之一　　　　　　错误接法之二

零位接阴线是恒电位仪检测和监控参比电极相对保护体汇流点电位用的,它的含意是仪器的零电位建立在保护体上。

图2-1-3是恒电位仪零位接阴线错误接法之一。阴极电缆的作用是导通阴极保护电流回路,零位接阴电缆的作用是提供汇流点管道电位测量信号,测量回路中应该无电流。该接线方法的错误是将"阴极""零位"通过一根导线与管道连接,使得汇流点管道电位测量信号中包含了回路中电流在阴极电缆上产生的电压降,例如,阴极线的电阻 $R=0.2\Omega$,流过电流 $I=3A$,则该阴极线压降为:$U=I \cdot R=0.2(\Omega) \times 3(A) = 0.6(V)$。此时,恒电位仪表头上虽然读到1.300V的参比电位,但真正在保护体汇流点上的电位为:$1.300(V)-0.600(V)=0.700(V)$,即保护体上的电位还在自然电位附近,管道不能得到应有的保护,此种接法,当输出电流越大时,所测的参比电位误差越大。故信号测量回路不应有电流通过,零位接阴电缆与阴极电缆不应公用。

图2-1-4也是恒电位仪零位接阴线的错误接法。它的错误在于阴极线和零位接阴线位于同一根铠装电缆内,它们之间会产生干扰,如图2-1-5所示。

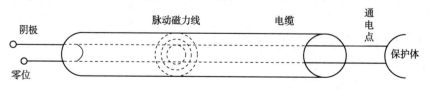

图 2-1-5　恒电位仪零位接阴线在电缆线内干扰分解图

干扰的原因是在铠装电缆内阴极线上有脉动的几安培电流,此电流很小时,其影响可忽略。当电流大时,电缆内阴极线的脉动磁力线被零位接阴线切割,产生感应电动势,此电动势即干扰源,将使仪器的零电位偏移。它不但干扰计算机的运行,而且使恒电位仪表头上参比电位被提前升至欲控电位,其效果与上述零位接阴线错误(恒电位仪零位接阴线错误接法之一)基本相似。零位接阴电缆与阴极电缆不应处于同一铠装电缆中。

(三)阴极保护间与电源设备的管理

> CBA006 阴极保护间的管理要求

1.阴极保护间

阴极保护间应保持清洁、无尘、通风、干燥,仪器、设备、工具摆放整齐,要有管道走向图、保护电位曲线图、管道保护工岗位责任制。

> CBA007 恒电位仪的运行管理要求

2.电源设备的管理

(1)阴极保护设备间应保持清洁、通风、干燥;仪器、设备、工具、消防设施应摆放整齐,技术状态良好。

(2)恒电位仪等电源设备应定期切换运行,切换周期每月一次为宜。

(3)恒电位仪等设备应每月维护保养一次,以保证仪器设备技术性能达到出厂标准。每月维护保养主要应包括内容如下:

①阴极保护电缆(包括跨接电缆)及连接端子、机壳接地电缆等连接良好。

②参比电极校核。

③仪表刻度校准。

④太阳能电池系统及充电控制器检查。

(4)恒电位仪等电源设备应每年全面检修一次。

(5)恒电位仪等设备应有避雷措施,每年对接地电阻检查 2 次,雷雨季节到来之前必须检查一次,接地电阻值不大于 10Ω。

(6)应逐台建立设备档案,认真填写运行、维修、事故记录。

(7)在设备维修中,不得擅自改变结构和线路;需要改装时,要提出申请,报业务主管部门批准,并绘制改装后的图纸存档。

(8)阴极保护电源设备的报废条件是:已使用 10 年以上;无法修复或修复不经济;技术性能明显落后。

二、技能操作

(一)准备工作

1.材料准备

序号	名称	规格	数量	备注
1	导线	—	若干	—
2	水		适量	—
3	砂纸	—	1 张	—
4	纸		1 张	—
5	笔	—	1 支	—

2.设备准备

序号	名称	规格	数量	备注
1	恒电位仪	—	1台	—

3.工具和仪表准备

序号	名称	规格	数量	备注
1	饱和硫酸铜参比电极	便携式	1支	—
2	万用表	输入阻抗：≥10MΩ	1块	—
3	电工工具	—	1套	—

4.人员

一人单独操作,劳动保护用品穿戴整齐,用具、量具准备齐全。

(二)操作规程

本项目以典型的 PS-1 型和 IHF 型恒电位仪为例,对恒电位仪操作规程进行介绍。

1.PS-1 型恒电位仪的开、关机操作步骤

1)开机操作步骤

(1)将面板上"控制调节"旋钮逆时针旋到底,将"工作方式"开关置"自动"挡,"测量选择"置"控制"挡。如图 2-1-6 所示。

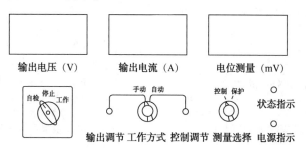

图 2-1-6　PS-1 恒电位仪面板

(2)将电源开关扳到"自检"挡,仪器电源指示灯亮,状态指示灯显示橙色,各面板表应均有显示。顺时针旋动"控制调节"旋钮,将控制电位调到欲控值上,此时,仪器工作于"自检"状态,"测量选择"开关在"控制"挡与"保护"挡之间切换,电位表显示值基本一致,表明仪器正常。

(3)将电源开关扳至"工作"挡,此时仪器对被保护体通电。根据现场管道实际情况,旋动"控制调节"旋钮使管道电位达到欲控值。

(4)若要"手动"工作,将"工作方式"开关拨至"手动"挡,顺时针旋动"输出调节"旋钮,使输出电流达到欲控值。

(5)恒电流设定:打开后门揿动安装板上恒流设定开关,此时面板状态指示灯显示黄色表明进入恒电流状态,根据现场管道实际电流,调节屏蔽盒内"恒流调节"电位器,使电流达到欲控值(出厂时设定在仪器额定电流的 30%),恒电流设定完毕,将仪器关机再开机。

(6)手动输出调节电位器应逆时针旋到底,以免在由"自动"转"手动"时输出电流过大。

(7)当仪器需"自检"时,工作方式开关应置"自动"挡,禁止置"手动"挡。因机内假负载可承受的功率较小,若置"手动"挡时,有可能把机内假负载烧毁。

(8)仪器从"手动"挡切换到"自动"挡时,应先关机,将"工作方式"开关置"自动"后再开机。因仪器在"手动"工作时,自动控制部份处于失衡状态,此时如直接切换到"自动"挡仪器工作将不正常。

(9)当仪器需"自检"时,应事先将仪器后面板的输出阳极连线断开。因机内假负载可承受的功率较小,若置"手动"挡时,有可能把机内假负载烧毁。

(10)测量汇流点保护电位。

(11)复核恒电位仪的输出及现场的参比电位是否与欲控值相符,如不符,继续调整恒电位仪的输出和复测汇流点电位,直至调整到与欲控值相符为止。

2)关机操作步骤

(1)将电源开关扳到"停止"挡,恒电位仪停止工作。

(2)断开恒电位仪市电断路器。

2.IHF 数控高频开关恒电位仪的开、关机操作步骤

1)开机操作步骤

(1)恒电位仪单独使用。

①确认所有接线正确无误。

②合上恒电位仪市电断路器。恒电位仪市电指示灯亮。液晶屏先显示 LOGO 如图 2-1-7所示。

而后进入主界面,显示如图 2-1-8 所示。

数控高频开关恒电位仪 - 2
×××××××××××××××××××

图 2-1-7　液晶屏先显示示意图(一)

参比电位:	××××××	状态
预置电位:	××××××	恒电位
输出电压:	×××	××
输出电流:	×××	

图 2-1-8　液晶屏先显示示意图(二)

此时,恒电位仪已经进入工作状态。

注意:恒电位仪进入的工作状态是上次断电前的状态,例如:

如果上次断电前,恒电位仪处于"恒电位"的"运行"状态,则开机后,自动按照上次设定的参数开始运行。此时"运行"指示灯亮,液晶屏状态栏显示"恒电位""运行",仪器应该有电流、电压的输出。液晶屏显示图例如图 2-1-9 所示。

如果上次断电前,恒电位仪处于"恒电位"的"停止"状态,则开机后,仍然处于"恒电位"的"停止"状态,没有输出。液晶屏显示图例如图 2-1-10 所示。

参比电位:	- 0.850	状态
预置电位:	-0.850	恒电位
输出电压:	25.3	运行
输出电流:	42.6	

图 2-1-9　液晶屏先显示示意图(三)

参比电位:	- 0.470	状态
预置电位:	-0.850	恒电位
输出电压:	1.7	停止
输出电流:	0	

图 2-1-10　液晶屏先显示示意图(四)

"断电测试"状态,在断电后不保存。如果断电前是"恒电位"的"断电测试",则恢复通电后,运行在"恒电位"模式。液晶屏显示图例如图2-1-11所示。

③调节恒电位仪输出电流、电压。

A.恒电位运行。

a."恒电位"按键。液晶屏显示图例如(假设上次断电时是"停止"状态,预置电位为-950mV)图2-1-12所示。

参比电位: -0.850	状态
预置电位: -0.850	恒电位
输出电压: 25.3	运行
输出电流: 38.6	

图2-1-11 液晶屏先显示示意图(五)

恒电位设置
预置电位: □0.950V

图2-1-12 液晶屏先显示示意图(六)

注意:方框表示光标位置,光标移动使用左右键,修改光标所在位置数值使用上下键。

b.设置预置电位,设置操作通过按上下左右箭头完成。液晶屏显示图例如图2-1-13所示。

c.按下"确定"按键,设置完成,并保存预置电位值。液晶屏显示图例如图2-1-14所示。

恒电位设置
预置电位: -0.8̲50V

图2-1-13 液晶屏先显示示意图(七)

参比电位: -0.470	状态
预置电位: -0.850	恒电位
输出电压: 0.00	停止
输出电流: 0.00	

图2-1-14 液晶屏先显示示意图(八)

d.按下"运行"按键,开始运行。运行指示灯亮。液晶屏显示图例如图2-1-15所示。

B.恒电流运行。

a.按下"恒电流"按键。液晶屏显示图例如(假设上次断电时是"停止"状态,预置电流为30A)图2-1-16所示。

参比电位: -0.850	状态
预置电位: -0.850	恒电位
输出电压: 20.9	运行
输出电流: 30.3	

图2-1-15 液晶屏先显示示意图(九)

恒电流设置
预置电流: ☐0.00A

图2-1-16 液晶屏先显示示意图(十)

b.设置预置电流,设置操作通过按上下左右箭头完成。液晶屏显示图例如图2-1-17所示。

c.按下"确定"按键,进入恒电流运行。此时可以继续调整电流输出大小,调整方式同上。此时的调整,将直接改变输出电流大小。液晶屏显示图例如图2-1-18所示。

恒电流设置

预置电流：33.00A

图 2-1-17　液晶屏先显示示意图(十一)

恒电流

输出电压：　22.3

输出电流：　33.0

预置电流：　33.00

图 2-1-18　液晶屏先显示示意图(十二)

d.按下"返回"或"确定"键,返回主界面如图 2-1-19 所示。

e.按"运行"键,进入恒电流运行状态。液晶屏显示图例如图 2-1-20 所示。

参比电位：－0.850	状态
预置电流：33.0	恒电流
输出电压：22.3	停止
输出电流：32.9	

图 2-1-19　液晶屏先显示示意图(十三)

参比电位：－0.850	状态
预置电流：33.0	恒电流
输出电压：22.3	运行
输出电流：32.9	

图 2-1-20　液晶屏先显示示意图(十四)

④测量汇流点保护电位。

⑤复核恒电位仪的输出及现场的参比电位是否与欲控值相符,如不符,继续调整恒电位仪的输出和复测汇流点电位,直至调整到与欲控值相符为止。

(2)恒电位仪配合控制柜使用时。

①确认所有接线正确无误。

②合上恒电位仪市电断路器。

③合上控制柜后部配电盘上的"总开关",电源指示灯亮。

④合上控制柜操作面板上的电源开关,电压表和电流表有显示,运行指示灯亮。

⑤恒电位仪面板电源指示灯亮。液晶屏先显示 LOGO,而后进入主界面。

⑥调节恒电位仪输出电流、电压。

⑦测量汇流点保护电位。

⑧复核恒电位仪的输出及现场的参比电位是否与欲控值相符,如不符,继续调整恒电位仪的输出和复测汇流点电位,直至调整到与欲控值相符为止。

参比电位：－0.470	状态
预置电流：－0.850	恒电位
输出电压：0.00	停止
输出电流：0.00	

图 2-1-21　液晶屏先显示示意图(十五)

2)关机操作步骤

(1)恒电位仪单独使用时。

①按下恒电位仪操作面板上的"停止"键。恒电位仪停止指示灯亮,液晶屏状态栏显示"停止",恒电位仪停止输出。液晶屏显示图例如图 2-1-21 所示。

②断开恒电位仪市电断路器。恒电位仪电源指示灯(红色)灭,液晶屏将没有显示,风机也停止工作。

(2)恒电位仪配合控制柜使用时。

①按下恒电位仪操作面板上的"停止"键。恒电位仪停止指示灯亮,液晶屏状态栏显示"停止",恒电位仪停止输出。

②断开控制柜操作面板上电源开关,控制柜操作面板上的恒电位仪停止指示灯亮。恒

电位仪电源指示灯灭,液晶屏将没有显示,风机也停止工作。

(三)技术要求

(1)开机前应认真检查仪器、设备及线路接线,确保仪器完好,接线正确,接触良好。

(2)严格按操作步骤的顺序,一步接一步地操作,不可违反、错乱或遗漏。

(3)硫酸铜参比电极应经过定期校核,发现问题应及时调整和更换。

(4)各种开/关应按照操作规程操作,不可拨错开/关键。

(5)欲设定"恒电流"模式运行时,要重新设定恒电位仪的预置(给定)输出电流值,避免因恒电位仪的出厂或上次停机前设置的输出电流值过大或过小,造成阴极保护的过保护或欠保护。

(6)恒电位仪开机后被保护管段的电位应调整到规定范围内。

(7)关机后应认真检查仪器、相关设备和线路,发现问题及时处理,保证下次顺利开机操作。

(8)及时、准确地做好开/关机记录。

项目二　配制和校准便携式饱和硫酸铜参比电极

一、相关知识

CBA008 参比电极的应用知识

(一)参比电极的应用

电极电位的绝对值无法直接测量,在生产实践中,通常采用某一个参比电极作为标准,把待测的电极电位与参比电极的电极电位加以比较,求出相对值。因此,参比电极是一种电位恒定的基准电极。在电位测量中用与这个电极的电位差来表示被测物体的电位值。

国际上规定在任何温度下,标准氢电极(SHE)的电极电位为零。在实际测量时,由于受到种种条件的限制,氢电极的制作和使用是很不方便的,所以不宜直接采用,而是采用其他参比电极,如饱和甘汞电极、氯化银电极(用于海水)和饱和硫酸铜电极。常用的参比电极相对于标准氢电极的电位值见表2-1-1。

表 2-1-1　参比电极电极电位

参比电极名称	构成	电极电位,V	英文缩写
饱和甘汞电极	$Hg/Hg_2Cl_2/$饱和 KCl	$+0.2415-0.00076(t-25)$	SCE
海水甘汞电极	$Hg/Hg_2Cl_2/$人工海水	$+0.2959-0.00028(t-25)$	SCE
海水氯化银电极	$Ag/AgCl/$饱和 KCl	$+0.2505-0.00055(t-25)$	—
饱和氯化银电极	$Ag/AgCl/$饱和 KCl	$+0.1959-0.00011(t-25)$	—
饱和硫酸铜电极	$Cu/CuSO_4/$饱和 $CuSO_4$	$+0.316-0.00090(t-25)$	CSE

注:表中 t 为测量时的环境温度,其影响常忽略不计。

CBA009 参比电极的性能要求

(二)便携式参比电极的性能要求

(1)极化小、稳定性好、寿命长。

（2）易于制作，携带方便。

（3）测量方便，精确度高，重复性好。

（4）价格便宜。

CBA010 便携式饱和硫酸铜参比电极的结构

（三）饱和硫酸铜参比电极的分类及结构

饱和硫酸铜参比电极制造简单、使用方便、结构坚固，比较适合现场条件下的使用。

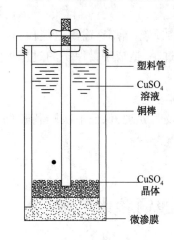

图2-1-22　便携式饱和
硫酸铜电极结构图

（塑料管、CuSO₄溶液、铜棒、CuSO₄晶体、微渗膜标注）

1.饱和硫酸铜参比电极的分类

测量埋地管道电位的饱和硫酸铜参比电极有便携型和埋地型两种。便携型一般为管道保护人员随身携带，进行日常的参数测量。埋地型需要将电极埋入地下与恒电位仪组成自控信号源或方便一些典型地段的电位测量。

2.便携式饱和硫酸铜参比电极的结构

便携式饱和硫酸铜电极（CSE）是测量埋地结构及淡水环境中结构电位最常用的参比电极，此电极是将铜棒浸泡在饱和硫酸铜溶液中，溶液置于底部带有多孔塞的不导电的圆筒中，如图2-1-22所示。

电极体内的溶液应为饱和硫酸铜溶液，电极棒应为纯度不小于99.7%的紫铜棒，在电极体内的长度约为电极体长的2/3，必须浸入溶液中。电极体下部的微渗膜可以用软木塞代替。

CBA011 便携式饱和硫酸铜参比电极使用的注意事项

（四）便携式饱和硫酸铜参比电极的使用和维护

（1）便携式饱和硫酸铜参比电极需要定期进行维护和校准。

（2）由于温度升高等原因使溶液中的硫酸铜晶体溶解或者溶液干涸时，应及时补充或更换溶液，保证溶液随时处于饱和状态。

（3）便携式饱和硫酸铜参比电极渗透膜应渗而不漏，否则应予以更换。

（4）便携式饱和硫酸铜参比电极渗透膜应与土壤接触良好，在土壤干燥地区加水湿润。

（5）便携式饱和硫酸铜参比电极应保持清洁，不使用时，要用塑料/橡胶帽将多孔塞套上。

（6）便携式饱和硫酸铜参比电极应保持无污染。定期更换硫酸铜，并且用金刚砂、石榴石或其他非金属砂纸将中心铜棒擦洗干净，例如，使用氧化硅砂纸而非氧化铝砂纸清洁铜棒。检查电解质液位，溶液中有少量硫酸铜晶体表明溶液饱和。如果溶液变混浊，将其倒掉并用蒸馏水清洗，换上新的硫酸铜溶液。确保溶液中一直有未溶解的晶体；这种饱和的硫酸铜溶液可防止铜的腐蚀，从而使得电极稳定。在有污染的环境中（例如，盐水）使用电极后，要对其进行维护。氯化物的污染可改变化学反应。当浓度为5ppm时，参比电位变为有−20mV偏差的较低的混合电位，浓度为10ppm时，偏差达到−95mV。

（7）备用一定的便携式饱和硫酸铜参比电极，便携式饱和硫酸铜参比电极若丢失，则可以使用额外的便携式饱和硫酸铜参比电极继续工作。

（8）备有一个新的便携式饱和硫酸铜参比电极，以便用来校准现场使用的便携式饱和硫酸铜参比电极。当校准便携式饱和硫酸铜参比电极与使用的便携式饱和硫酸铜参比电极之间的差值大于5mV时,则需要清洗现场所使用的便携式饱和硫酸铜参比电极并且重新配置硫酸铜溶液。

二、技能操作

(一)准备工作

1.材料准备

序号	名称	规格	数量	备注
1	硫酸铜晶体	化学纯及以上	500g	—
2	蒸馏水或纯净水	—	适量	—
3	砂纸	非金属	1张	—
4	待装硫酸铜参比电极	便携式	1支	—

2.工具和仪表准备

序号	名称	规格	数量	备注
1	校准过的饱和硫酸铜参比电极	便携式	1支	—
2	万用表	输入阻抗:≥10MΩ	1块	—
3	量筒	—	1个	—
4	烧杯	500mL	1个	—
5	玻璃棒	—	1支	—
6	漏斗(或注射器)	—	1个	—
7	方盘(或水池)	—	1个	—
8	橡胶手套	—	1副	—

3.人员

一人单独操作,劳动保护用品穿戴整齐,用具、量具准备齐全。

(二)操作规程

1.便携式饱和硫酸铜参比电极的配置

(1)用量筒量取适量的蒸馏水或纯净水倒入干净的烧杯中。

(2)逐渐加入硫酸铜晶体,并用干净的玻璃棒不停地搅拌,使晶体不断溶解。

(3)当加入的硫酸铜晶体不再溶解时,溶液就是饱和硫酸铜溶液。

(4)检查接线、渗透膜、密封件是否完好,有损坏的应维修或更换。

(5)用非金属砂纸打磨铜棒至露出金属光泽并用蒸馏水清洗干净。

(6)用蒸馏水清洗参比电极腔体。

(7)将配好的溶液加入腔体内,再加入适量硫酸铜晶体,确保硫酸铜溶液在任何使用温度下都处于饱和状态。

(8)将铜电极插入并拧紧。

2.饱和硫酸铜参比电极的校准

(1)在水池或方盘中加水,取配置好的便携式饱和硫酸铜参比电极与校准后的便携式饱和硫酸铜参比电极放置其中。

(2)用万用表测两便携式饱和硫酸铜参比电极的相对电位,不大于 5mV 为合格。

(3)如果被评定便携式饱和硫酸铜参比电极与校准后的便携式饱和硫酸铜参比电极相对电位大于 5mV,需要对该电极重新配制。

(三)技术要求

在进行管/地电位测量时,通常情况下,应采用便携式饱和硫酸铜电极(CSE)作为参比电极。其制作材料和使用必须满足下列要求:

(1)铜电极采用紫铜丝或棒(纯度不小于 99.7%)。

(2)硫酸铜晶体为化学纯及以上,用蒸馏水或纯净水配制饱和硫酸铜溶液。

(3)配制完的饱和硫酸铜溶液要加入适量的硫酸铜晶体,确保便携式饱和硫酸铜参比电极在任何使用工况下都处于饱和状态。

(4)渗透膜采用渗透率高的微孔材料,外壳应使用绝缘材料,便携式饱和硫酸铜参比电极端盖密封良好。

(5)便携式饱和硫酸铜参比电极的外壳和铜棒不能有污垢、锈斑。

(6)便携式饱和硫酸铜参比电极接线应无锈蚀、断股,屏蔽层与芯线无混接。

(7)流过便携式饱和硫酸铜参比电极的允许电流密度不大于 $5\mu A/cm^2$。

(8)便携式饱和硫酸铜参比电极相对于标准氢电极的电位为+316mV(25℃),其电极电位误差应不大于 5mV(GB/T 21246—2007《埋地钢质管道阴极保护参数测量方法》)。

(四)注意事项

配置便携式硫酸铜参比电极溶液过程中,剩余的硫酸铜残液由于有毒性,不能随意排放,应进行统一收集并无害化处置。

项目三　测量管/地电位

一、相关知识

CBA012 数字式万用表的使用方法

(一)万用表

万用表是以规模集成电路和数字化测量技术相结合而制成的电工仪表,体积小、质量轻、显示直观、读数确定、误差小、精度高,而且抗过载能力强、不怕震动,尤其有很高的内阻,很适合管道保护的野外测试使用,现在已基本上取代了指针式万用表。

万用表的操作方法基本与指针式万用表的操作方法相同,现将其特有的方面和一些特殊的测量方法作一介绍。

(1)万用表是在电路工作的情况下进行测量的,所以使用前先要打开电源开关,使用后要关掉电源开关。

(2)万用表必须在电池电压正常时测量才能准确,电池电压不足时误差增大或显示失常。因此在使用中要注意监视电池电压情况,如果在显示屏左上角出现"LOBAT"字样,表示应该更换电池了。

(3)万用表虽然有较强的抗过载能力,但在使用中仍要注意安全,避免误操作损伤仪表。万用表在电池盒里一般只装一只保险管,在短路或其他严重过载时起保护作用,其额定值为 0.1A 或 0.2A,更换时一定注意不能过大,严禁直接短接。

(4)万用表在测量时可以不管两笔的极性,显示时会把极性一并反映出来。当显示"-"时,表示被测极性与表笔极性相反,当无显示时,表示被测极性与表笔极性相同。在测电阻时,输出到红笔为"+",黑笔为"-",这与指针式万用表相反。

(5)万用表在选择量程时,要尽量选小,使显示的小数点位尽可能地多,这样更加准确。如测量中最左位显"1",则说明量程不够,应选大一些量程。

(6)万用表在使用和保养中要防止摔、击、挤、压,避免过冷、过热、潮湿及强光照射等。

(7)测晶体二极管:打开电源开关后,测量选择开关打到二极管的位置,两表笔接触二极管的两个电极,如果二极管是好的,则当红表笔接二极管的正极,黑表笔接二极管的负极时,表屏显示二极管的管压降(即门坎电压,硅管是 0.5~0.7V,锗管是 0.2V 左右);当红表笔接二极管的负极,黑表笔接二极管的正极时,表屏最左位显示"1",表示超限,即管压降大于1V。如果两次的测量与以上不符,则证明被测的二极管是坏的。

(8)测小功率晶体三极管:打开电源开关,把测量选择开关拨到"NPN"或"PNP"上,把被测晶体管插入插座里,注意极性不要插错,这时表屏显示的数字就是管子的电流放大系数。一般情况,国产管的显示应在几十到二百之间,进口管在一百到一千之间。如果显示值与该范围相差太远,或者显示的数字不能稳定,则说明被测的晶体管不良。

(9)较高档次的万用表在使用前也要进行校准等操作,因此在使用前要仔细阅读说明书并仔细观察开关挡位的标注。

1.福禄克万用表

万用表的生产厂家、型号众多,功能多样,下面针对适宜管道测试用的新型福禄克(FLUKE18B)万用表(图 2-1-23)的测量方法作一介绍。

图 2-1-23　FLUKE18B 万用表

1)如何测量

(1)手动及自动量程选择。

电表有手动及自动量程两个选择。在自动量程模式内,电表会为检测到的输入选择最佳量程。这让您转换测试点而无需重置量程。您可以手动选择量程来改变自动量程。

在有超出一个量程的测量功能中,电表的默认值为自动量程模式。当电表处于自动量程模式时,Auto Range 显示。

要进入及退出手动量程模式:

①按 RANGE 键。

②按下 RANGE 键增加量程。当达到最高量程时,电表会回到最低量程。

③退出手动量程模式,按下并保持 RANGE 键 2s。

(2)数据保持。

保持当前读数,按下 NOLD 键。再按 NOLD 键恢复正常操作。

2)AC 或 DC 电压测量

为最大程度减少包含交流或交直流混合的未知电压产生错误读数,首先选择电表上的交流电压功能,特别记下产生正确测量结果所在的交流量程,然后,选择直流电压功能,使直流量程等于或高于前面的交流量程。该过程可最大限度降低交流瞬变所带来的影响,确保准确直流测量。

(1)调节旋钮至 ṽ、v̄ 或 m̄V 以选择交流或直流(图 2-1-24)。

(2)将红表笔连接至 ⏚ 端子,黑表笔连接至 COM 端子。

(3)将探针接触想要的电路测试点,测量电压。

(4)阅读显示屏上测出的电压。

注意:只能通过手动量程才能调至 400mV 交流量程。

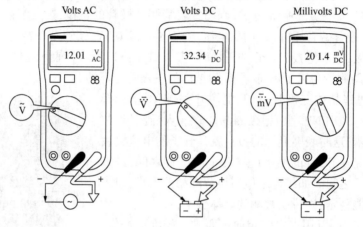

图 2-1-24　交流和直流电压测量

3)交流或直流电流测量

(1)调节旋钮至 Ã、m̄A 或 μ̄A(图 2-1-25)。

(2)按下"黄色"按钮,在交流或直流电流测量间切换。

(3)将红表笔连至 A,或 mA μA 端子,取决于要测量的电流,并将黑表笔连至 COM 端子。

(4)断开待测的电路路径,然后将测试表笔衔接断口并使用电源。

(5)阅读显示屏上的测出电流。

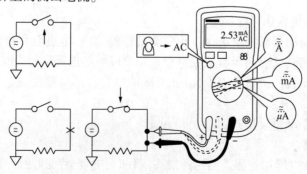

图 2-1-25　交流和直流电流测量

4）电阻测量

注意：为避免万用表或被测试设备的损坏，测量电阻以前，请关断电路的电源并把所有的高压电容器放电。

（1）将旋转开关转至 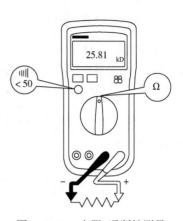。确保已切断待测电路的电源。

（2）将红表笔连接至 端子。黑表笔连接至 COM 端子，如图 2-1-26 所示。

（3）将探针接触想要的电路测试点，测量电阻。

（4）阅读显示屏上的测出电阻。

5）通断性测试

选择电阻模式，拔下"黄色"按钮两次，以激活通断性蜂鸣器。如果电阻低于 50Ω，蜂鸣器将持续响起，表明出现短路。如果电表读数为 0L，电路为开路。

图 2-1-26　电阻/通断性测量

6）二极管测试

注意：为避免万用表或被测试设备的损坏，测试二极管以前，必须先切断电路电源，并将所有的高压电容器放电。

（1）将旋转开关转至 。

（2）按"黄色"功能按钮一次，启动二极管测试。

（3）将红表笔连接至 端子，黑表笔连接至 COM 端子。

（4）将红色探针接到待测的二极管的阳极而黑色探针接到阴极。

（5）读取显示屏上的正向偏压。

（6）如果表笔极性与二极管极性相反，显示读数为 0L。这可以用来区分二极管的阳极和阴极。

7）电容测量

注意：为避免损坏电表，在测量电容前，请断开电路电源并将所有高压电容器放电。

（1）将旋转开关转至 。

（2）将红表笔连接至 端子，黑表笔连接至 COM 端子。

（3）将探针接触电容器引脚。

读数稳定后（15s），读取显示屏所显示的电容值。

8）LED 测试

注意：在测试中，为避免对电表或受检设备造成损坏，在切换到 LED TEST 功能前，将连接至危险电压上的所有表笔断开。

电表可以通过电表上的 LED TEST 插孔或者通过表笔来测量发光二极管（LED）。

注意：不要使用 LED TEST 模式来进行 LED 老化测试。

（1）通过 LED 测试插孔测量 LED。

①调节旋钮至 LED TEST。

②将 LED 引脚放在电表前测的 LED 测试插孔中，如图 2-1-27 所示。

如果 LED 状态良好，电表将点亮被测的 LED，正极指示器将点亮以指示（+）管脚。如果 LED 破损,LED 不会点亮,两个正极指示器均不点亮。如果 LED 短路,LED 将不点亮,两个正极指示器将点亮。

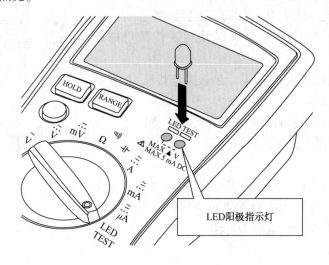

图 2-1-27　LED 测试插孔

(2)利用表笔测试 LED。

①调节旋钮至 LED TEST。

②将红表笔连接至 ⏚ 端子,黑表笔连接至 COM 端子,如图 2-1-28 所示。

③表笔头部触及 LED 引脚。

如果被测 LED 功能正常,则被测 LED 应点亮,电表显示屏将显示此时正向偏压(V_F)。如果拉示值为正,则说明连接到 ⏚ 端子上的红表笔连接到了被测 LED 正极(+)。如果显示值负,则说明 COM 端子的黑表笔连接到了被测 LED 的正极(+)。如果被测 LED 已损坏,则 LED 不会点亮,此时电表显示屏显示接近 00.00。

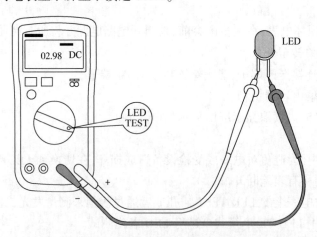

图 2-1-28　使用表笔测试 LED

注意:用表笔测试一个 LED 的同时也可以利用 LED 测试插孔来点亮另一个 LED。但是电表仅显示用表笔测试的 LED 的正向偏压(V_F)。

2.福禄克(FLUKE)-289万用表简介

福禄克(FLUKE)-289是一款新型的多功能万用表（图2-1-29），是目前管道专业检测公司采用的一种检测设备。Fluke-289配备了FlukeView制表工具，可以最大限度地提供测量效率。内置数据记录仪和趋势捕捉功能（TrendCapture），可随时跟踪不易发现的间歇性设备问题，同时还可执行无人值守监控任务。可以同时综合六只万用表或六个时间段的数据，查找问题的前因后果，或者利用FVF软件进行条件监控。它能够将复杂的数据变成有意义的图形和表格，并且生成具有专业水准的报表。可以存储10000个读数，并能将测量数据绘制成一条线；可以记录200多小时多个进程或数据，此项功能适宜无人值守的监视；按一下"i"按钮，"i"信息按钮板载帮助屏幕可帮助用户了解各项测试功能的使用方法；可以

图2-1-29 FLUKE-289万用表

为自动保存的测量数据加上时戳；可以对事件和趋势进行记录，有助于排出间歇性问题或监测负载；可以实现连续测量，具有多种语言界面，无须使用PC即可以图形方式查看记录的读数，具有可选软件和接口。

二、技能操作

(一)准备工作

1.材料准备

序号	名称	规格	数量	备注
1	水	—	适量	—
2	测量配线	—	2根	带表笔端子和鳄鱼夹
3	砂纸	—	1张	—
4	纸	—	1张	—
5	笔	—	1支	—

2.设备准备

序号	名称	规格	数量	备注
1	埋地管道或模拟装置	—	1段	—
2	管道测试桩	—	1处	—

3.工具和仪表准备

序号	名称	规格	数量	备注
1	万用表	输入阻抗：≥10MΩ	1块	—
2	饱和硫酸铜参比电极	便携式	1支	—
3	活动扳手	—	1把	—

4.人员

一人单独操作,劳动保护用品穿戴整齐,用具、量具准备齐全。

(二)操作规程

(1)将饱和硫酸铜参比电极按图 2-1-30 所示,垂直放置于管道正上方的地面上。

(2)万用表的量程旋钮置于 2V 直流电压挡位。

(3)打开万用表的电源开关(即"ON"位置)。

(4)将万用表的负极用准备好的配线与硫酸铜参比电极相连,万用表的正极与被测管道的检查头接线桩相连。

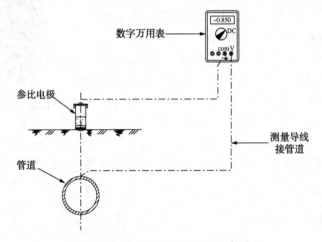

图 2-1-30 管/地电位测量示意图

(5)待万用表读数稳定后,读出电压值,并做好记录。

(6)关闭万用表的电源开关(即处于"OFF"位置),拆卸连线,收好万用表、硫酸铜参比电极、配线及工具,测量结束。

(三)技术要求

(1)硫酸铜参比电极渗透膜应与土壤接触良好,一般应加水湿润;表笔与测试线应接触良好,有锈时应除锈。

(2)万用表的测量挡位应符合测量电位值范围。

(3)万用表使用后要关掉电源开关。

项目四 测量管道自然电位

一、相关知识

自然电位的定义见第一部分模块三的项目三。它是无外部电流影响的腐蚀体系中金属的电极电位。根据检测结果,可以判断金属管道通过该处土壤的腐蚀性,可了解不同土壤环境下腐蚀进行的概况,是评价管道周围环境的主要因素之一。

影响自然电位的因素有管道表面状况(防腐层质量、管道腐蚀情况等)、土壤条件的不同、季节的变化及杂散电流干扰。

　　杂散电流可认为是来自外部的电源,在电解质中流动的电流,也可以认为杂散电流是不按设计和规定在电解质流动的电流。相对于土壤而言,任何埋设在土壤中的金属结构都相当于一个理想的低电阻电流传输通道,更容易传输土壤中的杂散电流。当土壤中的杂散电流进入埋地管道时,埋地管道的电位为负,杂散电流会对埋地管道产生一定的阴极保护作用:在电流流出埋地管道的部位,埋地管道的管/地电位为正,管道金属中的自由电子与金属单质脱离,使得金属单质变成可以自由移动的自由离子而进入电解质环境中,这就造成了埋地管道的腐蚀。从本质上讲,杂散电流引起的埋地管道腐蚀是一个电解电池的过程,是由杂散电流引起的电解电池腐蚀。对于埋地管道而言,杂散电流进入管道的区域,土壤的电位较高,为腐蚀电池的阴极区,所以会在管道暴露表面发生消耗电子的还原反应。在杂散电流离开埋地管道的区域,土壤的电位较低,此处为腐蚀电池的阳极区,管道表面发生阳极氧化反应。检测管道自然电位的变化,是评价管道杂散电流干扰的重要手段之一。

二、技能操作

(一)准备工作

1.材料准备

序号	名称	规格	数量	备注
1	水	—	适量	—
2	测量配线	—	2根	带表笔端子和鳄鱼夹
3	砂纸	—	1张	—
4	纸	—	1张	—
5	笔	—	1支	—

2.设备准备

序号	名称	规格	数量	备注
1	埋地管道或模拟装置	—	1段	—
2	管道测试桩	—	1处	—

3.工具和仪表准备

序号	名称	规格	数量	备注
1	万用表	输入阻抗:≥10MΩ	1块	—
2	饱和硫酸铜参比电极	便携式	1支	—
3	活动扳手	—	1把	—

4.人员

一人单独操作,劳动保护用品穿戴整齐,用具、量具准备齐全。

(二)操作规程

(1)联系管道主管部门,断开被测管道全线的所有阴极保护系统,24h 之后进行后续操作。

（2）将饱和硫酸铜参比电极按图 2-1-30 所示，垂直放置于管道正上方的地面上。

（3）万用表的量程旋钮置于 2V 直流电压挡位。

（4）打开万用表的电源开关（即"ON"位置）。

（5）将万用表的负极用准备好的配线与硫酸铜参比电极相连，万用表的正极与被测管道的检查头接线桩相连。

（6）待万用表读数稳定后，读出电压值，并做好记录。

（7）关闭万用表的电源开关（即处于"OFF"位置），拆卸连线，收好万用表、硫酸铜参比电极、配线及工具，测量结束。

（8）联系管道主管部门，确认管道全线的自然电位测试全部完成后，恢复管道阴极保护，包括管道上的牺牲阳极保护。

（三）技术要求

（1）联系管道主管部门，确认被测管道全线的所有阴极保护系统已停运，24h 之后方可进行自然电位测试。

（2）两条或多条并行的管线测量自然电位时，为避免互相干扰应同时停运阴极保护系统，管道所有权不同的应进行协调，商定统一时间进行测量。

（3）硫酸铜参比电极渗透膜应与土壤接触良好，一般应加水湿润；表笔与测试线应接触良好，有锈时应除锈。

（4）万用表的测量挡位应符合测量电位值范围。

（5）每年应在合适的天气和季节下测量管道自然电位一次，一般宜在每年 4~9 月进行。

（6）测试对象包括线路管道、区域性阴极保护的站场管道、储罐等。

（7）自然电位测量完成后，应对管道的自然电位进行全面分析，形成分析报告（含测试数据）。

（8）万用表使用后要关掉电源开关。

项目五　测量辅助阳极（长接地体接地）接地电阻

CBA015 ZC-8 型接地电阻测试仪的使用要求

一、相关知识

（一）辅助阳极接地电阻的测试方法

强制电流辅助阳极地床（浅埋式或深井式阳极地床）、对角线长度大于 8m 的棒状牺牲阳极组或长度大于 8m 的锌带，采用下面"1""2"方法测量接地电阻；当对角线长度小于 8m 的棒状牺牲阳极组或长度小于 8m 的锌带，可采用下面"3"方法测量接地电阻。

1.直线形布极法

（1）测量前，应将辅助阳极与电气设备断开，对连接点除污除锈。

（2）在土壤电阻率较均匀的地区，d_{13} 取 $2L$，d_{12} 取 L。

（3）在土壤电阻率不均匀的地区，d_{13} 取 $3L$，d_{12} 取 $1.7L$。

（4）按图 2-1-31（a）所示，将电阻测试仪、电位钢钎电极和电流钢钎电极布置在与辅助阳极地床轴向垂直的一条直线上，接线要牢固，接地点土壤干燥应浇水。采用此法时，d_{13} 不得小于 40m，d_{12} 不得小于 20m。

(5)接好电极后，将测量仪水平放置，检查检流计的指针是否位于中心线上，否则用零位调整器将其调整于中心线。

(6)将"倍率标度"置于最大倍数，慢慢转动摇柄，同时旋动测量标度盘使检流计的指针指在中心线上。加快摇柄速度，使其保持在 120r/min 左右，并调整测量标度盘，使指针指在中心线上。

(7)如果测量标度盘的读数小于 1，应将"倍率标度"置于较小的倍数，再重新调整测量标度盘，以得到正确读数。

(8)用测量标度盘的读数乘以"倍率标度"，即为辅助阳极的接地电阻值。

(9)在测量过程中，电位极沿辅助阳极与电流极的连线移动 3 次。每次移动的距离为 d_{13} 的 5%左右，若 3 次的测量值接近，取其平均值作为辅助阳极的接地电阻值。若测量值不接近，将电位极往电流极方向移动，直到测量值接近为止。

(10)记录测量结果、整理仪表及工具，恢复辅助阳极与电气设备接线，通知可以恢复运行，测量结束。

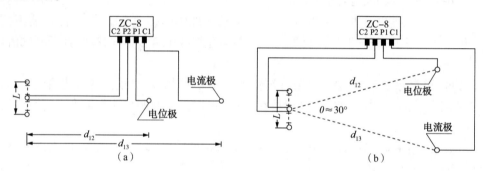

图 2-1-31　辅助阳极接地电阻测量接线示意图

L—辅助阳极地床的长度；d_{12}—辅助阳极地床距电位极的距离；d_{13}—辅助阳极地床距电流极的距离

2.三角形布极法

(1)测量前，应将辅助阳极与电气设备断开，对连接点除污除锈。

(2)$d_{13} = d_{12} \geqslant 2L$。

(3)按图 2-1-31(b)所示，将电流极与电位极放线呈 30°角布设，接线要牢固，接地点土壤干燥应浇水。

(4)接好电极后，将测量仪水平放置，检查检流计的指针是否位于中心线上，否则用零位调整器将其调整于中心线。

(5)将"倍率标度"置于最大倍数，慢慢转动摇柄，同时旋动测量标度盘使检流计的指针指在中心线上。加快摇柄速度，使其保持在 120r/min 左右，并调整测量标度盘，使指针指在中心线上。

(6)如果测量标度盘的读数小于 1，应将"倍率标度"置于较小的倍数，再重新调整测量标度盘，以得到正确读数。

(7)用测量标度盘的读数乘以"倍率标度"，即为辅助阳极的接地电阻值。

(8)记录测量结果、整理仪表及工具，恢复辅助阳极与电气设备接线，通知可以恢复运行，测量结束。

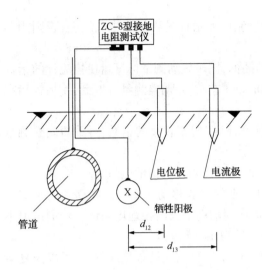

图 2-1-32　短接地体接地电阻测试示意图

d_{12}—牺牲阳极与电位钢钎电极之间的距离；

d_{13}—牺牲阳极与电流钢钎电极之间的距离

3.短接地体接地电阻的测试方法

（1）测量牺牲阳极接地电阻之前，必须将牺牲阳极与管道断开。

（2）d_{13} 取 40m，d_{12} 取 20m。

（3）按图 2-1-32 所示，将电阻测试仪、电位钢钎电极和电流钢钎电极布置在垂直于管道的一条直线上，接线要牢固，接地点土壤干燥应浇水。

（4）接好电极后，将测量仪水平放置，检查检流计的指针是否位于中心线上，否则用零位调整器将其调整于中心线。

（5）在测量过程中，电位极沿接地体与电流极的连线移动三次，每次移动的距离为 d_{13} 的 5% 左右，若三次测试值接近，取其平均值作为长接地体的接地电阻值；若测试值不接近，将电位极往电流极方向移动，直至测试值接近为止。

（6）将"倍率标度"置于最大倍数，慢慢转动摇柄，同时旋动测量标度盘使检流计的指针指在中心线上。加快摇柄速度，使其保持在 120r/min 左右，并调整测量标度盘，使指针指在中心线上。

（7）如果测量标度盘的读数小于 1，应将"倍率标度"置于较小的倍数，再重新调整测量标度盘，以得到正确读数。

（8）用测量标度盘的读数乘以"倍率标度"，即为牺牲阳极的接地电阻值。

（9）记录测量结果、整理仪表及工具，恢复牺牲阳极与管道的接线，测量结束。

（二）接地电阻测试仪的结构和工作原理

ZC-8 型接地电阻测试仪是按补偿法的原理制成的，内附手摇交流发电机作为电源，其工作原理如图 2-1-33、图 2-1-34 所示。图 2-1-33 中，TA 是电流互感器，F 是手摇交流发电机，Z 是机械整流器或相敏整流放大器，S 是量程转换开关，G 是检流计，Rs 是电位器。该表具有 3 个接地端钮，它们分别是接地端钮 E（E 端钮是由电位辅助端钮 P_2 和电流辅助端钮 C_2 在仪表内部短接而成）、电位端钮 P_1 及电流端钮 C_1。各端钮分别按规定的距离通过探针插入地中，测量接于 E、P 两端钮之间的土壤电阻。为了扩大量程，电路中接有两组不同的分流电阻 $R_1 \sim R_3$ 及 $R_5 \sim R_8$，用以实现对电流互感器的二次电流 I_2 及检流计支路的三挡分流。分流电阻的切换利用量程转换开关 S 完成，对应于转换开关有三个挡位，它们分别是 $0 \sim 1\Omega$、$1 \sim 10\Omega$ 和 $10 \sim 100\Omega$。

将图 2-1-33 的线路进行简化，画成实际测量时的原理图，如图 2-1-34 所示。图中 E′ 为接地体，P′ 为电位接地极，C′ 为电流接地极，它们各自连接 E、P_1、C_1 端钮，分别插入距离接地体不小于 20m 和 40m 的土壤中。

CBA013 ZC-8型接地电阻测试仪的工作原理

CBA014 ZC-8型接地电阻测试仪的结构

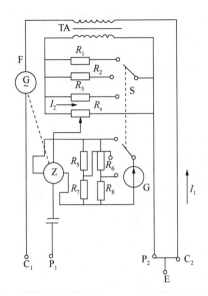

图 2-1-33 ZC-8 型接地电阻
测试仪原理接线图

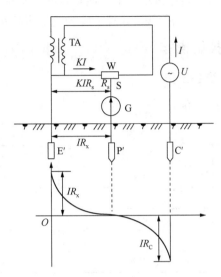

图 2-1-34 ZC-8 型接地电阻测试仪
原理电路和电位分布图

假设手摇交流发电机 F 在某一时刻输出交流电,其左端为高电位,则此刻电流 I 经电流互感器的原边→端钮 E′→接地体 E′→大地→电流接地极 C′→端钮 C_1,再回到手摇交流发电机右端,构成一个闭合回路。在 E′ 的接地电阻 R_x 上形成的压降为 IR_x,压降 IR_x 随着与 E′极距离的增加而急剧下降,在 P′极时降为零。同样,两电极 P′ 和 C′ 之间也会产生压降,其值为 IR_c。

电流互感器的二次电流为 KI(K 是互感器的变比:I_2/I_1),该电流经过电位器 s 点的压降为 KIR_s。借助调节电位器的活动触点 W,使检流计指示为零,此时,P′、s 两点间的电位为零,即为

$$IR_x = KIR_s \tag{2-1-1}$$
$$R_x = KR_s \tag{2-1-2}$$

由式(2-1-2)可见,被测的接地电阻 R_x 可由电流互感器的变比 K 和电位器的电阻 R 所决定,而与电流接地极 C′ 的电阻 R 无关。用上述原理测量接地电阻的方法称为补偿法。

需要指出的是,电流接地极 C′ 用来构成接地电流的通路是完全必要的。如果只有一个电极,则测量结果将不可避免地将接地体 E′ 的接地电阻包括进去,这显然是不正确的。还要指出的是,一般都是采用交流电进行接地电阻的测量,这是因为土壤的导电主要依靠地下电解质的作用,如果采用直流电就会引起化学极化作用,以致严重地歪曲测量结果。

CBA016 辅助阳极接地电阻值的要求

(三)辅助阳极接地电阻值正常范围

辅助阳极接地电阻较小,可以降低回路电阻,减小电能消耗。以前许多单位规定新埋设的辅助阳极接地电阻不得大于 1Ω,运行中的阳极小于 1.5Ω 为合格。但随着阴极保护技术的发展,已不再对阳极接地电阻值进行限制,以不影响阴极保护系统输出为准,在实际工作中应将测得的辅助阳极接地电阻同设计值、初始值相比较,若无大幅度上升,即为合格。若存在大幅度上升,则应对阳极地床进行处理。

辅助阳极地床接地电阻的测量频次为每年两次。辅助阳极地床接地电阻上升的常见原因主要是地床土壤干燥,处理措施为给地床灌水或施加降阻剂。

二、技能操作

(一)准备工作

1.材料准备

序号	名称	规格	数量	备注
1	测量配线	—	若干	—
2	钢钎电极	—	2支	仪器配套
3	水	—	适量	—
4	纸	—	1张	—
5	笔	—	1支	—
6	砂纸	—	1张	—

2.设备准备

序号	名称	规格	数量	备注
1	辅助阳极	—	1组	—

3.工具和仪表准备

序号	名称	规格	数量	备注
1	接地电阻测量仪	ZC-8型	1台	—
2	锤子	—	1把	—
3	砂纸	—	1张	—
4	电工工具	—	1套	—
5	皮尺	—	1个	—

4.人员

一人单独操作,劳动保护用品穿戴整齐,用具、量具准备齐全。

(二)操作规程

(1)将辅助阳极与管道断开。

(2)根据辅助阳极方位和长度,决定测试方向和放线距离。

(3)测量仪水平放置,调整零位;以120r/min以上速度摇测。

(4)用"测量标度盘"的读数乘以"倍率标度",即为所测的接地电阻值。

(5)记录。

(6)接地钢钎电极和测量线装袋;恢复辅助阳极与电气设备接线,通知可以恢复运行。

(三)技术要求

(1)测量前,应将辅助阳极与电气设备断开。

(2)测量放线要与辅助阳极埋设方位轴向垂直。

（3）当检流计的灵敏度过高时,可减小电位钢钎电极插入土壤的深度;反之,可增加电位钢钎电极和电流钢钎电极插入土壤的深度或沿钢钎电极注水使其湿润。

（四）注意事项

（1）禁止在有雷电或被测物带电时进行测量。

（2）仪表搬运应小心轻放,避免剧烈震动。

项目六　电火花检漏仪检查防腐层漏点

一、相关知识

（一）电火花检漏仪的工作原理

> CBB001 电火花检漏仪的工作原理

电火花检漏仪是利用高压放电原理工作的。在检测时,尖端可以发出 1~2kV 的高压电。当被检测的防腐层完好时,检查时不发生放电现象。当被检测的防腐层有漏点、裂纹、夹层或者材料本身有变质等缺陷时,检查到相应的位置时就会发生放电现象,从而准确地确定防腐层的缺陷位置。

（二）电火花检漏仪的结构

> CBB002 电火花检漏仪的基本结构

电火花检漏仪主要由主机、高压枪、探头及附件等组成。其方框图如图 2-1-35 所示。

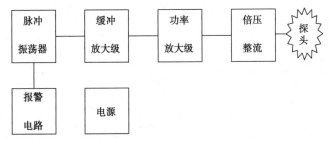

图 2-1-35　电火花检漏仪方框图

（1）脉冲振荡器:由一级晶体三极管多谐振荡器组成,产生超音频的方波信号。

（2）缓冲放大级:对振荡信号放大隔离,防止后级放大器对振荡电路稳定性的影响。

（3）升压级:也是功率放大级,其负载是升压变压器的初级线圈,对振荡信号完成功率放大后进行升压,在次级得到较高的音频电压输出。

（4）倍压整流:把高压音频变成直流并经过几次倍压,得到需要的高压输出。

（5）报警电路:在检漏时,当有漏点检出时,通过取样电路取样放大输出推动喇叭,发出声音信号告知检漏者。

（三）电火花检漏仪的连接方式

> CBB003 电火花检漏仪的使用方法

将连接磁铁放在管道末端没有涂层的部位,短接地线一端接到连接磁铁上,另一端接地;长接地线一端接到连接磁铁上,另一端连接到主机上,须接触良好。若被测管道较长时,先将短接地线通过连接磁铁和接地棒接地,长接地线一端接到主机四芯插座上,另一端接在接地棒上在地面拖动检测。如果检测所在的地面比较干燥,则宜将长接地线的接地棒插入地下,以减小接地电阻,接线方法如图 2-1-36 和图 2-1-37 所示。

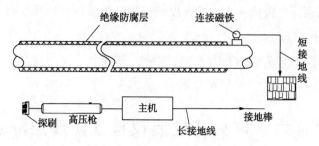

图 2-1-36　被测管道较短时的接线方式

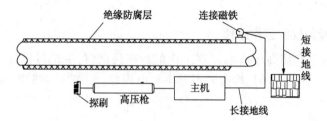

图 2-1-37　被测管道较长时的接线方式

二、技能操作

(一)准备工作

1.材料准备

序号	名称	规格	数量	备注
1	接地线	—	若干	—
2	绝缘手套	不小于 10kV	1 副	—
3	记号笔	—	1 支	—
4	抹布	—	1 块	—
5	笔	—	1 支	—
6	纸	—	1 张	—

2.设备准备

序号	名称	规格	数量	备注
1	管道	—	>2m	有外防腐层

3.工具和仪表准备

序号	名称	规格	数量	备注
1	电火花检漏仪	0~30kV	1 台	—
2	接地棒	—	1 支	—

4.人员

一人单独操作,劳动保护用品穿戴整齐,用具、量具准备齐全。

CBB003 电火花检漏仪的使用方法
CBB006 防腐层检漏电压的计算方法

(二)操作规程

1.检漏电压的计算

检漏电压的确定应考虑到既要查出微小针孔,又要保证不击穿完好的防腐层。其计算公式为:

$$V=M\sqrt{t} \tag{2-1-3}$$

式中　V——检漏电压,V;

　　　M——系数(防腐层厚度小于 1mm 时,取 3294;当防腐层厚度大于 1mm 时,取 7840);

　　　t——防腐层厚度,mm。

对于厚度小于 1mm 的薄防腐涂层,也可按 5V/μm 计算检漏电压。

2.操作步骤

电火花检漏仪(以 DJ-1 型为例)的操作规程如下:

(1)将电池装入主机。

(2)将探头安装于高压枪夹头上。

(3)将高压枪的输出线插头插入主机相应插孔。

(4)接好主机和被检查管道的地线(或者将主机接地接线柱与被查管道连接好)。

(5)接通主机电源开关和高压枪上的操作电源开关,调节好输出电压,并将探头瞬间碰触地线或管道露铁处,若探处有小火花亮点,主机有报警声,表明仪器已调试好,并能开始检查。

(6)将探头沿管道顺次往复移动,探头应贴着管壁,若发现电火花处,并伴随报警声,表明此处露铁或防腐层过薄。

(7)对查出的漏点做好标记,同时做好记录。

(8)检查完毕应及时关闭电源,将探头碰触地线或管道露铁处,放尽探头的残余电荷,将各部件依次拆开并放置好。

CBB004 电火花检漏仪的操作安全要求
CBB005 电火花检漏仪的维护

(三)技术要求

(1)检漏电压必须计算准确,避免击穿防腐层。

(2)被检查的管道或管段表面应洁净干燥,且应离地面至少 10cm 以上,并要离开地面杂草及其他障碍物。

(3)应根据管道选用探头,探头不能拉伸过长超过弹性范围,以防失去弹性。

(4)火花探测头沿管道的移动速度应不超过 0.3m/s。

(四)注意事项

(1)检漏人员应戴绝缘手套,并严格按操作规程操作。

(2)检漏过程中,非操作人员应距离管道 2m 以外,任何人不得触及探头和管道,以防触电。

模块二 杂散电流

项目一 测量直流干扰状态下的管/地电位

一、准备工作

(一)材料准备

序号	名称	规格	数量	备注
1	水	—	500mL	—
2	测量配线	—	2根	带表笔端子和鳄鱼夹
3	砂纸	—	1张	—
4	纸	—	1张	—
5	笔	—	1支	—

(二)设备准备

序号	名称	规格	数量	备注
1	埋地管道或模拟装置	—	1段	—
2	管道测试桩	—	1处	—

(三)工具和仪表准备

序号	名称	规格	数量	备注
1	万用表	输入阻抗:≥10MΩ	1块	—
2	饱和硫酸铜参比电极	—	1支	—
3	活动扳手	—	1把	—
4	秒表	—	1块	—

(四)人员

一人单独操作,劳动保护用品穿戴整齐,用具、量具准备齐全。

二、操作规程

CBC001 管/地电位的测量方法

(1)将参比电极放置于待测管道位置管顶上方,将直流电压表与管道及参比电极相连接,如图 2-2-1 所示。

(2)将直流电压表调至适宜的量程上,记录测试值和测试时间。

(3)将参比电极移至下一个测试点,重复上述操作。

(4)关闭万用表的电源开关(即处于"OFF"位置),拆卸连线,收好万用表、硫酸铜参比电极、配线及工具,测量结束。

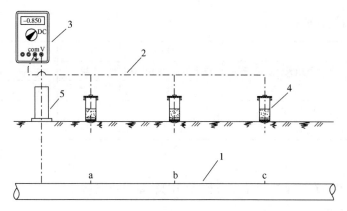

图 2-2-1　管/地电位测量示意图

1—管道；2—测试导线；3—直流电压表；4—参比电极；5—测试桩

三、技术要求

（1）硫酸铜参比电极渗透膜应与土壤接触良好，一般应加水湿润。

（2）表笔与测试线应接触良好，有锈时应除锈。

（3）万用表的测量挡位应符合测量电位值范围。

四、注意事项

（1）测量接线应采用绝缘线夹和插头，以避免与未知高压电接触。

（2）测量操作中应首先连接好仪表回路，然后再连接被测体，测量结束时按相反的顺序操作，并执行单手操作法。

> CBC001 管/地电位的测量方法

项目二　测量交流干扰状态下的管道交流电压

一、准备工作

（一）材料准备

序号	名称	规格	数量	备注
1	水	—	500mL	—
2	测量配线	—	2根	带表笔端子和鳄鱼夹
3	记录纸	—	若干	—
4	砂纸	—	1张	—
5	笔	—	1支	—
6	纸	—	1张	—

（二）设备准备

序号	名称	规格	数量	备注
1	埋地管道或模拟装置	—	1段	—
2	管道测试桩	—	1处	—

(三)工具和仪表准备

序号	名称	规格	数量	备注
1	万用表	输入阻抗:≥10MΩ	1块	—
2	钢钎电极	—	1支	—
3	活动扳手	—	1把	—
4	秒表	—	1块	—

(四)人员

一人单独操作,劳动保护用品穿戴整齐,用具、量具准备齐全。

二、操作规程

CBC002 管道交流电压的测量方法

(1)将万用表与管道及参比电极相连接,接线方式如图 2-2-2 所示。

(2)将万用表调至适宜的量程上,记录测量值和测量时间。

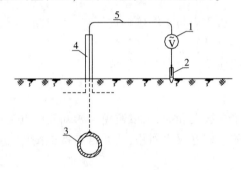

图 2-2-2　管道交流干扰电压测量接线图

1—万用表;2—参比电极;3—埋地管道;4—测试桩;5—测试导线

三、技术要求

(1)对短期测量可使用万用表;对长期测量应使用存储式交流电压测试仪。

(2)测量仪表要求如下:

①测量仪表应具有防电磁干扰性能。

②测量仪表及测量导线应符合 GB/T 21246—2007《埋地钢质管道阴极保护参数测量方法》的相关规定。

(3)参比电极。

①参比电极可采用钢棒电极、硫酸铜电极。采用钢棒电极时,其钢棒直径不宜小于16mm,插入土壤深度宜为100mm。

②参比电极放置处,地下不应有冰层、混凝土层、金属及其他影响测量的物体。

③土壤干燥时,应浇水湿润。

四、注意事项

(1)测量接线应采用绝缘线夹和插头,以避免与未知高压电接触。

(2)测量操作中应首先连接好仪表回路,然后再连接被测体,测量结束时按相反的顺序操作,并执行单手操作法。

模块三　内腐蚀控制

项目一　采用自流式加入法向输气管内加注缓蚀剂

一、相关知识

(一)输气管道缓蚀剂加注工艺

输气管道缓蚀剂的加注工艺最初使用的加注方法是平衡罐法,后来又有清管器法、喷雾法、泡沫法、气溶胶法等加注方法。下面主要介绍平衡罐法和喷雾法。

1.平衡罐法

平衡罐法采用压力均衡罐,利用天然气压差注入法进行缓蚀剂加注,也称自流式加注,可使缓蚀剂自行流入管道。平衡罐加注缓蚀剂方便,应用广泛。

平衡罐加注缓蚀剂流程如图 2-3-1 所示。从压缩机后端引出高压气进入缓蚀剂储罐顶部,缓蚀剂储罐下端的缓蚀剂进入压缩机前端低压管道。在两端气体的压差加上缓蚀剂液位压差作用下,使缓蚀剂经喷嘴或注入阀进入管道与天然气均匀混合。

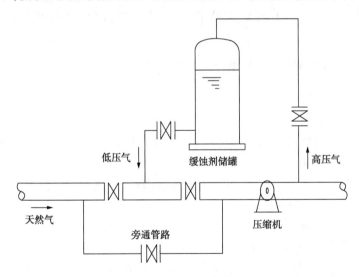

图 2-3-1　平衡罐加注缓蚀剂流程

2.喷雾法

由于缓蚀剂在气体中分散性较差,不易被气流带走,使缓蚀剂的保护距离较短,不能充分发挥缓蚀功能,而采用喷雾法则可以克服这一缺点。

喷雾加注装置有效雾化了缓蚀剂溶液,改善了其流动性和分散能力,从而促使其在管道内壁的均匀成膜,加强了缓蚀效果。

3.缓蚀剂加注设施

(1)主要设备组成如下:

①缓蚀剂储罐。

②加注装置(泵或喷嘴)。

③计量装置。

④流量控制器。

⑤管路附件、电气及控制系统。

(2)加注装置可采用简单的重力式加注装置,也可用计量化学加注泵及文丘里喷嘴加注装置。对输送液体的管道,可使用可调容量的容积式泵。

(3)设计的喷嘴或文丘里管,应能使注入管道中的缓蚀剂雾化成薄雾或烟雾。文丘里喷雾管喉口应按管输介质最高实际(声音的)流速来定径。

(4)应谨慎地选定各种加注装置的安装位置,特别是对接配管的位置,应避免缓蚀剂雾化过程对导向阀控制的调节系统产生不良的影响。

(5)加注装置的材质应适应与缓蚀剂连续接触的工作条件。建议采用缓蚀剂生产商推荐的材料。在大多数场合可使用普通碳钢或不锈钢。对小口径的管道或管柱宜采用不锈钢。当添加氮基缓蚀剂(胺类、氨基化合物、亚硝酸盐类等)时,不应使用铜和铜基合金材料。非金属密封件及填料应与缓蚀剂组分具有兼容性。

(6)缓蚀剂加注点应选在能确保管道受到最有效保护的位置。在泵的吸入端加注,或通过一根置于管路中心的管子注入,有助于缓蚀剂与流体混合。当使用文丘里管时,为了使气流保持高速,宜装在一个直径较小的旁路里。

(二)内腐蚀控制系统的操作和维护

1.清管

(1)清管应符合以下规定:

①应采用清管器清除管内的污物和沉积物。定期清管可与其他腐蚀控制措施如添加缓蚀剂和脱水结合起来使用。

②应根据清管程度选用不同类型的清管器,选用清管器应考虑如下因素:

a.清管器清除沉积污物的能力。

b.挤过管道截面的能力。

c.清管器构件用材与管输介质的相容性。

d.运行的可行性,因为清管运行过程中可能存在毛刺、探头、腐蚀挂片等妨碍清管的物体。

e.管道内是否存在内涂层和缓蚀剂膜。

(2)进入管道系统的清管器应洁净,并维修完好。

(3)清管频率应保证污物及时被清除,以避免对管道内壁产生腐蚀,清管频率也应随季节变化,在温度较低的冬季,还应避免结冰、蜡堵塞问题。原油和天然气管道的清管要求见SY/T 5536—2016《原油管道运行规范》和SY/T 5922—2012《天然气管道运行规范》。

(4)对有内涂层的管道不应使用金属或研磨类型的清管器,可采用非金属清管器。

2.缓蚀剂加注

缓蚀剂加注的方法一般为间歇加注或连续加注,或者这两种方法联合使用。

CBD001 加注缓蚀剂的方法

(1)间歇加注方法是缓蚀剂涂膜处理,在两个清管器之间用泵注入一段缓蚀剂溶液随清管器流经整个管道。加注的频率根据一定量的管输介质流经整个管道后,缓蚀剂所保持的效率而定。

(2)连续加注要求连续注入与管输介质量成一定比例的缓蚀剂。

(3)缓蚀剂应预先混合或稀释。应避免低 pH 值的添加剂或溶剂蒸发留下的固体沉积物损伤加注点。黏性缓蚀剂可用一种与其相容并易混合的烃类载体来稀释,使容易泵注并保证计量,特别是对缓蚀剂用量小的情况。在注入前预先与水混合能更有利于缓蚀剂与管道中水的混合。

(4)当供应商认为不会造成乳化、分离或沉淀而影响缓蚀剂的操作和使用效果时,应当进行预先混合或稀释。

(三)腐蚀检测和监测

腐蚀监测和检测的方法也可以用来评价腐蚀控制的效果。单一的腐蚀监测和检测方法所提供的信息是有限的,联合采用多种腐蚀监测和检测方法,可以得到更全面的腐蚀信息。设计时为了避免气液中携带的固体颗粒对设备造成损伤,可以在监测设备的前面安装过滤器。腐蚀挂片和电子腐蚀监测设备等可用于确定腐蚀环境随时间变化的关系,结果也可用于评价由于操作参数或化学处理程序的改变而使输送介质腐蚀性发生的变化。

尽管取样规范化,测得的总铁量仍可能出现分散无规律。因此,通常用若干个不同样品的总平均值才能比较准确地评价系统的保护效果。最好能了解开采初期介质输送系统中的含铁量。

1.监测和检测的设计准则

(1)监测点应合理地选择在生产系统中存在腐蚀性介质,并能提供有代表性的内腐蚀测量结果的位置。

(2)对管输介质做缓蚀处理,特别是加加化学药剂的管道,设计应包括腐蚀监测装置,以便监测管输介质的腐蚀性和评价缓蚀效果。

(3)在压力、温度、含水量和其他腐蚀条件不同的位置,应选择预期腐蚀比较严重的位置设置监测装置并评价监测方法的使用效果。

(4)对于经过干燥处理后产品的输送管道,在预计可能积液的位置可采用定点测量的方法(如壁厚检测、在线监测)。

(5)监测装置如果设在旁通上,旁通管道的水力状态应与主管道相似,并能随时切断或开通。

(6)设计时应考虑相应的弯管可使采用的腐蚀检测仪器自由通过,并设置相关的阀门及收发装置等。

2.内腐蚀监测

1)目视检查

目视检查固体污物,可以监测腐蚀控制效果。当管道系统或设备停产检修时,专业人员

对暴露的内壁进行目视检查,确定如下的内容:

(1)内表面的腐蚀情况。通过鉴别内表面腐蚀的形态(如均匀腐蚀、点蚀和沟槽状腐蚀等)确定腐蚀类型。

(2)测量腐蚀沿管道或设备内表面圆周向和轴向的长度及任何可辨别的腐蚀形貌。

(3)测量单位面积的腐蚀坑数,测量被腐蚀最深部位的壁厚,计算年腐蚀速率。

(4)被腐蚀管段的坡度和坡向,以及与它相连管道的相对位置。

(5)沉积物及沉积物下的腐蚀。

(6)对主要的腐蚀部位进行拍摄。

2)在线腐蚀监测

(1)常用的在线腐蚀监测方法有腐蚀挂片、腐蚀测试短节、电阻探头、线性极化探头、电感探头、电化学噪声探头、氢探头、电子指纹等。根据不同的操作环境、操作方式(如定期或连续取值)及安装技术,选用不同的在线腐蚀监测设备。

(2)安装于适当位置的在线腐蚀监测设施应能有效地确定腐蚀速率和腐蚀类型。金属腐蚀挂片的准备、安装和分析见 GB/T 16545—2015《金属和合金的腐蚀 腐蚀试样上腐蚀产物的清除》、JB/T 7901—2001《金属材料实验室均匀腐蚀全浸试验方法》。

(3)腐蚀挂片和探头材质应与管道或设备内表面材质一致或相似。

(4)腐蚀挂片和探头在流体中暴露的时间应根据管输介质的类型、流速、检测的项目及预计的腐蚀速率而定。腐蚀挂片在一年内至少应检测两次,并且间隔时间不宜超过 6 个月。

(5)在探头上沉积有较多石蜡和其他不容性物质时,会影响探头的测试结果,应定期将探头取出清除附着物。

(6)插入式腐蚀挂片和探头不应影响管道清管,清管时应能将挂片和探头取出或提升至不影响清管的位置。

3)取样和化学分析

(1)应定期取样并化学分析,确定管输介质中的铁离子数、锰离子数、pH 值、腐蚀性杂质及腐蚀性。

(2)提取的试样应具有代表性,能反映管输介质的真实情况。取样应由有经验的人员或经过专业培训的人员进行。

(3)如果管输介质中含有水,应进行二氧化碳、硫化氢、细菌、酸和其他腐蚀性组分的分析。二氧化碳和硫化氢还应进行气相分析。

(4)对管输介质中含的易引起结垢和堵塞的腐蚀性杂质,应定期分析。

(5)测定从过滤器和捕集器中清除出来的腐蚀产物的体积和质量变化,或目视检查固体污物,可评定防护效果。腐蚀产物的采集与测定见 SY/T 0546—2016《腐蚀产物的采集与鉴定技术规范》。

(6)化学分析的频率及项目应根据管道中管输介质的变化和数量决定。

3.内腐蚀检测

(1)内腐蚀检测装置有定点测量的超声波测厚仪、超声波扫描成像仪,以及沿管道各部位进行测量的超声波/漏磁智能检测器、机械测径器和超声导波测量仪等。

(2)根据管道的直径、长度、连接方式、使用时间及位置,合理地选用内腐蚀检测工具。

选定的检测位置应固定并能长期连续使用。在随后周期性的检测中也可增加或合并检测位置。

(3)检测仪记录应显示管道内腐蚀与地面实际位置之间的相互关系,准确地确定腐蚀部位。

(4)对于能进行开挖的管段,智能检测、机械测径器和超声导波的检测结果应采用开挖抽查来核实检测的准确性。

4.压降测量

通过定期测量确定管段两端压力降的变化,调查并判断是否存在腐蚀产物或沉积物。

5.腐蚀控制方法效果的评定

采用腐蚀监测和检测方法来评价腐蚀控制的效果。

当腐蚀挂片的测试结果和腐蚀检测测试结果显示管道的腐蚀速率超过设计要求时,应重新调整。

6.记录

1)管道监测的记录

(1)对管道进行目视检查的日期和部位,以及目视检查的结果。

(2)腐蚀探针、腐蚀挂片、内腐蚀检测工具及其他检测方法如取样、化学分析的运行情况。

(3)腐蚀探针、腐蚀挂片及其他检测方法的检查结果和分析结果。

2)缓蚀剂管理的记录

(1)所用缓蚀剂的名称、牌号、加注浓度和用量。

(2)缓蚀剂的加注方式和加注周期。

二、技能操作

(一)准备工作

1.材料准备

序号	名称	规格	数量	备注
1	缓蚀剂	—	适量	—
2	棉纱	—	适量	—
3	水	—	适量	—

2.设备准备

序号	名称	规格	数量	备注
1	缓蚀剂加注设备	—	1套	—

3.工具和仪表准备

序号	名称	规格	数量	备注
1	专用工具	—	1套	—
2	专用防护用具	—	1套	—

4.人员

一人单独操作,劳动保护用品穿戴整齐,用具、量具准备齐全。

(二)操作规程(自流式加入法)

(1)根据管道内输送天然气的气质情况、所使用缓蚀剂的性能,按操作规程配制出比例达到指标、数量满足要求的缓蚀剂溶液。

(2)关闭注入罐与输气管道的连通阀和注入阀。

(3)开启注入罐压力表取压阀,开启注入罐放空阀,观察压力表指针下降,直至指向零位。

(4)开启注入罐的加料漏斗阀门,观察注入罐内放空余气,直到注入罐内的余气与大气平衡。

(5)将配好的缓蚀剂溶液由加料漏斗处加入注入罐。

(6)关闭加料漏斗阀门,关闭注入罐放空阀门。

(7)缓慢开启注入罐与输气管道的连通阀门,观察注入罐上的压力表指针上升情况,以及加料阀、放空阀有无泄漏,若有,关严直至不泄漏为止。

(8)当注入罐内压力与输气管道内压力平衡后,开启注入罐的注入阀,让注入罐内的缓蚀剂缓慢自流入输气管道中。

(9)观察注入罐的液位计,当液面下降至液位计底端时,关闭注入罐的注入阀及注入罐与输气管道的连通阀。

(10)开启注入罐的放空阀,放空罐内天然气至常压状态。

(11)开启加料漏斗阀门,检查注入罐内的缓蚀剂溶液,确认缓蚀剂溶液全部加入输气管道,再关闭加料漏斗阀门。

(12)打扫场地,彻底清洗工具、用具,并将工具、用具存放于专门的库房。

(13)脱去防护用品,彻底清洗衣物及身体,以免引起污染。

(三)技术要求

(1)穿戴好劳保防护用品,防止缓蚀剂与皮肤、呼吸道等人体器官接触,一旦发生接触应按照相关预案及时处置,确保加注人员安全。

(2)向罐内加注缓蚀剂前,将加注系统清理干净确保试剂不受污染。

(3)缓蚀剂溶液必须按比例配制足够数量。

(4)缓蚀剂加注人员必须熟悉现场流程,严格按照缓蚀剂加注作业指导书,规范做好每个加注步骤。

(5)在配制及向注入罐内加注缓蚀剂时,操作人员必须站在上风口。

(6)在注入罐上面加注缓蚀剂时,操作人员动作要稳当,防止缓蚀剂溶液流出伤人。

(7)及时检查缓蚀剂罐的液位、计量泵等系统运行情况,严防滴漏、倒流等事件。

(8)及时进行设备维护,确保使用期间加注平稳连续。

(9)加注量正常后不许随意调节,以免影响使用效果。

(10)加注期间须做好操作记录。

(四)注意事项

(1)若计量泵其中一台出现故障,及时检修,并将另一台计量泵调到最大。

(2)在使用产品期间若发现异常情况,经处理不能解决时,应及时停止加注,避免造成更大的损失。

模块四　管道巡护

项目一　开展管道巡线

一、相关知识

(一)巡线工作要求

CBE001 巡线工作的要求

1.巡线方式

巡线方式可采用步行巡线、驾车巡线、空中巡线、驾船巡线和定点看护等。

2.巡线工作职责

(1)负责每日在规定的时间和规定的路线进行巡检。

(2)发现油气泄漏、管道及其附属设施损毁、第三方施工或疑似打孔盗油(气)迹象后立即报告。

3.巡线工作内容

(1)检查是否有油气泄漏迹象,如地面溢油、枯死的植物、烟气、响声和油气味道等。

(2)检查沿线地形、地貌有无明显变化。如管道周边土壤有无开挖、回填等异常现象,管道上方是否存在塌陷、露管等。

(3)检查管道附属设施的完好性,对管道标识的遮挡、倾倒进行维护。

(4)检查在管道中心线地域范围内是否有如下内容:

①种植乔木、灌木、藤类、芦苇、竹子或者其他根系深达管道埋设部位可能损坏管道防腐层的深根植物。

②取土、采石、用火、堆放重物、排放腐蚀性物质、使用机械工具进行挖掘施工。

③挖塘、修渠、修晒场、修建水产养殖场、建温室、建家畜棚圈、建房及修建其他建筑物、构筑物。

(5)在管道线路中心线两侧各5m以外重点关注定向钻、顶管作业、公路、铁路、其他管道、电力线路、光缆等交叉作业,挖砂取土、城建、爆破等施工活动。

(6)检查在穿越河流的管道线路中心线两侧各500m地域范围内是否有:抛锚、拖锚、挖砂、挖泥、采石和水下爆破作业。

(7)检查管道专用隧道:有无油气泄漏;隧道进出口是否有杂物堆放,伴行路及进出道路是否畅通。关注周边是否有采石、采矿、爆破作业等活动。

(二)管道走向图识别方法

CBE002 管道走向图的识别方法

一般管道走向图的标注方向为上北下南左西右东。

首先要识别图外注记(图例),比例尺,测图日期,省、县、乡、村界等。其次要利用走向图上的标注识别管道站场、阀室等。最后要识别管道沿线地貌,包括村庄名称、道路、水系、铁路、农田等。

二、技能操作

(一)准备工作

1.材料准备

序号	名称	规格	数量	备注
1	砂纸	—	1张	—
2	水	—	适量	—
3	纸	—	1张	—
4	笔	—	1支	—

2.设备准备

序号	名称	规格	数量	备注
1	车辆	—	1台	巡线车辆

3.工具和仪表准备

序号	名称	规格	数量	备注
1	饱和硫酸铜参比电极	便携式	1支	—
2	万用表	输入阻抗:≥10MΩ	1块	—
3	电工工具	—	1套	—
4	皮尺	—	1把	—
5	相机	—	1台	—
6	可燃气体检测仪	—	1台	—

4.人员

一人单独操作,劳动保护用品穿戴整齐,用具、量具准备齐全。

(二)操作规程

(1)按照要求采用步行巡线、驾车巡线或空中巡线等方式,在规定的时间和规定的路线进行巡线。

(2)发现油气泄漏、管道及其附属设施损毁、第三方施工破坏或疑似打孔盗油(气)迹象等异常情况时立即报告,并采取前期应急处置措施。

(3)检查水工保护设施是否垮塌,如有垮塌应进行记录并上报。

(4)检查管道两侧各5m(即防护带)内的根深植物,应进行记录并上报。

(5)检查管道穿越、跨越的稳定情况,对不稳定情况要进行记录并上报。

(6)定期对阴极保护参数进行测试。

(7)检查管道标识是否完好,发现问题进行记录并上报。

(8)对高后果区高风险管段应进行加密巡检,定期检测密闭空间可燃气体浓度。

(9)向管道沿线的群众宣传油气管道相关知识。

（10）检查油气管道运行管理的专用通信线路，发现问题进行记录并上报。

（11）定期巡检阀室，查看是否有油气泄漏并及时上报。

（三）技术要求

（1）管道巡护应清楚：管道线路的站场、阀室、途经的行政区域、地貌特征、长度、管径、设计压力、管道埋深情况、光缆走向、光缆埋深、管道防腐层类型、阴极保护方式、公路穿越、铁路穿越、河流（冲沟）穿（跨）越方式和数量、陆地上隧道的数量和长度、管道伴行路等信息。

（2）管道巡护应发现：埋地管道有无裸露、绝缘层有无损坏；明管跨越有无锈蚀、构配件有无缺损；穿越管段稳定有无裸露、悬空、移位；管道标识有无缺损；水工设施有无损毁；管道阴极保护有无欠保护或过保护；管道防护带内有无深根植物、第三方施工、违章行为；管道有无泄漏。

（3）应在强降雨或洪水过后对黄土塬、山区、河流穿跨越、高陡边坡、横坡敷设、采空区、高填方部位、地质灾害监测点、沿线的护坡、堡坎、排水沟等重点管段和列入重点巡护部位的管段及时进行现场检查，做好记录，发现问题及时汇报和处理。

（四）注意事项

（1）按照巡护要求，做到及时发现威胁管道安全的问题。

（2）要做到准确汇报问题的现象。

（3）巡线过程中注意人身安全和车辆安全。

项目二　探测管道（光缆/电缆）走向和埋深

一、相关知识

探测油气管道（光缆/电缆）的走向及埋深是油气管道保护工必须掌握的一项基本技能。管道探测仪的产品众多，目前，我国输油气运营企业普遍使用的有英国雷迪系列和国产SL系列管道探测仪，本项目以最新型的RD-8000管道探测仪、SL-2818管道探测仪为例，讲述其探测原理及管道（光缆/电缆）走向和埋深的探测方法。

CBE003 RD-8000管道探测仪的工作原理

（一）RD-8000管道探测仪及操作方法

工作原理：发射机输出的特定频率的交变电场或交变磁场信号施加到地下管道（金属管道和光缆/电缆），在管道中产生特定频率的管道电流，管道电流在管道周围产生管道磁场；接收机在地面上接收管道交变磁场信号，测量出地下管道的位置、深度和电流值。利用地下管道辐射出的电磁场信号，定位管道，并给出深度和电流读数，从而实现其探测功能。

1.发射机功能键及屏幕图标

（1）发射机表功能键，如图2-4-1所示。

（2）发射机屏幕图标，如图2-4-2所示。

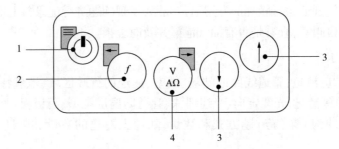

图 2-4-1　发射机功能键示意图

1—电源键;2—频率键;3—上、下键;4—测量键

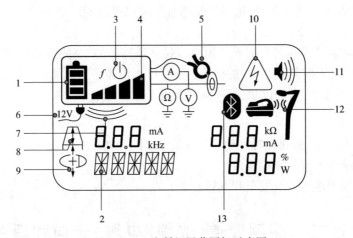

图 2-4-2　发射机屏幕图标示意图

1—电池图标;2—所选操作模式的字母和数字表示;3—待机图标;4—输出功率;
5—夹钳图标;6—DC 图标;7—感应指示图标;8—A 字架图标;9—CD 模式;10—电压警示;
11—音量图标;12—配对图标;13—蓝牙图标

2.发射机的操作

1)开机

按压电源键 2s 打开发射机。

2)常用功能设置

(1)系统开机后,快速按压电源开关键可以进入发射机菜单。

(2)按频率键,设置发射输出频率。

(3)使用向上或向下增大或减小发射机输出功率。

注:其他功能设置可参照说明书操作,这里不做介绍。

3)关机

按压开关键 2s 关闭发射机。

3.接收机功能键及屏幕图标

(1)接收机表功能键,如图 2-4-3 所示。

(2)接收机屏幕图标,如图 2-4-4 所示。

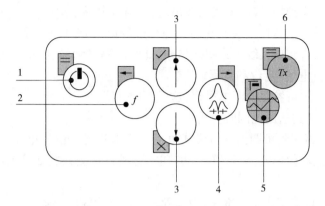

图 2-4-3 接收机功能键示意图

1—开关键;2—频率键;3—上、下键;4—天线键;5—图形键;6—发射机键

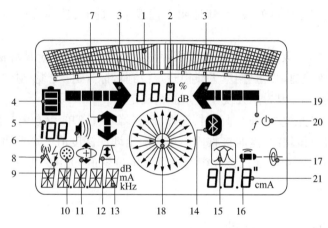

图 2-4-4 接收机屏幕图标示意图

1—显示信号强度和峰值标志;2—信号强度;3—相对位置箭头;4—电池图标;5—增益大小或数据记录编号;
6—音量图标;7—电流方向箭头;8—无线电模式;9—电力模式;10—附件指示;11—DC 模式图标;
12—A 字架图标;13—操作模式指示;14—蓝牙图标;15—天线模式图标;16—探棒图标;17—管道图标;
18—罗盘;19—发射机状况图标;20—发射机待机图标;21—电流/深度显示

4.接收机的操作

1)开机

按压电源开关键 2s 打开接收机。

2)常用功能设置

(1)系统开机后,快速按压电源开关键可以进入接收机菜单。

(2)按频率键,选择与发射机设置的频率相一致。

(3)按天线键选择使用的天线模式。

①按下天线键,直到谷值模式图标出现,此时屏幕显示信号强度、罗盘、相对位置箭头
(左右方向箭头),进行管道(光缆/电缆)定位。

②按下天线键,直到峰值模式图标出现,此时屏幕显示深度(m)、电流、信号强度、罗盘,
进行管道(光缆/电缆)定位和定深。

③按下天线键,直到峰/谷值模式图标出现,此时屏幕显示深度(m)、电流、信号强度、罗盘和相对位置箭头(左右方向箭头),进行管道(光缆/电缆)定位和定深。

④按下天线键,直到单天线模式图标出现,此时屏幕显示深度(m)、电流、信号强度、罗盘,进行管道(光缆/电缆)定位和定深。

注:其他功能设置可参照说明书操作,这里不做介绍。

3)各天线键模式的适用范围及使用

(1)谷值模式:将接收机调到谷值模式可提高追踪管道(光缆/电缆)的速度,每隔一段时间,将接收机调到峰值模式,对管道(光缆/电缆)进行探测并验证管道(光缆/电缆)的准确位置。

(2)峰值模式:峰值模式是最敏感、最精确的定位和定深的模式。

(3)峰/谷值模式:峰/谷值模式可同时利用两种模式的优点。

使用左右方向箭头,将接收机放在谷值点。如果峰值响应不是最大,就证明磁场受干扰。如果峰值响应在谷值点处最大,就证明干扰很小。此时,选择峰值模式获取深度和电流值。

(4)单天线模式:单天线模式比峰值模式灵敏度更高。这对于定位埋深的不同管道(光缆/电缆)更有用、更快捷。一旦用单天线模式定位到目标管道(光缆/电缆)后,要用峰值或谷值模式进行精确定位,因为单天线模式不能精确定位。

注:①探测管道(光缆/电缆)埋深时,选择峰值、峰/谷值、单天线模式下(接收机屏幕显示 m),长按天线键测试埋深,这时接收机屏幕显示出埋深深度值。②罗盘用来指示目标管道(光缆/电缆)方向,可帮助摆正接收机的位置。定位管道(光缆/电缆)时,确保罗盘指示线在 6 点钟的位置。

4)关机

按压电源开关键 2s 关闭接收机。

5.管道(光缆/电缆)定位原理

1)管道(光缆/电缆)定位的原理

RD-8000 接收机的探测天线由两个水平天线和一个垂直天线组成,其中双水平天线用于峰值测量,垂直天线用于谷(零)值测量,如图 2-4-5 所示。

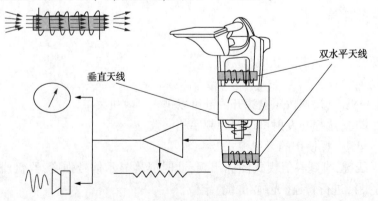

图 2-4-5 管道定位原理示意图(1)

根据电磁反应原理,当接收机线圈中的磁通量发生变化时,在线圈中就会产生相应的感应信号,感应信号被电子仪器放大以后,在仪表上产生一目了然的响应,并使扬声器发出声音,而感应信号的大小,与通过线圈的交变磁场或管中信号的强度成正比,如图2-4-6所示。

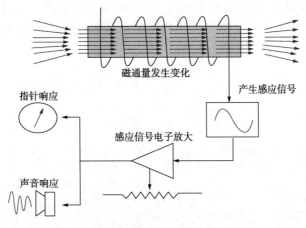

图 2-4-6   管道定位原理示意图(2)

2)峰值模式工作原理

当检测信号加入到目标管道(光缆/电缆)后,会沿管道(光缆/电缆)产生圆柱形的交变磁场。以峰值方式进行测量时,当接收机在管道(光缆/电缆)正上方且接收机宽面与管道(光缆/电缆)垂直时,仪器的响应信号最大,这不仅是因为线圈离管道(光缆/电缆)近、线圈所在位置磁场强,还因为此时磁场方向与线圈平面垂直,通过线圈的磁通量最大,当发射机在管道(光缆/电缆)正上方两侧时,仪器的相应信号会随着远离管道(光缆/电缆)而逐渐变小,这不仅是因为线圈离管道(光缆/电缆)远,线圈所在位置磁场变弱,还因为此时磁场方向与线圈平面不垂直,使通过线圈的磁通量变小,从而产生了如山峰一样的信号响应,如图2-4-7所示。

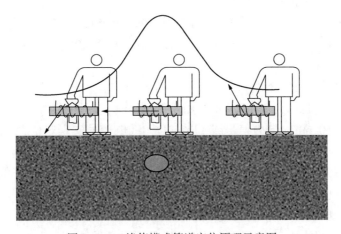

图 2-4-7   峰值模式管道定位原理示意图

3)谷值模式工作原理

以谷值(零值)方式进行测量时,当接收机在管道(光缆/电缆)正上方时,仪器的响应信号为零。这主要是因为磁场方向离线圈平面平行,通过线圈的磁通量为零。当发射机在管道(光缆/电缆)正上方两侧位置时,仪器的相应信号会随着远离管道(光缆/电缆)而逐渐增大,这主要是因为随着线圈远离管道,磁场方向与线圈平面不再平行而成一定的角度,且磁场垂直线圈平面的分量逐渐增大,从而使通过线圈的磁通量逐渐变大,同时,随着线圈的远离,磁场强度逐渐变弱,当这一因素成为影响用过线圈磁通量的主要因素时,仪器的响应信号就又会变小,从而产生了如山谷一样的信号响应,如图2-4-8所示。

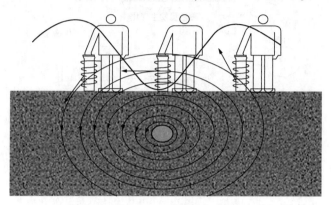

图 2-4-8 谷值模式管道定位原理示意图

6.测定管道(光缆/电缆)位置

1)主动源法探测管道(光缆/电缆)位置

主动源法(直连法)定位:用发射机对目标管道(光缆/电缆)施加特定频率信号,再用接收机接收管道(光缆/电缆)信号进行定位的方法。此法适宜用在能直接将发射机信号直接施加到目标管道(光缆/电缆)上的地方。应当强调的是,直连法探测光缆时,应将发射机信号施加在光缆的护铠层或加强芯等金属结构上。

常用的直连模式下标配频率为:

640Hz(工频信号为50Hz的地区,输出功率10W)或512Hz(工频信号为60Hz的地区,输出功率10W);8kHz(输出功率10W);33kHz(输出功率10W);65kHz(输出功率1W);200kHz(输出功率1W)。

2)被动源法探测管道(电缆)位置

被动源法定位:(也叫无源定位)不利用发射机信号,仅用接收机,通过接收地下金属管道(电缆)辐射的50/60Hz电力信号或LF/VLF无线电信号实现定位管道(电缆)的方法。应当强调的是,此种方法不适用于探测光缆,因为光缆上没有电力信号。

此方法可以在不用发射机而仅用接收机进行定位电缆/电线走向、查找断裂的电缆线。例如,室内装修时忘记了墙内电线的走向,也可以使用它来定位。

3)夹钳法探测光缆/电缆(管道)位置

夹钳是一种特殊的感应装置(有时也称作三极管或耦合夹钳),发射机对夹钳输出的特定频率的电流,夹钳产生的磁场再对所夹管道进行耦合激发,从而在管道中感应出管道电流。由于夹钳仅输出小范围磁场,不易激发其他邻近管道,所以夹钳模式也是一种较为精确的定位模式。通常在不能使用直连模式或者目标管道(光缆/电缆)负载电压不宜使用直连模式时,使用夹钳模式,一般用于探测光缆/电缆。专用信号钳与输出端口连接,则发射机进入"夹钳模式"。屏幕右下方将显示该模式的图标。该模式不需使用接地插针。夹钳有其特定的工作频率,特定频率的夹钳只能用于其固有频率。夹钳的特定可选工作频率只有1~2个,介于8~65kHz。

(1)夹钳与发射机的频率一定要匹配。

(2)夹钳用于带电电缆时,一定要严格遵守安全操作规章和操作程序。请特别注意:高压电缆有可能在夹钳中感应出强电流,造成夹钳损坏,不要在没有绝缘的带电导体上使用夹钳法。

连接好夹钳后打开发射机电源。光缆/电缆的两边必需接地,如图2-4-9所示。

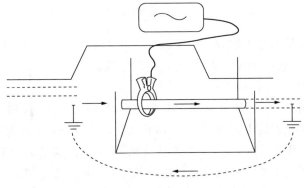

图2-4-9　夹钳法连接示意图

在以下情况下使用夹钳:

(1)几条光缆/电缆或管道相互非常靠近。

(2)从检查井或人井处可看到连续的光缆/电缆或管道。

(3)在没有光缆接头测试桩或没有测试装置的埋地管道及电缆地段,通过开挖探坑,将光缆/电缆及管道暴露出来,可利用仪器配套的耦合圈,将发射机信号加载到光缆的金属加强芯或管道及电缆上,连接方法如图2-4-9所示。

连接及操作方法如下:

(1)把夹钳插头插入RD8000接收机前部的附件接口。

(2)使用夹钳时,为了能使信号在管道、光缆/电缆上传输,应该在管道、光缆/电缆的两端接地。

(3)使用夹钳,发射机不需要接地。

(4)绝缘光缆/电缆即使无接地,只要在夹钳两侧的埋地光缆/电缆有足够的长度,也可被跟踪。

(5)将夹钳套在管道或光缆/电缆上,确认夹钳的双爪完全封闭并打开接收机电源。

(6)接收机选择与发射机一致的频率。

(7)将夹钳逐个套在每一根管道和光缆/电缆上,并记录表头的响应。比较每根管道、光缆/电缆的响应强度。响应强度比其他管道、光缆/电缆大的就是施加了发射机信号的目标管道、光缆/电缆,如图2-4-10所示。

(8)为了确保目标管道、光缆/电缆的识别绝对准确,对换发射机和接收机的位置,确认

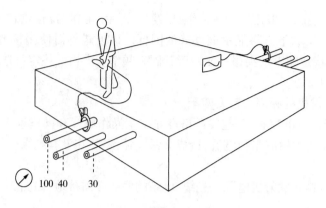

图 2-4-10　多条光缆/电缆的探测示意图

接收机在新的位置获得的是大的响应强度仍然是来自目标管道、光缆/电缆。

（9）在确认管道、光缆/电缆位置后，可进行埋深测试。

发射机夹钳类型和系列如下：

尽管发射机夹钳和接收机夹钳从外表上看起来是一样的，但它们的内部绕线方式是不同的。为了防止连接错误的夹钳，发射机夹钳和接收机夹钳具有不同的插头方向。

（1）标准信号夹钳：标准信号夹钳能够有效地、有选择性地给直径最大为 10cm 的目标管道施加 8/33kHz 的发射机信号或者给直径最大为 75mm 的光缆/电缆施加 512Hz 的信号。

（2）小型信号夹钳：小型夹钳用于在接线盒或其他狭小空间中给目标光缆/电缆施加 8kHz 的信号。夹钳可用于直径最大为 5cm 的光缆/电缆。

标准夹钳和小型夹钳都有使夹钳双爪可靠接触的双弹簧。

7.测定管道(光缆/电缆)的走向

1) 谷值法

在谷值(零值)探测方式下，接收机液晶显示屏上的左右箭头始终指向目标管道(光缆/电缆)，操作者只需按照箭头指示的方向进行巡找，当操作者在管道的右侧时，箭头指向左边，当操作者到了管道(光缆/电缆)的左侧时，箭头则指向右边，当操作者在管道(光缆/电缆)的上方时，左右箭头同时出现在显示屏上，此时接收机的位置 A 即为管道(光缆/电缆)位置，如图 2-4-11 所示。

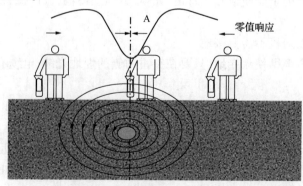

图 2-4-11　谷值法测定管道(光缆/电缆)位置示意图

2)峰值法

换用峰值方式进行检测,操作者一边轻微向左右移动,一边注意观察液晶屏幕上数值的变化。数值达到最大时的位置 B 即为管道(光缆/电缆)位置,如图 2-4-12 所示。

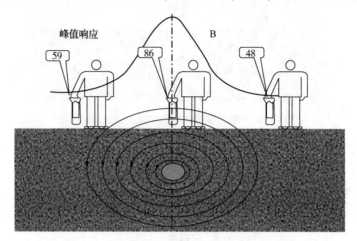

图 2-4-12　峰值法测定管道(光缆/电缆)位置示意图

3)峰/谷值法

如果零值定位 A 和峰值定位 B 在同一个位置,则这个位置是目标管道(光缆/电缆)的正上方,此时我们称该管道(光缆/电缆)为无干扰管道(光缆/电缆)。而在实际应用中,由于各种因子的干扰,峰零值定位往往不在同一个位置,峰零值所确定的位置 AB 都在目标管道(光缆/电缆)的同一侧,且管道(光缆/电缆)的实际位置更靠近峰值所确定的位置 B,如图 2-4-13 所示。

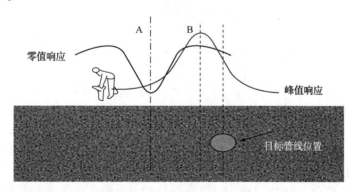

图 2-4-13　两种方法比较确定管道(光缆/电缆)位置示意图

8.测定管道(光缆/电缆)的埋深

(1)直读法:测定管道(光缆/电缆)的埋深并用接收机精确定位目标管道(光缆/电缆),然后接收机放在管道(光缆/电缆)的正上方,垂直并接触地面,而且机体宽面与管道(光缆/电缆)走向垂直,调节灵敏度,使模拟指针在表盘 60%~80%,按深度键即可测定管道(光缆/电缆)的埋深,此时,仪器给出的深度指示管道中心轴线到接收机下缘的垂直距离,如图 2-4-14 所示。

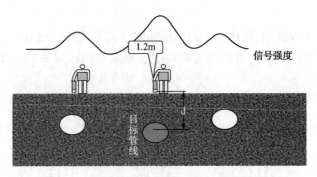

图 2-4-14　测定管道(光缆/电缆)的埋深示意图

（2）70%法测埋深：测量方法是确定管道(光缆/电缆)走向后精确定位,在峰值点(即管道的中心点位置),按增益键将信号强度调节到60%(或者其他数值也可以),向管道(光缆/电缆)两侧移动接收机,找到信号峰值的两个70%的点(即42%的信号强度),在地面上做出标记,两个70%点之间的距离即为准确的管道(光缆/电缆)中心深度,如图2-4-15 所示。

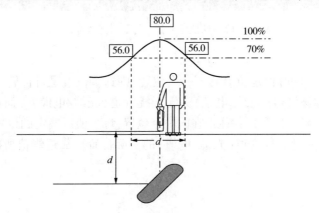

图 2-4-15　70%法管道(光缆/电缆)埋深测量示意图

9.现场其他注意事项

1)管道追踪测试

在实际工作中,我们经常需要边走边确定管道的走向和位置,这个时候需要手持接收机,表头朝着管道走向方向,一边行进,一边垂直于管道左右移动接收机。定位过程中保持接收机与地面平行,沿着地面平移而不是摆动接收机。移动距离应保持一定幅度,至少应能够观察小→大→小的信号变化过程,方可确认管线信号,一般移动距离宜保持在管道左右各0.5m。

在定位过程中,定位信号容易受到周围环境和邻近管道、地表的铁栅栏等金属物的干扰。为确保定位结果的准确,可通过几种方法来复核和确认。

（1）峰值点与谷值点对比进行确认。

检查目标管道的定位信号是否受到干扰,可先使用峰值模式定位,再使用谷值模式定位,如果两种模式定位结果一致,则说明基本没有外界干扰,定位准确;如果不一致,则说明定位信号受到了干扰,此时峰值模式定位较准确,谷值模式定位的偏差较大,管道位置以峰值点为准。管道位于峰值点的另一边,距峰值位置的距离为峰值位置与谷值位置之间的距离的一半。

把接收机调到谷值模式,移动接收机,找出响应最小的谷值点。如果峰值模式的峰值位置与谷值模式的谷值位置一致,可以认为精确定位是准确的。如果两个位置不一致,精确定位是不准确的,但两个位置都偏向管道的同一侧,管道的真实位置更接近峰值模式时的峰值位置。这时,管道位于峰值位置的另一边,管道距峰值位置的距离为峰值位置与谷值位置之间的距离的一半。

(2)变换高度对比进行确认。

峰值点和谷值点位置重合时,此处最适合测深。注意这时候的深度是地表到管中心的深度值,把接收机从地面提高0.5m重复进行深度测量。如果测量到的深度增加的值与接收机提高的高度相同,表示深度测量是正确的。

(3)读埋深时注意事项,不要在三通、弯头等处读取埋深。

(4)两端数据对比进行确认。

检查深度测量点两边管道是垂直的,而且至少有2m长。检查15m范围内信号是否相对稳定,并且在初始深度测量点的两边进行深度测量。检查目标管道附近1~2m范围之内是否有携带信号的干扰管道。这是造成深度测量误差最常见的原因,邻近管道感应了很强的信号可能会造成±50%的深度测量误差。稍微偏离管道的位置进行几次深度测量,深度最小的读数是最准确的,而且该处指示的位置也是最准确的。

(5)注意测试过程中规避干扰。

2)其他

在大多数情况下,管道的电磁场信号足以使探管仪正确地探测地下管道的准确位置、深度和电流。但是有时候,某些干扰因素会使管道的电磁场信号发生畸变,从而导致探测数据出现偏差乃至错误。现场的干扰可能会来自邻近的高压输电线路、电气化铁路、近距离并行的管道或其他埋地金属设施。

(1)管道探测仪探测的深度是指电磁场中心的深度,也就是管道的中心埋深,因而比管顶埋深要大。它的检测范围在10m范围内,但精确的检测范围是3m内。3m内它的误差小于5%,大于3m后误差会扩大到10%左右。

(2)理论上雷迪探管仪可以在对地电压小于50V/AC的管道上使用,但实际应用中发现当管道上的交流电位大于10V时,雷迪系列的定位检测仪器检测数据都会出现不同程度的偏差,当交流电位达到20V以上时,测试电流和埋深数据已经严重失真。

(3)在发射机开机后,不可接触接地棒或夹钳的任何非绝缘部位。举例说,当安装完发射机后发现信号比较小,怀疑是接地电阻太高,把钎子拔出来重新换个地方插,这是错误的。虽然发射机的功率很小,但需要培养良好的设备使用习惯。

(4)接收机和发射机都是采用1号碱性电池供电(也可采用充电电池供电),接收机需要2节电池,而发射机需要8节,安装电池时注意不可混用不同类型的电池;也不可将充电电池与碱性电池混用。

(5)不可混用不同电量的电池,不同电量的电池在使用中会加速电池的放电速度,反而会降低仪器的工作时间,因此,更换电池时必须一次性更换所有电池。

(6)将设备存放在干燥的地方,避免设备受到灼热;不可将设备的任何部件浸水;如果较长时间不使用设备,务必取出电池盒中的碱性电池,以免电池漏液。

(7)在某种情况下可能发生临时故障。如果发生此种情况,关机,等待片刻然后重新开机。如果设备仍存在故障,拆下电池 5s,重新安装然后开机。

CBE004 SL-2818 管道探测仪的工作原理

(8)不建议使用仪器具有的感应模式进行探测。

(二)SL-2818 管道探测仪的操作方法

工作原理:发射机向地下管道发送特定的电磁波信号,通过探测地下管道的磁场来确定其位置、走向和深度。

1.发射机面板及功能键

发射机用于向地下管道发射特定频率的电磁波信号,与接收机配合使用,方便而准确地对管道进行定位、测深、探测防腐层破损点的位置、大小(本项目略去探测防腐层破损点功能)。发射机面板及功能键如图 2-4-16 所示。

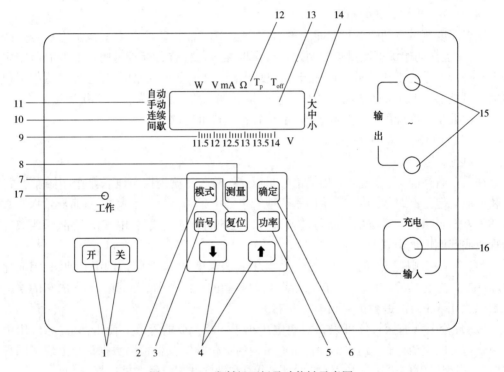

图 2-4-16 发射机面板及功能键示意图

1—开和关键;2—模式键;3—信号键;4—↑↓键;5—功率键;6—确定键;7—复位键;
8—测量键;9—电源电压指示;10—输出信号;11—工作方式;12—发射机工作参数;13—显示窗口;
14—发射机输出功率范围;15—输出信号插座;16—充电和输入插孔;17—工作指示灯

显示屏:显示屏上面的三角形光标箭头所指示的是发射机工作参数:"W 指输出功率、V 指输出电压、mA 指输出电流、Ω 指输出阻抗、T_p 指功率提升时间、T_{off} 指发射机关机时间",当某参数下面的三角形光标箭头点亮时,则对应的参数值就以数字形式显示在显示屏中。

注:这里最有用的是将三角形光标箭头移动到 Ω 位置查看输出阻抗,如果电阻过大(超过 500Ω)必须降阻,过小(小于 5Ω)。其他说明书上讲的我们在检测时不常用的辅助功能都可略去不管,否则会越搞越糊涂;检查显示屏下面的三角形光标箭头指向 V(输出电压)时,当电压低于 11.5V 时必须进行充电。

2.发射机的操作

(1)发射机的连接:将发射机的输出线的香蕉插头(红色)插入发射机的输出插座(红色),5m输出线的鱼夹(红色)接到被查管道的阴极保护检查桩上,若没有桩,可接在阀门或露出地面的管道上,另一根10m输出线的香蕉插头(黑色)插入发射机的输出插座(黑色),沿管道方向成90°放开,把鱼夹(黑色)接到接地棒上,打入地下并浇水。

(2)开机:当信号输出线连接好之后,按下发射机ON键,打开发射机,显示窗口中相应的三角形箭头指示灯点亮(各三角形指示位置箭头为上次关机时所示的位置)。

①按动模式键将显示屏左侧的三角形指示位置箭头调整到指示自动位置。

②按动功率键,选择所需的输出功率范围(显示屏右侧的三角形指示位置箭头所指位置有大、中、小三种,距离较远选择较大功率)。

③再按下确定键,发射机自动检测管道和接地棒之间的环路电阻,5s后,仪器发出一声长的"嘟"音,然后自动调节到所设定的功率,这时即可进行检测了。

④发射机自动检测管道和接地棒之间的环路电阻小于 5Ω 或大于 500Ω 时,自动工作方式不能完成,并发出几声短促"嘟"的提示音,仪器无法正常工作,必须采取浇水等措施将接地棒的接地电阻降下来。

⑤可按动测量键,再按动↑↓键将显示屏上面的光标箭头移动到 Ω 位置查看输出阻抗,如果大于 500Ω ,必须采取措施将接地棒的接地电阻降下来,如向钢钎电极浇水、深埋钢钎电极、增加钢钎电极数量。

3.探管仪接收机面板及功能键

探管仪用于探测管道的位置、走向、深度。接收机面板及功能键示意图如图2-4-17所示。

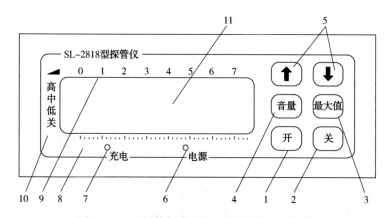

图 2-4-17 探管仪接收机面板及功能键示意图

1—开键;2—关键;3—最大值键;4—音量键;5—↑↓键(增益调节);6—电源指示灯;
7—充电指示灯;8—信号强度指示;9—增益大小指示;10—音量高低指示;11—显示窗口

4.探管仪的操作

1)管道探测前的准备

(1)调整探头方向,使之与探杆垂直。将探杆上的连接器插入探管仪右侧的探头插孔中,按下探管仪的开键,显示窗口中显示电池电压和测量信号值。

注:当电池电压低于5.5V时,按下开键,则显示窗口中的数值闪烁一下又自动关机,表示电池电压已严重不足。

(2)灵敏度的调节:在探测过程的一开始,通过增益调节来提高或降低接收信号的强弱,使接收信号在500~800mV。

(3)增益的调节:根据显示窗口中显示的接收到的信号的强弱来调节增益,调节过程中,每按一次↑↓键,仪器都会有"嘟"的提示音,当增益调节到最大或最小而无法再调节时,仪器发出三声长"嘟"音进行提示。

注:探测人员距离发射机较近时增益值宜小不宜大,距离发射机较远后如果接收信号较弱可适当调大增益。

(4)音量的调节:按下音量键,音量指示三角形在不同的音量挡位上切换,根据探测环境的不同,选用合适的音量。

2)管道的定位方法

(1)极大值法:它在目标管道正上方呈现极大值,即峰值法;极大值法是通过测量磁场水平(将探头掰置水平)分量,它在目标管道正上方呈现极大,如图2-4-18所示。

(2)极小值法:它在目标管道正上方呈现极小值或零值,即谷值法,极小值法是通过测量磁场的垂直(将探头掰置垂直)分量,它在目标管道正上方呈现极小值或零值,如图2-4-19所示。

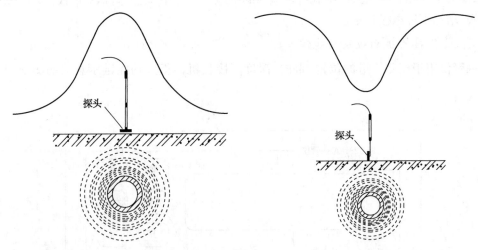

图2-4-18 峰值法管道定位示意图   图2-4-19 谷值法管道定位示意图

这两种方法均能取得良好效果。极大值法信号响应幅度大且分布宽,目标易被发现,而极小值法由于在目标附近的信号响应曲线斜率很大,定位精度较高。所以一般是先用极大值法找到管道的大致位置,然后用极小值法精确定位。

3)管道的位置、走向的探测

打开探管仪,将探杆拉伸到最佳长度,顺时针旋紧螺杆。避开发射机盲区,以发射机为中心,20~30m为半径,选用极大值法(探头与探杆垂直)或极小值法(探头与探杆平行)做环形探测,探管仪收到信号最强或最小处即为管道的位置。在管道的位置处选用极大值法,左右转动探头,当转至某一角度收到的信号最强,则与探头垂直的方向即为管道的走向。然后沿管道走向做"S"形向前探测管道。

4)管道的测深方法

(1)45°测深法:利用极大值法或极小值法找出管道的位置 A 并做下标记,调整探头角度,使探杆成45°,沿垂直于管道方向向一侧移动,找出信号最小的位置 B,按图 2-4-20 所示,管道中心为 O,这样△ABO 为一等腰垂直三角形,所以 AB=AO,即为埋土深度。简单说 AB 两点间距离即为地面到管道中心的距离。

(2)80%法测埋深:利用极大值法找出管道的位置 A,并记下探管仪接收的信号强度值,将探头垂直于管道并沿垂直管线方向分别向两侧移动,注意主显示窗口中信号强度的变化,找出信号强度为 A 处80%的点 B 和点 C,则 BC 即为管道的深度,如图 2-4-21 所示。

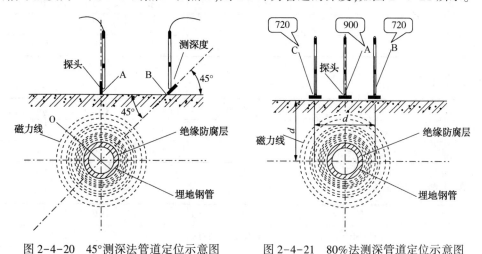

图 2-4-20　45°测深法管道定位示意图　　　　图 2-4-21　80%法测深管道定位示意图

(3)极大值法测埋深:利用极小值法找出管道的位置 A,将探头沿垂直管道方向向一侧移动,注意主显示窗口中信号强度的变化,找出信号最强处点 B,则 B 点与管道在地面投影的垂线段 AB 即为管道的深度,如图 2-4-22 所示。

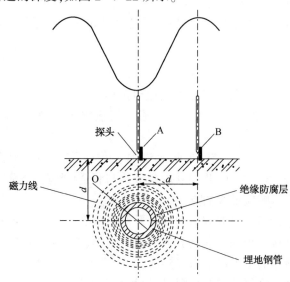

图 2-4-22　极大值法测深原理图

二、技能操作

(一)准备工作

1.材料准备

序号	名称	规格	数量	备注
1	测量配线	—	若干	—
2	钢钎电极	—	1支	—
3	标记物	—	适量	标记用
4	水	—	适量	—
5	砂纸	—	1张	—

2.设备准备

序号	名称	规格	数量	备注
1	埋地管道	—	1段	—
2	埋地光缆/电缆	—	1段	—

3.工具和仪表准备

序号	名称	规格	数量	备注
1	管道探测仪	RD-8000 或 SL-2818	1套	—
2	锤子	—	1把	—
3	电工工具	—	1套	—
4	铁锹	—	1把	—

4.人员

一人单独操作,劳动保护用品穿戴整齐,用具、量具准备齐全。

(二)操作规程

(1)发射机接线。

(2)发射机开机,设定发射机输出功率、输出频率。

(3)接收机开机,设定接收机接收频率与发射机输出频率同步,验证接收机、发射机工作是否正常。

(4)探测管道(光缆/电缆)位置、走向,变换探测模式重新探测,对比验证探测结果。

①在峰值模式(极大值法)下,保持接收机天线与管道(光缆/电缆)的方向垂直,移动接收机横跨管道,确定信号响应最大的点。

②原地转动接收机,当信号响应最大时停下来并标记。

③改用谷值模式(极小值法),保持接收机垂直地面,在管道(光缆/电缆)上方左右移动接收机,在信号响应最小的地方停下来并标记。

④把天线贴近地面,重复②和③步骤,找到两种模式测试的重合点。

⑤标记管线(光缆/电缆)的位置和方向、记录。

⑥重复以上步骤以提高定位的精度。

(5)探测管道(光缆/电缆)埋深,变换探测模式重新探测,对比验证探测结果:

①探明管道(光缆/电缆)的走向,确认接收机在管道(光缆/电缆)的正上方,保持接收机宽面与管道(光缆/电缆)方向垂直。

②用罗盘可帮助摆正接收机的位置,确保罗盘指示线在六点钟的位置。

③使用峰值模式精确定位地下管道的中心位置。

④保证接收机的底部接触地面并与目标管道垂直,仪器面板正对着管道走向,读取埋深数据。

⑤用70%法测量,校准精确深度值(使用SL系列管道探测仪,用45°测深法埋深并用80%法校准埋深)。

⑥变换高度、前后位置对比确认深度值的准确性并记录。

(6)标记、记录。

(7)关机。

(8)拆除发射机接线,恢复原状。

(三)技术要求

(1)先接线后安装,先关机后拆线。

(2)发射机不要接到多支路中心点,有平行管道时,管道之间不能有连接。

(3)发射机不能连接到电压超过35V的带电电缆上。

(4)接地线沿管道方向成90°放开,接地棒打入地要浇水,减小发射机接地线的环路电阻。

(5)检查发射机电源电压,电压应充足。

(6)距离发射机较远时要适当增大接收机的增益。

(7)当接收机信号较弱时,及时更换发射机的位置。

(8)不要在管道的弯头或三通附近进行深度测量,要获得更高的精度,至少离开弯头/三通深度的一倍以上距离远的地方进行深度测量,当有较大的干扰或发射机感应到附近管道的信号时,进行深度测量是不准确的。

(9)尽量避免使用感应法,如果别无选择,发射机的位置至少离开深度测量点30m。

(10)要使用发射机发出的信号(有源信号)进行深度测量,无源信号不适合用来精确测量深度。

(11)进行管道(光缆/电缆)检测时要保持接收机天线与管道(光缆/电缆)的方向垂直。

(12)在复杂管道条件时,RD-8000直读测深只作为参考值,应使用70%法测量管道的精确深度。

(四)注意事项

(1)夹钳用于带电电缆时,一定要严格遵守安全操作规章和操作程序,高压电缆有可能在夹钳中感应出强电流,造成夹钳损坏,不要在没有绝缘的带电导体上使用夹钳法。

(2)检测出的管道埋深为管道中心线埋深,深度测量的精确度受多种因素影响,只作为指导,开挖时,还需小心。

(3)仪器闲置不用后要及时取出机内电池,附带的蓄电池组要定期充电。

项目三　维护管道标识

一、相关知识

CBE005 管道
标识的类型

(一)管道标识类型

管道标识是用于管道上方的各种标记,包括测试桩(里程桩)、标志桩、通信标石、警示牌等。

1.里程桩/测试桩

里程桩主要用于标识油气管道走向、里程的地面标记,宜每公里设置1个。测试桩主要布设在埋地管道上,用于监测与测试管道阴极保护参数的附属设施。一般将里程桩与测试桩合并设置,分为高桩和低桩两种形式。

下面是在石油行业通常使用的测试桩:一类是钢管测试桩。图2-4-23为位于套管处具有电流电位测试功能的钢管测试桩;另一类是钢筋混凝土预制桩,其结构与接线如图2-4-24所示。

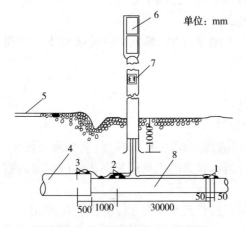

图2-4-23　钢管测试桩示意图

1,2—管道电流测试头;2—电位测试头;3—套管测试头;
1,2,3—每端两处铝热焊接;4—套管;5—公路;
6—标牌;7—接线端子;8—管道

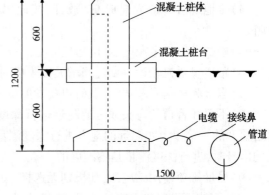

图2-4-24　钢筋混凝土测试桩示意图

2.标志桩

用于标记管道方向变化、管道与地面工程(地下隐蔽物)交叉、管理单位交界、管道结构变化(管径、壁厚、防护层)、管道附属设施的地面标记。包括转角桩、穿(跨)越桩(河流、公路、铁路、隧道)、交叉桩(管道交叉、光缆交叉、电力电缆交叉)、分界桩、设施桩等。常见的管道标志桩有以下几种:

(1)穿(跨)越桩:用于标记管道穿(跨)越其他建构筑物的标志。

(2)转角桩:明示管道在水平或纵向转角位置发生方向变化(如弯头或水平转角大于

5°)时,确定走向与主要变化参数的地面标记。

(3)加密桩(警示桩):在两个相邻里程桩之间,按一定距离埋设的用于确认管道走向的地面标记,同时用于管道埋深较浅的沟渠、重载车辆通过未做管道保护涵的道路及管道经过人口稠密区等特殊地段的地面警示标志。

(4)分界桩:明示管道所属行政管理区域分界的标志。

3.警示牌

用于标记高风险地区管道安全防范事项的地面警示标识。

在管道穿越大中型河流(山谷)、冲沟、隧道、临近水库及其泄洪区、水渠、人口密集区、地(震)质灾害频发区、地震断裂带、矿山采空区等危险点源明示管道安全防范事项。

4.阀室标牌

明示管道线路上各类阀室的标志。

5.标识带

连续敷设于埋地管道、光缆上方,用于防止第三方施工损坏管道、光缆而设置的地下标记。与管道同沟敷设光缆将利用管道标识带,在管道标识带上标注"下有光缆,注意保护",不再单独敷设光缆警示带。单独直埋敷设光缆时,在光缆正上方距光缆 300mm 处敷设光缆警示带。

6.警示盖板

在管道穿越沟渠、人口密集区、第三方施工较多的管段,敷设于埋地管道上方,用于防止第三方施工损坏管道的设施。

7.空中巡检牌

在管道上方按一定距离埋设,便于飞行器巡查管道而设立的巡检标记。

8.通讯标石

用于标记通讯光缆敷设位置,走向的管道标识,也称光缆桩。

> CBE006 管道标识的标记方法

(二)管道标识的标记方法

根据管道标识的作用不同,选用不同的标识代号;流水编号应统一编制,从管道起点至终点按顺序编号。管道电流、电位测试桩可兼作里程桩。电位测试桩宜每公里设置 1 个,电流测试桩按实际需要设置。

管道与新建铁路、公路、管道交叉需增设电位测试桩/标志桩时,标记方法为里程+间距。管道改线后,改线段前后桩号不变,改线段标记采用"改线起始点桩号+改线段内管道长度"的方法执行。如某管道自 50km+700m 处开始改线,改线段内第 3km+500m 的标记方法为:K50+700+GK3+500。在役管道标记按照现行标记方法执行,不另行改动。

(三)管道标识的内容

> CBE007 管道标识的标记内容

1.里程桩/测试桩

钢管高里程桩:顶部镶嵌白底黑字 2mm 厚金属铭牌(铝制),铭牌标注中国石油标志、管道名称、里程数、管理单位名称、联系电话、编号及测试桩类形,文字采用电解刻字加工。

水泥高里程桩:铭牌采用 3mm 厚冷轧铁板制作,白底红字,文字采用电解刻字加工,铭牌正面标注中国石油标志、管道名称、里程数;铭牌背面标注中国石油标志、管理单位、联系电话。

低里程桩:里程桩双面均为白底、红字,正面上部标注中国石油;中部标注管道名称;下部标注里程数。背面上部标注中国石油;中部标注管理单位名称;下部标识联系电话。

2.标志桩

1)穿(跨)越桩

穿(跨)越桩双面均为白底、红字,标志图为黑框黄底。正面上部标注中国石油,中部标注标志图,下部标注里程数。背面上部标注中国石油,中部标注标志桩参数说明,下部标注联系电话。

2)转角桩

转角桩双面均为白底、红字,标志图为黑框黄底。转角桩正面上部标注中国石油,中部标注标志图,下部标注里程数。背面上部标注中国石油,中部标注标志桩参数说明,下部标注联系电话。

3)加密桩

(1)三棱加密桩:桩顶为红色,桩身为白底、红字。正面上部标注中国石油,下部标注管道名称、里程+间距;左侧面上部标注中国石油,下部标注管理单位名称、联系电话;右侧面上部标注中国石油,下部标注管道保护警示用语。

(2)四棱加密桩:桩身为黄色、红字。正面上部标注中国石油,下部标注管道保护警示用语,背面上部标注中国石油,下部标注联系电话;左侧面上部标注中国石油,下部标注管道名称;右侧面上部标注中国石油,下部标注管理单位名称。

(3)圆柱加密桩:桩顶部500mm红色反光漆,桩体为白底、红字,桩体地面以上1000~2000mm范围内喷字。上部正面标注中国石油标志,下部标注管道名称、里程+间距。背面上部标注中国石油标志,下部标注管理单位名称、联系电话。

4)分界桩

分界桩双面均为白底、红字,桩顶为红色。正面上部标注中国石油,下部标注上游、下游输油气分公司和站场名称;背面上部标注中国石油,中部标注管理单位名称,下部标注里程数。

3.警示牌

1)双立柱警示牌

警示牌双面均为白底、红字,尺寸为:长×宽×厚 = 1000×600×60mm。正面标注:中国石油标志、管道警示用语、管理单位名称、联系电话;背面标注:中国石油标志、管道警示用语;输气管道警示用语应包含高压天然气管道内容。

2)单立柱警示牌

警示牌牌面双面均为黄底反光漆、黑字。天然气管道正面标注中国石油标志、高压油气管道,易燃易爆危险、联系电话、管道、光缆位置和埋深。背面标注中国石油标志、管道警示用语。警示用语可根据油气管道介质不同,经过地段不同,参考《中华人民共和国石油天然气管道保护法》条款选择警示用语。输气管道警示用语应包含高压天然气管道内容。

4.阀室标牌

标牌内容包括中国石油标志、管道名称、阀室名称和管理单位名称;标牌字体颜色为红色。

5.标识带

标识带带身为红、黄色块交替,每段色块为长 500mm、夹角 60°的平行四边形;按顺序依次标注为:中国石油标志+管理单位名称+联系电话(黄底红字)、管道保护警示用语+联系电话(红底黄字),中国石油标志直径 80mm,文字高度 30mm,字体为宋体。

当标识带宽度小于 300mm 时,标识带应印制 1 套图标和文字,如图 2-4-25 所示;当标识带宽度大于 300mm(含 300mm)、小于 600mm 时,标识带应平行印制 2 套图标和文字,如图 2-4-26 所示;当标识带宽度大于 600mm(含 600mm)、小于 900mm 时,标识带应平行印制 3 套图标和文字;当标识带宽度大于 900mm(含 900mm)时,标识带应平行印制 4 套图标和文字。

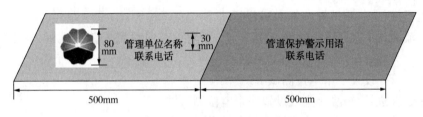

图 2-4-25 标识带(带宽<300mm)

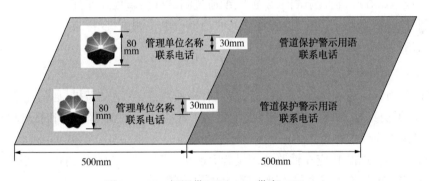

图 2-4-26 标识带(300mm≤带宽<600mm)

6.警示盖板

采用混凝土和竹条结合制作,混凝土强度等级为 C30;竹条宽度不小于 50mm,厚度不小于 5mm;盖板尺寸可根据实际情况确定,但不应小于 1 倍管径。

7.空中巡检牌

上部三角牌有三种规格,上面印制航空巡检牌的标号,与管道里程相对应。安装柱采用圆形钢管,高度也可根据现场环境增减尺寸;要使用对比强烈的颜色和抗风化的油漆。

8.通信标石

参照四棱加密桩的制作,正面标注:下有光缆。

(四)管道标识的设置要求

1.设置的一般规定

管道标识分别按设计要求,埋设于指定地点,在满足可视性需求的前提下,可纵向调整位置。标识桩原则上应设置在路边、田埂、堤坝等空旷荒地处,尽量减少对土地使用的影响。

当管道穿(跨)越公路、铁路、河流等有一定长度的建、构筑物时,标志桩正面应面向被穿(跨)越的建、构筑物,其他未做详细说明的标志桩正面均应面向来油(气)方向。

2.里程桩/测试桩的设置

里程桩宜设置在管道正上方。因管道埋深原因等不能设在管道正上方时,应设置在距管道中心线顺油气正输方向左侧水平距离 1.0m+0.5D 处(D 为管道直径)。

里程桩/电流、电位测试桩测试引线与管道的连接宜采用铝热焊,焊点应牢固,无虚焊。测试线的长度在布放时,应考虑余量,回填时应注意保护。

各类测试桩的一般设置原则如下:

(1)里程桩/电位测试桩宜每 1km 设置 1 个。

(2)电流测试桩宜每 5~15km 设置 1 个,新建管道应设置电流测试桩,在役管道参照执行。

(3)在套管处设置一个电位测试桩。

(4)在绝缘法兰/绝缘接头处设置一个电位测试桩。

(5)在与其他管道、电缆等构筑物相交处设置一个电位测试桩。

(6)阳极地床处应设置测试桩,阳极电缆通过测试桩与阳极地床连接。

(7)新建铁路、公路、管道与原管道交叉时应增设电位测试桩/标志桩。

(8)站内需要设置的地方。

3.标志桩的设置

标志桩分为穿河流桩、穿隧道桩、穿公路桩、穿铁路桩、管道交叉桩、通信光缆(电缆)交叉桩、电力电缆交叉桩、转角桩和分界桩,主要用于地面、地下隐蔽等工程和管理单位交界的标记。新建标识应设置在管道中心线上方。

(1)管道穿越铁路时,应在铁路两侧设置穿越桩,穿越桩设置在铁路护道坡脚处。

(2)管道穿越公路时,应按下列要求确定桩的设置:

①管道穿越高速公路、国家一级、国家二级公路或穿越公路长度不小于 50m 时,应在公路两侧设置标志桩。设置位置在公路排水沟外边缘以外 1m 处。

②管道穿越公路长度小于 50m 时,应在公路一侧设置标志桩。设置位置在输送介质流向上方的公路排水沟外边缘以外 1m 处。

(3)管道穿越河流、渠道时,应按下列要求确定桩的设置:管道穿越河流、渠道长度不小于 50m 时,应在其两侧设置标志桩,设置位置在河流、渠道堤坝坡脚处或距岸边 3m 处,管道穿越河流、渠道长度小于 50m 时,应在其一侧设置标志桩,设置位置在输送介质流向上方的河流、渠道堤坝坡脚处或距岸边 3m 处。

(4)埋地管道与其他地下构筑物(如电缆、其他管道、坑道等)交叉,标志桩应设置在交叉点上。

（5）标识固定墩、牺牲阳极及其他附属设施的,标志桩应设置在所标识物体的正上方。

（6）转角桩宜设置在转折管道中心线上方。

（7）分界桩用于各管道运营企业间行政区划分界,分界桩由上游管道运营企业负责管理。

（8）加密桩的设置:宜每100m设置1个加密桩,除圆柱加密桩以外,应设置在管道中心线上方。管道穿越沟渠、人口集中居住区、工业建设等高后果区时,应增设加密桩,埋设间距可根据现场实际情况进行调整,达到通视化要求。在第三方施工与管道关联段上方设置临时警示标识(每5m一个加密桩),在管道中心线两侧各5m范围内标定警示范围。输气管道附近有其他原油或成品油管道时,应注明为输气管道。

4.警示牌的设置

管道穿越大中型河流、山谷、冲沟、隧道、临近水库及其泄洪区、水渠、人口密集区、地(震)质灾害频发区、地震断裂带、矿山采空区、爆破采石区域、工业建设地段等危险点源需设置警示牌,连续地段宜每100m设置1个警示牌,并设置在管道中心线上。

管道穿越河流、水渠长度在不小于50m时,应在其两侧设置警示牌;管道穿越河流、渠道长度在50m以下时,应在其一侧设置警示牌;警示牌设置在河流、水渠堤坝坡脚处或距岸边3m处。宜在水工保护、地质灾害治理设施上方设立警示牌,并选择适当的警示用语。

5.阀室标牌的设置

在管道线路上各类阀室的墙面上设置标识牌。标识牌位置:阀室门右侧,距门边0.3m,标识牌底边距地面1.5m。

6.标识带的设置

标识带在管道新建、改线和大修施工过程中,随管体回填埋入地下,位于管顶上方500mm。标识带中心线与管道中心线在同一竖直水平面上,字体朝上。

7.警示盖板的设置

盖板宜铺设在管道埋深不足或人口密集活动区域,距离管顶500mm以上。盖板应在管道中心两侧对称铺设,水平放置,文字朝上。

8.空中巡检牌的设置

空中巡检牌宜每3km设置1个,设在空旷、无遮挡等容易识别的位置。

9.通信标石的设置

当管道与光缆不同沟敷设时,应分别设置管道标志桩、通信标石。当管道和光缆同沟敷设时,管道标志桩与通信标石宜合并设置。在光缆上方宜每100m处设置一个通信标石。高后果区内宜按50m间距设置。山区、丘陵、冲沟等特殊地段,应根据通视性的要求,加密设置通信标石。人烟稀少的沙漠、戈壁等地区,可适当增加通信标石的间距。光缆与管道同沟敷设时如在转弯处、过河、过路、冲沟等处有管道的标志桩或其他永久性构筑物标志,应尽量利用管道标志桩或其他永久性构筑物标志。光缆经过时在这些构筑物上加注光缆信息。直埋光缆接头处均需设置监测标石(图2-4-27),此时可不设置普通标石。标石应尽量设置在土质层较稳定的干燥地区。

标石埋在光缆路由正上方。接头处的监测标石,埋在接头坑的正上方;线路转弯的标石

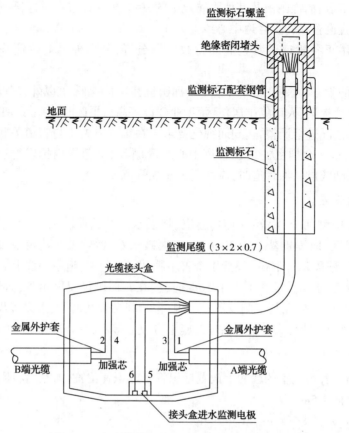

图 2-4-27　光缆接头测试桩测试尾线连接示意图

应埋设在线路转弯交叉点处,标识的正面应面向转角较小的一面;当光缆与公路的间距小于 100m 时,标石正面应面向公路,否则正面应面向伴行公路。标石应埋设在不易变迁、不影响耕作与交通的位置。如埋设位置不易选择,可在附近增设辅助标石。标石埋深 600mm,出土 400mm,标石周围土壤应夯实。

二、技能操作

(一)准备工作

1.材料准备

序号	名称	规格	数量	备注
1	砂纸	—	1张	—
2	管道标识	—	若干	—
3	漆料	—	适量	—
4	机油	—	适量	—
5	水	—	适量	—
6	标记内容模板	—	1套	—

2.工具和仪表准备

序号	名称	规格	数量	备注
1	锤子	—	1把	—
2	铁锹	—	1把	—
3	电工工具	—	1套	—
4	喷涂工具	—	1套	—
5	刷子	—	1把	—
6	刮刀	—	1把	—
7	饱和硫酸铜参比电极	便携式	1支	—

3.人员

一人单独操作,劳动保护用品穿戴整齐,用具、量具准备齐全。

(二)操作规程

1.维护测试桩

(1)检查管道沿途安装的测试桩是否齐全,如果有缺少,应做好记录并上报。

(2)检查测试桩是否有松动现象,如果松动,进行固定。

(3)检查测试线的完好状态,如果接线板处有断线,进行维修,如果接线板以下有断线,应做好记录并上报。

(4)检查测试桩外观有无锈蚀、剥落等现象,发现问题及时维护。

2.维护其他管道标识

(1)检查管道沿线是否缺少管道标识。

(2)检查标识内容是否完好。

(3)维护管道标识,用刮刀清除管道标识上的漆料,保证管道标识表面平整,对管道标识的底色进行喷刷,对照模板喷刷标记内容。

3.建立台账

根据维护结果,建立管道标识管理台账。

(三)技术要求

1.维护测试桩

(1)摇动检查测试桩是否松动时,手力应适度均匀,避免人为摇松测试桩。

(2)用万用表和硫酸铜参比电极测试电位,用测试结果分析测试桩芯线与管道接触是否良好,或有无断线故障。若有接触不良或断线情况,则应及时挖出测试桩,找出故障点,重新焊好。若引线与大地或引线与保护钢管绝缘不良,则应重新做绝缘处理。测量电位操作必须符合规程要求,测量值准确,以免引起分析错误。

(3)用砂纸擦拭测试桩各部位上的锈蚀斑迹,直到表面光亮。

(4)将擦拭光亮干净的测试桩均匀地刷上相应颜色的调和漆,涂漆要均匀,厚薄适中,无漏失。

2.维护其他管道标识

(1)检查标识内容包括标识位置是否准确、标识标记内容是否准确、字体是否清楚、标识是否损毁、标识是否倾斜等。

(2)桩体表面1/3以上标记的字迹不清时,应及时进行修复。

(3)涂料在桩体上要达到不流、不挂、不皱、不漏、不露刷痕。

项目四　确定反打孔盗油(气)与防恐重点防护管段

一、相关知识

CBE009 管道保卫重点防护管段确定的要求

(一)管道保卫重点防护管段的确定

管道保卫重点防护管段(部分)是指易发生打孔盗油(气)管段、第三方施工管段、易发生恐怖袭击管段、人口密集区、自然与地质灾害易发管段、沙漠、高寒、沼泽等管段。

反打孔盗油(气)重点防护管段一般确定在人员活动较少,农村生产路交叉处,路边沟渠,田间地头。对于易发生打孔盗油(气)管段,要重点巡查管道周边土壤有无开挖、回填等异常变化,有无油迹或油气味,管道周围有无可疑车辆、人员活动等。

防恐重点防护管段一般确定为站场、阀室、隧道、管道穿跨越设施等。对于易发生恐怖袭击管段,要重点巡查有无可疑车辆、人员活动等。

根据失效可能性的等级将反打孔盗油(气)与防恐重点防护管段分为高发区、易发区、偶发区、极小可能、几乎不可能五级。

1.打孔盗油引起失效的可能性等级

(1)具备下列情况之一的为高发区。

①管道所处区域内油气管道近3年内遭受打孔盗油损坏的超过1次的为高发区。

②国家或地方涉油违法犯罪重点整治地区。

(2)历史上曾发生过打孔盗油,且具备下列情况之一的为易发区。

①周边交通便利,且该区域较隐蔽。

②输送介质为成品油的管道。

③原油管道线路中心线两侧各5km范围内有炼厂或油田集输管道存在。

④与输油管道并行或交叉的输气管道。

(3)历史上未发生过打孔盗油,但具备"易发区"条件的为偶发区。

(4)管道途经人员稀少、车辆不易进出的地区为极小可能。

(5)位于河流、沼泽、定向钻穿越段等无打孔盗油作业条件的为几乎不可能。

2.恐怖袭击引起失效的可能性等级

(1)管道所处区域内遭受过恐怖袭击破坏或威胁的为高发区。

(2)具备下列情况之一的为易发区:

①该评价单元所经区域治安情况较差。

②容易接近的管道系统关键设施。

③国家或企业重要的线路储备油库。

（3）具备下列情况之一的为偶发区：

①社会情况复杂。

②站外地面管道。

（4）该区域治安情况良好的为极小可能。

（5）地处荒漠、戈壁等无人区，不可能存在恐怖袭击活动的为几乎不可能。

（二）管道打孔盗油（气）危害

CBE010 管道打孔盗油（气）的危害

1.打孔盗油（气）易发生着火爆炸等安全事故

输油（气）管道输送的介质都是易燃易爆的物质，在打孔盗油（气）过程中，极易发生管道输送介质泄漏的情况，进而引发严重的火灾、爆炸；此外，周围的群众会哄抢泄漏的油品，导致群死群伤的恶性事故，造成严重的社会影响。

2.打孔盗油（气）造成环境污染

一般，因打孔盗油（气）泄漏的介质泄漏到土壤、水体中，清理难度是很大的，极易造成农作物减产、绝收。特别是泄漏介质进入水体后，污染速度快，影响范围广，处理难度大。

3.打孔盗油（气）造成财产损失

打孔盗油（气）给国家和管道运营企业造成了巨大的财产损失。为了防止打孔盗油（气），管道运营企业需要投入大量的人、财、物、技术，增加企业的运营成本。一旦发生打孔盗油（气），管道运营企业还需要抢修作业和处理泄漏的介质。这让本来运营成本就高的管道运营企业雪上加霜。

CBE011 管道恐怖袭击的风险

（三）管道恐怖袭击风险

油气管道作为国家重要的公共基础设施，是五大运输方式之一，对保障国家能源安全和经济发展具有重要意义。当前，受传统安全和非传统安全因素的影响，油气管道面临着恐怖袭击的安全风险。恐怖分子可能将站场、油罐、阀室、站外管道等作为袭击的目标。油气管道一旦受到恐怖袭击，将给国家、企业和周围群众带来巨大的危害。油气管道具有点多线长的特点，防恐难度大。

二、技能操作

（一）准备工作

1.材料准备

序号	名称	规格	数量	备注
1	管道基础资料	—	1份	管道基础信息、周边社情、以往失效情况等
2	导线	—	若干	—
3	砂纸	—	1张	—
4	钢钎电极	—	若干	—
5	鳄鱼夹	—	若干	—

2.工具和仪表准备

序号	名称	规格	数量	备注
1	电工工具	—	1套	—
2	锤子	—	1把	—
3	铁锹	—	1把	—
4	管道探测仪	RD-8000	1台	—
5	激光测距仪	—	1台	—

3.人员

一人单独操作,劳动保护用品穿戴整齐,用具、量具准备齐全。

(二)操作规程

(1)使用 RD-8000 型探管仪测量管道位置。

(2)根据打孔盗油(气)易发管段的特点、现场情况和以往失效情况,确定反打孔盗油(气)重点防护管段。

(3)根据恐怖袭击管段的特点、现场情况和以往失效情况,确定为防恐重点防护管段。

(4)建立反打孔盗油(气)与防恐重点防护管段台账。

(三)技术要求

(1)一般地,人烟稀少、不方便管道巡护、便于作案后撤离、管道埋深较浅等是打孔盗油(气)易发管段的特点。

(2)一般地,与人口稠密区、环境敏感区等距离较近的高后果区管段、站场、线路阀室、隧道和管道穿跨越设施是防恐重点防护管段。

项目五 组织管道保护宣传

一、相关知识

CBE012 管道保护相关法律介绍

(一)管道保护相关法律法规介绍

国家对油气管道的保护日益重视,从二十世纪七十年代以来,先后出台了多个管道保护的规定、条例、法规等。这包括《中华人民共和国石油天然气管道保护法》《中华人民共和国突发事件应对法》《最高人民法院最高人民检察院关于办理盗窃油气、破坏油气设备等刑事案件具体应用法律若干问题的解释》《关于规范公路桥梁与石油天然气管道交叉工程管理的通知》(交公路发【2015】36 号)及《油气输送管道与铁路交汇工程技术及管理规定》(国能油气【2015】392 号)、《国家经济贸易委员会关于加强石油天然气管道保护的通知》《石油天然气管道安全监督与管理暂时规定》等。

2010 年 6 月 25 日,《中华人民共和国石油天然气管道保护法》经中华人民共和国第十一届全国人民代表大会常务委员会第十五次会议通过,自 2010 年 10 月 1 日起施行。

有些地方政府也出台了管道保护相关法规、条例,比如《山东省石油天然气管道保护办法》《江苏省人民政府关于加强输油气管道设施安全保护工作的通告》。

(二)管道保护的重要性

石油、天然气管道特别是长输管道,是保障能源供给、关系国计民生的能源基础设施,一旦被损毁、破坏,导致管道长时间停输或管道报废,上游关井停产,下游炼厂减产及成品油、天然气供应中断,将严重影响相关企业的生产、沿线居民的生活,甚至影响整个国家的能源供应安全。

随着我国经济社会快速发展和城乡建设不断加快,我国油气管道面临的不安全因素增加,主要表现在以下几个方面:

(1)管道的规划和建设与城乡发展统筹协调不够,许多远离城乡居住区的管道现在被居民楼、学校、医院、商店等建筑物占压。

(2)一些单位和个人违反管道保护距离制度,违法采石、挖沙、爆破或者从事其他施工作业。

(3)一些地方打孔盗油气等破坏管道的违法犯罪活动还比较严重。

由于油气管道运输的介质具有高压、易燃和易爆的特点,一旦管道被损毁、破坏,导致油气泄漏,极易发生火灾爆炸和人员伤亡事故,给人民生命财产带来严重损失。

二、技能操作

(一)准备工作

1.材料准备

序号	名称	规格	数量	备注
1	《石油天然气管道保护法》等法律法规	—	1份	—
2	管道宣传品	—	若干	—
3	纸	—	2张	—
4	笔	—	1支	—

2.工具和仪表准备

序号	名称	规格	数量	备注
1	扩音器	—	1台	—

3.人员

一人单独操作,劳动保护用品穿戴整齐,用具、量具准备齐全。

(二)操作规程

(1)制定管道保护宣传方案。

(2)制作管道保护宣传品。

(3)开展现场管道保护宣传工作。

(4)填报《管道宣传活动记录》。

(三)技术要求

(1)熟悉管道沿线人口密集区。

(2)管道保护宣传方案要包括管道宣传实施的目的、时间、地点、对象、活动方式(采用集中宣传或者入户—对—宣传)和参加人员。

(3)管道宣传品要既经济又易于被群众接受,既能被日常使用又坚固耐用。

(4)管道宣传人员要熟悉管道保护宣传知识,能宣讲《石油天然气管道保护法》、事故案例、保护管道的重要性等内容。

(四)注意事项

针对不同的宣传受众人群,要有不同的宣传内容。

模块五 第三方施工管理

项目一 排查第三方施工信息

一、相关知识

(一)第三方施工风险分析

CBE014 第三方施工风险的分析方法

第三方施工管理可有效控制管道周边第三方施工可能导致的管道安全风险,避免第三方施工误损伤管道。

定期对第三方施工损伤管道潜在风险进行排查、分析,建立第三方施工损伤管道风险台账。这包括排查管道相关安全距离范围内的公路施工、铁路施工、电力线路施工、光缆施工、其他管道施工、河道沟渠作业、挖砂取土作业、侵占、城建、爆破等风险点。这些管道周边的开挖、钻探、撞击、碾压、采石、修渠等危及管道安全的施工活动极易引起火灾、爆炸、环境污染等恶性后果,造成巨大的经济损失和人身伤亡。通过科学的方法和措施控制第三方施工风险显得尤为重要。

第三方施工的风险主要分为四类:

(1)管理因素。包括管道保护的管理方法不完善、员工保护管道的意识不强及员工的相关第三方施工损伤风险的知识不全面、周边第三方施工机具信息搜集不健全、对管道突发事故应急措施不及时等。

(2)人为因素。是指第三方施工人员的主观故意或者客观无意的错误。

(3)物因因素。是指管道附属设施的保护设施功能失效或者存在隐患。

(4)工程操作因素。是指施工阶段不严格执行施工方案和管道保护方案。

(二)第三方施工风险应对措施

CBE015 第三方施工风险的应对措施

为应对这些风险,管道运营企业应该:

(1)在管道沿线建立信息员制度。

(2)建立健全信息搜集与管理工作。

(3)做好第三方施工的预控工作。

(4)做好第三方施工的现场监护工作。

(5)完善管道标识。

(6)进行管道安全教育宣传。

(7)管道运营企业接到第三方书面开工通知后,组织第三方办理作业许可。可参照特种作业许可办理。

二、技能操作

(一)准备工作

1.材料准备

序号	名称	规格	数量	备注
1	钢钎电极	—	若干	—
2	鳄鱼夹	—	若干	—
3	笔	—	1支	—
4	纸	—	1张	—

2.设备准备

序号	名称	规格	数量	备注
1	电脑	—	1台	—

3.工具和仪表准备

序号	名称	规格	数量	备注
1	电工工具	—	1套	—
2	锤子	—	1把	—
3	铁锹	—	1把	—
4	皮尺	—	1把	—
5	管道探测仪	RD-8000	1台	—

4.人员

一人单独操作,劳动保护用品穿戴整齐,用具、量具准备齐全。

(二)操作规程

(1)排查沿线第三方施工。

(2)测量管道位置、走向、埋深及与第三方施工的相对距离。

(3)了解第三方施工的工程概况等信息。

(4)建立第三方施工损伤管道风险台账。

(三)技术要求

(1)按照《中华人民共和国石油天然气管道保护法》及相关标准、规范,排查公路交叉、铁路交叉、电力线路交叉、光缆交叉、其他管道交叉、河道沟渠作业、挖砂取土作业、侵占、城建、爆破等第三方施工;熟悉各种第三方施工与管道的安全距离要求。

(2)第三方施工的工程概况信息包括建设单位、施工单位、现场负责人、联系方式、施工方式、与管道的相关关系及施工周期等信息。

(四)注意事项

(1)可以主动与相关政府部门取得联系,获取第三方施工信息。

（2）注意从信息员获取相关第三方施工信息。

（3）熟悉地方政府对第三方施工的相关规定及工作流程。

（4）将第三方施工风险排查与管道巡护相结合。

项目二　处理管道占压

一、相关知识

（一）管道安全保护相关法律法规

CBE016 管道安全保护相关的法律法规

1.《石油天然气管道保护法》的相关要求

第二十五条　管道运营企业发现管道存在安全隐患,应当及时排除。对管道存在的外部安全隐患,管道运营企业自身排除确有困难的,应当向县级以上地方人民政府主管管道保护工作的部门报告。接到报告的主管管道保护工作的部门应当及时协调排除或者报请人民政府及时组织排除安全隐患。

2.管道安全保护相关法规

在处理管道占压问题时,可以参照 SY/T 6186—2007《石油天然气管道安全规程》、GA 1166—2014《石油、天然气管道系统风险等级和安全防范要求》、Q/SY GD 1030—2014《管道管理与维护手册》、Q/SY GD 1032—2014《油气管道巡护手册》、Q/SY GD 1036—2014《管道线路第三方施工监护管理手册》等有关规程。

CBE017 新发管道占压情况报告

（二）新发管道占压情况报告

对于新发生的管道占压事件,管道运营企业发现后要立即向地方政府报告,予以制止。如果制止无效,应以文件形式对新发管道占压情况进行详细说明,向地方政府和上级单位上报《新发管道占压情况报告》。

新发管道占压情况报告应该包括管道位置、埋深等基本情况,占压物类型,发现过程,与地方政府、部门协调过程,并附上照片。

二、技能操作

（一）准备工作

1.材料准备

序号	名称	规格	数量	备注
1	砂纸	—	1张	—
2	钢钎电极	—	若干	—
3	鳄鱼夹	—	若干	—
4	管道安全告知书	—	若干	—

2.设备准备

序号	名称	规格	数量	备注
1	相机	—	1台	—
2	电脑	—	1台	—

3.工具和仪表准备

序号	名称	规格	数量	备注
1	电工工具	—	1套	—
2	锤子	—	1把	—
3	铁锹	—	1把	—
4	皮尺	—	1把	—
5	管道探测仪	RD-8000	1台	—

4.人员

一人单独操作,劳动保护用品穿戴整齐,用具、量具准备齐全。

(二)操作规程

1.处理已存在的占压

(1)测量管道位置、走向、埋深,测量占压物与管道的距离。

(2)收集占压物的基本信息。

(3)建立台账,上报处理。

2.处理可能形成的占压

(1)及时发现可能造成占压的第三方施工。

(2)测量管道位置、走向、埋深,测量可能形成的占压物与管道的距离。

(3)发现后立即制止。

(4)如果制止无效,收集相关信息,向地方政府和上级单位上报《新发管道占压情况报告》。

(5)建立台账。

(三)技术要求

(1)熟悉《中华人民共和国石油天然气管道保护法》等法律法规、标准规范关于第三方施工与管道的安全距离要求。

(2)掌握占压的危害,熟悉占压物情况。

(3)对于需要地方政府协调处理的管道占压事件,向地方政府报告的全过程要留有证据(签字、影像、录音等)。

(4)管道占压情况报告应该包括管道位置、埋深等基本情况,占压物类型,发现过程,与地方政府、部门协调过程,并附上照片。

(四)注意事项

在协调处理占压过程中,要注意沟通的方式、方法,既有原则性,又有灵活性。

模块六　管道工程

项目一　维修 3PE 防腐层漏点

一、相关知识

(一)管道作业坑开挖方法

1.一般要求

(1)管道开挖采用不停输开挖方式。

(2)管道开挖应以缺陷点位置为中心向两侧人工开挖。

(3)开挖之前首先采用管道探测仪探明管道走向与位置。对于存在同沟敷设光缆的管道,应人工开挖确认光缆位置,确保开挖过程不损伤光缆。

(4)管道开挖时,应将挖出的土石方堆放到作业坑一侧,堆土应距沟边 0.5m 以外。耕作区开挖管沟时,应将表层耕作土与下层土分层堆放。在地质较硬地段应将细土、沙、硬土分开堆放,以利于回填。

(5)开挖作业坑两侧应修筑人行踏步。

(6)移动测试桩时不应损坏连接导线或电缆。施工完毕,应将测试桩、里程桩或标志桩及其他原有附属设施恢复原貌。

2.开挖尺寸及放坡

作业坑开挖应按土质类型进行放坡,深度在 5m 以内作业坑最陡边坡坡度应按表 2-6-1 确定。深度超过 5m 的作业坑边坡开挖时,应根据实际情况,采取放缓边坡、支撑或阶梯式开挖措施。作业坑底宽度应根据工程地质情况进行处理。

表 2-6-1　深度在 5m 以内作业坑最陡边坡坡度

土壤类别	最陡边坡坡比 i(坡面的垂直高度和水平宽度的比)		
	坡顶无载荷	坡顶有静载荷	坡顶有动载荷
中密的砂土	1 : 1.00	1 : 1.25	1 : 1.50
中密的碎石类土(填充物为砂土)	1 : 0.75	1 : 1.00	1 : 1.25
硬塑的粉土	1 : 0.67	1 : 0.75	1 : 1.00
中密的碎石类土(填充物为黏性土)	1 : 0.50	1 : 0.67	1 : 0.75
硬塑的粉质黏土、黏土	1 : 0.33	1 : 0.50	1 : 0.67
老黄土	1 : 0.10	1 : 0.25	1 : 0.33
软土	1 : 1.00	—	—
硬质岩	1 : 0	1 : 0	1 : 0
冻土	1 : 0	1 : 0	1 : 0

CBF001 管道作业坑开挖方法

CBF002 胶黏带施工表面处理方法

(二)胶黏带施工方法

1.旧防腐层清除

旧防腐层清除方法宜采用动力工具清除、手工工具清除、水力清除、溶剂清除等或几种方法相结合。清除后的表面应无明显的旧防腐层残留,清除过程中应避免损伤管体金属。

2.表面处理

(1)钢管表面除锈宜采用喷砂除锈方式。受现场施工条件限制时,可采用动力工具除锈方法。采用喷砂除锈时,除锈等级应达到 Sa2.5 级;采用电动工具除锈方法时,除锈等级应达到 St3 级。

(2)管道表面存在的任何缺陷,包括焊渣、不符合要求的外接物、焊缝缺陷、腐蚀损伤、机械损伤、变形等,均应按要求进行处理或修复。粗糙的焊缝和尖锐凸起均应打磨平滑,腐蚀坑内残留的旧涂层或腐蚀产物应彻底清理。

(3)钢管表面处理后宜立即进行防腐施工,间隔时间不宜超过 4h。任何出现返锈或者未涂装过的已处理表面,在防腐施工前都应重新进行处理。

3.底漆涂敷

(1)按照制造商提供的底漆说明书的要求涂刷底漆。底漆应涂刷均匀,不应有漏涂、凝块和流挂等缺陷。

(2)待底漆表干后再缠绕胶黏带,期间应防止表面污染。

CBF003 胶黏带的缠绕方法

4.胶黏带缠绕

(1)防腐胶带的施工宜采用人工机械缠绕或自动缠绕机械缠绕。缠绕方式和工艺应符合材料说明书的要求。胶带的两端接头应做好防尘处理。

(2)胶黏带的解卷温度应满足胶黏带制造商规定的温度。在缠绕胶黏带时,如焊缝两侧可能产生空隙,应采用胶黏带制造商配套供应的填充材料填充焊缝两侧。螺旋焊缝管缠绕胶黏带时,胶黏带缠绕方向应与焊缝方向一致。

(3)按照预先选定的工艺,在涂好底漆的钢管上按照搭接要求缠绕胶黏带。两层结构,应采取搭接不小于 55%一次成型;三层结构两次成型,前两层应采取搭接不小于 55%一次成型,第三层缠绕搭接宽度应不小于 10%。在原防腐层与胶带搭接处,应将原防腐层处理成坡面,搭接宽度应大于 200mm。胶黏带始末端搭接长度不应小于 1/4 管子周长,且不少于 100mm,接口应向下。缠绕时胶黏带搭接缝应平行,不应扭曲皱褶,带端应压贴,使其不翘起。

5.防腐层外观检查

应对防腐层进行 100%目测检查,防腐层表面应平整、搭接均匀、无气泡、无皱褶和破损。

6.电火花检漏

所有修复部位应进行电火花检漏。

二、技能操作

(一)准备工作

1.材料准备

(1)方法一:聚乙烯补伤片加热熔胶修复。

序号	名称	规格	数量	备注
1	聚乙烯补伤片	—	若干	—
2	热熔胶	—	适量	—
3	护目镜	—	1个	—
4	绝缘手套	不低于10kV	1副	—

（2）方法二：黏弹体加外防护带修复。

序号	名称	规格	数量	备注
1	黏弹体带	—	适量	—
2	冷缠胶带	—	若干	—
3	护目镜	—	1个	—
4	绝缘手套	不低于10kV	1副	—

2.设备准备

序号	名称	规格	数量	备注
1	管道	—	1段	带防腐层漏点

3.工具和仪器准备

1)方法一：聚乙烯补伤片加热熔胶修复

序号	名称	规格	数量	备注
1	戗刀	—	1把	—
2	电动钢丝刷	—	1把	—
3	毛刷	—	1把	—
4	板锉	—	1把	—
5	剪刀	—	1把	—
6	喷灯	—	1个	—
7	辊子	—	1套	—
8	钢板尺	—	1把	—
9	电火花检漏仪	—	1套	—

2)方法二：黏弹体加外防护带修复

序号	名称	规格	数量	备注
1	戗刀	—	1把	—
2	电动钢丝刷	—	1把	—
3	板锉	—	1把	—
4	毛刷	—	1把	—
5	剪刀	—	1把	—
6	钢板尺	—	1把	—
7	电火花检漏仪	—	1套	—

4.人员

一人单独操作,劳动保护用品穿戴整齐,工具、材料准备齐全。

(二)操作规程

1.聚乙烯补伤片修复方式

(1)用戗刀清除漏点防腐层。

(2)用电动钢丝刷清除漏点部位污物及锈蚀。

(3)用板锉将漏点周围防腐层打毛,修成坡面。

(4)用刷子清扫待修复部位表面灰尘、杂质等附着物。

(5)用剪刀剪切补伤片。

(6)采用喷灯对清理后漏点部位和周边防腐层进行预热,涂覆热熔胶。

(7)对防腐层漏点贴补补伤片。

(8)电火花检漏。

2.黏弹体加外防护带修复方式

(1)用戗刀对漏点防腐层进行清理。

(2)用电动钢丝刷除去漏点部位的污物及锈蚀。

(3)用板锉将漏点周围防腐层打毛,修成坡面。

(4)用毛刷清扫待修复部位表面灰尘、杂质等附着物。

(5)用剪刀剪切黏弹体带,对漏点部位进行贴补。

(6)用防腐胶带对修复部位进行缠绕。

(7)电火花检漏。

(三)技术要求

1.聚乙烯补伤片修复方式

(1)应彻底清除缺陷部位的防腐层,防腐层修复处的金属表面处理不应低于 GB/T 8923.2—2008《涂覆涂料前钢材表面处理 表面清洁度的目视评定 第 2 部分:已涂覆过的钢材表面局部清除原有涂层后的处理等级》规定的 St3 级,并应符合防腐层材料生产商要求。缺陷四周 100mm 范围及需要周向缠绕的外防腐层表面的污物应清理干净并打毛,缺陷区的防腐层边缘处理成坡面,厚涂层坡面处理角度宜为 30°~45°。

(2)贴敷聚乙烯补伤片之前,应先对处理过的管体表面和周边防腐层进行预热,热熔胶涂覆厚度应与原防腐层厚度一致。

(3)聚乙烯补伤片四角应剪成圆角,并保证其边缘覆盖原防腐层不小于 100mm。贴补时应边加热边用辊子滚压或戴耐热手套用手挤压,排出空气,直至补伤片四周胶黏剂均匀溢出。

(4)修补后的防腐层外观应逐个检查,表面应平整、搭接均匀、无气泡、无褶皱和破损等现象;补伤片四周应黏结密封良好。

(5)每一个补伤处均应用电火花检漏仪进行漏点检查。若不合格,应重新修补并检漏,直至合格。具体检漏方法见第二部分模块二项目一(电火花检漏仪检查防腐层漏点)。

2.黏弹体加外防护带修复方式

(1)应彻底清除缺陷部位的防腐层,防腐层修复处的金属表面处理不应低于 GB/T 8923.2—2008 规定的 St3 级,并应符合防腐层材料生产商要求。缺陷四周 100mm 范围及需要周向缠绕的外防腐层表面的污物应清理干净并打毛,缺陷区的防腐层边缘处理成坡面,厚涂层坡面处理角度宜为 30°~45°。

(2)黏弹体采用贴补或缠绕方式进行施工,黏弹体胶带搭接宽度不小于 10mm,胶带始末端搭接长度应大于 1/4 管周长,且不小于 100mm,接口应向下,其与缺陷四周管体原防腐层的搭接宽度应大于 100mm。

(3)外防护带施工方法参照本项目相关知识中胶黏带缠绕要求。

(4)修补后的防腐层外观应逐个检查,表面应平整、搭接均匀、无气泡、无褶皱和破损等现象;补伤片四周应黏结密封良好。

(5)每一个补伤处均应用电火花检漏仪进行漏点检查。若不合格,应重新修补并检漏,直至合格。具体检漏方法见第二部分模块二项目一(电火花检漏仪检查防腐层漏点)。

(四)注意事项

(1)喷灯在使用过程中与被烘烤物体应保持一定距离,附近不应有易燃物。

(2)电火花检漏仪应严格按照操作规程使用,防止发生人员触电及设备损伤。

(3)电动钢丝刷操作人员应佩戴护目镜及劳保手套,避免打磨飞溅物给人员带来伤害。

项目二 复核管体外部缺陷位置

一、相关知识

CBF004 管体时钟位置的确定方法

(一)管道时钟位置确定方法

顺油(气)流方向,管顶正上方为 0 点、右侧水平位置为 3 点、管底为 6 点、左侧水平位置为 9 点。为正确读取管道时钟位置,可采用与管径同等长度的尺绳(已标记时钟)紧贴管壁环向缠绕,并对齐 0 点和 6 点位置,尺绳上方标记时钟即为管道对应点时钟位置。

(二)缺陷点里程桩号确定方法

找到缺陷点上游里程桩位置,以该桩为基准,采用拉皮尺方式测量出缺陷点与里程桩间距离。缺陷位置标记为 K 里程数+XX 米。

CBF005 缺陷点尺寸的测量方法

(三)缺陷点纵向长度测量方法

(1)测量每个腐蚀坑的纵向(在管道轴线方向)最大投影长度。

(2)当相邻腐蚀坑之间未腐蚀区域小于 25mm 时,应视为同一腐蚀坑,即腐蚀坑长度为相邻腐蚀坑长度与未腐蚀区域长度之和。

(四)缺陷点环向长度测量方法

(1)测量每个腐蚀坑在圆周方向的最大投影程度(弧线长)。

(2)当相邻腐蚀坑之间未腐蚀区域的最小尺寸小于 $6t$(6 倍壁厚)时,应视为同一腐蚀坑计算投影长。

二、技能操作

(一)准备工作

1.材料准备

序号	名称	规格	数量	备注
1	抹布	—	若干	—
2	记号笔	—	1支	—
3	笔	—	1支	—
4	纸	—	1张	—

2.设备准备

序号	名称	规格	数量	备注
1	管道	—	1段	带环焊缝和多个管体外部缺陷的管段

3.工具和仪表准备

序号	名称	规格	数量	备注
1	尺绳	—	1根	—
2	皮尺	—	1盘	100m
3	钢板尺	—	1把	—
4	相机	—	1台	—

4.人员

一人单独操作,劳动保护用品穿戴整齐,工具、材料准备齐全。

(二)操作规程

(1)查找并核准参考环焊缝与螺旋焊缝交点的时钟位置。

(2)用米尺测量参考环焊缝与管道缺陷之间距离。

(3)顺油(气)流方向,用尺绳确定缺陷时钟位置。

(4)对管体外部缺陷进行外观检查。

(5)用钢板尺紧贴管外壁测量缺陷部位轴向长度、环向宽度。

(6)用抹布对缺陷点一侧管体进行擦拭,用记号笔标记缺陷相关信息。

(7)对缺陷部位拍照并记录。

(三)技术要求

(1)查看参考环焊缝与管体焊缝交角时钟是否与目标开挖点时钟一致。

(2)参考环焊缝确认后,采用皮尺以参考环焊缝为基准测量与缺陷点之间距离。

(3)对管道缺陷时钟位置测量时,需将尺绳0点紧置于管顶0点钟部位,将尺绳紧贴管壁拉抻至缺陷中心部位,尺绳对应时钟即为缺陷点时钟位置。

(4)管道缺陷尺寸测量时,钢板尺应紧贴管道外壁,避免产生测量误差。

（5）管体缺陷标记部位应擦拭干净,标记内容应包括缺陷类型、尺寸、数量、桩号位置、时钟位置等信息。

（四）注意事项

（1）进入作业坑人员应穿戴好防护用具。

（2）针对易塌方土质应对作业坑坑壁采取支护措施。

（3）作业过程中,现场应设专人监护。

（4）尺绳应紧贴管壁,确保时钟核对准确。

项目三　检查水工保护设施

一、相关知识

（一）管道水工保护的主要形式

为了保护油气长输管道,在管道穿越河流、沟渠、坡地及特殊部位需采取相应的防护措施对管道加以保护,主要形式包括坡面防护、冲刷防护、支挡防护。具体如下:

1.坡面防护

坡面防护是防止经过地形起伏较大的边坡管道上方土壤流失的防护形式。对于施工后管沟内回填土料多处于松散状态,在降雨条件下,沟内回填的虚土极易在坡面径流的冲刷下发生流失的情况,可采取坡面防护形式的水工保护措施对管道进行防护。

2.冲刷防护

冲刷防护是防止油气管道免受河沟道长期或季节性水流的冲刷的防护形式。按其防护的目的常分为护岸和护底两类。

3.支挡防护

支挡防护是油气管道水工保护常见的结构形式。是用来支撑陡坡以保持土体稳定的水工保护措施。在油气管道水工保护工程中,支挡防护的主要结构形式—重力式挡土墙的应用非常普遍。经常用于下列部位:

（1）当管线顺陡坡敷设时,常采用挡土墙进行坡脚防护,防止坡面管沟回填土下滑。

（2）当管线横坡敷设时,如大规模进行作业带和管沟的开挖,会造成整个上部山体失稳滑坡,因此,常采用浅挖深埋的方式,为保证管线的正常埋深,多采用沟壁侧挡墙的结构形式对管顶回填土进行保护。

（3）管线穿越较陡河沟道的岸坡时,由于受河水冲刷,陡岸坡容易坍塌,应依据设计水位和冲刷深度,设置挡墙式护岸。

（4）不良地质条件下,作业带的扫线和管沟的开挖等人为扰动,有可能诱发滑坡等地质灾害,设置挡土墙能起到防止滑坡的作用。

（5）一些管道工程建设的地貌恢复,特别是台田和地坎的恢复,也需要设置矮挡墙结构进行堡坎。

(二)管道水工保护设施主要类型

1.石笼

1)适用条件

石笼适用于防护岸坡坡脚及河岸,起到免受急流和大风浪的破坏作用,同时,也是加固河床,防止冲刷的常用措施。

在缺乏大石块作冲刷防护的地区,用石笼填充较小的石块,可抵抗较大的流速。但在流速大,有卵石冲击的河流中,钢筋笼易被磨损而导致早期破坏,一般不宜采用,这时可在石笼内浇灌小石子混凝土,或采用钢筋混凝土框架石笼。

在含有大量泥沙及基底地质良好的条件下,宜采用石笼防护,这样,石笼中石块间的空隙很快被泥沙淤满,而形成整体的防护层。

石笼一般可抵抗4~5m/s流速,体积大的可抵抗5~6m/s流速。

2)构造形式

(1)石笼的形式有箱形、圆柱形、扁形及柱形等。

(2)编笼可用镀锌铁丝、普通铁丝,以及高强度聚合物土工格网。镀锌铁丝使用期限为8~12年,普通铁丝施工使用期限为3~5年。编制石笼可用6~8mm铁丝作骨架,2.5~4.0mm铁丝编网,石笼孔可用六角形或方形。方形孔网强度较低,一旦破坏后会继续扩大。六角形孔网较为牢固,不易变形,网孔大小通常为6×3cm、8×10cm、12×15cm。长度较大的石笼,应在内部设横向或竖向铁丝拉线。

(3)石笼防护还适用于抗洪抢险工程及防冲刷临时措施。

3)施工要求及注意事项

(1)石笼防护可在一年中任何季节施工,也可在任何气象条件及水流情况下采用,但以低水位时施工最佳。

(2)石笼用于防护冲刷掏底时,一般在河床上将石笼铺平,并与坡脚线垂直,同时,固定坡脚处的尾端,靠河床中心一端不必固定,掏底时便于向下沉落,其铺设长度不宜小于河床冲刷深度的1.5~2.0倍。石笼用垒码形式来防止岸坡受冲刷,当边坡不大于1∶2时,可用平铺于坡面形式。垒砌的石笼宜用长方形,平铺的石笼宜用扁形,防洪抢险的石笼宜用圆柱形(便于滚动)或无骨架软网袋。

(3)单个石笼的重量和大小,以不被水流或波浪冲移为宜。石笼内所填石块,最好选用容重大、浸水不崩解,坚硬不风化的石块,尺寸不能小于石笼孔网。外层应用大石块码砌,并使石块棱角突出网孔,以起到保护铁丝网的作用;内层可用较小石块填充。

(4)石笼铺砌时,基层所用碎石或砾石作垫层,必要时,底层石笼的各角可用直径为不小于10mm的钢筋固定于基层土中。

(5)在编制石笼时,要注意保持石笼各个部分的尺寸,以便于石笼之间的紧密连接,用机器将铁丝弯成网孔元件,在工地编网、成笼,既可提高工效,又可保证质量。

(6)铁丝石笼防护由于使用年限较短,为临时性防护构造物,但在其沉落稳定后,可在其上灌注小石子混凝土,以取得长期使用的效果。

2.过水面

CBF007 过水面的基本概念

1）过水面类型及适用条件

过水面是一种防止局部河床冲刷的护底措施,其作用在于对原河床内易遭受冲刷的细颗粒土质采用粒径较大、整体性好的结构物进行表层置换,置换后的河床具有更强的抗冲刷性,能抵抗更高流速的水流冲击作用。按置换后的材料类型不同,以干砌石过水面、浆砌石过水面和石笼过水面三种较为常见。

管线穿越河沟道时,往往采用过水面的结构形式对河沟道穿越管段进行保护。在结构形式的选择上应依据不同的过水面的抗冲流速、设防要求进行选择,干砌石过水面抗冲流速3~5m/s,石笼过水面抗冲流速4~6m/s,浆砌石过水面抗冲流速可达5~10m/s。

2）施工要求及注意事项

（1）干砌块石粒径以不小于20cm为宜,采用双层铺砌,大石压顶,衔接紧密。

（2）栽砌卵石时,卵石长轴方向不小于20cm,采用双层立栽的形式,密贴。

（3）石笼过水面内装石料可采用块石或卵石,石料粒径不小于10cm,大块石料置于外侧,小块石料居内。

（4）浆砌石过水面砌筑砂浆标号可选用M7.5,石料强度不小于MU30。

（5）为防止过水面沉降对管线防腐层的挤压破坏,过水面距管线的净距离不小于0.5~1m。

3.截水墙

CBF008 截水墙的基本概念

1）截水墙类型及适用条件

截水墙是输油气管道坡面防护中应用最为普遍的水工保护形式。当管线顺坡敷设,特别是长距离爬坡时,在降雨充沛的条件时,坡面极易汇水成径流,产生面蚀或沟蚀。截水墙设防的目的是逐级减弱、消除坡面的降雨径流的冲刷作用,从而最大程度地保证管顶的覆土厚度。

依据墙体材料的不同,可分为浆砌石截水墙、灰土截水墙、土工袋截水墙及木板截水墙等,其中以浆砌石截水墙和灰土截水墙最为常见。浆砌石截水墙适用于沟底纵坡8°≤α（即140‰≤i）的石质及卵、砾石段管沟;灰土截水墙适用于沟底纵坡8°≤α（即140‰≤i）的土方段管沟,而且在黄土地区的应用最为广泛;土木工袋截水墙适用于沟底纵坡8°≤α（即140‰≤i）的土方段管沟,而且在黏性土地区的应用最为广泛。

2）材料要求

浆砌石截水墙的砌筑砂浆可选用M5或M7.5两种砂浆标号。铺浆法砌筑,砂浆饱满度不得小于90%。不得形成通缝。石料选用MU25以上的块石、片石,粒径不小于20cm。石料缺乏地区可选用同粒径的卵石砌筑。

灰土截水墙墙身为分层夯实的2:8(体积比)灰土结构。分层厚度不大于30cm,夯实系数不小于0.90。要求在最优含水量条件下进行施工。现场可以"握手成团、落地开花"作为含水量参考。土料就地取材,不得含块状土,不可用砂土。

土工袋截水墙要求土工袋具有一定的抗拉、抗刺破强度,同时还要具有一定的抗腐蚀能力,在地形坡度较缓的条件下可以用草袋、麻袋等代替土工袋施工。

3）施工注意事项

（1）截水墙必须与管沟的沟壁和沟底嵌入一定深度。嵌入度是截水墙能否起到效能作用的关键,同时,也是截水墙自身稳定性能否保证的一个重要因素。因此,必须按照设计要求保证截水墙的嵌入度。

(2)浆砌石截水墙和灰土截水墙与管线交叉时,应采用胶皮或绝缘橡胶板对管线进行包裹,以防止施工时对管线防腐层的损坏。

(3)灰土截水墙夯实施工时,应采用支模的形式,土质干燥的条件下,还应对灰土洒水湿润。以保证灰土夯实系数满足设计要求。

4.挡土墙

CBF009 挡土墙的基本概念

挡土墙是用来支撑陡坡以保持土体稳定的一种构筑物,它所承受的主要荷载是土的压力。在油气管道水工保护工程中,支挡防护的主要结构形式——重力式挡土墙的应用非常普遍。

1)挡土墙类型及适用条件

根据所处的位置及墙后填土情况,挡土墙可分为肩式、堤式和堑式。当墙后填土与墙顶填平时,成为肩式挡土墙;当墙顶以上有一定填土高度时,则称为堤式挡土墙;如果挡土墙用于稳定边坡坡脚,称为堑式挡土墙,又称坡脚挡土墙;设置在山坡上用于防止山坡覆盖层下滑的挡土墙,称为山坡挡土墙。

2)构造形式

(1)基础埋置深度:基础埋设深度应按地基性质、承载力的要求、冻涨的影响和水文地质条件等确定。

挡土墙基础置于土质基础时,其基础深度应符合下列要求:

①基础埋置深度不小于1m。如冻土层深度超过1m时,基础应埋置在冻土层深度以下0.25m。为了节省砌筑工程量,可将基础埋置深度定为1.25~2.0m,并将基底夯填砂砾石或碎石作垫层,垫层底面则应位于冻土层深度以下0.25m。

②受水流冲刷时,基础应埋置在冲刷线以下不小于1m。

③堑式挡土墙基础顶面应低于边沟地面不小于50cm。

④挡土墙基础置于硬质地基上时,应置于风化层以下,当风化层较厚,难以全部清除时,可根据地基的风化程度及其相应的承载力,将基底埋于风化层中,置于软质岩石地基上时,埋置深度不小于80cm。

如果基底层土壤为弱土层时,则应按实际情况将基础尺寸加深加宽,或采用人工换土、桩基或其他人工地基等。

如果基底层为岩石、土块碎石、砾砂、粗砂、中砂等,则基础埋置深度与冻土层深度无关;如果基底层为风化岩层时,除应将其全部清除外,一般须加挖0.15~0.25m;如基底层为基本岩时,则挡土墙基础嵌入岩层的尺寸不小于表2-6-2的规定。

表2-6-2 挡土墙基础嵌入岩层尺寸表

基底岩层名称	高度,m	宽度,m
石灰岩、砂岩及玄武岩等	0.25	0.25~0.5
页岩、砂岩交互层等	0.60	0.6~1.5
松软的岩石,如千枚岩等	1.0	1.0~2.0
砂夹砾石等	1.0	1.5~2.5

（2）墙身构造：挡土墙各部分的构造必须符合强度及稳定性的要求，并考虑就地取材、截面经济、施工及养护方便，按地质地形条件由技术经济比较确定，一般片石挡土墙墙顶面宽度不小于 0.5m。

（3）排水措施：为使墙后积水易于排出，通常墙身布置适当数量的泄水孔。孔眼间距 2~3m，最下排的泄水孔应高出地面；如果为路堑式墙则应高出侧沟内水位 0.3m。

当墙后渗水量较大或在集中处流水，为了减少动水压力对墙身的影响，应增密泄水孔，加大泄水孔尺寸或增设纵向排水措施。

为防止墙后积水渗入基础，应在最低泄水孔下部铺设黏土层并夯实，使之不漏水。为防止墙前积水渗入基础也应将墙前的回填土分层夯实。

另外，在泄水孔附近应用具有反滤作用的粗颗粒材料覆盖，以免淤塞。在严寒气候条件下有冻胀可能时，最好以炉碴填充。

（4）沉降缝及伸缩缝：由于墙高、墙后土压力及地基压缩性的差异，必须设置沉降缝；为了避免因混凝土或石砌体的收缩硬化和温度变化等作用引起的破裂，必须设置伸缩缝。

沉降缝与伸缩缝实际上是同时设置的，有时可将沉降缝与伸缩缝合在一起。一般每隔 10~25m 设置一道，宽约 20mm。在渗水量较大而填料又易于流失或冻害严重地区，在沉降缝及伸缩缝处可塞以沥青防水层、金属防水层或嵌入涂有沥青的木板。

（5）防水层：一般情况下可不设防水层，但用片石（毛石）砌的挡土墙须用比墙身材料高一级的、但不小于 M5 的水泥砂浆抹成平缝。遇有侵蚀性水或在严寒地区应做特殊防水处理。

①砌挡土墙在墙背先覆一层 M5 水泥砂浆（厚 20mm），再涂以热沥青（厚 2~3mm）。
②素混凝土挡土墙则应涂抹两层热沥青（厚 2~3mm）。
③钢筋混凝土挡土墙常用石棉沥青及沥青浸制麻布各两层防护或增加钢筋保护层。

3）材料要求

除采用当地永久式挡土墙有较成熟的经验外，一般情况处理如下：

（1）砌筑种类：砌筑种类可见表 2-6-3。

表 2-6-3　砌筑种类及适用范围

序号	砌筑种类	适用范围
1	混凝土—现浇或用混凝土预制砌块，强度等级一般不低于 C10，对于地震区或高挡土墙等不低于 C15	墙身及基础
2	片石混凝土—在混凝土内掺总体积小于 25% 的片石	一般用于基础部分
3	石砌体—天然石料砌筑，石料抗压极限强度一般不小于 20kgf/cm²，但在地震区、寒冷地带或高挡土墙时不应小于 30kgf/cm²，并应具有耐冻性及抵抗风化的能力	墙身及基础
4	砖砌体—砖应具有一定的抗压极限强度，砖砌体墙不适用于寒冷地区	低挡土墙墙身及基础

（2）石料：石料的表观密度不应小于 2000kg/m³，应有足够抵抗温度变化的性能，经过 25 次循环冻融（温度为 ±15℃）以后无明显的破损。软化系数不小于 0.75。

（3）砂浆。在挡土墙砌体中，采用的砂浆为水泥砂浆，一般挡土墙拌和砂浆所用水泥标号应为：普通硅酸盐水泥不低于 275 号，火山灰夹硅酸盐水泥不低于 325 号，在严寒地区冰冻作用的部分应采用 425 号以下的硅酸盐水泥。

一般挡土墙在 6m 以下时,砂浆标号为 M5,寒冷地区为 M10 号。

4)施工注意事项

(1)挡土墙基础如置于岩层上,应将岩层表面风化清除。

(2)石砌挡土墙、砂浆水质比必须符合要求,填缝必须紧密,灰浆应填塞饱满。

(3)不应用易风化的石料或经凿面的大卵石砌墙。

(4)砌料应紧靠基坑侧壁,使与岩层结成整体。

(5)待砌筑砂浆强度达到 70% 时,方可回填墙背后填料。

(6)墙基位于斜面上时,一般砌筑成台阶形。

(7)在松散坡积层地段修筑挡土墙,不宜整段开挖,以免施工中土体滑下,宜采用马口分段开挖方式,即跳槽间隔分段开挖。

CBF010 浆砌石护坡的基本概念

5.浆砌石护坡

1)适用条件

当边坡小于 1:1 的土质或岩石边坡的破面防护采用干砌石不适宜或效果不好时,可用浆砌石护坡。浆砌石护坡适用于各种易风化的岩石边坡。采用浆砌石护坡可以增加边坡的稳定性,在边坡坡脚防护中经常使用。由于浆砌石护坡整体强度高,自重较大,对于边坡土体可以起到反压和部分支挡作用。边坡坡度不宜陡于 1:1。对于严重潮湿或严重冻害的土质边坡,在未进行排水措施以前,则不宜采用浆砌石护坡。

2)结构形式

浆砌石护坡一般采用等截面、深基础形式。其厚度视边坡高度和坡度而定,一般为 0.25~0.5m。边坡高时,应分级设平台,每级高度不宜超过 10m,平台宽度视上级护坡基础的稳定要求而定,一般不小于 1m。

当护坡面积大,而且边坡较陡时,为增强护坡稳定性,可采用肋式护坡,其形式有外肋式、里肋式和组肋式三种。

3)施工要求

(1)砌石前应按设计坡度进行挂线。

(2)石料质量应符合要求,当石料表面有泥土时,应用清水清洗干净。

(3)按规定要求配置砂浆,砂浆强度不低于 M5。

(4)砌石过程中,石料间咬合必须紧密、错缝,禁止出现通缝、叠砌、贴砌和浮塞。砌缝随砌随勾,勾缝要牢固、美观。

(5)每天收工时,在砌体上面应覆盖草帘或草袋,防止烈日爆晒或暴雨冲走灰浆。

(6)待砂浆初凝后,应立即进行洒水养护,7 天内要保持湿润状态。最初洒水养护时,注意不要冲走砂浆。

4)注意事项

(1)当坡面有虚土回填时,应对回填土分层夯实后方可进行砌体施工。

(2)在冻涨变形较大的土质边坡上,护坡地面应设置 0.1~0.15m 厚的碎石或砂砾石垫层。

(3)浆砌石护坡每 10~15m 留一道伸缩缝,缝宽 2cm,缝内填塞沥青麻筋或沥青木板等材料。

(4)护坡中下部应设泄水孔,以排泄背部的积水或减少渗透压力,泄水孔的孔径可用

10×10cm 的矩形或直径为 10cm 的圆形孔,其间距为 2~3m,在泄水孔后 0.5×0.5m 的范围内设置反滤层。

二、技能操作

(一)准备工作

1.材料准备

序号	名称	规格	数量	备注
1	笔	—	1 支	—
2	纸	—	1 张	—

2.设备准备

序号	名称	规格	数量	备注
1	水工设施	—	1 处	—

3.工具和仪表准备

序号	名称	规格	数量	备注
1	铁锹	—	1 把	—
2	钢钎	—	1 把	—
3	照相机	—	1 台	—
4	卷尺	—	1 把	—

4.人员

一人单独操作,劳动保护用品穿戴整齐,材料、工具准备齐全。

(二)操作规程

(1)检查石笼整体是否完好,石笼网是否断裂,石笼填充石是否风化。

(2)检查过水面有无塌陷、开裂。

(3)检查截水墙墙体是否开裂、沉降。

(4)检查挡土墙的基础、墙身、翼墙有无开裂、沉降、垮塌。

(5)检查护坡墙身、基础有无开裂、沉降、垮塌,排水设施是否通畅。

(6)对检查出的问题拍照并记录。

(三)技术要求

(1)石笼笼内毛石或卵石无风化、粉碎,块径应有 80% 以上大于笼网孔径。石笼网不应存在断裂。石笼内填石应码砌,要填装饱满,应彼此交错搭接紧密不活动,所有空隙应用碎石填塞牢固。

(2)过水面顶部不宜高于河(沟)床面,底部距管顶不应小于 0.3m,长度应覆盖管道穿越段长度且嵌入两侧河(沟)岸。

（3）截水墙墙身应竖直,其顶面宜与原自然地面齐平,农田地段截水墙顶面应与地面保留 0.3~0.5m 的耕种层厚度。墙体应无开裂。

（4）挡土墙结构应保持完整,无裂缝、塌陷等问题,泄水孔应保持畅通。

（5）浆砌石结构护坡、堡坎两端应与原坡壁连接牢靠、平顺,石块应彼此交错,搭接紧密,浆砌石结构基础应置于原土层内,不应放在软土、松土或未经处理的回填土上,基础埋深应符合设计要求。

(四)注意事项

（1）每年汛前、汛后应开展全面水工检查。

（2）水工检查内容应全面,对检查出的问题应详细记录。

模块七 应急抢修设备操作

项目一 开关线路手动阀门

一、相关知识

CBG001 阀门泄漏的形式

(一)阀门的密封性能

阀门的密封性能是指阀门各密封部位阻止介质泄漏的能力,它是阀门最重要的技术性能指标。阀门的密封部位有三处:

(1)启闭件与阀座两密封面间的接触处,该处的泄漏叫作内漏,也就是通常所说的关不严,它将影响阀门截断介质的能力。

(2)填料、阀杆与填料函的配合处。

(3)阀体与阀盖的连接处。

填料、阀杆与填料函的配合处及阀体与阀盖的连接处的泄漏叫作外漏,即介质从阀内泄漏到阀外。外漏会造成物料损失,污染环境,严重时还会造成事故。

(二)带有执行机构阀门的开关状态确认

带有执行机构(图 2-7-1)的阀门就是利用手轮带动传动机构,进而实现启闭件的快速开关。当阀门开关指示器箭头指向"OPEN"时表示阀门处于开启状态,当阀门开关指示器箭头指向"CLOSED"时,表示阀门处于关闭状态,在进行阀门开关操作同时,要观察阀门开关指示器箭头位置。

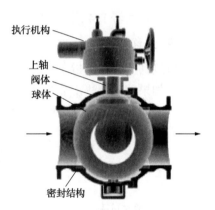

图 2-7-1 球阀执行机构示意图

二、技能操作

(一)准备工作

1.材料准备

序号	名称	规格	数量	备注
1	纸	—	1张	—
2	笔	—	1支	—

2.设备准备

序号	名称	规格	数量	备注
1	手动阀门	—	1个	—

3.人员

一人单独操作,劳动保护用品穿戴整齐,用具、量具准备齐全。

(二)操作规程

(1)操作人员面向阀门选择位置站稳,确认开关状态。

(2)双手握住阀门手轮,轻轻地顺时针、逆时针来回活动一下手轮。

(3)关闭阀门:顺时针方向适当用力搬动手轮,手轮转动后,均匀用力继续顺时针转动手轮,直至转不动为止,然后回转 1/4 圈,视为阀门全部关闭。

(4)开启阀门:逆时针方向适当用力搬动手轮,手轮转动后,均匀用力继续逆时针转动手轮,直至转不动为止,然后回转 1/4 圈,视为阀门全部开启。

(5)操作结束后观察压力表,记录相关内容并汇报。

(三)技术要求

(1)操作人员操作时,站立要稳,用力应均匀适当。

(2)开关阀门过程中,不得用加力杠杆等辅助外力。否则容易损坏密封面,或扳断手轮、手柄。

(3)手轮回转 1/4 圈,可使螺纹之间严紧,避免松动损伤。

(四)注意事项

(1)接到阀门操作指令并确认后,方可进行阀门开关操作。

(2)如果阀门无法正常开关,应通知人员修理。

(3)进入阀室前应先进行静电释放。

项目二　开关线路气液联动阀门

CBG002 气液
联动执行机
构的原理

一、相关知识

气液联动阀由阀门和气液联动执行机构组成,主要用在输气管道上。对执行机构的操控有远程和就地两种方式,操作者操控执行机构实现阀门的开关。

气液联动阀执行机构工作原理如下:

执行机构主要由气源管、检测管、气液罐、执行器、操作箱、控制箱、储气罐、RTU 等组成。执行机构原理如图 2-7-2 所示,手动操作区域如图 2-7-3 所示。

气液联动阀执行机构的气源管直接从干线上引压,作为该阀的动力;检测管将干线压力值与压力变化参数传递至控制箱内的压力传感器,作为自控的依据;气液罐盛有半罐液压油,其余部分充满天然气,当执行机构动作时,以气推油,以油推动转动机构(旋翼),实现阀的开关;执行器设有旋翼,浸入液压油中,气液罐来油推动旋翼旋转,旋翼带动与其相连的球阀转动,实现球阀的开关操作;操作箱设有手动操作所需的手泵和气动操作所需的开、关手柄;控制箱的中央处理器根据设定值与检测管采集到的压力值比较结果,来确定阀门的开关,实现自动控制;当干线压力大于罐内气体压力时,干线气体通过罐上单向阀向罐内注气,当罐内气压大于出厂时的设定值时,可通过罐顶的安全阀泄压;远传遥控装置可实现中央控制室对该阀门的状态监测与遥控关闭操作。该阀门执行器一般置于自动控制状态,在干线压降速率高于规定值、干线压力超高、超低时能够自动关闭。自动控制状态无法自动开启时,需要人工手动复位。

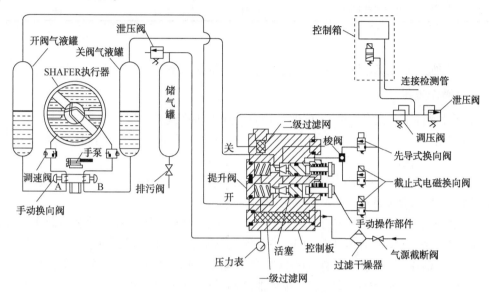

图 2-7-2 气液联动阀工作原理图

图 2-7-3 气液联动阀执行机构

二、技能要求

(一)准备工作

1.材料准备

序号	名称	规格	数量	备注
1	纸	—	1 张	—
2	笔	—	1 支	—

2.设备准备

序号	名称	规格	数量	备注
1	气液联动阀门	SHAFER	1台	—

3.人员

一人单独操作,劳动保护用品穿戴整齐,用具、量具准备齐全。

(二)操作规程

(1)将执行器由"远传"调至"就地",由自动操作转换到手动操作。

(2)手动气压关阀:拉下带有"CLOSED"字样的气压手动操作杆,当阀位指示盘指针与管道位置垂直时,松开操作杆。

(3)手动气压开阀:拉下带有"OPEN"字样的气压手动操作杆,当阀位指示盘指针与管道位置平行时,松开操作杆。

(4)手动液压关阀:按下带有"CLOSED"字样的换向阀,上下拉动手动泵的操作杆,同时观察阀位指示盘,直到操作杆无法拉下,按下泄放阀手柄,将操作杆放回原位。

(5)手动液压开阀:按下带有"OPEN"字样的换向阀,上下拉动手动泵的操作杆,同时观察阀位指示盘,直到操作杆无法拉下,按下泄放阀手柄,将操作杆放回原位。

(6)将执行器由"就地"调至"远传",由手动操作转换到自动操作。

(7)操作结束后观察压力表,记录相关内容并汇报。

(三)技术要求

(1)在进行开关阀前,应先确认阀门开关状态,再进行操作。

(2)在进行开关阀前,应先确认引压管截断阀处于开启状态,动力气压力正常。

(3)手动气压开关阀操作时,应拉着手柄不放,直至阀门开关指示到指定位置为止。

(4)操作完成后,需检查动力气压力是否正常;执行器各部件有无渗漏。

(四)注意事项

(1)接到阀门操作指令并确认后,方可进行阀门开关操作。

(2)进入阀室前应先进行静电释放。

项目三 开关线路电液联动阀门

一、相关知识

电液联动阀由阀门和电液联动执行机构组成,操作者操纵执行机构实现阀门的开关,对执行机构的操控有远程和就地两种方式。以开关型(图2-7-4)为例,说明操作步骤。

CBG003 电液联动执行机构的操作要求

(一)开关型执行器的结构

开关型执行器是自密封的电液执行机构和驱动器,包含二个重要组成部分:执行器本体(油缸、储能器和动力元件)及控制箱。执行器本体安装在截断阀上,控制箱和执行器本体安装在一起,用电动机电缆,控制电缆等连接。执行器本体及控制箱如图2-7-5所示。

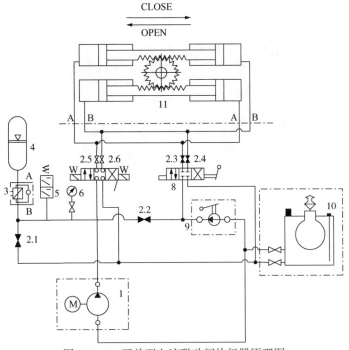

图 2-7-4 开关型电液联动阀执行器原理图

1—0.5D 动力模块；2—截止阀；2.1—蓄油器排油截止阀；2.2~2.6—隔离阀；3—单项调速阀；4—活塞式蓄能器；
5—压力开关；6—压力表；7—电磁换向阀；8—手动换向阀；9—手动泵；10—油箱；11—旋转油缸

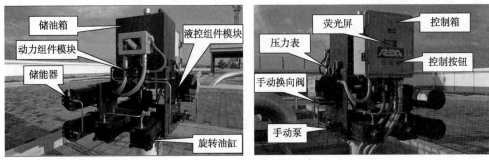

图 2-7-5 开关型电液联动阀执行器

(二)操作键说明

控制面板上通常有三个操作键："SEL""UP"和"DOWN"，操作过程中需要配合使用。控制面板如图 2-7-6 所示。

1."SEL"键

用于在设置模式中，在菜单间切换开启某种参数的修改功能及对新参数值的确认；在本地模式下开关对阀门的操作功能。

2."UP"和"DOWN"

在设置模式下，用于参数间的切换及参数值的增减操作；在自动模式下可切换现场信息显示；在本地模式下用于手动操作阀门的开关。

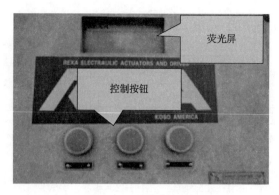

图 2-7-6　控制面板

(三)操作模式选择

1.查询操作

同时按下"SEL"和"UP"两键并保持 1s,同时抬起进入查询状态。可以在参数查询、I/O状态查询、故障历史查询和指令历史查询四个查询项之间切换,并且在每个查询项内可以使用"UP"和"DOWN"进行上下翻页操作。

2.就地模式

同时按下"UP"和"DOWN"两个按钮并保持 1s,同时抬起进入"就地"模式,再按一下"SEL"按钮,系统进入就地操作状态,按"UP"按钮执行开阀动作,抬起后停止,按"DOWN"按钮执行关阀动作,抬起后就停止。

3.远程模式

同时按下"SEL"和"DOWN"两个按钮并保持 1s,同时抬起进入"远程"模式,此时按控制箱上任何按钮,系统都不反应。

4.就地复位操作

同时按下"SEL""UP"和"DOWN"三键为就地复位当前存在的故障指示。

当电液联动阀控制系统失电时需要进行手动操作,其液压操作系统如图 2-7-7、图 2-7-8所示。

图 2-7-7　开关型电液联动阀液控组件模块

图 2-7-8　开关型电液联动阀手动操作部分图

二、技能要求

(一)准备工作

1.材料准备

序号	名称	规格	数量	备注
1	纸	—	1张	—
2	笔	—	1支	—

2.设备准备

序号	名称	规格	数量	备注
1	电液联动阀门	开关型	1台	—

3.人员

一人单独操作,劳动保护用品穿戴整齐,用具、量具准备齐全。

(二)操作规程

1.就地电动开关电液联动阀

(1)同时按下"UP"和"DOWN"两按钮,并保持1s后同时抬起,设备由"远程"转入"就地"状态。

(2)按一下"SEL"按钮进入就地操作状态。

(3)按"DOWN"按钮执行关阀动作。

(4)按"UP"按钮执行开阀动作。

(5)操作结束后观察压力表,记录相关内容并汇报。

2.就地手动开关电液联动阀

(1)检查蓄能器压力是否在12.5~16MPa。

(2)将手动开关换向阀置于中间位置。

(3)将手动开关换向阀两侧的隔离阀全部旋出。

(4)将手动液压泵操作手柄插入手动液压泵插口中。

(5)手动开关换向阀拉杆由中间位置向外拉,使用手动液压泵操作手柄往复推拉手动液压泵进行关阀。

(6)手动开关换向阀拉杆由中间位置向里推,使用手动液压泵操作手柄往复推拉手动液压泵进行开阀。

(7)阀门操作结束后,旋转打开手动液压泵泄压阀旋钮,对手动液动泵内压力进行泄压,使手动液压泵插口复位,收起手动液压泵操作手柄。

(8)旋转关闭手动液压泵泄压阀旋钮,换向阀两侧的隔离阀复位。

(9)系统恢复供电后,同时按下"SEL"和"DOWN"两个按钮并保持1s,同时抬起进入"远程"模式。

(10)操作结束后观察压力表,记录相关内容并汇报。

(三)技术要求

(1)电动开关电液联动阀时,需按住"UP"或"DOWN"按钮,直至阀门开关到位后方可松开。

(2)蓄能器压力在12.5~16MPa方可进行手动开关操作。

(四)注意事项

(1)接到阀门操作指令并确认后,方可进行阀门开关操作。

(2)进入阀室前应先进行静电释放。

项目四　使用空气呼吸器

一、相关知识

正压式呼吸器是隔绝式的防护器材,自成一套呼吸系统,不受毒物浓度、氧含量的影响,可在任何含有毒气体、缺氧、富氧的环境中使用。工作人员佩戴呼吸器可以自救逃生、进行事故处理作业或从事工业作业,如图2-7-9所示。

> CBG006 空气呼吸器的使用要求

(一)结构

正压式呼吸器示意图如图2-7-10所示。

图2-7-9　正压式呼吸器

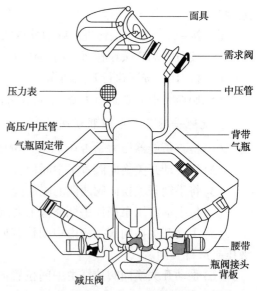

图2-7-10　正压式呼吸器示意图

气瓶材料为碳纤维复合材料,气瓶阀上装有过压保护膜片,当空气瓶内压力超过额定储气压力的1.5倍时,保护膜片自动卸压;气瓶阀上设有开启后的止退装置,使气瓶开启后不会被无意地关闭。

减压阀安装于背板上,通过一根高压管与需求阀相连接。减压阀的主要作用是将空气瓶内的高压空气降压为低而稳定的中压,供给需求阀使用。

需求阀的主要作用是将中压空气减压为一定流量的低压空气,为使用者提供呼吸所需的空气。需求阀可以根据佩带者呼吸量大小自动调节阀门开启量,保证面罩内压力长期处于正压状态。需求阀设有节省气源的装置,可防止在系统接通(气瓶阀开启)戴上面罩之前气源的过量损失。

压力表用来显示瓶内的压力。

报警哨的作用是为了防止佩带者遗忘观察压力表指示压力,而出现的气瓶压力过低不能保证安全退出灾区的危险。

面罩密封:用手按住面罩接口处,通过2~3次的深呼吸试验吸气检查面罩密封是否良好,此时,面罩两侧应向人体面部移动,人体感觉呼吸困难,说明面罩气密良好,否则再收紧头带或重新佩戴面罩,危险区域内,任何情况下严禁摘下面罩。

(二)工作原理

空气呼吸器是以压缩空气为供气源的隔绝开路式呼吸器。当打开气瓶阀时,贮存在气瓶内的高压空气通过气瓶阀进入减压器组件,高压空气被减压为中压,中压空气经中压管进入安装在面罩上的需求阀,需求阀根据使用者的呼吸要求,能提供120~200L/min的空气。同时,面罩内保持高于环境大气的压力。当人吸气时,需求阀膜片根据使用者的吸气而移动,使阀门开启,提供气流;当人呼气时,需求阀膜片向上移动,使阀门关闭,呼出的气体经面罩上的呼气阀排出,当停止呼气时,呼气阀关闭,准备下一次吸气。这样就完成了一个呼吸循环过程。

(三)使用时间的计算

使用时间按以下公式计算:

$$使用时间(min) = \frac{气瓶容积(L) \times 气瓶压力(MPa) \times 10}{使用者平均消耗速率(L/min)}$$

使用者呼吸频率为低、中、高时的空气消耗量如下:

低:最大瞬时流速为63L/min;

中:最大瞬时流速为126L/min;

高:最大瞬时流速为314L/min。

二、技能要求

(一)准备工作

1.材料准备

序号	名称	规格	数量	备注
1	纸	—	1张	—
2	笔	—	1支	—

2.设备准备

序号	名称	规格	数量	备注
1	正压式呼吸器	9L	1台	—

3.人员

一人单独操作,劳动保护用品穿戴整齐,用具、量具准备齐全。

(二)操作规程

(1)检查压力表显示为零,呼吸器各部件完好。

(2)打开气瓶阀,检查气瓶内压力应在 20~30MPa,关闭气瓶阀。

(3)按下需求阀按钮,观察压力表压力低于压力表红色区域,报警哨响。

(4)双手握住背板,瓶阀向上将气瓶从头顶向后穿戴,背上气瓶将气瓶阀向下。

(5)调整腰带、背带、安全帽挂于脑后、戴面罩。

(6)用手按住面罩接口处,通过 2~3 次的深呼吸试验吸气检查面罩密封是否良好。

(7)将供气阀上的接口对准面罩插口安装需求阀。

(8)完全打开气瓶阀,通过几次深呼吸检查供气阀性能,戴上安全帽,背戴完毕。

(9)脱卸:安全帽挂于脑后、双手拨开面罩中、下部的带扣,放松拉带,抓住网状头带,将面罩从头上卸下,关闭供气阀,使其停止供气。摘下安全帽。

(10)松开腰带扣,再放松肩带扣。

(11)脱下呼吸器,关闭气瓶阀门,打开供气阀,将余气放空后复位。

(12)记录相关信息。

CBG006 空气呼吸器的使用要求

(三)技术要求

(1)空气呼吸器在使用之前应预先判断使用时间。

(2)检查气瓶压力,低于 20MPa 应及时补充空气。

(3)根据气瓶压力计算气瓶使用时间,判断空气呼吸器是否满足此次作业时间。

(4)腰带和肩带调整应以舒适为宜。

(5)先将安全帽挂至脑后,再带上面罩。

(6)面罩调整应先收紧下端的两根颈带,然后收紧上端的两根头带及顶带,面罩密封应以戴上面罩感觉呼吸困难为准。

(四)注意事项

(1)高压空气瓶和瓶阀应定期进行复检。

(2)擦洗面罩的视窗,使其有较好的透明度。

(3)使用呼吸器时听到报警哨响起,应立即撤出危险区域。

(4)为防止报警哨失灵,使用呼吸器时必须经常观察压力表压力,防止出现由于压力过低而无法安全退出危险区域的可能性。

项目五 检测可燃气体

一、相关知识

可燃气体检测仪是一种常见的气体泄漏检测报警仪器。当有可燃气体泄漏时,可燃气体检测仪检测到气体浓度达到报警器设置的临界点,就会发出报警信号,提醒工作人员采取安全措施,从而保障安全生产。

(一)可燃气体检测仪的用途

可燃气体检测仪,主要用于检测空气中的可燃气体,常见的如氢气(H_2)、甲烷(CH_4)、乙烷(C_2H_6)、丙烷(C_3H_8)、丁烷(C_4H_{10})等。

(二)可燃气体检测仪的分类

> CBG004 可燃气体检测仪的分类

1.按照自身形态分类

按照自身形态可分为便携式气体检测仪,如图 2-7-11 所示,固定式气体检测仪,如图 2-7-12所示。

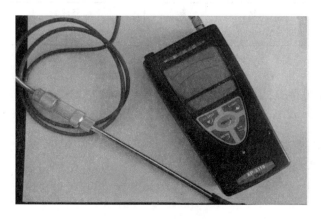

图 2-7-11　便携式可燃气体报警仪　　　　图 2-7-12　固定式可燃气体报警仪

(1)便携式可燃气体检测仪集控制器、探测器于一体,小巧灵活,操作简便,开机就能检测,工作人员可随身携带,检测不同地点的可燃气体浓度。

(2)固定式可燃气体检测仪由报警控制器和探测器组成,控制器可放置于室内,主要对各监测点进行控制,探测器安装于可燃气体最易泄漏的地点,其核心部件为内置的可燃气体传感器,传感器检测空气中气体的浓度。探测器将传感器检测到的气体浓度转换成电信号,通过线缆传输到控制器。气体浓度越高,电信号越强,当气体浓度达到或超过报警控制器设置的临界点时,报警器发出报警信号。

2.按照检测采样方式分类

按照检测采样方式可分为泵吸式气体检测仪和扩散式气体检测仪。

(1)泵吸式气体检测仪配置了一个小型气泵,工作时由电源带动气泵对待测区域的气体进行抽气采样,然后将样气送入仪表进行检测。泵吸式气体检测仪的特点是检测速度快,对危险的区域可进行远距离检测,保护人员安全。

(2)扩散式气体检测仪是被检测区域的气体随着空气的自由流动缓慢地将样气流入仪表进行检测。这种方式受检测环境的影响,如环境温度、风速等。

二、技能要求

(一)准备工作

1.材料准备

序号	名称	规格	数量	备注
1	天然气	—	1瓶	—
2	笔	—	1支	—
3	纸	—	1张	—

2.工具和仪表准备

序号	名称	规格	数量	备注
1	可燃气体检测仪	泵吸式	1台	—

3.人员

一人单独操作,劳动保护用品穿戴整齐,用具、量具准备齐全。

(二)操作规程

(1)连接导管,长按"POWER"按钮,蜂鸣发出"哔"音,电源接通开机。

(2)长按(AIR ADJ)约3s,蜂鸣器"哔哔"鸣叫,完成零位调整。

(3)将采样管靠近可燃气体进行检测,气体浓度画面显示气体浓度,当超过报警设定值时,蜂鸣器会连续发出滴滴报警声。

(4)记录检测结果。

(5)长按(POWER)约3s,待蜂鸣器发出"哔、哔、哔"蜂鸣音,电源关闭。

(三)技术要求

(1)检测仪器应在校验有效期内使用,并且在每次使用前与其他同类校验检测仪进行对比检查,以确定其处在正常的工作状态。

(2)传感器稳定后(20s以上),气体浓度画面如不为零,需进行零位调整;零位调整需在洁净的空气中进行。

项目六   检测受限空间含氧量

一、相关知识

CBG005 受限空间含氧量的检测要求

(一)受限空间含氧量检测要求

受限空间:进出口受限,通风不良,可能存在易燃易爆、有毒有害物质或缺氧,对进入人员的身体健康和生命安全构成威胁的封闭、半封闭设施及场所。

进入受限空间作业前,应对空间内氧含量进行检测,受限空间内氧含量要求为18%~23%。进入受限空间期间,气体环境可能发生变化,应进行气体监测,气体监测宜优先选择连续监测方式,如采取间断性检测,间隔不应超过 2h,容积较大的受限空间,应对不同高度部位进行监测分析。情况异常时应立即停止作业,撤离人员,对现场处理,检测合格后方可恢复作业。

(二)氧含量检测仪示意图

本部分以 XP-3180 为例进行说明,如图 2-7-13 所示,功能介绍见表 2-7-1。

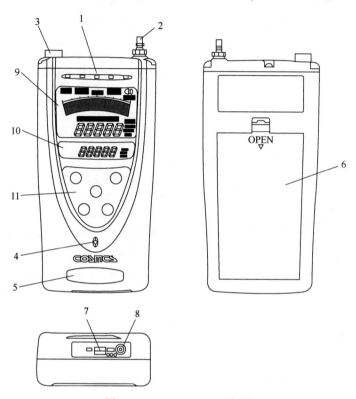

图 2-7-13　XP-3180 示意图

1—报警灯;2—气体导入管连接口;3—排气口;4—蜂鸣器口;5—机型与对象气体标签;
6—电池盖;7—USB 接口;8—DC 插孔;9—LCD 主画面;10—LCD 小画面;11—操作面板

表 2-7-1　XP-3180 各部分介绍

名　称	功　能
报警灯	气体报警时闪烁
气体导入管连接口	连接气体导入管
排气口	排放吸入的气体
蜂鸣器口	蜂鸣器鸣叫
机型与对象气体标签	显示仪器的型号与检测对象气体
电池盖	电池盒盖
USB 接口	连接 USB 线(选购品)
DC 插孔	连接 AC 电源线(选购品)

续表

名　称	功　能
LCD 主画面 C　D　　E 　　　　　　F PEAK 8888 AL 0　　　　　18888 　　　　　　　G 　　　　　　　H REC vol% %LEL 8.8.8:8.8　ppm A　　　　B	显示气体浓度与各种信息
	A.显示气体浓度
	B.显示单位
	C.显示剩余电量
	D.如设定为峰值保持功能,则会显示
	E.气体报警体显示
	F.表示气体报警时,报警器鸣叫
	G.以条线图显示气体浓度
	H.显示正在记录(记忆)
LCD 小画面 88888	显示气体浓度和各种信息
	显示时间
操作面板 D　　A　　C BZ STOP　LIGHT POWER MENU　AIR ADJ. E　　　　B	A.在接通/切断电源时使用
	B.用于自动归零复位
	C.用于点亮背景灯
	D.用于停止报警蜂鸣器。长按此按钮,用于确认报警点
	E.用于设定各种功能

二、技能要求

(一)准备工作

1.材料准备

序号	名称	规格	数量	备注
1	氧气	—	1瓶	—
2	纸	—	1张	—
3	笔	—	1支	—

2.工具和仪表准备

序号	名称	规格	数量	备注
1	含氧量测试仪	3180	1台	—
2	正压式呼吸器	9L	1台	—

3.人员

一人单独操作,劳动保护用品穿戴整齐,用具、量具准备齐全。

(二)操作规程

(1)连接导管。

(2)按"POWER"按钮,蜂鸣发出"哗"音,检测仪传感器稳定后,蜂鸣器发出"哗"的鸣叫,仪器显示"气体浓度画面"。

(3)佩戴正压式呼吸器。

(4)开始进行检测,当氧气浓度低于18vol%时报警。

(5)长按"POWER"约3s,待蜂鸣器发出"哔、哔、哔"蜂鸣音,仪器关闭。

(6)记录相关检测数据。

(三)技术要求

(1)仪器开关机须在洁净的空气中。

(2)检测仪器应在校验的有效期内使用。

(3)如气体浓度画面"E"闪烁,表示气体传感器即将达到使用寿命。如"E"点亮,表示氧气传感器达到使用寿命,需更换传感器装置后方能进行检测。

(四)注意事项

氧气含量检测合格后其他人员方可进入。

模块八　突发事件处置

项目一　输油管道泄漏现场初期处置

一、相关知识

自然灾害、第三方损伤、腐蚀、制造缺陷等原因会导致管道发生泄漏事件,影响管道运行安全、造成污染环境、威胁周边群众的生命财产安全,严重时可能造成恶劣的政治影响,影响企业社会形象。

管道保护工往往是管道运营企业抵达泄漏现场的第一人,如何在初起阶段采取简单、有效的初步应急措施,将损失和影响降低到最小,对后续抢修尤为重要。

CBH001 抢修现场风险识别的要点

(一)现场的风险识别

抢修现场的风险识别是抢修现场风险管理的第一步,根据识别出的抢修现场风险进行分析,进而采取有效的应对措施

1.抢修现场的主要风险

(1)火灾、爆炸、中毒。

(2)抢修现场及周边环境。

(3)抢修现场的机具、设备、车辆、物资等安全防护措施。

(4)抢修现场的人员的安全防护措施。

(5)抢修现场噪声危害因素(主要噪声源包括抽油泵、割管机、发电机等发出的噪声)。

(6)其他风险。

2.应对措施

(1)安排专人对抢修现场相关区域的可燃气体、含氧量进行监测。

(2)进入抢修现场的机具、设备、车辆、物资等做好安全防护措施。

(3)进入抢修现场的人员按规定劳保着装,做好安全防护措施。

(4)抢修现场配备医疗救护措施,做好救护准备工作。

(5)建立企地联动机制,加强企地沟通、协调及配合。

CBH002 事故现场周边情况描述的要点

(二)现场情况初报

管道保护工抵达现场后,应将现场情况向相关部门进行汇报,为抢险工作提供现场信息。汇报信息主要包括:

(1)事故发现时间、地点(地点包括行政域名和管道桩号)。

(2)泄漏扩散方向、泄漏污染范围、现阶段泄漏情况。

(3)事故现场周边居民点分布情况、事故管段进场道路;周边社会、环境敏感因素;特别是周边上下游水体、地下管网信息。

（4）发生事故地点周边可利用抢险资源、外部抢险队伍是否进场。

（三）现场人员疏散

CBH003 事故现场的疏散要求

（1）根据现场泄漏情况确定受影响区域，划定疏散范围；以疏散到安全区域为主要目标。

（2）用最快的速度通知现场无关人员按疏散的方向和通道进行疏散，在疏散通道的拐弯叉道等容易走错方向的地方，设置标志或安排人员进行路线指示。

（3）地方相关部门（如公安、消防、地方政府部门）到达事故现场后，现场人员将事故情况向相关部门人员汇报，指挥权移交，并积极协助做好疏散工作。

（4）对不愿离开危险区域的人员，应劝导其离开。

（5）现场疏散方法。

①现场引导疏散。

疏导人员到指定地点后，要用镇定的语气呼喊，劝说人们消除恐惧心理、稳定情绪，使大家能够积极配合，按指定路线有条不紊地进行疏散。

②广播引导疏散。

人口密集地段发生事故后，如周边有广播系统，可通过广播系统说明事故情况，将疏散命令、疏散要求进行广播。广播内容应包括：发生事故的部位及情况、需疏散的区域、疏散的方向、疏散路线标志、集合区域的地点及标志。

③强行疏散。

对不愿离开危险区域的人员，劝导无效时采取必要的手段强制疏散，防止出现伤亡事故。

（6）疏散注意事项。

①保持有序疏散，防止出现拥挤、踩踏、摔倒的事故发生。

②疏散点涉及较高楼层时，应按由上至下的顺序进行疏散。

③先安排严重危险区域内的人员疏散。

④应向上风方向转移。

⑤疏导人员应佩戴所需的劳动防护用品（防毒面具、手套等）。

（四）警戒区域设置

CBH004 事故警戒现场的要求

事故危险区域是个相对变化的范围，其大小受到事故类型、事故等级、发生地点、发生时间、天气状况、周边地理环境等多种因素的影响。

警戒区域是个相对于危险区域的概念，需根据危险区域内的划定，设置警戒区域。当事故结束，危险解除后，相应取消警戒区域。警戒区是个相对变化的区域，根据事态的发展变化，需要相应调整警戒区的大小和位置。事态扩大时，需要扩大警戒区域的范围；当事态减小或事故危害消除后，要减小或取消警戒区；如果发生次生灾害，则需要考虑次生灾害的类型和危害程度，重新划设警戒区。根据警戒区内各位置的危险程度不同，可将警戒区划分为不同的警戒级别。在接近事发现场，危险程度较高的区域，警戒级别越高；远离事故现场的区域，警戒级别较低。

事故发生后，围绕事故发生点，由内及外拉设警戒线，设置警戒区。警戒区划定后，在警戒线上设立警戒标志，布置警戒人员，禁止未被授权的人员、车辆进入警戒区，进入警戒区的人员、车辆要遵从警戒人员的指挥安排,遵守警戒区内的管理规定。

二、技能要求

(一)准备工作

1.材料准备

序号	名称	规格	数量	备注
1	应急预案	—	1套	—
2	警示牌/警戒带	—	若干	—
3	警戒桩	—	若干	—
4	防渗塑料布	—	若干	—
5	导向牌	—	若干	—
6	纸	—	1张	—
7	笔	—	1支	—

2.工具和仪表准备

序号	名称	规格	数量	备注
1	可燃气体检测仪	3110	2台	—
2	扩音器	—	2部	—
3	防火帽	—	若干	—
4	铁锹	—	若干	—
5	相机	—	1台	—
6	路障	—	若干	—

3.人员

一人单独操作,劳动保护用品穿戴整齐,用具、量具准备齐全。

(二)操作规程

(1)收集现场信息进行情况初报。

(2)按照上级指令对相关线路截断阀进行关闭。

(3)主要路口放置导向牌引导抢险车辆及抢险人员抵达事故现场。

(4)检测现场油气浓度,设置现场安全警戒区。

(5)对危险区域内人员进行疏散。

(6)对泄漏点进行围堰,防止原油进一步扩散。

(7)在泄漏点附近选择适宜位置开挖集油坑、导流渠,在坑内、渠内铺设防渗塑料布。

(8)现场警戒,等待抢险支援。

(9)记录抢险过程

(三)技术要求

(1)初报内容至少包括:事故发现时间、地点(地点包括行政域名和管道桩号)、泄漏情况(泄漏扩散方向、泄漏污染范围、泄漏量)事故现场周边居民点分布情况、事故管段进场道路,周边社会、环境敏感因素、发生事故地点周边可利用抢险资源、外部抢险队伍是否进场。

(2)集油坑要选择在泄漏油流方向的下游,远离地下设施、环境敏感区域,集油坑可采取连续开挖方式设置(即先挖小坑收集泄漏油品,再在小坑下游开挖大型集油坑)。

(四)注意事项

(1)进行现场初期处置时,要注意自身防护。

(2)现场保留影像资料。

项目二 实施输气管道泄漏现场初期处置

一、相关知识

输气管道前期处置与输油管道差异不大,本项目仅对不同部分进行叙述。

(1)进行情况初报时应着重对泄漏地点风向、风力进行汇报。

(2)天然气等可燃气体泄漏后,通常在泄漏点周围设置三道封锁线,如图2-8-1所示,分别为现场封锁线、警戒封锁线和交通封锁线,对应为第一层警戒区、第二层警戒区和第三层警戒区。

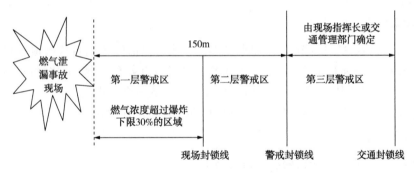

图2-8-1 天然气漏事故三层警戒区

二、技能要求

(一)准备工作

1.材料准备

序号	名称	规格	数量	备注
1	应急预案	—	1套	—
2	警戒带	—	若干	—
3	警示牌	—	若干	—
4	纸	—	若干	—
5	笔	—	1支	—
6	防火帽	—	若干	—

2.工具和仪表准备

序号	名称	规格	数量	备注
1	可燃气体检测仪	—	2台	泵入式
2	扩音器	—	2部	—
3	铁锹	—	若干	—

3.人员

一人单独操作,劳动保护用品穿戴整齐,用具、量具准备齐全。

(二)操作规程

(1)收集现场信息进行情况初报。

(2)按照上级指令对相关线路截断阀进行关闭,对管道进行放空、注氮气。

(3)主要路口放置导向牌引导抢险车辆及抢险人员抵达事故现场。

(4)检测现场可燃气体浓度,设置现场安全警戒区。

(5)对危险区域内人员进行疏散。

(6)现场警戒,等待抢险支援。

(7)记录抢险过程。

(三)技术要求

(1)初报内容至少包括:事故发现时间、地点(地点包括行政域名和管道桩号)、泄漏扩散方向、现场风力、现阶段泄漏情况、事故现场周边居民点分布情况、事故管段进场道路,周边社会、发生事故地点周边可利用抢险资源、外部抢险队伍是否进场。

(2)警戒区域分层设置,并根据检测到的可燃气体浓度时时调整。

(四)注意事项

(1)进行现场初期处置时,要注意自身防护。

(2)现场保留影像资料。

模块九　管道风险评价

项目一　识别输油管道高后果区

一、相关知识

CBI001 地区等级划分的规定

(一)地区等级划分规定

按沿线居民数和(或)建筑物的密集程度,划分为四个地区等级。相关规定如下:

(1)沿管道中心线两侧各200m范围内,任意划分成长度为2km并能包括最大聚居户数的若干地段,按划定地段内的户数划分为四个等级。在乡村人口聚集的村庄、大院、住宅楼,应以每一独立户作为一个供人居住的建筑物计算。

一级一类地区:不经常有人活动及无永久性人员居住的区段。

一级二类地区:户数在15户或以下的区段。

二级地区:户数在15户以上、100户以下的区段。

三级地区:户数在100户或以上的区段,包括市郊居住区、商业区、工业区、发展区及不够四级地区条件的人口稠密区。

四级地区:四层及四层以上楼房(不计地下室层数)普遍集中、交通频繁、地下设施多的区段。

(2)当划分地区等级边界线时,边界线距最近一户建筑物外边缘应不小于200m。

(3)在一、二级地区内的学校、医院以及其他公共场所等人群聚集的地方,应按三级地区选取。

(4)当一个地区的发展规划足以改变该地区的现有等级时,应按发展规划划分地区等级。

CBI003 管道高后果区的识别准则

(二)输油管道高后果区识别准则

高后果区分为三级,Ⅰ级表示最小的严重程度,Ⅲ级表示最大的严重程度。识别准则见表2-9-1。

表2-9-1　输油管道高后果区识别准则

管道类型	识别项	分级
输油管道	管道中心线两侧各200m范围内,任意划分成长度为2km并能包括最大聚居户数的若干地段,四层及四层以上楼房(不计地下室层数)普遍集中、交通频繁、地下设施多的区段	Ⅲ级
	管道中心线两侧200m范围内,任意划分2km长度并能包括最大聚居户数的若干地段,户数在100户或以上的区段,包括市郊居住区、商业区、工业区、发展区以及不够四级地区条件的人口稠密区	Ⅱ级
	管道两侧各200m内有聚居户数在50户或以上的村庄、乡镇等	Ⅱ级

续表

管道类型	识别项	分级
输油管道	管道两侧各 50m 内有高速公路、国道、省道、铁路及易燃易爆场所等	Ⅰ级
	管道两侧各 200m 内有湿地、森林、河口等国家自然保护地区	Ⅱ级
	管道两侧各 200m 内有水源、河流、大中型水库	Ⅲ级

CBI004 高后果区的识别要求

(三)高后果区识别

(1)高后果区识别工作应由熟悉管道沿线情况的人员进行,识别人员应进行培训。

(2)识别统计结果,填写高后果区识别汇总表,见表 2-9-2。

表 2-9-2　高后果区识别汇总表

管道名称:××管线　管径:××mm　输送介质:　　识别时间:　年　月　日　　负责人:

编号	起始里程,m	结束里程,m	长度,m	识别描述(村庄、河流等名称及数量)	等级	备注

(3)当识别出高后果区的区段相互重叠或相隔不超过 50m 时,作为一个高后果区段管理。

(4)当输油管道附近地形起伏较大时,可依据地形地貌条件判断泄漏油品可能的流动方向,对高后果区距离进行调整。

CBI005 高后果区的管理措施

(四)高后果区管理

1.地区等级的管理

管道周边的人口会随时间而发生变化,应更新管道两侧 200m 范围内的建筑物及人口情况。当建筑物及人口变化足以影响地区等级级别划分时(如二级地区变成三级地区),可调整此地区管道运行压力。特殊情况下,可使用壁厚更大、强度更高的钢管进行换管处理。

2.开展公共教育

应采取以下措施,开展高后果区管段的公共教育:

(1)设立标示牌,加强宣传,普及高后果区内居民区的安全知识,提高群众紧急避险意识。

(2)对与从事挖掘活动有关的人员开展安全教育。

(3)应与从事挖掘等活动人员建立联系制度,在挖掘活动之前进行确认。

(4)一旦管道发生泄漏,应当采取保护公共安全的措施。

(5)建立向管道泄漏可能影响到的政府、居民区、学校、医院等发出管道安全警告的机制。

3.内腐蚀风险的减缓措施

内腐蚀风险的减缓措施,应从内腐蚀监测、内腐蚀控制、内腐蚀修复、巡线、内检测等多方面进行。具体实施细则,应参见相关内腐蚀控制与修复标准。其中内腐蚀直接评估技术(ICDA)比较常用。

4.外腐蚀风险的减缓措施

外腐蚀风险的减缓措施,应从外涂层、阴极保护、外腐蚀监测、电绝缘、阴保测试、杂散电流、大气腐蚀的控制与监控、检漏、修复等方面开展。具体实施细则,应参见相关外腐蚀控制与修复标准。其中外腐蚀直接评估技术比较常用(ECDA)。

5.制造缺陷、设计缺陷的减缓措施

管道建设材料不达标、设计方案不完善或施工过程不规范,会导致管道缺陷的产生。管道运营企业应采用合格材料、科学合理的设计方案、严格监督施工过程确保工程施工质量。关于管材及设计方案的选定,应遵照 GB 50251—2015《输气管道工程设计规范》中相关规定执行。

6.第三方损伤风险的减缓措施

第三方损伤管道的风险多由第三方挖掘活动引起,挖掘活动包括挖掘、爆破、钻孔、回填,或通过爆破或机械方式移动地面建筑物和移动土方的其他作业。对于挖掘活动的风险,具体减缓措施如下:

(1)与从事挖掘等活动人员建立联系制度,在挖掘活动之前进行确认。

(2)挖掘活动前,应确认埋地管线的准确位置。

(3)管道运营企业应确认挖掘活动的合法性、挖掘的目的。

(4)在挖掘活动之前,应在挖掘作业区内的埋地管线沿线设置临时标记。管道管理人员和挖掘人员应能识别这些标记。

(5)在挖掘之前和之后,应对管道进行检查,确认管道的安全。

(6)制定检查、监护、巡线计划,以检查、监护施工活动,或其他影响管道安全运行的因素。

(7)如果是爆破活动,应在爆破前对爆破活动进行应力分析,确认爆破活动不会对管道造成损伤。管道周边爆破活动的应力分析,与爆破使用的炸药类型、与管道的距离、爆破形式、管道压力、管道的 SMYS、管壁、管径、最大许可应力水平、管线附近介质情况等参数有关。

(8)可根据以上几点内容,编制开挖活动的事故应急预案。

7.地质灾害风险的减缓措施

地质灾害风险主要是指滑坡、洪水、地震、泥石流、崩坍等地质活动对管道的威胁。管道运营企业应采取措施降低高后果区管段的地质灾害威胁,具体减缓措施如下:

(1)增加地质灾害易发段的巡线频率,一旦发现地质灾害发生迹象,应马上报告有关部门。

(2)汛期应密切监视地质灾害易发区。

(3)建立群策群防机制,制定防灾预案。

(4)对已发现的滑坡等地质灾害区,进行工程治理。

(5)对地质灾害易发区,可采用定期目视监测、安装简易监测设备、地面位移监测、深部位移监测等监测方法。

(6)特殊情况下,可采取改线措施。

8.土壤腐蚀风险的减缓措施

管道运营企业应在动态管理中,开展土壤腐蚀性调查分析。

9.减少人为因素影响

人员主观因素可能造成高后果区管段风险评价的不准确,因此应采取措施减少人为因素的影响,具体措施有:

（1）定期组织员工学习高后果区评价的规范、标准及专业知识,提高评价人员的业务素质和水平。

（2）吸取以往的经验教训,改进现有的工作程序。

10.实施动态管理

主要针对高后果区管段内诸如第三方损坏等与时间变化无关的风险,各管道运营企业应采取动态管理的方式,如不定期的管道周边环境调查、对第三方施工活动的监控等。

11.高后果区段风险评估

对评价出的高后果区管段,无论分值高低,都应开展风险评估,根据评估结果区分各管段的风险高低,并制定相应的风险减缓措施。

12.高后果区再识别的时间间隔

对已确定的高后果区,定期再复核,复核时间间隔一般为 12 个月,最长不超过 18 个月。管道及周边环境发生变化时,及时进行高后果区再识别。

13.高后果区的更新及基线评估计划的修改

管线周边的人口及环境会随时间而发生变化,当其改变时,各管道运营企业应对相关信息进行及时更新。

当新的高后果区被确认后,应修改基线评估计划。新确认的高后果区管段必须在 1 年之内纳入到基线评估计划,5 年之内必须对这些管段进行完整性评估。

14.高后果区识别报告

1）项目概述

（1）工作目的及内容:明确高后果区识别项目的工作目的及工作内容。

（2）工作方案及实施情况:介绍本次高后果区识别所采取的工作方法、形式、实施进度,并说明识别依据,以及报告的主要编写人/单位、审核人/单位。

（3）管道背景资料:管道的基本信息和工艺情况以及途经地区的人口和自然环境情况。

2）高后果区识别结果

（1）对高后果区识别结果进行分类统计。

（2）对管道高后果区的变化情况和原因进行分析。

（3）对经过大中型河流和人口密集区的重点高后果区管道的风险现状、应急措施情况进行分析,提出高后果区的日常和应急管理建议。

3）分析识别结果提出管理建议

总结高后果区识别结果,总结高后果区管理建议。

4）附录

填写高后果区识别结果表。

二、技能操作

(一)准备工作

1.材料准备

序号	名称	规格	数量	备注
1	管道影像图	—	1份	—
2	有关管道基本信息描述,管道周边情况描述的介绍	—	1份	—
3	记录用纸	—	4张	—
4	记录用笔	—	1支	—

2.工具和仪表准备

序号	名称	规格	数量	备注
1	卷尺	—	1卷	—

3.人员

一人单独操作,劳动保护用品穿戴整齐,用具、量具准备齐全。

(二)操作规程

(1)详细分析管道影像图、管道基本信息描述和管道周边情况介绍。

(2)根据地区等级划分规定对管道经过地区进行等级划分。

(3)根据输油管道高后果区识别准则对管道进行高后果区识别。

(4)编制高后果区识别汇总表。

(5)将管道高后果区识别结果记录在编制好的高后果区识别汇总表中。

(6)对高后果区进行分析,针对不同高后果区情况编制管理措施方案。

(三)技术要求

(1)识别范围包括管道沿线200m范围内的全部高后果区域。

(2)当识别出高后果区的区段相互重叠或相隔不超过50m时,作为一个高后果区段管理。

(3)当输油管道附近地形起伏较大时,可依据地形地貌条件判断泄漏油品可能的流动方向,对高后果区距离进行调整。

项目二 识别输气管道高后果区

一、相关知识

(一)地区等级划分规定

按沿线居民数和(或)建筑物的密集程度,划分为四个地区等级。相关规定如下:

(1)沿管道中心线两侧各200m范围内,任意划分成长度为2km并能包括最大聚居户数

> CBI001 地区等级划分的规定

的若干地段,按划定地段内的户数划分为四个等级。在乡村人口聚集的村庄、大院、住宅楼,应以每一独立户作为一个供人居住的建筑物计算。

一级一类地区:不经常有人活动及无永久性人员居住的区段。

一级二类地区:户数在 15 户或以下的区段。

二级地区:户数在 15 户以上、100 户以下的区段。

三级地区:户数在 100 户或以上的区段,包括市郊居住区、商业区、工业区、发展区及不够四级地区条件的人口稠密区。

四级地区:四层及四层以上楼房(不计地下室层数)普遍集中、交通频繁、地下设施多的区段。

(2)当划分地区等级边界线时,边界线距最近一户建筑物外边缘应不小于 200m。

(3)在一、二级地区内的学校、医院以及其他公共场所等人群聚集的地方,应按三级地区选取。

(4)当一个地区的发展规划足以改变该地区的现有等级时,应按发展规划划分地区等级。

CBI002 特定场所的划分规定

(二)特定场所

特定场所是除三级、四级地区外,由于管道泄漏可能造成人员伤亡的潜在区域。包括以下地区:

特定场所Ⅰ:医院、学校、托儿所、幼儿园、养老院、监狱、商场等人群难以疏散的建筑区域。

特定场所Ⅱ:在一年之内至少有 50d(时间计算不需连贯)聚集 30 人或更多人的区域。例如,集贸市场、寺庙、运动场、广场、娱乐休闲地、剧院、露营地等。

CBI003 管道高后果区的识别准则

(三)输气管道高后果区识别准则

高后果区分为三级,Ⅰ级表示最小的严重程度,Ⅲ级表示最大的严重程度。识别准则见表 2-9-3。

表 2-9-3　输气管道高后果区识别准则

管道类型	识 别 项	分级
输气管道	管道经过的四级地区,地区等级按照 GB 50251—2015 中相关规定执行	Ⅲ级
	管道经过的三级地区	Ⅱ级
	如管径大于 762mm,并且最大允许操作压力大于 6.9MPa,其天然气管道潜在影响区域内有特定场所的区域,潜在影响半径按照高级部分潜在影响半径计算公式计算	Ⅱ级
	如管径小于 273mm,并且最大允许操作压力小于 1.6MPa,其天然气管道潜在影响区域内有特定场所的区域,潜在影响半径按照高级部分潜在影响半径计算公式计算	Ⅰ级
	其他管道两侧各 200m 内有特定场所的区域	Ⅰ级
	除三级、四级地区外,管道两侧各 200m 内有加油站、油库等易燃易爆场所	Ⅱ级

（四）高后果区识别

CBI006 潜在影响区域的计算方法

高后果区识别工作与输油管道识别基本相同,可参考本模块项目一,只需要注意当输气管道长期低于最大允许操作压力运行时,潜在影响半径宜按照最大操作压力计算。潜在影响区域计算方法为:

（1）根据SY/T 6621—2016《输气管道系统完整性管理规范》相关规定,对于天然气管道的潜在影响半径可按式（2-9-1）计算:

$$r=0.099\sqrt{d^2 p} \tag{2-9-1}$$

式中　d——管道外径,mm;

　　　p——管段最大允许操作压力（MAOP）,MPa（表压力）;

　　　r——受影响区域的半径,m。

上式表明,直径较小、压力较低的管道,受事故影响的区域比直径较大、压力较高的管道受事故影响的区域要小。

注:系数0.099适用于天然气管道,对于其他气体或富气管道,应采用不同的系数。

在以风险分析为基础的高后果区确定程序中,管道运营企业可考虑采用其他的模型计算影响区域和考虑其他因素（如埋深）,这样可能减小影响范围。管道运营企业应统计潜在影响范围内房屋和人口数量。潜在影响范围是从最初受影响范围的中心扩大到最后受影响范围的中心（图2-9-1）。这种统计,有助于确定管道破裂带来的相应后果。

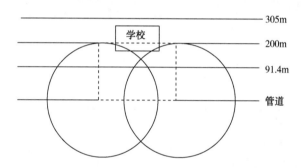

图 2-9-1　潜在影响区域（PIZ）（虚线以内）

注:本图为直径为726mm、最大允许操作压力7MPa管道的研究结果。

（2）天然气管道常见管径、压力与潜在影响半径关系见表2-9-4。

表 2-9-4　天然气管道常见管径、压力与潜在影响半径关系表

序号	管径,mm	压力,MPa	潜在影响半径,m
1	1219	12	417.9
2	1016	10	318.0
3	711	10	222.5
4	711	7	186.2
5	660	6.4	165.2
6	610	6.3	151.5
7	508	4	100.5

续表

序号	管径,mm	压力,MPa	潜在影响半径,m
8	457	3.4	83.4
9	426	4	84.3
10	108	1.6	13.5

CBI005 高后果区的管理措施

(五)高后果区管理

输气管道高后果区管理与输油管道相同,可参考本模块项目一,需要注意的是在进行管理时应注意对输气管道潜在影响区(PIZ)的管理及风险评估。

管道周边的人口会随时间而发生变化。各管道运营企业应更新管道两侧一定距离内的医院、学校、养老院、托儿所、宿营地、教堂、寺庙等特定场所数量及人口情况。

特殊情况下(大管径、高压力输气管道,如西气东输管线),潜在影响区域应扩大,具体可根据潜在影响区域计算公式计算。

管道运营企业应对潜在影响区(PIZ)内管道的潜在风险进行识别与分析。通过分析,来评估这些风险对管道的威胁程度。

影响管道完整性的潜在风险有三类:与时间有关的风险(包括内腐蚀、外腐蚀、应力腐蚀开裂);静态的或固有的风险(制造缺陷、建设期存在的设计缺陷);与时间无关的风险(第三方破坏、地质灾害)。

二、技能操作

(一)准备工作

1.材料准备

序号	名称	规格	数量	备注
1	管道影像图	—	1 份	—
2	有关管道基本信息描述,管道周边情况描述的介绍	—	1 份	—
3	记录用纸	—	4 张	—
4	记录用笔	—	1 支	—

2.工具和仪表准备

序号	名称	规格	数量	备注
1	卷尺	—	1 卷	—

3.人员

一人单独操作,劳动保护用品穿戴整齐,用具、量具准备齐全。

(二)操作规程

(1)详细分析管道影像图、管道基本信息描述和管道周边情况介绍。

(2)根据地区等级划分规定对管道经过地区进行等级划分。

（3）根据输气管道高后果区识别准则对管道进行高后果区识别。

（4）编制高后果区识别汇总表。

（5）将管道高后果区识别结果记录在编制好的高后果区识别汇总表中。

（6）对高后果区进行分析，针对不同高后果区情况编制管理措施方案。

（三）技术要求

识别范围包括管道沿线潜在影响范围内的全部高后果区域。

项目三　使用 GPS 定位仪定位

一、相关知识

（一）WGS84 坐标系统

CBI007 GPS 定位仪的使用方法

WGS84 坐标系是一种国际上采用的地心坐标系，坐标原点为地球质心，其地心空间直角坐标系的 Z 轴指向国际时间局（BIH）1984.0 定义的协议地极（CTP）方向，X 轴指向 BIH1984.0 协议子午面和 CTP 赤道的交点，Y 轴和 Z 轴、X 轴垂直构成右手坐标系，称为 1984 年世界大地坐标系。

（二）西安 80 坐标系统

1980 年国家大地坐标系采用地球椭球基本参数为 1975 年国际大地测量与地球物理联合会第十六届大会推荐的数据。该坐标系的大地原点设在我国中部的陕西省，故称 1980 年西安坐标系，基准面采用青岛大港验潮站 1952—1979 年确定的黄海平均海面（即 1985 国家高程基准）。

二、技能操作

（一）准备工作

1.材料准备

序号	名称	规格	数量	备注
1	地上标记物	—	5 个以上	—
2	记录用纸	—	2 张	—
3	记录用笔	—	1 支	—

2.工具和仪表准备

序号	名称	规格	数量	备注
1	GPS 定位仪	—	1 台	—

3.人员

一人单独操作，劳动保护用品穿戴整齐，用具、量具准备齐全。

（二）操作规程

（1）安装好 GPS 电池，确认电池电量充足。

(2)按下 GPS 电源键仪器开机,仪器开机后屏幕上显示开机界面,选择进入 GPS 主页面(页面显示该点高度、当前数据精度、收到的卫星信号情况及时间、日期、当前经度、纬度),如不是则继续前次操作。

(3)检查 GPS 数据显示保存格式为度分秒。

(4)到达需要采集数据的位置。

(5)按住输入键 2s,GPS 自动记录下当前位置,并显示标记航点页面(根据数据采集需要编辑航点顺序)。

(6)记录指定地块各点坐标,计算面积。

(7)GPS 关机。

(三)技术要求

(1)GPS 使用时要保证天线部分不受遮挡,能够看到开阔的可视天空,并随身携带备用电池。

(2)坐标数据采集时要保持 GPS 静止 1~2min,保证收到三颗以上卫星信号,看到屏幕右上方精度显示在 10m 以下方可记录数据。

(3)野外采集时可在记录表上记录坐标及位置数据序号,同时使用标记物在地面做标记。

(4)在采集需要记录面积的数据时,要严格按照沿途实际形状进行记录,即在每一个转折弯处进行一次记录(不含 5m 内折弯)。

项目四　选择管道首级控制点

一、相关知识

CBI008 管道首级控制点的设置要求

(一)选点

沿管道每 20km 左右一个,尽可能选择在管道阀室、管道场站等建筑物顶部,阀室、场站间隔距离大于 30km 的时候,可以在管道里程桩附近选择不易被破坏的地点进行标石埋设。

(二)标石埋设

1.建筑物顶部标志桩规格图及说明

建筑物顶部 GPS 点的标石(天线礅)规格如图 2-9-2 所示。

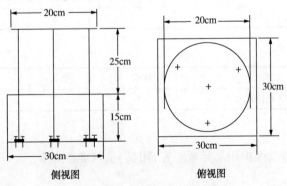

图 2-9-2　GPS 标石规格图

（1）建筑物上的控制点标石全部埋设在管道建筑物顶部,选在便于联测的楼顶承重墙上方。

（2）标志桩分为三部分:顶部为不锈钢制圆盘,中部为钢制支架,底部为混凝土底座。

（3）顶部的不锈钢圆盘直径20cm,厚度3~6mm,中心开直径18mm的圆孔。

（4）圆盘表面刻标识编号,编号规则为"管线拼音缩写+GPS+编号",字符高度12mm,刻字线宽1~2mm,刻线深度0.8~1mm。

（5）圆盘底焊接3根直径15~20mm粗螺纹钢,呈正三角形分布,螺纹钢支架长度40cm,螺纹钢支架底端焊接螺母,用钢钉穿过螺母将支架固定在建筑物顶部。

（6）标石应现场浇筑,浇筑前应将屋顶面磨出新层、打毛,套模浇筑,将螺纹钢支架下部牢固地浇筑在水泥底座内,螺纹钢埋深15cm。

（7）顶部钢质圆盘应保证水平,金属构件在施工后应做防锈处理。

（8）埋石结束后应填写GPS点之记录。

（9）待现场浇筑的标石凝固后2~3d方可观测。

2.一般普通标石规格及说明

普通埋地标石规格如图2-9-3所示。

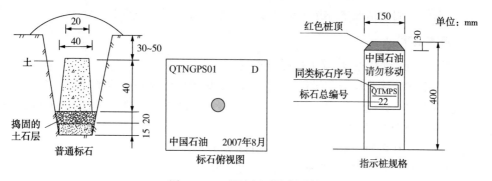

图 2-9-3　埋地标石及指示桩

（1）建筑物顶部不适合架设标志桩时,应在场站等管道设施院内或其附近埋设一般普通标石。

（2）一般普通标石分为二部分:上标石和下标石,为了方便使用,在标石正北方约2m附近埋设指示桩。

（3）上下标石正面左上角刻标石编号,编号规则为"管线拼音缩写+GPS+编号";右上角刻GPS点等级,左下角刻权属单位,右下角刻测量年月,字符大小应以字迹清晰、整体不拥挤为宜,可深不小于5mm,上下标石中心应严格在同一铅垂线上,偏差不大于2mm。

（4）指示桩上部刻"勿动"或"测量标志 请勿移动"字样。

3.控制点的保护

（1）控制点是管道数据成果的基准,在管道运营维护和大修中将长期利用,应加强保护。

（2）首级控制点作为管道重要基础设施应每年进行维护,如检查、油漆等。

（3）加密控制点由于设在野外,易受破坏,破坏后应尽快恢复并与首级控制点联测,重新记录其坐标。

二、技能操作

(一)准备工作

1.材料准备

序号	名称	规格	数量	备注
1	有关管道基本信息描述,管道周边情况描述的介绍	—	1份	—
2	记录用纸	—	2张	—
3	记录用笔	—	1支	—

2.人员

一人单独操作,劳动保护用品穿戴整齐,用具、量具准备齐全。

(二)操作规程

(1)根据给定的管道基本信息描述分析管道沿线需要设置首级控制点的数量。

(2)分析管道基本信息,列出设置管道首级控制点的位置分布图。

(3)根据管道周边情况描述选定可埋设首级控制点标石的地点。

(三)技术要求

首级控制点标石埋设点位要求执行下列规定:

(1)应便于安装接收设备和操作,视野开阔,视场内障碍物高度角不宜超过15°。

(2)远离大功率无线电发射源(如电视台、电台、微波站),其距离不小于200m,远离高压输电线和微波无线电信号传送通道,其距离不应小于50m。

(3)附近不应有强烈反射卫星信号的物件(如大型建筑物等)。

(4)交通方便,并有利于其他测量手段扩展和联测。

(5)地面基础稳定,易于标石的长期保存。

(6)充分利用符合要求的已有控制点。

(7)选点时应尽可能使其附近的局部环境(地形、地貌、植被等)与周围的大环境保持一致,以减少气象元素的代表性误差。

模块十　油气储运基本知识

项目一　发送清管器

一、相关知识

CBI009 管道清管器的分类

(一)管道清管器

清管器是清管系统最根本的组成之一,在油(气)流的推动下,它能扫除管内的沉积物。

传统的清管器已有100多年的历史,从简单到复杂,目前发展到300多个种类,清管器主要分为三大类:清管球、机械清管器、用于管道检测的清管器。常用的有如下几种:

1.清管球

1)橡胶清管球

橡胶清管球由橡胶制成,中空,壁厚30~50mm,球上有一个可以密封的注水排气孔。注水孔有加压用的单向阀,用以控制打入球内的水量,从而控制球对管道的过盈量。橡胶清管球主要清除管道内的液体和分离介质,清除块状物的能力较差。

2)泡沫清管球

泡沫清管球主要由多孔的、柔软抗磨的聚氨酯泡沫制成,其长度为管径的1.75~2倍,泡沫根据密度分为低密度、中密度和高密度。每一种密度的泡沫做成的清管球其功用也有差别,用低密度泡沫做成的清管球主要用来吸收液体,干燥管道,目前国内应用较多;中密度泡沫用来制作的清管球用来干燥、脱水以及清扫管道;高密度泡沫制作的清管球可以清除管内沉积的杂质和其他比较难除的杂质。泡沫清管球可压缩,柔性好,对管道和阀门等设备的损伤小,通过能力强,堵塞可能性低,管道振动小,安全系数高,但只能一次性使用,运行距离较短。

2.机械清管器

1)皮碗清管器

皮碗清管器结构相对简单,安装形式灵活,常用的皮碗按形状分为平面、锥面和球面3种。皮碗清管器是由一个刚性骨架和前后两节或多节皮碗构成。它在管内运行时,能够保持着固定的方向,所以能够携带各种检测仪器和装置。为了保证清管器顺利通过大口径支管三通,前后两节皮碗的间隔应有一个最短的限度,根据理论计算和实验,确定前后皮碗的间距不应小于管道直径 D,清管器的总长度可根据皮碗节数的多少和直径的大小保持在1.1~1.5D 范围内,皮碗唇部对管道内径的过盈量取2%~5%。皮碗清管器有多道密封,密封性能好,钢刷为其清理工具。皮碗清管器主要用来清除管道内液体及少量结蜡。

2)直板清管器

直板清管器的主体骨架和皮碗清管器基本相同,直板主要分为支撑板(导向板)和密封板,其形状为圆盘,支撑板的直径比管道的内径略小。密封板相对管道内径要有一定的过盈量。直板清管器最大的优点是可以双向运动,清除管道内固体残留物的能力较强,在管道投产前期最好用直板清管器,一旦发生堵塞等情况,可进行反吹解堵。

3.管道检测清管器

1)测径清管器

测径清管器主要用来检测管道内部的几何形状,它通过一组传感器将管道内径的变化记录在主体内的记录器中,包括管道焊缝的焊透性情况、椭圆度以及不平度等。测径清管器的主体结构紧凑,直径大约为管道内径的60%,皮碗的柔性较好,可以通过15%的缩径。通过测径清管器的测量,提供管道状况的原始数据,为管道维修和清管提供相关依据。在发射内检测球之前,经常先发测径清管器,确定管道内部状况,检测管道的通过能力。

2)漏磁检测清管器

管道在运行过程中常受到化学腐蚀、细菌腐蚀、应力腐蚀和氢脆等的影响,导致管道破裂,造成很大损失,及早发现管道的腐蚀缺陷并加以防范和更换非常重要。通过漏磁检测可以确定管道内外壁的缺陷位置、面积以及严重程度。其基本原理是在管道截面充满磁场,利用置于磁极之间的传感器感应磁场泄漏和偏移,从而确定金属损失的面积。

(二)清管器收发系统

通常的清管系统由收球筒、发球筒、阀门、管线等构成,它也可以用来发送分隔两种油品的隔离球(塞)。

1.收球筒的结构

收球筒的结构如图2-10-1所示。收球筒上带有两根回油管线,两根回油管线的距离略大于清管器的长度,以防瞬间回油量过小,管道超过允许压力值。筒上装有排气阀和供气阀。为便于取球,收球筒盲板部位略低于与干线连接部位。

2.发球筒的结构

发球筒的结构与收球筒基本相同,不同的是发球筒上只有一根回油管线作发球动力线,发球筒的动力线通常装有DN100mm左右的小管,供排净发球筒内存油。

3.转球筒结构

转球筒的结构如图2-10-2所示。以DN700mm转球筒为例说明,越站转球是用两段ϕ920mm的外套管,套管内装一个ϕ720mm钻有圆孔的管子,做接收和发送排油用。两段ϕ920mm外套管上各有一个回流管路。从上站发来的清管器一般直接进入第二个回流处,这就保证了清管器顺利发出。

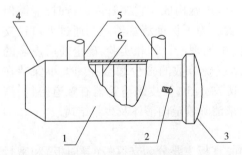

图2-10-1 收球筒结构图
1—筒体;2—排空阀;3—快开盲板;
4—大小头;5—回油管线;6—收球笼

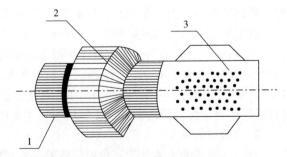

图2-10-2 转球筒示意图
1—干线;2—外套筒;3—过滤孔

转球筒上部装有指示器,判断清管器是否进出站。转球筒下部有一个 DN50mm 的排污阀门。清管器越站时不影响正常输油。

4.快速盲板结构

快速盲板结构如图 2-10-3 所示。

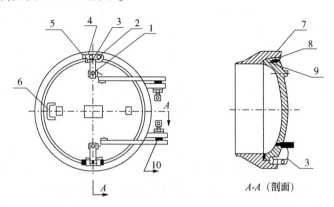

图 2-10-3　收球筒、发球筒快速盲板结构示意图

1—保安螺栓;2—锁紧螺栓;3—保安弯板;4—锁桩;5—锁紧螺母;6—拉手;7—锁环;8—锁环槽;9—密封圈;10—调节螺栓

快速盲板主要由盲板盖、保安螺栓、保安弯板、锁环等部分组成。

保安螺栓与快速盲板内部相通,用它可以观察收球筒、发球筒内是否有存油。操作时,先松动上部保安螺栓,观察筒内是否有存油,确认无油后可松动下部保安螺栓。

保安弯板的一端与保安螺栓连接,另一端控制锁环位置,只有锁环进入短节的锁环槽内,才能把保安弯板放入两个锁环桩之间,从而保证了盲板能安全可靠地关严。

锁环由两个半圆形组成,两个半圆的端部分别带有锁桩。锁紧螺栓上带有右旋、左旋两段螺纹,分别与锁桩连接,需要打开快速盲板时,要胀紧锁紧螺栓,转动保安螺栓,取下定位板,然后松动锁紧螺栓(要注意上下均衡松动)。在松动锁紧螺栓时,锁桩随锁紧螺栓移动,当锁环完全归位后,即可打开快速盲板;在盲板里侧装有聚氨酯密封圈,防止筒内原油泄漏,通常规定密封胶圈每年更换一次。

5.收、发球信号发生器

收、发球信号发生器是收发球必不可少的设备,清管器是否进出站完全依靠信号发生器的信号来判断。信号发生器如图 2-10-4 所示。

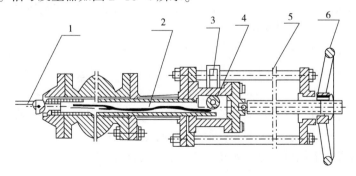

图 2-10-4　管道用信号发生器示意图

1—扳机;2—钢丝绳;3—指示臂;4—拉杆;5—省略线;6—手轮

信号发生器的工作原理是:清管器在管道中随油气流移动,当碰到信号发生器下部的扳机时,扳机改变方向,此时连接在扳机上的钢丝绳拉动指示器,使指示臂立起,运行人员由此可确定清管器的通过。

省略线处装有阀门,当需要检修指示器内部零件时,可旋转手轮,把指示器内的联动机构提出,之后关上阀门,以防管内原油流出。

(三)清管器跟踪、定位方法

CBI010 清管器的定位方法

1.清管器跟踪定位设备

在过去近40年的时间里,世界各国研制了许多基于各种原理的清管器跟踪定位设备,其目的是保证清管器的正常运行,监视清管器的运行位置,以避免其卡堵在管道中,成为障碍,影响管道安全。

按照PPSA(英国清管产品服务协会,Pigging Products & Services Association)的定义,清管器跟踪定位是指在清管作业过程中监视清管器的运动或者查找其确切位置。通常,清管器跟踪定位设备可以完成通过指示、精确定位和循迹跟踪3种功能。通过指示是指在清管器通过管道特定位置时发出特定提示;精确定位是指当清管器卡、堵在管道内时,确定清管器的确切位置;循迹跟踪是指沿管道连续不断地获得清管器的位置,或者在一系列预先设定的地点逐个定位清管器。与上述3种功能相对应,按照适用场合和使用方法的不同,信号接收部分可以分为:指示器、定位器、跟踪器。另外,在智能清管作业中使用的标记器也是一种接收器,它在定位精度和时间准确性方面有着更高的要求。

目前,国内外的清管器跟踪定位产品主要基于放射性、机械、声学、压力、磁学等原理,按照适用场合和使用方法可以分为指示器、定位器、跟踪器3种类型。因放射性元素对人体有危害,许多设备已经被限制和禁止使用;机械式跟踪设备需要直接与清管器接触,需要安装在管道上,使用不灵活,通常只能作为通过指示器,不能用于跟踪定位;声学设备具有有效跟踪距离远的优点,但其定位精度较差;基于磁学方法的跟踪定位设备技术成熟,其设备无须与管道接触,使用方便、灵活,具有定位精度高的优点,是目前跟踪定位设备采用的主流技术。

2.传统跟踪定位方法

1)放射性同位素法

该方法的工作原理是在清管器上安装放射性同位素示踪物,放射源向四周辐射放射性射线,使用盖革-弥勒计数管(Geiger-Muller Counter)作为接收器,探测清管器携带的放射性同位素示踪物,以指示清管器所在的位置。

该方法的优点是定位精度高,可以达到2cm,清管器不需要安装电子元件,尺寸小,而且抗干扰能力强,可以用于检测某些埋地管道。与此同时,该方法的局限性和危险性较大,放射性射线可能对人体造成伤害和对环境造成污染,安装和拆卸放射源都需要有相应资质的人员操作,耗时较长;对于放射性源的管理比较困难,作业成本较高;安装在清管器容器中的放射源一般较小,一旦发生脱落,遗留在管道中,将造成很严重的事故和后果。目前,基于放射性同位素法的跟踪定位设备基本被更加安全的方法和设备所取代。

2)机械法

机械法的工作原理是可双向触发的撞针接管探入管道内部靠近管壁,当清管器通过时,撞针被拨动,经密封轴套中的连杆将动作传递给仪表按钮,触发显示仪表工作。该类设备主要作为通过指示器用于站场和阀室管道上。

该方法的优点是原理简单,清管器通过判断准确。该方法的缺点是设备需要安装在管道上,会破坏管道防腐层;会由于清管器破损、管道内壁污垢太厚等情况导致撞针不动作;不能实现定位,只能作为通过指示器使用。

3)声学法

声学设备按照声波的来源可以分为有源和无源两种类型。有源设备通常在海上使用,清管操作人员使用声波发射器,发出声波脉冲。声波利用管道外海水和管道内液体介质作为信号传播的导体。该方法能将接收器放低到水面之下,也可以在海上或直升机上监测,但因输气管道缺少传播介质,因此,通常不适用于干燥的或管外有大量包覆物的输气管道。

(1)声波特征判别方法。

该方法由于没有使用声波发射源,因此属于无源方法。由于清管器运行时清管器密封盘或者直板与管壁摩擦与经过焊缝时产生的噪声与管道无清管器运行时发出的声波频率是不同的,因此,通过记录和对比分析管道中有清管器运行时产生的噪声声波和管道中无清管器运行时的声波特征,就可以跟踪定位清管器的位置。该方法检测的有效距离与清管器的速度和质量以及管道的压力有关。通常,管道的管径和压力越大,清管器的速度和质量越大,信号越好,有效距离越长。

该方法的优点是只需要在管道的发球端或收球端检测声波信号,而不需要在管道沿线设置监测点,现场跟踪定位工作量小。该方法的缺点是受声波传播距离影响,可检测的管道长度短。然而,现在的输气管道距离较长,在清管以前需要预先分析管道内部的声波信号特征,前期工作烦琐,对于不同管道的通用性差。

(2)超声波法。

超声波法是有源方法,其原理是在清管器上安装超声波发射器,接收器接收到发射器发出的超声波信号后,计算出清管器的位置,从而实现清管器的跟踪与定位。然而,由于声波需要传播介质,为了保证超声波信号发生器正常工作,需要使其与管壁之间充满液体,因此,若使用该方法,管道中必须有液体介质,当清管器上安装超声波发生器时,其前皮碗不做完全密封,以保证发生器周围有液体存在。另外,超声波在传播过程中经过管道中每个界面和土壤时都会发生严重衰减,因而影响该方法的监测距离。该方法的优点是信号发射距离远,信号监测范围广,可以达到2km,因此,对于海底管道,可以在工作船上对清管器进行跟踪定位作业;定位精度高,使用遥控潜水器作为接收器接收超声波信号时,定位精度可达 5 ~ 10m。该方法的缺点是超声波的传播必须有液体作介质,因此,不适用于气体和油气混输管道;由于超声波在穿透土壤或其他隔离物时会发生严重衰减,因此,不适用于埋地管道。

4)压力法

压力法主要用于站场和阀室的清管器跟踪定位。其原理是在清管器未处于压差式压力变送器两探头之间时,因压力平衡而变送器压差为零;当清管器通过压差式压力变送器前后两压力探头时,因清管器前后两端存在压差,变送器出现压差值。因此,当压力变送器出现压差值时,则可以判断清管器的通过。该方法原理简单,无须复杂计算,判断条件只与压力变化有关,不受其他因素影响和干扰,而且在清管器通过时压力变化明显。该方法还可以用于跟踪高速清管器,并且在发生卡堵时可以对卡堵位置进行粗略定位。但是,该方法需要将压力变送器安装在管道上,通常只能安装在站场和阀室,安装可能存在困难,而且其不能精确定位清管器的卡堵位置。

5)磁学方法

(1)电磁脉冲法。

电磁脉冲法的原理是在清管器上安装可以发出特定频率电磁脉冲信号的电磁脉冲发射机,在管道外部通过接收机接收发射机发出的电磁脉冲信号,从而对清管器进行跟踪定位。该方法电磁脉冲发射机的脉冲频率为20~30Hz,因为该频率段电磁脉冲信号对管壁、海水、土壤等具有良好的穿透性。

电磁脉冲法是目前最主流的一种方法,很多清管器追踪定位系统运用了该方法。其优点是可以精确地确定清管器的位置,而且不需要沿线跟踪清管器的运动,设备可以脱离管道本身使用。缺点是使用该方法的跟踪定位设备需要具有较高的技术水平,一般的产品会存在抗干扰性差、误判率高、可靠性差等问题。

(2)永磁法。

永磁法的跟踪原理与超低频电磁脉冲法相似,工作原理是使管道内的清管器携带永磁铁,在管道外部通过带有霍尔元件的接收机检测磁场的变化来跟踪和定位清管器。该方法的优缺点与电磁脉冲法相似,但是,清管器无需携带发射机,也不必考虑发射机的电量问题;管道对其磁场屏蔽严重,导致其接收机的接收距离近而且抗干扰能力差,对于速度较快的清管器无法实现跟踪。除了上述直接检测方法之外,还有一些间接计算方法:排量法、工艺计算法、里程轮法,但这些方法准确性不高,应用很少。

3.远程在线跟踪定位方法

目前清管器的跟踪主要依赖人工方法,对于频繁清管的管道而言,人工跟踪方法耗费极大的人力、物力、财力;雨、雪、风等天气条件会给现场操作带来很多困难,突发的交通问题也会阻碍人工跟踪方法的顺利进行;不期而至的暴雨、暴雪、强风和雷电等极端恶劣天气,不仅影响跟踪设备的正常工作,而且会危及现场跟踪人员的生命安全。因此,研究清管器在线跟踪定位方法,对于消除环境、天气、交通等客观条件的影响,保障清管人员的安全,降低频繁清管作业成本,具有十分重要的意义。

当前,相对其他方法,磁场法和压力监测法是最简便、最可靠的两种跟踪方法,以这两种方法配合数据无线传输技术实现远程无线跟踪是最有实际意义的。除此之外,基于管道伴行光纤的清管器在线跟踪定位技术也是未来清管器跟踪的发展方向。

1)基于磁场法的远程无线跟踪定位法

在磁场法的基础上加入数据无线传输技术,可以从数据源头保证数据的准确性和可靠性。其原理是在磁场法跟踪定位的基础上,加入特定算法,提取清管器通过时的磁场信号特征,并对其做出智能判断,将清管器经过的结果数据、时间和GPS定位信息,通过无线网络或者手机短信的形式发送给远程监控中心,实现现场无人值守的远程无线跟踪。

该技术本质上是在进一步提高传统磁场法设备抗干扰能力和稳定性的基础上,增加了信号识别算法、无线通信功能和GPS定位功能,采用预先布设大量设备的方式代替人工接力的跟踪作业方式,在一定程度上降低了跟踪定位成本和跟踪人员的作业风险。因此,现场设备的抗干扰能力、信号识别算法的可靠性、无线通信的稳定性是该技术的关键所在。但是,该技术仍然离不开人工,尚未实现真正的连续在线实时跟踪。

2）基于压力法的远程无线跟踪定位法

基于压力法的远程无线跟踪定位法是在压力法的基础上，加入远程无线传输技术将现场压力信号数据传送回远程监控中心，远程监控中心利用模式识别算法对压力信号进行判断，捕捉清管器通过时的压力信号特征，自动做出判断。

在输气管道中，因清管器运行速度快，跟踪难度大。而该方法不受外界因素影响，其变化只与管道压力变化有关，而且其使用的压力变送器采样频率高，易于跟踪到高速清管器通过时的压力特征。由于该方法可以将数据传送回远程监控中心，因此，加入高精度的时间同步模块，可以利用压力数据使用特定算法准确判断清管器的卡堵位置。但是，该方法存在安装和供电困难的问题，因而限制了它的应用。

3）基于光纤震动原理的跟踪定位法

基于光纤震动原理的清管器跟踪定位是目前比较新颖的一种清管器跟踪定位技术。其原理是清管器在管道中行走，摩擦管壁产生震动，而与管道伴行的光纤对震动灵敏度较高，因此，可以利用管道伴行光纤对清管器进行跟踪。由于震动实时存在，因此，可以实现在线实时跟踪，而且由于光纤定位准确，可以时刻看到清管器运行的位置，即使发生卡堵也可以精确定位卡堵位置。

管道伴行光纤在清管器跟踪作业中的应用是技术上的一次革新，其设备安装简单，可以降低清管跟踪作业成本和人工劳动强度，提高清管器跟踪定位精度，控制卡堵事故风险和损失；可进行清管器的连续在线实时跟踪，真正实现清管器跟踪的可视化、系统化、智能化和自动化。然而，因该技术目前较为先进，各种元器件的成本较高，因此导致整个设备的投入较高。

基于电磁脉冲法和压力法这两种传统跟踪方法发展远程跟踪就是用智能判断替代人工判断，但并未实现实时在线跟踪，而基于光纤振动原理的跟踪定位法可以实现对清管器位置的全过程监控，且不需要依赖除光纤以外的任何条件，也不需要在管道上施工。

使用清管器远程在线跟踪定位方法，可以在很大程度上减少清管器跟踪定位过程中人工和车辆所产生的费用，减轻跟踪人员的劳动强度，保障跟踪人员的安全，消除天气、交通、环境等因素的影响。

清管器跟踪定位的主要目的是使清管器通过各种方式与外界取得联系，以便掌控清管器的运行位置，并在卡堵时对卡堵位置进行及时、准确、快速的定位。但管道自身、土壤、海水、外界干扰因素等的影响使清管器的跟踪定位存在各种困难。传统跟踪方法各有优点，如安装简单，定位准确等；但又各自存在局限性，如跟踪方法复杂，抗干扰能力差，只能作通过指示等。综合而言，电磁脉冲法和压力法是传统方法中最佳、最稳定和最成熟的两种方法。

目前，虽然清管器的跟踪定位技术经过多年取得很大进步发展，但仍未摆脱依赖人工跟踪的局面，因此，急需发展远程跟踪定位技术，消除环境、天气、交通等客观条件的影响，保障清管人员安全，降低频繁清管作业成本。而基于电磁脉冲法和压力法这两种最佳的传统跟踪方法发展远程跟踪以及使用基于光纤振动原理的跟踪定位方法是未来清管器跟踪定位的发展方向。

（四）清管工艺

1.清管前的准备

清管作业是一项风险较大的作业，为了保证安全，减少事故率，要提前做好充分的计划和准备,主要包括以下几个方面的内容。

1)收集资料

(1)掌握管道的设计参数,包括管道的设计压力、内径、壁厚、公称直径、材质、弯头、弯头曲率半径及其力学性能。

(2)了解设计图纸及竣工图纸,搞清管道走向、高程差及各段高程差的最大值、所清管段各阀室的位置及间距和高程差、站场流程图。

(3)焊接记录。

(4)分段试压及通球报告。

(5)管道的变径位置及变径参数。

(6)对于运行的管道,要收集近期管道的运行参数和以前清管资料,并对其进行分析,制订合理的油、气调配计划,提前做好油、气量调节,保证清管期间球速和油、气用量的需要。

(7)投产清管要做好实际踏线和勘察工作以及现场资料收集工作,例如,实际线路走向,查看工程项目是否完工,所清管段是否满足清管要求,站场是否具备收发球以及应急抢修的条件;设备是否完好、状态是否正确,用电能否保证,通信是否畅通,消防设施是否完备。对于不合格项要及时整改。

2)制订清管方案

(1)根据管道清管的要求和实际建设情况,制订科学、合理和安全可行的清管方案。

(2)根据通球情况做好人员的分配,人员主要包括发球人员、收球人员、监听人员以及通信、后勤和抢修人员。

(3)做好器材、物料的准备。包括清管器、收发球工具、可燃气体检测仪、防爆防毒面具以及通信工具、车辆和跟踪仪器。

(4)采取安全措施、准备好防护用品、消防设施、警戒用具以及安全宣传用品。

(5)制订油/气量调节和控制计划以及球速控制方案。如果球速过快或过慢,都可能造成清管器的破坏或功能失效,清管效果不理想。球速过快也可引起管道较剧烈的振动,导致管道、弯头和阀门的破坏,所以球速一定要控制在允许范围之内。

(6)清管次数安排和清管器的选择。根据检测及运行序号安排清管次数,如进行内检测期间,检测器的运行要求为检测前清管,清管器推出固体物质不超过5kg。

如果水多,多选用清管球;如果杂物多,多选用清管器。在多数情况下选择组合发放的形式效果更好。清管球(器)选定可参考表 2-10-1。

表 2-10-1　清管器选型参考

过盈量　　管道类型 清管器类型	天然气管道	成品油及原油管道
软体球	2%~4%	2%~4%
导向直板清管器	1%~2.5%	1%~2.5%
密封直板清管器	2.5%~5%	2.5%~4%
碟形皮碗清管器	3%~5%	3%~4%

(7)做好事故预案。做好卡球、爆管、防毒以及人员疏散预案等。

3）现场准备

（1）组织现场专业人员对清管管段所有站场的工艺设备、自控设备、通信设备进行检查，确保清管操作期间各类设备运行正常，仪表指示准确无误。尤其要检查各站的收（发）球筒、排污罐的排污回路以及放空回路，确保收（发）清管器的安全操作。

（2）清管前征得上级主管部门和调度的同意，取消清管段截断阀的自动关断功能，并关掉引压管和检测管的底阀。

（3）检查有关阀门的开关，并检查内、外漏情况。

（4）检查并维护收发球工具，将清管器提前运送到站场。

（5）按照清管方案组装清管器，准确调节清管器的过盈量。

（6）在收球站场应提前做好收球准备工作。

2.收、发球工艺

确认现场满足收、发球作业条件，请示调度进行收、发球作业。对新建管道的投产清管，应按以下步骤进行操作。

（1）首次清管时，应选择清管球。因为清管球可将管道内的大部分水清出，同时清管球的通过能力较强，被卡住的可能性小。但是，初次清管也存在清管球被划破和卡在三通等位置的可能。

（2）在清管球（器）通过后，视水量的多少发直板清管器或将直板清管器（最好设置跟踪器）和清管器组合发送。发直板清管器的目的是清除管道内的固体物质，同时，如果卡住也可以反吹。组合发放的目的是进一步清除管道内的水，提高清管效果，节省费用，缩短工期。

（3）如果直板清管器顺利通过，可考虑选择密封性能较好的蝶形皮碗清管器（最好设置跟踪器以便丢球后寻找）。根据现场情况，如果需要清除管道内残存铁锈、焊渣以及其他固体，则要选择带钢刷的清管器。

（4）发送带测径板的清管器，检测下沟回填后管道的不圆度，同时为下一步进行的智能内检测做好预备工作。

（5）如果条件许可，可以进行内检测，为将来的腐蚀调查和管道完整性管理提供原始的数据，通过内检测，确定管道投产时固有的缺陷和薄弱环节。

对运行管道，清管时应按下列顺序进行操作：

（1）确认现场符合发球条件，请示调度进行清管作业。

（2）根据管道内杂质的类型确定清管器类型、过盈量等参数，然后按照清管方案进行操作。

（3）如果对管道进行内检测，最好按下面步骤进行：发射普通清管器将管道内杂质清理干净；发射带测径板的清管器或测径清管器；发射模拟清管器；发射检测清管器。

3.常见卡球故障

卡球是管道清管时最容易发生的故障，也是清管作业中最大的损失和危险，若不能解除卡球，由于找球难度较大，割管或换管将造成巨大的损失，所以如何避免卡球故障，卡球后怎样处理，仍然是清管工作者需要探索的课题。常见卡球的原因有以下几个方面。

1）管道建设时期的施工遗留物

管道建设时在管道中遗留的木棍、钢条以及废弃的清管器和堆积的沙子等造成堵塞，可通过加强施工管理等手段提高工程质量,如果预先估计到管道内沙土较多时,可采用前面有泻流孔的清管器,通过泻流孔的气体将前边堆积的沙尘吹起,避免堵塞。

2)管道变形

由于施工造成管道损伤,或在管道运行过程中,由于外界力(如地震、地壳移动和地表重载车等)的作用使管道受力变形,从而引起卡球事故。

3)阀门选型不对

根据清管工艺要求,管道阀门必须为全通径阀门。在所有类型的阀门中,从清管的角度考虑,最好选择球阀。因为球阀操作迅速,最不容易堵塞,而且大多数球阀具有双重限位装置,定位比较准确。

4)阀门没有处在全开位置

由于操作不正确或执行机构限位产生变化,致使阀门开、关不到位。在清管之前一定要对管道阀门进行检查,保证阀门处于全开位置。

5)在三通处卡球

在三通处卡球主要是由设计原因造成,当支管管径和主管管径相差不大或采用等径三通,同时又没有挡条或挡条设计不合理时,很容易造成卡球故障。

6)在弯头处卡球

由于清管球(器)的选型、尺寸不当,导致清管球(器)在通过弯头时卡堵。

7)清管器连发时容易造成卡球

在实际施工中,为了提高效率、节省时间等,经常采用连发清管器或采用清管器和清管球组合的方式,但这种情况较容易造成清管器的堵塞。当连发清管器时,尽量错开一段时间。

8)清管器磨损严重

清管器的密封皮碗不但有清扫管道的作用,而且通过皮碗的密封,可产生压差,提供动力,促使清管器向前运行。所以,一旦皮碗磨损到不能密封的程度,清管器将可能停止运动。

9)机械损伤

由于设计原因或速度太快造成振动大,从而使螺栓松动,造成皮碗或直板脱落,甚至造成骨架断裂。同时,清管器的高速运行易在弯头处造成更大损伤,所以,控制球速相当重要。对于普通清管,球速一般为2~7m/s,对于内检测清管,球速一般为0.5~4m/s,速度太快,将会丢失数据。

当然,根据不同阶段清管速度是有变化的。总之,清管卡球的原因比较复杂,只有全面考虑、周密计划、安全操作才能减少卡堵的可能。

4.清管器失踪

清管时,各检测点监听不到清管球通过的声音,且上下游没有形成压差,这种情况可能是由以下原因造成的。

(1)如果发射的是清管球,最大可能是球破了。另外,如果清管球磨损严重,下游用量小时也会出现这种情况。

(2)如果是清管器,可能有以下几个方面的原因:结构设计不合理,在三通处形成旁通流;由于清管振动等原因使清管器螺栓脱落,造成皮碗脱落;骨架机械强度不够,由于振动、撞击等造成骨架散落;磨损严重;信号发射器失灵。

对以上故障,通常采用发射清管球推出的措施。

二、技能操作

(一)准备工作

1.材料准备

序号	名称	规格	数量	备注
1	清管方案	—	1份	—
2	记录用笔	—	1支	—
3	记录用纸	—	1张	—

2.设备准备

序号	名称	规格	数量	备注
1	发球筒及相关流程管道	—	1组	—

3.工具和仪表准备

序号	名称	规格	数量	备注
1	清管器	—	1套	已安装信号发射器
2	接收器	—	1套	—

4.人员

一人单独操作,劳动保护用品穿戴整齐,用具、量具准备齐全。

(二)操作规程

(1)接收检查发球调度令,检查各处仪表正常,并签署发球步骤确认单。

(2)打开发球筒快开盲板。

(3)用装球工具将清管器装入发球筒内。

(4)将清管器推至发球筒根部。

(5)擦净快开盲板处污物,将专用机油抹在快开盲板的胶圈处,然后再关闭快开盲板。

(6)发球筒充压。

(7)通知收球站准备导通预收球流程,确认各组跟踪人员已到跟踪点就位。

(8)按照发球操作规程倒通发球流程,打开发球动力线阀门,将球发出。

(9)发球组人员使用仪器确定清管器已经发出。

(三)技术要求

(1)检查、确认包括:检查发球筒及快开盲板各部位螺栓有无松动、脱落,各零件是否齐全好用,锁环螺栓有无变形、滑扣,锁桩是否好用;盲板锁在短节中时,检查四周间隙是否均匀,如间隙不均匀应调整上下调节螺栓;检查筒内压力是否归零,压力为零方可操作;检查发射器、接收器是否完好,如有故障,要及时更换和调整。

(2)装清管器时盲板操作人员应站在盲板侧面进行操作。

项目二　清管器收球操作

一、准备工作

(一)材料准备

序号	名称	规格	数量	备注
1	清管方案	—	1份	—
2	记录用笔	—	1支	—
3	记录用纸	—	1张	—

(二)设备准备

序号	名称	规格	数量	备注
1	收球筒及相关流程管道	—	1组	—

(三)工具和仪表准备

序号	名称	规格	数量	备注
1	收球工具	—	1套	—
2	防渗布	—	若干	—

(四)人员

一人单独操作,劳动保护用品穿戴整齐,用具、量具准备齐全。

二、操作规程

(1)检查预收球流程是否正确,人员、工具是否到位。

(2)通过信号发生器和通球指示器,确认清管器进入收球筒。

(3)根据场站实际情况切换收球流程。

(4)收球筒盲板打开后清理污物及杂质,收取清管球。

(5)检查、记录清管器的损坏和清出污物情况。

三、技术要求

通过信号发生器和通球指示器,确认清管器进入收球筒后,继续运行收球流程 30min,30min 后,根据场站实际情况切换收球流程;对于某些检测器,如果有特殊要求,则根据实际情况确定是否需要继续维持压力。

四、注意事项

清管后清理出的污物及杂质应收集后统一处理,不得随意丢弃。

理论知识试题

初级工理论知识练习题及答案

一、选择题(每题4个选项,只有1个是正确的,将正确的选项号填入括号内)。

1.AA001 石油天然气从深藏于地下到转化为可供直接使用的石化产品,中间需要经过勘探、开发、开采、(   )、净化、输送、炼化、销售等诸多环节。

    A. 计量　　　B. 集输　　　C. 加压　　　D. 加温

2.AA001 长输管道的特点是(   )。

    A. 压力低、距离长　　　　　B. 压力高、距离短

    C. 压力高、距离长　　　　　D. 压力高、距离短

3.AA001 长输管道是指(   )、炼化企业、储存库等单位之间的油气管道。

    A. 油田　　　B. 气田　　　C. 油气井　　　D. 油气田

4.AA002 原油的主要组成元素包括(   )。

    A. C、H、Mg、Na、Cl　　　　　B. Mg、Na、Cl、O、S、N

    C. CH_3、C_6H_{12}　　　　　D. C、H、O、S、N

5.AA002 原油中含有少量的非烃类化合物,主要包括(   )。

    A. 烷烃、环烷烃、芳香烃　　　B. 含氧、硫、氮的有机物及无机物

    C. 烷烃、环烷烃、烯烃　　　　D. 含硫、氮、磷的有机物及无机物

6.AA002 原油中的烃类主要包括(   )。

    A. 烷烃、环烷烃、芳香烃　　　B. 烷烃、烯烃、炔烃

    C. 烷烃、环烷烃、烯烃　　　　D. 直链烃、支链烃、环烃

7.AA003 原油的凝点主要与原油的(   )有关。

    A. 化学组成　　　B. 环境温度　　　C. 密度　　　D. 颜色

8.AA003 在规定条件下,油品试样失去流动性的最高温度称为该油品的(   )。

    A. 冰点　　　B. 熔点　　　C. 凝点　　　D. 露点

9.AA003 在规定条件下,油品试样保持流动性的最低温度称为该油品的(   )。

    A. 冰点　　　B. 熔点　　　C. 倾点　　　D. 露点

10.AA004 在规定条件下加热油品,外界无火焰,油品在空气中自行开始燃烧的最低温度,称为该油品的(   )。

    A. 闪点　　　B. 自闪点　　　C. 燃点　　　D. 自燃点

11.AA004 (   )不是判断油品易燃程度的参数。

    A. 闪点　　　　　　　　　B. 燃点

    C. 自燃点　　　　　　　　D. 凝点

12.AA004 原油的易燃性,可通过其(   )的高低来判断。

    A. 密度　　　　　　　　　B. 闪点、燃点、自燃点

    C. 黏度　　　　　　　　　D. 凝点

13.AA005 按照含氮量的不同可将原油分为( )。

    A. 低氮原油、含氮原油、高氮原油

    B. 低氮原油、中氮原油、高氮原油

    C. 低氮原油、高氮原油

    D. 低氮原油、含氮原油

14.AA005 按照含硫量的不同可将原油分为( )。

    A. 低硫原油、含硫原油、高硫原油

    B. 低硫原油、中硫原油、高硫原油

    C. 低硫原油、高硫原油

    D. 低硫原油、含硫原油

15.AA005 原油可以根据( )来分类。

    A. 含硫、氮、蜡量的多少   B. 密度

    C. 黏度   D. 凝点

16.AA006 天然气中的含硫组分包括( )。

    A. 硫化氢   B. 硫醇

    C. 无机硫化物   D. 无机硫化物和有机硫化物

17.AA006 天然气是一种以( )为主要成分的混合气体。

    A. 有机物   B. 无机物   C. 乙烯   D. 乙炔

18.AA006 天然气中不饱和烃的含量很少,约小于( )%。

    A. 5   B. 3   C. 2   D. 1

19.AA007 天然气的相对密度是指在同温同压条件下,天然气与( )的密度之比。

    A. 水   B. 空气   C. 0℃的天然气   (D)凝析油

20.AA007 天然气的露点是指在一定压力下,天然气含水量达到饱和时的( )。

    A. 百分含量   B. 时间   C. 质量   D. 温度

21.AA007 天然气中某组分的质量组成,是指该组分的( )与天然气的质量的比值。

    A. 质量   B. 相对分子质量

    C. 分子质量   D. 摩尔量

22.AA008 下列条件哪些不是可燃气体发生爆炸的条件( )。

    A. 密闭系统   B. 敞开系统

    C. 可燃气体的浓度在爆炸限内 D. 有明火

23.AA008 天然气爆炸后温度可达( )℃。

    A. 200~300   B. 2000~3000 C. 100   D. 1000

24.AA008 可燃气体与空气的混合物,在封闭系统中遇明火发生爆炸的条件是( )。

    A. 可燃气体的浓度小于爆炸下限

    B. 可燃气体的浓度大于爆炸上限

    C. 可燃气体的浓度在爆炸限内

    D. 可燃气体的浓度为任意值

25.AA009 按照含硫量的不同可以将天然气分为( )。

    A. 干气和湿气   B. 干气和贫气

C. 湿气和富气　　　　　　　　　　D. 洁气和酸气

26.AA009　油气开采过程中与石油一起开采出的天然气可称为(　　　)。

A. 油田伴生气

B. 凝析气田气

C. 湿气

D. 酸气

27.AA009　在 GB 17820—2018《天然气》中,按高位发热量、总硫、硫化氢和二氧化碳含量将天然气分为(　　　)。

A. 一类、二类气体　　　　　　　　B. 一类、二类、三类气体

C. A、B、C、D 类气体　　　　　　　D. 一类、二类、三类、四类气体

28.AA010　沥青可以来自(　　　)。

A. 石油与天然气　　　　　　　　　B. 石油与煤

C. 煤与天然气　　　　　　　　　　D. 石油、天然气、煤

29.AA010　天然气作为化工原料,其显著优点是(　　　)。

A. 含水分、灰分、硫少,使用处理方便

B. 含甲烷多

C. 含天然汽油多

D. 含氦气和氩气

30.AA010　石油、天然气的两大主要用途是用作(　　　)。

A. 燃料和炭黑　　　　　　　　　　B. 能源和化工原料

C. 能源和肥料　　　　　　　　　　D. 燃料和化学纤维

31.AB001　原子是由居于原子中心的(　　　)和核外电子构成。

A. 中子　　　　B. 质子　　　　C. 原子核　　　　D. 离子

32.AB001　带电的原子或原子团称为(　　　)。

A. 分子　　　　B. 离子　　　　C. 粒子　　　　D. 质子

33.AB001　由于溶液中离子所带的正、负电量总是相等的,所以溶液是(　　　)电性的。

A. 不显　　　　B. 显　　　　C. 正　　　　D. 负

34.AB002　当我们研究埋地管道的电化学腐蚀的时候,总是把土壤看作(　　　)。

A. 物质　　　　B. 介质　　　　C. 电解质　　　　D. 电极

35.AB002　电解质能导电,是由于在(　　　)作用下阴离子、阳离子运动的结果。

A. 外力　　　　B. 物质　　　　C. 相互　　　　D. 电场

36.AB002　在溶解或熔融状态下能导电的一类物质叫作(　　　)。

A. 电介质　　　　B. 电解质　　　　C. 非电解质　　　　D. 非电介质

37.AB003　通常,人们将发生氧化反应的电极称为(　　　)。

A. 正极　　　　B. 负极　　　　C. 阴极　　　　D. 阳极

38.AB003　通常,人们将发生还原反应的电极称为(　　　)。

A. 正极　　　　B. 负极　　　　C. 阴极　　　　D. 阳极

39.AB003　通常,人们将电位较高的电极称为(　　　)。

A. 正极　　　　B. 负极　　　　C. 阴极　　　　D. 阳极

40.AB004　电解池的(　　　)受腐蚀。

A. 阴极　　　　B. 阳极　　　　C. 正极　　　　D. 负极

41. AB004　电解池的（　　）不受腐蚀。

A. 阴极　　　　B. 阳极　　　　C. 正极　　　　（D）负极

42. AB004　电解池的阴极与电源的（　　）极相连。

A. 阴极　　　　B. 阳极　　　　C. 正极　　　　D. 负极

43. AB005　腐蚀是一种普遍存在的（　　）现象。

A. 表面　　　　B. 重要　　　　C. 自然　　　　D. 必然

44. AB005　金属腐蚀是指金属在（　　）的作用下，由于化学变化、电化学变化或物理溶解作用而产生的破坏。

A. 表面　　　　B. 周围介质　　C. 自然　　　　D. 必然

45. AB005　（　　）现象不属于腐蚀现象。

A. 铁被磨薄　　B. 电化学变化　C. 化学作用　　D. 风化作用

46. AB006　按照（　　）分类，腐蚀分为全面腐蚀和局部腐蚀。

A. 原理　　　　B. 介质　　　　C. 材料　　　　D. 破坏形式

47. AB006　埋地钢质管道所遭受的腐蚀主要是（　　）腐蚀。

A. 大气　　　　B. 杂电　　　　C. 细菌　　　　D. 土壤

48. AB006　金属表面与电解质溶液发生（　　）作用而产生的破坏称为电化学腐蚀。

A. 直接　　　　B. 间接　　　　C. 电化学　　　D. 化学

49. AB007　点蚀产生的首要条件是（　　）。

A. 表面膜破裂　　　　　　　　B. 溶液中有 Cl^-

C. 溶液中有 OH^-　　　　　　D. 溶液中有 O_2

50. AB007　（　　）属于局部腐蚀。

A. 气体腐蚀　　B. 电化学腐蚀　C. 均匀腐蚀　　D. 应力腐蚀

51. AB007　（　　）不属于局部腐蚀。

A. 晶间腐蚀　　B. 缝隙腐蚀　　C. 疲劳腐蚀　　D. 均匀腐蚀

52. AB008　与局部腐蚀相比，全面腐蚀可以预测和及时防止，危害性较（　　）。

A. 大　　　　　B. 小　　　　　C. 局部腐蚀大　　（D）缝隙腐蚀大

53. AB008　与全面腐蚀相比，局部腐蚀预测和防止困难，危害性较（　　）。

A. 大　　　　　B. 小　　　　　C. 局部腐蚀大　D. 缝隙腐蚀大

54. AB008　腐蚀主要集中于金属表面某一区域，而表面的其他部分则几乎未被破坏的腐蚀现象称为（　　）。

A. 均匀腐蚀　　B. 局部腐蚀　　C. 全面腐蚀　　D. 点蚀

55. AB009　双电层位于金属和溶液界面（　　）。

A. 两侧　　　　B. 单侧　　　　C. 之间　　　　D. 之外

56. AB009　将一金属片放入盐溶液中时，由于金属的活动性，金属有失去（　　）并成为离子进入溶液的一种倾向。

A. 电子　　　　B. 原子　　　　C. 分子　　　　D. 离子

57. AB009　在腐蚀电池中当金属中电子不足时，电子可以通过（　　）流到金属中去。

A. 电流　　　　B. 回路　　　　C. 电压　　　　D. 吸引

58. AB010　电极电位是衡量金属溶解变成金属离子转入溶液的趋势，负电性越强的金属,它的离子转入溶液的趋势(　　)。

　　A. 越大　　　　B. 越小　　　　C. 越快　　　　D. 越慢

59.AB010　金属与电解质溶液接触,经过一定的时间之后,可以获得一个稳定的电位值,这个电位值通常称为(　　)。

　　A. 保护电位　　B. 腐蚀电位　　C. 开路电位　　D. 闭路电位

60.AB010　浸在某一电解质溶液中并在界面进行电化学反应的导体称为(　　)。

　　A. 介质　　　　B. 物质　　　　C. 电极　　　　D. 阳极

61.AB011　当金属电极上有(　　)个电极反应,并且电极反应处于动态平衡时的电极电位称为平衡电极电位。

　　A. 一　　　　　B. 两　　　　　C. 三　　　　　D. 四

62.AB011　当金属电极上有(　　)电极反应,并且电极反应不能出现物质交换和电荷交换处于动态平衡时的电极电位称为非平衡电极电位。

　　A. 一个　　　　　　　　　　　B. 两个或两个以上

　　C. 三个或三个以上　　　　　　D. 四个或四个以上

63.AB011　管道自然腐蚀及阴极保护时的电位都属于(　　)电极电位。

　　A. 平衡　　　　B. 非平衡　　　C. 稳定　　　　D. 非稳定

64.AB012　金属的腐蚀电位与溶液的(　　)、浓度、温度、搅拌情况、金属的表面状况有关。

　　A. 黏度　　　　B. 成分　　　　C. 沸点　　　　D. 凝固点

65.AB012　金属的腐蚀电位与溶液的成分、浓度、温度、搅拌情况、(　　)有关。

　　A. 金属的体积　　　　　　　　B. 金属的形状

　　C. 金属的表面状况　　　　　　D. 金属的表面积

66.AB012　金属的腐蚀电位与溶液的成分、(　　)、温度、搅拌情况、金属的表面状况有关。

　　A. 浓度　　　　B. 黏度　　　　C. 沸点　　　　D. 凝固点

67.AB013　电化学腐蚀是指(　　)与电解质因发生电化学反应而产生的破坏。

　　A. 金属　　　　B. 非金属　　　C. 电解质　　　D. 非电解质

68.AB013　电化学腐蚀的特点是在腐蚀过程中有(　　)产生。

　　A. 气体　　　　B. 酸　　　　　C. 碱　　　　　D. 电流

69.AB013　当埋地管道受到外界的交、直流杂散电流的干扰,会受到(　　)腐蚀。

　　A. 电解　　　　B. 原电池　　　C. 化学　　　　D. 电偶

70.AB014　在电解质溶液中,金属表面上的各部分,其电位是不完全相同的,电位较低的部分形成(　　)。

　　A. 阴极区　　　B. 阳极区　　　C. 阳极　　　　D. 电极

71.AB014　金属被腐蚀的现象完全发生在(　　)。

　　A. 阴极区　　　B. 阳极区　　　C. 表面　　　　D. 阴极

72.AB014　电化学腐蚀的起因,归根结底是由于金属表面产生(　　)作用或由于外界电流影响使金属表面产生电解作用而引起的。

　　A. 腐蚀　　　　B. 吸引　　　　C. 排斥　　　　D. 原电池

73.AB015　阳极过程就是阳极金属不断溶解的过程,它是(　　)电子的过程,也称为氧化过程。

  A. 增加   B. 减少   C. 得到   D. 失去

74.AB015 在阴极附近能够与电子结合的物质是很多的,它们能够吸收从阳极转移到阴极的电子,所以说阴极过程是(　　)电子的过程,也称为还原过程。

  A. 失去   B. 得到   C. 增加   D. 减少

75.AB015 电化学腐蚀的三个过程是相互独立又彼此紧密联系的,只要其中一个过程受阻不能进行,金属的腐蚀过程也就(　　)了。

  A. 减慢   B. 加快   C. 停止   D. 失控

76.AB016 除油气净化外还可以采用(　　)的方法控制金属管道的内腐蚀。

  A. 添加缓蚀剂   B. 控制腐蚀环境

  C. 选择有效的外防腐层 D. 消除杂散电流

77.AB016 适用于防止埋地管道外壁腐蚀的电化学保护方法也可称之为(　　)。

  A. 阳极保护   B. 阴极保护

  C. 选择有效的外防腐层 D. 消除杂散电流

78.AB016 埋地管道外腐蚀除了选择有效的防腐层、施加阴极保护外,还可采用(　　)方法取得有效成果。

  A. 控制腐蚀环境   B. 添加缓蚀剂

  C. 选择耐蚀材料   D. 消除电化学腐蚀

79.AC001 通过电流之后,管道电位向更负的方向偏移,这种现象叫作(　　)。

  A. 去极化 B. 极化 C. 阳极极化 D. 阴极极化

80.AC001 通过电流之后,辅助阳极电位向更正的方向偏移,这种现象叫作(　　)。

  A. 去极化 B. 极化 C. 阳极极化 D. 阴极极化

81.AC001 通过外加电流或在被保护体连接一个电位更负的金属或合金作为阳极,从而使被保护体阴极极化,消除或减轻金属的腐蚀叫作(　　)。

  A. 自我保护   B. 阴极保护

  C. 防腐保护   D. 联合保护

82.AC002 通常阴极保护的分类是从对被保护体提供的(　　)方式进行划分的。

  A. 服务 B. 保护 C. 电流 D. 测量

83.AC002 强制电流法依据的是(　　)原理。

  A. 电解池 B. 原电池 C. 阴极极化 D. 阳极极化

84.AC002 按提供保护电流的方式划分,阴极保护可以分为(　　)类。

  A. 二 B. 三 C. 四 D. 五

85.AC003 强制电流阴极保护的优点是(　　)。

  A. 需要外部电源   B. 保护范围大

  C. 不需要外部电源   D. 一次投入费用高

86.AC003 强制电流阴极保护的缺点是(　　)。

  A. 驱动电压高   B. 保护范围大

  C. 需要外部电源   D. 工程越大越经济

87.AC003 强制电流阴极保护的缺点是(　　)。

  A. 驱动电压高   B. 保护范围大

C. 一次投资费用高   D. 工程越大越经济

88.AC004 牺牲阳极阴极保护采用的是( )原理。

    A. 原电池   B. 电解池   C. 钝化   D. 阻止电化学反应

89.AC004 牺牲阳极阴极保护的优点是( )。

    A. 能够灵活控制阴极保护电流输出

    B. 对邻近金属构筑物无干扰

    C. 保护范围大

    D. 驱动电位低

90.AC004 牺牲阳极阴极保护的优点是( )。

    A. 能够灵活控制阴极保护电流输出

    B. 驱动电位低

    C. 保护范围大

    D. 保护电流利用率高

91.AC005 牺牲阳极阴极保护适用于( )的环境。

    A. 管径较大并有连续的防腐层

    B. 杂散电流较大的地区

    C. 土壤电阻率低

    D. 土壤电阻率高

92.AC005 强制电流阴极保护适用于( )的环境。

    A. 短而孤立的管段   B. 附近有较多的金属

    C. 土壤电阻率低   D. 土壤电阻率高

93.AC005 强制电流阴极保护不适用于( )的环境。

    A. 管径较大,管线长的管段   B. 杂散电流较大的地区

    C. 附近有较多金属构筑物   D. 土壤电阻率高

94.AC006 施加阴极保护的管道必须保持纵向电连续性,对于非焊接的管道连接接头,应通过( )来保证系统电流的畅通。

    A. 隔离   B. 绝缘

    C. 焊接跨接导线   D. 禁止使用

95.AC006 下列不属于金属管道实施阴极保护的基本条件是( )。

    A. 管道处于电解质环境中   B. 管道采用防腐绝缘层

    C. 管道纵向电连续   D. 必须有外部电源

96.AC006 管道必须处于有( )的环境中,以便建立起连续的电路,才能进行阴极保护。

    A. 土壤   B. 海水   C. 淡水   D. 电解质

97.AC007 自然腐蚀电位随着管道表面状况和( )的不同而异。

    A. 地质条件   B. 土壤条件   C. 钢管管径   D. 防腐层类型

98.AC007 管道自然腐蚀电位受( )变化的影响很大。

    A. 地质条件   B. 季节   C. 钢管管径   D. 防腐层类型

99.AC007 自然腐蚀电位随着( )和土壤条件的不同而异。

    A. 地质条件   B. 防腐层类型   C. 钢管管径   D. 管道表面状况

100. AC008　埋设在一般土壤中的钢质管道,其最小保护电位应为(　　)（相对饱和硫酸铜参比电极的管/地界面极化电位）。

A. -0.75V　　　　B. -0.85V　　　　C. -0.95V　　　　D. -1.25V

101. AC008　最小保护电位等于(　　)的起始电位。

A. 腐蚀原电池阳极　　　　　　B. 腐蚀原电池阴极

C. 腐蚀电解池阳极　　　　　　D. 腐蚀电解池阴极

102. AC008　为使腐蚀过程停止,金属经阴极极化后所必须达到的电位称为(　　)。

A. 最大保护电位　　　　　　　B. 最小保护电位

C. 自然电位　　　　　　　　　D. 测量

103. AC009　过大的保护电位将使防腐层与金属表面的黏结力受到破坏,产生(　　)剥离。

A. 机械　　　　B. 自然　　　　C. 阳极　　　　D. 阴极

104. AC009　在阴极保护系统中,当电位负到一定数值时,将会有氢气从金属表面逸出,这个电位叫(　　)电位。

A. 保护　　　　B. 阳极　　　　C. 阴极　　　　D. 析氢

105. AC009　为了避免过负的保护电位对管道防腐层的(　　),故要对最大保护电位进行限制。

A. 老化　　　　B. 分解　　　　C. 破坏　　　　D. 减薄

106. AC010　使管道停止腐蚀或达到允许程度时所需的电流密度值称为(　　)保护电流密度。

A. 最小　　　　B. 最大　　　　C. 阳极　　　　D. 阴极

107. AC010　最小保护电流密度的主要影响因素就是防腐层的(　　)。

A. 绝缘电阻值　　　　　　　　B. 厚度

C. 耐温性　　　　　　　　　　D. 耐老化性

108. AC010　保护电流密度是指被保护金属上(　　)面积所需的保护电流。

A. 最小　　　　B. 最大　　　　C. 单位　　　　D. 阴极

109. AC011　阴极保护系统中,管道的断电电位与自然电位的差值不小于(　　)时,可以认为管道受到了良好的阴极保护。

A. 500mV　　　　B. 400mV　　　　C. 300mV　　　　D. 100mV

110. AC011　阴极保护状态下管道的极限保护电位不能比(　　)（CSE）更负。

A. -950mV　　　　B. -1000mV　　　　C. -1100mV　　　　D. -1200mV

111. AC011　在厌氧菌或 SRB 及其他有害菌土壤环境中,管道阴极保护电位应为(　　)（CSE）或更负。

A. -0.95V　　　　B. -0.85V　　　　C. -1.25V　　　　D. -1.50V

112. AD001　防腐层主要是从(　　)角度来保护金属管道的。

A. 机械保护　　　　　　　　　B. 阻止电化学反应

C. 改善材料性能　　　　　　　D. 改变腐蚀环境

113. AD001　导致管道腐蚀破坏的主要原因是(　　)。

A. 介质的存在　　　　　　　　B. 腐蚀电池的形成

C. 金属导电性　　　　　　　　D. 材料化学成分的不均匀

114. AD001　管道防腐层必须具有(　　)作用,将管道和环境隔开,防止形成腐蚀电池,造成管道的电化学腐蚀。

　　A. 机械保护　　B. 电绝缘　　　C. 化学　　　　D. 重要

115. AD002　在管道防腐层涂敷之前,应对被保护管道进行相应的(　　),并达到规定要求。

　　A. 热处理　　　　B. 冷处理　　　C. 预处理　　　　D. 表面处理

116. AD002　埋地管道防腐层质量评价通常使用(　　)指标。

　　A. 绝缘电阻　　B. 线电阻　　　C. 厚度　　　　D. 黏结力

117. AD002　场、站、库内埋地管道及穿越铁路、公路、江河、湖泊等管段,均采用(　　)级防腐层。

　　A. 普通　　　　B. 加强　　　　C. 特加强　　　　D. 一般

118. AD003　只采用防腐层不加阴极保护是不行的,因为(　　)。

　　A. 防腐层不可能没有缺陷　　　　B. 无法产生极化

　　C. 电解质与管道接触　　　　D. 耗电能太大

119. AD003　若防腐层存在较多漏点,为了保证油气管道达到保护状态,应增大(　　)。

　　A. 最小保护电位　　　　B. 最大保护电位

　　C. 保护电流密度　　　　D. 自然腐蚀电位

120. AD003　管道的防腐层与阴极保护之间具有(　　)的关系。

　　A. 一般　　　　B. 重要　　　　C. 制约　　　　D. 相辅相成

121. AD004　防腐层材料应与金属有良好的(　　)。

　　A. 黏结性　　　B. 相容性　　　C. 匹配性　　　D. 低温脆性

122. AD004　不属于管道防腐层必须具备的基本性能是(　　)。

　　A. 电绝缘性能好　　　　B. 导电性能好

　　C. 与金属有良好的黏结性　　　　D. 防水

123. AD004　防腐层材料应具有足够的(　　)及韧性,即防腐层不会因施工过程中的碰撞或敷设后受到不均衡的土壤压力而损坏。

　　A. 绝缘性能　　B. 机械强度　　C. 防水性　　　　D. 化学稳定性

124. AD005　PE 是(　　)的英文简称。

　　A. 环氧粉末　　B. 聚乙烯　　　C. 聚丙烯　　　D. 聚氯乙烯

125. AD005　三层聚乙烯防腐层结合了(　　)与聚乙烯防腐层的优点,克服了它们的缺点。

　　A. 石油沥青　　　　B. 聚乙烯胶带

　　C. 环氧粉末　　　　D. 煤焦油瓷漆

126. AD005　聚乙烯防腐层的制作工艺为挤压包覆或挤压缠绕,挤压聚乙烯防腐管的最高使用温度为(　　)。

　　A. 70℃　　　　B. 80℃　　　　C. 90℃　　　　D. 100℃

127. AD006　(　　)不是熔结环氧粉末防腐层的显著优点。

　　A. 耐腐蚀　　　　B. 优异的黏结力

　　C. 防腐层坚牢　　　　D. 涂层厚

128. AD006　熔结环氧粉末防腐层的使用温度可达(　　)。

A. −50~50℃　　B. 0~100℃　　C. −30~100℃　　（D）−30~80℃

129.AD006　（　　）不是熔结环氧粉末防腐层的显著优点。

A. 抗水性强　　　　　　B. 耐溶剂性

C. 耐土壤应力　　　　　D. 耐阴极剥离

130.AD007　无溶剂环氧涂料能够减少(　　)挥发对空气的污染。

A. 环氧树脂　　B. 固化剂　　C. 助剂　　D. 有机溶剂

131.AD007　无溶剂液态环氧防腐涂层具有优异的(　　)性能,在交联固化后能够形成类似瓷釉一样的光洁涂层。

A. 物理机械　　B. 化学　　C. 电学　　D. 耐热

132.AD007　无溶剂液态环氧涂料一次成膜(　　),涂膜致密性(　　)。

A. 厚　较差　　B. 厚　极佳　　C. 薄　较差　　D. 薄　良好

133.AD008　石油沥青的三大组分有矿物油、沥青质和(　　)。

A. 汽油　　　B. 煤油　　　C. 柴油　　　D. 树脂

134.AD008　油分和(　　)赋予沥青流动性和塑性。

A. 汽油　　　B. 煤油　　　C. 柴油　　　D. 树脂

135.AD008　石油沥青防腐层有较好的(　　)。

A. 电绝缘性　　B. 机械强度　　C. 黏结力　　D. 耐高温性

136.AD009　聚乙烯胶粘带的防腐质量主要取决于(　　)的粘结力。

A. 胶　　　　　　　　　B. 膜

C. 胶粘剂与被保护物表面　D. 材料表面

137.AD009　胶带防腐层因粘结力差和致密性好而产生(　　)。

A. 脱落　　　B. 剥离　　　C. 老化　　　D. 阴极屏蔽

138.AD009　聚乙烯胶粘带的适用温度范围最高温为(　　)。

A. 70℃　　　B. 75℃　　　C. 80℃　　　D. 85℃

139.AD010　热收缩带(套)的基材是(　　)。

A. 热熔胶　　　　　　　B. 辐射交联聚乙烯

C. 普通聚乙烯　　　　　D. 无溶剂环氧

140.AD010　热收缩带(套)施工时通常采用(　　)作为底漆。

A. 无溶剂环氧　　　　　B. 熔结环氧

C. 环氧煤沥青　　　　　D. 环氧富锌

141.AD010　底漆的最小干膜厚度为(　　)。

A. 100μm　　B. 200μm　　C. 300μm　　D. 400μm

142.AD011　黏弹体防腐材料适用温度范围最低温为(　　)。

A. −45℃　　B. −40℃　　C. −35℃　　D. −30℃

143.AD011　黏弹体防腐材料适用温度范围最高温为(　　)。

A. 80℃　　　B. 85℃　　　C. 90℃　　　D. 95℃

144.AD011　黏弹体防腐材料在施工时(　　)。

A. 需要喷砂处理,无须底漆　B. 需要喷砂处理,需要底漆

C. 无须喷砂处理,无须底漆　D. 无须喷砂处理,需要底漆

145.AE001　由交流高压输电线在管道上耦合产生交流电压和电流的现象叫(　　)。

A. 带电　　　B. 感应电压　　C. 交流干扰　　D. 电位漂移

146. AE001　交流电流在防腐层破损点处单位面积的漏泄量称为(　　)。

A. 交流电流密度　　　　　　B. 感应电压

C. 交流干扰　　　　　　　　D. 交流强度

147. AE001　管道交流干扰电压也称为(　　)。

A. 管道电压　　B. 交流电压　　C. 感应电压　　D. 管地交流电位

148. AE002　通常认为交流干扰电压超过(　　)时,会对人身安全造成危害。

A. 10V　　　　B. 15V　　　　C. 20V　　　　D. 36V

149. AE002　以下哪项装置的目的是为了避免交流干扰电压对人身造成危害(　　)。

A. 耦合器　　B. 牺牲阳极　　C. 极化电池　　D. 接地垫

150. AE002　当管道上至少存在大于(　　)的持续交流干扰电压时,可能存在交流腐蚀的风险。

A. 4V　　　　B. 6V　　　　C. 10V　　　　D. 15V

151. AE003　当发现管地电位存在异常波动时,应先进行(　　)调查测试。

A. 绝缘性能　　　　　　　　B. 土壤腐蚀性

C. 交流干扰　　　　　　　　D. 直流干扰

152. AE003　直流杂散电流从管道流向土壤的区域称为(　　)。

A. 管道阴极区　　　　　　　B. 管道阳极区

C. 管道交变区　　　　　　　D. 干扰区

153. AE003　直流杂散电流从土壤流向管道的区域称为(　　)。

A. 管道阴极区　　　　　　　B. 管道阳极区

C. 管道交变区　　　　　　　D. 干扰区

154. AE004　直流干扰通常在电流(　　)的区域造成腐蚀。

A. 流入管道　　B. 流出管道　　C. 较大　　　D. 波动

155. AE004　根据法拉第定律,金属的腐蚀量(　　)金属流入电解液中的电量。

A. 等于　　　B. 大于　　　C. 正比于　　　D. 反比于

156. AE004　在 1A 电流的作用下,铁每年的金属腐蚀量为(　　)。

A. 7.1kg　　B. 9.1kg　　C. 10.4kg　　D. 33.85kg

157. AE005　杂散电流指在(　　)中流动的电流。

A. 管道　　　B. 土壤　　　C. 指定回路　　D. 非指定回路

158. AE005　杂散电流从土壤流向管道的区域称为(　　)。

A. 管道阴极区　　　　　　　B. 管道阳极区

C. 管道交变区　　　　　　　D. 干扰区

159. AE005　杂散电流从管道流向土壤的区域称为(　　)。

A. 管道阴极区　　　　　　　B. 管道阳极区

C. 管道交变区　　　　　　　D. 干扰区

160. AF001　管道输送介质中的(　　)、CO_2、O_2、Cl^- 和水等是主要腐蚀性介质。

A. H_2S　　B. H_2　　　C. CO　　　D. HCl

161. AF001　H_2S、CO_2、Cl^-、SO_4^{2-} 等腐蚀性介质作为阴极去极化剂,含量越高,腐蚀性就(　　)。

    A. 越小   B. 越低   C. 越强   D. 越弱

162. AF001 (　　)是管道产生内腐蚀的必要条件,O_2的存在使得管道内腐蚀持续进行。

    A. H_2S B. H_2O C. SO_4^{2-} D. CO_2

163. AF002 油气管道内腐蚀主要涉及溶解氧腐蚀、(　　)腐蚀、CO_2腐蚀和硫酸盐还原菌(SRB)腐蚀等。

    A. H_2O B. H_2S C. SO_4^{2-} D. HCl

164. AF002 当输送介质中同时含有溶解的 H_2S 和 CO_2 时,即使含有微量的(　　)也会使腐蚀性急剧增加,从而造成管道内腐蚀。

    A. 水   B. 溶解氧   C. SO_4^{2-} D. HCl

165. AF002 H_2S 作为阴极去极化剂,不仅因为电化学腐蚀造成点蚀,还常因氢原子进入金属而导致(　　)应力腐蚀开裂和氢致开裂。

    A. 氯化物   B. 氧化物

    C. 水化物   D. 硫化物

166. AF003 输送介质的腐蚀性评价指标按年平均腐蚀率和年点蚀率的"低""中"、(　　)、"严重"四个级别确定。

    A. 高   B. 一般   C. 较轻   D. 较重

167. AF003 一般需要测定的腐蚀性杂质包括:细菌、二氧化碳、氯化物、硫化氢、有机酸、氧、(　　)、其他含硫的化合物、水以及水质。

    A. 固体或沉淀物   B. 氰化物

    C. 氧化物   D. 碳化物

168. AF003 一般需要测定的腐蚀性杂质包括:细菌、二氧化碳、(　　)、硫化氢、有机酸、氧、固体或沉淀物、其他含硫的化合物、水以及水质。

    A. 氰化物   B. 氯化物

    C. 氧化物   D. 碳化物

169. AF004 管道内腐蚀的控制技术主要有:选用耐蚀(　　)或非金属材料、加注缓蚀剂、使用内涂层或衬里、改变环境介质成分等。

    A. 防腐材料   B. 材料

    C. 涂料   D. 金属材料

170. AF004 使用缓蚀剂时必须考虑它在腐蚀介质中的(　　)。

    A. 溶解度   B. 融合度   C. 浓度   D. 量度

171. AF004 不同金属原子的电子排布不同,因此它们的化学、(　　)和腐蚀特性不同,在不同介质中的吸附和钝化特性也不同。

    A. 物理   B. 电化学

    C. 分子组成   D. 原子组成

172. AF005 缓蚀剂与介质要(　　)。

    A. 相溶   B. 相熔   C. 不溶   D. 不熔

173. AF005 缓蚀剂是一种用量(　　),添加后不影响介质基本性质的物质。

    A. 少   B. 大   C. 适中   D. 随意

174. AF005 缓蚀剂是一种在(　　)能阻止或减缓金属在环境介质中的腐蚀的物质。

A. 高浓度下　　B. 低浓度下　　C. 气体中　　　D. 金属管道中

175.AF006　按所形成的保护膜特征分类,缓蚀剂可以分为(　　　)。

A. 阴极膜型缓蚀剂、氧化膜型缓蚀剂、沉淀膜型缓蚀剂

B. 吸附膜型缓蚀剂、氧化膜型缓蚀剂、沉淀膜型缓蚀剂

C. 阴极膜型缓蚀剂、阳极膜型缓蚀剂、沉淀膜型缓蚀剂

D. 阴极膜型缓蚀剂、氧化膜型缓蚀剂、沉淀膜型缓蚀剂

176.AF006　按缓蚀剂对电极过程的影响可以将其分类为(　　　)。

A. 阳极型缓蚀剂、阴极型缓蚀剂及混合型缓蚀剂

B. 无机缓蚀剂和有机缓蚀剂

C. 输气缓蚀剂和输油缓蚀剂

D. 硝酸盐缓蚀剂和胺类缓蚀剂

177.AF006　按金属所接触的介质分类,缓蚀剂可分为(　　　)。

A. 酸性水溶液缓蚀剂、中性水溶液缓蚀剂、碱性水溶液缓蚀剂、非水溶液缓蚀剂
和气相缓蚀剂

B. 无机缓蚀剂和有机缓蚀剂

C. 输气缓蚀剂和输油缓蚀剂

D. 硝酸盐缓蚀剂和胺类缓蚀剂

178.AF007　有机缓蚀剂在金属表面上进行物理或化学的(　　　),从而阻止腐蚀介质
接近金属的表面。

A. 吸附　　　B. 作用　　　C. 反应　　　D. 分离

179.AF007　缓蚀剂可用于防止油气管道的(　　　)腐蚀。

A. 局部　　　B. 内部　　　C. 全部　　　D. 化学

180.AF007　多种缓蚀剂一起使用时往往比单独使用时总的效果要(　　　)出许多,这
就是缓蚀剂的协同效应。

A. 低　　　　B. 高　　　　C. 好　　　　D. 差

181.AG001　一般情况下,原子中的质子和电子数相同,电荷正负相抵,所以(　　　)的
性质。

A. 显出带正电　B. 显出带负电　C. 不显出带电　D. 带电极性不定

182.AG001　因为某种原因原子得到多余的电子时,物质(　　　)。

A. 显出带正电　B. 显出带负电　C. 不显出带电　D. 带电极性不定

183.AG001　因为某种原因原子失去电子时,物质(　　　)。

A. 显出带正电　B. 显出带负电　C. 不显出带电　D. 带电极性不定

184.AG002　属于静电现象的是(　　　)。

A. 电焊　　　B. 电灯发亮　　C. 电闪雷鸣　　D. 发电机发电

185.AG002　油罐车应预防油和罐之间产生的(　　　)。

A. 静电　　　B. 动电　　　C. 电压　　　D. 电流

186.AG002　如果一些电荷堆积在一起,不产生持续流动的带电现象称为(　　　)。

A. 正电　　　B. 负电　　　C. 静电　　　D. 动电

187.AG003　电流的大小称为电流强度,单位是(　　　)。

A. 伏特　　　B. 库仑　　　C. 安培　　　D. 欧姆

188.AG003 电荷的多少称为电量,单位是(　　　)。

    A. 伏特　　　　B. 库仑　　　　C. 安培　　　　D. 欧姆

189.AG003 电荷与电荷之间具有力的作用,该作用并不需要它们接触、碰撞才发生,它是靠着一种被称为(　　　)的物质传递的。

    A. 电荷　　　　B. 电场　　　　C. 静电　　　　D. 动电

190.AG004 按能使电流通过能力的强弱,把容易让电流通过的物质称为(　　　)。

    A. 导体　　　　B. 绝缘体　　　　C. 半导体　　　　D. 超导体

191.AG004 按使电流通过能力的强弱,把不容易让电流通过的物质称为(　　　)。

    A. 导体　　　　B. 绝缘体　　　　C. 半导体　　　　D. 超导体

192.AG004 在自然界里,绝大多数金属是电流的(　　　)。

    A. 优良导体　　　　B. 绝缘体　　　　C. 半导体　　　　D. 超导体

193.AG005 可以标志材料电阻大小性质的参数是(　　　)。

    A. 介电系数　　　　B. 功率因数　　　　C. 电阻率　　　　D. 导磁系数

194.AG005 长度为 L、横截面积为 S、电阻率为 ρ 的某种材料的电阻为(　　　)。

    A. $R=\rho \times L/S$　　　　B. $R=\rho \times S/L$　　　　C. $R=S \times \rho/L$　　　　D. $R=\rho \times L/T$

195.AG005 当其他条件相同时,电阻率越大的材料,电阻(　　　);电阻率越小的材料,电阻(　　　)。

    A. 越大　越小　B. 越小　越大　C. 越大　越大　D. 越小　越小

196.AG006 电路中的(　　　)是指电流通过后产生能量转换,得到需要效应的装置。

    A. 电源　　　　B. 负载　　　　C. 导线　　　　D. 开关

197.AG006 在实际电路中,电源、负载、开关既可以是一个器件,也可以是一个(　　　)。

    A. 电容器　　　　B. 电感器　　　　C. 电阻　　　　D. 电路

198.AG006 能够把非电能转换为电能的装置称为(　　　)。

    A. 电容器　　　　B. 电感器　　　　C. 电水泵　　　　D. 电源

199.AG007 当电源两端由于某种原因而连在一起时,电路会(　　　),电流很大,可能使电源烧毁或损坏。

    A. 断路　　　　B. 短路　　　　C. 空载　　　　D. 开路

200.AG007 当开关断开时,电路处于空载状态,此时电路中电流(　　　)。

    A. 为零　　　　　　　　　　B. 为无穷大

    C. 方向不断变化　　　　　　D. 大小不断变化

201.AG007 产生短路的原因往往是由于(　　　)或接线不慎,应加强检查。

    A. 电路元件损坏　　　　　　B. 用电设备损坏

    C. 绝缘损坏　　　　　　　　D. 导线损坏

202.AG008 所谓全电路欧姆定律,就是在计算电路时必须把(　　　)计算在内。

    A. 电压的高低　　　　　　　B. 电流的大小

    C. 电源的内阻　　　　　　　D. 电路的电阻

203.AG008 电路中的电流同该电路两端的电压成(　　　)。

    A. 比例　　　　B. 正比　　　　C. 反比　　　　D. 无关系

204.AG008 用部分电路欧姆定律计算电路时,不考虑电源的内阻或者把电源的内阻视为(　　　)。

A. 零   B. 最大   C. 最小   D. 正常

205.AG009 在电路中,并联的各个元件的( )都相同。

     A. 电压   B. 电阻   C. 电流   D. 电容

206.AG009 一个电阻22Ω,一个电阻11Ω,它们并联相接的总电阻为( )。

     A. 33Ω   B. 11Ω   C. 7.3Ω   D. 2Ω

207.AG009 在电路中,各元件首首联接、尾尾联接的方法称为( )。

     A. 并联   B. 串联   C. 混联   D. 级联

208.AG010 效率是指输出的有用功和总功之比,一般用( )来表示。

     A. 百分数   B. 小数   C. 整数   D. 分数

209.AG010 电流做的功称为( )。

     A. 电功   B. 电能   C. 电力   D. 电热

210.AG010 在国际单位制中,电功的单位是( )。

     A. 伏特   B. 瓦特   C. 焦耳   D. 库仑

211.AG011 在工业中广泛使用的是每秒钟( )的交流电,称为工频交流电。

     A. 50周或者60周   B. 60周或者100周

     C. 50周或者100周   D. 60周或者120周

212.AG011 交流电可以方便地( )电压,在工业上使用,比直流电有更多优越性。

     A. 升高   B. 降低   C. 升高或降低   D. 保持不变

213.AG011 在电路计算时如果不作说明,电路的电源都是( )电源。

     A. 任意直流   B. 任意交流

     C. 直流或者交流   D. 恒稳直流

214.AG012 变压器的输出电压、电流与变压器的( )有关。

     A. 铁芯大小   B. 负载的额定值

     C. 原、副绕组的匝数   D. 输入频率

215.AG012 通电的导体周围存在着磁场,并且变化着的磁场可以产生( )。

     A. 电   B. 热   C. 光   D. 旋转

216.AG012 如同电场一样,磁场一定是( )。

     A. 无形的   B. 磁铁周围产生的

     C. 通电的导体周围产生的   D. 土壤中产生的

217.AH001 下列( )是在穿越河流处管道线路中心线两侧各500m地域范围内重点巡查并禁止的事项。

     A. 种植乔木、灌木、藤类、芦苇、竹子或者其他根系深达管道埋设部位可能损坏管道防腐层的深根植物

     B. 取土、采石、用火、堆放重物、排放腐蚀性物质、使用机械工具进行挖掘施工

     C. 抛锚、拖锚、挖砂、挖泥、采石、水下爆破等

     D. 挖塘、修渠、修晒场、修建水产养殖场、建温室、建家畜棚圈、建房以及修建其他建筑物、构筑物

218.AH001 下列( )不是同沟敷设光缆的要求。

     A. 无特殊要求时直埋光缆与输油管道管壁的水平净距不小于300mm

     B. 光缆应埋设在冻土层以上,光缆在沟内应平整、顺直,沟坎及转角处应平缓

过渡

  C. 在一般岩石地段当管道采用细土回填保护时,光缆下方应采用细土保护,细土厚度不小于100mm

  D. 光缆穿越挡土墙、护岸等水工保护设施时,光缆应穿 ϕ75mm 高密度聚乙烯管保护并放置于沟底

219. AH001 下列( )不是单独直埋光缆的要求。

  A. 单独直埋光缆应埋设在冻土层以下,并且敷设深度还应满足距自然地面不小于1.2m(石质、半石质地段应在沟底和光缆上方各铺10mm厚的细土或沙土)

  B. 穿越开挖路面的公路时埋深应距路边排水沟沟底不小于1.2m

  C. 穿越溪流等易受冲刷的地段埋深应在冲刷线下1.0m

  D. 光缆敷设在坡度大于20°,坡长大于30m 的斜坡地段宜采用"S"形敷设

220. AH002 第三方施工的常见机械包括( )。

  A. 电动车 B. 定向钻 C. 自行车 D. 飞行器

221. AH002 第三方施工的常见机械包括( )。

  A. 电动车 B. 飞行器 C. 自行车 D. 顶管机

222. AH002 第三方施工的常见机械包括( )。

  A. 旋耕机 B. 电动车 C. 自行车 D. 飞行器

223. AH003 在穿越河流的管道线路中心线两侧各( )地域范围内,禁止抛锚、拖锚、挖砂、挖泥、采石、水下爆破。

  A. 50m B. 100m C. 200m D. 500m

224. AH003 新建铁路、公路与管道相交时,应采取可靠的防护措施,一般采用桥梁或( )的保护方式。

  A. 涵洞 B. 直埋 C. 承台 D. 挡板

225. AH003 埋地电力电缆、通信电缆、通信光缆(同沟敷设光缆除外)与管道平行敷设时的间距,在开阔地带不宜小于( )。

  A. 5m B. 10m C. 15m D. 20m

226. AH004 ( )是管道占压的危害。

  A. 影响种地   B. 给不法分子可乘之机

  C. 制约经济发展 D. 导致第三方施工

227. AH004 ( )是管道占压的危害。

  A. 制约经济发展   B. 导致第三方施工

  C. 给管道管理和抢修带来不便 D. 导致雾霾

228. AH004 ( )不是管道占压的危害。

  A. 可能造成管道破坏,引发重大伤亡事故

  B. 给不法分子可乘之机

  C. 给管道管理和抢修带来不便

  D. 导致第三方施工

229. AI001 下列选项中,用于制造油气输送管道以及其他流体输送管道用钢管的工程结构钢是( )。

A. 管线钢　　　B. 冷轧钢　　　C. 热轧钢　　　D. 机械轧钢

230. AI001　管线钢较为普遍的分类方法是按照(　　)来分。

A. 用途　　　B. 成分　　　C. 显微组织　　　D. 含碳量

231. AI001　下列选项中,成为低合金高强度钢和微合金钢领域最富活力、研究成果最
为丰富的一个钢种是(　　)。

A. 管线钢　　　B. 冷轧钢　　　C. 热轧钢　　　D. 机械轧钢

232. AI002　管线钢牌号中 L 代表(　　)。

A. 输送管线的首位英文字母　　　B. 输送管线的末尾英文字母

C. 输送管线英文缩写　　　D. 输送管线的中间英文字母

233. AI002　管线钢牌号 L415M 中 415 代表(　　)。

A. 屈服强度最大值　　　B. 承压能力最小值

C. 屈服强度最小值　　　D. 承压能力最大值

234. AI002　管线钢牌号 X60M 中 X 代表(　　)。

A. 管线钢　　　B. 冷轧钢　　　C. 热轧钢　　　D. 机械轧钢

235. AI003　下列选项中,属于管线钢缺陷的是(　　)。

A. 边部缺陷　　B. 焊缝缺陷　　C. 腐蚀缺陷　　D. 凹坑缺陷

236. AI003　管线钢边部缺陷主要包括两类,一类是(　　)缺陷;另一类是"细线"
缺陷。

A. 分层　　　B. 夹渣　　　C. 边裂　　　D. 凹坑

237. AI003　下列选项中,(　　)是钢板中常见的缺陷,是钢板中明显的分离层,属于危
害性缺陷。

A. 分层　　　B. 起皮　　　C. 夹杂物　　　D. 偏析

238. AJ001　管道焊接按焊接方法划分,可分为(　　)、熔化极气保护电弧焊和埋弧
焊等。

A. 氩弧焊　　B. 焊条电弧焊　C. 下向焊　　　D. 下向焊

239. AJ001　管道焊接按行进方向划分,可分为(　　)和上向焊两种。

A. 氩弧焊　　B. 焊条电弧焊　C. 埋弧焊　　　D. 下向焊

240. AJ001　管口组对间隙小、焊接效率高,适合于大机组流水作业的焊接方法是(　　)。

A. 手工焊　　B. 氩弧焊　　C. 上向焊　　　D. 下向焊

241. AJ002　结构简单,不会引起磁偏吹现象,但电弧稳定性较差的交流弧焊电源是(　　)。

A. 弧焊整流器　　　B. 弧焊变压器

C. 直流弧焊电焊机　　　D. 埋弧电焊机

242. AJ002　可将交流电变为直流电的静止式直流弧焊电源是(　　)。

A. 弧焊整流器　　　B. 弧焊变压器

C. 直流弧焊电焊机　　　D. 埋弧电焊机

243. AJ002　在靠近工业电网时,采用(　　)其效率比发电机高,而且并联简单。

A. 弧焊整流器　　　B. 弧焊变压器

C. 直流弧焊电焊机　　　D. 埋弧电焊机

244. AJ003　下列选项中,构成焊条正确的是(　　)。

A. 焊丝和药皮　　　B. 焊芯和药皮

C. 焊丝和焊剂   D. 焊芯和焊剂

245.AJ003 焊条的选用依( )而异。

    A. 焊件材质种类及用途   B. 焊缝类型

    C. 含碳量   D. 有害元素含量

246.AJ003 在焊接材料的选择上,要满足( )要求。

    A. 化学反应   B. 溶解反应

    C. 物理反应   D. 焊缝金属的强韧性和使用环境

247.AK001 管体非泄漏类缺陷主要类型包括:( )、焊缝缺陷、裂纹、变形等。

    A. 夹渣   B. 起皮   C. 金属损失   D. 分层

248.AK001 随着国内外( )技术的不断发展,可准确、有效地发现管道本体存在的制造、施工、腐蚀等缺陷。

    A. 内检测   B. 外检测

    C. 地面检漏   D. 电火花检漏

249.AK001 对发现的不同类型缺陷,管道运营企业通过采取相应( )措施,避免因管道缺陷部位的进一步发展引发油气泄漏事故的发生。

    A. 防腐   B. 阴极保护   C. 修复   D. 固定

250.AK002 管体缺陷修复技术中涉及需要在管道进行( )作业时,应制定相应的工艺评定和操作规程。

    A. 焊接   B. 防腐   C. 检漏   D. 开挖

251.AK002 管体缺陷修复焊接作业时,管道( )要满足动火安全相关要求。

    A. 运行温度   B. 运行压力

    C. 停输时间   D. 阴极保护

252.AK002 当管道缺陷较多时,应优先安排缺陷程度大、( )、穿越铁路、公路、河流、水源地、人口密集区等高后果区地段处缺陷修复。

    A. 运行温度高   B. 运行压力高

    C. 运行温度低   D. 运行压力低

253.AK003 下列选项中,可修复任何类型管道缺陷的修复方式是( )。

    A. 补板   B. 补焊   C. 套筒   D. 换管

254.AK003 下列选项中,适用堆焊方式修复的是( )。

    A. 凹陷   B. 焊缝缺陷   C. 内部缺陷   D. 外部金属损失

255.AK003 补板适用于小面积腐蚀或直径小于( )的腐蚀孔。

    A. 2mm   B. 5mm   C. 8mm   D. 15mm

256.AL001 水工保护工程中大都采用( )。

    A. 河砂   B. 海砂   C. 山砂   D. 旱砂

257.AL001 输油气管道水工保护设施砌筑用石多采用( )。

    A. 砌筑石、混凝土   B. 块石、片石、料石

    C. 大石、中石、小石   D. 河石、山石、海石

258.AL001 砂按来源不同可分为( )。

    A. 河砂、海砂、山砂   B. 河砂、土砂、泥砂

    C. 河砂、旱砂、石砂   D. 湖砂、山砂、海砂

259.AL002　水泥按用途和性能分为(　　)。

    A. 硅酸盐水泥、普通硅酸盐水泥和矿渣硅酸盐水泥

    B. 通用水泥、专用水泥和特种水泥

    C. 砌筑水泥、抹灰水泥和浇筑水泥

    D. 油井水泥、水工水泥和耐酸水泥

260.AL002　水泥(　　)等级按在标准养护条件下养护至规定龄期的抗压强度和抗折强度来划分。

    A. 质量　　　B. 细度　　　C. 强度　　　D. 黏度

261.AL002　与硅酸盐水泥相比,普通硅酸盐水泥的早期强度(　　)。

    A. 高　　　B. 低　　　C. 相差不大　D. 同后期强度

262.AL003　水泥砂浆是由水泥与(　　)加水搅拌而成。

    A. 石灰　　　B. 砂子　　　C. 黏土　　　D. 矿渣

263.AL003　管道水工保护设施中用的砌筑砂浆常为(　　)。

    A. 水泥砂浆　B. 混合砂浆　C. 非水泥砂浆 D. 矿渣砂浆

264.AL003　砌石工程所用水泥砂浆的强度等级应按设计规定办理,如设计未作规定时,主要结构应不小于(　　)。

    A. M5　　　B. M10　　　C. M20　　　D. M30

265.AL004　(　　)是用普通碳素钢或低合金钢加热钢坯轧成的条形钢材。

    A. 热轧钢筋　　　　　　B. 冷轧钢筋

    C. 热处理钢筋　　　　　D. 冷处理钢筋

266.AL004　(　　)是钢厂将热轧的中碳低合金螺纹钢筋经淬火高温回火调质处理而成的。

    A. 热轧钢筋　B. 冷轧钢筋　C. 热处理钢筋 D. 冷处理钢筋

267.AL004　钢筋按生产工艺分为(　　)。

    A. 热轧、热处理、冷拉钢筋　B. 受压、受拉、架立、分布钢筋

    C. 一级、二级、三级、四级钢筋 D. 螺旋、人字、月牙钢筋

268.AL005　一般所称混凝土是指水泥混凝土,它是由(　　)组成。

    A. 黏土、水、砂、石　　　B. 水泥、水、砂、石

    C. 水泥、水、胶、石　　　D. 石灰、水、砂、石

269.AL005　凡经常或周期性地受环境水作用的水工建筑物(或其中一部分)所用的混凝土称为(　　)。

    A. 水工混凝土 B. 防水混凝土 C. 纤维混凝土 D. 道路混凝土

270.AL005　一般所称的混凝土是指(　　),它由水泥、水、砂、石组成,其中水泥和水是具有活性的组成部分,起胶凝作用。

    A. 水泥混凝土　　　　　B. 防水混凝土

    C. 纤维混凝土　　　　　D. 道路混凝土

271.AM001　(　　)是在应急响应过程中,为最大限度地降低事故造成的损失或危害,防止事故扩大,而采取的紧急措施或行动。

    A. 应急救援　B. 应急准备　C. 应急预案　D. 应急响应

272.AM001　(　　)是指在突发事故或事件状况下,为控制或减轻事故或事件的后果

而采取的紧急行动。

    A. 应急救援   B. 应急准备   C. 应急预案   D. 应急响应

273. AM001 应急演练是指针对( )发生的事故情景,依据应急预案而模拟开展的应急活动。

    A. 已经   B. 可能   C. 过去   D. 现在

274. AM002 提供突发事件信息,( )发布,依靠社会各方资源共同应对。

    A. 员工   B. 领导   C. 统一归口 D. 记者

275. AM002 建立国家、地方政府与企业的应急联动机制,应急资源( ),有效处置突发事件。

    A. 保密   B. 分工   C. 储备   D. 共享

276. AM002 统一领导,分级负责。在应急领导小组指导下,完善分类管理、分级负责、条块结合、( )为主的应急管理体制,落实领导责任制。

    A. 领导   B. 属地   C. 地方政府 D. 维修队

277. AM003 可以预警的突发事件发生危害程度分为Ⅰ级、Ⅱ级、Ⅲ级和Ⅳ级,( )级为最高级别。

    A. Ⅰ   B. Ⅱ   C. Ⅲ   D. Ⅳ

278. AM003 引起国家领导人关注,或国务院、相关部委领导做出批示为( )级突发事件。

    A. Ⅰ   B. Ⅱ   C. Ⅲ   D. Ⅳ

279. AM003 已经或可能造成重大人员伤亡,企业必须调度多个部门和单位力量、资源应急处置的突发事件为( )。

    A. Ⅰ   B. Ⅱ   C. Ⅲ   D. Ⅳ

280. AM004 ( )是针对重要生产设施、重大危险源、重大活动等内容而定制的应急预案。

    A. 综合应急预案   B. 事故预案

    C. 现场处置方案   D. 专项应急预案

281. AM004 ( )现场作业人员及安全管理等专业人员共同编制现场处置方案。

    A. 本单位   B. 政府工作 C. 院校   D. 科研

282. AM004 ( )是生产经营单位为某一类型事故而定制的应急预案。

    A. 综合应急预案   B. 事故预案

    C. 现场处置方案   D. 专项应急预案

283. AM005 应急演练按照演练形式分为现场演练和( ),不同类型的演练可相互组合。

    A. 桌面演练 B. 实际演练 C. 观看演练 D. 分析演练

284. AM005 ( )演练是针对应急预案中某项应急响应功能开展的演练活动。

    A. 多项   B. 单项   C. 综合   D. 应急

285. AM005 桌面演练是针对事故情景,依据应急预案而进行的( )演练活动。

    A. 综合   B. 单项   C. 现场   D. 讨论

286. AM006 演练人员是指在应急组织中承担( ),做出其在真实情景下可能采取的响应行动的人员。

A. 扮演、代替　B. 观察演练　　C. 旁观演练　　D. 具体任务

287.AM006　应急演练过程中,参与演练的所有人员(　　)采取降低保证本人或公众安全条件的行动。

A. 可以　　　　B. 不得　　　　C. 必须　　　　D. 允许

288.AM006　演练结果的后评价有不足项、整改项和(　　)。

A. 表扬项　　　B. 错误项　　　C. 推广项　　　D. 改进项

289.AM007　针对应急响应分步骤制定应急程序,下列应急响应步骤正确的是(　　)。

A. 接警、应急启动、判断响应级别、控制及救援行动、扩大应急、应急状态解除

B. 接警、应急启动、判断响应级别、控制及救援行动、应急状态解除、扩大应急

C. 接警、判断响应级别、应急启动、控制及救援行动、扩大应急、应急状态解除

D. 接警、判断响应级别、应急启动、控制及救援行动、应急状态解除、扩大应急

290.AM007　针对应急响应,应分步骤制定应急程序,并按(　　)制定程序指导各类突发事件应急响应。

A. 现场　　　　B. 文件　　　　C. 事先　　　　D. 天气

291.AM007　应急启动包括人员到位、资源调配、指挥到位(　　)。

A. 判断级别　　　　　　　　B. 报警

C. 信息网络开通　　　　　　D. 信息反馈

292.AM008　对开式夹具主要用于管道腐蚀、穿孔造成介质泄漏时的(　　)抢修。

A. 临时性　　　　　　　　　B. 临时及永久性

C. 永久性　　　　　　　　　D. 后续

293.AM008　链条式管帽堵漏夹具使用时要求管线修复时的压力不大于(　　)。

A.0.5MPa　　B.2.5MPa　　C.6.0MPa　　D.8.0MPa

294.AM008　顶针式抢修夹具主要用于对管道(　　)造成泄漏的短时间快速抢修。

A. 断裂　　　　B. 悬空　　　　C. 点蚀穿孔　　D. 打孔盗油

295.AM009　液压切割属于(　　)管道切割技术。

A. 手动切割　　　　　　　　B. 机械切割

C. 水射流切割　　　　　　　D. 火焰切割

296.AM009　(　　)常用的有塞式封堵和囊式封堵。

A. 堵漏夹具　B. 开孔机　　　C. 封堵头　　　D. 封堵器

297.AM009　电动开孔机主要应用于管道(　　)开孔作业。

A. 较小口径　B. 较高温度　　C. 较大口径　　D. 较小温度

298.AM010　收油机(　　)的作用是回收油品。

A. 动力系统　B. 连接件　　　C. 撇油头　　　D. 真空装置

299.AM010　一般水上收油时还要使用围油栏、(　　)、吸油毡、凝油剂等。

A. 撇油器　　B. 吸油托栏　　C. 真空泵　　　D. 吸附带

300.AM010　堰式收油机是最常用的收油机之一,它是借助(　　)使油从水面流入集油器并将集油器内的油泵入储油容器的装置。

A. 吸附带　　B. 刷子　　　　C. 亲油材料　　D.D 重力

301.AM011　下列哪项不是输油气管道常见的管道泄漏抢修方式(　　)。

A. 顶针式　　B.A 型套筒法　C. 夹具堵漏　　D. 换管

302. AM011　采用补板法堵漏时应使用与管道曲率半径相同的(　　)。
　　A. 钢板　　　　B. 板材　　　　C. 弧板　　　　D. 高强度钢

303. AM011　对于管道上(　　)盗油阀、短管等附件的原油管线可采用对开式夹具焊接在管道外壁上。
　　A. 有　　　　　B. 焊接　　　　C. 没有　　　　D. 粘接

304. AM012　双塔架悬索处置方式提拉悬空管道,适用悬空管道的(　　)提固。
　　A. 永久　　　　B. 临时　　　　C. 高度　　　　D. 加固

305. AM012　无塔架悬索处置方式应首先在(　　)埋设地锚并向外做引出绳。
　　A. 一侧　　　　B. 两侧　　　　C. 管道下方　　　D. 近处

306. AM012　(　　)适用于悬空管道下方可进入施工抢险设备、车辆及大型抢险机械。
　　A. 无塔架悬索　　　　　　　　B. 单塔架悬索处置方式
　　C. 支撑类处置方式　　　　　　D. 悬索类处置方式

307. AM013　湿地、岸滩内地下水浸泡引发管道漂管多见于(　　)。
　　A. 输水管道　　　　　　　　　B. 成品油管道
　　C. 输油管道　　　　　　　　　D. 输气管道

308. AM013　对于洪水引发河道内管道漂管进行油品排空时根据(　　)设置情况,采取不同措施。
　　A. 抢修队伍　　B. 桩牌　　　　C. 截断阀室　　　D. 油品介质

309. AM013　对于小型河流漂管,采用(　　)方式或修筑贯通河面石质围堰进行加固。
　　A. 抛石　　　　B. 清管　　　　C. 加热　　　　D. 固定拖锚

310. AM014　天然气冰堵解堵方法主要有注入防冻剂、(　　)、加热解堵。
　　A. 加压　　　　B.)降压　　　　C. 停输　　　　D. 换管

311. AM014　从冰堵点上游站场将干线(　　)解除堵塞的方法称为(　　)解堵法。
　　A. 注入甲醇　注入防冻剂　　　B. 天然气放空　放空降压
　　C. 注入甲醇　放空降压　　　　D. 天然气放空　注入防冻剂

312. AM014　解堵的三种方法中,注入防冻剂(　　),放喷降压解堵(　　)。
　　A. 最好　最慢　　　　　　　　B. 最快　最彻底
　　C. 最彻底　最快　　　　　　　D. 最彻底　最慢

313. AM015　根据动火场所、部位的危险程度,动火分为(　　)。
　　A. 一级　　　　B. 二级　　　　C. 三级　　　　D. 四级

314. AM015　在输油气管道及其设施上不进行管道打开的动火属于(　　)。
　　A. 一级动火　　B. 二级动火　　C. 三级动火　　D. 四级动火

315. AM015　在输油气管道(不包括燃料油、燃料气、放空和排污管道)及其设施上进行管道打开的动火属于(　　)。
　　A. 一级动火　　B. 二级动　　　C. 三级动火　　D. 四级动火

316. AM016　阀室内动火均属于(　　)作业,应保持空气流通良好。
　　A. 受限空间　　B. 焊接　　　　C. 切割　　　　D. 高强度

317. AM016　动火作业过程中应严格按照(　　)要求进行作业。
　　A. 安全教育　　　　　　　　　B. 动火方案
　　C. 应急预案　　　　　　　　　D. 应急演练

318.AM016　气体检测监测点应有代表性,容积较大的受限空间,应对多点的(　　)位进行监测分析。

    A. 上　　　　　　B. 中　　　　　C. 中、下　　　D. 上、中、下

319.AN001　管道完整性管理的英文缩写为(　　)。

    A. PLM　　　　　B. PIM　　　　　C. PMI　　　　　D. PML

320.AN001　管道完整性管理需要对管道面临的(　　)不断进行识别和评价。

    A. 社会环境　　B. 自然环境　　C. 风险因素　　D. 经济因素

321.AN001　管道完整性管理中需要采取各种(　　),持续消除识别出的对管道的不利影响因素。

    A. 管道防腐维修　　　　　　　B. 水工保护措施

    C. 风险削减措施　　　　　　　D. 检测措施

322.AN002　完整性管理应包括(　　)等各个阶段的管道情况,并符合国家法律法规的规定。

    A. 设计、施工、投产、运行和废弃

    B. 设计、采购、投产、运行和废弃

    C. 设计、采购、施工、运行和废弃

    D. 设计、采购、施工、投产、运行和废弃

323.AN002　新建管道的(　　)应满足完整性管理的要求。

    A. 设计、施工和管理人员　　　B. 设计、施工和投产

    C. 设计人员、管理人员　　　　D. 施工、投产、人员培训

324.AN002　管道运营企业应明确管道完整性管理的(　　),并对完整性管理从业人员进行培训。

    A. 负责人、负责部门　　　　　B. 负责部门、部门成员

    C. 负责部门及职责要求　　　　D. 负责人、人员职责

325.AN003　(　　)不是管道完整性管理目标的设定原则。

    A. 动态管理　　　　　　　　　B. 风险可控

    C. 经济管理　　　　　　　　　D. 持续改进

326.AN003　管道完整性管理目标应体现在建立(　　)的管道系统完整性管理体系并持续改进。

    A. 投资较小、内容全面　　　　B. 职责清晰、内容全面、可操作性强

    C. 职责清晰、用人较少　　　　D. 职责清晰、可操作性强、资金用量小

327.AN003　管道完整性管理目标体现在不断识别和控制管道风险,使其保持在(　　)的范围内。

    A. 绝对安全　　B. 本质安全　　C. 可接受　　D. 经济合理

328.AN004　完整性管理过程中应优先进行(　　)。

    A. 施工数据分析　　　　　　　B. 运行数据分析

    C. 高后果区管段识别分析　　　D. 高后风险管段识别分析

329.AN004　常用的完整性评价方法不包括(　　)。

    A. 内检测　　B. 压力测试　　C. 经济分析　　D. 直接评价

330.AN004　管道运营企业应通过维修维护措施确保管道的完整性,维修维护措施不

包括(　　)。

　　A. 管道巡护　　B. 管道评价　　C. 管道监测　　D. 管道维修

331.AN005　国内将管道完整性管理分为(　　)个环节。

　　A. 4　　　　　　B. 5　　　　　　C. 6　　　　　　D. 7

332.AN005　在管道完整性管理环节中,第一个环节是(　　)。

　　A. 高后果区识别　　　　　　B. 数据收集

　　C. 风险评价　　　　　　　　D. 维修维护

333.AN005　在管道完整性管理环节中,最后一个环节是(　　)。

　　A. 高后果区识别　　　　　　B. 数据收集

　　C. 效能评价　　　　　　　　D. 维修维护

334.AN006　管道完整性评价的方法不包括(　　)。

　　A. 外检测　　B. 管道巡护　　C. 内检测　　D. 压力试验

335.AN006　管道完整性评价可以对管道缺陷的承压能力和危险程度进行评价,从而
　　　　　　确定管道的(　　)。

　　A. 设计压力和缺陷位置

　　B. 试验压力和缺陷修复计划

　　C. 安全运行压力和缺陷修复计划

　　D. 安全运行压力和缺陷位置

336.AN006　对管道管理及维护、维修实施(　　),选择最优方式实施管理。

　　A. 效能评价　　B. 风险评价　　C. 完整性评价　　D. 安全评价

337.AN007　进行数据采集时可以在(　　)信息中采集到管道设计压力与其他载荷、
　　　　　　管道公称直径等信息。

　　A. 设计　　　　B. 材料　　　　C. 施工　　　　D. 环境记录

338.AN007　进行数据采集时可以在(　　)信息中采集到钢材等级、管材制造商和有
　　　　　　效的材料认证记录。

　　A. 设计　　　　B. 材料　　　　C. 施工　　　　D. 环境记录

339.AN007　进行数据采集时可以在(　　)信息中采集到管道最大运行压力、压力波
　　　　　　动、运输介质、运行温度。

　　A. 管理　　　　B. 材料　　　　C. 运行　　　　D. 环境记录

340.AN008　管道附属设施数据和周边环境数据对其的基准应以(　　)的数据为准

　　(A)环焊缝信息B. 精度较高　　C. 参考桩　　　D. 辨识度较高

341.AN008　施工阶段和运行阶段的管道中心线对齐时,应首先以(　　)提供的环焊
　　　　　　缝信息为基准。

　　A. 测绘数据　　B. 内检测　　　C. 外检测　　　D. 补充测绘

342.AN008　施工阶段和运行阶段的管道中心线对齐时,当测绘数据与内检测数据均
　　　　　　出现偏差时,应以(　　)校准。

　　A. 测绘数据　　　　　　　　B. 内检测

　　C. 开挖测量数据　　　　　　D. 第三方测绘数据

343.AO009　以下哪类数据是在管道建设期收集的(　　)。

　　A. 标段　　　　　　　　　　B. 阴极保护记录

C. 内检测记录　　　　　　　D. 焊缝检测结果

344. AN009　以下哪类数据是在管道运行期收集的(　　)。

　　A. 站场边界　B. 试压　　C. 管道维修　D. 土地利用

345. AN009　以下哪类数据是管道的运行数据(　　)。

　　A. 清管　　　B. 试压　　C. 第三方管道 D. 风险评价结果

346. AN010　管道属性或者周边信息发生变化时,应进行(　　)。

　　A. 资料查询　　　　　　　B. 数据更新

　　C. 管理人员调整　　　　　D. 管理措施调整

347. AN010　不是使用数据管理系统进行数据综合的优点的选项是(　　)。

　　A. 能够存储大量的内检测和非内检测数据

　　B. 更容易合并内检测信息和其他检测、评估信息

　　C. 更容易采集和识别风险评价所需的数据

　　D. 异常不能在信息综合的基础上排序

348. AN010　以下(　　)项是管道属性数据中的结构化数据。

　　A. 管材信息统计表　　　　B. 文件

　　C. 图片　　　　　　　　　D. 视频

349. AN011　管道风险评价针对的主要对象是(　　)。

　　A. 管道系统的站场部分　　B. 管道系统的阀室部分

　　C. 管道系统的线路部分　　D. 管道系统的管理部分

350. AN011　进行管道风险评价时,油气站场按照一个(　　)进行评价。

　　A. 加压功能的站场

　　B. 具有截断功能的阀门

　　C. 具有收发球功能的收发球设施

　　D. 线路分割点

351. AN011　在进行风险评价时,对站场的评价需要考虑的是(　　)。

　　A. 站场的失效事故　　　　B. 站场的失效后果

　　C. 站场的失效事故及后果　D. 不需要考虑

352. AN012　进行管道风险评价时应全面识别管道(　　)管道失效的危害因素。

　　A. 当前阶段　　　　　　　B. 运行历史上

　　C. 今后5年内　　　　　　D. 今后1年内

353. AN012　进行风险评价时,应对识别出的(　　)危害因素造成失效的可能性和后果进行评价。

　　A. 主要　　　B. 重大　　C. 中等以上　D. 每一种

354. AN012　风险评价应定期开展,但当(　　)情况变化时,不需要立即开展再次评价。

　　A. 管道运行状态　　　　　B. 管道运行压力

　　C. 管道周边环境　　　　　D. 管道主要风险因素

355. AN013　下列(　　)不是按照风险评价结果的量化程度进行的风险评价。

　　A. 定性风险评价　　　　　B. 定损风险评价

　　C. 半定量风险评价　　　　D. 定量风险评价

356. AN013　风险评价中失效可能性评价可以不考虑的因素为(　　)。

A. 腐蚀 　　　　　　　　B. 第三方损坏

C. 制造及施工缺陷 　　　D. 事故财产损失

357.AN013 风险评价中失效后果分析中不应考虑的因素为(　　)。

A. 人员伤亡影响 　　　　B. 环境污染影响

C. 停输影响 　　　　　　D. 误操作影响

358.AN014 减缓自然与地质灾害风险的措施不包括下列的(　　)措施。

A. 水工保护 　　　　　　B. 灾害点监测

C. 防腐层修复 　　　　　D. 改线

359.AN014 减缓制造与施工缺陷风险的措施不包括下列的(　　)措施。

A. 安装预警系统 　　　　B. 内检测

C. 水试压 　　　　　　　D. 降压运行

360.AN014 减缓误操作风险的措施不包括下列的(　　)措施。

A. 安装预警系统 　　　　B. 员工培训

C. 防误操作设置 　　　　D. 内检测

361.AN015 在进行半定量评价时,失效可能性指标不包括(　　)。

A. 第三方损坏 　　　　　B. 巡线

C. 管道地面设施 　　　　D. 介质危害性

362.AN015 采取增加埋深的措施不包括(　　)。

A. 盖板涵 　　B. 水泥保护层 　　C. 钢套管 　　D. 增加标识桩

363.AN015 某条管道最近一次外检测与直接评价是 6 年前,则其风险评价中外检测项目评分为(　　)。

A. 10 　　　　B. 6 　　　　C. 2 　　　　D. 0

364.AN016 失效后果等级标准中,事故造成直接经济损失 200 万元,等级为(　　)。

A. 5 　　　　B. 4 　　　　C. 3 　　　　D. 2

365.AN016 失效后果等级标准中,事故造成重大环境影响,等级为(　　)。

A. 5 　　　　B. 4 　　　　C. 3 　　　　D. 2

366.AN016 失效后果等级标准中,事故导致停输超过允许停输时间,关联影响上下游,等级为(　　)。

A. 5 　　　　B. 4 　　　　C. 3 　　　　D. 2

367.AN017 下列选项中,(　　)不是对管道完整性评价内检测结果的响应。

A. 立即修复 　　B. 计划修复 　　C. 开挖验证 　　D. 保护宣传

368.AN017 对于内检测发现的风险表明缺陷处于失效临界点时,应进行(　　)响应。

A. 立即 　　　　B. 计划 　　　　C. 进行 　　　　D. 不响应

369.AN017 对在大于规定的最低屈服强度 30% 条件下运行的管道,如果管道运营企业要对检测发现的所有迹象进行检查和评价,并对 10 年内可能会发展成事故的所有缺陷进行维修,则再检测的时间间隔应为(　　)年。

A. 5 　　　　B. 10 　　　　C. 15 　　　　D. 20

370.AO001 火灾(　　)在起火后十几分钟内,燃烧面积不大,用较少人力和应急灭火器材就能控制。

A. 初起阶段 　　B. 下降阶段 　　C. 发展阶段 　　D. 猛烈阶段

371.AO001 (   )类是含碳固体物质的火灾。

    A. A   B. B   C. C   D. D

372.AO001(   )类是可燃气体的火灾。

    A. A   B. B   C. C   D. D

373.AO002 任何物质发生燃烧必须具备三个条件,即可燃物、(   )和着火源。

    A. 氧气   B. 氮气   C. 助燃物   D. 二氧化碳

374.AO002 (   )是使燃烧物与其周围的可燃物质加以隔离达到灭火目的。

    A. 隔离法   B. 抑制灭火法

    C. 窒息法   D. 冷却法

375.AO002 (   )是用不燃烧的物质包括气体、干粉、泡沫等包围燃烧物,阻止空气流入燃烧区,使助燃气体(如氧气)与燃烧物分开,或用惰性气体稀释空气中氧气的含量。

    A. 隔离法   B. 抑制灭火法

    C. 窒息法   D. 冷却法

376.AO003 扑救易燃液体的灭火机主要是(   )。

    A. 干粉   B. 四氯化碳   C. 1211   D. 前三种均可

377.AO003 干粉灭火器出厂期满(   )年首次维修,首次维修以后维修期限为每满(   )年。

    A. 2、1   B. 4、2   C. 5、2   D. 3、1

378.AO003 七氟丙烷灭火剂属于(   )灭火机。

    A. 水基型   B. 干粉   C. 洁净气体   D. 二氧化碳

379.AO004 天然气中含有硫化氢,空气中硫化氢的浓度达到(   )时,就会引起中毒,出现恶心、头痛、胸部压迫感和疲倦等现象。

    A. 10mg/m³   B. 20mg/m³   C. 30mg/m³   D. 40mg/m³

380.AO004 在工作区,硫化氢的最高允许浓度是空气中其含量不超过(   )。

    A. 10mg/m³   B. 20mg/m³   C. 30mg/m³   D. 40mg/m³

381.AO004 天然气的主要成分是(   )。

    A. 甲烷   B. 乙烷   C. 丙烷   D. 丁烷

382.AO005 过滤式防毒面具适用于温度为-30℃至(   )的非密闭环境下使用。

    A. 35℃   B. 40℃   C. 45℃   D. 50℃

383.AO005 有毒物质的存在是构成职业病的基本原因,根本办法是以(   )。

    A. 预防为主   B. 事后治疗   C. 屏住呼吸   D. 锻炼身体

384.AO005 防毒的主要防护用品有(   )。

    A. 过滤式防毒面具和压缩空气呼吸

    B. 过滤式呼吸器和压缩空气呼吸器

    C. 过滤式防毒面具和空气面具

    D. 口罩和压缩空气呼吸器

385.AO006 发现人员硫化氢中毒,施救者应戴(   )进入现场,立即将患者移离中毒现场。

    A. 空气呼吸机   B. 防毒面具

C. 口罩　　　　　　　　　　　D. 安全帽

386.AO006　导致心脏骤停或窒息,并发生猝死。心脏跳动停止者如在2min内实施初步的CPR(心肺复苏)在(　　)min内由专业人员进一步心脏救生,死而复生的可能性最大。

A. 4　　　　　B. 8　　　　　C. 10　　　　　D. 16

387.AO006　只有一个急救者给病人进行心肺复苏术时,应是每做(　　)次胸心脏按压,交替进行2次人工呼吸。

A. 30　　　　　B. 40　　　　　C. 50　　　　　D. 60

388.AO007　我国一般中、小型厂矿企业低压交流配电系统广泛采用(　　)配电方式,电压一般为380/220V。

A. 三相二线制　　　　　　　　B. 三相四线制

C. 三相三线制　　　　　　　　D. 三相五线制

389.AO007　三相三线制是由三相(　　)组成的配电系统,它适用三相对称负载。

A. 电线　　　　B. 地线　　　　C. 火线　　　　D. 零线

390.AO007　(　　)主要用于安全照明、蓄电池、开关设备的直流操作电源。

A. 10000V以上的电压　　　　　B. 1000V以上的电压

C. 100~1000V以内的电压　　　　D. 100V及以下的电压

391.AO008　触电分为两大类,其中(　　)是电流通过人体内部,造成内部器官、内部组织及神经系统的破坏,甚至造成伤亡事故。

A. 电击　　　　B. 电伤　　　　C. 电损伤　　　　D. 触电

392.AO008　触电分为两大类,其中(　　)是电流的热效应、化学效应、电磁效应及机械效应对人体的伤害。

A. 电击　　　　B. 电伤　　　　C. 电损伤　　　　D. 触电

393.AO008　按照人体触及带电体的方式不同,触电可分为单相触电、两相触电和(　　)触电三种。

A. 三相　　　　B. 四项　　　　C. 跨步电压　　　　D. 零相

394.AO009　燃烧时产生的热量以不超过几(　　)的速度缓慢散布在大气中。

A. 毫米/秒　　　B. 厘米/秒　　　C. 分米/秒　　　D. 米/秒

395.AO009　爆炸与燃烧并无显著区别,都是物质与(　　)的化合。

A. 氧　　　　　B. 二氧化碳　　　C. 氮气　　　　D. 氢气

396.AO009　爆炸是以(　　)至数千米/秒的速度进行的。

A. 数米/分钟　　　　　　　　　B. 数米/秒

C. 数十米/秒　　　　　　　　　D. 数百米/秒

397.AO010　输气站设备的强度试压,应按工作压力的(　　)倍进行水压试验。

A. 1　　　　　B. 1.5　　　　　C. 2　　　　　D. 3

398.AO010　对于输气站设备及距离站200m内的输气管道、经过城镇居民区以及低洼积水处的管道,至少每(　　)测厚调查一次。

A. 一个月　　　B. 半年　　　　C. 一年　　　　D. 两年

399.AO010　安全阀的开启压力一般定为工作压力的(　　),并有足够的排放能力。

A. 90%~95%　　　　　　　　　B. 95%~100%

C. 100%～105% D. 105%～110%

400. AO011 企业的( )是 HSE 的第一责任人,通过建立 HSE 保障体系,提供强有力的领导、资源和自上而下的承诺,采用考核和审核等手段,不断改善公司的 HSE 业绩。

A. 处长 B. 经理 C. 最高管理者 (D)投资人

401. AO011 中国石油天然气集团有限公司 HSE 方针"以人为本、( ),全员参与、持续改进"。

A. 预防为主 B. 加强预防 C. 加强管理 D. 管理为主

402. AO011 中国石油天然气集团有限公司 HSE 战略目标"零事故、( )、零污染,努力向国际健康、安全与环境管理的先进水平迈进"。

A. 零失误 B. 零事件 C. 零伤害 D. 零排放

403. BA001 使用恒电位仪的主要优点是:根据被保护构筑物的需要,可以自行进行调节( )。

A. 输出电流 B. 运行时间 C. 电源频率 D. 保护程度

404. BA001 ( )作为极化电源的优点是:结构简单、易于安装。

A. 硅整流器 B. 恒电位仪 C. 蓄电池组 D. 直流发电机

405. BA001 使用恒电位仪或整流器的阴极保护系统,是( )。

A. 牺牲阳极保护系统 B. 强制电流阴极保护系统
C. 辅助阳极保护系统 D. 电法阴极保护系统

406. BA002 目前,长输油气管道阴极保护系统应用较普遍的恒电位仪主要有 IHF、KSW-D( )、HDV-4D 等。

A. KSG-3 B. WPS-1 C. PS-1 D. KSG-D

407. BA002 常采用蓄电池配合太阳能电池、风力发电机、CCVT、TEG 等作为供电电源的恒电位仪是( )恒电位仪。

A. IHF B. PS-1 C. HDV-4D D. KSW-D

408. BA002 目前,长输油气管道阴极保护系统应用较普遍的恒电位仪主要有 IHF、( )、PS-1、HDV-4D 等恒电位仪。

A. KSG-3 B. WPS-1 C. PW-1 D. KSW-D

409. BA003 可控硅恒电位仪主要由三部分组成:一是极化电源,二是( )部分,三是辅助电路。

A. 可控硅 B. 自动控制 C. 恒电位 D. 恒电流

410. BA003 可控硅恒电位仪具有输出电压、电流( ),环境适应性强,可靠性高、寿命长,维护保养简便的特点。

A. 可调 B. 可控 C. 稳定 D. 恒定

411. BA003 外加电流阴极保护是利用外部电源和( ),使电流经电解质流向被保护构筑物,从而消除或减缓腐蚀。

A. 电缆 B. 管道 C. 牺牲阳极 D. 辅助阳极

412. BA004 当仪器需"自检"时,应事先将仪器后板的( )断开。

A. 输出阴极连线 B. 输出阳极连线
C. 零位接阴连线 D. 电源开关

413. BA004　对于新购安装的仪器,使用前要先(　　)。
　　A. 做好仪器安装的准备工作　　B. 保持仪器的清洁整齐
　　C. 认真阅读仪器说明书　　　　D. 整理好仪器的备用材料

414. BA004　恒电位仪在开机之前,应该把控制调节旋钮(　　)。
　　A. 左旋调到最小　　　　　　　B. 左旋调到最大
　　C. 右旋调到最小　　　　　　　D. 右旋调到最大

415. BA005　连接恒电位仪"阴极"接线柱到管道的导线,称为(　　)。
　　A. 阴极线　　　　　　　　　　B. 阳极线
　　C. 零位接阴线　　　　　　　　D. 参比线

416. BA005　连接恒电位仪"零位"接线柱到管道的导线,称为(　　)。
　　A. 阴极线　　　　　　　　　　B. 阳极线
　　C. 零位接阴线　　　　　　　　D. 参比线

417. BA005　恒电位仪零位接阴电缆与阴极电缆是不应公用一条电缆的,因零位接阴电缆是信号测量回路不应有(　　)通过。
　　A. 电阻　　　B. 电感　　　C. 电压　　　D. 电流

418. BA006　对于已使用(　　)年以上的阴极保护电源设备,可以考虑报废。
　　A. 10　　　　(B) 15　　　　C. 20　　　D. 25

419. BA006　阴极保护间应有管道走向图、(　　)及管道保护工岗位责任制。
　　A. 设备配置图　　　　　　　　B. 保护电位曲线
　　C. 系统设置图　　　　　　　　D. 保护电流变化曲线

420. BA006　阴极保护设备间应保持清洁、(　　)、干燥。
　　A. 恒湿　　　B. 恒温　　　C. 通电　　　D. 通风

421. BA007　恒电位仪应(　　)维护保养一次。
　　A. 每年　　　B. 每季度　　　C. 每月　　　D. 每周

422. BA007　恒电位仪应(　　)检查维修一次。
　　A. 每年　　　B. 每季度　　　C. 每月　　　D. 每周

423. BA007　恒电位仪等设备接地电阻值应不大于(　　)。
　　A. 5Ω　　　　B. 10Ω　　　　C. 15Ω　　　D. 20Ω

424. BA008　使用参比电极测出的电极电位属于(　　)。
　　A. 平衡电极电位　　　　　　　B. 非平衡电极电位
　　C. 相对电极电位　　　　　　　D. 绝对电极电位

425. BA008　CSE 代表(　　)。
　　A. 标准氢电极　　　　　　　　B. 饱和硫酸铜电极
　　C. 饱和甘汞电极　　　　　　　D. 饱和氯化银电极

426. BA008　饱和硫酸铜参比电极相对于标准氢电极的电位值为(　　)。
　　A. +0.216V　　　B. −0.216V　　　C. +0.316V　　　D. −0.316V

427. BA009　埋地管道阴极保护系统中,参比电极的工作电流密度不大于(　　)。
　　A. 50μA/cm^2　　B. 20μA/cm^2　　C. 10μA/cm^2　　D. 5μA/cm^2

428. BA009　在测量过程中参比电极应具备良好的(　　)。
　　A. 重复性能　　　B. 力学性能　　　C. 化学性能　　　D. 电学性能

429.BA009 参比电极除了稳定性好、精度高,还应( )。

　　A. 价格便宜,易于制作,携带方便

　　B. 价格贵,制作精良,小巧

　　C. 价格贵,复杂

　　D. 价格便宜,制作粗糙

430.BA010 便携式饱和硫酸铜参比电极的电极棒是( )铜棒。

　　A. 黄　　　　B. 青　　　　C. 紫　　　　D. 红

431.BA010 便携式饱和硫酸铜参比电极体下部的微渗膜可用( )替代。

　　A. 塑料膜　　B. 软木塞　　C. 硬木塞　　D. 橡皮塞

432.BA010 在便携式饱和硫酸铜参比电极的紫铜棒应放在( )溶液中。

　　A. 硫酸铜　　B. 饱和硫酸铜　C. 硫酸铁　　D. 饱和硫酸铁

433.BA011 便携式饱和硫酸铜参比电极中的溶液是否饱和,可以用溶液是否( )来判断。

　　A. 显蓝色　　B. 显紫色　　C. 有晶体　　D. 有杂质

434.BA011 由于( ),可以使便携式饱和硫酸铜参比电极中的溶液变得不再饱和。

　　A. 使用频繁　B. 温度降低　C. 温度改变　D. 温度升高

435.BA011 便携式饱和硫酸铜参比电极中使用的铜棒应为( )。

　　A. 黄铜　　　B. 紫铜　　　C. 镀铜铁棒　　D. 镀铜铝棒

436.BA012 利用数字万用表测量时,为了使测量更加准确、显示的小数点位尽可能多,在选择量程时,要尽量选( )的。

　　A. 大　　　　B. 小　　　　C. 中　　　　D. 第一挡

437.BA012 数字万用表在使用过程中,最左位显( )则说明量程不够,应选大一些量程。

　　A. 0　　　　B. -1　　　　C. 1　　　　D. 2

438.BA012 利用数字万用表测晶体二极管时,应把测量选择开关拨到( )位置上。

　　A. 二极管　　B. NPN　　　C. PNP　　　D. DNP

439.BA013 ZC-8 型接地电阻测试仪是根据( )的工作原理设计的。

　　A. 发电机　　B. 电流计　　C. 电位计　　D. 电阻仪

440.BA013 ZC-8 型接地电阻测试仪在检流计电路中接入( ),故在测试时不受土壤的电解极化影响。

　　A. 电容器　　B. 电阻元件　C. 电池　　　D. 电感元件

441.BA013 ZC-8 型接地电阻测试仪发电机的频率为( )。

　　A. 35~50Hz　B. 80~95Hz　C. 110~115Hz　D. 220~235Hz

442.BA014 ZC-8 型接地电阻测试仪由手摇发电机、电流互感器、( )及检流计等组成。

　　A. 精密电桥　　　　　B. 精密电阻

　　C. 滑线电阻　　　　　D. 固定电阻

443.BA014 ZC-8 型接地电阻测试仪由手摇发电机、电流互感器、滑线电阻及( )等组成。

　　A. 电压表　　B. 电流表　　C. 电位表　　D. 检流计

444.BA014 ZC-8型接地电阻测试仪由( )、电流互感器、滑线电阻及检流计等组成。

    A. 电池组   B. 蓄电池   C. 手摇发电机   (D)干电池

445.BA015 采用接地电阻测量仪测量辅助阳极接地电阻时,电极之间的距离及相对位置应根据( )决定。

    A. 电阻大小   B. 土壤电阻率

    C. 测量方法   D. 土壤电阻率是否均匀

446.BA015 使用接地电阻测试仪之前,应检查检流计指针是否( )。

    A. 位于中心线上   B. 指示零位

    C. 指示+∞   D. 指示-∞

447.BA015 当接地电阻测试仪检流计的灵敏度过高时,应( )电位钢钎电极插入土壤的深度。

    A. 增加   B. 减小   C. 改变   D. 不考虑

448.BA016 辅助阳极的接地电阻值同设计值、初始值相比较时,若无( ),即为合格。

    A. 大幅度上升   B. 大幅度下降

    C. 较小上升   D. 较小下降

449.BA016 新埋设的辅助阳极接地电阻应与直流电源的( )相匹配。

    A. 功率   B. 电压   C. 输出   D. 电流

450.BA016 辅助阳极接地电阻值越( )越好。

    A. 大   B. 小   C. 接近1Ω   D. 大于1Ω

451.BB001 电火花检漏仪的探头在接近绝缘良好的管道表面时,仪器没有什么反应,当接近绝缘有缺陷的管道表面时,( ),从而探明露铁的位置。

    A. 产生击穿放电   B. 产生电流电压

    C. 产生互相吸引   D. 产生互相排斥

452.BB001 使用电火花检漏仪在探测到管道防腐绝缘层的露铁点时,机内的( )会发出声音信号告知检测者。

    A. 检测电路   B. 放大电路

    C. 报警电路   D. 取样电路

453.BB001 电火花检漏仪是根据( )原理工作的。

    A. 欧姆定律   B. 电磁感应   C. 能量守恒   D. 高压放电

454.BB002 为了使用方便,电火花检漏仪设有报警电路,在检测时对( )进行报警。

    A. 发现的错误   B. 防腐层的漏点

    C. 发生危险时   D. 产生的故障

455.BB002 电火花检漏仪为了容易产生高压直流,先由振荡器产生( )供整流使用。

    A. 超音频信号   B. 中频交流信号

    C.5kHz 交流信号   D. 10kHz 交流信号

456.BB002 为了使用安全,电火花检漏仪各主要部分是分开的,使用的时候先( )。

    A. 进行组装   B. 进行检查

C. 进行测试　　　　　　　　D. 进行接线

457. BB003　电火花检漏仪在使用前进行组装时,主机的(　　)一定要在断开位置。

　　A. 信号输入　B. 信号输出　　C. 电源开关　D. 频率选择

458. BB003　用电火花检漏仪检测防腐层时,主机电源打开并无高压输出,(　　)后,才有高压输出。

　　A. 接好接地线　　　　　　　B. 接好检测探头

　　C. 接通报警电路　　　　　　D. 拉开保险栓,按动高压枪上的按钮

459. BB003　用电火花检漏仪进行漏点检测时,根据(　　)选择检漏电压。

　　A. 防腐层安全要求　　　　　B. 防腐层的厚度

　　C. 防腐层漏点大小　　　　　D. 防腐层老化程度

460. BB004　电火花检漏仪操作时要严格遵守操作规程,防止(　　)。

　　A. 损坏仪器　B. 击穿设备　C. 人身伤害　D. 触电事故

461. BB004　检漏过程中,非操作人员距离管道(　　),不得触及探头和管道。

　　A. 2m 以外　　B. 2m 以内　　C. 1m 以内　　D. 1m 以外

462. BB004　为了检测过程中的安全,进行电火花检漏作业时,配合者应该(　　)。

　　A. 积极进行合作　　　　　　B. 密切配合操作

　　C. 离开被检测管道　　　　　D. 随时接替操作者

463. BB005　为了保证仪器可靠工作,电火花检漏仪要保证(　　)。

　　A. 连接稳定　B. 接线正确　C. 电源充足　D. 操作熟练

464. BB005　电火花检漏仪在检漏过程中,一定要防止触头发生(　　)。

　　A. 损坏　　　　B. 短路　　　　C. 接地　　　　D. 脱落

465. BB005　电火花检漏仪使用后要存放在(　　)的环境里。

　　A. 清洁　　　　B. 优美　　　　C. 通风　　　　D. 干燥

466. BB006　检漏电压的计算公式中,当防腐层厚度大于 1mm 时,系数 M 取(　　)。

　　A. 3294　　　　B. 7840　　　　C. 2934　　　　D. 7480

467. BB006　检漏电压的确定,应(　　)。

　　A. 只要查出漏点就行　　　　B. 既查出漏点,又不击穿防腐层

　　C. 查出漏点并击穿防腐层　　D. 越高查出的漏点越多

468. BB006　检漏电压的计算公式为(　　)。

　　A. $V = M^2 t$　　　B. $V = Mt$　　　C. $V = Mt^{1/2}$　　　D. $V = Mt^2$

469. BC001　管/地电位测量时,将参比电极放置于待测管道位置(　　)。

　　A. 管道走向左侧　　　　　　B. 管道走向右侧

　　C. 管顶上方　　　　　　　　D. 远离处

470. BC001　管/地电位测量时,常用的参比电极为(　　)。

　　A. 钢钎电极　　　　　　　　B. 饱和硫酸铜参比电极

　　C. 甘汞电极　　　　　　　　D. 锌参比电极

471. BC001　管/地电位偏移值是管地电位与(　　)之间的差值。

　　A. 通电电位　B. 断电电位　C. 自然电位　D. 交流电压

472. BC002　长时间测量管道交流电压时,应使用(　　)。

　　A. 交流电压表　　　　　　　B. 万用表

    C. 钳形电流表　　　　　　　D. 存储式交流电压测试仪

473.BC002　采用钢棒电极时，钢棒直径不宜小于（　　）。

    A. 10mm　　　B. 12mm　　　C. 14mm　　　D. 16mm

474.BC002　采用钢棒电极时，插入土壤深度宜为（　　）。

    A. 100mm　　B. 120mm　　C. 140mm　　D. 160mm

475.BD001　输气管道缓蚀剂的加注工艺最初使用的加注方法是平衡罐法，后来又有清管器法、（　　）、泡沫法、气溶胶法等加注方法。

    A. 压力法　　B. 混合法　　C. 喷雾法　　D. 吸入法

476.BD001　平衡罐法采用压力均衡罐，利用天然气压差注入法进行缓蚀剂加注，也称（　　）加注，可使缓蚀剂自行流入管道。

    A. 自流式　　B. 吸入式　　C. 压力式　　D. 平衡式

477.BD001　应谨慎地选定各种加注装置的安装位置，特别是（　　）的位置，应避免缓蚀剂雾化过程对导向阀控制的调节系统产生不良的影响。

    A. 阀门　　　B. 对接配管　　C. 计量　　　D. 阀组

478.BE001　巡线工应检查是否有油气（　　）迹象。

    A. 挥发　　　B. 蒸发　　　C. 泄漏　　　D. 凝固

479.BE001　巡护方式不包括（　　）巡线。

    A. 步行　　　B. 驾车　　　C. 驾船　　　D. GPS 巡检系统

480.BE001　巡线工在管道中心线两侧各 5m 地域范围内应检查的不包括（　　）。

    A. 种植乔木、灌木、藤类、芦苇、竹子或者其他根系深达管道埋设部位可能损坏管道防腐层的深根植物

    B. 取土、采石、用火、堆放重物、排放腐蚀性物质、使用机械工具进行挖掘施工

    C. 挖塘、修渠、修晒场、修建水产养殖场、建温室、建家畜棚圈、建房以及修建其他建筑物、构筑物

    D. 直升机、无人机等航空器飞行

481.BE002　一般管道走向图的标注方向为上（　　）。

    A. 北　　　　B. 南　　　　C. 西　　　　D. 东

482.BE002　一般管道走向图的标注方向为下（　　）。

    A. 北　　　　B. 南　　　　C. 西　　　　D. 东

483.BE002　一般管道走向图的标注方向为左（　　）。

    A. 北　　　　B. 南　　　　C. 西　　　　D. 东

484.BE003　RD-8000 接收机的探测天线由两个水平天线和一个垂直天线组成，其中垂直天线用于（　　）测量。

    A. 峰值　　　B. 谷值　　　C. 走向　　　D. 埋深

485.BE003　下列（　　）是 RD-8000 测量管道埋深的方法。

    A. 直读法　　　　　　　　　B. 30%法测埋深

    C. 45%法测埋深　　　　　　 D. 50%法测埋深

486.BE003　下列（　　）是 RD-8000 测量管道埋深的方法。

    A. 15%法测埋深　　　　　　 B. 30%法测埋深

    C. 45%法测埋深　　　　　　 D. 70%法测埋深

487.BE004 用 SL-2818 管道探测仪的极大值法定位管道,是通过测量磁场( )分量。

 A. 水平 B. 垂直 C. 30° D. 45°

488.BE004 用 SL-2818 管道探测仪的极小值法定位管道,是通过测量磁场( )分量。

 A. 水平 B. 垂直 C. 30° D. 45°

489.BE004 下列( )是 SL-2818 管道探测仪测量管道埋深的方法。

 A. 90°测深法 B. 70%法测埋深

 C. 极大值法测埋深 D. 50%法测埋深

490.BE005 ( )明示管道所属行政管理区域分界的标志。

 A. 里程桩 B. 标志桩 C. 测试桩 D. 分界桩

491.BE005 ( )用于标记通信光缆敷设位置,走向的管道标识,也称光缆桩。

 A. 里程桩 B. 标志桩 C. 测试桩 D. 通信标石

492.BE005 在石油行业通常使用的测试桩有钢管测试桩和( )。

 A. 水泥测试桩 B. 玻璃钢测试桩

 C. 钢筋混凝土预制桩 D. 铝合金测试桩

493.BE006 电位测试桩宜每公里设置( )个。

 A. 1 B. 2 C. 3 D. 4

494.BE006 电流测试桩按( )设置。

 A. 1km B. 2km C. 3km D. 实际需要

495.BE006 管道与新建铁路、公路交叉需增设电位测试桩/标志桩时,标记方法为( )。

 A. 里程-间距 B. 里程+间距 C. 里程 D. 里程±间距

496.BE007 ( )双面均为白底、红字,桩顶为红色。

 A. 里程桩 B. 标志桩 C. 测试桩 D. 分界桩

497.BE007 ( )上部三角牌有三种规格,上面印制航空巡检牌的标号,与管道里程相对应。

 A. 空中巡检牌 B. 标志桩 C. 测试桩 D. 分界桩

498.BE007 单立柱( )双面均为黄底反光漆、黑字。

 A. 里程桩 B. 警示牌 C. 测试桩 D. 分界桩

499.BE008 里程桩宜设置在管道( )方。

 A. 左 B. 右 C. 正上 D. 正下

500.BE008 管道穿越高速公路、国家一级、二级公路或穿越公路长度≥50m 时,应在公路两侧设置标志桩。设置位置在公路排水沟外边缘以外( )处。

 A. 1m B. 1.5m C. 2m D. 2.5m

501.BE008 转角桩宜设置在转折管道中心线( )方。

 A. 上 B. 下 C. 左 D. 右

502.BE009 下列( )不是管道重点防护管段(部分)。

 A. 易发生打孔盗油(气)管段 B. 第三方施工管段

 C. 铁路 D. 人口密集区

503.BE009 下列( )不是管道重点防护管段(部分)。

    A. 电力线缆交叉处　　　　　B. 第三方施工管段

    C. 易发生恐怖袭击管段　　　D. 自然与地质灾害易发管段

504.BE009　根据失效可能性的等级将反打孔盗油(气)与防恐重点防护管段分为( )级。

    A. 2　　　　　B. 3　　　　　C. 4　　　　　D. 5

505.BE010　打孔盗油(气)易发生着火( )等安全事故。

    A. 挥发　　　B. 爆炸　　　C. 蒸发　　　D. 自燃

506.BE010　因打孔盗油泄漏介质进入( )后,污染速度快,影响范围广,处理难度大。

    A. 土壤　　　B. 山体　　　C. 水体　　　D. 空气

507.BE010　( )不是打孔盗油(气)易引发的事故。

    A. 着火爆炸　B. 光缆中断　C. 环境污染　D. 财产损失

508.BE011　( )不是管道防恐怖袭击的目标。

    A. 阀室　　　B. 油罐　　　C. 站场　　　D. 火车

509.BE011　( )不是管道防恐怖袭击的目标。

    A. 阀室　　　B. 油罐　　　C. 汽车　　　D. 站外管道

510.BE011　油气管道具有( )的特点,防恐难度大。

    A. 点多线长　B. 点少线长　C. 点多线短　D. 点少线短

511.BE012　下列( )与管道保护没有关系。

    A.《中华人民共和国石油天然气管道保护法》

    B.《中华人民共和国突发事件应对法》

    C.《最高人民法院最高人民检察院关于办理盗窃油气、破坏油气设备等刑事案件具体应用法律若干问题的解释》

    D.《中华人民共和国大气污染防治法》

512.BE012　下列( )与管道保护没有关系。

    A.《关于规范公路桥梁与石油天然气管道交叉工程管理的通知》

    B.《油气输送管道与铁路交汇工程技术及管理规定》

    C.《中华人民共和国道路交通安全法》

    D.《国家经济贸易委员会关于加强石油天然气管道保护的通知》

513.BE012　《中华人民共和国石油天然气管道保护法》( )年10月1日起施行。

    A. 2010　　　B. 2011　　　C. 2012　　　D. 2013

514.BE013　随着我国经济社会快速发展和城乡建设不断加快,我国油气管道面临的不安全因素增加,以下( )不属于该类不安全因素。

    A. 管道的规划和建设与城乡发展统筹协调不够,许多远离城乡居住区的管道现在被居民楼、学校、医院、商店等建筑物占压

    B. 一些单位和个人违反管道保护距离制度,违法采石、挖沙、爆破或者从事其他施工作业

    C. 一些地方打孔盗油气等破坏管道的违法犯罪活动还比较严重

    D. 农民由种植农作物改为种植经济作物

515.BE013　随着我国经济社会快速发展和城乡建设不断加快,我国油气管道面临的不

安全因素增加,以下( )属于该类不安全因素。

A. 管道的规划和建设与城乡发展统筹协调不够,许多远离城乡居住区的管道现在被居民楼、学校、医院、商店等建筑物占压

B. 管道安全距离外建设开发区

C. 管道的路由不规则

D. 农民由种植农作物改为种植经济作物

516.BE013 随着我国经济社会快速发展和城乡建设不断加快,我国油气管道面临的不安全因素增加,以下( )属于该类不安全因素。

A. 进行无人机航拍

B. 一些单位和个人违反管道保护距离制度,违法采石、挖沙、爆破或者从事其他施工作业

C. 管道沿线村民进行土地流转

D. 农民由种植农作物改为种植经济作物

517.BE014 ( )包括管道保护的管理方法不完善、员工保护管道的意识不强以及员工的相关第三方施工损伤风险的知识不全面、周边第三方施工机具信息搜集不健全、对管道突发事故应急措施不及时等。

A. 人为因素 B. 物理因素

C. 管理因素 D. 工程操作因素

518.BE014 ( )是指第三方施工人员的主观故意或者客观无意的错误。

A. 人为因素 B. 物理因素

C. 管理因素 D. 工程操作因素

519.BE014 ( )是指管道附属设施的保护设施功能失效或者存在隐患。

A. 人为因素 B. 物理因素

C. 管理因素 D. 工程操作因素

520.BE015 为应对第三方施工风险,管道运营企业应该( )。

①在管道沿线建立信息员制度 ②建立健全信息搜集与管理工作

③做好第三方施工的预控工作 ④安装管道光纤预警系统

A.①②④ B.①②③ C.①③④ D.②③④

521.BE015 为应对第三方施工风险,管道运营企业应该( )。

①在管道沿线建立信息员制度 ②建立健全信息搜集与管理工作

③进行管道巡护外包 ④做好第三方施工的现场监护工作

A.①②③ B.①③④ C.①②④ D.②③④

522.BE015 为应对第三方施工风险,管道运营企业应该( )。

①在管道沿线建立信息员制度 ②完善管道标识

③进行管道安全教育宣传 ④进行管道内检测

A.①②④ B.①②③④ C.①③④ D.①②③

523.BE016 ( )发现管道存在安全隐患,应当及时排除。

A. 管道运营企业 B. 第三方

C. 安监局 D. 质监局

524.BE016 对管道存在的外部安全隐患,管道运营企业自身排除确有困难的,应当向

（　　）级以上地方人民政府主管管道保护工作的部门报告。

    A. 乡　　　　　B. 县　　　　　C. 市　　　　　D. 省

525.BE016　下列（　　）不是管道附属设施。

    A. 计量站　　　B. 集油站　　　C. 集气站　　　D. 加油站

526.BE017　新发管道占压情况报告应该包括（　　）。

    A. 管道防腐层　B. 管道阴保　　C. 协调过程　　D. 管道光缆情况

527.BE017　新发管道占压情况报告应该包括（　　）。

    A. 管道阴保　　　　　　　　B. 管道防腐层

    C. 管道光缆情况　　　　　　D. 现场照片

528.BE017　新发管道占压情况报告应该包括（　　）。

    A. 管道光缆情况　　　　　　B. 占压物发现过程

    C. 管道防腐层　　　　　　　D. 管道阴保

529.BF001　管道开挖之前首先采用（　　）探明管道走向与位置。

    A. 管道探测仪　　　　　　　B. 地面检漏仪

    C. 电火花检漏仪　　　　　　D. 超声波检测仪

530.BF001　管道作业坑开挖应按（　　）进行放坡。

    A. 埋深　　　B. 区域　　　C. 土质类型　　D. 管道输送介质

531.BF001　管沟开挖时,应将挖出的土石方堆方到管沟一侧,堆土应距沟边（　　）以外。

    A.0.5m　　　B.0.4m　　　C.0.3m　　　D.0.2m

532.BF002　采用喷砂除锈时,除锈等级应达到（　　）。

    A.Sa2.5级　　B.Sa3.0级　　C.St2级　　　D.St3级

533.BF002　采用电动工具除锈时,除锈等级应达到（　　）。

    A.Sa2.5级　　B.Sa3.0级　　C.St2级　　　D.St3级

534.BF002　钢管表面处理后宜立即进行防腐施工,间隔时间不宜超过（　　）。

    A.1h　　　　B.2h　　　　C.3h　　　　D.4h

535.BF003　下列选项中,不是防腐胶带施工方式的是（　　）。

    A. 人工机械缠绕　　　　　　B. 自动缠绕机械缠绕

    C. 手工缠绕　　　　　　　　D. 电磁机缠绕

536.BF003　按照胶黏带缠绕两层结构施工,应采取搭接大于或等于（　　）一次成型。

    A.15%　　　B.25%　　　C.35%　　　D.55%

537.BF003　在原防腐层与胶带搭接处,应将原防腐层处理成坡面,搭接宽度应大于（　　）。

    A.50mm　　B.75mm　　C.100mm　　D.200mm

538.BF004　顺油(气)流方向,管道正下方时钟为（　　）。

    A.0点　　　B.3点　　　C.6点　　　D.9点

539.BF004　顺油(气)流方向,管道右侧水平时钟为（　　）。

    A.0点　　　B.3点　　　C.6点　　　D.9点

540.BF004　顺油(气)流方向,管道左侧水平时钟为（　　）。

    A.0点　　　B.3点　　　C.6点　　　D.9点

541.BF005　测量管道腐蚀缺陷(　　)是测量每个腐蚀坑的在管道轴线方向最大投影长度。

　　A. 纵向长度　　B. 环向长度　　C. 腐蚀深度　　D. 腐蚀范围

542.BF005　纵向长度测量时,当相邻腐蚀坑之间未腐蚀区域小于(　　)时,应视为同一腐蚀坑。

　　A. 15mm　　　B. 25mm　　　C. 35mm　　　D. 45mm

543.BF005　(　　)是测量每个腐蚀坑在圆周方向的最大投影程度。

　　A. 纵向长度　　B. 环向长度　　C. 腐蚀深度　　D. 腐蚀范围

544.BF006　(　　)还适用于抗洪抢险工程及防冲刷临时措施。

　　A. 石笼　　　　B. 护坡　　　　C. 挡土墙　　　D. 过水面

545.BF006　石笼编笼网可用(　　),以及高强度聚合物土工格网。

　　A. 镀锌铁丝、普通铁丝　　　　　B. 镀锌铁丝、铅丝

　　C. 铜丝、普通铁丝　　　　　　　D. 合金铁丝、铅丝

546.BF006　编制石笼网(　　)网较为牢固,不易变形,网孔大小通常为 6cm×3cm、8cm×10cm、12cm×15cm。

　　A. 方形　　　　B. 六角形　　　C. 圆形　　　　D. 三角形

547.BF007　管线穿越河沟道时,往往采用(　　)的结构形式对河沟道穿越管段进行保护。

　　A. 截水墙　　　B. 石笼　　　　C. 挡土墙　　　D. 过水面

548.BF007　按置换后的材料类型不同,以(　　)三种过水面较为常见。

　　A. 混凝土过水面、浆砌石过水面和石笼过水面

　　B. 干砌石过水面、浆砌石过水面和石笼过水面

　　C. 沙袋过水面、浆砌石过水面和石笼过水面

　　D. 毛石过水面、浆砌石过水面和石笼过水面

549.BF007　石笼过水面内装石料可采用块石或卵石,石料粒径不小于(　　),大块石料置于外侧,小块石料居内。

　　A. 10cm　　　B. 20cm　　　C. 30cm　　　D. 40cm

550.BF008　浆砌石截水墙的砌筑砂浆可选用(　　)两种砂浆标号。

　　A. M10 或 M15　　　　　　　　B. M15 或 M20

　　C. M20 或 M25　　　　　　　　D. M5 或 M7.5

551.BF008　铺浆法砌筑,砂浆饱满度不得小于(　　)。

　　A. 90%　　　B. 80%　　　C. 70%　　　D. 60%

552.BF008　依据墙体材料的不同,可分为浆砌石截水墙、灰土截水墙、土工袋截水墙以及木板截水墙等,其中以(　　)最为常见。

　　A. 浆砌石截水墙和土工袋截水墙

　　B. 浆砌石截水墙和木板截水墙

　　C. 浆砌石截水墙和灰土截水墙

　　D. 灰土截水墙和木板截水墙

553.BF009　(　　)是用来支撑陡坡以保持土体稳定的一种构筑物,它所承受的主要荷载是土压力。

A. 挡土墙　　　B. 石笼　　　　C. 过水面　　　D. 护坡

554. BF009　根据所处的位置及墙后填土情况,挡土墙可分为(　　　)。

A. 肩式、岸式和堑式　　　　　B. 肩式、堤式和坡式

C. 肩式、堤式和堑式　　　　　D. 面式、堤式和堑式

555. BF009　基础埋设(　　　)应按地基性质、承载力的要求、冻涨的影响和水文地质条件等确定。

A. 深度　　　B. 宽度　　　　C. 长度　　　　D. 宽度

556. BF010　对于严重潮湿或严重冻害的土质边坡,在未进行排水措施以前,则不宜采用(　　　)。

A. 石笼　　　B. 过水面　　　C. 挡土墙　　　D. 浆砌石护坡

557. BF010　(　　　)适用于边坡坡度不陡于1∶1。

A. 石笼　　　B. 过水面　　　C. 挡土墙　　　D. 浆砌石护坡

558. BF010　浆砌石护坡每(　　　)留一道伸缩缝,缝宽2cm,缝内填塞沥青麻筋或沥青木板等材料。

A. 10~15m　　　B. 5~10m　　　C. 15~20m　　　D. 20~25m

559. BG001　启闭件与阀座两密封面间的接触处的泄漏叫作(　　　)。

A. 内漏　　　B. 外漏　　　　C. 侧漏　　　　D. 渗漏

560. BG001　填料与阀杆和填料函的配合处的泄漏叫作(　　　)。

A. 内漏　　　B. 外漏　　　　C. 侧漏　　　　D. 渗漏

561. BG001　阀体与阀盖连接处的泄漏叫作(　　　)。

A. 内漏　　　B. 外漏　　　　C. 侧漏　　　　D. 渗漏

562. BG002　气液联动机构的操控有(　　　)和就地两种方式。

A. 中心　　　B. 现场　　　　C. 站控　　　　D. 远程

563. BG002　气液联动阀执行机构的气源管从(　　　)上引压,作为该阀的动力。

A. 空压机　　　B. 专用气罐　　　C. 干线　　　　D. 放空管

564. BG002　气液联动阀由阀门和气液联动执行机构组成,主要用在(　　　)管道上。

A. 输气　　　B. 输油　　　　C. 成品油　　　　D. 输水

565. BG003　电液联动阀执行器本体安装在(　　　)上。

A. 油缸　　　B. 储能器　　　C. 截断阀　　　D. 控制箱

566. BG003　电液联动机构蓄能器压力阀体压力表在(　　　)之间。

A. 0~1.25MPa　　　　　　　B. 0.125~0.16MPa

C. 1.25~1.6MPa　　　　　　D. 12.5~16MPa

567. BG003　电液联动阀控制面板上通常有(　　　)操作键,操作过程中需要配合使用。

A. 一　　　B. 二　　　　C. 三　　　　D. 四

568. BG004　以下不属于可燃气体检测仪的分类形式的是(　　　)。

A. 固定式气体检测仪　　　　　B. 便携式气体检测仪

C. 扩散式气体检测仪　　　　　D. 分离式气体检测仪

569. BG004　按照检测采样方式可分为(　　　)式气体检测仪和泵吸式气体检测仪。

A. 就地　　　B. 便携　　　　C. 固定　　　　D. 扩散

570. BG004　泵吸式气体检测仪的特点是对危险的区域可进行(　　　)检测。

A. 远距离   B. 近距离

C. 空旷处   D. 密闭

571.BG005 在动火作业中,进出口受限,通风不良,可能存在易燃易爆、有毒有害物质或缺氧,对进入人员的身体健康和生命安全构成威胁的封闭、半封闭设施及场所被称为( )。

A. 密闭空间   B. 爆炸空间

C. 受限空间   D. 危险空间

572.BG005 以下符合作业现场和作业过程中受限空间内含氧量要求的是( )。

A. 含氧量 5%~10%   B. 含氧量 18%~21%

C. 含氧量 50%~78%   D. 含氧量 78%~100%

573.BG005 进入受限空间作业前,应首先对空间内( )含量进行检测。

A. 氧   B. 甲烷   C. 二氧化碳   D. 乙烷

574.BG006 空气呼吸器需求阀的主要作用是将中压( )减压为一定流量的低压( ),为使用者提供呼吸所需的( )。

A. 空气   氧气   氧气   B. 空气   空气   氧气

C. 空气   空气   空气   D. 氧气   氧气   氧气

575.BG006 空气呼吸器需求阀可以根据佩带者呼吸量大小( )调节阀门开启量。

A. 手动   B. 机械   C. 自动   D. 关闭

576.BG006 空气呼吸器需求阀作用是保证面罩内压力长期处于( )压状态。

A. 高   B. 负   C. 正   D. 无

577.BH001 抢修现场的风险识别是抢修现场风险管理的( )。

A. 要求   B. 第一步   C. 内容   D. 方法

578.BH001 安排( )对抢修现场相关区域的可燃气体、含氧量进行监测。

A. 民工   B. 焊工   C. 专人   D. 领导

579.BH001 进入抢修现场的机具、设备、车辆、物资、人员等应( )。

A. 做好安全防护措施   B. 直接进场

C. 在场外   D. 无故障

580.BH002 事故现场周边情况包括周边居民点分布情况、事故管段进场道路,周边环境敏感点,特别是周边地下管网信息和( )。

A. 人员情况   B. 天气情况

C. 商业网点   D. 上下游水体

581.BH002 下列哪项不是泄漏现场情况初报主要内容( )。

A. 泄漏情况   B. 扩散方向

C. 抢修费用   D. 污染范围

582.BH002 输油气管道保护工抵达事故现场后,应对( )情况向相关部门进行汇报。

A. 运行压力   B. 应急预案

C. 事故现场   D. 抢险设备

583.BH003 现场疏散方法有口头引导、( )、强行疏导、疏散制止脱险者重返事故现场。

A. 报纸   B. 拉响警报   C. 广播引导   D. 停电停水

584.BH003　现场人员应按(　　)有条不紊地进行疏散。
　　A. 指定路线　　　　　　　B. 熟悉路线
　　C. 公交路线　　　　　　　D. 人多路线

585.BH003　先安排事故威胁(　　)及危险区域内的人员疏散。
　　A. 较轻　　　B. 严重　　　C. 不明　　　D. 较远

586.BH004　进入警戒区的人员、车辆要遵从(　　)的指挥安排,遵守警戒区内的管理规定。
　　A. 领导　　　B. 制度　　　C. 警戒人员　　D. 抢险人员

587.BH004　天然气泄漏事故,通常设三条封锁线,由内及外分别为(　　)。
　　A. 警戒封锁线、交通封锁线和现场封锁线
　　B. 现场封锁线、警戒封锁线和交通封锁线
　　C. 交通封锁线、警戒封锁线和现场封锁线
　　D. 警戒封锁线、现场封锁线和交通封锁线

588.BH004　天然气泄漏后第一封锁区内燃气浓度超过爆炸下限的(　　)。
　　A.10%　　　B.20%　　　C.30%　　　D.40%

589.BI001　地区等级划分中一级二类地区是户数在(　　)或以下的区段。
　　A.10 户　　　B.15 户　　　C.20 户　　　D.25 户

590.BI001　地区等级划分中二级地区是户数在15 户以上、(　　)以下的区段。
　　A.100 户　　　B.110 户　　　C.120 户　　　D.130 户

591.BI001　当划分地区等级边界线时,边界线距最近一户建筑物外边缘应大于或等于(　　)。
　　A.100m　　　B.150m　　　C.200m　　　D.250m

592.BI002　特定场所Ⅱ在一年之内至少有(　　)天聚集大量人员的地区。
　　A.20　　　B.30　　　C.40　　　D.50

593.BI002　以下场所中不是特定场所Ⅱ的是(　　)。
　　A. 集贸市场　　B. 广场　　　C. 监狱　　　D. 露营地

594.BI002　特定场所Ⅱ指一年内会不定时聚集(　　)人或更多人的地区。
　　A.20　　　B.30　　　C.40　　　D.50

595.BI003　输气管道经过(　　)时,不属于高后果区。
　　A. 学校　　　B. 油库　　　C. 高压线　　D. 加油站

596.BI003　输气管道两侧各(　　)内的特定场所区域属于高后果区。
　　A.500m　　　B.400m　　　C.300m　　　D.200m

597.BI003　输油管道两侧各(　　)内有村庄、乡镇等,该区域为高后果区。
　　A.500m　　　B.400m　　　C.300m　　　D.200m

598.BI004　当识别出高后果区的区段相互重叠或相隔不超过(　　)时,作为一个高后果区段管理。
　　A.50m　　　B.100m　　　C.150m　　　D.200m

599.BI004　当输油管道附近地形起伏较大时,可依据(　　)条件判断泄漏油品可能的流动方向,高后果区距离进行调整。
　　A. 输油压力　　　　　　　B. 地形地貌

C. 周边人口聚集　　　　　　D. 周边环境

600.BI004　当输气管道长期低于最大允许操作压力运行时,潜在影响半径宜按照
（　　）计算。

A. 设计压力　　　　　　　　B. 当时输送压力

C. 最大操作压力　　　　　　D. 最高输送压力

601.BI005　影响管道完整性的潜在风险中,与时间有关的风险不包括（　　）。

A. 内腐蚀　　　　　　　　　B. 外腐蚀

C. 第三方破坏　　　　　　　D. 应力腐蚀开裂

602.BI005　对已确定的高后果区,定期再复核,复核时间间隔一般为（　　）个月,最长
不超过（　　）个月。

A. 6　12　　　　B. 12　18　　　　C. 15　21　　　　D. 12　24

603.BI005　内腐蚀风险的减缓措施不包括（　　）。

A. 内腐蚀监测　　　　　　　B. 巡线

C. 内腐蚀修复　　　　　　　D. 电绝缘

604.BI006　对于气体输送管道,影响半径不受（　　）因素影响。

A. 管道外径　　　　　　　　B. 管段最大允许操作压力

C. 管道使用年限　　　　　　D. 输送介质

605.BI006　管径 508mm,最大允许操作压力 4MPa 的天然气输送管道,其潜在影响半
径为（　　）。

A. 50　　　　　　B. 100　　　　　　C. 150　　　　　　D. 200

606.BI006　管径 426mm,最大允许操作压力 4MPa 的天然气输送管道,其潜在影响半
径为（　　）。

A. 34　　　　　　B. 54　　　　　　C. 84　　　　　　D. 94

607.BI007　使用 GPS 进行定位时,GPS 至少应收到（　　）颗以上的卫星信号。

A. 3　　　　　　B. 4　　　　　　C. 5　　　　　　D. 6

608.BI007　使用 GPS 进行定位时,GPS 精度应在（　　）以下方可进行数据采集。

A. 20m　　　　　B. 15m　　　　　C. 10m　　　　　D. 5m

609.BI007　在使用 GPS 采集面积的数据时,要严格按照沿途实际形状进行记录,即在
每一个转折弯处进行一次记录但不含（　　）内折弯。

A. 20m　　　　　B. 15m　　　　　C. 10m　　　　　D. 5m

610.BI008　控制点标石埋设应远离大功率无线电发射源（如电视台、电台、微波站）,其
距离不小于（　　）。

A. 100m　　　　　B. 200m　　　　　C. 300m　　　　　D. 500m

611.BI008　控制点标石埋设应远离高压输电线和微波无线电信号传送通道,其距离不
应小于（　　）。

A. 50m　　　　　B. 100m　　　　　C. 200m　　　　　D. 500m

612.BI008　标石埋设点位应便于安装接收设备和操作,视野开阔,视场内障碍物高度
角不宜超过（　　）。

A. 5°　　　　　　B. 10°　　　　　　C. 15°　　　　　　D. 25°

613.BI009　泡沫清管球主要由多孔的、柔软抗磨的聚氨酯泡沫制成,其长度为管径的

( )倍。

    A. 1.25~1.5   B. 1.5~1.75   C. 1.75~2   D. 2~2.25

614.BI009 橡胶清管球由橡胶制成,中空,壁厚( ),球上有一个可以密封的注水排气孔。

    A. 20~40mm   B. 30~50mm   C. 40~60mm   D. 50~70mm

615.BI009 皮碗清管器结构相对简单,安装形式灵活,按形状分为( )。

    A. 平面、凹面、球面三种   B. 锥面和球面两种

    C. 平面、锥面和球面三种   D. 平面、球面两种

616.BI010 以下基于( )原理制造的清管器跟踪定位产品只能用作通过指示器,不能用于定位。

    A. 声学   B. 机械   C. 压力   D. 磁学

617.BI010 电磁脉冲法发射机的脉冲频率为( )。

    A. 50~60Hz   B. 40~50Hz   C. 30~40Hz   D. 20~30Hz

618.BI010 以下哪种清管器跟踪定位方法不适用于埋地管道( )。

    A. 电磁脉冲法   B. 超声波法

    C. 压力法   D. 机械法

二、判断题(对的画"√",错的画"×")

( )1.AA001 石油开采是让深埋于地下的石油从油井底部自动喷发到地面,当地层压力不足以把石油挤压到地面时,油井停止自喷。此时,需要采取往井底注气、注水、注化学剂等人工干预措施,继续获得石油。

( )2.AA002 一般原油中大量存在的烃类是烷烃,它属于不饱和烃。

( )3.AA003 原油的黏度是衡量原油流动性能的一种参数。一般,原油的黏度是随着温度的升高而减小,随着密度的增大而增大。

( )4.AA004 油品在规定的条件下加热到一定温度,当火焰接近时即发生燃烧,且着火时间不少于5s的最低温度,称为该油品的燃点。

( )5.AA005 常说的"三高"原油是指原油的含硫量、含氮量以及含蜡量较高。

( )6.AA006 天然气中除烃类气体外,还含有二氧化碳、一氧化碳、氧气等成分。

( )7.AA007 天然气的黏度,与其组分的相对分子质量有关,与其组成、温度和压力无关。

( )8.AA008 天然气的爆炸限是5%~16%。

( )9.AA009 酸气是指含硫量高于100mg/m³的天然气。

( )10.AA010 天然气中含有稀有的惰性气体,可用于航天事业。

( )11.AB001 由于溶液中离子所带的正、负电量总是相等的,所以溶液是显电性的。

( )12.AB002 在溶解或熔融状态下能导电的一类物质叫作电解质。

( )13.AB003 干电池、蓄电池供电利用的是原电池原理。

( )14.AB004 管道的牺牲阳极阴极保护系统相当于一个大的电解池。

( )15.AB005 腐蚀是一个自然过程,几乎所有暴露在自然界的材料都会随着时间的流逝而变质。

( )16.AB006 金属的破坏大多数是电化学腐蚀所致,其特点是在腐蚀过程中有电流产生。

( )17.AB007 局部腐蚀是由于局部阴极溶解速度和深度明显大于其表面的腐蚀速

度而形成的。

( )18.AB008 局部腐蚀的类型很多,主要有应力腐蚀、小孔腐蚀(点蚀)、晶间腐蚀、电偶腐蚀、缝隙腐蚀、腐蚀疲劳等。

( )19.AB009 金属与溶液界面上双电层的建立完全是一个自发的过程。

( )20.AB010 金属电极电位指的是两个电极之间的电位差。

( )21.AB011 通常我们在腐蚀介质中所得到的电极电位,都属于非平衡电极电位。

( )22.AB012 金属的腐蚀电位是非平衡电位。

( )23.AB013 电化学腐蚀必须是阳极和阴极同时作用的结果。因此说,它由阳极和阴极两个过程组成。

( )24.AB014 金属腐蚀的现象完全发生在阳极,也就是说腐蚀的过程只是阳极发生反应的结果。

( )25.AB015 阳极上放出电子的氧化反应和阴极上吸收电子的还原反应相对独立地进行,它们不是同时完成的腐蚀过程。

( )26.AB016 在油气管道保护过程中应用最为广泛的控制金属腐蚀的方法主要有:选择耐蚀材料、控制腐蚀环境、选择有效的防腐层、电化学保护、添加缓蚀剂。

( )27.AC001 在原电池的阴极区发生阴极反应,视不同条件在阴极表面上析出氢气或接受正离子的沉积,阴极区金属本身也会发生腐蚀。

( )28.AC002 牺牲阳极阴极保护系统工程越小越经济。

( )29.AC003 强制电流阴极保护系统对邻近的地下金属构筑物无干扰。

( )30.AC004 牺牲阳极保护驱动电压低,保护电流调节困难。

( )31.AC005 短而孤立的管道适合采用强制电流阴极保护。

( )32.AC006 位于任何环境中的金属管道都可以进行阴极保护。

( )33.AC007 管道自然电位就是金属管道未通电保护时的对地电位。

( )34.AC008 根据实验测定,钢质管道在一般土壤中的最小保护电位为-0.85V 左右(相对饱和硫酸铜参比电极的管/地界面极化电位)。

( )35.AC009 在油气管道阴极保护过程中,当管道电位达到一定的负值时,管道表面会析出氢气。

( )36.AC010 防腐层的种类不同,所需的保护电流密度值也不同。

( )37.AC011 在应用最小、最大保护电位等指标时,应注意测量误差。

( )38.AD001 管道防腐层可以使管道成为阴极而受到保护。

( )39.AD002 防腐层材料必须与金属有良好的黏接性。

( )40.AD003 长输油气管道防腐只用防腐层防腐就可以了。

( )41.AD004 管道防腐层本身是绝缘的,因此完全可以阻止电化学反应,故不用与金属黏接良好。

( )42.AD005 三层结构防腐层是最佳防腐层。

( )43.AD006 熔结环氧粉末防腐层仅可作为管道外防腐层。

( )44.AD007 无溶剂液态环氧涂料具有优异的耐化学品性,能耐海水、中度的酸、碱、盐,各种油品,脂肪烃等化学品的长期浸泡。

( )45.AD008 石油沥青防腐层应严格限定石油沥青防腐层的运行温度,不要超过规定使用温度上限。

（　）46.AD009　聚乙烯胶粘带常用于管道工程的线路防腐。

（　）47.AD010　热熔胶具有较高的黏接强度及良好的耐高、低温性能。

（　）48.AD011　黏弹体防腐材料在轻微机械损伤后可自我修复。

（　）49.AE001　在管道上测试时，测到管道对地的交流电压，说明管道上存在交流干扰。

（　）50.AE002　雷雨期间，不得进行交流干扰电参数测试或类似性质的工作。

（　）51.AE003　直流杂散电流在电流流出部位会发生严重的腐蚀。

（　）52.AE004　控制直流干扰的危害是管道管理单位单方面的责任。

（　）53.AE005　杂散电流就是同一金属构筑物上阴、阳极之间的电偶腐蚀电流。

（　）54.AF001　与单相腐蚀介质相比，多相流介质的腐蚀情况比较复杂。

（　）55.AF002　输送介质中溶解氧在相当低的含量（小于 1mg/L）下便可以引起严重腐蚀。

（　）56.AF003　电阻探针法是通过在管道内部安装电阻探针监测探头，检测管道及附属设备发生的腐蚀（或磨蚀）速率大小的方法。

（　）57.AF004　加注缓蚀剂是最常用、最有效的内腐蚀控制措施。

（　）58.AF005　缓蚀剂是一种用量少、添加后对介质性质影响不大的物质。

（　）59.AF006　按照化学组成的不同，可以将缓蚀剂分为铬酸盐类缓蚀剂和醛类缓蚀剂。

（　）60.AF007　使用缓蚀剂需要复杂的设备。

（　）61.AG001　原子的质子数和电子数是相等的。

（　）62.AG002　静电不产生电流，只产生电压。

（　）63.AG003　正是由于电位和电压的存在，电荷才会发生运动和变化。

（　）64.AG004　绝缘体是指那些在任何情况下都不导电的物质。

（　）65.AG005　某种材料具有较高的电阻率，则一定具有较大的电阻。

（　）66.AG006　构成电路必须有负载。

（　）67.AG007　电路空载时，回路中电流最大。

（　）68.AG008　欧姆定律内容是电阻等于电压除电流。

（　）69.AG009　在电路中，各元件首首连接、尾尾连接的方法称为串联。

（　）70.AG010　电功率就是电流做功的多少。

（　）71.AG011　电子设备的电源大多要求整流，所以实际工作中直流电比交流电的用途大。

（　）72.AG012　变压器是将机械能转化为电能的设备。

（　）73.AH001　管道巡线工发现危及光缆安全的情况后，立即上报。

（　）74.AH002　钻孔机是利用冲击力将桩贯入地层的机械，由桩锤、桩架及附属设备等组成。

（　）75.AH003　未经管道运营企业同意，其他单位不得使用管道专用伴行道路、管道水工防护设施、管道专用隧道等管道附属设施。

（　）76.AH004　管道被占压，可以正常检测。

（　）77.AI001　一般而言，钢材的碳含量越低，焊接性能越好。

（　）78.AI002　管线钢牌号中间数字代表管线钢所规定的屈服强度最大值。

（　）79.AI003　管线钢的缺陷主要是边部缺陷、分层、起皮、夹杂物和划痕等。

（　）80.AJ001　按照自动化程度划分,焊接有手工焊、下向焊和自动焊三种。

（　）81.AJ002　弧焊变压器是一种直流弧焊电源。

（　）82.AJ003　焊剂有稳定电弧、排除有害杂质和渗合金等作用。

（　）83.AK001　管体非泄漏类缺陷主要包括管道外腐蚀、焊缝缺陷、裂纹、变形等。

（　）84.AK002　当管道缺陷较多时,应优先安排缺陷程度大、出站压力高、穿越铁路、公路、河流、水源地、人口密集区等高后果区地段处缺陷修复。

（　）85.AK003　补板材质等级可低于管道材质等级,补板壁厚应与管道壁厚相近。

（　）86.AL001　天然石材的强度等级是根据抗压强度划分的。

（　）87.AL002　矿渣硅酸盐水泥不适用于干湿交替的工程。

（　）88.AL003　砌石砂浆必须具有适度的和易性和流动性,以保证砌石灰缝充分填满和压实。

（　）89.AL004　热处理钢筋是钢厂将热轧的中碳低合金螺纹钢筋经淬火高温回火调质处理而成的。

（　）90.AL005　砂在混凝土中可起到骨架与填充空隙的作用,故其颗粒越大性能越好。

（　）91.AM001　泛指立即采取正常工作程序的行动为应急。

（　）92.AM002　针对可能发生的重特大突发事件,要开展风险分析,完善预防与预警系统,做到早发现、早防范、早报告、早处置。

（　）93.AM003　Ⅰ级突发事件指企业必须调度多个部门和单位力量、资源应急处置的突发事件。

（　）94.AM004　应急预案体系主要由综合应急预案、专项应急预案构成。

（　）95.AM005　不同类型的应急演练不可相互组合。

（　）96.AM006　演练结束后,进行总结与讲评是评价演练是否达到演练目标的唯一步骤。

（　）97.AM007　不同类型的突发事件(自然灾害事件、事故灾难事件、公共卫生事件、社会安全事件)启动统一预案。

（　）98.AM008　链条式管帽堵漏夹具主要用于打孔盗油阀门的带压封堵,不可用于微孔泄漏的引流封堵。

（　）99.AM009　液压切割液压系统是提供刀具转动切割的动力源,是一种常见的火焰切割形式,适用于没有可燃介质的管道切割。

（　）100.AM010　真空式收油机是指利用刷子回收溢油的机械装置。

（　）101.AM011　对事故进行快速抢修,将损失和影响消除是管道抢修的主要目的。

（　）102.AM012　草袋素土适用于管体悬空高度大于 1.5m 的长距离的管道悬空事件的临时处置。

（　）103.AM013　两岸设有截断阀室的漂管,在采取高压封堵后,再采取开孔排油措施,将漂管段管内油品排空。

（　）104.AM014　主要解堵法分为三种:注入防冻剂解堵法、放喷加压解堵法、加热解堵法。

( ) 105. AM015 除一、二级动火外在生产区域的其他动火不属于动火。

( ) 106. AM016 动火现场监督人员不必穿戴符合安全要求的劳动防护用品。

( ) 107. AN001 管道完整性管理中需要不断对管道的经济性进行识别和评价。

( ) 108. AN002 应当不断在管道完整性管理过程中采用各种新技术。

( ) 109. AN003 实施管道完整性管理的目标是,采用合理、可行原则,将管道风险控制在可接受的范围内,保证管道系统运行的安全、平稳,不对员工、公众、用户或环境产生不利影响。

( ) 110. AN004 基线评价包括运行数据收集、高后果区识别、风险评价和基线检测等。

( ) 111. AN005 管道完整性管理的各个环节仅使用一次,不进行循环。

( ) 112. AN006 风险评价中各管段的风险排序,不影响完整性评价和实施风险消减措施的优先顺序。

( ) 113. AN007 失效记录是用来记录失效事故发生的时间、位置、原因、抢修及恢复情况。

( ) 114. AN008 管道中心线对齐应以测绘数据或内检测提供的环焊缝信息为基准。

( ) 115. AN009 管道中心线测量坐标精度应达到毫米级精度。

( ) 116. AN010 当进行管道完整性数据更新时,不需要保留历史数据。

( ) 117. AN011 风险是事故发生的可能性与其后果的综合。

( ) 118. AN012 管道风险评价是指识别对管道安全运行有不利影响的危害因素,评价事故发生的可能性和后果大小,综合得到管道风险大小,并提出相应风险控制措施的分析过程。

( ) 119. AN013 外腐蚀、内腐蚀和应力腐蚀开裂是风险评价方法中失效后果评价应考虑的影响因素。

( ) 120. AN014 进行失效后果分析时,应只考虑即时影响。

( ) 121. AN015 在钢管外加设钢筋混凝土涂层或加钢套管及其他保护措施,均对减少第三方破坏有利,可视同增加埋深考虑。

( ) 122. AN016 事故发生后影响公司在省级范围内的声誉,后果严重程度等级为4级。

( ) 123. AN017 对于内检测发现的风险表明缺陷很严重,但不处于失效点情况,应进行立即响应。

( ) 124. AO001 油气火灾不具有复燃、复爆性。

( ) 125. AO002 灭火的基本方法主要是通过破坏燃烧过程中维持物质燃烧的条件来实现的。

( ) 126. AO003 水基型灭火器的报废期限为5年。

( ) 127. AO004 在空气中,含氧量19%是人们工作的最低要求,16%是安全工作的最低要求,含氧量只有7%时人就会呼吸紧迫,面色发青。

( ) 128. AO005 进入染毒区作业之前需使用专业仪器探测毒气种类、浓度及前述的其他参数,若使用环境有任何一项参数数值不符合前述规定,必须改用其他防护装备。

( ) 129. AO006 心肺复苏=人工呼吸+胸外按压

（　）130.AO007　三相四线制是由三相火线组成的配电系统。

（　）131.AO008　所谓跨步电压,是指人走入电气设备接地短路点附近时,在两脚之间形成的电压。

（　）132.AO009　若在爆炸火焰扩展的路程上(如室内、管道和容器内)有遮挡物,则由于气体温度上升以及引起的压力急剧增加,破坏性更小。

（　）133.AO010　在工作过程中,乙炔发生器的压力不能过高,水温应低于45℃。

（　）134.AO011　严禁违章指挥、强令他人违章作业是中国石油天然气集团有限公司六条禁令内容之一。

（　）135.BA001　恒电位仪的实质是可以自动跟踪控制电位的极化电源。

（　）136.BA002　强制电流阴极保护系统用恒电位仪应具有抗过载、防雷、抗干扰、故障保护功能。

（　）137.BA003　在无人值守的条件下,恒电位仪可以自动调节输出电流和电压,使被保护管道通电点电位稳定在控制电位内。

（　）138.BA004　按照规程规定,恒电位仪等设备应每季度维护保养一次,以保证仪器设备技术性能达到出厂标准。

（　）139.BA005　零位接阴线是恒电位仪检测和监控参比电极相对保护体通电点电位用的,它的含义是将仪器的零电位建立在参比电极上。

（　）140.BA006　按照规程规定,恒电位仪等电源设备应每天维护保养一次,每月检查维修一次。

（　）141.BA007　应每年对恒电位仪的机壳接地电阻检查2次。

（　）142.BA008　参比电极的应用使得金属的电极电位的绝对值变得可以测量出来。

（　）143.BA009　参比电极基本要求是:极化小、稳定性好、寿命长。

（　）144.BA010　便携式饱和硫酸铜参比电极中的铜棒如果受损,可以用铁棒代替。

（　）145.BA011　便携式饱和硫酸铜参比电极渗透膜与土壤接触良好,在干燥地区不必加水湿润。

（　）146.BA012　如果数字式万用表显示屏左上角出现"LOBAT"字样,则表示量程选小了。

（　）147.BA013　ZC-8接地电阻测量仪有四柱型和三柱型两种,四柱型不仅能测量接地电阻,而且能测量土壤电阻率。

（　）148.BA014　ZC-8接地电阻测量仪中装有两节一号电池,提供测试用的电能。

（　）149.BA015　ZC-8接地电阻测试仪的检流计灵敏度过高时,应增加电位探针插入土壤的深度。

（　）150.BA016　在强制电流阴极保护系统中,辅助阳极接地电阻值不得大于1Ω。

（　）151.BB001　电火花检漏仪的工作原理是建立在欧姆定律的基础上的。

（　）152.BB002　电火花检漏仪由发射机和整流器组成。

（　）153.BB003　正确地进行组装是电火花检漏仪使用的第一步。

（　）154.BB004　进行管道电火花探伤时必须戴安全帽。

（　）155.BB005　应根据管道选用探头,探头不能拉伸过长超过弹性范围,以防失去弹性。

（　）156.BB006　检漏电压由防腐层的种类决定。

（　）157.BC001　计算管/地电位正向或负向偏移的平均值时,分母为规定的测试时间段内全部读数的总次数。

（　）158.BC002　参比电极放置处,地下不应有冰层、混凝土层、金属及其他影响测量的物体。

（　）159.BD001　在配制及向注入罐内加注缓蚀剂时,操作人员必须站在侧面。

（　）160.BE001　巡线工应该检查在穿越河流的管道线路中心线两侧各 1000m 地域范围内是否有抛锚、拖锚、挖砂、挖泥、采石和水下爆破作业。

（　）161.BE002　对于管道走向图,首先要识别图外注记（图例）,比例尺,测图日期,省,县,乡,村界等。

（　）162.BE003　RD-8000 管道探测仪的接收机罗盘用来指示目标管道方向,可帮助摆正接收机的位置。

（　）163.BE004　使用 SL-2818 管道探测仪的发射机时,打开探管仪,将探杆拉伸到最佳长度,逆时针旋紧螺杆。

（　）164.BE005　警示盖板是连续敷设于埋地管道上方,用于防止第三方施工损坏管道而设置的地下标记。

（　）165.BE006　管道电流桩可兼作里程桩。

（　）166.BE007　钢管高里程桩顶部镶嵌白底黑字 2mm 厚金属铭牌（铝制）。

（　）167.BE008　空中巡检牌宜每 3km 设置 1 个。

（　）168.BE009　反打孔盗油（气）重点防护管段一般确定在人员活动较多,农村生产路交叉处。

（　）169.BE010　因打孔盗油（气）泄漏的介质泄漏到土壤、水体中,清理难度是很大的,极易造成农作物减产、绝收。

（　）170.BE011　油气管道一旦受到恐怖袭击,给国家、企业和周围群众带来危害可以忽略。

（　）171.BE012　2010 年 6 月 25 日,《中华人民共和国石油天然气管道保护法》经中华人民共和国第十一届全国人民代表大会常务委员会第十五次会议通过。

（　）172.BE013　目前,管道的规划和建设与城乡发展统筹协调不够,许多以前远离城乡居住区的管道现在被居民楼、学校、医院、商店等建筑物占压。

（　）173.BE014　管道周边的开挖、钻探、撞击、碾压、采石、修渠等危及管道安全的施工活动极易引起火灾、爆炸、环境污染等恶性后果。

（　）174.BE015　为应对第三方施工风险,管道运营企业应该做好第三方施工的预控工作,做好第三方施工的抽查工作。

（　）175.BE016　地方政府主管管道保护工作的部门接到管道运营企业关于排除安全隐患的报告后,应当及时协调排除或者报请人民政府及时组织排除安全隐患。

（　）176.BE017　对于新发生的管道占压事件,如果制止无效,应以电话形式对新发管道占压情况进行详细说明,向地方政府和上级单位上报《新发管道占压情况报告》。

（　）177.BF001　管道作业坑一般采用不停输开挖。

(）178.BF002　钢管表面除锈不能采用动力工具除锈方法。

(）179.BF003　防腐胶带的施工宜采用人工机械缠绕或自动缠绕机械缠绕。

(）180.BF004　现场时钟测量可采用与管径同等长度的尺绳(已标记时钟)紧贴管壁环向缠绕，并对齐 0 点和 6 点位置，尺绳上方标记任一点时钟即为管道对应点时钟。

(）181.BF005　当相邻腐蚀坑之间未腐蚀区域小于 25mm 时，应视为同一腐蚀坑。

(）182.BF006　编制石笼可用 6~8mm 铁丝作骨架，2.5~4.0mm 铁丝编网，石笼孔可用六角形或三角形。

(）183.BF007　过水面是一种防止局部河床冲刷的护底措施。

(）184.BF008　土木工袋截水墙适用于沟底纵坡 $8° ≤ α$(即 $140‰ ≤ i$)的土方段管沟，而且在黏性土地区的应用最为广泛。

(）185.BF009　在油气管道水工保护工程中，支挡防护的主要结构形式—重力式挡土墙的应用非常普遍。

(）186.BF010　在冻胀变形较大的土质边坡上，护坡底面应设置 0.1~0.15m 厚的碎石或砂砾石垫层。

(）187.BG001　填料、阀杆与填料函的配合处以及阀体与阀盖的连接处的泄漏叫做内漏，即介质从阀内泄漏到阀外。

(）188.BG002　气液联动机构以油推气，以气推动转动机构(旋翼)，实现阀的开关。

(）189.BG003　管道发生泄漏后，应立即关闭线路截断阀门。

(）190.BG004　扩散式气体检测仪的特点是检测速度快，对危险的区域可进行远距离检测，保护人员安全。

(）191.BG005　进入受限空间作业时，应对可能存在的有害物质进行连续监测，在确保安全的前提下方可作业。

(）192.BG006　空气呼吸器在使用之前不必预先判断使用时间。

(）193.BH001　抢修现场的噪声不是危害因素。

(）194.BH002　汇报突发事件事故现场地点时必须汇报管道桩号。

(）195.BH003　突发事故现场疏散人员以疏散到各自单位为主要目标。

(）196.BH004　突发事故警戒区域分层设置，并根据可燃气体浓度的持续监测结果及时调整。

(）197.BI001　按沿线居民数和(或)建筑物的密集程度，将管道沿线地区划分为五个地区等级。

(）198.BI002　寺庙、运动场、托儿所是特定场所。

(）199.BI003　输气管道除三级、四级地区外，管道两侧各 200m 内有加油站、油库等易燃易爆场所，也是高后果区。

(）200.BI004　当输油管道附近地形起伏较大时，可依据地形地貌条件判断泄漏油品可能的流动方向，高后果区距离进行调整。

(）201.BI005　当建筑物及人口变化足以影响地区等级级别划分时(如二级地区变成三级地区)，可调整此地区管道运行压力。

(）202.BI006　管道运营企业统计潜在影响范围内住户数量，有助于确定管道破裂带来的响应后果值。

( )203.BI007　使用 GPS 定位仪时必须保证仪器天线部分不受遮挡,并能够看到开阔的可视天空。

( )204.BI008　控制点标石埋设附近可以有强烈反射卫星信号的物件(如大型建筑物等)。

( )205.BI009　清管器主要分为 3 大类:清管球、机械清管器、用于管道检测的清管器。

( )206.BI010　压力法主要用于站场和阀室的清管器跟踪定位,该方法不可用于跟踪高速清管器。

答 案

一、单项选择题

1. B	2. C	3. D	4. D	5. B	6. A	7. A	8. C	9. C	10. D	11. D

1. B　2. C　3. D　4. D　5. B　6. A　7. A　8. C　9. C　10. D　11. D
12. B　13. A　14. A　15. A　16. D　17. A　18. D　19. B　20. D　21. A　22. B
23. B　24. C　25. D　26. A　27. B　28. B　29. B　30. B　31. C　32. B　33. A
34. C　35. D　36. B　37. D　38. C　39. A　40. B　41. A　42. D　43. C　44. B
45. A　46. D　47. D　48. C　49. A　50. D　51. D　52. B　53. A　54. B　55. A
56. A　57. B　58. A　59. B　60. C　61. A　62. B　63. B　64. B　65. C　66. A
67. A　68. D　69. A　70. B　71. B　72. D　73. D　74. B　75. C　76. A　77. B
78. C　79. D　80. C　81. B　82. C　83. A　84. A　85. B　86. C　87. C　88. A
89. B　90. D　91. C　92. D　93. C　94. C　95. D　96. D　97. B　98. B　99. D
100. B　101. A　102. B　103. D　104. D　105. C　106. A　107. A　108. C　109. D　110. D
111. A　112. B　113. B　114. B　115. D　116. A　117. B　118. A　119. C　120. D　121. A
122. B　123. B　124. B　125. C　126. A　127. D　128. D　129. A　130. D　131. A　132. B
133. D　134. D　135. A　136. C　137. D　138. A　139. B　140. A　141. B　142. A　143. A
144. C　145. C　146. A　147. D　148. B　149. D　150. A　151. D　152. B　153. D　154. B
155. C　156. B　157. D　158. A　159. B　160. A　161. C　162. B　163. B　164. B　165. D
166. D　167. A　168. B　169. D　170. A　171. B　172. A　173. A　174. B　175. B　176. A
177. A　178. A　179. B　180. B　181. C　182. B　183. A　184. C　185. A　186. C　187. C
188. B　189. B　190. A　191. B　192. A　193. C　194. A　195. A　196. B　197. B　198. D
199. B　200. A　201. C　202. C　203. B　204. A　205. A　206. C　207. A　208. A　209. A
210. C　211. A　212. C　213. D　214. C　215. A　216. A　217. C　218. B　219. C　220. B
221. D　222. A　223. D　224. A　225. B　226. B　227. C　228. D　229. A　230. C　231. A
232. A　233. C　234. A　235. A　236. C　237. A　238. B　239. D　240. D　241. B　242. A
243. A　244. B　245. A　246. D　247. C　248. A　249. C　250. A　251. B　252. B　253. D
254. D　255. C　256. A　257. B　258. A　259. B　260. C　261. B　262. B　263. A　264. B
265. A　266. C　267. A　268. B　269. A　270. A　271. A　272. D　273. B　274. C　275. D
276. B　277. A　278. A　279. B　280. D　281. A　282. D　283. A　284. B　285. D　286. D
287. B　288. D　289. C　290. C　291. C　292. B　293. B　294. C　295. B　296. D　297. C
298. C　299. B　300. D　301. B　302. C　303. B　304. B　305. B　306. C　307. D　308. C
309. A　310. B　311. A　312. C　313. B　314. B　315. A　316. A　317. B　318. D　319. B
320. C　321. C　322. D　323. B　324. C　325. B　326. B　327. C　328. C　329. C　330. B
331. C　332. B　333. C　334. B　335. C　336. A　337. A　338. B　339. C　340. B　341. B

342. C　343. D　344. C　345. A　346. B　347. D　348. A　349. C　350. B　351. B　352. B
353. D　354. B　355. B　356. D　357. D　358. C　359. A　360. D　361. D　362. D　363. B
364. C　365. B　366. C　367. D　368. A　369. B　370. A　371. A　372. C　373. C　374. A
375. C　376. A　377. C　378. C　379. B　380. A　381. A　382. C　383. A　384. A　385. A
386. B　387. A　388. C　389. D　390. D　391. A　392. B　393. C　394. C　395. A　396. D
397. B　398. C　399. D　400. C　401. A　402. C　403. A　404. C　405. B　406. C　407. C
408. D　409. B　410. A　411. D　412. B　413. C　414. A　415. C　416. C　417. D　418. A
419. B　420. D　421. C　422. A　423. B　424. C　425. C　426. C　427. D　428. A　429. A
430. C　431. C　432. C　433. C　434. C　435. B　436. B　437. C　438. A　439. C　440. A
441. C　442. C　443. D　444. C　445. D　446. A　447. C　448. C　449. C　450. B　451. A
452. C　453. D　454. C　455. C　456. C　457. C　458. C　459. B　460. C　461. B　462. C
463. C　464. D　465. C　466. B　467. B　468. C　469. C　470. B　471. C　472. D　473. D
474. A　475. C　476. A　477. B　478. C　479. D　480. C　481. A　482. C　483. C　484. B
485. A　486. D　487. A　488. B　489. C　490. D　491. D　492. C　493. A　494. C　495. C
496. D　497. A　498. B　499. C　500. A　501. A　502. C　503. C　504. D　505. B　506. C
507. B　508. D　509. C　510. A　511. D　512. C　513. A　514. C　515. A　516. B　517. C
518. A　519. B　520. B　521. C　522. D　523. A　524. C　525. C　526. C　527. D　528. B
529. C　530. C　531. A　532. C　533. C　534. C　535. C　536. C　537. D　538. C　539. B
540. D　541. A　542. B　543. B　544. A　545. C　546. C　547. C　548. C　549. A　550. D
551. C　552. C　553. C　554. C　555. C　556. D　557. C　558. C　559. B　560. B　561. C
562. D　563. C　564. C　565. C　566. C　567. C　568. C　569. C　570. A　571. C　572. B
573. A　574. C　575. C　576. C　577. C　578. C　579. A　580. C　581. C　582. C　583. B
584. A　585. B　586. C　587. B　588. C　589. C　590. A　591. C　592. D　593. C　594. B
595. C　596. D　597. D　598. A　599. B　600. C　601. C　602. B　603. D　604. C　605. B
606. C　607. A　608. C　609. D　610. B　611. A　612. C　613. C　614. B　615. C　616. B
617. D　618. B

二、判断题

1.√　2.×　正确答案:一般原油中大量存在的烃类是烷烃,它属于饱和烃。　3.√
4.√　5.×　正确答案:常说的三高原油是指原油的凝点、密度以及含蜡量较高。　6.√
7.×　正确答案:天然气的黏度,不但与其组分的相对分子质量有关,还与其组成、温度和压力有关。　8.×　正确答案:天然气的爆炸限是4%~16%。　9.×　正确答案:酸气是指含硫量高于$20mg/m^3$的天然气。　10.√　11.×　正确答案:由于溶液中离子所带的正、负电量总是相等的,所以溶液是不显电性的。　12.√　13.√　14.×　正确答案:管道的牺牲阳极阴极保护系统相当于一个大的原电池。　15.√　16.√　17.×　正确答案:局部腐蚀是由于局部阳极溶解速度和深度明显大于其表面的腐蚀速度而形成的。　18.√　19.√　20.×　正确答案:金属电极电位指的是金属与溶液之间的电位差。　21.√　22.√　23.×　正确答案:电化学腐蚀过程必须由阳极过程、阴极过程和电子转移过程三个环节组成,缺一不可。

24.×　正确答案:腐蚀的过程只是阳极反应和阴极反应共同作用的结果。　25.×　正确答案:阳极上放出电子的氧化反应和阴极上吸收电子的还原反应相对独立地进行,它们是同时完成的腐蚀过程。　26.√　27.×　正确答案:在原电池的阴极区发生阴极反应,视不同条件在阴极表面上析出氢气或接受正离子的沉积,阴极区本身不会发生腐蚀。

28.√　29.×　正确答案:强制电流阴极保护系统对邻近的地下金属构筑物有干扰。　30.√　31.×　正确答案:短而孤立的管道适合采用牺牲阳极阴极保护。　32.×　正确答案:管道必须处于有电解质的环境中才能实施阴极保护。　33.√　34.√　35.√　36.√　37.√　38.×　正确答案:阴极保护系统使管道成为阴极而受到保护。　39.√40.×　正确答案:长输油气管道防腐只用防腐层防腐一般还不够。　41.×　正确答案:虽然管道防腐层本身是绝缘的,但若与金属黏接不良,当防腐层有缺陷时或防腐层被地下水完全渗透时,腐蚀介质就会进入管道与防腐层之间,导致管道腐蚀。因此,防腐层也需与金属黏接良好。　42.×　正确答案:三层结构防腐层是性能优异的防腐层,但并不是没有任何缺点,不是最佳防腐层。

43.×　正确答案:熔结环氧粉末防腐层可用作管道的内外涂层。　44.√　45.√　46.×　正确答案:聚乙烯胶粘带一般不用于管道工程的线路防腐。　47.√　48.√　49.√　50.√

51.√　52.×　正确答案:控制直流干扰的危害不是管道管理单位单方面的责任。在干扰区域,宜由被干扰方、干扰源方及其他有关各方的代表,组成防干扰协调机构,按统一测试、统一评价、分别实施和管理的原则,联合设防、协调、处理,减轻干扰问题。　53.×　正确答案:杂散电流并不是同一金属构筑物上阴、阳极之间的电偶腐蚀电流。　54.√　55.√　56.√

57.√　58.√　59.×正确答案:按照化学组成的不同,可以将缓蚀剂分为有机缓蚀剂和无机缓蚀剂。　60.×　正确答案:使用缓蚀剂不需要复杂的设备。　61.√　62.√　63.√

64.×　正确答案:绝缘体是指那些不易让电流通过的物质,并不是绝对不导电的。　65.×　正确答案:材料的电阻除与材料的电阻率有关外,还与其长度及横截面积有关。　66.√

67.×　正确答案:当开关断开时,电路处于空载状态,电路中的电流为零。　68.×　正确答案:欧姆定律内容是:在一个电路中,电流的大小同电源的电压成正比,同电路的电阻成反比。　69.×　正确答案:在电路中,各元件首首连接、尾尾连接的方法称为并联。　70.×　正确答案:电功率是指电流在单位时间内做功的多少。　71.×　正确答案:实际工作中,直流电和交流电用途同样大。　72.×　正确答案:变压器是可以改变电压的设备。　73.√

74.×　正确答案:打桩机是利用冲击力将桩贯入地层的机械,由桩锤、桩架及附属设备等组成。　75.√　76.×　正确答案:管道被占压,可能导致无法正常进行地面检测。　77.√

78.×　正确答案:管线钢牌号中间数字代表管线钢所规定的屈服强度最小值。　79.×　正确答案:管线钢的缺陷主要是边部缺陷、分层、起皮、夹杂物和偏析等。　80.×　正确答案:按照自动化程度划分,焊接有手工焊、半自动焊和自动焊三种。　81.×　正确答案:弧焊变压器是一种交流弧焊电源。　82.√　83.×　正确答案:管体非泄漏类缺陷主要包括管道金属损失、焊缝缺陷、裂纹、变形等。　84.√　85.×　正确答案:补板材质等级不应低于管道材质等级,补板壁厚应与管道壁厚相近。　86.√　87.√　88.√　89.√　90.×　正确答案:砂在混凝土中可起到骨架与填充空隙的作用,其颗粒不是越大越好。　91.×　正确答案:泛指立即采取超出正常工作程序的行动为应急。　92.√　93.×　正确答案:Ⅰ级突发事件(集团公司级)指集团公司必须统一组织协调、调度各方面的资源和力量进行应急处置的突发事件。　94.×　正确答案:应急预案体系主要由综合应急预案、专项应急预案和现场处置方案构成。　95.×　正确答案:不同类型的应急演练可相互组合。96.×　正确答案:演练结束后,进行总结与讲评是全面评价演练是否达到演练目标、应急准备水平以及是否需要改进的一个重要步骤。　97.×　正确答案:不同类型的突发事件(自然灾害事件、事故灾难事件、公共卫生事件、社会安全事件)启动各自对应预案。　98.×　正确答案:链条式管帽堵漏夹具主要用于打孔盗油阀门的带压封堵,也可用于微孔泄漏的引流封堵。　99.×　正确答案:液压切割液压系统是提供刀具转动切割的动力源,是一种常见的机械切割形式,适用于没有可燃介质的管道切割。　100.×　正确答案:刷式收油机是指利用刷子回收溢油的机械装置。　101.×　正确答案:对事故进行快速抢修,将损失和影响降到最小是管道抢修的主要目的。　102.×　正确答案:草袋素土适用于管体悬空高度小于1.5m的长距离的管道悬空事件的临时处置。103.×　正确答案:两岸没有截断阀室的漂管,在采取高压封堵后,再采取开孔排油措施,将漂管段管内油品排空。　104.×　正确答案:主要解堵法分为三种:注入防冻剂解堵法、放喷降压解堵法、加热解堵法。　105.×　正确答案:除一、二级动火外在生产区域的其他动火属于三级动火。　106.×　正确答案:现场作业、监护和监督工作人员应穿戴符合安全要求的劳动防护用品。　107.×　正确答案:管道完整性管理中需要不断对管道面临的风险因素进行识别和评价。　108.√　109.√　110.×　正确答案:基线评价包括初始数据收集、高后果区识别、风险评价和基线检测等。　111.×　正确答案:完整性管理系统应是一个高度综合的、循环的过程。　112.×　正确答案:通过对各管段进行风险排序,确定完整性评价和实施风险消减措施的优先顺序。　113.√　114.√　115.×　正确答案:管道中心线测量坐标精度应达到亚米级精度。　116.×　正确答案:当进行管道数据更新时,需要保存历史数据。

117.√　118.√　119.×　正确答案:外腐蚀、内腐蚀和应力腐蚀开裂是失效可能性应考虑的因素。　120.√　121.√　122.×　正确答案:事故发生后影响公司在省级范围内的声誉,后果严重程度等级为3级。　123.×　正确答案:对于内检测发现的风险表明缺陷很严重,但不处于失效点的情况,应进行计划响应。　124.×　正确答案:油气火灾具有复燃、复爆性。　125.√　126.×　正确答案:水基型灭火器的报废期限为6年。　127.√　128.√　129.×　正确答案:心肺复苏=(清理呼吸道)+人工呼吸+胸外按压+后续的专业用药。　130.×　正确答案:三相四线制是由三相火线与中线组成的配电系统。　131.√　132.×　正确答案:若在爆炸火焰扩展的路程上(如室内、管道和容器内)有遮挡物,则由于气体温度上升以及引起的压力急剧增加,破坏性更大。　133.×　正确答案:在工作过程中,乙炔发生器的压力不能过高,水温应低于50℃。　134.√　135.√　136.√　137.√　138.×　正确答案:恒电位仪等设备应每月维护保养一次,以保证仪器设备技术性能达到出厂标准。　139.×　正确答案:零位接阴线是恒电位仪检测和监控参比电极相对保护体通电点电位用的,它的含义是将仪器的零电位建立在保护体上。　140.×　正确答案:恒电位仪等设备应每月维护保养一次,每年检查维修一次。　141.×　正确答案:应每年对恒电位仪的机壳接地电阻检查2次,雷雨季节到来之前必须检查一次。　142.×　正确答案:参比电极的应用使得金属的电极电位的相对值变得可以测量出来。　143.√　144.×　正确答案:便携式饱和硫酸铜参比电极中的铜棒如果受损,不可以用铁棒代替。　145.×　正确答案:便携式饱和硫酸铜参比电极渗透膜与土壤接触良好,在干燥地区应加水湿润。　146.×　正确答案:如果数字式万用表显示屏左上角出现"LOBAT"字样,则表示该更换电池了。　147.√　148.×　正确答案:ZC-8接地电阻测试仪中无电池。　149.×　正确答案:ZC-8接地电阻测试仪的检流计灵敏度过高时,应减小电位探针插入土壤的深度。　150.×　正确答案:在强制电流阴极保护系统中,辅助阳极接地电阻值以不影响系统输出为原则。 151.× 正确答案:电火花检漏仪的工作原理是建立在高压放电的基础上的。 152.× 正确答案:电火花检漏仪由主机、高压枪、探头及附件等组成。 153.√ 154.× 正确答案:进行管道电火花探伤时必须戴绝缘手套,是否戴安全帽应根据现场情况定。 155.√ 156.× 正确答案:检漏电压由防腐层的厚度决定。 157.√ 158.√ 159.× 正确答案:在配制及向注入罐内加注缓蚀剂时,操作人员必须站在上风口。 160.× 正确答案:巡线工应该检查在穿越河流的管道线路中心线两侧各 500m 地域范围内是否有抛锚、拖锚、挖砂、挖泥、采石和水下爆破作业。 161.√ 162.√ 163.× 正确答案:使用 SL-2818 管道探测仪的发射机时,打开探管仪,将探杆拉伸到最佳长度,顺时针旋紧螺杆。 164.× 正确答案:标识带是连续敷设于埋地管道上方,用于防止第三方施工损坏管道而设置的地下标记。 165.√ 166.√ 167.√ 168.× 正确答案:反打孔盗油(气)重点防护管段一般确定在人员活动较少,农村生产路交叉处。169.√ 170.× 正确答案:油气管道一旦受到恐怖袭击,将给国家、企业和周围群众带来巨大的危害。 171.√ 172.√ 173.√ 174.× 正确答案:为应对第三方施工风险,管道运营企业应该做好第三方施工的预控工作,做好第三方施工的现场监护工作。

175.√ 176.× 正确答案:对于新发生的管道占压事件,如果制止无效,应以文件形式对新发管道占压情况进行详细说明,向地方政府和上级单位上报《新发管道占压情况报告》。

177.√ 178.× 正确答案:受现场施工条件限制时,可采用动力工具除锈方法。 179.√ 180.√ 181.√ 182.× 正确答案:编制石笼可用 6~8mm 铁丝作骨架,2.5~4.0mm 铁丝编网,石笼孔可用六角形或方形。 183.√ 184.√ 185.√ 186.√ 187.× 正确答案:填料、阀杆与填料函的配合处以及阀体与阀盖的连接处的泄漏叫做外漏,即介质从阀内泄漏到阀外。 188.× 正确答案:气液联动机构以气推油,以油推动转动机构(旋翼),实现阀的开关。 189.× 正确答案:管道发生泄漏时,只有在接到相关操作指令后,方可进行阀门开关操作。 190.× 正确答案:泵吸式气体检测仪的特点是检测速度快,对危险的区域可进行远距离检测,保护人员安全。 191.√ 192.× 正确答案:空气呼吸器在使用之前应预先判断使用时间。 193.× 正确答案:抢修现场抽油泵、割管机、发电机等发出的噪声是危害因素。 194.× 正确答案:汇报突发事件事故现场地点时可不汇报管道桩号。

195.× 正确答案:突发事故现场疏散以人员疏散到安全区域为主要目标。 196.√ 197.× 正确答案:按沿线居民数和(或)建筑物的密集程度,将管道沿线地区划分为四个地区等级。 198.√ 199.√ 200.√ 201.√ 202.√ 203.√ 204.× 正确答案:控制点标石埋设附近不应有强烈反射卫星信号的物件(如大型建筑物等)。 205.√ 206.× 正确答案:压力法主要用于站场和阀室的清管器跟踪定位,该方法可以用于跟踪高速清管器。

附 录

附录1　职业技能等级标准

1. 工种概况

1.1　工种名称

油气管道保护工。

1.2　工种定义

操作巡管仪、管道绝缘状况测试仪、电火花检测仪、恒电位仪等管道保护仪器,对原油、成品油、天然气管道及附属设施进行检测、监测、阴极保护、维护的人员。

1.3　工种等级

本工种共设四个等级,分别为:初级(国家职业资格五级)、中级(国家职业资格四级)、高级(国家职业资格三级)、技师(国家职业资格二级)。

1.4　工种环境

室内或露天。

1.5　工种能力特征

身体健康,具有一定的学习理解和表达能力,较强的空间感和计算能力,准确的分析、推理、判断能力,手指、手臂灵活,听、嗅觉较灵敏,视力良好,具有分辨颜色的能力。

1.6　基本文化程度

高中毕业(或同等学历)。

1.7　培训要求

1.7.1　培训期限

全日制职业学校教育,根据其培养目标和教学计划确定。晋级培训期限:初级不少于180标准学时;中级不少于200标准学时;高级不少于250标准学时;技师不少于210标准学时;高级技师不少于210标准学时。

1.7.2　培训教师

培训初、中、高级工的教师应具有本职业至少高一级资格证书或中级以上专业技术职称;培训技师的教师应具有本职业技师职业资格证书或相应专业高级技术职称。

1.7.3　培训场地设备

理论培训应具有可容纳30名以上学员的教室,技能操作培训应有配备相应设备、工具和安全设施的较为完善的场地。

1.8　鉴定要求

1.8.1　适用对象

(1)新入职的操作技能人员。

(2)在操作技能岗位工作的人员。

(3)其他需要鉴定的人员。

1.8.2　申报条件

具备以下条件之一者可申报初级工：

(1)新入职完成本职业(工种)培训内容,经考核合格人员。

(2)从事本工种工作 1 年及以上的人员。

具备以下条件之一者可申报中级工：

(1)从事本工种工作 5 年以上,并取得本职业(工种)初级工职业技能等级证书。

(2)各类职业、高等院校大专及以上毕业生从事本工种工作 3 年及以上,并取得本职业(工种)初级工职业技能等级证书。

具备以下条件之一者可申报高级工：

(1)从事本工种工作 14 年以上,并取得本职业(工种)中级工职业技能等级证书的人员。

(2)各类职业、高等院校大专及以上毕业生从事本工种工作 5 年及以上,并取得本职业(工种)中级工职业技能等级证书的人员。

技师需取得本职业(工种)高级工职业技能等级证书 3 年以上,工作业绩经企业考核合格的人员。

高级技师需取得本职业(工种)技师职业技能等级证书 3 年以上,工作业绩经企业考核合格的人员。

2.　基本要求

2.1　职业道德

(1)爱岗敬业,自觉履行职责。

(2)忠于职守,严于律己。

(3)吃苦耐劳,工作认真负责。

(4)勤奋好学,刻苦钻研业务技术。

(5)谦虚谨慎,团结协作。

(6)安全生产,严格执行生产操作规程。

(7)文明作业,质量环保意识强。

(8)文明守纪,遵纪守法。

2.2　基础知识

2.2.1　油气储运基本知识

(1)石油天然气及相关产业链。

(2)石油的组成、性能及用途。

(3)天然气的组成、性能及用途。

(4)石油管道输送。

(5)天然气管道输送。

(6)输油管道系统主要设施及作用。

(7)天然气管输系统及站场设备。

(8)数字化管道知识。

2.2.2　金属腐蚀与防护基本知识

(1)电化学基本知识。

(2)金属腐蚀的概念及分类。

(3)金属电化学腐蚀的基本原理。

(4)控制金属腐蚀的基本方法。

(5)腐蚀原电池。

(6)电化学腐蚀速度与极化。

(7)管道在大气中的腐蚀。

(8)土壤腐蚀。

(9)杂散电流腐蚀。

(10)常见的局部腐蚀类型。

2.2.3　管道阴极保护知识

(1)阴极保护原理。

(2)阴极保护方法。

(3)阴极保护参数。

(4)强制电流阴极保护系统的主要设施。

(5)牺牲阳极系统。

(6)站场区域性阴极保护。

(7)管道阴极保护系统常见故障判断及处理。

(8)腐蚀防护重点管段的确定和管理。

2.2.4　管道防腐层知识

(1)防腐层基本知识。

(2)典型防腐层介绍。

(3)防腐保温层。

(4)防腐层管理知识。

2.2.5　管道杂散电流干扰与防护知识

(1)杂散电流和干扰基本概念。

(2)直流干扰及防护。

(3)交流干扰及防护。

2.2.6　管道内腐蚀控制基本知识

(1)管道内腐蚀的环境介质特点。

(2)管道内腐蚀的分类。

(3)管道内腐蚀检测。

(4)管道内腐蚀控制技术。

(5)油气管道缓蚀剂应用技术。

2.2.7　电工学基本知识

(1)概述。

(2)电路和电路的工作状态。

(3)直流电和交流电。

(4)磁场、磁性材料与变压器。

2.2.8　电子技术基本知识

(1)半导体。

(2)晶体二极管。

(3)实用电子电路。

(4)晶体三极管放大电路。

(5)集成运算放大器。

(6)晶闸管。

(7)晶体管振荡电路。

(8)脉冲电路。

2.2.9　管道保卫知识

(1)管道巡护。

(2)第三方施工。

2.2.10　管材知识

(1)管线钢基础知识。

(2)钢管基础知识。

(3)管件类型及用途。

2.2.11　焊接

(1)焊接方法与方式。

(2)典型焊接缺陷。

(3)焊接设备及材料。

(4)焊接工艺。

(5)焊接质量检验。

2.2.12　管体缺陷及修复

(1)管体缺陷修复基础知识。

(2)管体缺陷点定位。

2.2.13　水工保护

(1)常用建筑材料。

(2)地基土。

(3)水文知识。

(4)建筑制图基础知识。

2.2.14　管道应急抢修知识

(1)应急知识。

(2)常用管道抢修机具。

(3)输油气管道常见事故抢修方式。

(4)输油气管道动火安全知识。

2.2.15　管道完整性知识

(1)管道完整性管理知识。

(2)管道完整性管理体系。

(3)管道完整性数据采集及管理。

(4)管道风险评价知识。

(5)完整性评价的响应。

2.2.16　安全保护知识

(1)防火知识。

(2)防毒知识。

(3)安全用电常识。

(4)防爆知识。

(5)HSE 基本知识。

3.　工作要求

本标准对初级、中级、高级、技师的要求依次递进,高级别包含低级别的要求。

3.1　初级

职业功能	工作内容	技能要求	相关知识
一、腐蚀与防护	(一)阴极保护	1. 能进行恒电位仪的开机、关机 2. 能配制和校准便携式饱和硫酸铜参比电极 3. 能测量管/地电位 4. 能测量管道自然电位 5. 能测量辅助阳极(长接地体接地)接地电阻	1. 恒电位仪的型号、工作原理及开/关机方法 2. 恒电位仪的安装 3. 阴极保护间的管理 4. 便携式饱和硫酸铜溶液的配制方法及技术要求 5. 便携式饱和硫酸铜参比电极的构成、组装及校准方法 6. 便携式饱和硫酸铜参比电极使用方法及注意事项 7. 万用表的性能要求及使用方法 8. 管/地电位测量的方法及技术要求 9. 管道自然电位的测试条件 10. 接地电阻测量仪的型号及使用方法 11. 接地电阻测量方法及技术要求 12. 辅助阳极接地电阻值正常范围 13. GB/T 21246—2007《埋地钢质管道阴极保护参数测量方法》相关规定

职业功能	工作内容	技能要求	相关知识
一、腐蚀与防护	（二）防腐层	1. 能用电火花检漏仪检查防腐层漏点	1. 检漏电压计算公式 2. 电火花检漏仪的类型及型号 3. 检漏方法及技术要求 4. 检漏操作安全要求
	（三）干扰与防护	1. 能测量直流干扰状态下的管/地电位 2. 能测量交流干扰状态下的管道交流电压	1. 管/地电位测量方法 2. 管道交流电压测量方法
	（四）内腐蚀控制	1. 能采用自流式加入法向输气管内加注缓蚀剂	1. 缓蚀剂的含义、特点、用途、类型及工作原理 2. 缓蚀剂加注装置的构成、操作程序与技术要求 3. 缓蚀剂加注的安全注意事项 4. 内腐蚀监测要求 5. GB/T 23258—2009《钢质管道内腐蚀控制规范》相关规定
二、管道保卫	（一）管道巡护	1. 能开展管道巡线 2. 能探测管道（光缆/电缆）走向和埋深 3. 能维护管道标识 4. 能确定反打孔盗油(气)与防恐重点防护管段 5. 能组织管道保护宣传	1. 巡线工作要求 2. 管道走向图识别方法 3. RD-8000管道探测仪及操作方法 4. SL-2818管道探测仪的操作方法 5. 管道标识的类型、标记方法、标记内容、设置要求 6. 管道保卫重点防护管段 7. 管道打孔盗油(气)危害 8. 管道恐怖袭击风险 9. 管道保护法律法规 10. 管道保护的重要性
	（二）第三方施工管理	1. 能排查第三方施工信息 2. 能处理管道占压	1. 第三方施工风险分析 2. 第三方施工风险应对 3. 管道安全保护相关法律法规 4. 新发管道占压情况报告
三、管道工程	管道工程	1. 能维修3PE防腐层漏点 2. 能复核管体外部缺陷位置 3. 能检查水工保护设施	1. 管道作业坑开挖方法 2. 防腐胶带施工方法 3. 管道时钟位置确定方法 4. 管体外部缺陷点尺寸测量方法 5. 管道水工保护的主要形式 6. 管道水工保护设施的主要类型

续表

职业功能	工作内容	技能要求	相关知识
四、应急抢修	（一）应急抢修设备操作	1. 能开关线路手动阀门 2. 能开关线路气液联动阀门 3. 能开关线路电液联动阀门 4. 能使用可燃气体检测仪进行可燃气体检测 5. 能使用含氧量测试仪对受限空间含氧量进行检测 6. 能使用空气呼吸器	1. 手动阀门开关操作方法 2. 线路气液联动阀门的开关操作方法 3. 线路电液联动阀门的开关操作方法 4. 可燃气体检测仪使用方法 5. 含氧量测试仪使用方法 6. 空气呼吸器佩戴和使用方法
	（二）突发事件前期处置	1. 能进行输油管道泄漏现场初期处置 2. 能进行输气管道泄漏现场初期处置	1. 现场风险识别 2. 现场情况初报 3. 现场人员疏散 4. 警戒区域设置 5. 输油管道泄漏现场初期处置 6. 输气管道泄漏现场初期处置
五、管道完整性管理	（一）管道风险评价	1. 能识别输油管道高后果区 2. 能识别输气管道高后果区 3. 能使用 GPS 定位仪定位 4. 能选择管道首级控制点	1. 地区等级划分 2. 管道高后果区识别准则 3. 管道高后果区管理相关知识 4. GPS 定位仪操作 5. 管道首级控制点选点规则
	（二）管道清管	1. 能进行清管球发球作业 2. 能进行清管球收球作业	管道收发球操作知识

3.2　中级

职业功能	工作内容	技能要求	相关知识
一、腐蚀与防护	（一）阴极保护	1. 能调整恒电位仪运行参数 2. 能切换恒电位仪 3. 能用电位法检查运行中绝缘法兰/绝缘接头的绝缘性能 4. 能判断并排除阳极电缆或阴极电缆断线故障 5. 能启、停汽油发电机 6. 能操作太阳能电源系统 7. 能埋设牺牲阳极 8. 能用标准电阻法测量牺牲阳极输出电流 9. 能用直测法测量牺牲阳极输出电流 10. 能测量牺牲阳极接地电阻 11. 能用等距法测量土壤电阻率	1. 恒电位仪电路的组成及各部分的功能 2. 恒电位仪的调整及操作方法 3. 恒电位仪控制柜的操作方法 4. 电位法检查绝缘法兰/绝缘接头绝缘性能的测量方法 5. 绝缘法兰/绝缘接头绝缘性能要求 6. 熔断器的检查方法 7. 恒电位仪阳极电缆和阴极电缆断线故障的检查及排除方法 8. 发电机的类型、型号、工作原理、操作方法及日常维护 9. 太阳能电源系统的结构、组成、使用及维护 10. 蓄电池的运行与维护方法 11. 牺牲阳极填包料的配制方法及技术要求 12. 牺牲阳极埋设技术要求 13. 牺牲阳极接地电阻的测量方法及阻值要求 14. 测量牺牲阳极输出电流方法 15. 测量牺牲阳极开路电位、闭路电位的方法 16. 牺牲阳极接地电阻的测量方法及阻值要求 17. 土壤电阻率的测量方法

职业功能	工作内容	技能要求	相关知识
一、腐蚀与防护	（二）防腐层	能对防腐层质量进行开挖检测	1. 防腐层质量检查内容 2. 防腐层厚度的检查方法及要求 3. 黏结力的检查方法及要求
	（三）干扰与防护	1. 能判断直流干扰 2. 能判断交流干扰	1. 直流干扰的判断标准 2. 交流干扰的判断标准
二、管道保卫	（一）管道巡护	1. 维护跨越设施 2. 能绘制管道走向图 3. 能排查打孔盗油点 4. 能管理巡线工	1. 跨越管道的分类 2. 跨越管道的管理 3. 压力流量式输油管道泄漏报警系统 4. 压力波式输油管道泄漏实时监测系统 5. 振动式输油、输气管道防盗监测报警系统 6. 管道光纤安全预警技术 7. 管道公司管道GPS巡检管理系统
	（二）第三方施工管理	能处理第三方施工	1. 管道安全告知内容 2. 第三方施工管道保护方案 3. 第三方施工验收
三、管道工程	管道工程	1. 能进行防腐层补口 2. 能测量管体外部缺陷深度 3. 能检查水工施工质量	1. 补口材料性能及要求 2. 补口环境要求 3. 补口表面处理 4. 补口质量检验 5. 深度卡尺使用方法 6. 砌筑砂浆伴制质量控制 7. 砌筑质量控制 8. 混凝土质量控制

3.3 高级

职业功能	工作内容	技能要求	相关知识
一、腐蚀与防护	（一）阴极保护	1. 能判断并排除恒电位仪外部线路故障 2. 能安装立式浅埋式辅助阳极 3. 能安装牺牲阳极 4. 能安装锌接地电池 5. 能用电压降法测量管道阴极保护电流 6. 能利用电流测试桩测量管道阴极保护电流 7. 能埋设失重检查片 8. 能进行失重检查片的清洗和称重 9. 能用失重检查片法评定管道阴极保护度	1. 恒电位仪外部线路常见故障的判断及处理方法 2. 辅助阳极的结构、功能、安装方法及相关要求 3. 牺牲阳极安装方法及技术要求 4. 锌接地电池的结构、工作原理、安装方法及技术要求 5. 氧化锌避雷器相关知识 6. 电压降法测量管道阴极保护电流的原理、操作方法及技术要求 7. UJ-33a型携带式直流电位差计使用方法 8. 利用测试桩测量管道阴极保护电流的方法 9. SY/T 0029—2012《埋地钢质检查片应用技术规范》相关规定

职业功能	工作内容	技能要求	相关知识
一、腐蚀与防护	（二）防腐层	能用 PCM 设备检测埋地管道防腐层漏点	1. 防腐层漏点检测的原理 2. 防腐层漏点检测的方法
	（三）干扰与防护	1. 能判断固态去耦合器的工作状态 2. 能判断极性排流器的工作状态	1. 排流电流、排流极接地电阻等参数的测量方法 2. 固态去耦合器的结构和性能 3. 极性排流器的结构和性能
三、管道工程	管道工程	1. 能监护防腐层大修施工 2. 能维修水工保护设施	1. 防腐层大修施工方法 2. 防腐层大修质量控制 3. 干砌石施工方法 4. 石笼施工方法 5. 浆砌石施工方法

3.4　技师

职业功能	工作内容	技能要求	相关知识
一、腐蚀与防护	（一）阴极保护	1. 能排除恒电位仪故障 2. 能设计简单的强制电流阴极保护系统 3. 能设计简单的牺牲阳极阴极保护系统 4. 能管理区域性阴极保护系统 5. 能编写阴极保护系统施工及投运方案	1. 恒电位仪常见故障的排除方法 2. 强制电流阴极保护系统的有关计算方法 3. 牺牲阳极阴极保护系统的有关计算方法 4. 区域性阴极保护的系统组成及工作原理 5. 区域性阴极保护系统管理规定 6. 强制电流阴极保护系统施工及投运方案 7. 站场区域阴极保护系统施工方案
	（二）防腐层	能编写腐蚀调查方案	1. 阴极保护相关知识 2. 防腐层相关知识
	（三）干扰与防护	1. 能编制临时干扰防护方案 2. 能制作简易极性排流装置	1. 技术标准中有关干扰防护措施的相关规定 2. 干扰防护效果评价准则 3. 极性排流装置的结构及工作原理

附录2 初级工理论知识鉴定要素细目表

行业:石油天然气　　　工种:油气管道保护工　　　等级:初级工　　　鉴定方式:理论知识

行为领域	代码	鉴定范围 (重要程度比例)	鉴定比重	代码	鉴定点	重要程度	备注
基础知识A 60%	A	油气储运基本知识 (04:04:02)	3%	001	油气管道输送系统的组成	Y	
				002	原油的化学组成	Z	
				003	原油的物理性质	Z	
				004	原油的燃烧性	X	
				005	原油的分类	Y	
				006	天然气的化学组成	Y	
				007	天然气的主要性质	X	
				008	天然气的爆炸性	Y	
				009	天然气的分类	X	
				010	天然气的用途	X	
	B	金属腐蚀与 防护基本知识 (16:02:02)	10%	001	物质的构成	Z	
				002	电解质的概念	X	
				003	原电池的概念	X	
				004	电解池的概念	X	
				005	金属腐蚀的概念	Y	
				006	金属腐蚀的分类	Y	
				007	局部腐蚀的类型	X	
				008	局部腐蚀的特点	X	
				009	双电层的概念	Z	
				010	电极电位的概念	X	
				011	平衡电位的概念	X	
				012	金属的腐蚀电位	X	
				013	电化学腐蚀的概念	X	
				014	电化学腐蚀原因	X	
				015	电化学腐蚀过程	X	
				016	控制金属腐蚀的基本方法	X	
	C	管道阴极保护知识 (09:02:04)	10%	001	阴极保护原理	X	
				002	阴极保护方法的分类	Z	
				003	强制电流阴极保护特点	X	
				004	牺牲阳极阴极保护特点	Z	
				005	阴极保护方法适用范围	X	
				006	实施阴极保护的基本条件	X	

行为领域	代码	鉴定范围 (重要程度比例)	鉴定比重	代码	鉴定点	重要程度	备注
基础知识 A 60%	C	管道阴极保护知识 (09：02：04)	10%	007	自然腐蚀电位的概念	Y	
				008	最小保护电位的概念	X	
				009	最大保护电位的概念	X	
				010	保护电流密度的概念	X	
				011	阴极保护准则	X	
	D	管道防腐层知识 (06：05：00)	7%	001	防腐层的防腐原理	X	
				002	防腐层的一般规定	Y	
				003	防腐层与阴极保护之间的关系	X	
				004	防腐层材料的基本要求	X	
				005	三层结构聚乙烯防腐层的特点	X	
				006	熔结环氧粉末防腐层的特点	X	
				007	无溶剂液态环氧防腐层的特点	Y	
				008	石油沥青防腐层的特点	Y	
				009	聚乙烯胶黏带防腐层的特点	X	
				010	热熔胶型热收缩带(套)的特点	Y	
				011	黏弹体防腐胶带的特点	Y	
	E	管道干扰与 防护知识 (03：00：02)	5%	001	交流干扰	X	
				002	交流干扰的危害	Z	
				003	直流干扰	X	
				004	直流干扰的危害	Z	
				005	杂散电流	X	
	F	管道内腐蚀 控制基本知识 (02：01：01)	1%	001	管道内腐蚀的环境介质特点	Y	
				002	管道内腐蚀的分类	Z	
				003	管道内腐蚀检测	X	
				004	管道内腐蚀控制	X	
				005	缓蚀剂的特点	X	
				006	缓蚀剂的分类	Y	
				007	缓蚀剂的作用	X	
	G	电工学基本知识 (08：02：02)	3%	001	电的基本概念	X	
				002	静电的概念	Y	
				003	电流的概念	X	
				004	导电材料的概念	X	
				005	电阻的概念	X	
				006	电路的概念	X	
				007	电路的工作状态	Y	

行为领域	代码	鉴定范围 (重要程度比例)	鉴定比重	代码	鉴定点	重要程度	备注
基础知识 A 60%	G	电工学基本知识 (08:02:02)	3%	008	欧姆定律	X	
				009	电路的计算	X	
				010	电功的概念	X	
				011	直流电与交流电的区别	X	
				012	电磁场的概念	Z	
	H	管道保卫知识 (03:01:00)	2%	001	管道巡护内容	X	
				002	第三方施工基本概念	X	
				003	第三方施工安全距离	X	
				004	管道占压的危害	Y	
	I	管材 (01:00:02)	2%	001	管线钢类型	Z	
				002	管线钢牌号表示方法	X	
				003	管线钢缺陷类型	Z	
	J	焊接 (01:01:01)	2%	001	焊接方法	X	
				002	电弧焊电源类型	Z	
				003	焊接材料类型	Y	
	K	管体缺陷及修复 (02:01:00)	2%	001	管道缺陷主要类型	X	
				002	管体缺陷修复基本原则	X	
				003	管道缺陷主要修复方式	Y	
	L	水工保护 (03:00:02)	3%	001	砂、石类型	X	
				002	水泥类型	X	
				003	砂浆类型	X	
				004	钢筋类型	Z	
				005	混凝土类型	Z	
	M	管道应急抢修知识 (012:02:02)	4%	001	应急定义	Y	
				002	应急工作原则	Z	
				003	事故灾难突发事件分级	X	
				004	应急预案的构成	X	
				005	应急演练类型	Y	
				006	应急演练程序	X	
				007	应急响应程序	X	
				008	常用堵漏夹具的用途	X	
				009	管道打开作业常用机具作用	X	
				010	水上泄漏油品回收机具用途	Z	
				011	管道泄漏抢修方式	X	
				012	管道悬空抢修方式	X	

行为领域	代码	鉴定范围 （重要程度比例）	鉴定 比重	代码	鉴定点	重要 程度	备注
基础知识 A 60%	M	管道应急抢修知识 （012：02：02）	4%	013	管道漂管的处理方式	X	
				014	天然气管道冰堵抢修方式	X	
				015	动火分级	X	
				016	动火现场安全要求	X	
	N	管道完整性知识 （03：14：00）	4%	001	管道完整性管理的概念	Y	
				002	管道完整性管理的原则	Y	
				003	管道完整性管理的目标	Y	
				004	管道完整性管理的要求	Y	
				005	管道完整性管理环节	Y	
				006	管道完整性管理框架	Y	
				007	管道完整性数据来源	Y	
				008	管道完整性数据对齐要求	Y	
				009	管道完整性数据采集要求	Y	
				010	管道完整性数据管理要求	Y	
				011	管道风险评价的基本概念	Y	
				012	管道风险评价的一般原则	Y	
				013	管道风险评价分类	Y	
				014	风险评价方法	Y	
				015	半定量评价指标分类	Z	
				016	风险矩阵分级标准	Z	
				017	完整性评价响应规定	Y	
	O	安全及环境 保护知识 （07：03：01）	2%	001	油气火灾的类型	Y	
				002	初起火灾灭火的基本方法	X	
				003	常用的消防器材	X	
				004	常见的中毒现象	X	
				005	防毒措施	Y	
				006	中毒的现场急救	Y	
				007	低压配电常识	X	
				008	触电防护	X	
				009	爆炸的概念	X	
				010	输气管道防爆措施	X	
				011	HSE 基本知识	Z	

续表

行为领域	代码	鉴定范围（重要程度比例）	鉴定比重	代码	鉴定点	重要程度	备注
专业知识 B 40%	A	管道阴极保护（14：06：05）	10%	001	恒电位仪的应用知识	Z	
				002	恒电位仪的类型	Y	
				003	恒电位仪的组成	Z	
				004	恒电位仪操作方法	Y	
				005	恒电位仪现场安装错误分析方法	X	
				006	阴极保护间的管理要求	X	
				007	恒电位仪的运行管理要求	X	
				008	参比电极的应用知识	Z	
				009	参比电极的性能要求	X	
				010	便携式饱和硫酸铜参比电极的结构	Z	
				011	便携式饱和硫酸铜参比电极使用注意事项	X	
				012	数字式万用表的使用方法	X	
				013	ZC-8 接地电阻测量仪工作原理	Y	
				014	ZC-8 接地电阻测试仪的结构	Y	
				015	ZC-8 接地电阻测试仪的使用要求	X	
				016	辅助阳极接地电阻值的要求	X	
	B	管道防腐层（03：02：01）	3%	001	电火花检漏仪的工作原理	X	
				002	电火花检漏仪的基本结构	X	
				003	电火花检漏仪的使用方法	Y	
				004	电火花检漏仪的操作安全要求	Y	
				005	电火花检漏仪的维护	Z	
				006	防腐层检漏电压的计算方法	X	
	C	管道干扰与防护（02：00：00）	1%	001	管地电位的测量方法	X	
				002	管道交流电压的测量方法	X	
	D	管道内腐蚀控制（01：01：00）	1%	001	加注缓蚀剂的方法	X	
	E	管道保卫（11：03：03）	10%	001	巡线工作要求	X	
				002	管道走向图识别方法	X	
				003	RD-8000 管道探测仪的工作原理	Y	
				004	SL-2818 管道探测仪的工作原理	Z	
				005	管道标识类型	X	
				006	管道标识的标记方法	X	
				007	管道标识的标记内容	X	
				008	管道标识的设置要求	X	
				009	管道保卫重点防护管段确定的要求	X	
				010	管道打孔盗油(气)危害	X	

行为领域	代码	鉴定范围 （重要程度比例）	鉴定比重	代码	鉴定点	重要程度	备注
专业知识 B 40%	E	管道保卫 （11：03：03）	10%	011	管道恐怖袭击风险	X	
				012	管道保护相关法律法规介绍	Y	
				013	管道保护的重要性	Z	
				014	第三方施工风险分析方法	X	
				015	第三方施工风险应对措施	Y	
				016	管道安全保护相关法律法规介绍	X	
				017	新发管道占压情况报告	Z	
	F	管道工程 （10：00：00）	5%	001	管道作业坑开挖方法	X	
				002	胶黏带施工管体表面处理方法	X	
				003	胶黏带缠绕方法	X	
				004	管体时钟位置确定方法	X	
				005	缺陷点尺寸测量方法	X	
				006	石笼的基本概念	X	
				007	过水面的基本概念	X	
				008	截水墙的基本概念	X	
				009	挡土墙的基本概念	X	
				010	浆砌石护坡的基本概念	X	
	G	应急抢修设备操作 （02：02：02）	3%	001	阀门泄漏的形式	Y	
				002	气液联动阀门执行机构原理	Z	
				003	电液联动阀门执行机构操作要求	Z	
				004	可燃气体检测仪的分类	Y	
				005	受限空间含氧量检测要求	X	
				006	空气呼吸器使用要求	X	
	H	突发事件前期处置 （04：00：00）	2%	001	抢险现场风险识别的要点	X	
				002	事故现场周边情况描述的要点	X	
				003	事故现场疏散要求	X	
				004	事故现场警戒的要求	X	
	I	管道完整性 （02：02：01）	5%	001	地区等级划分规定	X	
				002	特定场所划分规定	X	
				003	管道高后果区识别准则	X	
				004	高后果区识别要求	Y	
				005	高后果区管理措施	X	
				006	潜在影响区域计算方法	Y	
				007	GPS 定位仪使用方法	X	
				008	管道首级控制点设置要求	Y	
				009	管道清管器分类	X	
				010	清管器定位方法	Y	

注：X—核心要素；Y——一般要素；Z—辅助要素。

附录3 初级工操作技能鉴定要素细目表

行业:石油天然气　　　　工种:油气管道保护工　　　　等级:初级工　　　　鉴定方式:操作技能

行为领域	代码	鉴定范围 (重要程度比例)	鉴定比重	代码	鉴定点	重要程度	备注
操作技能A 100%	A	阴极保护 (04:01:01)	35%	001	恒电位仪的开机、关机	Y	
				002	配制和校准便携式饱和硫酸铜参比电极	X	
				003	测量管/地电位	X	
				004	测量管道自然电位	X	
				005	测量辅助阳极(长接地体接地)接地电阻	X	
	B	防腐层(01:00:00)	10%	001	电火花检查防腐层漏点	X	
	C	干扰与防护 (02:00:00)	5%	001	测量直流干扰状态下的管地电位	X	
				002	测量交流干扰状态下的管道交流电压	X	
	D	控制内腐蚀 (100:00:00)	3%	001	采用自流式加入法向输气管内加注缓蚀剂	X	
	E	管道巡护 (02:02:01)	10%	001	开展管道巡线	X	
				002	探测管道(光缆/电缆)走向和埋深	X	
				003	维护管道标识	Y	
				004	确定反打孔盗油(气)与防恐重点防护管段	Z	
				005	组织管道保护宣传	Y	
	F	第三方施工管理 (01:01:00)	5%	001	排查第三方施工信息	X	
				002	处理管道占压	Y	
	G	管道工程 (03:00:00)	10%	001	维修3PE防腐层漏点	X	
				002	复核管体外部缺陷位置	X	
				003	检查水工保护设施	X	
	H	常用设备使用 (05:01:00)	10%	001	开关线路手动阀门	X	
				002	开关线路气液联动阀门	X	
				003	开关线路电液联动阀门	X	
				004	使用空气呼吸器	X	
				005	检测受限空间含氧量	Y	
				006	检测可燃气体	X	
	I	突发事件前期处置 (02:00:00)	3%	001	输油管道泄漏现场初期处置	X	
				002	输气管道泄漏现场初期处置	X	
	J	管道风险评价 (02:00:00)	6%	001	识别输油管道高后果区	X	
				002	识别输气管道高后果区	X	
				003	使用GPS定位仪定位	X	
				004	选择管道首级控制点	X	
	K	管道清管 (02:00:00)	3%	001	发送清管器	X	
				002	接收清管器	X	

注:X—核心要素;Y——一般要素;Z—辅助要素。

附录4　中级工理论知识鉴定要素细目表

行业：石油天然气　　　工种：油气管道保护工　　　等级：中级工　　　鉴定方式：理论知识

行为领域	代码	鉴定范围 （重要程度比例）	鉴定比重	代码	鉴定点	重要程度	备注
基础知识A 60%	A	油气储运基本知识 （06：03：04）	5%	001	油品的管道输送方式分类	Z	
				002	"三高"原油的输送方法	Y	
				003	成品油的输送方法	Y	
				004	输油设备的连接方式	Z	
				005	天然气的管道输送方法	Z	
				006	天然气管道输送工艺特点	Y	
	B	金属腐蚀与 防护基本知识 （08：02：02）	5%	001	电化学腐蚀的定义	Z	
				002	腐蚀原电池的形成条件	Z	
				003	腐蚀微电池的概念	Y	
				004	腐蚀宏电池的概念	Y	
				005	电化学腐蚀速度	X	
				006	极化作用	X	
				007	产生阳极极化的原因	X	
				008	产生阴极极化的原因	X	
				009	去极化的概念	X	
				010	极化曲线的概念	X	
				011	氧浓差电池的概念	X	
				012	土壤腐蚀的原因	X	
	C	管道阴极保护知识 （16：04：04）	15%	001	强制电流阴极保护系统的组成	X	
				002	阴极保护电源设备基本要求	X	
				003	常用电源设备类型	Y	
				004	其他供电系统的特点	X	
				005	电源设备的选择方法	Z	
				006	恒电位仪的特点	X	
				007	阳极地床位置的选择方法	X	
				008	阳极材料的选择方法	X	
				009	辅助阳极材料的性能	Z	
				010	高硅铸铁阳极的性能	X	
				011	石墨阳极的性能	X	
				012	钢铁阳极的性能	Z	
				013	贵金属氧化物阳极的性能	X	
				014	柔性阳极的性能	X	

续表

行为领域	代码	鉴定范围 (重要程度比例)	鉴定比重	代码	鉴定点	重要程度	备注
基础知识 A 60%	C	管道阴极保护知识 (16:04:04)	15%	015	阳极数量的确定	X	
				016	浅埋式阳极地床的特点	Y	
				017	深井式阳极地床的特点	X	
				018	测试桩的类型	Y	
				019	测试桩的结构	Z	
				020	测试桩的埋设方法	X	
				021	电绝缘装置的作用	X	
				022	电绝缘装置的类型	Y	
				023	电绝缘装置的安装位置	X	
				024	绝缘法兰的特点	X	
				025	整体型绝缘接头的特点	X	
				026	其他电绝缘装置的选择方法	Y	
				027	埋地型参比电极的基本要求	X	
				028	埋地型饱和硫酸铜参比电极技术要求	X	
				029	埋地型锌参比电极技术要求	X	
				030	阴极保护系统其他附属设施的要求	Z	
				031	阴极保护系统连接导线的要求	Z	
	D	管道防腐层知识 (05:04:00)	10%	001	三层结构聚乙烯防腐层的结构	X	
				002	熔结环氧粉末防腐层的等级	X	
				003	无溶剂液态环氧防腐层的等级	Y	
				004	石油沥青防腐层的等级	Y	
				005	聚乙烯胶黏带防腐层的结构	X	
				006	热熔胶型热收缩带(套)的结构	X	
				007	黏弹体防腐胶带的结构	Y	
				008	防腐保温层的结构	X	
				009	防腐保温层的补口补伤	Y	
	E	管道干扰与 防护知识 (02:01:00)	5%	001	直流干扰源	X	
				002	直流干扰的分类	X	
				003	交流干扰的分类	Y	
	F	电子技术基本知识 (08:02:03)	5%	001	半导体的基本概念	Y	
				002	半导体的分类	Z	
				003	PN 结的特性	X	
				004	晶体二极管的特性	X	
				005	晶体二极管的检测方法	X	
				006	半波整流电路的特性	Z	

续表

行为领域	代码	鉴定范围 （重要程度比例）	鉴定 比重	代码	鉴定点	重要 程度	备注
基础知识 A 60%	F	电子技术基本知识 （08：02：03）	5%	007	全波整流电路的特性	Y	
				008	桥式全波整流电路的特性	X	
				009	滤波电路的特性	X	
				010	电容滤波电路的特性	X	
				011	电感滤波电路的特性	X	
				012	稳压电路的特性	X	
	G	管材 （01：02：00）	3%	001	管道钢管类型	X	
				002	管道常用钢管特点	Y	
				003	管件类型	Y	
	H	焊接（00：02：02）	3%	001	焊接典型缺陷	Y	
				002	焊条电弧焊工艺	Z	
				003	埋弧焊工艺	Z	
				004	焊接质量检验方法	Y	
	I	管体缺陷及修复 （01：02：00）	3%	001	补板修复适用范围	X	
				002	A 型套筒安装	Y	
				003	B 型套筒安装	Y	
	J	水工保护 （03：02：01）	6%	001	土的概念	Y	
				002	地基土的工程分类	X	
				003	碎石土和砂土的野外鉴别	X	
				004	黏性土与粉土的野外鉴别	X	
				005	地基的基础概念	Y	
				006	地基容许承载力	Z	
专业知识 B 40%	A	管道阴极保护 （11：04：06）	5%	001	恒电位仪的调整方法	X	
				002	恒电位仪控制台的功能	Z	
				003	运行中绝缘法兰/绝缘接头的检查方法	X	
				004	恒电位仪外部电缆故障排除方法	X	
				005	铝热焊特点	Z	
				006	铝热焊基本原理	Y	
				007	铝热焊模具要求	Y	
				008	铝热焊焊接方法	X	
				009	汽油发电机工作原理	Z	
				010	汽油发电机维护方法	Z	
				011	太阳能电源系统的结构	Y	
				012	太阳能电源系统操作方法	X	
				013	蓄电池的维护方法	X	

续表

行为领域	代码	鉴定范围 （重要程度比例）	鉴定比重	代码	鉴定点	重要程度	备注
专业知识 B 40%	A	管道阴极保护 （11：04：06）	5%	014	牺牲阳极施工的基本要求	X	
				015	牺牲阳极填包料的配制方法	Z	
				016	牺牲阳极的施工工艺	Y	
				017	牺牲阳极保护参数的测试方法	X	
	B	管道防腐层 （01：00：00）	5%	001	防腐层质量开挖检测方法	X	
	C	管道干扰与防护 （02：02：00）	10%	001	常见直流干扰源的基本特点	Y	
				002	常见交流干扰源的基本特点	Y	
				003	直流干扰的判断准则	X	
				004	交流干扰的判断准则	X	
	D	管道保卫 （05：02：03）	10%	001	跨越管道的分类	X	
				002	跨越管道的管理内容	X	
				003	压力流量式输油管道泄漏报警系统原理	Z	
				004	压力波式输油管道泄漏实时监测系统原理	Z	
				005	振动式输油、输气管道防盗监测报警系统原理	Z	
				006	管道光纤安全预警技术原理	Y	
				007	管道公司管道 GPS 巡检管理系统功能	Y	
				008	管道安全告知内容	X	
				009	第三方施工管道保护方案内容	X	
				010	第三方施工验收内容	X	
	E	管道工程 （03：03：02）	10%	001	防腐层补口材料要求	X	
				002	防腐层补口表面处理方法	X	
				003	防腐层补口质量检验方法	X	
				004	深度卡尺使用方法	Y	
				005	现场拌制砂浆质量要求	Z	
				006	毛石砌筑质量要求	Y	
				007	挡土墙砌筑质量要求	Y	
				008	混凝土施工质量要求	Z	

注：X—核心要素；Y——一般要素；Z—辅助要素。

附录5　中级工操作技能鉴定要素细目表

行业:石油天然气　　　工种:油气管道保护工　　　等级:中级工　　　鉴定方式:操作技能

行为领域	代码	鉴定范围 (重要程度比例)	鉴定比重	代码	鉴定点	重要程度	备注
操作技能 A	A	阴极保护 (09:02:01)	50%	001	调整恒电位仪运行参数	X	
				002	切换恒电位仪	Y	
				003	电位法检查运行中绝缘法兰/绝缘接头的绝缘性能	X	
				004	判断并排除阳极电缆或阴极电缆断线故障	X	
				005	启、停汽油发电机	Z	
				006	操作太阳能电源系统	Y	
				007	埋设牺牲阳极	X	
				008	标准电阻法测量牺牲阳极输出电流	X	
				009	直测法测量牺牲阳极输出电流	X	
				010	测量牺牲阳极接地电阻	X	
				011	等距法测量土壤电阻率	X	
	B	防腐层 (01:00:00)	10%	001	开挖检测防腐层质量	X	
	C	干扰与防护 (02:00:00)	10%	001	判断直流干扰	X	
				002	判断交流干扰	X	
	D	管道巡护 (02:02:00)	10%	001	维护跨越设施	Y	
				002	绘制管道走向图	X	
				003	排查打孔盗油点	X	
				004	管理巡线工	Y	
	E	第三方施工管理 (00:01:00)	5%	001	处理第三方施工	Y	
	F	管道工程 (01:02:00)	15%	001	3PE 防腐层补口	Y	
				002	测量管体外部缺陷深度	Y	
				003	检查水工施工质量	X	

注:X—核心要素;Y——一般要素;Z—辅助要素。

附录6 高级工理论知识鉴定要素细目表

行业：石油天然气　　　　工种：油气管道保护工　　　　等级：高级工　　　　鉴定方式：理论知识

行为领域	代码	鉴定范围（重要程度比例）	鉴定比重	代码	鉴定点	重要程度	备注
基础知识A 60%	A	油气储运基本知识（06：05：05）	10%	001	泵的分类	Z	
				002	离心泵的工作原理	Z	
				003	加热炉的结构	Y	
				004	换热器的分类	Y	
				005	阀门的分类	Y	
				006	管件的分类	Z	
				007	弯头的用途	Z	
				008	弯管的类型	Z	
				009	法兰的结构	X	
				010	清管装置的类型	X	
				011	原动机的概念	X	
				012	常用电气设备的类型	X	
				013	测量仪表的用途	X	
				014	天然气管输系统的构成	Y	
				015	输气站常用设备	Y	
				016	压缩机的类型	X	
	B	金属腐蚀与防护基本知识（07：01：02）	10%	001	干的大气腐蚀表征	Y	
				002	潮的大气腐蚀表征	X	
				003	湿的大气腐蚀表征	X	
				004	大气腐蚀的原因	Z	
				005	土壤腐蚀的原因	X	JD
				006	土壤含盐量对腐蚀过程的影响	X	
				007	土壤的物理性质对腐蚀过程的影响	X	
				008	土壤含氧量对腐蚀过程的影响	X	
				009	土壤腐蚀的特点	Z	JD
				010	土壤中的细菌腐蚀	X	
	C	管道阴极保护知识（12：05：03）	15%	001	牺牲阳极材料的要求	X	JD
				002	镁及镁合金的特点	Y	
				003	镁及镁合金的性能	X	
				004	锌及锌合金的特点	Y	
				005	锌及锌合金的性能	X	
				006	带状牺牲阳极的特点	Z	

行为领域	代码	鉴定范围（重要程度比例）	鉴定比重	代码	鉴定点	重要程度	备注
基础知识 A 60%	C	管道阴极保护知识（12：05：03）	15%	007	带状牺牲阳极的类型	Y	
				008	铝合金阳极的特点	Z	
				009	镁、锌复合式阳极的特点	Y	
				010	常见牺牲阳极性能比较	Z	
				011	牺牲阳极的选择方法	X	
				012	牺牲阳极填包料的作用	X	JD
				013	牺牲阳极填包料的性能要求	X	
				014	填装填包料的方法	X	
				015	牺牲阳极的分布要求	X	
				016	牺牲阳极测试系统	X	
				017	牺牲阳极系统施工注意事项	X	
				018	站场区域性阴极保护的特点	Y	
				019	站场区域性阴极保护的设计要求	X	
				020	站场区域性阴极保护辅助阳极地床的形式	X	JD
	D	管道防腐层知识（04：04：01）	10%	001	三层结构聚乙烯防腐层的性能要求	X	
				002	三层结构聚乙烯防腐层材料的性能要求	X	
				003	熔结环氧粉末防腐层的性能要求	X	
				004	熔结环氧粉末防腐层材料的性能要求	Y	
				005	无溶剂液态环氧防腐层材料的性能要求	Y	
				006	石油沥青防腐层材料的性能要求	Z	
				007	聚乙烯胶黏带防腐层材料的性能要求	X	
				008	热熔胶型热收缩带(套)的性能要求	Y	
				009	黏弹体防腐胶带的性能要求	Y	
	E	管道干扰与防护知识（02：00：00）	4%	001	直流杂散电流腐蚀	X	
				002	交流腐蚀	X	
	F	电子技术基本知识（02：01：00）	6%	001	晶体三极管放大电路的概念	X	
				002	集成运算放大器的概念	Y	
				003	可控硅的概念	X	
	G	水工保护（00：01：02）	3%	001	施工图表示方法	Y	
				002	河床概念	Z	
				003	河流水文特征	Z	
	H	管道缺陷及修复（01：01：00）	2%	001	缺陷点定位方法	X	
				002	套筒焊接要求	Y	

续表

行为领域	代码	鉴定范围 （重要程度比例）	鉴定比重	代码	鉴定点	重要程度	备注
专业知识 B 40%	A	管道阴极保护 （17：03：05）	20%	001	判断并排除恒电位仪外部线路故障的方法	X	
				002	辅助阳极地床位置的选择方法	Y	JD
				003	浅埋式阳极地床的形式	X	
				004	牺牲阳极的安装方法	X	
				005	绝缘法兰/绝缘接头高电压保护装置作用	X	
				006	绝缘法兰/绝缘接头高电压保护装置类型	Z	
				007	绝缘法兰/绝缘接头高电压保护装置安装方法	X	
				008	测量管道阴极保护电流的方法	X	
				009	失重检查片的要求	X	
				010	失重检查片的埋设方法	X	JD
				011	失重检查片的清洗方法	X	
				012	失重检查片法检查阴极保护度的计算方法	X	JS
	B	管道防腐层 （01：00：00）	5%	001	防腐层漏点地面检测方法	X	
	C	管道干扰与防护 （00：02：00）	5%	001	固态去耦合器	Y	
				002	极性排流器	Y	
	D	管道工程 （01：04：00）	10%	001	防腐层大修管沟开挖要求	X	
				002	防腐层大修质量检验要求	Y	
				003	干砌石施工方法	Y	
				004	石笼施工方法	Y	
				005	浆砌石施工方法	Y	

注：X—核心要素；Y—一般要素；Z—辅助要素；JD—简答；JS—计算。

附录7　高级工操作技能鉴定要素细目表

行业:石油天然气　　　工种:油气管道保护工　　　等级:高级工　　　鉴定方式:操作技能

行为领域	代码	鉴定范围 (重要程度比例)	鉴定比重	代码	鉴定点	重要程度	备注
操作技能A 100%	A	阴极保护 (07∶01∶01)	60%	001	判断并排除恒电位仪外部线路故障	X	
				002	安装立式浅埋辅助阳极	X	
				003	安装牺牲阳极	X	
				004	安装锌接地电池	Z	
				005	电压降法测量管道阴极保护电流	X	
				006	利用电流测试桩测量管道阴极保护电流	X	
				007	埋设失重检查片	X	
				008	失重检查片的清洗和称重	Y	
				009	失重检查片法评定管道阴极保护度	X	
	B	防腐层 (01∶00∶00)	10%	001	PCM设备检测埋地管道防腐层漏点	X	
	C	干扰与防护 (01∶01∶00)	15%	001	判断固态去耦合器工作状态	X	
				002	判断极性排流器工作状态	Y	
	D	管道工程 (01∶01∶00)	15%	001	防腐层大修监护	X	
				002	维修水工保护设施	Z	

注:X—核心要素;Y—一般要素;Z—辅助要素。

附录8 技师理论知识鉴定要素细目表

行业:石油天然气　　　　工种:油气管道保护工　　　　等级:技师　　　　鉴定方式:理论知识

行为领域	代码	鉴定范围 (重要程度比例)	鉴定比重	代码	鉴定点	重要程度	备注
基础知识A 60%	A	油气储运基本知识 (01:00:01)	5%	001	数字化管道基本概念	X	
				002	数字化管道的应用知识	Y	JD
	B	金属腐蚀与 防护基本知识 (06:01:01)	10%	001	局部腐蚀分类	Z	JD
				002	孔蚀的特征	X	JD
				003	缝隙腐蚀的特征	X	JD
				004	应力腐蚀的特征	X	JD
				005	腐蚀疲劳的特征	X	JD
				006	磨损腐蚀的特征	Y	JD
				007	电偶腐蚀的特征	X	JD
				008	输油管道内腐蚀主要原因	X	JD
				009	输气管道内腐蚀主要原因	X	JD
	C	管道阴极保护知识 (05:01:01)	15%	001	阴极保护系统漏电的危害	Y	JD
				002	阴极保护系统漏电的原因	X	JD
				003	阴极保护管道漏电点的查找方法	X	JD
				004	阴极保护系常见故障的排除方法	X	JD
				005	延长保护范围的措施	Z	JD
				006	腐蚀防护重点管段的确定方法	X	JD
				007	腐蚀防护重点管段的管理方法	X	JD
	D	管道防腐层知识 (02:00:01)	20%	001	防腐层管理的内容	X	JD
				002	防腐层管理的要求	X	JD
	E	管道干扰与 防护知识 (01:01:00)	5%	001	直流干扰腐蚀原理	X	
				002	交流干扰的三种耦合方式	Y	
	F	电子技术基本知识 (02:00:00)	5%	001	晶体管振荡电路知识	X	JD
				002	脉冲电路知识	X	JD
专业知识B 40%	A	管道阴极保护 (08:02:01)	20%	001	恒电位仪常见故障的排除方法	X	JD
				002	管道沿线电位电流的分布规律	Z	JD
				003	阴极保护保护距离的计算方法	X	JD,JS
				004	电源功率的计算方法	X	JD,JS

行为领域	代码	鉴定范围 （重要程度比例）	鉴定比重	代码	鉴定点	重要程度	备注
专业知识 B 40%	A	管道阴极保护 （08：02：01）	20%	005	辅助阳极有关计算方法	X	JD,JS
				006	牺牲阳极阴极保护的有关计算方法	X	JD
				007	区域性阴极保护系统的特点	Y	JD
				008	区域性阴极保护系统的管理方法	X	JD
				009	阴极保护系统的投运方法	X	
				010	阴极保护系统投运方案的确定方法	X	
	B	管道防腐层 （00：01：01）	10%	001	腐蚀调查的主要内容	Y	JD
	C	管道干扰与防护 （02：00：00）	10%	001	直流干扰的防护措施	X	
				002	交流干扰的防护措施	X	

注：X—核心要素；Y—一般要素；Z—辅助要素；JD—简答；JS—计算。

附录9 技师操作技能鉴定要素细目表

行业:石油天然气　　　　工种:油气管道保护工　　　　等级:技师　　　　鉴定方式:操作技能

行为领域	代码	鉴定范围 (重要程度比例)	鉴定 比重	代码	鉴定点	重要 程度	备注
操作技能 A 100%	A	阴极保护 (08:00:00)	50%	001	排除恒电位仪故障(一)	X	
				002	排除恒电位仪故障(二)	X	
				003	排除恒电位仪故障(三)	X	
				004	排除恒电位仪故障(四)	X	
				005	排除恒电位仪故障(五)	X	
				006	设计简单的强制电流阴极保护系统	X	
				007	设计简单的牺牲阳极阴极保护系统	X	
				008	管理区域性阴极保护系统	X	
				009	编写阴极保护系统施工及投运方案	Y	
	B	防腐层 (00:01:00)	20%	001	编写腐蚀调查方案	Y	
	C	干扰与防护 (00:02:00)	30%	001	编制临时干扰防护方案	Y	
				002	制作简易极性排流装置	Y	

注:X—核心要素;Y—一般要素;Z—辅助要素。

附表 10　油气管道保护工操作技能考试内容层次结构表

考核内容层次结构表

级别		阴极保护	防腐层	干扰与防护	控制内腐蚀	技能操作								合计
						管道巡护	第三方施工管理	管道工程	常用设备使用	突发事件前期处置	管道风险评价	管道清管	
初级		35分 20~30 min	10分 20~30 min	5分 10~20 min	3分 10~20 min	5分 20~40 min	10分 10~20 min	5分 20~40 min	10分 10~20 min	3分 10min	6分 10~20 min	3分 10~20 min	100分 160~220 min
中级		50分 30~40 min	10分 30~40 min	10分 30~40 min		10分 20min	5分 20~40 min	15分 20~40 min					100分 270~340 min
高级		60分 40~60 min	10分 40~60 min	15分 40~60 min				15分 40~60 min					100分 300~530 min
技师		50分 90~120 min	20分 50~60 min	30分 40~60 min									100分 180~240 min

参 考 文 献

［1］中国石油天然气集团公司人事服务中心．油气管道保护工．北京：石油工业出版社，2004.

［2］中国石油天然气集团公司职业技能鉴定指导中心．油气管道保护工，北京：石油工业出版社，2008.

［3］冯洪臣，阴极保护安装与维护，北京：经济日报出版社，2010.

［4］冯庆善，王婷，秦长毅，马小芳．油气管道管材及焊接技术．北京：石油工业出版社，2015.

［5］王鸿．长输管道水工保护工程施工技术手册．北京：中国计量出版社．2005.

［6］胡士信，廖宇平，王冰怀．管道防腐层设计手册．北京：化学工业出版社，2007.

［7］胡士信．阴极保护工程手册［M］．北京：化学工业出版社，1999.

［8］A. W. 皮博迪．管线腐蚀控制［M］．北京：化学工业出版社，2004.

［9］W. V. 贝克曼，W. 施文克，W. 普林兹．阴极保护手册：电化学保护的理论与实践［M］．北京：化学工业出版社，2005.